U0324412

# 草原非生物灾害监测评估研究

CAOYUAN FEISHENGWU ZAIHAI JIANCE PINGGU YANJIU

刘桂香　卓　义　都瓦拉　萨楚拉　著

中国农业科学技术出版社

图书在版编目（CIP）数据

草原非生物灾害监测评估研究／刘桂香等著．—北京：中国农业科学技术出版社，2015.8
ISBN 978－7－5116－1975－4

Ⅰ.①草… Ⅱ.①刘… Ⅲ.①草原－灾害－应急对策－研究 Ⅳ.①S812.6

中国版本图书馆 CIP 数据核字（2015）第 007983 号

责任编辑 闫庆健 宋家祥
责任校对 李向荣

出 版 者 中国农业科学技术出版社
北京市中关村南大街 12 号 邮编：100081
电 话 （010）82106632（编辑室） （010）82109702（发行部）
（010）82109709（读者服务部）
传 真 （010）82106625
网 址 http://www.castp.cn
经 销 者 各地新华书店
印 刷 者 北京华正印刷有限公司
开 本 787 mm×1 092 mm 1/16
印 张 30.75
字 数 780 千字
版 次 2015 年 8 月第 1 版 2015 年 8 月第 1 次印刷
定 价 180.00 元

# 《草原非生物灾害监测评估研究》

主执笔人：刘桂香　卓　义　都瓦拉　萨楚拉

编　　委（按姓氏笔画排列）：

于凤鸣　玉　山　包　刚　刘慧娟

运向军　孙晓东　李清清　佟斯琴

张巧凤　武　娜　哈斯巴根　段新乔

路艳峰　塞　音

# 内容提要

本书在中国农业科学院草原研究所草原非生物灾害研究成果的基础上编著，著作内容由三部分构成，草原旱灾篇利用遥感、GIS 技术手段，通过研究干旱对草原植被的影响、草原干旱灾害监测预警、草原干旱灾害评估以及草原干旱灾害风险评价与区划四个方面，实现了对草原地区干旱灾害的监测与评估。本研究着眼于干旱监测与评估的业务化，其主旨是希望利用一套完整的技术获得更多关于畜牧业干旱的信息与知识；草原雪灾篇利用遥感、地理信息系统、全球定位技术、数学模型等方法，结合野外实地调查、社会经济数据统计分析等综合方法进行了草原牧区积雪时空特征动态监测、建立了基于数字高程模型的雪深反演模型，开展了草地雪灾的风险评价和灾情评价。本研究对政府制定雪灾应急管理、防灾减灾决策以及相关科学研究等具有重要意义；草原火灾篇以内蒙古草原为主要研究区，对草原火灾风险评价、灾前预警预报、实时跟踪监测、灾后准确评估等关键技术进行研究，提出了一系列轻简化、集约化实用性技术方法，建立了相关模型，研发了监测预警平台等，实现从目前被动的灾后管理模式向灾前预警、灾时应急和灾后救援三个阶段一体化的草原火灾综合管理与控制模式的转变，全面提高我国草原火灾应急管理工作的科技水平。

本书可供灾害、生态、草原、畜牧等相关科研、教学及管理等从业人员参考使用。

# 序

灾害是对能够给人类和人类赖以生存的环境造成破坏性影响的事物总称。按照起因有自然灾害和人为灾害。自然灾害是指由于自然异常变化造成的人员伤亡、财产损失、社会失稳、资源破坏等现象或一系列事件，是人与自然矛盾的一种表现形式，具有自然和社会两重属性，是人类过去、现在、将来所面对的最严峻的挑战之一。自然灾害常常给人类带来不可预料的、突发性的、乃至致命的灾难。而人为因素的干扰可导致自然灾害更加严重和更加频发。长期以来，人类饱受各种灾害的严重影响和危害，特别是近年来，随着全球气候变化的加剧，在世界范围内，自然灾害频发，灾情损失日趋严重，已引起全世界对灾害影响人类文明进程的重新认识，即不论经济发达到何种程度，我们都无法避免来自本地或异地的灾害对人类发展造成的影响。因此，研究灾害监测预警方法、揭示灾害形成机理、探讨灾害风险机制和风险管理对策及应急反应体系已成为制定社会经济可持续发展模式的重要科学基础。

我国是世界上自然灾害最为严重的国家之一。近几十年来，我国已成为世界上第三个灾害损失最为严重的国家，经济损失超过2万亿元人民币，平均每年因各类自然灾害造成约3亿人受灾，直接经济损失近2 000亿元。(王宗礼 2009)

其中，草原灾害的损失触目惊心。

草原不但是畜牧业的生产资料，还在全球气候和碳平衡中起着重要作用。我国是世界上第二草原大国，草地面积4亿 $hm^2$，占国土总面积的40%以上（徐柱，1998）。同时我国又是一个生态环境比较脆弱的国家，而草原生态系统是各类生态系统中最脆弱的开放系统，极易遭受各种自然灾害和人为灾害的侵袭和破坏，特别是随着人类活动的增强和全球变化的影响，草原灾害事件发生的越来越频繁、生态环境恶化现象越来越严重。因此，草原灾害不但是国家和政府关注的焦点，同时也是学者和各级管理人员关注的焦点，更于牧区广大人民群众的生活、生命财产息息相关。

草原非生物灾害，特别是草原旱灾、草原雪灾及草原火灾，其灾情发生频繁，受灾范围大，灾害损失严重，是制约我国草地畜牧业可持续发展的重要因素，同时对我国社会经济发展乃至国土生态安全带来严重威胁。本书是中国农业科学院草原研究所草地非生物灾害研究的部分研究成果，内容包括灾害监测预警、灾情评估及应急救助等系列成果，可为提高我国草原非生物灾害应急管理水平提供技术支撑。

作者

二零一五年二月

# 目 录


· 第一篇 草原旱灾 · ………………………………………………………………… (1)

第一章 草原旱灾概述 ………………………………………………………… (5)

第二章 干旱对草原植被的影响 ……………………………………………… (27)

第三章 草原干旱灾害监测与预警研究 ……………………………………… (44)

第四章 草原干旱灾害评估 …………………………………………………… (66)

第五章 草原干旱风险评估与区划 …………………………………………… (80)

第六章 内蒙古草原旱灾分析研究 …………………………………………… (95)

· 第二篇 草原雪灾 · ………………………………………………………………… (149)

第一章 草原雪灾概述 ………………………………………………………… (152)

第二章 内蒙古积雪与时空特征 ……………………………………………… (168)

第三章 中国草原雪灾发生规律及时空分布特征 …………………………… (189)

第四章 基于数字高程模型的草原牧区雪厚度遥感监测 …………………… (198)

第五章 中国北方草原雪灾遥感监测研究案例 ……………………………… (215)

第六章 草原雪灾风险评价与区划研究 ……………………………………… (224)

第七章 草原雪灾灾情分析与评价研究 ……………………………………… (240)

· 第三篇 草原火灾 · ………………………………………………………………… (271)

第一章 草原火灾概述 ………………………………………………………… (275)

第二章 枯草期可燃物量遥感估测研究 ……………………………………… (284)

第三章 草原火险预警方法研究 ……………………………………………… (304)

第四章 乌珠穆沁草原火险预警（1） ……………………………………… (325)

第五章 乌珠穆沁草原火险预警（2） ……………………………………… (350)

第六章 草原火灾风险评价研究及面积估测方法 …………………………… (362)

第七章 多源卫星草原火灾亚像元火点面积估测方法 ……………………… (373)

第八章 草原火灾损失评估研究 ……………………………………………… (389)

第九章 草原火灾生态环境影响评价 ………………………………………… (399)

第十章 针茅草原不同季节火烧的生态效应 ………………………………… (414)

# 第一篇

# 草原旱灾

联合国政府间气候变化专门委员会（IPCC）在大量不同时间尺度和更新、更全面的数据的基础上，对全球气候变化的各种过程、气候模式的模拟能力，以及气候变化预估及其不确定性等问题进行了深入的评估研究，认为全球气候变暖已是不争的科学事实[1]。中国气候变暖趋势与全球基本一致，中国气象局国家气候中心提供的数据显示，1908—2007 年中国地表平均温度升高了 1.1℃，最近 50a 北方地区增温最为明显，部分地区温度升高达 4℃。气候模式预估结果表明，与 1980—1999 年相比，到 2020 年中国年平均温度可能升高 0.5～0.7℃，到 2050 年可能升高 1.2～2.0℃，到 21 世纪末可能升高 2.2～4.2℃[2]。

在全球气候变暖的大背景下，干旱气候变化成为气候变化研究中的热点问题之一，全球陆地大部分地区存在着干旱化的趋势，非洲大陆和欧亚大陆的干旱化趋势尤为显著，其中又以非洲大陆最为剧烈，欧亚大陆的俄罗斯远东、中国华北、东北和西北地区都是干旱化显著的地区[2]。与全球干旱变化一样，中国的干旱地区和干旱强度都呈现增加的趋势，干旱问题日趋严重，表现为干旱范围逐步扩大以及干旱持续时间增长的趋势，由干旱造成的灾害也有逐渐加重的趋势，直接威胁着我国的粮食安全和生态安全。

干旱作为一种气象灾害，长期困扰着人类的生活和工农牧业生产。据统计每年因干旱造成的全球经济损失高达 60 亿～80 亿美元，远远超过了其他气象灾害[3]。随着人口增长和经济快速发展以及由此引起的全球气候变暖加剧，干旱灾害有进一步恶化的趋势[4]。美国气象学会[5]在总结各种干旱定义的基础上将干旱分为 4 种类型：气象干旱（由于降水和蒸发不平衡所造成的水分短缺现象）、农业干旱（以土壤含水量和植物生长形态为特征，反映土壤含水量低于植物需水量的程度）、水文干旱（河川径流低于其正常值或含水层水位降落的现象）和社会经济干旱（在自然和人类社会经济系统中，由于水分短缺影响生产、消费等社会经济活动的现象）。

据民政部 1949—2003 年的统计，中国平均每年受旱耕地面积约 2 231.6万 $hm^2$，约占各种气象灾害影响耕地面积的 60%，因旱灾每年损失粮食 100 亿 kg[2]。如何有效地进行干旱监测、预警预测、风险评估以及实际灾情评价和应急救助等内容成为亟待解决的科学问题。

目前，国内的研究热点和研究成果主要集中于农田干旱的监测、预警和风险评估以及实际灾情评价等内容，涉及天然草原干旱灾害方面的研究成果相对较少，本篇基于已有的研究基础和研究成果，依托中国农业科学院草原研究所良好的科研平台，主要阐述天然草原干旱灾害的监测、预警和风险评估等内容。

中国拥有天然草地面积 3.93 亿多 $hm^2$，占国土面积的 41.41%，其中，可利用草地面积占天然草地资源总量的 84.26%，为世界第二大草地资源国家[6]。本篇重点研究区域为内蒙古自治区，是中国第二大草地资源省区，拥有天然草地面积 7 880万 $hm^2$，占自治区土地面积的 68.8%[6]，是中国北方及其周边地区重要的生态屏障和畜牧业生产基地，气候条件决定了其降水量少，蒸发量和干燥度大，降水量和径流量年内、年际变化大，极易形成干旱灾害；在全球气候变暖的大背景下，内蒙古干旱灾害频发；加之长期的超载过牧、草地采矿等人为原因，导致严重的草地退化和草原生态环境极度脆弱，草地面积不断减少和退化减弱了草原牧区应对气候变化和环境灾害的能力。

因此，全面分析引致草原干旱的影响因素，分析各因素与土壤湿度的相关性，构建综合性干旱监测指标，形成科学合理的干旱监测方法和等级划分标准；分析监测长时间序列内干旱灾害的时空分布特征及干旱胁迫下植被的覆盖度、生物量、物候物种等变化；形成科学合理的草原干旱灾害预警、风险评估和实际灾情评价体系等内容对提高草原地区的防灾减灾能力、维护地区生态安全、经济发展、社会安全和弘扬民族传统文化等具有重要意义。

# 第一章　草原旱灾概述

## 1　概论

草原地区多属干旱、半干旱地区，生态环境脆弱，对降水变化反应极其敏感，对水分条件的依存度很高。干旱灾害是畜牧业主要的气象灾害，其发生频率高，持续时间长，波及范围大，对牧区社会经济有严重影响。以畜牧业大省内蒙古自治区（全书简称内蒙古）为例，根据内蒙古牧区干旱灾情历史资料的统计[38]，内蒙古地区干旱灾害出现的频率高达65.8%。平均年遭受干旱灾害的面积达2 459万 $hm^2$，其与该区可利用草场面积的比率，即受旱率高达39.47%，牲畜因旱年平均死亡率为4.7%。畜牧业一直是内蒙古地区经济的支柱产业，旱灾的频繁发生给牧区畜牧业生产造成严重的影响。干旱除了对畜牧业生产有着直接影响，对草原生态环境也具有潜在危害，干旱对地表植被生长抑制加速了土地的沙化、草场退化，促使地下水位下降，造成人畜饮水困难，使生态环境进一步恶化。因此，针对草原地区的干旱灾害开展预测、监测、分析、评估，有着理论与现实的双重意义。

干旱灾害的发生特征在时间上具有连续性，在空间上具有连片性。传统的以气象站点观测数据来监测干旱的方法已远不能满足现代生产和管理的需要，迫切要求利用遥感、GIS技术等现代的科技手段，对草原牧区干旱灾害发生的直接承灾体（草原）进行大面积、实时的动态监测，对干旱灾害的发生、发展进行详实的定量研究。这些方法的应用有利于加强研究者对草原干旱灾害预警与评估分析的能力，可以切实提供能够支持抗灾决策和干旱灾害风险管理的理论、技术方法。

20世纪80年代世界气象组织（World Meteorological Organization，WMO）定义干旱为一种持续的、异常的降雨短缺。这一定义以降水为标志，以降雨短缺为灾害的核心内涵，而这种降雨短缺在时间上是异常的，是持续的。随着对水资源的理解加深，降雨的异常短缺已经不能反映干旱的全部特征，以水资源的供需平衡为认识干旱的切入点，可从不同的供需关系中分解出不同的干旱，干旱所影响的层面不同，对干旱的定义也有所不同。干旱的类型大体可以分为4类：气象干旱、农业干旱、水文干旱和社会经济干旱[60]。

（1）气象干旱：是指某时段由于降水和蒸发的收支不平衡造成的异常水分短缺现象。气象干旱最直观的表现是降水量的减少。降水量的减少不仅是气象干旱发生的根本原因，而且是引发其他类型干旱发生的重要自然因子。气象干旱通常以降水的短缺程度作为干旱指标。如连续无雨日数、降水量距平异常偏少以及各种天气参数的组合等。

（2）农业干旱：以土壤含水量和植物生长状态为特征，是指农业生长季节内因长期无雨，造成大气干旱、土壤缺水，农作物生长发育受抑，进而导致明显减产甚至失收的现象。农业干旱灾害发生的根本原因就在于农作物需水过程与降水过程不同步。其发生是自然因素与人为因素共同作用的结果，降水、气温、地形等是影响其发生的自然因子，农作物品种、布局、生长状况等是影响其发生的人为因子。气象干旱是农业干旱的先兆，在降水与蒸发的影响下土壤水分收支不平衡，土壤含水量下降、供给作物水分不能满足作物需要，最终影响到农作物正常的生长发育。因此，农业干旱通常使用反映水分的收支平衡程度的指标，如相对土壤湿度、作物供水指数等。

（3）水文干旱：通常是指河川径流低于其正常值或含水层水位降低的现象。其成因是由降水和地表水或地下水收支不平衡造成的水分短缺。通常用某段时间内河道径流量、水库蓄水量和地下水位等进行定义。

（4）社会经济干旱：是指由自然降水系统、地表和地下水量分配系统与人类社会需水排水系统不平衡造成的异常水分短缺现象。常以对应的经济商品的水资源供需情况为其衡量指标，如粮食产量、发电量、生命财产损失等。社会经济干旱指标主要评估由于干旱所造成的经济损失。

草原干旱灾害是农业干旱的一种，是指生长季节内因降水短缺，造成大气干旱、土壤缺水，牧草生长发育受抑，进而导致产草量明显减少甚至牲畜采食困难的现象。以土壤含水量不能满足牧草生长的基本需要和牧草生长受到抑制为特征。

## 2 研究背景

### 2.1 内蒙古东部草原区范围

内蒙古东部的温性草甸草原、温性草原、温性荒漠草原（图 1－1－1）具体落实到的行政区包括锡林郭勒盟的 9 个旗（县）：苏尼特左旗、苏尼特右旗、阿巴嘎旗、镶黄旗、正镶白旗、正蓝旗、锡林浩特市、东乌珠穆沁旗、西乌珠穆沁旗；赤峰市的 5 个旗（县）：克什克腾旗、林西县、巴林右旗、巴林左旗、阿鲁科尔沁旗；通辽市的扎鲁特旗；兴安盟的 2 个旗（县）：乌兰浩特市、科尔沁右翼前旗；呼伦贝尔市的 6 个旗（县）：海拉尔区、满洲里市、新巴尔虎左旗、新巴尔虎右旗、陈巴尔虎旗、鄂温克族自治旗。（图 1－1－2）

内蒙古东部分布有 7 个植被类型区[65]：呼伦贝尔中部羊草—大针茅草原区、呼伦贝尔西部克氏针茅草原区、大兴安岭山麓贝加尔针茅—线叶菊草甸草原区、西辽河流域针茅草原区、锡林郭勒中东部羊草—大针茅草原区、锡林郭勒中西部克氏针茅草原区、锡林郭勒西部小针茅荒漠草原区。（图 1－1－3）

### 2.2 自然地理概况

内蒙古锡林郭勒盟及其以东的草原地区，（图 1－1－4）位于 41°12′N ~ 53°23′N，111°08′E ~ 126°04′E 之间，北与蒙古人民共和国接壤，东临松辽平原，西接乌兰察布高平原，南与华北山地相连。该区域地势呈南高北低、西高东低的态势，东部平原区海拔仅为 400 ~ 600m，西部高原区海拔在 1 000 ~ 1 500m之间。区域内主要地貌类型包括：山地、平原、丘陵、盆地等，东北—西南向的大兴安岭构成了山地的主要骨架。以大兴

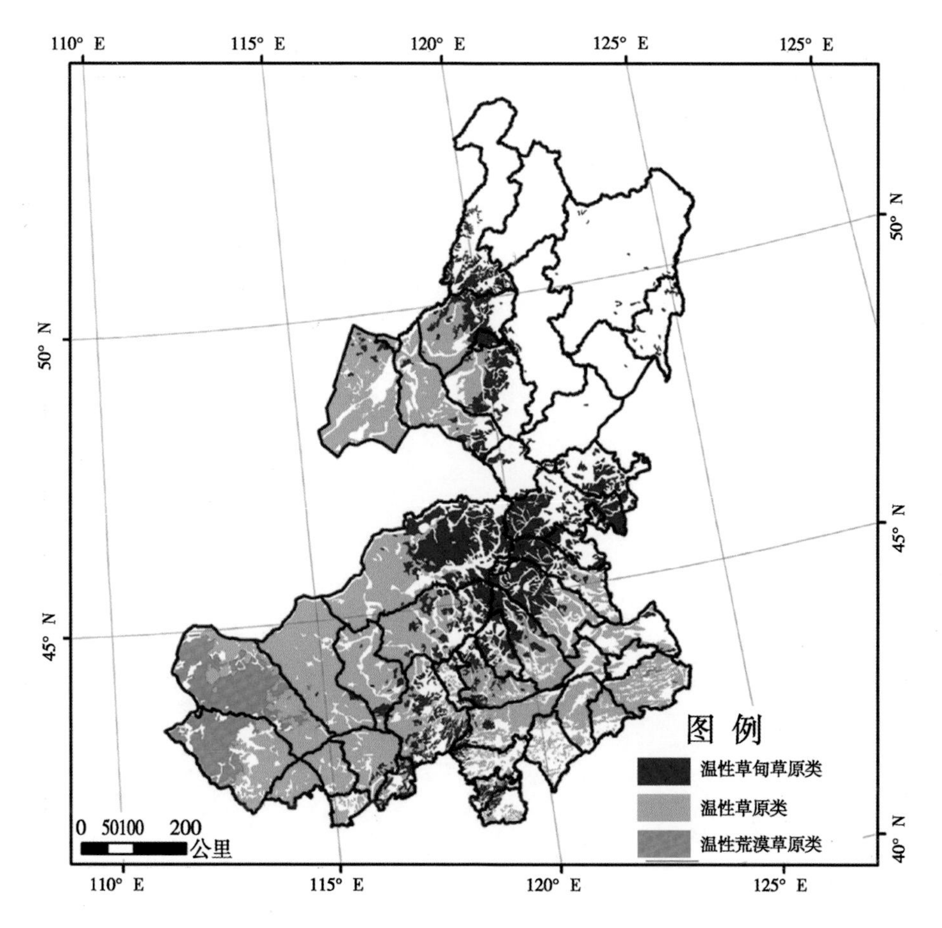


图 1－1－1 内蒙古东部草原区域范围

Fig. 1－1－1 Eastern Inner Mongolia grassland type

安岭为界，以东为松嫩平原、西辽河平原；以西自北向南依次为呼伦贝尔高平原、乌珠穆沁盆地、阿巴嘎高平原—熔岩台地。区域内的主要水域包括：额尔古纳河、海拉尔河、西辽河以及我国北方最大的湖泊—呼伦湖。

研究区气候以温带大陆性季风气候为主，春季气温骤升，多大风天气；夏季短促而炎热、降水集中雨热同期；秋季气温剧降，霜冻往往早来；冬季漫长严寒，多寒潮天气。全年太阳辐射量由东北向西南递增，年日照时数在2 500小时到3 000小时之间。降水量由东北向西南递减。年平均气温为－2～8℃，1 月平均最低气温为－36～－16℃，7 月平均最高气温为24～34℃，气温年差平均在 34～36℃。年总降水量 150～450mm，降水量自东北向西部递减。春季降水量在 20～60mm 之间，夏季降水量在 100～350mm 之间，秋季降水量在 30～70mm 之间，冬季降水极少，全年降水量约 70% 集中于夏季，90% 的降水量集中于 4～9 月。年均蒸发量在 1 200～2 400mm。图里河—阿尔山一线以东、乌兰浩特以北年湿润度大于 0. 6 为半湿润地区，其夏秋季干旱频率低于 20%；东乌珠穆沁—化德一线以西年湿润度小于 0. 3 为干旱区，其夏秋季干旱频率高于 80%；

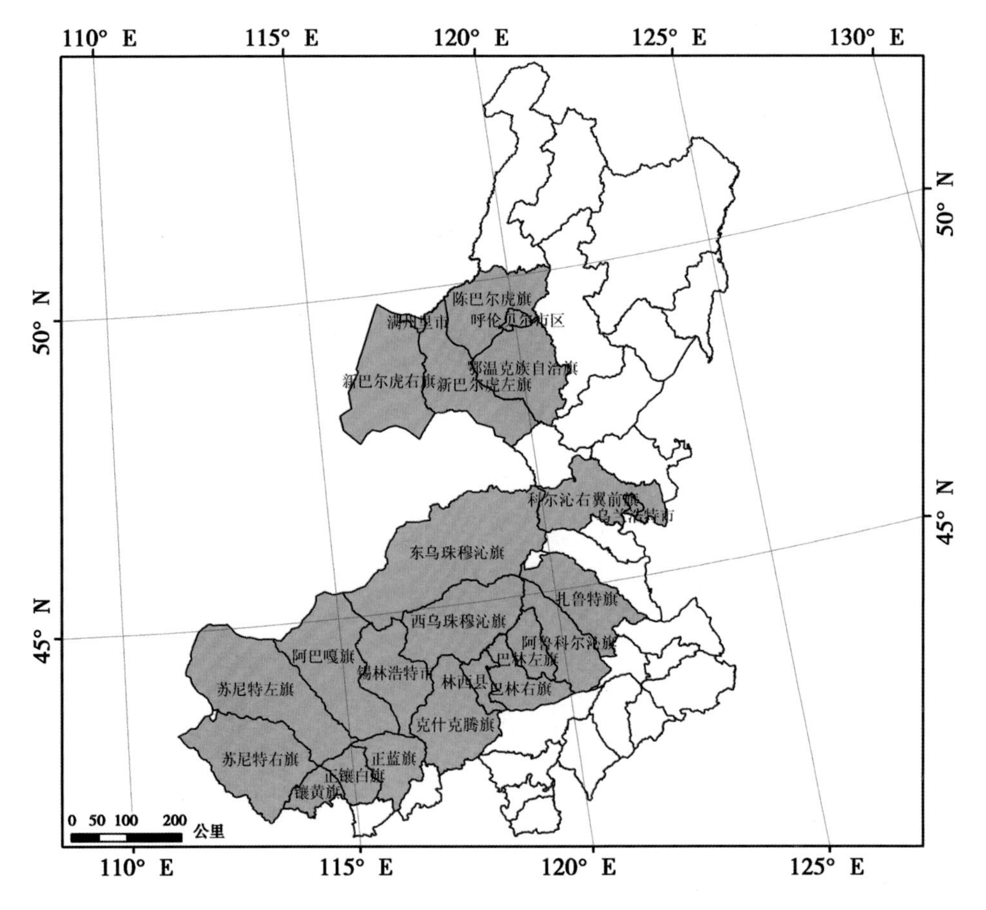


图 1－1－2　内蒙古东部草原区域范围

**Fig. 1－2－1　Research area**

东乌珠穆沁—化德一线以东的其余地区年湿润度在 0.3～0.6 为半干旱区，其夏秋季干旱频率约为 50%。

## 2.3　草原概况

整个内蒙古东部草原区东西跨经度为 15°，南北跨纬度为 12°，由于经纬度的不同导致了水热分配的差异，给草原植被创造了不同的生境条件，形成了草原的水平地带性更替。在自东向西的半湿润区—半干旱区—干旱区过度的大气候背景下，土壤类型由黑钙土、暗栗钙土变为栗钙土，在此之上自东向西发育了温性草甸草原、温性草原与温性荒漠草原。相对于长期受剧烈干旱胁迫的内蒙古西部地区的温性荒漠草原、温性草原化荒漠以及温性荒漠地区，东部的草原对降水变化的响应更加敏感。研究区内还广泛散落分布有低地草甸、沼泽等隐域性的植被类型，由于隐域性植被类型是基于局地地形、水文、局地小气候的影响，其对降水变化的影响相对较小，因此在本文的研究中暂且忽略。本章以研究区内地带性分布的草原为主要研究对象，应用遥感技术研究干旱对草原植被的影响，并实现草原区的干旱灾害监测。

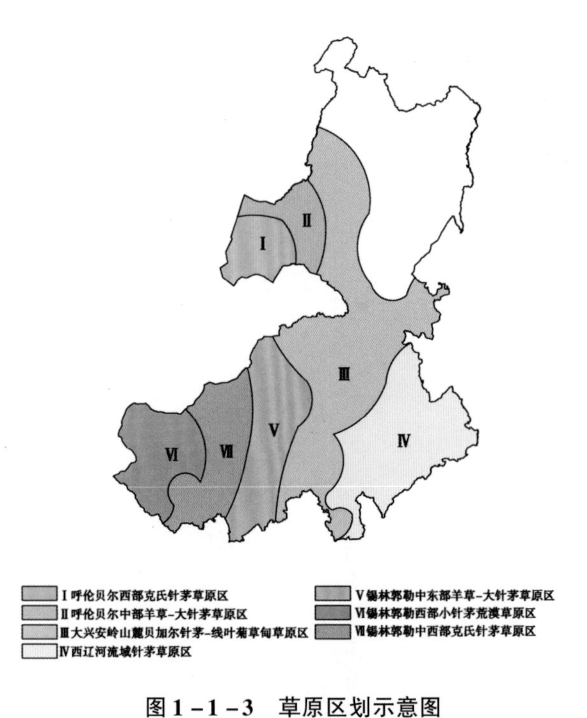


**图 1－1－3　草原区划示意图**

**Fig. 1－1－3　Research area grasslawl dirisions**

（1）呼伦贝尔中部羊草—大针茅草原区：位于呼伦湖以东的温性草原地区河流分布较多，水分条件也较好，是以羊草和大型针茅（主要是大针茅有时也有克氏针茅与贝加尔针茅）为建群种的根茎丛生禾草草原。年≥10℃的积温在 2 000℃上下浮动，年降水量在 250～350mm。杂类草较为丰富，草群有明显的分层现象，羊草和大针茅居上层，一般高 35～45cm，其下通常是丛生禾草高 10～25cm 混有较多的杂类草。丛生禾草主要有糙隐子草（*Cleistogenes squarrosa*）、冰草（*Agropyron cristatum*）、早熟禾（*Botryoides*）等。杂类草有几种萎陵菜（*Potentilla ssp*）、几种蒿属、野葱（*Allium sacculiterum*）、野韭（*A. odourm*）、柴胡（*Bupleurumsp.*）、芯芭（*Cymbaria dahuric*）、蓬子菜（*Galium verum*）、麻黄（*Serratula centauroides*）、唐松草（*Thalictrum* sp.）、阿尔泰狗娃花（*Heteropappus altaicus*）等。豆科主要是黄芪属的直立黄芪（*Astragalus adsurgens*）、杂花苜蓿（*Pocockia ruthenica*）等。最下层是伏地草本和一些小半灌木，通常在 10cm 以下，它们是星毛萎陵菜（*Potentilla acaulis*）、细叶白头翁（*Pulsatilla turczaninovii*）或寸草苔（*Carex duriuscula*），或小半灌木冷蒿（*Artemisia frigida*）。植被覆盖度在 50% 左右，单位面积产草量 200g/m$^2$。在以羊草为主的地区羊草的产量比重很高，一般在 60%～70%，是草原植被质量最好的地区。在以大针茅为主的地区，禾草的产量比重比羊草草原低一些，为 50% 左右。

（2）呼伦贝尔西部克氏针茅草原区：以呼伦贝尔新巴尔虎右旗为核心区的草原区是以克氏针茅为建群的丛生禾草草原。年≥10℃的积温为 2 000～2 500℃，年降水量在 200～250mm。以克氏针茅为主的草群有时是由大针茅、糙隐子草等丛生禾草组成，在

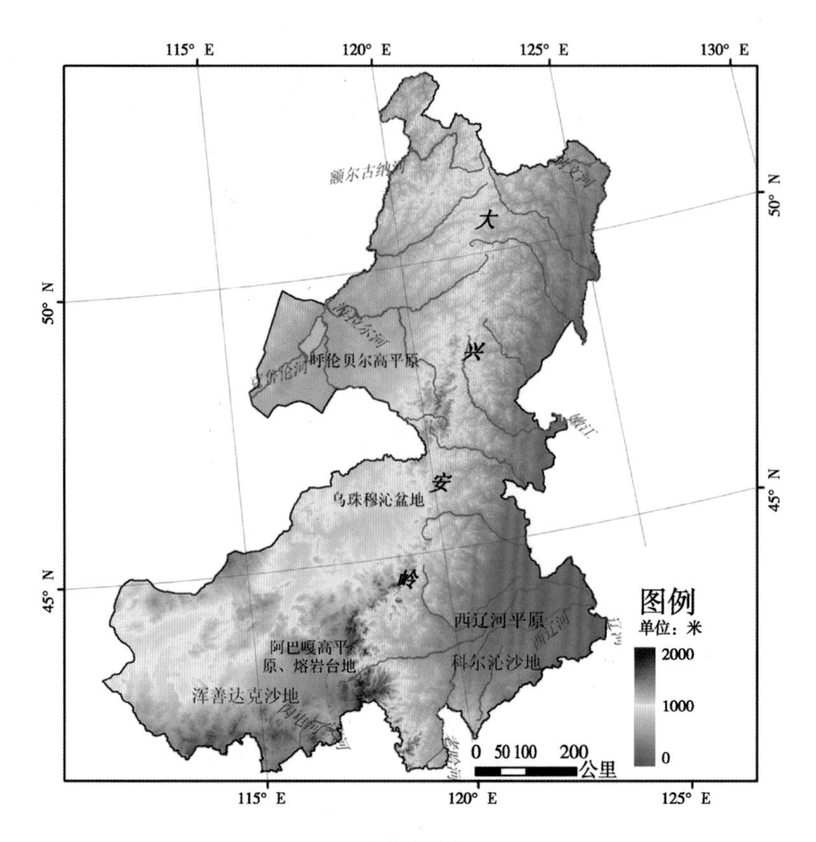


图 1-1-4　内蒙古东部地貌图

Fig. 1-1-4　Eastern Inner Mongolia landscape

呼伦贝尔高平原的核心地带，大面积的覆被着克氏针茅草原，也可见由洽草（*Koeleria cristata*）、早熟禾、冰草和隐子草组成多种优势种的丛生草原。草层分明显的上下两层，上层 30～35cm，以克氏针茅为代表；下层 10～15cm 以丛生小禾草为代表。植被覆盖度约为 40%，单位面积产草量 150～200g/$m^2$。

（3）大兴安岭山麓贝加尔针茅—线叶菊草甸草原区：沿大兴安岭西麓一直向南至南麓，在湿润的气候背景下贝加尔针茅（*Stipa baicalensis*）与线叶菊（*Filifolium sibiricum*）在草甸草原上占有着绝对的优势，地带性土壤为黑钙土和暗栗钙土，年≥10℃的积温为 1 500～2 000℃，部分地区甚至低于 1 500℃，年降水量在 350～450mm，是以湿冷为主要特征的地区，湿润系数接近 0.6。这里丘陵起伏，线叶菊占据着丘陵坡地和顶部，坡的中上部贝加尔针茅更加明显，在坡的下部羊草（*Leymus chinensis*）成为了优势种。有时糙隐子草、日荫菅（*Carex pediformis*）、孤茅（*Festuca elatior*）、大油芒（*Spodiopogon sibiricus* Trin）等也会占有优势地位。较常见种有地榆（*Radix Sanguisorbae*）、蓬子菜（*Galium verum* L）、黄花菜（*Hemerocallis citrina Baroni*）、野火球（*Trifolium lupinaster*）、歪头菜（*Vicia unijuga*）、狼毒（*Stellera chamaejasme Linn*）、黄芩（*Scutellaria baicalensis Georgi*）、黄芪（*Leguminosae*）、叉分蓼（*Oflygonum divaricatum* L）、柴胡等（*Rootof Chnese Thorowax*）。植物种类丰富，植被覆盖度高达 60% 以上，单位面积产草量可达 300g/m$^2$。这一地区是内蒙古地区自然条件较好的地区，它产草量高、杂类草丰富，适宜饲养大型牲畜如牛、马等。

（4）西辽河流域针茅草原区：西辽河流域是典型的农牧交错带，农业耕作区面积比例较大，这一地区的草原以科尔沁沙地为核心区。大型针茅（大针茅、克氏针茅与本氏针茅）为建群种的丛生禾草草原。年≥10℃的积温在 2 000℃上下浮动，年降水量在 250～350mm。由于这一地区水热条件较好，农业发达，平缓地区大多已经被开垦，残留在丘陵顶部的草场也多退化为以百里香为次优势种的本氏针茅草场。克氏针茅也多在丘陵坡顶上部出现。其他常见植被有隐子草、虎榛子（*Ostryopsis davidiana*）、绣线菊（*Spiraea salicifolia*）等。毛乌互沙地大部分包括在该区域内，主要沙地植被有沙蒿和柠条（*Caragana korshinskii*）、寸草苔、马蔺（*Iris ensata*）和芨芨草（*Achnatherum splendens*）植被覆盖度在 30%～40% 左右，单位面积产草量 100～200g/m$^2$。

（5）锡林郭勒中东部羊草—大针茅草原区：这一地区是以羊草和大型针茅（主要是大针茅有时也有克氏针茅与贝加尔针茅）为建群种的根茎丛生禾草草原。年≥10℃的积温在 2 000～2 500℃之间，年降水量在 300～350mm。杂类草较为丰富，草群有明显的分层现象，羊草和大针茅居上层，一般高 35cm～45cm，杂有少量草木樨状黄芪（*Astragalus melilotoides*）等豆科牧草和杂类草，其下通常是丛生禾草高 10～25cm 混有较多的杂类草。丛生禾草主要有糙隐子草（*Cleistogenes squarrosa*）、冰草（*Agropyron cristatum*）、早熟禾（*Botryoides*）等。杂类草有几种萎陵菜（*Potentilla* ssp）、几种蒿属、野葱（*Allium sacculiterum*）、野韭（*A. odourm*）、柴胡（*Bupleurum* sp.）、芯芭（*Cymbaria dahuric*）、蓬子菜（*Galium verum*）、麻黄（*Serratula centauroides*）、唐松草（*Thalictrum* sp.）、阿尔泰狗娃花（*Heteropappus altaicus*）等。豆科主要是黄芪属的直立黄芪（*Astragalus adsurgens*）、杂花苜蓿（*Pocockia ruthenica*）等。最下层是伏地草本和一些小半灌木，通常高在 10cm 以下，它们是星毛萎陵菜（*Potentilla acaulis*）、细叶白头翁（*Pulsatilla turczaninovii*）或寸草苔（*Carex duriuscula*），或小半灌木冷蒿（*Artemisia frigida*）。植被覆盖度在 50% 左右，单位面积产草量 200g/m$^2$。

（6）锡林郭勒中西部克氏针茅草原区：这一地区是以克氏针茅和丛生禾草糙隐子草、小半灌木冷蒿组成。隐子卓、羊茅、冰草、冷蒿常为次优势种。年≥10℃的积温在 2 000～2 500℃之间，年降水量在 200～250mm。一般高 15～35cm。豆科较少，杂类草也不丰富。杂类草是以阿尔泰狗娃花（*Heteropappus altaicus*）为代表的旱生杂类草，包括芯芭（*Cymbaria dahuric*）、草芸香（*Haplophyllum dauricum*）、柴胡（*Bupleurumsp.*）、燥原荠（*Ptilotrichum canescens*）、葱属等。豆科主要是扁蓿豆、直立黄芪（*Astragalus adsurgens*）。菊科以蒿属为主，特别是冷蒿较多。一年生植物在草群中的作用已经明显化。植被覆盖度在 30%～40% 之间，单位面积产草量 150～200g/m$^2$。

（7）锡林郭勒西部小针茅荒漠草原区：这一地区是以小型针茅主要是小针茅为建群种的丛生禾草草原。年≥10℃的积温在 2 500℃上下浮动，年降水量在 150～250mm。草群低矮，一般高 10～15cm。主要以小针茅和小半灌木组成。草群组成种类贫乏，每平方米的物种数一般低于 10 种。次优势种最常见的是冷蒿，此外还有蒿属、小亚菊、糙隐子草和多根葱。杂类草作用很小，只有一些矮小的强旱生植物如阿氏旋花，叉枝鸦葱，细叶鸢尾（*Iris tenuifolia*），木地肤（*Kochia prostrata*），阿尔泰狗娃花（*Heteropappus altaicus*），燥原荠（*Ptilotrichum canescens*）等。一年生植物作用增强，包括一年生小禾草冠芒草（*Pappophorum brachystachyum*）和小画眉草（*Eragrostis minor*）、猪毛菜（*S. collina*）类、篦齿蒿（*A. pecinata*）。植被覆盖度在15%左右，单位面积产草量约80～150g/$m^2$。

### 2.4 内蒙古东部草原旱灾历史概况

内蒙古东部的水汽主要来自太平洋上的水汽输送，少部分来自北冰洋。大兴安岭、燕山山脉、阴山山脉阻挡了水汽西进的进程。研究区属于半干旱、干旱与严重干旱区，大部分地区年降水量在100～300mm之间，这与其所处的地理位置有着不可分割的关系。草原植被是在“物竞天择”的自然规律下在当地的自然条件背景下发育而成的，虽然降水较少，但如果这些降水每年能够应时而到，则不至于形成干旱灾害，研究区地处东亚季风气候区的西北缘，降水变率较大，年降水量的相对变率为15%～25%，高于江淮以南地区。总的来看，研究区干旱灾害出现的频率很高，算上季节性旱灾，基本符合群众说的“十年九旱”的特点。表1-1-1为内蒙古东部草原牧区干旱的基本特点。

**表1-1-1 研究区干旱基本特点（中国气象灾害大典，内蒙古卷）**

**Tab. 1-1-1 Research area drought basic characteristics**

| | 轻旱 | 中旱 | 重旱 |
|---|---|---|---|
| 呼伦贝尔市西部牧区 | 十年九旱 | 两年一中旱 | 七年一大旱 |
| 兴安盟大部 | 四年三旱 | 两年一中旱 | 八年一大旱 |
| 通辽市北部牧区 | 三年两旱 | 七年两中旱 | 很少 |
| 赤峰市农牧交错区 | 十年九旱 | 三年两中旱 | 五年一大旱 |
| 锡林郭勒盟牧区 | 十年九旱 | 两年一中旱 | 五年一大旱 |

内蒙古地区发生连年干旱的概率也很大，从1960年到1990年的30年间发生三年以上连年大面积干旱的就有4次，其中，1970年至1975年更是发生了6年的连续干旱。研究区90%以上的年降水集中在每年的4～9月，而连季干旱，特别是春夏连旱是牧区经常出现并且对牧区生产影响最大的干旱类型。据吴鸿宾等人统计，发生一般以上灾害的35年中，有24年出现了春夏连旱，频率达63.6%；明显干旱年份中发生春夏连旱的频率为34.3%。连年干旱与连季干旱的出现更会加重灾害对牧区生产的影响。

## 3 研究方法及技术路线

### 3.1 草原干旱空间数据库建立

为满足研究需要选取了与干旱有关的几种数据，包括：气象数据、地面调查数据、遥感数据与统计资料等。

所用气象数据为内蒙古乌兰察布市及其以东的73个气象台站的逐旬降水数据，选取的时间跨度为1971—2010年。

地面调查数据来源于2009年、2010年两年度共6个时段27个野外样地的实地调查，样地类型包含温性草甸草原类、温性草原类、温性荒漠草原类，每种草原类的样地数为9个。在每种草原类中又各选取了广域性分布的3种草原型。地面调查的内容涵盖植物群落种类组成、结构、数量特征、植物生长状况以及土壤湿度、地表温度、植被指数（NDVI）等生境条件。

遥感数据采用了MODIS1B数据，分辨率为1km，所选时段为2006—2010年的生长季4月至10月的数据。

统计资料数据来源于内蒙古统计局网2006—2009年的旗县级数据。

要将多元数据结合在一起进行运算和分析，首先要进行空间匹配，即统一气象数据、地面调查数据、遥感数据与统计资料数据的空间分辨率、时间分辨率、地理坐标系统。

首先是空间分辨率统一，以遥感数据为核心，将地面调查和统计资料的点数据插值为与遥感数据空间分辨率一致的栅格数据，分辨率为1km。气象数据、地面数据为站点数据，为了方便数据的空间分析，将这些应用站点的地理坐标与站号处理为栅格索引文件，索引栅格文件的图幅和分辨率与遥感数据相同，数据类型为整型站点数据所在格点赋值以站号编号，索引栅格文件的建立既可以方便的调用站点ASCII文件进行数据插值、空间分析等操作，又可以提取站点遥感数据快速的生成ASCII文件，提高了遥感数据与站点数据之间的链接效率。统计资料数据是县级数据，因此利用旗县矢量面状数据，将统计数据输入矢量数据的属性表，然后根据需要将面状的矢量数据转化成所需要素的栅格专题地图。所有数据经预处理、匹配处理后生成同一图幅范围、地理坐标系、同一空间分辨率的栅格数据，这样所有的数据形成一个多维的数据矩阵，能够方便灵活的应用面向矩阵的科学计算语言对其进行计算分析。

其次是时间分辨率统一，所收集的气象数据为逐旬数据，因此需将遥感数据处理为逐旬数据。

最后是地理坐标系统的统一，结果数据为了分析统计方便，最后统一转化为ALBERS等积投影1km分辨率网格数据。

### 3.2　遥感数据处理与参数反演计算

此项研究所使用MODIS 1B数据为MOD021KM数据，时段为2006年至2010年的生长季4月至10月的数据，原始数据格式为HDF科学数据集。选用了面向矩阵的科学数据处理语言IDL（Interactive Data Language）进行数据的批量处理。处理过程包括HDF文件的提取，反射率与辐射亮度数据生成，太阳高度角纠正，植被指数计算，地表温度计算，结果数据几何纠正。由于大气纠正所需输入参数较多很难完全依赖遥感数据进行纠正，因此，本文件规避了大气纠正这一过程。但并不代表在遥感数据的反演中忽略了大气的影响，为了降低大气光学厚度不同的影响在遥感数据的计算与反演过程中，选取了归一化植被指数（NDVI），以及分裂窗算法计算地表温度（LST），作为干旱监测模型的输入参数。

### 3.2.1 HDF 文件的提取

应用 HDF SDS 程序读取 MOD021KM 遥感数据。使用 hdf_ sd_ start 函数打开数据返回文件逻辑设备号，hdf_ sd_ nametoindex 函数与 hdf_ sd_ select 函数结合开启所需数据通道返回数据通道标识符，应用 hdf_ sd_ getdata 读取数据，hdf_ sd_ attrfind 与 hdf_ ad_ attrinfo 相结合读取 scale、offset 等辐射纠正所需的属性数据。在此过程中应注意的是 hdf_ sd_ nametoindex 与 hdf_ sd_ attrfind 函数中输入变量名称、属性名称必须与所给 MOD021KM 文件中的完全一致，获得完整的名称可使用 hdf_ sd_ fileinfo、hdf_ sd_ getinfo、hdf_ sd_ attrinfo 通过关键字 name 来获取。Hdf_ sd_ attrinfo 输入参数为文件逻辑设备号时所读属性为全局属性，为了方便进行时间序列分析可在 MOD021KM 全局属性中读取影像的采集时间用于输出结果文件命名，时间精确到秒可以避免批处理文件时出现同名文件的覆盖丢失。

### 3.2.2 反射率数据和辐射亮度数据产品的生成

MODIS L1B 在分发过程中为了减小浮点型数据占用的存储空间，采用 16 - bit 整数和尺度转换的方法，通过偏移量（offset）和尺度因子（scale）两个参数转换为 16 - bit 的整数型数据。整型数据在使用过程中，需要再次通过尺度转换的方法把整形数据转换成具有物理意义的浮点数据。太阳反射波段反射率计算公式为：

$$R_i = reflmc\ tance\_\ scales_i \times (DN_i - reflmc\ tance\_\ offsets_i)$$

（公式 1.1.1）

其中，$R_i$ 是 i 波段对应的反射率值，$DN_i$ 为 MODIS L1B 数据中 i 波段的整数型数据，$reflmc\ tance\_\ scales_i$、$reflmc\ tance\_\ offsets_i$ 为 MODIS L1B 数据自带的转换因子参数。辐射亮度计算公式为：

$$L_i = radiance\_\ scales_i \times (DN_i - radiance\_\ offsets_i)$$ （公式 1.1.2）

其中，$L_i$ 是 i 波段对应的辐射亮度值（单位：瓦/平方米/微米/立体角），$DN_i$ 为 MODIS L1B 数据中 i 波段的整数型数据，$radiance\_\ scales$、$radiance\_\ offsets_i$ 为 MODIS L1B 数据自带辐射亮度的转换因子参数。

### 3.2.3 太阳高度角纠正

MOD021KM 文件中通道名为 SolarZenith 的通道中存储的数据为太阳高度角数据，为 5km 采样数据，为了与 1km 数据相匹配，需要对太阳高度角数据进行放大 5 倍的数据内插，本文选用双线性内插法对 SolarZenith 二维数组直接插值生成 1km 分辨率的网格数据。太阳高度角纠正公式为：

$$RC_i = R_i/cas(\frac{\pi}{180} \times \theta \times scode\_\ factor)$$ （公式 1.1.3）

$Rc_i$ 为纠正后的反射率值，$scale\_\ factor$ 是 MODIS L1B 数据自带的太阳高度角数据的尺度因子。

### 3.2.4 植被指数计算

遥感图像上的植被信息，主要是通过绿色植物叶子和植被冠层的光谱特性及其差异、变化而反映的。不同光谱通道所获得的植被信息与植被的不同要素或某种特征状态有各种不同的相关性，如叶子光谱特性中，可见光谱段受叶子叶绿素含量控制、近红外谱段受叶内细胞结构控制、短波红外谱段受叶细胞内水分含量控制（图1-1-5）。在植被指数中，通常选用对绿色植物（叶绿素引起的）强吸收的可见光红波段（0.6~0.7μm）和对绿色植物（叶内组织引起的）高反射和高透射的近红外（0.7~1.1μm）波段[64]。

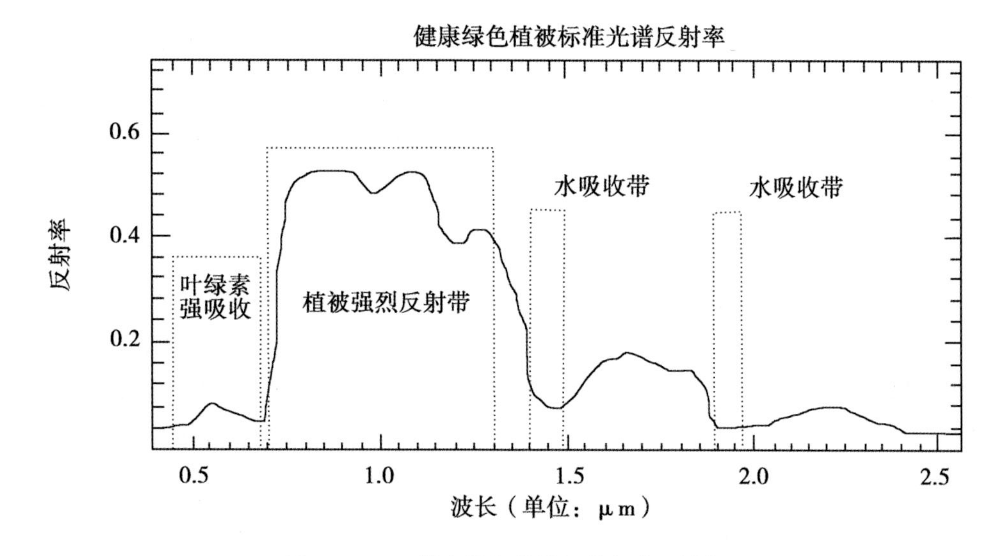


**图1-1-5　健康绿色植被标准光谱反射率**

**Fig. 1-1-5　Healthy vegetation, standard spectral reflectance**

如图1-1-5，可见光红波段和近红外波段是反映植物光谱、光合作用中的最重要的波段，它们光谱响应是截然相反的，有着明显的反差，这种反差随着叶冠结构、植被覆盖度不同而变化，根据这一特征，可以通过对两个波段进行比值、差分、线性组合等多种组合来增强或揭示隐含的植物信息。归一化植被指数NDVI就是用这一原理来监测植被生长状况的。归一化植被指数（Derring，1978）计算公式为：

$$NDVI = \frac{NIR - RED}{NIR + RED} \quad \text{（公式 1.1.4）}$$

目前，在植被遥感中，归一化植被指数（NDVI）的应用最为广泛。其原因在于：①NDVI是植被生长状态及植被覆盖度的最佳指示因子。NDVI与叶面积指数、绿色生物量、植被覆盖度、光合作用等多种植被参数均有很好的相关关系。②NDVI经归一化处理，能部分消除与太阳高度角、卫星观测角、云、阴影、地形、和气融胶厚度等有关的辐照度条件变化因子的影响，指数表达信息稳定，时空可比性高。③云、水、雪在可见光波段比近红外波段有较高的反射作用，因而其NDVI值为负值，可以用于快捷的分辨地表覆被；④岩石、裸土在两个波段有相似的反射作用，因而NDVI值近于0；而在有植被覆盖的情况下，NDVI为正值，且随植被覆盖度的增大而增大。几种典型的地面覆盖类型在大尺度NDVI图上区分鲜明，植被得到有效突出。

3.2.5　地表温度计算

草原表面可看成为一个由土壤、植被与水分构成的物体表面，其表面温度的高低与这一物体的比热系数有关，在土壤、植被构成相对稳定的情况下，水分含量决定了比热系数的变化，因此应用地表温度可以作为干旱监测模型的有效参数。

本文采用应用广泛的分裂窗算法进行地表温度的计算。地球表面作为热辐射源，其热辐射在发射到传感器的路径中多次被大气散射、吸收后才到传感器，大气也是辐射源，它的辐射能跟地球辐射一起到达传感器，并且地球本身是个灰体，考虑在 8 ~ 13μm 的波段范围内，太阳反射辐射比较弱，对总热辐射能的贡献可以忽略。热辐射传输方程可写为：

$$R_i = \tau_i[\varepsilon_i B_i(T_l) + (1 - \varepsilon_i)R_a\downarrow] + R_a\uparrow \qquad (公式 1.1.5)$$

式中 $R_i$ 是传感器在波段 $i$ 上记录的热辐射能，根据 MODIS 数据的第 31 和 32 通道的 DN（Digital Number）值计算，$\tau_i$ 为波段 $i$ 的大气透过率，$\varepsilon_i$ 为在波段 $i$ 的比辐射率，$\varepsilon_i B_i$（$T_i$）为根据普朗克定律，温度为 $T_l$ 的地表真实的热辐射能，$R_a\downarrow$ 为大气下行热辐射能，$R_a\uparrow$ 为大气上行热辐射能，可以根据分裂窗算法，用 MODIS 数据的 31 通道和 32 通道的组合来建立二元一次方程组，有效地消除大气对反演地表温度的影响，求解出地表真实温度。这就是目前广泛应用的分裂窗算法原理。

亮温是分裂窗算法中输入的核心参数，其计算可以根据普朗克公式推导计算，普朗克公式是 1900 年普朗克提出的绝对黑体辐射出射度随波长的分布函数：

$$E_{\lambda T} = \frac{2\pi c^2 h}{\lambda^s}(e^{\frac{ch}{\varepsilon\lambda T}} - 1)^{-1} \qquad (公式 1.1.6)$$

式中，$E_{\lambda T}$是 T 温度 λ 波长上黑体的辐射出射度，单位是 $W \cdot m^{-2} \cdot \mu m^{-1}$；$c$ 是光速，$c = 2.99793 \times 10^{10}/m/s$；$h$ 是普朗克常量，$h = 6.6262 \times 10^{-54} J - s$；$k$ 是玻耳兹曼常数，$k = 1.3886 \times 10^{-25} J/K$，分光辐射亮度 $B_{\lambda T}$与其关系为：

$$B_{\lambda T} = \frac{E_{\lambda T}}{\pi}(W \cdot m^{-2} \cdot \mu m^{-1} \cdot sr^{-1}) \qquad (公式 1.1.7)$$

则

$$T_\lambda = \frac{hc}{\lambda k ln(1 + \frac{2hc^2}{\lambda B_{\lambda T}})} \qquad (公式 1.1.8)$$

通常 MODIS 数据可以使用 MODIS 数据描述和支持中心（MCST）提供的光谱响应数据，利用简化公式更快捷有效的获取亮温：

$$T_i = (c_2 v/ln(c_1 v^5/l_i + 1) - tic)/tcs \qquad (公式 1.1.9)$$

$T_i$ 为对应通道的亮温；$c_2 = \frac{hc}{k} = 1.4388\mu m - K$；$c_1 = 2hc^2 = 1.1918659 \times 10^{-5} W \cdot m^2 \cdot sr^{-1}$；$l_i$ 为对应通道的辐射亮度；$v$ 为中心波数取值为中心波长的倒数；$tic$、$tcs$ 为温度订正的截距和斜率。$v$、$tic$、$tcs$ 可从 MCST 提供的光谱响应数据中获得（表 1 - 1 - 2）[43]。

表 1－1－2　光谱响应数据

Tab. 1－1－2　Spectral response data

| 通道 | $v$（nm） | $tcs$ | $tic$ |
|---|---|---|---|
| 20 | 2. 641775E＋03 | 9. 993411 E－01 | 4. 770532 E－01 |
| 21 | 2. 505277 E＋03 | 9. 998646 E－01 | 9. 262664 E－02 |
| 22 | 2. 518028 E＋03 | 9. 991584 E－01 | 9. 757996 E－02 |
| 23 | 2. 465428 E＋03 | 9. 998682 E－01 | 8. 929242 E－02 |
| 24 | 2. 235815 E＋03 | 9. 998819 E－01 | 7. 310901 E－02 |
| 25 | 2. 200346 E＋03 | 9. 998845 E－01 | 7. 060415 E－02 |
| 27 | 1. 477967 E＋03 | 9. 994877 E－01 | 2. 204921 E－01 |
| 28 | 1. 362737 E＋03 | 9. 994918 E－01 | 2. 046087 E－01 |
| 29 | 1. 173190 E＋03 | 9. 995495 E－01 | 1. 599191 E－01 |
| 30 | 1. 027715 E＋03 | 9. 997398 E－01 | 8. 253401 E－02 |
| 31 | 9. 080884 E＋02 | 9. 995608 E－01 | 1. 302699 E－01 |
| 32 | 8. 315399 E＋02 | 9. 997256 E－01 | 7. 181833 E－02 |
| 33 | 7. 483394 E＋02 | 9. 999160 E－01 | 1. 972608 E－02 |
| 34 | 7. 308963 E＋02 | 9. 999167 E－01 | 1. 913568 E－02 |
| 35 | 7. 188681 E＋02 | 9. 999191 E－01 | 1. 817817 E－02 |
| 36 | 7. 045367 E＋02 | 9. 999281 E－01 | 1. 583042 E－02 |

MODIS 数据共有 8 个热红外波段，根据劈窗算法原理选取第 31 和 32 两个波段来反演地表温度，选用 Qinetal（2001）提出的算法，该算法精度高而且计算简便，只需要两个参数，计算公式如下：

$$t_s = a_0 + A_1 T_{31} - A_2 T_{32} \qquad \text{（公式 1. 1. 10）}$$

式中 $T_s$ 是地表温度（K），$T_{31}$ 和 $T_{32}$ 分别是 MODIS 第 31 和 32 波段的亮度温度，根据这两个波段的图像 DN 值和普郎克公式来计算，$A_0$、$A_1$、$A_2$ 是劈窗算法的参数，分别定义如下：

$$A_0 = E_1 a_{31} - E_2 a_{32} \qquad \text{（公式 1. 1. 11）}$$

$$A_1 = 1 + A + E_1 b_{31} \qquad \text{（公式 1. 1. 12）}$$

$$A_2 = A + E_2 b_{32} \qquad \text{（公式 1. 1. 13）}$$

在这里，$a_{31}$，$b_{31}$，$a_{32}$ 和 $b_{32}$ 是常量，在地表温度 0～50℃ 范围内分别可取 $a_{31} = -64.60363$，$b_{31} = 0.440817$，$a_{32} = -68.72575$，$b_{32} = 0.473453$；其他中间参数分别计算如下：

$$A = D_{31}/E_0 \qquad \text{（公式 1. 1. 14）}$$

$$E_1 = D_{32}(1 - C_{31} - D_{31})/E_0 \qquad \text{（公式 1. 1. 15）}$$

$$E_2 = D_{31}(1 - C_{32} - D_{32})/E_0 \qquad (公式 1.1.16)$$

$$E_0 = D_{32}C_{31} + D_{31}C_{32} \qquad (公式 1.1.17)$$

$$C_i = \varepsilon_i \tau_i(\theta) \qquad (公式 1.1.18)$$

$$D_i = (1 - \tau_i(\theta))(1 + (1 - \varepsilon_i)\tau_i(\theta)) \qquad (公式 1.1.19)$$

其中，$i$ 是指 MODIS 的第 31 和 32 波段，分别为 $i=31$ 或 32；$\tau_i$（$\theta$）是视角为 $\theta$ 的大气透过率；$\varepsilon_i$ 是波段 $i$ 的地表比辐射率，由以上可以看出，大气透过率和地表比辐射率是该算法的两个关键参数，这两个参数直接影响最终得到的地表温度的精度。MODIS 的第 2 波段是水汽窗口波段，透过率接近于 1，而第 19 波段为水汽强烈吸收波段，Kaufman 做了大量的实验后发现利用两波段的比值法求大汽水分含量能取得比较好的效果。对于地表比辐射率，首先依据 MODIS 的第 1、2 波段进行陆地和水体的分类，对陆地像元再依据地表覆盖状况及植被与裸土之间的热辐射相互作用来估计，对水体像元则直接提取水体的地表比辐射率，最后得到整幅图像的地表比辐射率值。

对于非黑体目标物体的热辐射特性进行研究时涉及比辐射率的概念，比辐射率的定义是：物体的辐射出射度与同温度的黑体辐射出射度之比，通常又称发射率。即：

$$\varepsilon(\lambda, T) = \frac{M(\lambda, T)}{M_b(\lambda, T)} \qquad (公式 1.1.20)$$

式中 $M_b$（$\lambda$，$T$）为黑体出射度，$M$（$\lambda$，$T$）为灰体出射度，$\varepsilon$（$\lambda$，$T$）为比辐射率。比辐射率是波长的函数，对不同的波长范围，灰体的比辐射率都不同。在海面温度反演中比辐射率是固定使海面温度反演简单。但陆地表面形态和结构成分在空间上变化很大，比辐射率的准确估算比较困难，很多研究发现不同地表在 8～13μm 波谱段里的比辐射率可以在 0.90～0.99 之间变化，因此，在地表温度反演中必须对比辐射率的影响进行考虑。虽然地表形态和结构在空间上的变化很大，但对于 1 000米空间分辨率的 MODIS 数据来说可以分成水体、植被和裸土，因此，对不同植被覆盖度的类型进行估算比辐射率。覃志豪等[15]在比辐射率的估算方面做了很多研究，建立了针对 TM 第 6 热红外波段（10.40～12.50μm）的比辐射率估算方法，我们把该方法应用到 MODIS 热红外波段的比辐射率估算上，先通过 MODIS 数据提供的海陆掩模（Land/See Mask）产品来把水体剔出来并赋给水体的比辐射率，对于非水体通过植被覆盖度来计算比辐射率，其对非水体像元的比辐射率方法为：

$$\varepsilon = P_a R_a \varepsilon_a + (1 - P_a) R_s \varepsilon_s + d\varepsilon \qquad (公式 1.1.21)$$

式中，$R_a$ 和 $R_s$ 分别是植被和裸土的温度比率，$P_a$ 为植被覆盖度。

本文在反演水汽含量时采用了毛克彪等推出的 MODIS 的大气吸收通道和大气窗口通道，基于辐射传输方程的水气含量反演算法。基本思想是通过水气吸收波段（MODIS19 通道）和大气窗口波段（MODIS2 通道）的比值和水气吸收波段的透过率之间建立关系。具体到 MODIS31、32 波段为：

$$t_{31} = -0.124((0.02 - ln(R_{19}/R_2))/0.651)^2 + 1.047 \qquad (公式 1.1.22)$$

$$t_{32} = -0.145((0.02 - ln(R_{19}/R_2))/0.651)^2 + 0.997 \qquad (公式 1.1.23)$$

### 3.2.6 几何纠正

在遥感数据的处理过程中本文将几何纠正置于处理的最后一步，其原因为，调用

MOD021KM 数据中的波段数为 5 个，而输出的数据为 NDVI、LST 两组数据。几何纠正的过程是遥感数据批处理中最为费时的过程。因此，只将输出的结果数进行几何纠正可以提高数据处理的效率。PTS 文件构建是几何纠正的核心，只要在遥感数据处理的过程中对矩阵数据进行计算时不改变矩阵的行列数，就可以随时通过调用 PTS 文件对数据进行几何纠正。

PTS 文件是用于几何纠正的地理坐标与原始影像相匹配的索引性文件，它是由一个二维数组构成的，其列数为 4 列，第一列为地理坐标系 X 轴坐标，第二列为 Y 轴坐标，第三列为对应影像像元的列下标，第四列为对应影像像元的行下标。地理坐标数据来源于 MOD021KM 文件中的 Latitude 和 Longitude 通道数据，这两组数据为 5km 网格数据，也就是说对应原始的遥感数据每隔 5 个像元进行采样，采样所对应原始影像的起始像元位置可通过数据通道中的 line_ numbers、frame_ number 属性提取。PTS 数组的建立过程为，将二维的 Latitude、Longitude 数据转换为一维向量。结合 ENVI/IDL 的 ENVI 函数 ENVI_ CONVERT_ PROJECTION_ COORDINATES 可以将 Latitude、Longitude 数据中的经纬度数据转换到所需要地理坐标系下。将转换好的地理坐标数据分别赋值给 PTS 数组的第一列与第二列，然后以起始行列数和二维数组的列数来推算对应影像像元的位置赋值给 PTS 数组的第三列与第四列。最后将 PTS 数组存为 ASCII 文件，方便对对应的影像数据随时进行几何纠正。

几何纠正采用三角计算与三次卷积插值相结合的方法。其具体实现过程为在 IDL 中读入 PTS 文件，通过 ENVI/IDL 的 envi_ get_ projection 函数来提取地理坐标信息，然后使用 ENVI_ DOIT，envi_ register_ doit 来进行几何纠正，其中 method 关键字赋值为 8。

### 3.3 地面数据采集与处理

采集地面实测数据时选取了 27 个地面样地，样地范围覆盖锡林郭勒盟的 5 个旗（市），其中，东乌珠穆沁旗 13 个、锡林浩特市 2 个、阿巴嘎旗 1 个、苏尼特左旗 5 个，苏尼特右旗 6 个。（图 1－1－6）

草原类型覆盖温性草甸草原类、温性草原类和温性荒漠草原类三个大类，并在每个类别中选取了具有典型代表性的 3 种草原型，每个型选取 3 个样地，见表 1－1－3。温性草甸草原类处于草原向森林的过渡地段，是草原群落中喜湿润的类型。在监测区内温性草甸草原约占草原植被总面积的 17%，集中分布于锡林郭勒盟境东部、东南部，其中最具代表性的为羊草草原、贝加尔针茅草原和线叶菊草原。因此，在监测中选取了贝加尔针茅、羊草型，羊草、贝加尔针茅型和线叶菊、贝加尔针茅型三种草原型作为监测对象。温性草原广泛分布于锡林郭勒盟境内，占草原植被总面积的 45%，它是半干旱气候条件下的产物，是以大针茅、克氏针茅等旱生丛生禾草为主的草原群系。在样地的选取中选择了以大针茅、克氏针茅为建群种的类型，分别是：在水分条件相对好的地区发育的羊草、针茅型草原，分布最为广泛的大针茅型草原，以及在放牧强度较强、干旱程度较大的地区形成的克氏针茅、冷蒿型草原。温性荒漠草原分布于苏尼特左旗及其以西的地区，这类草原分布于大陆性气候强烈的地区，植被组成以旱生、多年生丛生小禾草为主，其次是旱生灌木、小半灌木和葱属植物。因此，选取了所占面积比较大、并以地带性指示植被小针茅为建群种的 3 个型：小针茅＋冷蒿型草原、具锦鸡的小针茅型草

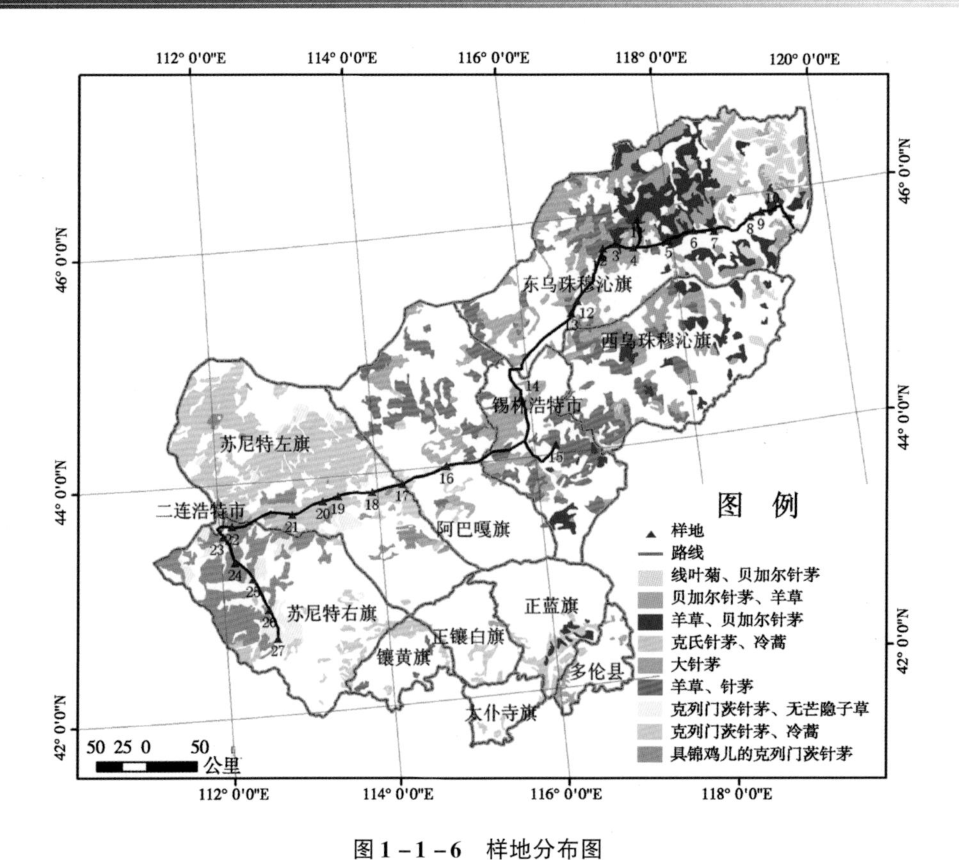


图 1－1－6　样地分布图

Fig. 1－1－6　Sample area distribution

原、小针茅＋隐子草型草原。

表 1－1－3　样地基本情况表

Tab. 1－1－3　Sample area basic table

| 编号 | 纬度（°N） | 经度（°E） | 草原类 | 草原型 |
|---|---|---|---|---|
| 1 | 45.6246 | 117.1109 | 温性草原 | 大针茅 |
| 2 | 45.7056 | 117.9511 | 温性草原 | 羊草、针茅 |
| 3 | 45.6750 | 117.5042 | 温性草甸草原 | 羊草、贝加尔针茅 |
| 4 | 45.7593 | 118.2850 | 温性草甸草原 | 贝加尔针茅、羊草 |
| 5 | 45.7296 | 118.5465 | 温性草甸草原 | 羊草、贝加尔针茅 |
| 6 | 45.8084 | 119.0211 | 温性草甸草原 | 贝加尔针茅、羊草 |
| 7 | 45.8344 | 119.1676 | 温性草甸草原 | 贝加尔针茅、羊草 |
| 8 | 45.8398 | 119.1637 | 温性草甸草原 | 线叶菊、贝加尔针茅 |

（续表）

| 编号 | 纬度（°N） | 经度（°E） | 草原类 | 草原型 |
|---|---|---|---|---|
| 9 | 45.7029 | 117.1242 | 温性草甸草原 | 线叶菊、贝加尔针茅 |
| 10 | 45.7291 | 117.2842 | 温性草甸草原 | 线叶菊、贝加尔针茅 |
| 11 | 45.9127 | 117.5995 | 温性草甸草原 | 羊草、贝加尔针茅 |
| 12 | 45.2826 | 116.7252 | 温性草原 | 大针茅 |
| 13 | 45.1863 | 116.6377 | 温性草原 | 羊草、针茅 |
| 14 | 44.5071 | 115.8876 | 温性草原 | 大针茅 |
| 15 | 42.6568 | 112.6318 | 温性草原 | 羊草、针茅 |
| 16 | 42.9103 | 112.5433 | 温性草原 | 克氏针茅、冷蒿 |
| 17 | 43.3319 | 112.1705 | 温性草原 | 克氏针茅、冷蒿 |
| 18 | 43.1793 | 112.3731 | 温性草原 | 克氏针茅、冷蒿 |
| 19 | 43.7941 | 113.3107 | 温性荒漠草原 | 小针茅、冷蒿 |
| 20 | 43.5593 | 112.0453 | 温性荒漠草原 | 小针茅、冷蒿 |
| 21 | 43.6391 | 112.1575 | 温性荒漠草原 | 小针茅、冷蒿 |
| 22 | 43.7048 | 112.9158 | 温性荒漠草原 | 具锦鸡小针茅 |
| 23 | 43.8282 | 113.5082 | 温性荒漠草原 | 具锦鸡小针茅 |
| 24 | 43.8347 | 113.9378 | 温性荒漠草原 | 具锦鸡小针茅 |
| 25 | 43.8849 | 114.3244 | 温性荒漠草原 | 小针茅、隐子草 |
| 26 | 43.9993 | 114.8919 | 温性荒漠草原 | 小针茅、隐子草 |
| 27 | 44.0773 | 116.2671 | 温性荒漠草原 | 小针茅、隐子草 |

为了体现草原地区的季节性动态变化，对27个样地在2009年的6月、8月、10月以及2010年的5月、7月、9月进行了滚动野外调查。

进行野外样地监测内容包括植物群落种类组成、结构、数量特征、植物生长状况以及生境条件。用GPS定位保证实测样地地理位置的准确性。在实测过程中记录群落组成、盖度、高度、频度、地上生物量、土壤湿度、地表温度、植被指数（NDVI）等数据。在每一个监测样地内取3个1$m^2$样方，并对具高大灌木的样地取1个10$m^2$样方。

野外数据室内处理成ASCII文件，文件分为植被调查表、样方数据表、地面生境数据表3种。植被调查表包括植被的名称、高度、多度、分盖度、频度、鲜重。样方数据为3个样方的均值，内容为植被盖度、产草量、样方内物种数、平均草群高度等。地面生境数据包括：地表温度、土壤湿度（地表5cm）与地表NDVI值。这3种文件均按固定格式并以TAB分隔存储为ASCII文件。在IDL中根据文件结构读取到定义好的结构体中，可以方便地利用野外站点的索引文件进行数据的链接。

## 3.4 气象数据处理

气象数据为内蒙古乌兰察布市及其以东的73个气象台站的逐旬降水数据。为了满足统计分析的需要所用气象数据选取的时间跨度为1971—2010年。气象数据的处理主要为两个步骤，一是对气象数据进行空间插值，二是计算标准化降水指数（SPI）。

### 3.4.1 气象数据空间插值

本文中气象数据采用在地学界得到了广泛应用的Kriging插值法。从统计学的意义上说，Kriging法是从变量相关性和变异性出发，根据空间方位、空间分布，以及与未知样点的空间相互位置关系等诸多因素描述区域化变量结构性和随机特性，在有限区域内对区域化变量的取值进行求最优、线性、无偏内插估计量的方法。Kriging法的适用条件是区域化变量存在空间相关性，而降水、气温等气象数据在空间上的分布并非是离散的，因此Kriging适用于气象数据的插值处理。Kriging插值的基本公式如下：

$$Z[x,y] = \sum_{i=1}^{x} w_i Z[x_i,y_i] \quad \text{（公式 1.1.24）}$$

$$w_1 = C(d) \quad \text{（公式 1.1.25）}$$

$Z[x, y]$ 为 [x, y] 点上的插值结果，$Z[x_i, y_i]$ 为第i个样点上的数值。C（d）为协方差函数是用来描述区域化变量之间的变异。d值仅与两点间的相对距离有关。协方差函数的数学表达式最常用的理论变异函数模型有线性模型、高斯模型、指数模型和球状模型。本文采用指数模型：

$$C(d) = \begin{matrix} c_1 - e^{-3-d/A} & d \neq 0 \\ c_1 + c_0 & d = 0 \end{matrix} \quad \text{（公式 1.1.26）}$$

其中，$C_0$ 为块金值（nugget），它表示d小于观测的尺度时的非连续变异。（$C_0$ + $C_1$）为基值，它表示当距离d非常大时达到的一个相对稳定的常数。A为变程，当距离d达到A时C（d）稳定于基值。对气象数据的插值过程中选用的参数为变程，其值为样点间平均距离的8倍，基值为1，块金值为0。

### 3.4.2 气象干旱指标SPI的计算

SPI为标准化降水指数，它的基本原理为，首先假设降水服从GAMMA分布，然后用GAMMA分布概率来描述降水量的变化，最后再经正态标准化求得SPI值。研究表明降水分布更接近于GAMMA分布，SPI可以灵活应用于对不同时间段，不同时间尺度，不同地区的降水量变化的比较，是具有适普性的干旱监测指标。SPI的具体算法如下：

假设某一站点某一时段降水量为x，则其GAMMA分布的概率密度函数为：

$$g(x) = \frac{1}{\beta^{a}\Gamma(\alpha)}\chi^{a-}e^{-E/B} \quad \text{（公式 1.1.27）}$$

$\Gamma(\alpha)$ 为GAMMA函数，$\alpha$ 为形状参数，$\beta$ 为尺度参数，二者可用最大似然法拟合求得。

$$\alpha = (1 + \sqrt{1 + 4A/3})/4A \quad \text{（公式 1.1.28）}$$

$$\beta = \bar{x}/\alpha \quad \text{（公式 1.1.29）}$$

$$A = \ln(\bar{x}) - \frac{1}{n}\sum \ln(x) \qquad \text{(公式 1.1.30)}$$

其中 n 为降水数据的时间序列长度。在给定的时段序列长度下降水量为 x 的累积概率为：

$$G(x) = \int_0^x g(x)\,dx = \frac{1}{\beta^a \Gamma(\alpha)}\int_0^x x^{a-1} e^{-x/\beta} dx \qquad \text{(公式 1.1.31)}$$

设 $t = x/\beta$

$$G(x) = \frac{1}{\Gamma(a)}\int_0^x t^{a-1} e^{-t} dt \qquad \text{(公式 1.1.32)}$$

这样就构造出一个标准的不完全 GAMMA 函数，在 IDL 中应用 IGAMMA 函数可直接求得 G（x）。但求得的 G（x）不包括 x 为 0 的情况，现实中 x 可以为 0，这种情况下累积概率应表示为：

$$H(x) = q + (1 - q)G(x) \qquad \text{(公式 1.1.33)}$$

q 为给定时间序列里降水量为 0 的次数与时间序列长度的比值。求 H（x）的正态分布函数：

$$H(x) = \frac{1}{\sqrt{2\pi}}\int_0^\infty e^{-2t/2} dx \qquad \text{(公式 1.1.34)}$$

近似计算得：

当 $0 < H(x) \leqslant 0.5$ 时：

$$Z = SPI = -[t - (c_0 + c_1 t + c_2 t^2)/(1 + d_0 + d_1 t + d_2 t^2 + d_3 t^3)] \qquad \text{(公式 1.1.35)}$$

当 $0.5 < H(x) \leqslant 1.0$ 时：

$$Z = SPI = +[t - (c_0 + c_1 t + c_2 t^2)/(1 + d_0 + d_1 t + d_2 t^2 + d_3 t^3)] \qquad \text{(公式 1.1.36)}$$

其中当 $0 < H(x) \leqslant 0.5$ 时：

$$t = \sqrt{\ln(1/(H(x))^2)} \qquad \text{(公式 1.1.37)}$$

当 $0.5 < H(x) \leqslant 1.0$ 时：

$$t = \sqrt{\ln(1/(1 - H(x))^2)} \qquad \text{(公式 1.1.38)}$$

$C_0 = 2.515\ 517$，$C_1 = 0.802\ 853$，$C_2 = 0.010\ 328$，$d_1 = 1.432\ 788$，$d_2 = 0.189\ 269$，$d_3 = 0.001\ 308$。

求得各站点 SPI 后，通过栅格索引文件建立与遥感影像相匹配的由影像上站点 X、Y 坐标与对应 SPI 构成的 3 列 73 行（气象台站数量）的二维数组，在 IDL 中调用 GRIDDATA 函数，应用 Kriging 法对数据进行内插获得与遥感影像图幅与像元大小相同的栅格数据。最后根据《GB/T 20481—2006 气象干旱等级》中规定的 SPI 指标干旱等级划分标准进行灾情程度划分，具体划分见表 1－1－4。

表 1-1-4 气象干旱等级表

Tab. 1-1-4 Meteorological drought rating table

| 等级 | 类型 | SPI 值 |
|---|---|---|
| 1 | 无旱 | -0.5 < SPI |
| 2 | 轻旱 | -1.0 < SPI≤ -0.5 |
| 3 | 中旱 | -1.5 < SPI≤ -1.0 |
| 4 | 重旱 | -2.0 < SPI≤ -1.5 |
| 5 | 特旱 | SPI≤ -2.0 |

### 3.5 草原干旱灾害监测、评估研究方法与技术路线

采用长时间序列的空间数据，包括 NASA 的陆表过程分布式存档中心的 MODIS 遥感数据陆表过程产品、中国气象局共享数据服务提供的中国陆地格网气象数据等，收集、整理和规范草原旱灾历史数据。结合环境背景数据（气象气候、生物量、植被类型、土壤湿度等）和社会经济数据等属性数据，以及基础地理数据，应用 GIS 技术建立历史灾情数据库。根据区域气候特点等综合分析，研究不同时空条件下干旱灾害发生、发展特点，揭示不同草原地区的干旱灾害发生的时空分布规律。

应用野外观测与模拟控制试验、实验室测试分析和典型路线考察等方法获取实测数据。分析不同类型草原植被的水分收支特征。将实测数据与高时间分辨率的遥感监测数据结合，应用时间序列波谱分析方法研究草原植被对干旱的响应。结合降水数据、地形、土壤、土地利用和区域地表水分布进行地表产流、径流分析。基于研究揭示干旱对草原植被、区域水文过程以及牧区畜牧业生产的影响。

着眼于时空动态，建立地表水分胁迫与植被生长状况的遥感监测模型。应用时间序列分析方法，结合气象时间序列数据，将遥感监测的植被信息进行标准化从而获得具有时空可比性的植被生长状况。应用空间分析方法对不同程度的干旱事件遥感监测数据进行分析，建立遥感监测旱情指数，并与《气象干旱等级》相对应监测的地表水分胁迫与植被生长状况。

通过月动态野外定位样地实地测定与模拟实验，测量不同草原植被不同土壤湿度的光谱信息。拟采用可见光/近红外、热红外等多种遥感数据，着眼于不同地表物理特性的水分信息表达，使用特征空间法建立草原区土壤湿度的遥感监测模型。基于以上研究，结合气象因子制定区域旱情等级划分方法与标准，建立草原旱情动态监测预警技术体系及业务化运行系统。

在对近年的草原干旱遥感监测数据进行分析的基础上，应用空间分析方法对锡林郭勒盟各旗县进行区域灾情评估，从灾情范围、强度、持续等多方面进行评估，并与损失情况数据相结合划分灾情等级，应用 BP 神经网络聚类方法划分各旗县干旱灾情类型。利用格网技术、GIS 技术、自然灾害风险评价技术、模糊数学分析等复合研究方法，对草原区社会经济、人口、基础设施、属性数据进行空间展布。通过定量化的风险分析方法，进行旱灾风险关键要素识别、量化与风险贡献率，进而建立草

原火灾危险性、暴露性、脆弱性及防灾能力评价与风险综合评价模型。编制草原旱灾灾情图谱与风险图谱。(图 1 －1 －7)

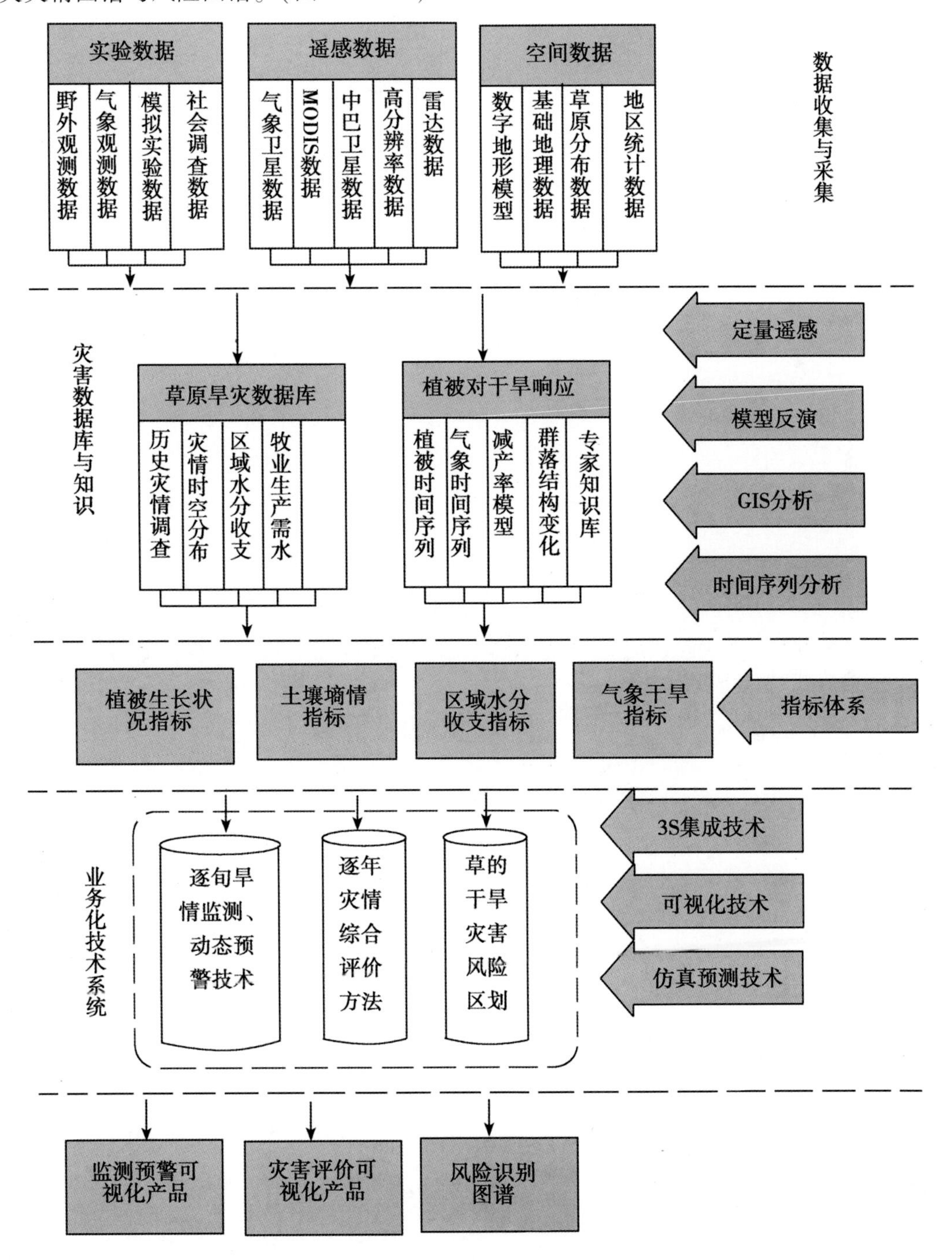


图 1 －1 －7　草原旱灾监测与评价研究技术路线

**Fig. 1 －1 －7　Grassland drought monitoring and assessment technology process**

## 4 小结

我国是世界上主要草原大国之一，占国土陆地总面积43%的草原同时也是少数民族聚居的主要地区，草原的生态安全与畜牧业的稳定发展是关系到国计民生的重大战略问题。

草原地区多属干旱、半干旱地区，生态环境脆弱。草原生产力对降水变化反应极其敏感，畜牧业对水分条件的依存度很高。干旱灾害对草原生态环境也具有潜在危害，干旱胁迫加速了土地的沙化、草场退化，促使地下水位下降，造成人畜饮水困难，使生态环境进一步恶化。干旱灾害一直是影响草原畜牧业生产的主要气象灾害，其发生频率高，持续时间长，波及范围大，对牧区社会经济有严重影响。特别是近年由于全球气候变暖，一些极端天气气候事件的发生频率可能会增加，干旱灾害出现频率也将会增加。因而减轻干旱灾害对草原区畜牧业造成的影响和损失是各级政府关心的问题，也是草业科学研究面临的一项重要任务。

揭示干旱与各种对降水敏感的草原生态环境指标之间的关系，有助于干旱监测模型的建立。开展草原地区干旱灾害的监测与评估具有重要的科学意义和应用价值，有助于我国现有生态与农业气象观测站监测数据的进一步利用和监测项目的进一步优化。

提供草原地区干旱灾害动态发展的详实的变化资料，包括直观的遥感影像资料和定量地温、土壤湿度指数、植被指数等数据，同时建立草地资源变化与气候相关分析模型，可以为草地资源的可持续利用、畜牧业的防灾减灾提供最基本的科学依据；也可直接为国家和地方政府的相关管理决策服务，并为科研院所的相关研究和教学提供理论和技术指导。

对畜牧业管理来说草原地区干旱灾害的预警和风险评价有着现实的意义，风险区划可以为不同地区展开灾害防御提供科学依据，灾害的预警指标体系的建立可以使畜牧业生产管理部门及时掌握干旱发生状况和可能造成的损失，为及早采取各项防旱减灾措施提供有力的科学依据，从而降低干旱灾害胁迫下的畜牧业经济损失。

# 第二章　干旱对草原植被的影响

## 1　引言

在干旱对草原植被影响的研究中，干旱对草原植被生产力的影响是这一领域的研究焦点。Limin Y 等[82]研究了美国中部地区草原地区气候因子与 NDVI（Normalized Diference Vegetation Index）间的关系，从而阐明气候变化对草地生产力的影响。王英舜探讨了大气降水量对草地天然牧草产量的影响。牛建明[37]通过研究气候变化对内蒙古草原分布和生产力的关系对生产力进行了预测研究。杨胜利等[54]通过研究干旱对锡林郭勒草原生态环境的影响，阐述了干旱不仅能影响草地生产力，且还对草地退化、沙尘暴、生物多样性产生巨大影响。常煌研究了气候变化对草甸草原牧草生长的影响。赵国强[62]研究气候了变化与典型草原生态区牧草产量的关系，并建立不同水分因子与牧草产量的关系模型。王宏、李晓兵等[46]利用表征草原生长变化的 NDVI 指数和表征干旱的 SPI（Standardized Precipitation Index）指数研究了荒漠草原、典型草原、草甸草原与干旱气候的线性关系，较好地阐明了草原生长与干旱气候的关系。总的来说，在干旱与草原生态的研究中，以往的研究都集中于降水对牧草生产力的影响上，而干旱对草原生态的影响是多方面的，它还应包括干旱对草原从时间上到空间的动态变化的影响。

## 2　研究内容与方法

应用野外观测与模拟控制试验、实验室测试分析和典型路线考察等方法获取实测数据。分析不同类型草原植被的水分收支特征。将实测数据与高时间分辨率的遥感监测结合，应用时间序列波谱分析方法研究草原植被对干旱的响应。结合降水数据、地形、土壤、土地利用和区域地表水分布进行地表产流、径流分析。基于研究揭示干旱对草原植被、区域水文过程以及牧区畜牧业生产的影响。（图 1－2－1）

## 3　结果与分析

### 3.1　生长季干旱概况与参照年份的确定

利用 SPI 作为气象干旱指标进行统计，所反映出的内蒙古东部 2006 年至 2010 年各年份草原生长季水分特点各有不同。其中，2006 年发生了春旱，2007 年为夏秋连旱，2008 年降水全年相对平均，2009 年为夏季干旱，2010 年同 2007 年发生了夏秋连旱。

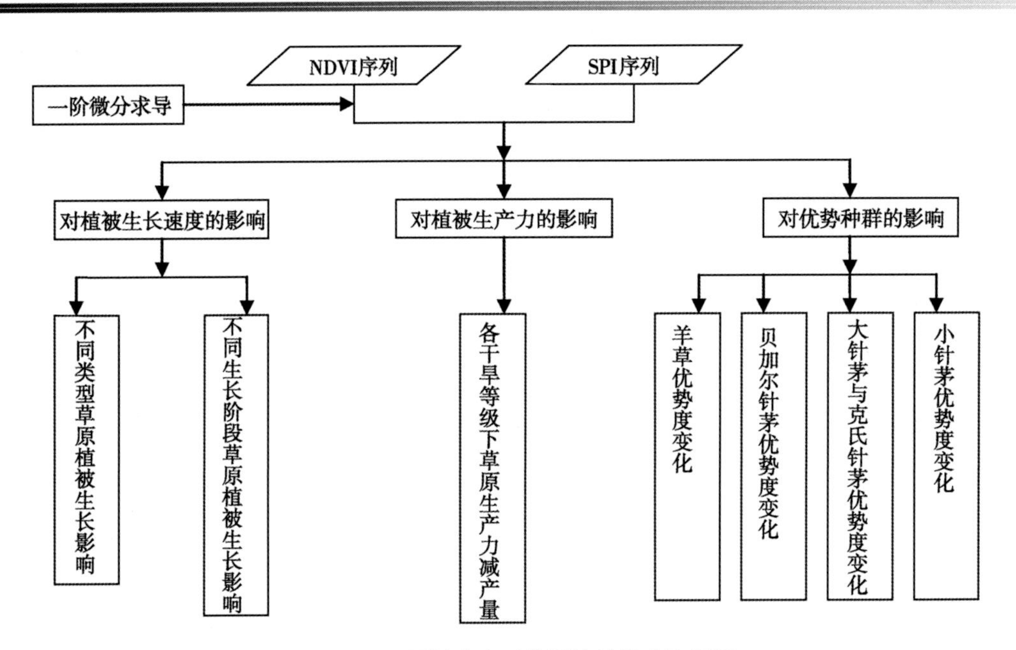


图 1－2－1　干旱灾害对草原植被影响流程图

Fig. 3. 4　The research of grassland influonce to grassland vegetation technology process

表 1－2－1　内蒙古东部历年各季度干旱状况

Tab. 1－2－1　Each quarter drought profiles

| 年度 | 春季 | | | 夏季 | | | 秋季 | | |
|---|---|---|---|---|---|---|---|---|---|
| | 草甸草原 | 典型草原 | 荒漠草原 | 草甸草原 | 典型草原 | 荒漠草原 | 草甸草原 | 典型草原 | 荒漠草原 |
| 2006 | 中旱 | 中旱 | 中旱 | 无旱 | 无旱 | 无旱 | 无旱 | 无旱 | 无旱 |
| 2007 | 无旱 | 无旱 | 无旱 | 重旱 | 中旱 | 无旱 | 轻旱 | 中旱 | 中旱 |
| 2008 | 无旱 | 无旱 | 无旱 | 无旱 | 无旱 | 无旱 | 无旱 | 无旱 | 无旱 |
| 2009 | 无旱 | 无旱 | 无旱 | 轻旱 | 中旱 | 中旱 | 无旱 | 无旱 | 无旱 |
| 2010 | 中旱 | 轻旱 | 无旱 | 重旱 | 重旱 | 重旱 | 中旱 | 轻旱 | 轻旱 |

由表 1－2－1 和表 1－2－2 可见，2006 年春季，温性草甸草原区与温性草原区一直处于干旱的状况，温性草甸草原区甚至在 5 月中旬发生了重度的干旱。温性荒漠草原区总体来说也是发生了春旱，但 2006 年春季这一地区的降水是分布不均的，干旱指数在各旬的表现上很不稳定，无旱与干旱的情况交替出现。夏季草甸草原区出现了 8 月份全月轻度干旱并一直持续到秋初的情况，而荒漠草原区与常年比相对湿润。秋季，草甸草原在秋初由 8 月份延续下来的轻度干旱有了加重的趋势，但 9 月上中旬的有效降水结束了这场持续 40 多天的轻度干旱。这一时段典型草原区、荒漠草原区降水状况与多年平均状况持平。从总体来说 2006 年发生了中度的春季干旱，生长季其他时段与多年平均状况持平。

2007 年草甸草原区与典型草原区发生了夏秋连旱，干旱程度也相对较重。这场夏秋连旱始于6月中旬，一直持续到秋末，其特点是干旱持续时间长程度重，草甸草原区干旱特点为前期干旱较为严重，典型草原区干旱特点为持续时间长后期干旱程度较为严重。荒漠草原区在这一年度只在秋季发生了干旱，其他时段与多年平均状况持平。

2008年的水分条件在5个年度中最接近常年平均状况，但是各草原区的情况略有不同。这一年度草甸草原区夏季各月降水不均匀，6月、7月的较为湿润，而8月发生了轻度干旱。典型草原区夏季的降水也不是很均匀，7月降水较多，8月降水偏少。荒漠草原区2008年度春季较为湿润，其他时段与多年平均状况持平。

2009年总体状况为春季湿润，夏季干旱，秋季与常年平均状况基本持平。本年度的夏季干旱发生较晚，初夏水分条件较往年偏多，但进入7月有效降水很少，7月下旬开始程度为中等的干旱一直持续到夏季结束。草甸草原区的干旱程度较其他类型草原轻一些，荒漠草原区干旱发生前期水分条件较往年偏多。

2010年生长季总的降水量接近常年平均状况，但降水在时间的分布上极为不平衡，春末、夏初降水较多，部分时段SPI值甚至达到了2.0以上，但进入6月中旬有效降水就开始减少，到了7月下旬旱情已经发展为重度干旱。草甸草原区干旱程度较轻，但持续时间长，典型草原区与荒漠草原区干旱程度较重，但持续时间较短，荒漠草原区较典型草原区干旱程度更重。

**表1－2－2　内蒙古东部草原植被各时段干旱程度**

**Tab. 1－2－2　Each period drought**

| 月份 | 2006年 | | | 2007年 | | | 2008年 | | | 2009年 | | | 2010年 | | |
|---|---|---|---|---|---|---|---|---|---|---|---|---|---|---|---|
| | 草甸草原 | 典型草原 | 荒漠草原 | 草甸草原 | 典型草原 | 荒漠草原 | 草甸草原 | 典型草原 | 荒漠草原 | 草甸草原 | 典型草原 | 荒漠草原 | 草甸草原 | 典型草原 | 荒漠草原 |
| 4月上旬 | 中旱 | 重旱 | 重旱 | 湿润 | 湿润 | 湿润 | 湿润 | 湿润 | 湿润 | 无旱 | 无旱 | 无旱 | 无旱 | 无旱 | 无旱 |
| 4月中旬 | 轻旱 | 轻旱 | 无旱 | 无旱 | 轻旱 | 无旱 | 湿润 | 湿润 | 湿润 | 中旱 | 无旱 | 无旱 | 轻旱 | 轻旱 | 无旱 |
| 4月下旬 | 轻旱 | 轻旱 | 轻旱 | 湿润 | 无旱 | 无旱 | 无旱 | 无旱 | 湿润 | 湿润 | 湿润 | 湿润 | 中旱 | 中旱 | 轻旱 |
| 5月上旬 | 轻旱 | 中旱 | 中旱 | 无旱 | 无旱 | 轻旱 | 无旱 | 无旱 | 湿润 | 湿润 | 湿润 | 湿润 | 重旱 | 重旱 | 中旱 |
| 5月中旬 | 重旱 | 中旱 | 重旱 | 无旱 | 轻旱 | 轻旱 | 无旱 | 无旱 | 无旱 | 湿润 | 湿润 | 湿润 | 无旱 | 湿润 | 湿润 |
| 5月下旬 | 中旱 | 轻旱 | 无旱 | 无旱 | 湿润 | 湿润 | 无旱 | 无旱 | 无旱 | 湿润 | 湿润 | 湿润 | 湿润 | 湿润 | 湿润 |
| 6月上旬 | 轻旱 | 无旱 | 无旱 | 无旱 | 无旱 | 湿润 | 湿润 | 无旱 | 轻旱 | 无旱 | 无旱 | 无旱 | 湿润 | 湿润 | 湿润 |
| 6月中旬 | 无旱 | 无旱 | 湿润 | 无旱 | 无旱 | 无旱 | 湿润 | 无旱 | 轻旱 | 无旱 | 无旱 | 湿润 | 湿润 | 湿润 | 湿润 |
| 6月下旬 | 无旱 | 无旱 | 无旱 | 重旱 | 中旱 | 轻旱 | 湿润 | 无旱 | 无旱 | 无旱 | 湿润 | 湿润 | 湿润 | 湿润 | 湿润 |
| 7月上旬 | 无旱 | 无旱 | 无旱 | 中旱 | 中旱 | 轻旱 | 湿润 | 湿润 | 湿润 | 无旱 | 无旱 | 湿润 | 轻旱 | 无旱 | 无旱 |
| 7月中旬 | 无旱 | 无旱 | 无旱 | 中旱 | 轻旱 | 无旱 | 湿润 | 湿润 | 湿润 | 无旱 | 轻旱 | 轻旱 | 轻旱 | 无旱 | 无旱 |
| 7月下旬 | 无旱 | 无旱 | 湿润 | 中旱 | 中旱 | 无旱 | 湿润 | 无旱 | 无旱 | 轻旱 | 重旱 | 重旱 | 重旱 | 重旱 | 重旱 |
| 8月上旬 | 轻旱 | 无旱 | 无旱 | 特旱 | 轻旱 | 无旱 | 轻旱 | 轻旱 | 轻旱 | 中旱 | 中旱 | 中旱 | 重旱 | 重旱 | 重旱 |
| 8月中旬 | 轻旱 | 无旱 | 无旱 | 中旱 | 轻旱 | 无旱 | 轻旱 | 无旱 | 无旱 | 中旱 | 轻旱 | 轻旱 | 重旱 | 重旱 | 特旱 |

（续表）

| 月份 | 2006年 | | | 2007年 | | | 2008年 | | | 2009年 | | | 2010年 | | |
|---|---|---|---|---|---|---|---|---|---|---|---|---|---|---|---|
| | 草甸草原 | 典型草原 | 荒漠草原 | 草甸草原 | 典型草原 | 荒漠草原 | 草甸草原 | 典型草原 | 荒漠草原 | 草甸草原 | 典型草原 | 荒漠草原 | 草甸草原 | 典型草原 | 荒漠草原 |
| 8月下旬 | 轻旱 | 轻旱 | 无旱 | 无旱 | 轻旱 | 无旱 | 轻旱 | 无旱 | 无旱 | 轻旱 | 无旱 | 无旱 | 中旱 | 重旱 | 特旱 |
| 9月上旬 | 中旱 | 轻旱 | 无旱 | 无旱 | 轻旱 | 轻旱 | 无旱 | 无旱 | 无旱 | 无旱 | 无旱 | 无旱 | 中旱 | 重旱 | 特旱 |
| 9月中旬 | 无旱 | 无旱 | 无旱 | 中旱 | 特旱 | 特旱 | 无旱 | 无旱 | 无旱 | 无旱 | 无旱 | 无旱 | 中旱 | 中旱 | 中旱 |
| 9月下旬 | 无旱 | 无旱 | 轻旱 | 中旱 | 中旱 | 中旱 | 无旱 | 无旱 | 无旱 | 无旱 | 轻旱 | 中旱 | 轻旱 | 无旱 | 无旱 |
| 10月上旬 | 湿润 | 湿润 | 无旱 | 轻旱 | 轻旱 | 轻旱 | 无旱 | 轻旱 | 轻旱 | 轻旱 | 轻旱 | 轻旱 | 中旱 | 无旱 | 无旱 |
| 10月中旬 | 轻旱 | 无旱 | 无旱 | 无旱 | 无旱 | 无旱 | 无旱 | 无旱 | 无旱 | 轻旱 | 无旱 | 无旱 | 中旱 | 无旱 | 无旱 |
| 10月下旬 | 无旱 | 无旱 | 无旱 | 重旱 | 轻旱 | 轻旱 | 轻旱 | 无旱 | 无旱 | 轻旱 | 无旱 | 无旱 | 中旱 | 无旱 | 无旱 |

采用案例分析法与时间序列法相结合的方式分析干旱对草原生态环境的影响，首先必须确定一个非旱年也非涝年的平年，作为参照年份。所收集到的遥感数据为2006—2010年，因此，要从这5年中挑选出与常年平均状况接近的年份，作为参照年份。

根据SPI的算法可知，SPI可以看作是一种标准化了的降水距平，SPI值越接近0就表示这一时段降水越接近同期的多年平均降水，当SPI的绝对值在0.5以内时，可视为达到同期的正常水平。对每个年度生长季（21个旬）的SPI（以1个月为尺度）的绝对值进行统计求得均值，并将当旬SPI的绝对值在0.5以内的时段计为正常时段，统计各年度4月到10月21个旬中的正常时段数，见表1－2－3。由统计结果可知，2008年的SPI绝对值均值最低，为0.57，正常时段数为11个，为5个年度中正常时段数最多的年份。据此，在进行对比分析时以2008年为参照年份。

**表1－2－3　2006至2010年SPI距正常年份统计表**

**Tab. 1－2－3　From 2006 to 2010 SPI normal year TAB**

| 草原类型 | 2006年 | | 2007年 | | 2008年 | | 2009年 | | 2010年 | |
|---|---|---|---|---|---|---|---|---|---|---|
| | \|SPI\|均值 | 正常时段 | \|SPI\|均值 | 正常时段 | \|SPI\|均值 | 正常时段 | \|SPI\|均值 | 正常时段 | \|SPI\|均值 | 正常时段 |
| 温性草甸草原 | 0.68 | 8 | 0.89 | 7 | 0.68 | 9 | 0.67 | 9 | 1.60 | 1 |
| 温性草原 | 0.65 | 9 | 0.85 | 8 | 0.53 | 11 | 0.75 | 9 | 1.42 | 2 |
| 温性荒漠草原 | 0.57 | 12 | 0.76 | 8 | 0.49 | 12 | 0.89 | 7 | 1.26 | 4 |
| 平均 | 0.63 | 10 | 0.83 | 8 | 0.57 | 11 | 0.77 | 8 | 1.43 | 2 |

### 3.2　干旱对植被生长的影响

温性草原植被4月到10月的生长季在遥感植被指数时间序列上主要表现为以下几个阶段：萌动期、返青期、成熟期、枯黄期、枯萎期，这5个阶段中植被指数的变化趋势为：缓慢增长→快速增长→相对稳定→快速下降→缓慢下降（图1－2－2）。这一系列的变化构成了植被指数在草原生长季时间序列的特征曲线。特征曲线的变化受草原植被生长影响因子的干扰，在不同的年份里呈现出不同的动态变化。因此，探讨降水影响因子对草原植被生长期的影响可以从特征曲线的变化情况入手进行分析。本节利用波谱分析方法对特征曲线进行微分求导，对不同年份、不同草原类型的 NDVI 时间序列求一阶导数，得到反映植被指数的增减与变化快慢的统计数据，然后与 SPI 进行相关分析，从而得出在不同的生长期干旱对草原植被的影响。

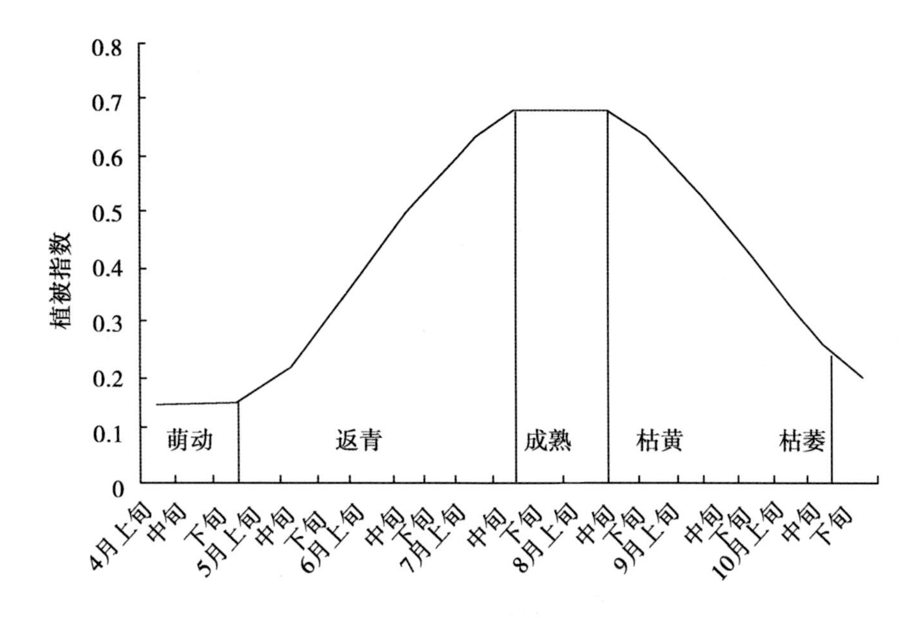


**图 1-2-2　草原地区 NDVI 时间序列**

**Fig. 1-2-2　Grassland NDVI time series**

3.2.1　*草原植被指数的时间序列的建立*

植被在各个生长期中对水分的要求是不相同的，因此，干旱在各个生长期对草原植被的影响也不尽相同。不同类型的草原植被都是在当地的气候背景下与其生境协同进化发展而成的，因此，不同的草原类型在不同的生长期对干旱的响应也是不同的。此外，受地形、地下水、土壤类型等条件的影响，地表植被对干旱的响应也不同。为了减少生境条件的影响，在建立时间序列谱线的过程中，在各旬 NDVI 的提取过程中，使用平原丘陵区为采样区（在 DEM 数据中定义），并与草原类型图叠加，提取了不同草原区的各时段的 NDVI，形成对应的样本组。为了减少遥感影像噪声的影响，对各个样本组进行升序排序，并根据序列的样本累积数据剔除前后各 5% 的样本，生成计算用样本组，最后计算各样本组的均值与标准差之和，得到当旬的 NDVI 在时间序列上的表现值。图 1-2-3 为 2006—2010 年不同草原类型的植被指数（NDVI）时间序列图。图中，各年的植被生长概况得到了形象的表现：在发生了春旱的 2006 年，萌动期的谱线波动剧烈。2007 年与 2009 年发生了夏秋连旱，所以其谱线与作为参照的 2008 年谱线的变化特征有着明显的不同。

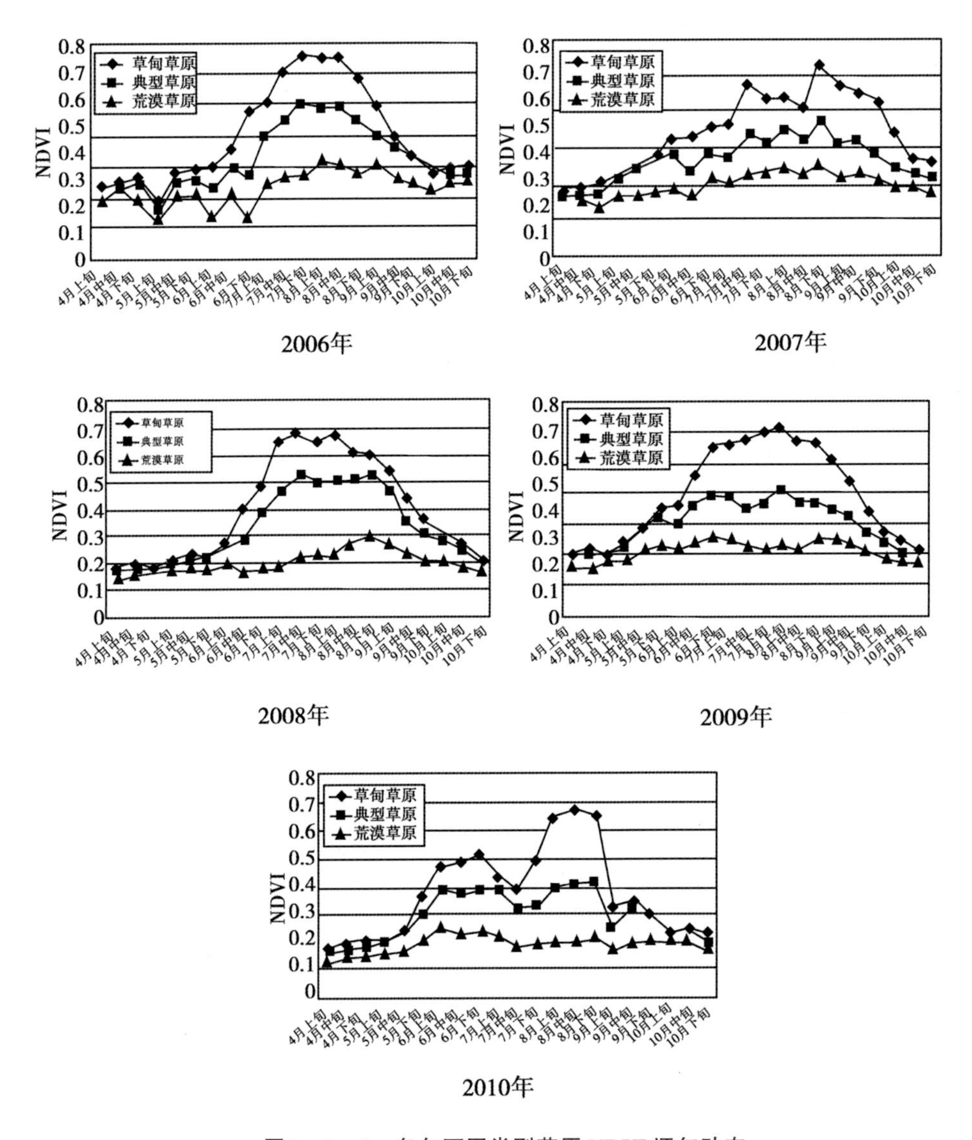


图 1-2-3　各年不同类型草原 NDVI 逐旬动态

Fig. 1-2-3　Different types grassland NDVI dynamic of ten-day

3.2.2　不同类型草原植被的生长速度对干旱的响应

为了探讨干旱对植被生长的影响，分别对各条时间序列谱线进行了一阶求导，求导后的谱线可以反映植被指数的增减状况与增减速度。表 1-2-4 为 SPI 与植被指数一阶导数的相关分析。由表 1-2-4 可见，SPI 与植被指数的一阶导数之间存在一定的相关，各类型草原不同年份相关系数均值在 0.48~0.53，这说明了植被生长对干旱的响应是敏感的。表 1-2-4 中，2009 年的相关系数最高，这是由于 2009 年的气温在季节的分布上与多年平均状况相近，在明显的水热同期的情况下，气温对植被生长的偏相关减弱，因此表现出 SPI 与 NDVI 一阶导数间的相关系数大幅提高，这也证明了如果进一步剔除气温对植被生长的影响，则表中所得的相关系数将更高。草甸草原区对 SPI 的响应最明显，在3种草原类型中相关系数最高，5年的均值为0.53，其中，2008年的植被生长对SPI的响应相关系数达到了0.77。这说明草甸草原植被生长对干旱的响应更为敏感。草甸草原的生境水分条件较典型草原与荒漠草原要湿润的多，其生长对水分条件的需求也较高，因此干旱对植被生长的胁迫更为明显。

**表1-2-4　类型草原不同年份SPI与NDVI一阶导数的相关系数表**

**Tab. 1-2-4　Type grasslands different years SPI and NDVI firstorder derivative correlation coefficient**

| 类型 | 2006年 | 2007年 | 2008年 | 2009年 | 2010年 | 均值 |
|---|---|---|---|---|---|---|
| 草甸草原 | 0.42 | 0.40 | 0.77 | 0.63 | 0.42 | 0.53 |
| 典型草原 | 0.26 | 0.36 | 0.46 | 0.73 | 0.57 | 0.48 |
| 荒漠草原 | 0.42 | 0.27 | 0.43 | 0.77 | 0.52 | 0.48 |

### 3.2.3　不同生长期草原植被的生长速度对干旱的响应

表1-2-5反映了不同月份各类型草原植被对干旱响应的敏感程度。从表中可知，同一草原植被类型在生长期的不同阶段对干旱的响应是不同的。

**表1-2-5　不同月份SPI与NDVI一阶导数的相关系数表**

**Tab. 1-2-5　Different months SPI and NDVI firstorder derivative correlation coefficient**

| 类型 | 4月 | 5月 | 6月 | 7月 | 8月 | 9月 | 10月 | 均值 |
|---|---|---|---|---|---|---|---|---|
| 草甸草原 | 0.46 | 0.68 | 0.45 | 0.13 | 0.35 | 0.43 | 0.28 | 0.40 |
| 典型草原 | 0.46 | 0.61 | 0.49 | 0.06 | 0.11 | 0.69 | 0.71 | 0.45 |
| 荒漠草原 | 0.39 | 0.35 | 0.27 | 0.53 | 0.40 | 0.69 | 0.95 | 0.51 |
| 均值 | 0.44 | 0.55 | 0.41 | 0.24 | 0.28 | 0.60 | 0.65 | 0.45 |

在植被的生长期的各个阶段中，5月、10月SPI与NDVI的相关系数最高，这说明植被对干旱的响应在返青期与枯黄期更为敏感。NDVI的一阶导数其实际意义是反映植被的生长速度与枯萎速度。返青期与枯黄期是草原植被生长状况变化较大的阶段，其变化受水分的影响较大，因此，对干旱的响应也较为敏感。而萌动期、成熟期植被处于相对稳定阶段，对干旱的响应相对不敏感。虽然在萌动期、成熟期发生的干旱对植被生长速度的影响相对较小，但会影响返青期和枯黄期的到来，例如，2006年发生了大规模中度春季持续干旱，使得返青期推迟了一个月；而2009年发生了夏季干旱，使得草原植被提前半个月进入枯黄期。

不同类型的草原植被在生长期的同一阶段对干旱的响应也不相同。由表1-2-5可知，草甸草原植被在5月返青前期对干旱的响应最为敏感，草原植被的生长速度与干旱程度之间的相关程度很高，相关系数达0.68。典型草原区虽然在5月返青前期对干旱的响应也很敏感，其相关系数达0.61，但在枯黄期对干旱的响应更为敏感，相关系数达0.71。4月到6月期间荒漠草原的植被生长速度与SPI的相关系数不高，说明此期间荒漠草原植被对干旱的响应并不敏感，而进入7月相关系数开始增高，9月、10月的相关系分别达0.69和0.95，这是由于荒漠草原区地表植被覆盖度低，春季返青在影像上的表现得很不明显；夏季热量条件增加蒸发量加大，干旱的胁迫程度相对增强，植被对SPI的响应降低；初秋水热条件更适合植被的生长，在NDVI的时间序列谱线上（8月下旬和9月上旬）表现为波峰。本文用来作为气象干旱程度划分的SPI是由当旬前一个月的降水数据计算得到的，所以根据之前的相关分析可得，对草甸草原来说，4、5月份的降水最为关键；对典型草原来说4、5月份和8、9月份的降水对植被的生长都比较关键；对荒漠草原植被来说8、9月份的降水最为关键。

## 3.3 干旱对草原植被生产力的影响

### 3.3.1 基于地面实测数据的产草量遥感反演

干旱对草原的影响首当其充地表现在它对草原生产力的影响，而草原生产力的核心就是产草量，因此，产草量是干旱对草原影响最直观的评价因子。产草量数据的获得方法主要有3种，第一种是实地调查，采用刈割的方式直接称取地面鲜草重量，这种方法的局限性在于数据获取效率过低；第二种是利用气象、土地利用等数据建立经验模型，模拟产草量，这种方法的局限在于它是间接获得产草量数据，因此，完全依赖模型输入因子；第三种是利用遥感数据，结合地面调查数据，建立数学模型，反演各像元上的产草量。目前，应用遥感技术定量反演产草量已经成为大尺度宏观调查草原生产力的广泛应用方法，但是，由于混合像元等问题带来的不同尺度数据衔接障碍，用米级的地面样方调查法获得的产草量和百米级的遥感影像像元植被指数值来建立的模型精度始终不理想。本文利用冠层光谱仪实地测得样地的归一化植被指数（NDVI），与实地调查所得的产草量结合，建立了产草量遥感反演模型，在反演的精度上取得了很好的效果。2009—2010年的五次野外实地调查共采得实测样本123个。对实测样本组进行一次回归拟合，剔除20%残差比较大的样本，得到有效样本组，样本组内样本数为98个，其中，草甸草原样本33个，典型草原样本33个，荒漠草原样本32个。对有效样本组进行回归统计得到最优拟合模型，见表1－2－6、图1－2－4。

**表1－2－6　地面NDVI与样方产草量的最优曲线拟合**

**Tab. 1－2－6　The ground NDVI and yield optimal curve fitting**

| 曲线类型 | 草原类型 | 最优拟合模型 | 样本数 | R | F |
|---|---|---|---|---|---|
| 直线方程 | 不分区 | NDVI×426.71－8.71 | 98 | 0.884 | 344.8 |
| | 草甸草原 | NDVI×424.65－9.35 | 33 | 0.758 | 42.0 |
| | 典型草原 | NDVI×409.06＋0.99 | 33 | 0.841 | 75.1 |
| | 荒漠草原 | NDVI×444.26－14.28 | 32 | 0.861 | 85.6 |

（续表）

| 曲线类型 | 草原类型 | 最优拟合模型 | 样本数 | R | F |
|---|---|---|---|---|---|
| 二次方程 | 不分区 | $567.90 \times NDVI - 230.44 \times NDVI^2 - 26.23$ | 98 | 0.886 | 174.0 |
| | 草甸草原 | $333.19 \times NDVI + 127.53 \times NDVI^2 + 5.65$ | 33 | 0.759 | 20.4 |
| | 典型草原 | $839.66 \times NDVI - 654.85 \times NDVI^2 - 60.09$ | 33 | 0.856 | 41.1 |
| | 荒漠草原 | $1107.31 \times NDVI - 1805.543 \times NDVI^2 - 70.04$ | 32 | 0.882 | 50.9 |
| 三次方程 | 不分区 | $652.77 \times NDVI - 524.40 \times NDVI^2 + 303.41 \times NDVI^3 - 33.29$ | 98 | 0.886 | 114.8 |
| | 草甸草原 | $-2100.93 \times NDVI + 7240.25 \times NDVI^2 - 6459.30 \times NDVI^3 + 259.16$ | 33 | 0.777 | 14.7 |
| | 典型草原 | $1576.19 \times NDVI - 3141.28 \times NDVI^2 + 2546.27 \times NDVI^3 - 126.55$ | 33 | 0.859 | 27.2 |
| | 荒漠草原 | $-3305.06 \times NDVI + 23787.90 \times NDVI^2 - 46571.88 \times NDVI^3 + 171.00$ | 32 | 0.910 | 44.7 |
| 对数方程 | 不分区 | $111.70 \times \ln(NDVI) + 265.35$ | 98 | 0.878 | 322.6 |
| | 草甸草原 | $133.59 \times \ln(NDVI) + 286.66$ | 33 | 0.733 | 36.1 |
| | 典型草原 | $121.86 \times \ln(NDVI) + 279.34$ | 33 | 0.859 | 87.2 |
| | 荒漠草原 | $77.05 \times \ln(NDVI) + 200.91$ | 32 | 0.874 | 97.2 |
| 指数方程 | 不分区 | $27.85 \times \exp(4.28 \times NDVI)$ | 98 | 0.851 | 251.1 |
| | 草甸草原 | $41.69 \times \exp(3.18 \times NDVI)$ | 33 | 0.748 | 39.4 |
| | 典型草原 | $33.59 \times \exp(3.96 \times NDVI)$ | 33 | 0.748 | 39.4 |
| | 荒漠草原 | $15.36 \times \exp(7.68 \times NDVI)$ | 32 | 0.784 | 47.7 |

注：以上模型均通过了 $\alpha = 0.001$ 的 F 检验，达到了极显著水平

产草量模型建立分为不以草原类型划分的不分区模型，和以不同草原类型划分的分区模型，各模型均得到了很好的拟合效果，均通过了信度水平为0.001的F检验。不分区模型中二次方程的拟合效果最好，模型有效NDVI值分布范围为0.0～0.7。草甸草原产草量用三次方程拟合，效果最好，但其模型有效NDVI值分布范围为0.2～0.6，草甸草原在盛草季NDVI值可达到0.6以上，所以，三次方程的适用范围不能满足实际需要，不能被采用。二次方程的拟合效果稍逊于三次方程，但模型有效范围较三次方程大，其适用的NDVI值分布范围为0.05～0.7，因此，草甸草原最终选取的最优模型为二次方程。典型草原产草量用三次方程的拟合效果最好，模型有效NDVI值分布范围为0.1～0.65。荒漠草原产草量用三次方程的拟合效果最好，模型有效NDVI值分布范围为0.09～0.25，三次方程有效范围小，不能满足实际需要，因而最终选用二次方程，模型有效NDVI值分布范围为0.06～0.33。

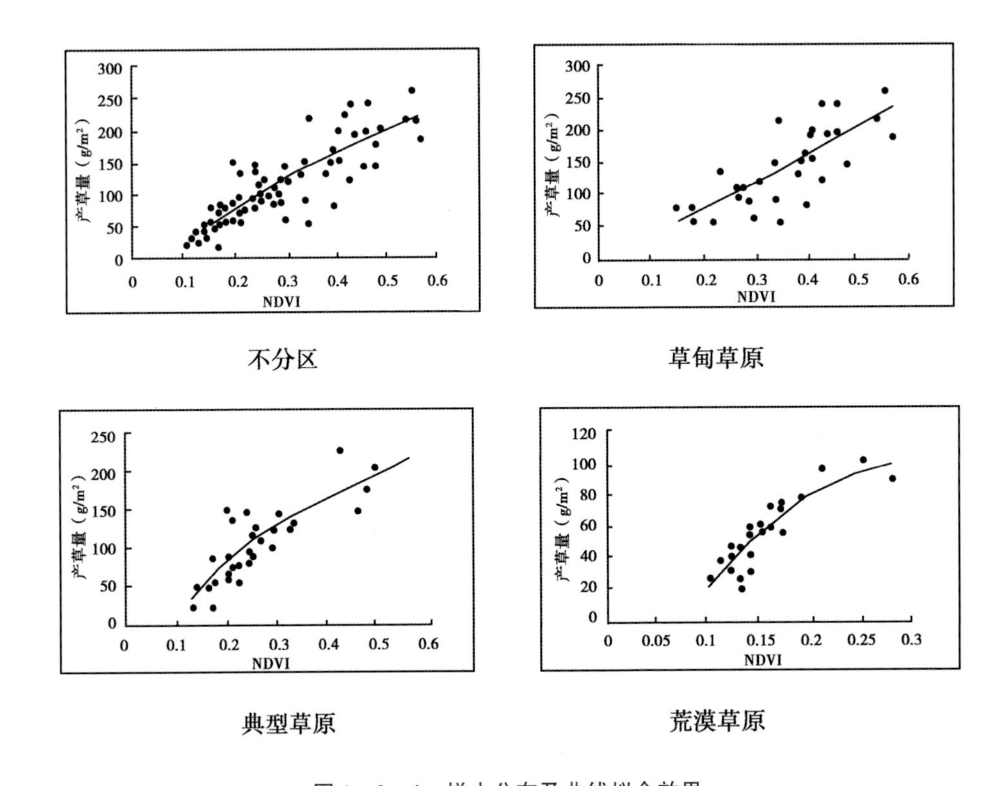


图 1－2－4　样本分布及曲线拟合效果

Fig. 1－2－4　Sample distribution and curve fitting effect

3.3.2　干旱对盛草期产草量的影响

8 月下旬内蒙古东部的草原进入了盛草期，盛草期草原的产草量是评估草原生产力的关键参数。降水与草原生产力之间有着不可分割的联系。对不同干旱程度年份的盛草期产草量数据行分析，得到干旱对草原生产力的影响程度，对干旱灾害影响评估的定量化有着重要的实际意义。本研究利用遥感反演的产草量数据，和空间插值后的干旱指数数据进行统计分析，通过回归分析得到 SPI 与产草量之间关系的数学模型，从而使干旱对不同类型草原生产力的影响定量化。

将 2006—2010 年 8 月下旬的 MODIS 遥感影像作为输入数据，利用产草量反演模型计算，得到 5 个年度 8 月下旬盛草期草原产草量。干旱指数使用的是 8 月下旬 3 个月尺度的 SPI（SPI-3M）值，它表征了夏季 6 月、7 月和 8 月 3 个月的降水状况。对 SPI 数据进行空间插值，使之与产草量数据相匹配。提取野外调查样地所对应的 SPI 数据和产草量数据作为样本，共获得样本数据 108 个。

表 1-2-7 2008 年 8 月下旬样地数据表

Tab. 1-2-7 Samples data in late August 2008

| 草甸草原 | | | 典型草原 | | | 荒漠草原 | | |
|---|---|---|---|---|---|---|---|---|
| 样地编号 | SPI-3M | 产草量 | 样地编号 | SPI-3M | 产草量 | 样地编号 | SPI-3M | 产草量 |
| 3 | 0.36 | 190.0 | 1 | 0.30 | 243.4 | 19 | 0.14 | 99.2 |
| 4 | 0.27 | 237.0 | 2 | 0.40 | 210.0 | 20 | -0.27 | 83.2 |
| 5 | 0.13 | 221.8 | 12 | 0.16 | 207.9 | 21 | -0.25 | 91.7 |
| 6 | -0.23 | 212.0 | 13 | 0.11 | 183.2 | 22 | -0.02 | 89.9 |
| 7 | -0.35 | 228.0 | 14 | -0.26 | 202.8 | 23 | 0.22 | 99.4 |
| 8 | -0.35 | 235.6 | 15 | -0.24 | 134.6 | 24 | 0.31 | 91.0 |
| 9 | 0.30 | 225.1 | 16 | -0.22 | 126.5 | 25 | 0.36 | 88.4 |
| 10 | 0.33 | 207.4 | 17 | -0.24 | 87.7 | 26 | 0.29 | 96.5 |
| 11 | 0.32 | 194.1 | 18 | -0.22 | 102.9 | 27 | -0.01 | 28.7 |
| 平均值 | 0.09 | 216.76 | 平均值 | -0.02 | 166.55 | 平均值 | 0.09 | 85.34 |

SPI 数据是一种标准化的距平指数，应用 SPI 与产草量距平进行分析可以反映出不同程度干旱对草原生产力的影响。2008 年降水分布最接近多年平均状况。27 个样地中，2008 年 6 月、7 月和 8 月 SPI 值的均值为 0.05，方差为 0.07（表 1-2-7）。以 2008 年盛草期产草量为标准年数据，计算其他 4 个年份与 2008 年产草量的差值比作为产草量距平，共获得由 SPI-3M 与产草量距平组成的样本对 81 个，对这组样本进行线性回归，剔除误差较大的样本，剩余 64 个样本用于进行 SPI-3M 与产草量的回归分析，拟合结果见图 1-2-5。线性方程与二次方程均达到了极显著相关水平，二次方程的拟合效果较好，SPI 的适用范围为 -2.5 ~0.5（图 1-2-5）。

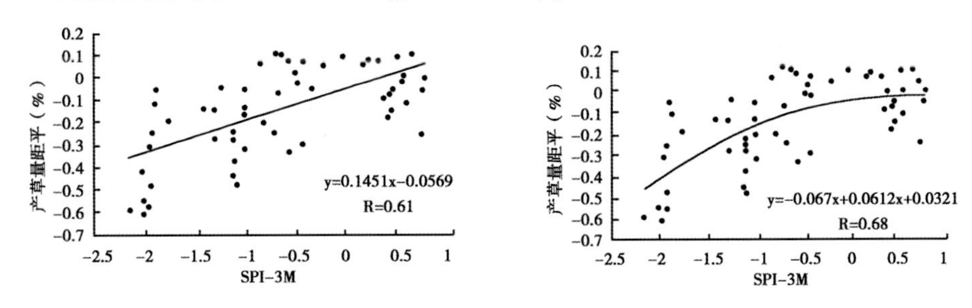


图 1-2-5 SPI-3M 与产草量距平拟合曲线

Fig. 1-2-5 SPI-3M and yield departure fitting curve

根据拟合结果，建立干旱灾害对盛草季产草量影响程度的查找表（表 1-2-8），表中定量化地反映了不同程度旱灾对草原生产力的影响。由表 1-2-8 可知，轻度干旱则盛草季草原减产 12% 左右，中度干旱减产 21% 左右，重度干旱减产 35% 左右，特旱减产 51% 左右。

表 1-2-8　干旱程度草原生产力减产查找表

Tab. 1-2-8　Drought grassland productivity reduction look-up table

| 旱等级 | SPI-3M | 减产百分比 |
| --- | --- | --- |
| 轻旱 | -0.5 ~ -1.0 | 8% ~16% |
| 中旱 | -1.0 ~ -1.5 | 16% ~28% |
| 重旱 | -1.5 ~ -2.0 | 28% ~42% |
| 特旱 | > -2.0 | > 42% |

## 3.4　干旱对草原植被优势种群的影响

2009 年 6 月中旬到 8 月中旬间研究区发生了大面积的干旱，以本次干旱为例结合野外调查数据探讨对草原植被优势种群的影响。图 1-2-6 是由 2009 年 8 月中旬的

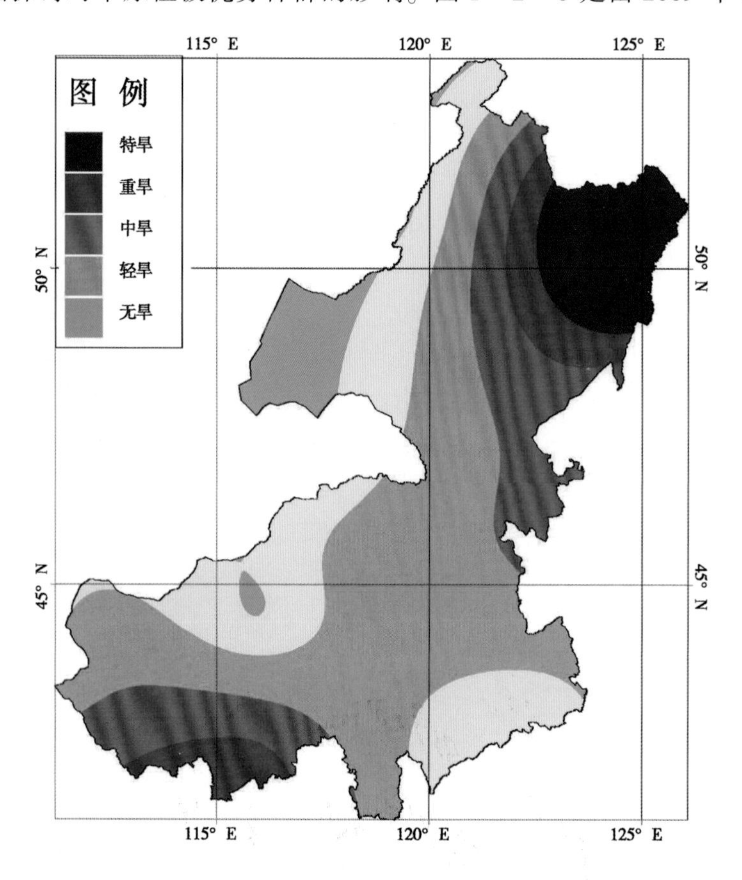


图 1-2-6　2009 年 8 月中旬 SPI-2M 干旱等级图

Fig. 1-2-6　Drought level of SPI-2M in the middle of August 2009

SPI-2M（两个月尺度）划分的干旱等级图。表 1-2-9 为野外调查样地的 2009 年 8 月中旬 SPI-2M 表，根据表中数据可知，2009 年 6 月中旬到 8 月中旬之间各样地均发生了不同程度的干旱。

野外调查中，群落数量特征调查的内容包括植物群落种类组成、盖度、高度、频度、地上生物量等。野外调查数据应用于统计分析各类型草原的主要优势种的优势度变化。优势度能够反映特定种群在草原群落中的重要程度，其计算采用以下公式为：

优势度 = （相对盖度 + 相对密度 + 相对频度 + 相对重量）/4 （公式 1.2.1）

相对盖度 = 某个种的盖度/所有种盖度之和 （公式 1.2.2）

相对密度 = 某个种的密度/所有种密度之和 （公式 1.2.3）

相对频度 = 某个种的频度/所有种频度之和 （公式 1.2.4）

相对重量 = 某个种的重量/样方的地上生物量 （公式 1.2.5）

**表 1－2－9 野外调查样地 2009 年 8 月中旬 SPI-2M**

**Tab. 1－2－9 the SPI-2M of field investigation sample in the middle of August 2009**

| 编号 | 型名称 | SPI-2M | 等级 |
|---|---|---|---|
| 1 | 大针茅 | －0.82 | 轻旱 |
| 2 | 羊草 + 大针茅 | －1.16 | 中旱 |
| 3 | 羊草 + 贝加尔针茅 | －0.97 | 轻旱 |
| 4 | 贝加尔针茅 + 羊草 | －1.26 | 中旱 |
| 5 | 羊草、贝加尔针茅 | －1.31 | 中旱 |
| 6 | 贝加尔针茅、羊草 | －1.31 | 中旱 |
| 7 | 贝加尔针茅、羊草 | －1.31 | 中旱 |
| 8 | 线叶菊、贝加尔针茅 | －1.31 | 中旱 |
| 9 | 线叶菊、贝加尔针茅 | －0.81 | 轻旱 |
| 10 | 线叶菊、贝加尔针茅 | －0.86 | 轻旱 |
| 11 | 羊草、贝加尔针茅 | －0.93 | 轻旱 |
| 12 | 大针茅 | －0.70 | 轻旱 |
| 13 | 羊草、针茅 | －0.67 | 轻旱 |
| 14 | 大针茅 | －0.50 | 轻旱 |
| 15 | 羊草、针茅 | －1.74 | 重旱 |
| 16 | 克氏针茅、冷蒿 | －1.63 | 重旱 |
| 17 | 克氏针茅、冷蒿 | －1.44 | 中旱 |
| 18 | 克氏针茅、冷蒿 | －1.52 | 重旱 |
| 19 | 小针茅、冷蒿 | －1.35 | 中旱 |
| 20 | 小针茅、隐子草 | －1.36 | 中旱 |
| 21 | 小针茅、冷蒿 | －1.36 | 中旱 |
| 22 | 具锦鸡小针茅 | －1.40 | 中旱 |

（续表）

| 编号 | 型名称 | SPI-2M | 等级 |
|---|---|---|---|
| 23 | 具锦鸡小针茅 | -1.33 | 中旱 |
| 24 | 具锦鸡小针茅 | -1.28 | 中旱 |
| 25 | 原小针茅、隐子草，现多根葱 | -1.20 | 中旱 |
| 26 | 原小针茅、隐子草，现沙蒿多 | -1.04 | 中旱 |
| 27 | 小针茅、隐子草 | -0.87 | 轻旱 |

### 3.4.1 夏季干旱对羊草种群优势度动态变化的影响

表1-2-10为羊草优势度动态变化统计表，在以羊草为建群种的各类型草地中，羊草在羊草、贝加尔针茅型草原中的优势度最高，达50%以上，其中，羊草在这一类型草原群落中的多度对其优势度贡献最大。图1-2-7为6月、8月的羊草种群在各类型草原群落中的数量特征对比图，图中各类型草原所圈定的面积大小能够直接反映出羊草的优势程度。表1-2-10表明温性草甸草原中的羊草优势度略有上升，根据羊草相对喜湿的特点可以推断出温性草甸草原地区的整体水分条件在6月和8月期间相对稳定。温性草原区的羊草优势度有所下降表明羊草、针茅草原分布地区水分条件有所降低。

**表1-2-10 羊草优势度动态变化**

**Tab. 1-2-10 L. chinensis advantage degree dynamics**

| 草原类型 | 相对盖度（%） | | 相对多度（%） | | 相对重量（%） | | 相对频度（%） | | 优势度（%） | |
|---|---|---|---|---|---|---|---|---|---|---|
| | 6月 | 8月 | 6月 | 8月 | 6月 | 8月 | 6月 | 8月 | 6月 | 8月 |
| 贝加尔针茅、羊草 | 22.0 | 45.9 | 18.4 | 45.9 | 15.4 | 22.0 | 15.9 | 9.5 | 17.8 | 23.8 |
| 羊草、贝加尔针茅 | 51.1 | 56.9 | 70.0 | 56.9 | 19.2 | 46.1 | 48.7 | 14.2 | 30.0 | 36.8 |
| 羊草、针茅 | 25.5 | 22.6 | 31.1 | 22.6 | 15.5 | 10.3 | 25.1 | 14.6 | 17.6 | 16.3 |

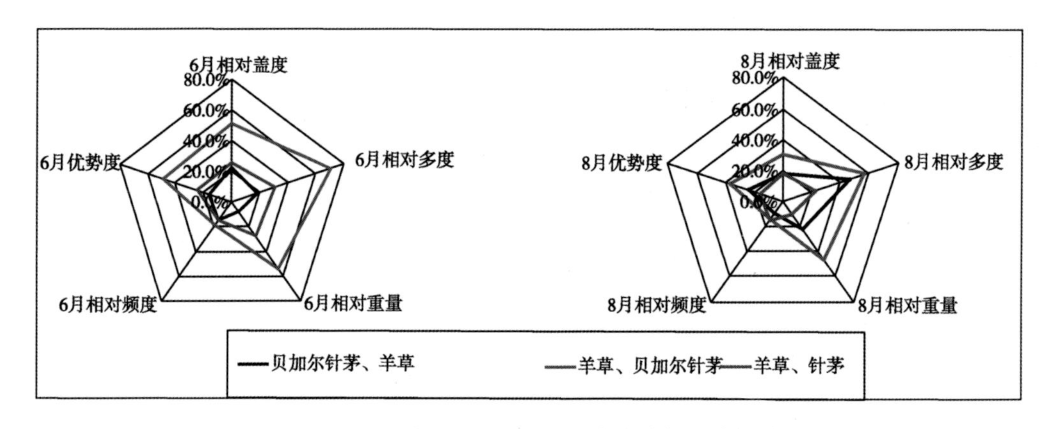


**图1-2-7 羊草在各类型草原群落中的数量特征对比**

**Fig. 1-2-7 In all types community of l. chinensis quantity characteristics contrast**

### 3.4.2　夏季干旱对贝加尔针茅种群优势度动态变化的影响

如表 1－2－11 所示，6 月至 8 月贝加尔针茅在各类型草原群落中的优势度变化不大，图 1－2－8 显示，与 6 月相比，8 月贝加尔针茅、羊草型草原中的多度有所增加，其他类型草原中的贝加尔针茅种群数量特征变化不大，这表明以贝加尔针茅为建群种的草原群落结构在 6 月至 8 月期间相对稳定，2009 年夏季干旱对这一类型系列的草原群落结构影响较小。

**表 1－2－11　贝加尔针茅优势度动态变化**

**Tab. 1－2－11　Stipa baicalensis grandis advantage degree dynamics**

| 草原类型 | 相对盖度（%） | | 相对多度（%） | | 相对重量（%） | | 相对频度（%） | | 优势度（%） | |
|---|---|---|---|---|---|---|---|---|---|---|
| | 6 月 | 8 月 | 6 月 | 8 月 | 6 月 | 8 月 | 6 月 | 8 月 | 6 月 | 8 月 |
| 贝加尔针茅、羊草 | 50.7 | 50.8 | 10.5 | 18.6 | 61.2 | 50.3 | 16.8 | 14.6 | 34.8 | 33.6 |
| 线叶菊、贝加尔针茅 | 17.4 | 18.4 | 15.8 | 16.6 | 10.5 | 10.1 | 4.1 | 6.8 | 12.0 | 13.0 |
| 羊草、贝加尔针茅 | 22.0 | 17.2 | 6.5 | 4.1 | 20.2 | 17.7 | 12.2 | 14.8 | 15.2 | 13.5 |

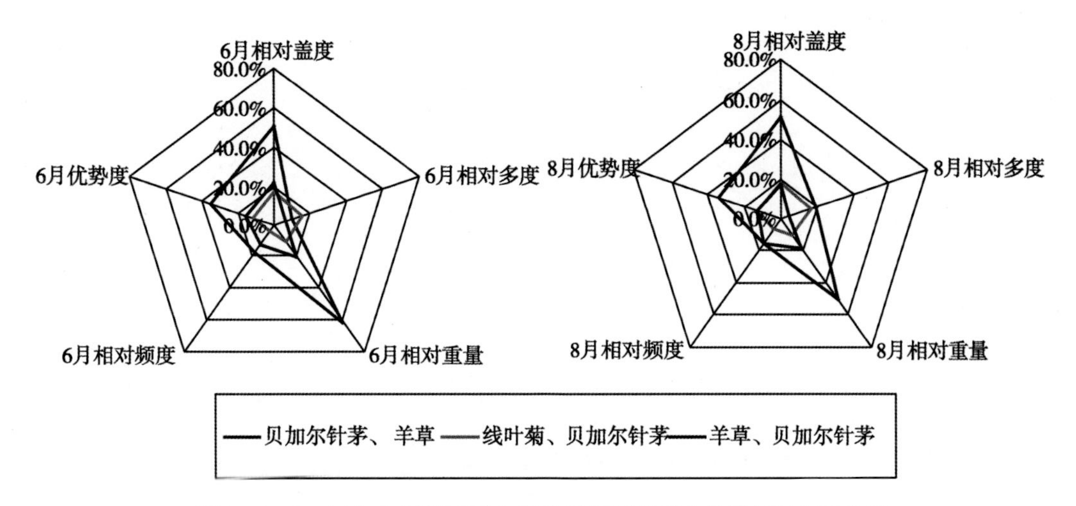


**图 1－2－8　贝加尔针茅种群在各类型草原群落中的数量特征对比图**

**Fig. 1－2－8　In all types community of Stipa baicalensis grandi quantity characteristics contrast**

### 3.4.3　夏季干旱对大针茅与克氏针茅种群优势度动态变化的影响

大针茅与克氏针茅都是温性草原的典型代表物种，但克氏针茅相对于大针茅克氏针茅更耐旱，地理分布更靠西。由表 1－2－12 可知，由于持续干旱的影响，在 2009 年 6～8 月间，大针茅在以其为建群种的草原群落中的优势度略有下降，而克氏针茅在以其为建群种的草原群落中的优势度有所上升。

表 1-2-12 大针茅与克氏针茅优势度动态变化

Tab. 1-2-12 S. grandis and gram grandis advantage degree dynamics

| 草原类型 | 相对盖度（%） | | 相对多度（%） | | 相对重量（%） | | 相对频度（%） | | 优势度（%） | |
|---|---|---|---|---|---|---|---|---|---|---|
| | 6月 | 8月 | 6月 | 8月 | 6月 | 8月 | 6月 | 8月 | 6月 | 8月 |
| 大针茅 | 40.4 | 37.1 | 7.2 | 6.7 | 46.6 | 43.6 | 16.4 | 19.7 | 27.7 | 26.8 |
| 克氏针茅 | 15.9 | 22.8 | 6.3 | 11.2 | 28.9 | 26.4 | 10.5 | 12.3 | 15.4 | 18.2 |

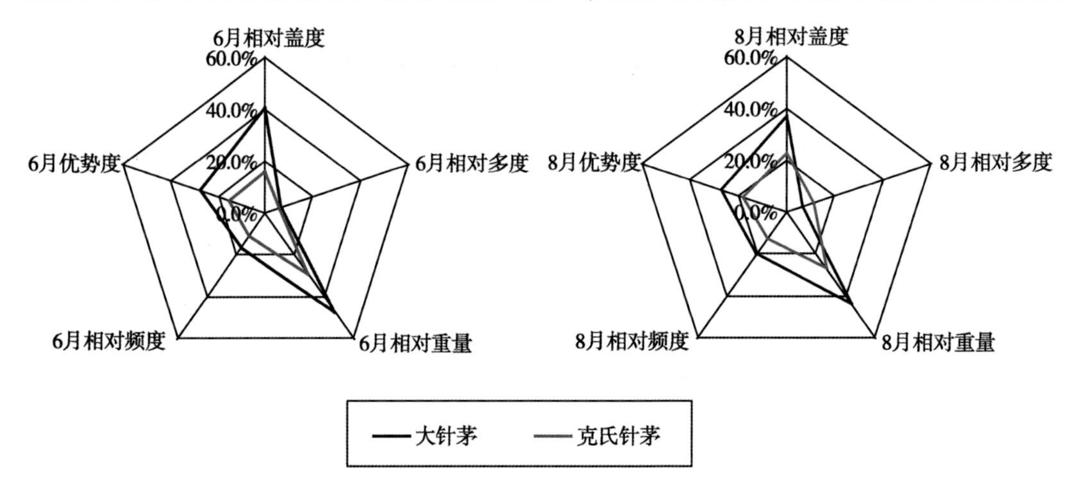


图 1-2-9 大针茅与克氏针茅在草原群落中的数量特征对比图

Fig. 1-2-9 In all types community of S. grandis and gram grandis quantity characteristics contrast

根据2009年6月、8月的大针茅与克氏针茅的种群数量特征雷达图的形状变化（图1-2-9）可知，克氏针茅优势度上升的主要原因是由于相对盖度与相对多度增幅较大，而大针茅优势度下降是由于相对盖度降低造成的。

### 3.4.4 夏季干旱对小针茅种群优势度动态变化的影响

小针茅是温性荒漠草原的典型代表物种，是蒙古高原上最耐旱的针茅之一，2009年6月~8月受持续干旱的影响，耐旱的小针茅在小针茅、冷蒿型草原和小针茅、隐子草型草原中的优势度都有明显的上升，见表1-2-13。在具锦鸡儿的小针茅型草原中的优势度有所下降，其原因主要是受相对多度下降影响。从图1-2-10中可以看出，2009年6月、8月图形的形状和大小存在差异，这说明该群系草原的群落结构受到了干旱的影响。

表 1-2-13 小针茅优势度动态变化

Tab. 1-2-13 Stipaspp. advantage degree dynamics

| 草原类型 | 相对盖度（%） | | 相对多度（%） | | 相对重量（%） | | 相对频度（%） | | 优势度（%） | |
|---|---|---|---|---|---|---|---|---|---|---|
| | 6月 | 8月 | 6月 | 8月 | 6月 | 8月 | 6月 | 8月 | 6月 | 8月 |
| 小针茅、冷蒿 | 14.6 | 44.8 | 3.6 | 4.4 | 28.3 | 43.3 | 10.3 | 11.4 | 14.2 | 26.0 |
| 具锦鸡儿小针茅 | 49.3 | 48.2 | 25.8 | 11.6 | 34.7 | 27.0 | 12.8 | 12.1 | 30.6 | 24.7 |
| 小针茅、隐子草 | 20.3 | 34.7 | 12.5 | 7.3 | 18.0 | 30.2 | 13.2 | 16.0 | 16.0 | 22.0 |

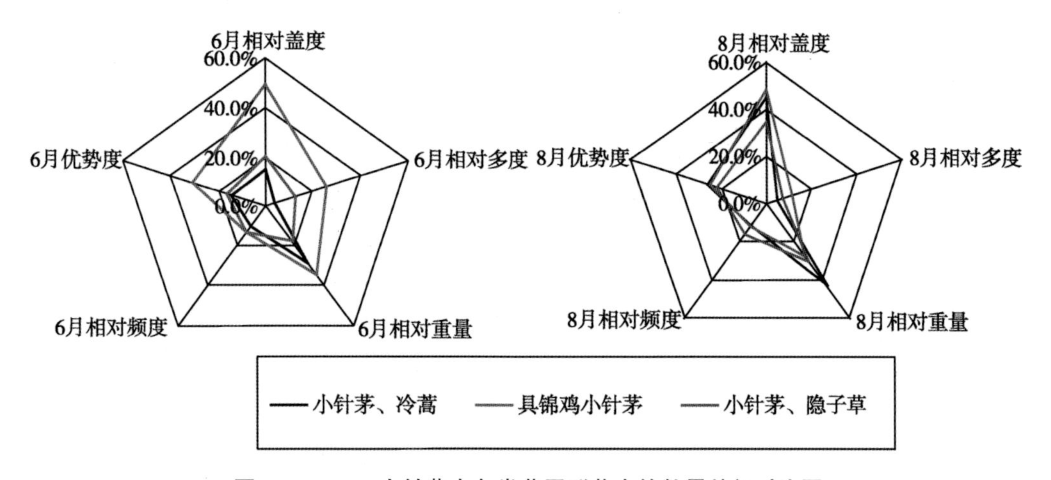


图1-2-10 小针茅在各类草原群落中的数量特征对比图

Fig. 1-2-10 In all types community of Stipaspp. quantity characteristics contrast

## 4 小结

利用近40年的长时期序列降水资料，以降水在时间序列上的GAMMA分布概率函数为模型，使用标准化降水距平指数（SPI）作为气象干旱指标，针对不同干旱程度与不同生长时段的遥感数据时间序列变化，分析了干旱灾害对草原植被的生长速度、产草量和建群种优势度的影响。

不同类型的草原植被对干旱的响应不相同，草甸草原的生长速度变化对干旱的响应最为敏感，荒漠草原对干旱的响应最为迟钝。不同类型的草原植被的生长速度变化在不同的生长期中对干旱的响应也不相同。对草甸草原来说4月份、5月份的降水最为关键；对典型草原来说4月份、5月份和8月份、9月份的降水对植被的生长较为关键；对以荒漠草原植被来说8月份、9月份的降水最为关键。

对应气象干旱等级国家标准，各旱情等级下盛草季草原产草量减产程度为：轻度干旱减产12%左右，中度干旱减产21%左右，重度干旱减产35%左右，特旱减产51%左右。

以2009年发生的夏季干旱为例，各类型草原的植被群落中建群种的优势度变化不同：①2009年夏季干旱过程中，草甸草原植被群落中羊草的优势度变化不大，而在典型草原植被群落中羊草的优势度下降较大。②贝加尔针茅草原受2009年夏季干旱影响较小。③案例中，与大针茅相比较，克氏针茅表现出更为明显的抗旱性。④耐旱的小针茅在小针茅、冷蒿型草原和小针茅、隐子草型草原中的优势度都有明显的上升。但在具锦鸡儿的小针茅型草原中的优势度有所下降。

# 第三章　草原干旱灾害监测与预警研究

## 1　引言

### 1.1　传统干旱灾害监测指标研究

（1）距平百分率（Percent of Normal）：降水距平百分率是干旱灾害监测最常用的指标，它是指某时段的降水量与常年同期降水量相比的百分率。其优点是计算方法简单，缺点是该方法实质上暗含着将降水量当作正态分布来考虑，而实际上多年平均值一般并不是降水量长期序列的中位数，由于降水量时空分布的差异，降水量偏离正常值的不同距离的出现频率以及不同地区降水量偏离正常值的距离大小是难以相互比较的[72]。早在20世纪80年代，中国气象局国家气候中心曾用降水距平百分比进行干旱气候影响评价。杨青，李兆元[53]利用降水距平建立了干旱指数方程，用于干旱半干旱地区的干旱监测。李翠金[25]分析了华北地区干旱的特点，采用降水量距平百分率和干旱指数分别确定了单站及区域干旱等级标准，并对近40年主要干旱事件强度进行评定，建立了干旱受灾面积评估模式。由于降水距平百分率计算的简便性和物理意义的明确性，至今降水距平百分率仍是气象工作者最常用的表征干旱特征的指数。现在，它也常在其他干旱灾害监测指标的适用性研究中用作对比研究，例如：卫捷、马柱国[50]计算了我国160监测站1951年1月至1999年逐月帕默尔干旱指数、地表湿润指数和降水距平百分率并进行了对比分析。

（2）帕默尔指数（Palmer Drought Severity Index，PDSI）：帕默尔指数是W. C. Palmer于1965提出的[90]，主要用来评价异常湿润和异常干燥天气的持续时间。它是美国最早的干旱灾害综合指数，如今PDSI在美国已经成为半官方的干旱指标。目前，美国的NOAA和USDA联合发布每周、每月的PDSI预报图（全美国分成5大区域），具体业务由CPC（National Centers for Environmental Prediction）制作发布（网址：http：//www. cpc. ncep. noaa. gov/products/analysis _ monitoring/ regional _ monitoring / palmer. gif. ）。在美国商业部和农业部联合发布的《天气和作物周报》中，作为干旱监测报道，刊登全国作物生长季节期间的帕默尔指数分布已有几十年的历史。20世纪70年代，帕默尔指数被引入中国。到80年代，帕默尔指数不仅在气象部门，而且在农业、水文等其他部门都引起不同程度的兴趣和反响。1984年范嘉泉等人简要地介绍了帕默尔气象干旱指标的原理、优点及计算方法 。90年代初，帕默尔指数主要用于区域干旱研究，黄妙芬[24]在中国黄土高原西北部地区利用帕默尔指数分析了当地的干旱特征。从90年代后期开始，我国的相关学者开始研究帕默尔指数的修正，从而使之更适用于特殊地区的干旱灾害研究。赵惠媛、夏士淳[63]修正了帕默尔指数并应用于松嫩平原西部的干旱灾害研究。马延庆、王素娥[36]针对渭北旱塬地工区干旱特点，运用修正的帕默尔指数方法，建立了渭北旱度指数模式。刘巍巍、安顺清[33]对帕默尔旱度模式进行了适合应用于我国的进一步修正，利用此模式计算了我国北方地区 139 个站点（1961 年 1 月—2000 年 12 月）的帕默尔指数值。近年来对帕默尔指数的研究与修正更加细化，并且日趋面向业务应用。杨扬等[55]在进一步修正的帕默尔指数月模式的基础上研制了帕默尔指数日模型，经过对全国 556 个气象测站的参数调试，建立了全国范围帕默尔指数实时业务应用系统。

（3）标准降水指数（Standardized Precipitation Index，SPI）：标准降水指数（SPI）是由美国科罗拉多州立大学的 McKee. T. B，N. J. Doesken，和 J. Kleist，于 1993 年提出的。虽然它是以单一的降水为参数的干旱指数，但由于其良好的表征性，现已被广泛接受。SPI 可基于不同时间尺度测算（例如基于过去的 3、6、9、12、24 或 48 个月的降水总量的）。在计算 SPI 的过程中，将实测的某个时间尺度的降水总量首先拟合成 GAMMA 概率分布，然后用高斯函数将 GAMMA 概率分布转换为标准正态分布，并给出每个时间刻度上的 SPI 值，并根据 SPI 值来定义其干旱等级程度[85]。SPI 的最大优点是能够在不同时间尺度上计算，可以提供干旱早期预警。可确定干旱强度、干旱程度和干旱持续期，而且基于历史资料的特定干旱发生的概率也可确定。Guuman[71]得出结论，SPI 更好地表示出某一地区干旱与其他地区干旱的可比性。自 1994 年来，SPI 被美国科罗多拉州作为干旱状况的常规业务监测手段，科罗拉多州立大学网站提供每月科罗拉多州的 SPI 图（网址：http：// Ulysses . atmos. colostate. edu/SPI. html）。此外，美国国家干旱减灾中心（National Drought Mitigation Center）和美国西部气候中心（the Western Regional Climate Center，WRCC）也采用 SPI 进行干旱研究，并提供逐月全美地区的 SPI 数据。SPI 指数在我国也得到了广泛应用。张强[59]利用标准化降水指数建立了华北地区干旱指数计算公式，并对华北地区 1997 年的干旱和历年干湿期进行了计算和分析。韩萍、王鹏新等[19]采用关中地区 39 年的月平均降水量数据，计算了该地区不同时间尺度的标准化降水指数（SPI）值，运用 ARIMA 模型对 SPI 序列进行分析建模，并进行干旱预测。

（4）作物湿度指数（Crop Moisture Index，CMI）：作物湿度指数是 W. C. Palmer 于 1968 提出的，它是在 PDSI 的基础上开发的作为监测短期农业干旱的指标[89]。CMI 主要是基于区域内每周或旬的平均温度和总降水来计算，能快速反映农作物的土壤水分状况，它随降水变化波动十分明显，能快速反映短期的气候干湿状态转变，因此干旱过程中的一次有利的降水可以在 CMI 指数上有适当的反映。美国农业部（USDA）采用 CMI 并在其《天气和作物周报》上作为短期作物水分需求指标进行每周发布（网址：http：// www. usda. gov/ oce/ weather/ pubs/Weekly/Wwcb/index. htm）。美国国家气候预报中心（Climate Prediction Center）也采用了 CMI 并发布每周数据（网址：http：// www. cpc. ncep. noaa. gov/products/analysis _ monitoring/regional _ monitoring/cmi. gif）。我国对 CMI 的使用较少。樊高峰、张小伟等[11]用帕默尔干旱指数（PDSI）及作物湿度指数（CMI）对浙江干旱过程进行诊断，认为 PDSI 指数不能准确监测浙江具体干旱过程但能反映浙江长期干旱或湿润的气候状态，而 CMI 指数则能准确监测跟踪具体的干旱发生发展过程。

传统的干旱监测指标均以气象站点监测数据为支撑，监测的精度全部需要依靠气象站点布网的密度，在区域干旱研究过程中还需要将气象站点数据进行空间数据插值，这进一步造成了监测的二次误差。

### 1.2 遥感干旱灾害监测指数研究

遥感监测具有监测面积大、实时性高的优势，以遥感手段获取地表信息，在农业干旱监测中潜力巨大。遥感监测干旱信息的挖掘需要通过监测指数来表达，国内外研究遥感干旱灾害监测指数有很多种，目前最为常用的遥感干旱灾害指数有基于可见光/近红外数据的植被状态指数（vegetation condition index，VCI）、基于热红外数据的温度状态指数（temperature condition index，TCI），以及前两者数据源相结合的温度植被干旱指数（TDVI）和热惯量指数等[43]。

（1）基于可见光和近红外数据的监测指标：植被状态指数计算公式为：

$$VCI = \frac{\mathrm{NDVI} - \mathrm{NDVI}_{max}}{\mathrm{NDVI}_{min} - \mathrm{NDVI}_{max}} \quad （公式 1.3.1）$$

公式 3.1 中，$\mathrm{NDVI}_{min}$ 和 $\mathrm{NDVI}_{max}$ 分别为同一像元 NDVI 多年的最大和最小值。NDVI 为感兴趣年具体像元的 NDVI 值。Kogan（1990）根据长时间序列不同地表覆盖类型的 NDVI 变化情况对 NDVI 进行了归一化，提出了 VCI。VCI 试图从植被变化里反映出的长期气候信号中分离出与短期天气有关信号，比 NDVI 更能反映水分胁迫状况。研究表明 VCI 能够较好地反映降水动态变化，可以作为植被受到环境胁迫程度的指标。

（2）基于热红外数据的监测指标：植被冠层或土壤表面温度会随着水分胁迫的增加而增加，基于这一原理构建了温度状态指数 TCI，TCI 与 VCI 类似，具体公式如下：

$$TCI = \frac{\mathrm{TS}_{max} - \mathrm{TS}_{n}}{\mathrm{Ts}_{max} - \mathrm{Ts}_{min}} \quad （公式 1.3.2）$$

TCI 与 VCI 有着相同意义的指示作用。VCI 和 TCI 都是 0 ~ 1 的无量纲的变量。0 代表水分胁迫最严重的情况，1 代表水分状况最好的情况。只要研究时段足够长，能够既包含干旱年份又包含湿润的年份，并且植被生长主要与可得到的水分有关，则 VCI 和 TCI 可用于水分胁迫监测。Ramesh 等（2003）利用 VCI 和 TCI 对印度地区的干旱灾害进行监测研究表明，组合 VCI 和 TCI 不但能监测干旱灾害，而且还能对洪涝进行监测。

（3）可见光/近红外数据与热红外数据相结合的监测指标：温度植被干旱指数 TDVI 由 Sandholt 等（2002）提出。温度植被干旱指数 TDVI，以特征空间理论为基础，计算公式如下：

$$TVDI = \frac{\mathrm{TS} - \mathrm{TS}_{min}}{\mathrm{Ts}_{max} - \mathrm{Ts}_{min}} \quad （公式 1.3.3）$$

公式 3.3 式中，Ts 为表面温度；$\mathrm{Ts}_{min} = a + b \times NDVI$ 为 NDVI 对就的最低温度，即湿边；$\mathrm{Ts}_{max} = c + d \times NDVI$ 为 NDVI 对就的最高温度，即旱边。

TVDI 与土壤湿度相关性大，可以反映干旱情况。但由于 TDVI 只表示同一影图像水分状况的相对值，在时间上具有不可比性，且受区域限制干湿边不易获得，因此还需要深入研究。

土壤热惯量是土壤热特性的一种综合量度，它是土壤密度、热容量和热传导系数的函数，其定义为：

$$P = C(1-A)/\Delta T_0 \quad \text{（公式 1.3.4）}$$

公式 3.4 中，P 为热惯量，$\Delta T_0$ 为昼夜温差，A 为全波段反射率，C 为常数。土壤温度与土壤的热特性有关，而热特性又与土壤的含水量有关，因此，利用地表温度信息计算地表热惯量，可间接获得土壤含水量信息。热惯量概念模型由 Kahle 提出。Rosema 等在此基础上提出了热惯量的计算模式。Price 等在能量平衡方程的基础上简化潜热蒸/散形式，引入地表综合参量概念系统地描述了热惯量方法及热惯量的遥感成像原理。隋洪智等在考虑地面因子和大气因子的情况下，进一步简化了能量平衡方程。田国良等根据土壤水量平衡原理，提出了一套利用遥感技术监测冬小麦干旱灾害的方法，即利用遥感方法建立试验区土壤表观热惯量与土壤水分的经验统计关系，然后根据冬小麦需水规律和土壤有效水分含量来定义干旱灾害指数模型。余涛和田国良从 Price 等的研究出发，提出了一种求解土壤表层热惯量的简化方法——傅立叶法。该方法具有良好的计算精度，被应用于华北农业区域土壤水分监测。使用热惯量反演土壤湿度只对植被盖度较低地区具有较高的精度，具有区域监测局域性。

## 2　研究内容与方法

着眼于时空动态，建立地表水分胁迫与植被生长状况的遥感监测模型。应用时间序列分析方法，结合气象时间序列数据，将遥感监测的植被信息进行标准化从而获得具有时空可比性的植被生长状况。应用空间分析方法对不同程度的干旱事件遥感监测数据进行分析，建立遥感监测旱情指数及与《气象干旱等级》相对应的地表水分胁迫与植被生长状况的遥感监测指标。

通过月动态野外定位样地实地测定与模拟实验，实地测量不同草原植被不同土壤湿度的光谱信息。拟采用可见光/近红外、热红外以及微波等多种遥感数据，着眼于不同地表物理特性的水分信息表达，使用特征空间法建立草原区土壤湿度的遥感监测模型。基于以上研究，结合气象因子制定区域旱情等级划分方法与标准，建立草原旱情动态监测预警技术体系及业务化运行系统（图 1－3－1）。

## 3　结果与分析

### 3.1　草原区土壤湿度遥感监测模型建立

草原干旱灾害的形成机理从根本上讲就是土壤水分过低使得草原植被生长受到胁迫所造成的。因此，土壤湿度状况是监测草原干旱灾害最直接的指标。常用的利用 MODIS 数据进行土壤湿度监测的方法有热惯量法和 LST-NDVI 特征空间法，这两种方法都是以不同湿度土壤所表现出的热特性差异为监测理论基础的。热惯量法一般适用于裸土以及植被覆盖度低的地区。本文的研究区域涵盖荒漠草原区、典型草原区和草甸草原区，盛草季植被盖度值域跨越大，因此，选用以 LST-NDVI 特征空间为基础的监测方法。

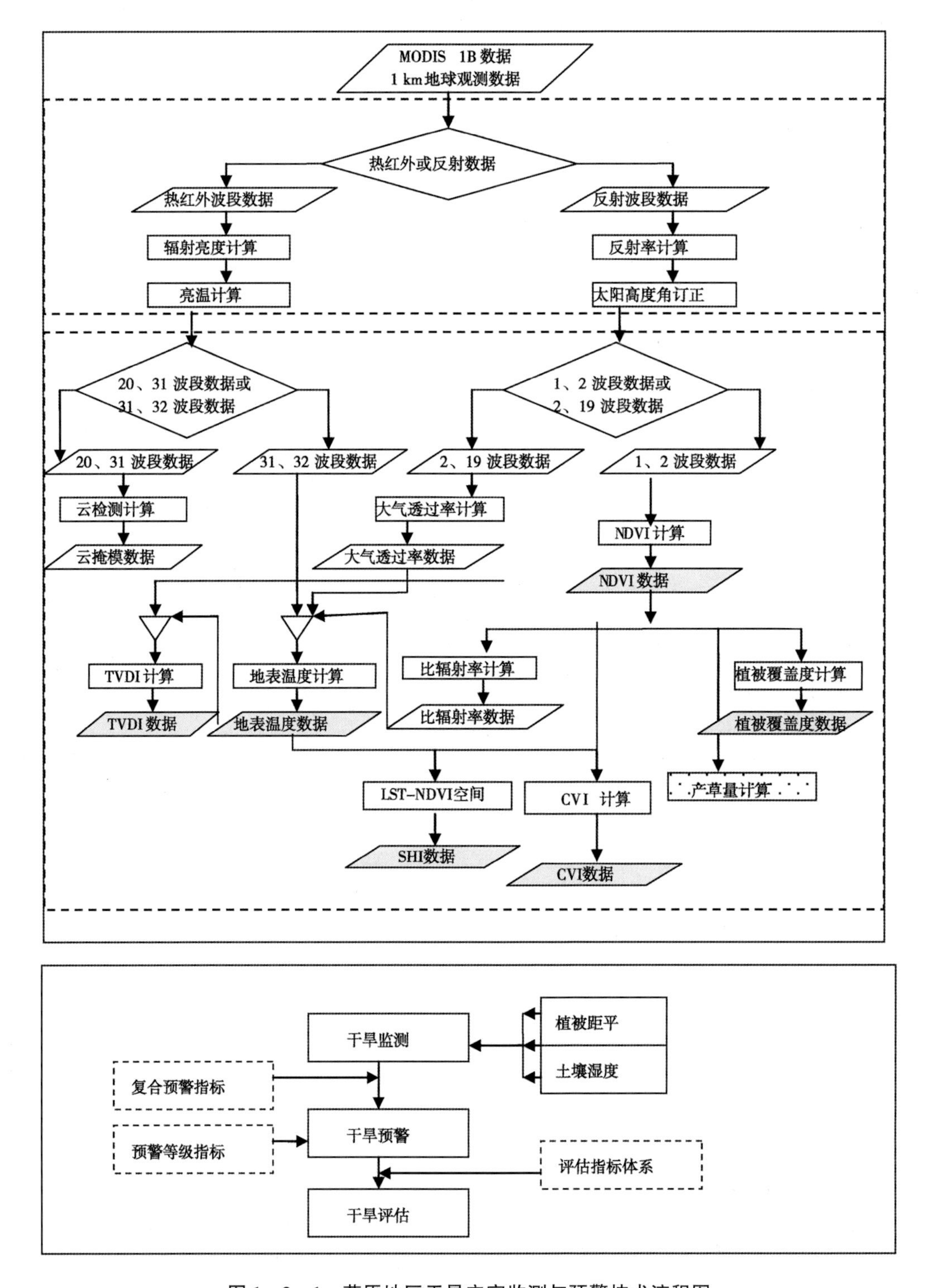


图 1-3-1 草原地区干旱灾害监测与预警技术流程图

Fig. 1-3-1 Grassland drought monitoring and warning technology process

### 3.1.1　利用LST-NDVI特征空间挖掘土壤湿度信息的原理

在热红外遥感影像上，不同湿度土壤的裸土表面所表达的热信息不同，这是由于水与干燥土壤之间的热特性差异造成的。土壤热特性（如热容量、导热系数、热扩散系数等）是影响土壤表面热量表达的主要因素。决定土壤热特性的固有特性因素有：土壤质地、矿物质组成和有机质含量等，此外还包括土壤含水率、土壤温度及密度等一些可控因素。内蒙古东部草原地区的土壤类型是以栗钙土为代表的钙积土为主，质地多属粉沙土，土壤固有特性较为均一，因此，土壤湿度成为东部草原区影响土壤热特性的主要因子。随着钙积土含水率在2%到42%之间变化，土壤的比热逐渐增大，由0.7 kJ/(kg·K)增大到3.0kJ/(kg·K)左右。草原地区的遥感影像所表达的热信息来自于由裸露土壤表面与草原植被构成的混合像元，所以，除了土壤湿度外植被覆盖对影像上的热量信息的影响也绝不能忽略。植被对像元的热信息影响表现在：一方面，健康的地表植被本身的含水量常远远高于土壤，影像上植被指数与地表温度之间存在负相关的关系；另一方面，在一定的净辐射条件下，蒸散量越少，显热量越大，冠层温度就越高，反之亦然。当土壤水分不能满足潜在蒸散时，用于改变周围环境温度的感热量增加，冠层温度升高，气孔阻力增大，进一步抑止蒸散。当土壤含水量充足时，植被会利用整个根层水分，维持较高的蒸腾速率，从而使得冠层温度较低。显然土壤水分状况与混合像元上表达的地表温度之间存在密切的关系。使用植被指数表征混合像元中绿色植被的生长状况和覆盖度信息，用地表温度反映像元的热特征状况，将二者相结合来构建的特征空间可以很好地挖掘区域土壤湿度信息。

Sandholt（2002）等发现，Ts-NDVI特征空间中有很多等值线，于是提出了温度植被干旱指数TVDI（Temperature Vegetation Dryness Index,）的概念。TVDI定义为：

$$TVDI = \frac{[Ts - (a_1 + b_1 \times NDVI)]}{[(a_2 + b_2 \times NDVI) - (a_1 + b_1 \times NDVI)]} \quad (公式 1.3.5)$$

公式3.5中，$Ts$ 为地表温度，$a_1$，$b_1$ 为湿边方程系数，$a_2$，$b_2$ 为旱边方程系数。在旱边上TVDI = 1，在湿边上TVDI = 0。地表温度越接近旱边，TVDI越大，土壤湿度越低；反之，地表温度越接近湿边，TVDI越小，土壤湿度越高。TVDI与土壤湿度相关，可以反映干旱情况，其意义为：对于一个区域来说，若地表覆盖类型从裸土到密闭植被冠层，土壤湿度由干旱到湿润，则该区域每个像元的植被指数和地表温度组成的散点图呈现为梯形，如图1-3-2。图1-3-2表示NDVI与LST的理论特征空间，区域内每一像元的NDVI与LST值将分布在由ABCD四个极点构成的LST-NDVI特征空间内，从而表示了植被指数和地表温度的关系。对于裸土，表面温度的变化与表层土壤湿度变化密切相关。因此，在图1-3-2中点A表示干燥裸露土壤（低NDVI，高LST），而B表示湿润裸露土壤（低NDVI，低LST）。一般情况下，随着植被覆盖度的增加，土壤表面温度降低。点D表示干旱密闭的植被冠层（高NDVI，相对高的LST），土壤干旱，植被蒸腾弱；点C表示湿润密闭植被冠层（高NDVI，低LST），土壤湿润，植被蒸腾强。AD表示旱边，表示低蒸散，干旱状态。BC表示湿边，代表潜在蒸散，洋溢状态。LST-NDVI特征空间可以看作由一组土壤湿度等值线组成，如图1-3-3。

虽然TVDI可以反映土壤湿度状况，但存在很多缺点（田国良，2006）：由影像

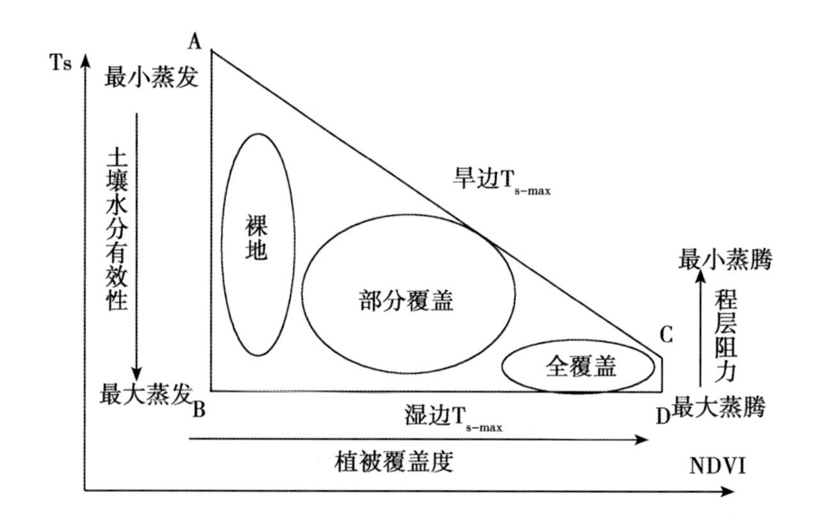


图 1－3－2 植被指数与地表温度特征空间（Sandholt，2002）

Fig. 1－3－2 Vegetation index and surface temperature characteristic space（Sandholt，2002）

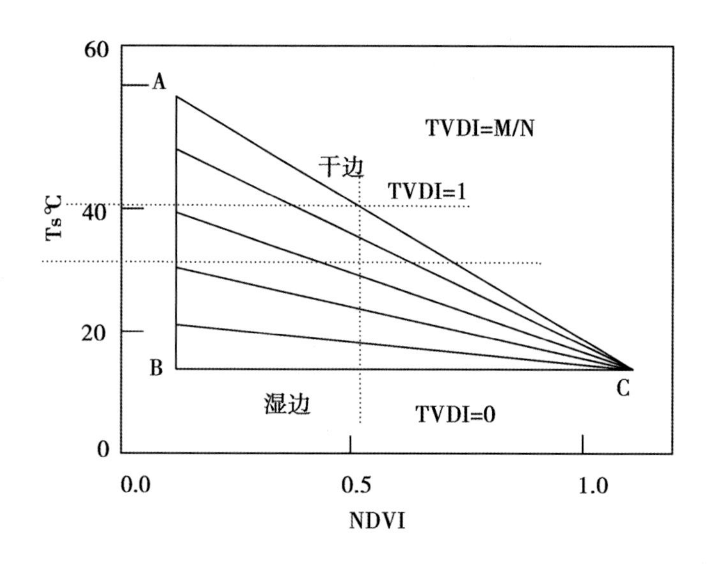


图 1－3－3 LST－NDVI 特征空间、土壤湿度等值线与 TVDI

Fig. 1－3－3 The LST-NDVI characteristic space，soil humidity and TVDI

提取获得的干边并不一定是最低土壤含水量，而只是表示同一影像水分状况的相对值。因此，TVDI 在时间上具有不可比性。TVDI 不适宜于较大区域，原因是在相同 NDVI 和土壤湿度下，南北部太阳辐射不同，造成南北地表温度不同，分区计算 TVDI 时，如果空间区域太大则各地干湿边不同，如果区域太小则干湿边不易获得。所以，TVDI 不能跨区对比分析，只能定性地反映土壤湿度状况，而不宜用于定量反演土壤湿度。鉴于利用湿边、旱边挖掘特征空间的湿度信息具有一定的局限性，本文首次提出 LST－NDVI 特征空间角度参数构建法，用于挖掘土壤湿度信息，希望可以弥补TVDI 的各个缺点。

3.1.2　基于角度因子的 LST－NDVI 特征空间构建法定量反演土壤湿度

图 1－3－4 为研究区同一季节不同干旱水平的 LST-NDVI 特征空间散点分布的密度图。图中以从紫到红的颜色表征研究区遥感影像像元在特征空间中的分布情况，紫色区为低密度区，红色区为高密度区，a 图表达的是 2008 年无旱情况下的空间分布状况，b 图表达的是 2009 年中度干旱情况下的空间分布状况。特征空间中的左下角的一小块明亮分布区为水体像元。由于研究区的时空限制，像元点在特征空间中的分布并非为图1－3－2 中的梯形分布，多数像元以条带状倾斜分布，以水体像元为圆心大致构成一个扇形形状，在这种情况下无论区域内是否干旱都很难找出理论中的湿边、旱边。

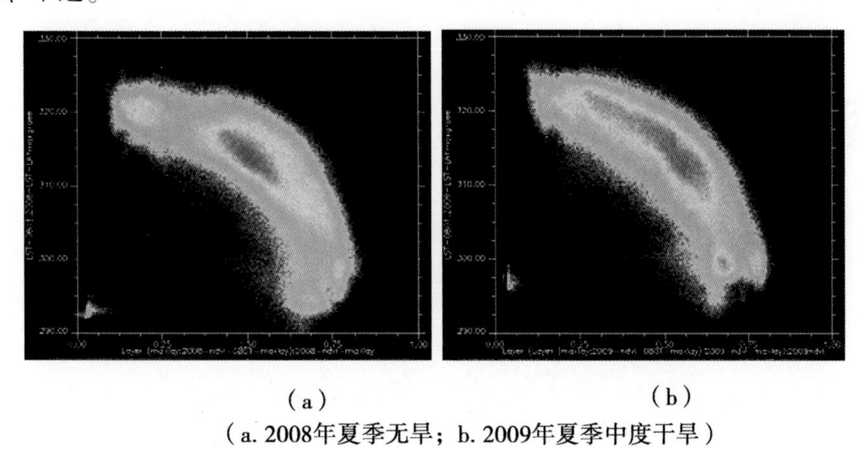

(a)　　(b)

(a. 2008年夏季无旱；b. 2009年夏季中度干旱)

**图 1－3－4　内蒙古东部不同干旱程度下 LST－NDVI 特征空间散点分布密度图**

**Fig. 1－3－4　Eastern Inner Mongolia under different drought LST-NDVI characteristic space scatterplot distribution density figure**

(a：undrought in 2008 summer；b：under drought in 2009 summer)

LST-NDVI 构建特征空间挖掘土壤湿度信息的原理是根据不同湿度水平下像元的热特性不同这一物理规律建立的。因此，LST-NDVI 特征空间中湿度信息是具有相对稳定的分布规律的。在稳定的分布规律下，以像元的物理热特性规律为基础，把不同时段的 LST-NDVI 特征空间利用解析几何的放射变换法映射到相同的向量空间中，构建相对稳定的以土壤湿度为核心的空间向量集，就能实现定量反演土壤湿度的目标。

以本文的研究区为例，在同一时相遥感影像上，地表净辐射相近，土壤质地相同，气温、风速等气象条件相近。决定像元热特性的因子主要取决于土壤湿度和植被状况。随着时间的推移，辐射条件、气象条件在不断的变化，LST-NDVI 特征空间就好似从一个向量空间变换到另一个向量空间中，而相同土壤湿度、相同植被状况的像元在特征空间中占据的相对位置是固定的。为了实现多时段影像的对比，LST-NDVI 特征空间的湿度分布函数构建应选用形状或角度参数作为土壤湿度的因变量，这样只要对不同时段的遥感数据进行特征空间的仿射的保形/保角变换就可以实现土壤湿度的监测与对比。根据纯水体像元的热特性是最为稳定这一特点，以水体像元为参照点，计算其他像元与水体的相对位置来构建特征空间角度因子，可以有效地挖掘土壤的湿度信息。

（1）LST-NDVI 特征空间土壤湿度角度因子构建原理：假设在同一景影像中将单个像元为独立的灰体，在忽略大气对流以及像元之间的热量交换的情况下各像元之间完全离散，且在 $t_0$ 时刻所有像元温度相同为 $T_0$，像元［$x_1$，$y_1$］，与像元［$x_2$，$y_2$］热特性不同，t 时刻后像元［$x_1$，$y_1$］地表温度为 $T_1$，像元［$x_2$，$y_2$］地表温度为 $T_2$，则两像元的比热 $C_1/C_2$ 为：

$$\frac{T_1 - T_{雨}}{T_1 - T_{水}} = \frac{\partial Q_1/C_1}{\partial Q_2/C_2} \qquad（公式 1.3.6）$$

设 $T_0=0$，$\partial Q$ 为地表净辐射收入，可以用变量像元比辐射率、大气透过率 $\tau$、太阳高度角 $\delta$、地理纬度 $\phi$ 构成 $\partial Q=f(\varepsilon, \tau, \delta, \phi, t)$。一定区域范围内，除比辐射率外，其他影响 $\partial Q$ 的因子近似相等，则有：

$$\frac{T_1}{T_1} = \frac{C_2 f(\varepsilon_1)}{C_1 f(\varepsilon_1)} \qquad（公式 1.3.7）$$

公式 3.6 表明两元像的温度之比与它们的比热之比成负相关关系。水在常温范围内比热容 c 是稳定的为 4.2kJ/（kg · ℃）。设公式 3.6 中像元［x2，y2］为水体，则有：

$$\frac{T_1}{T_{水}} = \frac{f_2(\varepsilon_1)}{C_1 f_2(\varepsilon_2)} \Rightarrow = C_1 = a\frac{T_{水} f_2(\varepsilon_1)}{T_1 f_2(\varepsilon_2)} \qquad（公式 1.3.8）$$

其中，a 为常数；公式 3.7 表明任意像元与纯水体像元的温度比与这一像元的比热存在负相关关系。任意草地像元可看作为由纯土壤与全覆盖植被构成的混合像元，覃志豪[15]等针对这类地表温度差异进行模拟分析，得到在 5～45℃范围内，比辐射可由植被覆盖度和水体像元面积比例两个参数构成的函数进行计算。除较大的湖泊水体像元外本文研究区内草地像元的水体组分较小，可将水体像元面积比忽略，植被覆盖度与 NDVI 之间线性相关，5～45℃范围内 $f_2(\varepsilon_1)$ 近为常数，则公式 3.7 可简化为：

$$C_1 = \frac{T_{水}}{T_1} f_3\left(\frac{1}{NDVI_1}\right) \qquad（公式 1.3.9）$$

单个草原像元可视为一定厚度的土壤、地表植被的混合物，根据混合物比热公式有单位像元的比热可由土壤含水量进行表示：

$$C_1 = c_{土}雨_{土} + c_{水}雨_{水} + c_{植}雨_{植} \qquad（公式 1.3.10）$$

其中，$c_{土}$为干燥土壤的比热容，$c_{水}$为纯水的比热容，$c_{植}$为草本植被的比热容。草本植被的含水量一般在 70% 左右，$c_{植}$与纯水比热容近似。在一定的温度范围内比热容物体相对稳定，$c_{土}$，$c_{水}$，$c_{植}$均可视为常数。设雨$_{土}$+雨$_{水}$=1，土壤湿度为 P 则：

$$c_1 = c_{土}(1-p) + c_{水}p + c_{被}f_4(NDVI) \qquad（公式 1.3.11）$$

$f_4(NDVI)$ 为 NDVI 的产草量模型，根据表 2.6 中的研究，不分区草原类型的最优产草量模型为二次曲线方程，将产草量模型代入公式 3.11，则有：

$$p = f_5(NDVI^2) + f_6(NDVI) + \eta_1 c_1 \quad \text{（公式 1.3.12）}$$

$\eta_1$ 为常数。合并公式 3.9、公式 3.11，则土壤湿度 P 为：

$$P = f_5(NDVI_i) + f_6(\frac{T_{水}}{T_i}, \frac{1}{NDVI_i}) \quad \text{（公式 1.3.13）}$$

公式 3.13 中 $n_2$ 为常数，$f_5$ 为以 NDVI 为自变量的一元二次函数，$f_6$ 为缩放比为$\frac{T_{水}}{T_i}$自变量为$\frac{1}{NDVI_i}$的线性函数。如果进一步整理公式 3.13，可以得到一个二元的三次方程，设 P 为常数，通过这个方程求解函数 $f_5$、$f_6$，所得结果解不唯一，但是这个公式中只有 NDVI 和 LST 两个变量，表明由 NDVI 和 LST 构成的特征空间完全可以表达土壤的湿度信息。公式 3.13 由两部分组成，$f_5$ 为 NDVI 控制的影响因子，$f_6$ 为由 LST 与 NDVI 共同控制的影响因子。根据这一特点，如果能在特征空间中构建两个与公式 3.13 中左右两项控制因子相同的角度参数，使它们与土壤湿度有很好的相关关系，则可以利用空间解析几何中二维平面仿射变换中角度特征的不变原理，最终实现利用特征角度参数对土壤湿度进行反演的目的。

如图 1－3－3，遥感影像的 LST -NDVI 的特征空间是由很多土壤湿度等值线构成的，随着植被覆盖的增加，所有的等值线交于一点。草本植被的含水量较高，一般在 70% 以上，地表植被生物量越大，像元上的温度热信息就越接近同时段影像的纯水体像元温度，因此土壤湿度等值线交点的 LST 值接近于同时段水体像元的平均温度。建构一个近似等值线交点的点：其纵轴坐标为水体像元的平均温度，其横轴坐标为干旱时段的旱边与直线（Y 等于同一时段中水体像元平均温度）的交点的横坐标 NDVI。如图 1－3－5，任意一点 A·［x，y］和土壤湿度等值度线的交点连线与直线（Y 等于水体像元平均温度）围成一个夹角 $\alpha$。角 $\alpha$ 的斜边可以看作为图 1－3－3 中的土壤湿度等值线，角 $\alpha$ 的角度在 Ts-NDVI 的特征空间中与土壤湿度密切相关，角度越大土壤湿度越小。利用这一关系在 LST-NDVI 特征空间中可构造土壤湿度的映射函数。本着实现对不同时相特征空间进行保角变换的原则，在特征空间中将角 $\alpha$，与角 $\beta$（见图 1－3－5）定义为：

$$\tan(\alpha) = \frac{T_i - T_{水}}{NDVI_{\max} - NDVI_i}$$

$$\tan(\beta) = \frac{T_{水}}{NDVI_{\max} - NDVI_i} \quad \text{（公式 1.3.14）}$$

点［$NDVI_{\max}$，$T_{水}$］为特征空间的原子，角 $\beta$ 的控制因子为 NDVI，角 $\alpha$ 控制因子为 NDVI 与 LST 双因子，角 $\alpha$ 与角 $\beta$ 与公式 3.13 中 $f_6$、$f_5$ 左右两项控制因子恰好对应。不同时相中水体像元的 NDVI 变化很小可以忽略，其温度主要取决于所在时段的太阳辐射、大气对流等环境因素，与 NDVI 无关。因此，以［$NDVI_{\max}$，$T_{水}$］为特征空间原子所计算的不同时相的角 $\alpha$ 与角 $\beta$ 最大程度地剔除了环境因子的影响，提高了数据的时空可比性。

利用野外实测的土壤湿度数据，结合对应的角 $\alpha$ 与角 $\beta$，进行多元回归分析可得到

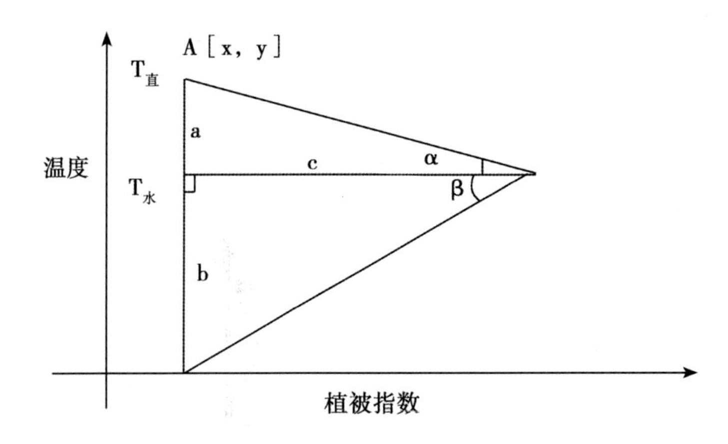


图 1-3-5　特征空间的角度参数构建原理

**Fig. 1-3-5　The feature space angle parameters constructing principle**

土壤湿度的反演模型。

（2）使用 LST-NDVI 特征空间土壤湿度角度因子建立土壤湿度反演模型：根据公式 3.14 计算提取角 $\alpha$ 与角 $\beta$ 的实际度数。在计算角度因子前首先要确定顶点［$NDVI_{max}$，$T_{水}$］，$T_{水}$由纯水体像元的平均值提取获得，$NDVI_{max}$为常数。$NDVI_{max}$的确定过程为：在 2006 年到 2010 年五个年度中选择盛草季干旱时段的影像，求其 NDVI 值在 0.15～0.55 间的旱边线与直线 LST 等于 $T_{水}$所交汇的点的 NDVI 值。2009 年 8 月 6 日的影像质量较好，全景无云，此期间研究区处于中度干旱，提取当日的特征空间交汇点的 NDVI 值赋值予 $NDVI_{max}$，值为 2.0。

角度因子的提取通过反正切函数求得，在计算过程中对 NDVI 放大了 40 倍。图 1-3-5 中坐标轴原点选取位置会影响角 $\beta$ 的值域分布，如使用绝对温度零为横轴则 $\beta$ 值偏高，多为 70 度左右；如使用摄氏温度零为横轴则 $\beta$ 角度偏小为 10 左右，因此需要对特征空间进行纵向平移使 $\beta$ 角的值分布大小较为适宜，为了使角 $\alpha$ 与角 $\beta$ 值相近并且平移后的水体温度与陆水差接近，选用绝对温度等于 253 作为横轴。最终计算角度因子的公式为：

$$\alpha_i = A\tan\left(\frac{LST_i - LST_w}{2.0 - NDVI_i}/50\right) \times \frac{180}{\pi}$$

$$\beta_i = A\tan\left(\frac{LST_i - 253}{2.0 - NDVI_i}/50\right) \times \frac{180}{\pi} \qquad \text{（公式 1.3.15）}$$

结合野外实测土壤湿度，对应角度因子数据进行多元回归分析，建立土壤湿度模型。实测土壤湿度数据来自于 2009 年 6 月、8 月，2010 年 6 月、7 月的 4 次野外调查。27 个样地中，有效数据样本为 104 个，初次回归分析后，剔除 5 个残差较大的样本，剩余 99 个数据样本。野外数据涉及九个草原型，每个型有 3 个样地，在每个型中选取两个样地的样本数据为分析数据，剩余一个样地用于验证分析。实测土壤湿度样本情况见表 1-3-1。

表 1-3-1　实测土壤湿度样本情况表

**Tab. 1-3-1　The measured soil humidity samples**

| 样本用途 | 样地号 | 09 年 6 月样本数 | 09 年 8 月样本数 | 10 年 6 月样本数 | 10 年 7 月样本数 | 合计 |
|---|---|---|---|---|---|---|
| 分析 | 1，2，3，6，7，8，9，11，14，15，16，18，19，21，23，24，25，27 | 18 | 17 | 19 | 17 | 71 |
| 验证 | 4，5，10，12，13，17，20，22，26 | 8 | 8 | 4 | 8 | 28 |

以 $\alpha$、$\alpha^2$、$\alpha^3$、$1/\alpha$、$\beta$、$\beta^2$ 以及 $\alpha/\beta$ 七个参数进行向后多元回归分析，逐步剔除因子。当模型由 $\alpha$、$\beta$、和 $\alpha/\beta$ 三个参数构成时，模型各因子 t 检验均达到显著水平。具体分析结果见表 1-3-2。

表 1-3-2　土壤湿度 SHI（Soil Humidity Index）模型

**Tab. 1-3-2　SHI（Soil Humidity Index）model**

$SHI = 2\_\ 463\alpha - 1\_\ 813\beta - 126\_\ 146\alpha/\beta + 98\_\ 103$

| R | $R^2$ | 调整后 $R^2$ | 标准误差 |
|---|---|---|---|
| 0.664 | 0.441 | 0.414 | 2.92 |

方差分析：df = 70；F = 15.22；sig = 0.000（a）极显著水平

系数 t 检验结果：

| | 系数 | 系数标准误 | t 值 | P 值 |
|---|---|---|---|---|
| (Constant) | 98.103 | 26.414 | 3.714 | 0.000 |
| 角 A | 2.463 | 1.139 | 2.162 | 0.034 |
| 角 B | -1.813 | 0.631 | -2.872 | 0.006 |
| BI | -126.146 | 46.797 | -2.696 | 0.009 |

使用验证组样本数据对土壤湿度模拟值与实测值进行成对 t 检验，结果见表 1-3-3。

表 1-3-3　检验数据表

**Tab. 1-3-3　Inspection data table**

| 日期 | 草原类型 | 样地号 | 角 a | 角 b | 角 a：角 b | 实测值 | 模拟值 |
|---|---|---|---|---|---|---|---|
| 2009-6-17 | 羊草、贝加尔针茅 | 5 | 14.1 | 39.1 | 0.3606 | 13.2 | 16.5 |
| 2009-8-11 | 羊草、贝加尔针茅 | 5 | 30.73 | 42 | 0.7317 | 4.8 | 5.3 |
| 2010-7-20 | 羊草、贝加尔针茅 | 5 | 14.02 | 45.13 | 0.3107 | 12.1 | 11.6 |
| 2009-6-17 | 贝加尔针茅、羊草 | 4 | 17.18 | 39.1 | 0.4394 | 12.3 | 14.1 |

（续表）

| 日期 | 草原类型 | 样地号 | 角 a | 角 b | 角 a：角 b | 实测值 | 模拟值 |
| --- | --- | --- | --- | --- | --- | --- | --- |
| 2009－8－11 | 贝加尔针茅、羊草 | 4 | 29.06 | 42.14 | 0.6896 | 6.6 | 6.3 |
| 2010－6－1 | 贝加尔针茅、羊草 | 4 | 26.14 | 40.81 | 0.6405 | 18.4 | 7.7 |
| 2009－6－18 | 线叶菊、贝加尔针茅 | 10 | 19.05 | 40.11 | 0.4749 | 12.8 | 12.4 |
| 2009－8－10 | 线叶菊、贝加尔针茅 | 10 | 27.49 | 40.64 | 0.6764 | 10.2 | 6.8 |
| 2010－7－21 | 线叶菊、贝加尔针茅 | 10 | 21.35 | 44.42 | 0.4806 | 8.5 | 9.5 |
| 2009－6－19 | 羊草、大针茅 | 13 | 22.98 | 37.6 | 0.6112 | 12.9 | 9.4 |
| 2009－8－13 | 羊草、大针茅 | 13 | 24.42 | 39.82 | 0.6133 | 5.8 | 8.7 |
| 2010－7－18 | 羊草、大针茅 | 13 | 20.16 | 43.29 | 0.4657 | 11.7 | 10.5 |
| 2009－8－13 | 大针茅 | 12 | 30.01 | 38.87 | 0.7721 | 6.7 | 4.2 |
| 2010－7－18 | 大针茅 | 12 | 23.21 | 43.85 | 0.5293 | 18 | 9.0 |
| 2009－6－20 | 克氏针茅、冷蒿 | 17 | 22.37 | 36.56 | 0.6119 | 10.9 | 9.7 |
| 2009－8－14 | 克氏针茅、冷蒿 | 17 | 25.42 | 37.52 | 0.6775 | 6.2 | 7.2 |
| 2010－6－2 | 克氏针茅、冷蒿 | 17 | 23.13 | 37.2 | 0.6218 | 9.5 | 9.2 |
| 2010－7－8 | 克氏针茅、冷蒿 | 17 | 24.4 | 38.9 | 0.6272 | 3.7 | 8.5 |
| 2009－6－22 | 小针茅、隐子草 | 26 | 23.87 | 37.59 | 0.6350 | 10.5 | 8.6 |
| 2010－6－4 | 小针茅、隐子草 | 26 | 24.45 | 38.39 | 0.6369 | 8.4 | 8.4 |
| 2010－7－7 | 小针茅、隐子草 | 26 | 29.18 | 40.1 | 0.7277 | 5.7 | 5.5 |
| 2009－6－21 | 小针茅、冷蒿 | 20 | 24.9 | 36.37 | 0.6846 | 11.6 | 7.1 |
| 2009－8－15 | 小针茅、冷蒿 | 20 | 23.37 | 38.17 | 0.6123 | 4.5 | 9.2 |
| 2010－6－3 | 小针茅、冷蒿 | 20 | 24.63 | 37.43 | 0.6580 | 10.4 | 7.9 |
| 2010－7－8 | 小针茅、冷蒿 | 20 | 26.65 | 39.18 | 0.6802 | 5 | 6.9 |
| 2009－6－21 | 具锦鸡小针茅 | 22 | 22.59 | 36.35 | 0.6215 | 9.7 | 9.4 |
| 2009－8－15 | 具锦鸡小针茅 | 22 | 23.48 | 37.53 | 0.6256 | 6.5 | 9.0 |
| 2010－7－8 | 具锦鸡小针茅 | 22 | 26.27 | 39.87 | 0.6589 | 3.1 | 7.4 |

* 检验结果：95% 信度区间为（－0.9169，1.8790）；t＝0.706；2-tail sig＝0.486；无显著差异

由表 1－3－2 可知，成对 t 检验结果 sig 大于 0.05，表明两组数据无显著差异，其 95% 信度区间为（－0.9169，1.8790），而草原土壤湿度的值域分布范围在（2%，40%）之间，因此模型可以满足实际需求。剔除 4 号样地 2010 年 6 月 1 日的样本后，模拟结果的标准误差为 3.05。草甸草原、典型草原与荒漠草原样本的偏差均值分别为 0.96、－0.97、0.41；偏差百分比的均值分别为 8.4%、－8.8%、22.5%。湿度模型对低覆盖且气候条件干燥的荒漠草原区的模拟精度较其他类型低。在检验样本所涉及的两个年度、四个时段中，2009 年 6 月、2009 年 8 月、2010 年 6 月、2010 年 7 月样本偏差分别为：0.68、0.82、0.94、0.15；偏差百分比分别为：7.5%、18.1%、－9.2%、31.5%。2010 年 7 月偏差较大，可能与样本数据本身的质量有关，在剔除两个观测数

值偏低样本（2010年7月的17号样地、22号样地）后，偏差均值为-1.12，偏差百分比均值为-3.75%。以上结果表明，在不同年份的相同月份里，模型的模拟结果无明显差异；在相同年度的不同时段中，模型的模拟结果略有偏差，其偏差发生的原因尚不能确定，需要补充更多时段的数据进行分析。

本次对比验证的偏差与样本采集有一定关系，模拟结果为1km$^2$范围的平均土壤湿度，实测过程中虽在较为平坦均一的地区进行多次采样，但实测值与模拟值之间存在一定的空间尺度转换问题，所以难免产生偏差。

综合以上的讨论，利用LST-NDVI特征空间土壤湿度角度因子构建的土壤湿度遥感反演模型能够有效地监测草原地区地表土壤湿度，经过模拟值与实测值的对比验证，土壤含水量的标准误差为2.92。试验表明所建立的模型克服了传统LST-NDVI特征空间法时间可比性差的缺点，能够适用于不同年份不同时段的监测需求。针对不同的草原类型模型的模拟偏差略有不同，草甸草原与典型草原区的模拟效果较好，偏差在10%左右；荒漠草原区的模拟偏差较高，为22%左右。由于数据样本数量的限制，本文所建立的模型的精度还有待进一步讨论。增加更多年度、不同季节的实测数据建模，能进一步拓宽模型的适用范围，模拟精度还有进一步提高的潜力。

### 3.2　草原植被生长状况遥感监测

草原植被是干旱灾害的直接响应者，对植被状况的监测是干旱监测的重要内容。植被的生长对降水的响应具有一定的延迟性。遥感影像上瞬时的植被生长状况的差别反映了草原植被对之前一段时期降水等环境条件的响应，降水对草原植被影响在40天左右（夏照华，2007）。草原是草原植被与其生境条件协同进化形成的。在相同的气候区，草原群落的季相变化是相对稳定的。用多年的遥感植被指数数据进行叠加分析，分析其对应季相上的植被指数距平，可以有效的监测评估前期降水对草原植被生长造成的影响。理想的植被指数距平的计算方法为标准植被指数计算法。标准植被指数（SVI）的计算原理与气象上的Z指数和SPI指数相似。采用概率函数的形式实现对植被生长状态偏离历年平均植被状态的程度的归一化。平均植被状态是根据多年同一时期的植被指数数据集确定的，并以多年平均值表征。SVI的假设概率函数为正态分布函数。首先，对多年的同季相数据进行逐像元的一般归一化：

$$Z_{[i,j,n]} = \frac{NDVI_{[i,j,n]} - \overline{NDVI}_{[i,j]}}{\sigma_{[i,j]}} \qquad (公式1.3.16)$$

公式3.16中，［i，j］为像元下标，n为年份，Z值的计算使得单个像元在不同年份里具有了可比性，表达了特定时段上该像元的植被指数距平。不同的像元之间由于存在生境条件的差异，植被的生长不尽相同，Z值的概率密度函数也不同，因此，Z指数在空间上不可比。这种情况下需要先假设Z分布遵循某种概率分布，然后将其转化为正态分布函数，计算某一像元Z值在其标准正态分布函数中的位置，所求得的值就是SVI。通过对植被指数距平的概率分布函数的转换，求得的标准化距平，消除了不同像元上植被生长规律不同的影响，提高了指数空间上的可比性。如公式3.17，*SVI*是从$Z_{min}$做积分，因此，其值域为（0，1），值越小表明植被生长越差，受干旱胁迫越严重。

$$SVI = \int_{z_{min}}^{z_{u,n}N(\overline{Z},\sigma)\delta Z} \quad （公式 1.3.17）$$

本文所用数据为5个年度的MODIS数据，不能构成长时间序列，以5年的数据计算SVI其统计学意义不明确。为了达到监测植被生长状况的目的，同时使遥感数据在时间、空间上均有良好的可比性，本文采用气象数据的标准化指数SPI确定5个年度里降水距平最小的年度，以该年度的植被指数为参照$\overline{NDVI}_{[i,j]}$，计算了植被指数距平百分比CVI，见公式3.18。

$$CVI = \frac{NDVI_{[i,j]} - \overline{NDVI}_{[i,j]}}{\overline{NDVI}_{[i,j]}} \times 100\% \quad （公式 1.3.18）$$

## 3.3 草原干旱灾害遥感预警复合指标的确定

牧草生长对水分和热量条件的要求相对于农作物较低，具有抗寒、耐旱性，对气候的适应性强。影响牧草生长的主要因素是天然降水。干旱灾害是影响牧区生产的主要气象灾害。利用遥感技术的大面积、实时监测的优点，对草原干旱监测，建立有效的预警指标体系，可为抗旱决策提供有力的支持。干旱灾害的形成不同于暴雨、冰冻等瞬时灾害，其在时间上有一个持续发生发展的过程。使用遥感手段监测草原干旱时，不应忽视时下监测到的数据所表达的信息在干旱发展中的时间位置。进行干旱遥感监测，使用单一的预警指数会降低对抗旱决策的支持作用。从当前时段监测所得的数据中，一方面，要向前追溯反应前一阶段干旱程度对草原植被当下已造成的影响；另一方面，要向后推演时下的土壤湿度水平对下一阶段干旱发展的作用。

基于MODIS数据的预警复合指标以CVI值为干旱现状指数，以土壤湿度为干旱预警指数，CVI的距平计算在一定程度上消除了各草原区自身特性在CVI数值上的表现，使得CVI在空间上具有一定的可比性。因此，各草原区使用相同的CVI划分标准。由于不同草原区对土壤水分的需求不同，SHI指数按不同草原区进行划分，具体标准见表1－3－4、表1－3－5。

**表1－3－4　土壤湿度预警等级表**

**Tab. 1－3－4　Soil humidity warning level**

| | | 缓解（Ⅰ级） | 轻度缓解（Ⅱ级） | Ⅲ（轻微影响） | 加重（Ⅳ级） |
|---|---|---|---|---|---|
| SHI | 荒漠草原 | >10 | 8～10 | 8～6 | <6 |
| | 典型草原 | >14 | 12～14 | 8～12 | <8 |
| | 草甸草原 | >16 | 14～16 | 10～14 | <10 |

**表1－3－5　植被距平预警等级表**

**Tab. 1－3－5　CVI warning level**

| | | 轻度干旱 | 中度干旱 | 重度干旱 | 特旱 |
|---|---|---|---|---|---|
| CVI | 草甸草原 | 5%～10% | 10%～25% | 25%～40% | <40% |

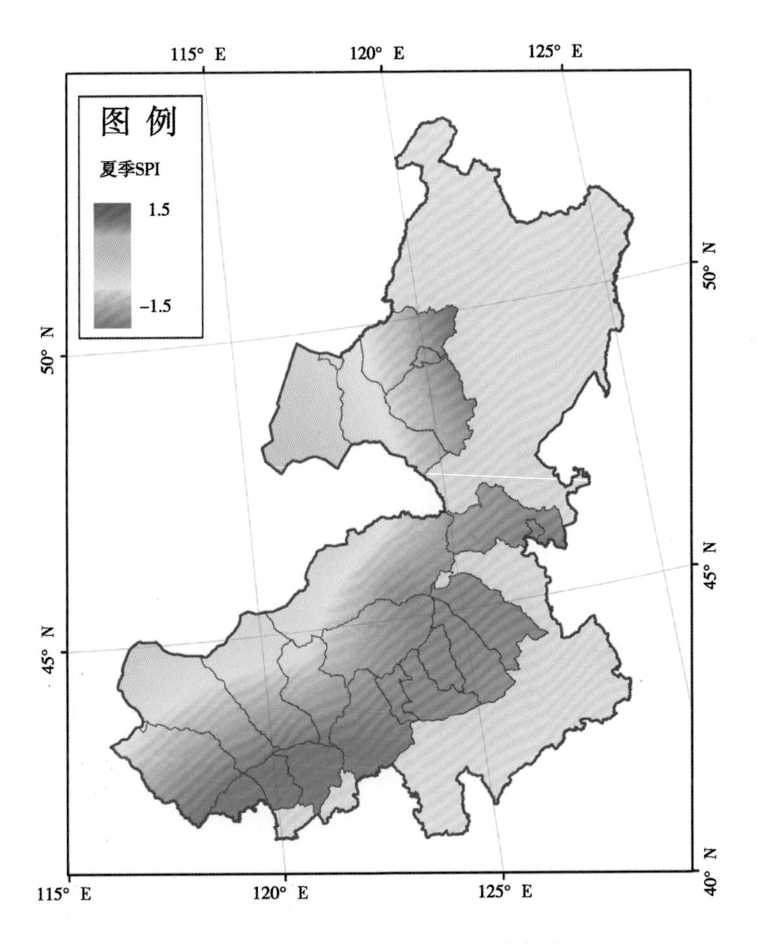


图 1-3-6　2009 年夏季 SPI 分布图

Fig. 1-3-6　SPI distribution in 2009 summer

以 2009 年的夏季干旱为例，使用复合预警指标体系对其 6 月上旬到 8 月下旬进行逐旬监测。2009 年夏季 6、7、8 这 3 个月的 SPI-3M 分布表明，2009 年夏季研究区大部分地区发生了中度以上干旱（图 1-3-6）。逐旬监测植被距平指数与土壤湿度指数，所得的复合预警指数与各旬的 SPI-1M 指数变化相近。具体监测结果如表 1-3-6、1-3-7。

表 1-3-6　2009 年夏季各旗县植被指数距平百分比（%）

Tab. 1-3-6　Each county vegetation index above-regions percentage in summer 2009

| | 6 月上旬 | 6 月中旬 | 6 月下旬 | 7 月上旬 | 7 月中旬 | 7 月下旬 | 8 月上旬 | 8 月中旬 | 8 月下旬 |
|---|---|---|---|---|---|---|---|---|---|
| 新巴尔虎右旗 | -1.0 | 3.0 | -2.3 | -1.6 | -2.6 | -1.6 | -1.9 | -3.5 | -1.6 |
| 陈巴尔虎旗 | 44.4 | 9.2 | -13.4 | -33.8 | -24.8 | -20.6 | -18.1 | -12.0 | -12.9 |
| 鄂温克旗 | 21.0 | 6.4 | -15.6 | -4.8 | 0.6 | -0.9 | -2.5 | 12.0 | 15.6 |
| 新巴尔虎左旗 | 15.5 | 12.9 | -12.6 | 5.3 | -5.9 | -2.8 | -5.0 | -1.5 | 2.2 |

（续表）

| | 6月上旬 | 6月中旬 | 6月下旬 | 7月上旬 | 7月中旬 | 7月下旬 | 8月上旬 | 8月中旬 | 8月下旬 |
|---|---|---|---|---|---|---|---|---|---|
| 科尔沁右翼前旗 | 24.8 | -0.7 | -14.7 | -8.4 | -8.2 | -8.4 | -8.5 | -8.0 | 1.3 |
| 东乌旗 | 8.9 | 2.0 | -7.8 | -12.2 | -14.5 | -7.3 | -8.5 | -9.2 | -7.1 |
| 扎鲁特旗 | 30.9 | 16.1 | 3.7 | -19.1 | -32.1 | -23.5 | -21.5 | -25.0 | -19.1 |
| 阿鲁科尔沁旗 | 10.4 | 7.2 | 9.7 | -15.3 | -26.9 | -15.9 | -22.7 | -22.7 | -17.4 |
| 巴林左旗 | 7.6 | -0.7 | 3.7 | -30.7 | -37.5 | -28.1 | -34.8 | -32.8 | -25.7 |
| 西乌旗 | 1.6 | 3.4 | -4.4 | -22.9 | -32.7 | -27.7 | -28.2 | -26.6 | -21.4 |
| 锡林浩特市 | 5.9 | 8.0 | -20.7 | -25.8 | -41.9 | -34.2 | -36.0 | -39.5 | -35.3 |
| 克什克腾旗 | 25.3 | 8.8 | -0.1 | -21.4 | -40.1 | -32.9 | -23.7 | -30.7 | -34.2 |
| 林西 | 14.6 | 10.7 | 5.9 | -9.1 | -20.6 | -18.1 | -9.8 | -9.7 | -16.7 |
| 巴林右旗 | 18.0 | 21.2 | 7.1 | -12.7 | -27.6 | -19.3 | -21.0 | -21.1 | -18.5 |
| 正兰旗 | 5.0 | 11.3 | 3.0 | -14.9 | -31.2 | -27.1 | -31.0 | -32.3 | -28.3 |
| 正镶白旗 | 14.7 | 8.3 | 14.6 | -17.7 | -20.7 | -29.9 | -12.8 | -21.3 | -27.8 |
| 阿巴嘎旗 | 38.2 | 11.8 | 23.3 | -13.9 | -18.8 | -31.1 | -18.3 | -28.9 | -32.9 |
| 苏尼特左旗 | 51.0 | 29.9 | 32.4 | -5.2 | -25.8 | -23.1 | -12.2 | -24.3 | -25.8 |
| 苏尼特右旗 | 67.7 | 32.6 | 64.8 | 14.7 | -6.3 | -5.2 | -5.8 | -15.3 | -10.3 |
| 镶黄旗 | 36.2 | -2.7 | 30.9 | -6.2 | -16.4 | -16.6 | -35.2 | -35.8 | -23.6 |
| 平均 | 22.0 | 9.9 | 5.4 | -12.8 | -21.7 | -18.7 | -17.9 | -19.4 | -17.0 |
| SPI-3M 均值 | 0.27 | 0.63 | 0.30 | -0.70 | -1.46 | -1.15 | -1.02 | -0.50 | -0.31 |

**表 1-3-7　2009 年夏季各旗县植土壤湿度（土壤含水量%）**

**Tab. 1-3-7　Each county soil humidity in summer 2009（unit：%）**

| | 6月上旬 | 6月中旬 | 6月下旬 | 7月上旬 | 7月中旬 | 7月下旬 | 8月上旬 | 8月中旬 | 8月下旬 |
|---|---|---|---|---|---|---|---|---|---|
| 新巴尔虎右旗 | 15.3 | 16.6 | 14.4 | 11.4 | 11.3 | 9.1 | 9.0 | 14.7 | 12.9 |
| 陈巴尔虎旗 | 9.8 | 9.1 | 14.1 | 11.3 | 13.5 | 10.0 | 10.3 | 14.3 | 10.7 |
| 鄂温克旗 | 13.5 | 9.8 | 16.2 | 11.9 | 9.0 | 7.3 | 8.2 | 17.5 | 11.7 |
| 新巴尔虎左旗 | 14.6 | 12.8 | 17.4 | 11.9 | 10.3 | 7.3 | 8.0 | 16.5 | 12.1 |
| 科尔沁右翼前旗 | 11.5 | 8.7 | 15.1 | 9.9 | 11.1 | 7.9 | 8.7 | 16.4 | 10.4 |
| 东乌旗 | 19.3 | 18.9 | 16.0 | 12.8 | 10.9 | 8.8 | 8.4 | 13.6 | 9.9 |
| 扎鲁特旗 | 13.0 | 13.9 | 13.3 | 10.5 | 13.8 | 8.9 | 8.2 | 13.4 | 7.4 |

（续表）

| | 6月上旬 | 6月中旬 | 6月下旬 | 7月上旬 | 7月中旬 | 7月下旬 | 8月上旬 | 8月中旬 | 8月下旬 |
|---|---|---|---|---|---|---|---|---|---|
| 阿鲁科尔沁旗 | 12.3 | 17.6 | 11.8 | 10.5 | 11.8 | 9.4 | 8.7 | 11.8 | 8.1 |
| 巴林左旗 | 10.4 | 17.3 | 9.9 | 7.5 | 12.9 | 9.4 | 8.7 | 10.1 | 7.4 |
| 西乌旗 | 12.8 | 16.1 | 11.1 | 9.5 | 14.9 | 10.8 | 9.3 | 12.1 | 8.3 |
| 锡林浩特 | 12.2 | 12.1 | 12.5 | 9.6 | 14.4 | 9.8 | 8.2 | 11.9 | 7.4 |
| 克什克腾旗 | 9.4 | 9.2 | 10.5 | 5.8 | 12.0 | 10.9 | 8.6 | 14.1 | 8.2 |
| 林西 | 15.5 | 13.9 | 10.2 | 10.1 | 13.4 | 12.7 | 10.4 | 12.8 | 9.4 |
| 巴林右旗 | 17.0 | 14.8 | 11.1 | 10.1 | 11.6 | 11.3 | 10.2 | 12.2 | 9.3 |
| 正兰旗 | 15.8 | 17.4 | 11.1 | 9.1 | 13.4 | 11.0 | 9.8 | 10.7 | 7.9 |
| 正镶白旗 | 11.4 | 10.0 | 8.9 | 7.4 | 12.5 | 12.8 | 10.1 | 12.3 | 8.2 |
| 阿巴嘎旗 | 10.5 | 8.8 | 7.7 | 6.4 | 12.0 | 12.0 | 10.3 | 13.0 | 7.9 |
| 苏尼特左旗 | 9.4 | 9.9 | 10.3 | 7.0 | 12.2 | 11.6 | 8.9 | 16.0 | 9 |
| 苏尼特右旗 | 9.3 | 9.2 | 9.8 | 6.0 | 10.4 | 10.3 | 8.7 | 14.6 | 8.4 |
| 镶黄旗 | 8.0 | 7.7 | 7.2 | 5.4 | 9.4 | 9.2 | 8.8 | 14.2 | 8.2 |
| 平均 | 12.6 | 12.7 | 11.9 | 9.2 | 12.0 | 10.0 | 9.1 | 13.6 | 9.1 |
| 植被变化 | | -0.12 | -0.05 | -0.18 | -0.09 | 0.03 | 0.01 | -0.02 | 0.02 |

表1-3-6、1-3-7显示图1-3-7，图1-3-8，2009年夏季干旱有两个旱情发展转折，CVI变差为当旬CVI与前一旬CVI之差，7月中旬为东部草原区进入大面积干旱的时间点，到了8月下旬旱情有所缓解，各旗县的SPI指数大多下降到-0.5以下，达到轻旱或无旱水平。从表1-3-8中可以看到，在这两个时间点的上一旬土壤水分发生了较大幅度的下降和上升。研究区6月上旬的平均土壤湿度为12.838%，到了7月上旬骤降为9.705%，7月上旬偏低的土壤湿度导致7月中旬植被距平指数的大幅降低，植被指数的距平降幅达10%。8月中旬是2009年6~8月之间土壤湿度最大的一个时间段，平均土壤湿度为13.951%，比8月上旬的均值9.354%提高了4.5%。植被指数的距平由上一旬的均值为-15.9%上升到-8.6%。植被指数的距平变化与SPI的变化基本同步。当SPI小于-0.5达到轻度干旱水平时，VCI为-5%左右；SPI在中度干旱水平，VCI一般为-20%；SPI在重度干旱水平，VCI可下降到-30%以下。参照表1-3-8中数据，SHI指数对下一旬VCI指数的变化幅度会产生影响，当SHI降低时，下一旬的VCI指数的降幅增大；当SHI升高时，下一旬的VCI指数的降幅减小。

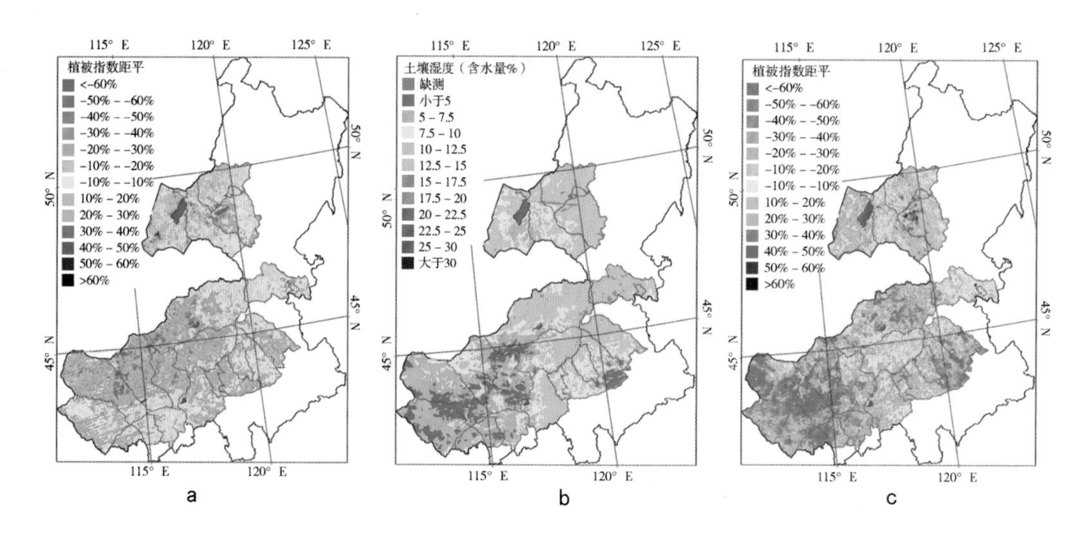


a b c(a图：7月上旬CVI变差；b图：7月上旬SHI；c图：7月中旬CVI变差)

图 1-3-7　干旱初期土壤湿度对 CVI 指数变化的影响

**Fig. 1-3-7　Soil humidity on CVI index change at the beginning of drought**

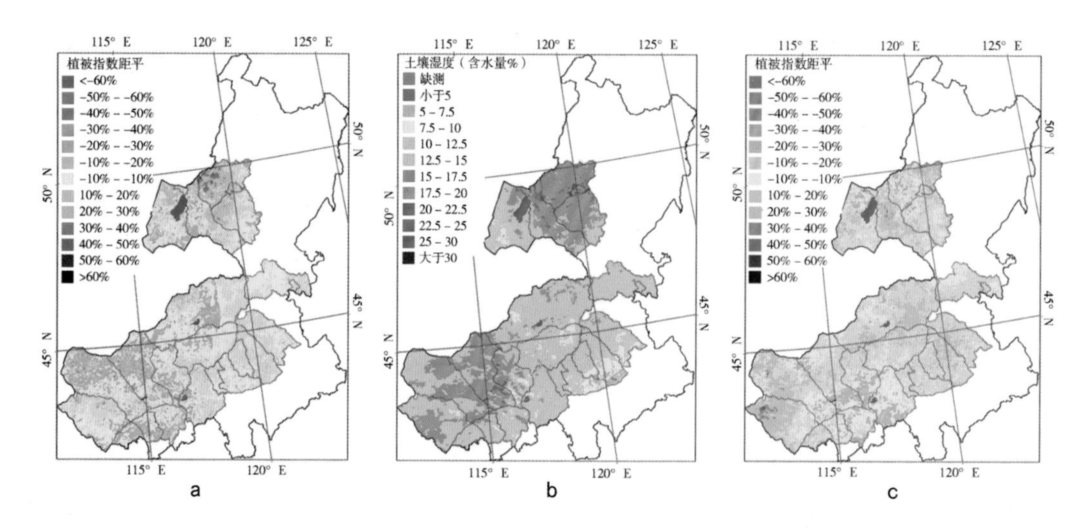


a b c(a图：8月下旬CVI变差；b图：8月下旬SHI；c图：9月上旬CVI变差)

图 1-3-8　干旱末期土壤湿度对 CVI 指数变化的影响

**Fig. 1-3-8　Soil humidity on CVI index change in the end of drought**

表 1-3-8 2009 年夏季各气象站点 SPI-1M 与遥感监测数据对比表

Tab. 1-3-8 Meteorological site SPI-1M and remote sensing monitoring data contrast table in summer 2009

| | | 6月上旬 | 6月中旬 | 6月下旬 | 7月上旬 | 7月中旬 | 7月下旬 | 8月上旬 | 8月中旬 | 8月下旬 | 均值 |
|---|---|---|---|---|---|---|---|---|---|---|---|
| | SHI | 19.280 | 18.943 | 15.998 | 12.771 | 10.871 | 8.846 | 8.402 | 9.893 | 13.618 | 13.180 |
| 东乌旗 | SPI | (0.041) | (0.391) | (0.358) | (0.160) | (0.625) | (0.533) | 0.164 | 0.069 | 1.177 | (0.078) |
| | VCI | 0.089 | 0.020 | (0.078) | (0.122) | (0.145) | (0.073) | (0.085) | (0.092) | (0.071) | (0.062) |
| | SHI | 11.513 | 8.699 | 15.081 | 9.883 | 11.067 | 7.874 | 8.665 | 10.421 | 16.444 | 11.072 |
| 科尔沁右翼前旗 | SPI | 0.177 | 0.326 | 0.511 | 0.426 | (0.466) | (1.122) | (1.443) | (1.028) | 0.339 | (0.253) |
| | VCI | 0.248 | (0.007) | (0.147) | (0.084) | (0.082) | (0.084) | (0.085) | (0.080) | 0.013 | (0.034) |
| | SHI | 12.794 | 16.149 | 11.092 | 9.486 | 14.948 | 10.832 | 9.254 | 8.325 | 12.070 | 11.661 |
| 西乌旗 | SPI | 0.295 | (0.309) | 0.170 | 0.232 | (0.157) | (1.120) | (1.578) | (1.925) | (1.283) | (0.631) |
| | VCI | 0.016 | 0.034 | (0.044) | (0.229) | (0.327) | (0.277) | (0.282) | (0.266) | (0.214) | (0.177) |
| | SHI | 15.295 | 16.563 | 14.372 | 11.407 | 11.294 | 9.138 | 9.021 | 12.862 | 14.692 | 12.738 |
| 新巴尔虎右旗 | SPI | 0.140 | (0.278) | 0.311 | (0.380) | (0.577) | 0.642 | 0.735 | 0.625 | (1.251) | (0.004) |
| | VCI | (0.010) | 0.030 | (0.023) | (0.016) | (0.046) | (0.016) | (0.019) | (0.035) | (0.046) | (0.015) |
| | SHI | 14.596 | 12.796 | 17.380 | 11.938 | 10.262 | 7.348 | 8.049 | 12.147 | 16.522 | 12.338 |
| 新巴尔虎左旗 | SPI | (0.347) | (0.421) | 0.004 | 0.064 | 0.026 | 0.161 | (0.060) | (0.318) | (0.506) | (0.155) |
| | VCI | 0.155 | 0.129 | (0.126) | 0.053 | (0.059) | (0.028) | (0.050) | (0.015) | (0.022)? | 0.009 |
| | SHI | 12.226 | 12.126 | 12.511 | 9.632 | 14.382 | 9.805 | 8.151 | 7.418 | 11.907 | 10.907 |
| 锡林浩特 | SPI | (0.686) | (0.087) | 0.585 | 0.561 | (0.223) | (0.572) | (0.773) | (0.296) | (0.737) | (0.248) |
| | VCI | 0.059 | 0.080 | (0.207) | (0.258) | (0.419) | (0.342) | (0.360) | (0.395) | (0.353) | (0.244) |
| | SHI | 13.018 | 13.871 | 13.314 | 10.496 | 13.822 | 8.861 | 8.233 | 7.386 | 13.362 | 11.374 |
| 扎鲁特旗 | SPI | (0.176) | 0.655 | 0.440 | 0.481 | (0.468) | (0.850) | (1.458) | (1.742) | (1.059) | (0.464) |
| | VCI | 0.309 | 0.161 | 0.037 | (0.191) | (0.321) | (0.235) | (0.215) | (0.250) | (0.191) | (0.099) |
| | SHI | 15.833 | 17.390 | 11.138 | 9.062 | 13.400 | 11.032 | 9.779 | 7.915 | 10.684 | 11.804 |
| 正兰旗 | SPI | 0.470 | 1.091 | 0.792 | 0.072 | (1.330) | (1.068) | (1.258) | (1.998) | (2.764) | (0.666) |
| | VCI | 0.050 | 0.113 | 0.030 | (0.149) | (0.312) | (0.271) | (0.310) | (0.323) | (0.283) | (0.162) |
| | SHI | 9.389 | 9.867 | 10.321 | 6.966 | 12.153 | 11.583 | 8.860 | 9.009 | 15.978 | 10.458 |
| 苏尼特左旗 | SPI | 0.002 | 1.050 | 1.621 | 1.062 | (0.653) | (2.721) | (1.256) | (0.996) | 0.366 | (0.169) |
| | VCI | 0.510 | 0.299 | 0.324 | (0.052) | (0.258) | (0.231) | (0.122) | (0.243) | (0.258) | (0.003) |

（续表）

| | | 6月上旬 | 6月中旬 | 6月下旬 | 7月上旬 | 7月中旬 | 7月下旬 | 8月上旬 | 8月中旬 | 8月下旬 | 均值 |
|---|---|---|---|---|---|---|---|---|---|---|---|
| 镶黄旗 | SHI | 7.975 | 7.689 | 7.168 | 5.407 | 9.426 | 9.219 | 8.821 | 8.160 | 14.240 | 8.678 |
| | SPI | 0.703 | 0.898 | 0.625 | (0.897) | (2.639) | (2.630) | (1.361) | (0.787) | (0.020) | (0.679) |
| | VCI | 0.362 | (0.027) | 0.309 | (0.062) | (0.164) | (0.166) | (0.352) | (0.358) | (0.236) | (0.077) |
| 研究区均值 | SHI | 13.192 | 13.409 | 12.838 | 9.705 | 12.162 | 9.454 | 8.724 | 9.354 | 13.951 | 11.421 |
| | SPI | 0.054 | 0.253 | 0.470 | 0.146 | (0.711) | (0.981) | (0.829) | (0.840) | (0.574) | (0.335) |
| | VCI | 0.179 | 0.083 | 0.008 | (0.111) | (0.211) | (0.172) | (0.188) | (0.206) | (0.159) | (0.086) |

表1-3-9为2009年夏季东部草原区逐旬干旱遥感监测预警结果。阿拉伯数字为CVI等级，代表已经发生的干旱等级，罗马数字为土壤湿度等级，代表当旬土壤湿度对植被生长的影响水平。

**表1-3-9　2009年夏季草原地区干旱灾害遥感监测预警表**

**Tab. 1-3-9　The grassland drought remote sensing monitoring and warning result data in summer 2009**

| | 6月上旬 | 6月中旬 | 6月下旬 | 7月上旬 | 7月中旬 | 7月下旬 | 8月上旬 | 8月中旬 | 8月下旬 |
|---|---|---|---|---|---|---|---|---|---|
| 乌兰浩特 | 0Ⅰ | 0Ⅰ | 0Ⅰ | 0Ⅲ | 0Ⅲ | 0Ⅲ | 0Ⅲ | 0Ⅱ | 0Ⅰ |
| 东乌旗 | 0Ⅲ | 0Ⅲ | 2Ⅰ | 3Ⅲ | 2Ⅱ | 2Ⅲ | 2Ⅲ | 2Ⅲ | 2Ⅰ |
| 扎鲁特旗 | 0Ⅱ | 0Ⅲ | 2Ⅰ | 0Ⅲ | 0Ⅲ | 0Ⅳ | 0Ⅲ | 0Ⅲ | 0Ⅰ |
| 西乌旗 | 0Ⅰ | 0Ⅱ | 2Ⅰ | 0Ⅲ | 1Ⅲ | 0Ⅳ | 0Ⅲ | 0Ⅲ | 0Ⅰ |
| 新巴尔虎右旗 | 0Ⅲ | 0Ⅳ | 2Ⅱ | 1Ⅳ | 1Ⅲ | 1Ⅳ | 1Ⅳ | 0Ⅲ | 1Ⅰ |
| 陈巴尔虎旗 | 0Ⅰ | 0Ⅰ | 1Ⅱ | 2Ⅲ | 2Ⅲ | 1Ⅳ | 1Ⅳ | 1Ⅳ | 1Ⅲ |
| 鄂温克旗 | 0Ⅲ | 0Ⅲ | 0Ⅲ | 2Ⅲ | 3Ⅲ | 2Ⅳ | 2Ⅳ | 2Ⅳ | 2Ⅲ |
| 新巴尔虎左旗 | 0Ⅱ | 0Ⅰ | 0Ⅲ | 2Ⅲ | 3Ⅲ | 2Ⅲ | 2Ⅲ | 2Ⅲ | 2Ⅲ |
| 阿鲁科尔沁旗 | 0Ⅲ | 0Ⅰ | 0Ⅲ | 3Ⅳ | 3Ⅱ | 3Ⅲ | 3Ⅲ | 3Ⅳ | 3Ⅲ |
| 巴林左旗 | 0Ⅲ | 0Ⅰ | 0Ⅲ | 2Ⅳ | 3Ⅱ | 3Ⅲ | 3Ⅳ | 2Ⅳ | 3Ⅲ |
| 锡林浩特 | 0Ⅱ | 0Ⅱ | 2Ⅱ | 3Ⅲ | 4Ⅰ | 3Ⅲ | 3Ⅲ | 3Ⅳ | 3Ⅲ |
| 克什克腾旗 | 0Ⅲ | 0Ⅲ | 0Ⅲ | 2Ⅳ | 4Ⅲ | 3Ⅲ | 2Ⅲ | 3Ⅲ | 3Ⅰ |
| 林西 | 0Ⅰ | 0Ⅱ | 0Ⅲ | 1Ⅲ | 2Ⅱ | 2Ⅱ | 1Ⅲ | 2Ⅲ | 1Ⅱ |
| 巴林右旗 | 0Ⅰ | 0Ⅰ | 0Ⅲ | 2Ⅲ | 3Ⅲ | 2Ⅲ | 2Ⅲ | 2Ⅲ | 2Ⅱ |
| 正兰旗 | 0Ⅰ | 0Ⅰ | 0Ⅲ | 2Ⅲ | 3Ⅱ | 3Ⅲ | 3Ⅲ | 3Ⅳ | 3Ⅲ |
| 正镶白旗 | 0Ⅲ | 0Ⅲ | 0Ⅲ | 2Ⅳ | 2Ⅱ | 3Ⅱ | 2Ⅲ | 3Ⅲ | 2Ⅱ |
| 阿巴嘎旗 | 0Ⅲ | 0Ⅲ | 0Ⅳ | 2Ⅳ | 2Ⅱ | 3Ⅲ | 2Ⅲ | 3Ⅳ | 3Ⅱ |
| 镶黄旗 | 0Ⅱ | 0Ⅱ | 0Ⅰ | 1Ⅲ | 3Ⅰ | 2Ⅰ | 2Ⅱ | 3Ⅱ | 2Ⅰ |
| 苏尼特左旗 | 0Ⅱ | 0Ⅱ | 0Ⅱ | 0Ⅲ | 1Ⅰ | 1Ⅰ | 1Ⅱ | 2Ⅱ | 2Ⅰ |
| 苏尼特右旗 | 0Ⅲ | 0Ⅲ | 0Ⅲ | 1Ⅳ | 2Ⅲ | 2Ⅲ | 3Ⅲ | 2Ⅲ | 3Ⅱ |

## 4　小结

在深入研究定量遥感技术的基础上，利用 LST-NDVI 特征空间原理，深入挖掘特征空间中相对稳定的角度信息，角度因子构建的土壤湿度遥感反演模型能够有效地监测草原地区地表土壤湿度，土壤含水量的标准误差为 2. 92。试验表明，所建立的模型克服了传统 LST-NDVI 特征空间法时间可比性差的缺点，能够适用于不同年份不同时段的监测需求。针对不同的草原类型模型的模拟偏差略有不同，草甸草原与典型草原区的模拟效果较好，偏差在 10% 左右；荒漠草原区的模拟偏差较高，为 22% 左右。由于数据样本数量的限制，本文所建立的模型的精度还有待进一步讨论。若增加更多年度、不同季节的实测数据，则能进一步拓宽模型的适用范围，模拟精度还有进一步提高的潜力。

通过对土壤湿度、植被生长情况等干旱指标要素的逐旬遥感监测，建立了复合预警指标体系。以 2009 年的夏季干旱为例，使用复合预警指标体系对其 6 月上旬到 8 月下旬进行逐旬监测。监测结果表明复合预警指数与各旬的 SPI-1M 指数变化相近，既可反映当前干旱状况又可预警下一时段干旱发展，且监测预警效果良好。

# 第四章　草原干旱灾害评估

## 1　引言

干旱是牧区畜牧业主要的气象灾害。草原干旱灾害有着影响严重性、发展持续性、发生连片性的特点。其对畜牧业带来的影响大致可归纳为3点（张强2009）：一是影响牧草的生长。春旱影响天然牧草的正常返青，导致返青期短。干旱还是一个不断积累的过程，干旱对牧草生长的影响会不断加重。夏季是牧草产量形成的关键期，6～7月份的降水量与产草量密切相关。而连旱往往导致牧草产量降低，品质变劣，适口性也相对变差。二是影响牲畜生存质量。水的摄入量降低使第二性产品（乳、肉、毛、皮等）的生产转化受到抑制，直接可表现为产量降低，严重缺水可使用牲畜抗病能力下降、代谢紊乱甚至死亡。三是加剧草场退化沙化。连续干旱会加剧草场退化和草原沙化过程，进一步降低草原的生产力。多角度地对草原干旱灾害进行评估，深入地认识干旱对草原生产的影响，对畜牧业抗旱能力的提高有着重要的作用。

2006—2010年这5个年度中有4个年度发生了不同程度的干旱。其中，2006年发生了春旱，2007年为夏秋连旱，2008年降水全年相对平均，2009年为夏季干旱，2010年同2007年相近，发生了夏秋连旱。对灾情的评估应全面反映灾害的影响范围、持续时间、灾害强度等情况。以旗（县）为单位，对干旱灾害进行评估，有利于监测数据与社会经济数据的链接。本文建立了多角度的草原干旱灾害评估指标体系，并对4个干旱年度的干旱灾情进行了分县评估。

## 2　研究内容与方法

在对近年的草原干旱遥感监测数据进行分析的基础上，应用空间分析方法对锡林郭勒盟各旗县进行区域灾情评估，从灾情范围、强度、持续等多方面进行评估，并与损失情况数据相结合划分灾情等级，应用BP神经网络聚类方法划分各旗县干旱灾情类型（图1－4－1）。

## 3　结果与分析

### 3.1　草原干旱灾害灾情评估指标的确定

#### 3.1.1　灾情范围指数

本章讨论了不同干旱水平影响下草原地表生物量的减少程度，减产8%以上则达到轻度干旱水平。将各年度植被指数进行最大合成，用最大合成植被指数计算年最大地表

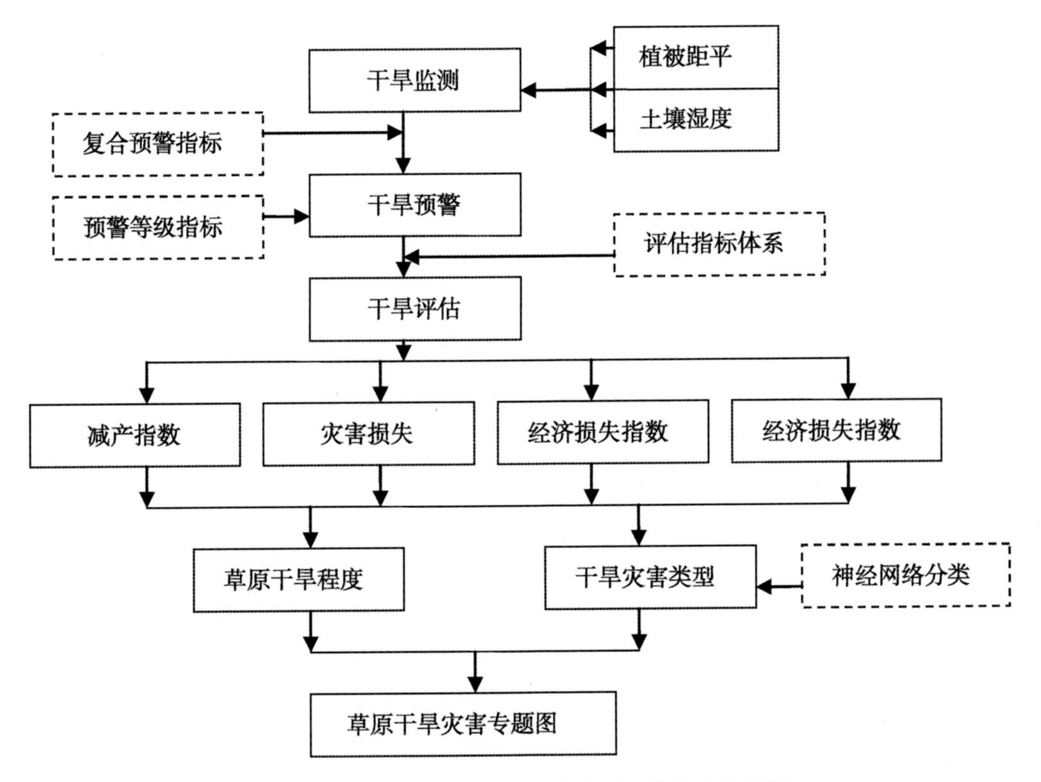


图 1－4－1　草原地区干旱灾害灾情评估技术流程图

Fig. 1－4－1　Grassland drought assesment technology process

生物量，以2008年为参照标准，减产8%以上的地区为受灾地区。

$$AI = \frac{1}{area} N_{(w-w2008)/2008 \leftarrow 8\%} \qquad \text{（公式 1.4.1）}$$

公式1.4中，w为年最大产草量，w2008为2008年最大产草量，Area为旗县总面积，AI是成灾面积百分比。

表1－4－1为各旗县的灾情范围指数表。从表中可见4个受灾年份中2007年干旱灾害波及范围最广，有60.6%的地区遭受干旱灾害，其中，扎鲁特旗、锡林浩特市的受灾面积超过90%。2006年苏尼特左旗受灾面积比例最大，为50.4%；2009年巴林左旗、锡林浩特市、正蓝旗受灾面积均超过90%；2010年西乌珠穆沁旗与正蓝旗的受灾面积最大，均大于70%。新巴尔虎右旗各年度均基本无灾，分析其原因，其境内有内蒙古地区最大的内陆湖泊呼伦湖，并有额尔古纳河、海拉尔河等大河流经，地下水补给条件较好，地表植被生长受轻度干旱灾害的影响较小。

表1－4－1　各旗县的灾情范围指数表

Tab. 1－4－1　Each county disaster range index

| | 2006年 | 2007年 | 2009年 | 2010年 |
|---|---|---|---|---|
| 新巴尔虎右旗 | 0.1% | 0.2% | 0.1% | 0.1% |

（续表）

| | 2006 年 | 2007 年 | 2009 年 | 2010 年 |
|---|---|---|---|---|
| 陈巴尔虎旗 | 26.2% | 70.7% | 54.1% | 59.5% |
| 鄂温克族自治旗 | 38.8% | 62.8% | 6.4% | 34.2% |
| 新巴尔虎左旗 | 12.5% | 42.4% | 3.9% | 15.5% |
| 科尔沁右翼前旗 | 18.7% | 66.8% | 25.2% | 35.6% |
| 东乌珠穆沁旗 | 0.9% | 26.8% | 16.3% | 10.6% |
| 扎鲁特旗 | 45.8% | 97.5% | 67.9% | 55.5% |
| 阿鲁科尔沁旗 | 32.5% | 76.5% | 86.4% | 42.6% |
| 巴林左旗 | 40.2% | 76.4% | 93.2% | 52.2% |
| 西乌珠穆沁旗 | 14.7% | 46.1% | 86.2% | 75.2% |
| 锡林浩特市 | 22.3% | 91.2% | 93.7% | 44.9% |
| 克什克腾旗 | 41.5% | 84.9% | 85.2% | 31.7% |
| 林西县 | 1.9% | 40.2% | 32.0% | 19.5% |
| 巴林右旗 | 2.9% | 60.9% | 80.7% | 40.9% |
| 正蓝旗 | 25.2% | 77.0% | 91.0% | 76.5% |
| 正镶白旗 | 0.5% | 82.6% | 39.3% | 18.9% |
| 阿巴嘎旗 | 0.9% | 82.9% | 47.7% | 32.2% |
| 苏尼特左旗 | 50.4% | 87.0% | 60.7% | 61.6% |
| 苏尼特右旗 | 22.2% | 52.3% | 23.3% | 39.8% |
| 镶黄旗 | 3.6% | 79.6% | 74.8% | 44.6% |
| 东部牧区 | 20.4% | 60.6% | 46.0% | 37.5% |

### 3.1.2 灾情持续指数

干旱灾害持续时间长短，是影响灾害程度的重要因子。历史上的大旱都存在季节性连旱或年际连旱。连旱对畜牧业生产的危害更加严重。选取草原生长季植被距平连续减少的时段数与生长季时段长度之比作为干旱持续指数，如公式 4.2。

$$CI = \frac{1}{21}N(N = N + if(CVI_i < CVI_{i-1})) \qquad \text{（公式 1.4.2）}$$

公式 4.2 中，N 初始值为 1，i 为生长季的第 i 旬，植被生长与降水之间的相关关系表达了无有效降水的持续时间。使用 CI 作为灾情持续指数，一方面表达了植被生长连续受水分不足胁迫的持续时间；另一方面，避免了气象数据缺测带来的人为误差。表 1-4-2 为各旗县的灾情持续指数表。表 1-4-2 中 2006 年研究区域内各旗县平均持续指数为 6.1%，达到 10% 以上的旗县有 3 个，分别为扎鲁特旗、克什克腾旗和苏尼特左旗。2007 年与 2010 年相比，研究区域内的各旗县持续指数平均值相近，分别为

22.5%和22.4%。2009年略低于2007年和2010年，持续指数平均值为21.3%。持续指数最高值出现在2010年苏尼特左旗和苏尼特右旗，分别为27.1%和27.9%。

**表1-4-2　各旗县的灾情持续指数表**

**Tab. 1-4-2　Each county disaster continue index**

| | 2006年 | 2007年 | 2009年 | 2010年 |
|---|---|---|---|---|
| 新巴尔虎右旗 | 0.6% | 5.9% | 4.8% | 5.2% |
| 陈巴尔虎旗 | 3.8% | 23.4% | 20.9% | 20.9% |
| 鄂温克族自治旗 | 6.6% | 26.5% | 18.0% | 22.3% |
| 新巴尔虎左旗 | 2.6% | 26.2% | 19.0% | 21.4% |
| 科尔沁右翼前旗 | 2.8% | 26.6% | 20.1% | 23.2% |
| 东乌珠穆沁旗 | 0.5% | 25.1% | 20.1% | 23.0% |
| 扎鲁特旗 | 10.3% | 24.3% | 21.4% | 25.5% |
| 阿鲁科尔沁旗 | 9.1% | 20.3% | 20.8% | 23.3% |
| 巴林左旗 | 8.1% | 19.1% | 20.3% | 21.8% |
| 西乌珠穆沁旗 | 8.4% | 19.7% | 20.8% | 21.2% |
| 锡林浩特市 | 9.5% | 22.9% | 22.7% | 24.9% |
| 克什克腾旗 | 12.2% | 23.6% | 24.2% | 26.1% |
| 林西县 | 7.0% | 23.8% | 23.5% | 23.6% |
| 巴林右旗 | 6.4% | 22.9% | 22.4% | 22.8% |
| 正蓝旗 | 7.2% | 22.0% | 23.3% | 23.4% |
| 正镶白旗 | 3.7% | 22.9% | 24.7% | 20.4% |
| 阿巴嘎旗 | 1.5% | 24.0% | 26.3% | 21.3% |
| 苏尼特左旗 | 11.0% | 25.0% | 24.7% | 27.1% |
| 苏尼特右旗 | 6.4% | 22.0% | 24.1% | 27.9% |
| 镶黄旗 | 3.7% | 23.5% | 23.7% | 23.3% |
| 平均 | 6.1% | 22.5% | 21.3% | 22.4% |

### 3.1.3　灾害强度指数

使用标准化降水指数SPI作为灾害强度指数。在生长季，草原植被对降水的响应一般在40天左右，因此本文使用生长季各时段中的SPI-1M（一个月尺度的SPI）最小值来反映生长季中所发生的最强烈的干旱程度。SPI与干旱程度之间存在负相关关系，东部草原地区的SPI值一般小于-5，对SPI进行经验型标准化处理后得到灾害强度指数HI，如公式4.3所示：

$$HI = SPI_{min}/5 \quad \text{（公式1.4.3）}$$

表1－4－2中，2007、2008、2009三个年度的持续指数水平相近，表1－4－3中强度指数差别很大，三个年度分别为0.492，0.286，0.818。2010年的灾害强度指数最高，这与2010年夏季的高温干旱有关。2009年最低，分析其原因，与2009年降水分布不均有关，生长季前期降水较往年多，而到了夏季降水显著偏少，大部分地区发生了大面积的干旱。五个年度中灾害强度指数最高值出现在2010年的正镶白旗，值为1.183，同期另有9个旗县强度指数与其相近，均达到了1.0以上。由表1－4－1可知，2007年为受干旱灾害影响范围最大的一年。从表1－4－3可见，2007的灾害强度指数平均值较2010年低0.3，其灾害强度明显低于2010年。

**表1－4－3　各旗县的灾害强度指数表**

**Tab. 1－4－3　Each county disaster intensity index**

| | 2006年 | 2007年 | 2009年 | 2010年 |
|---|---|---|---|---|
| 新巴尔虎右旗 | 0.326 | 0.421 | 0.294 | 0.579 |
| 陈巴尔虎旗 | 0.243 | 0.351 | 0.097 | 0.401 |
| 鄂温克族自治旗 | 0.334 | 0.475 | 0.172 | 0.357 |
| 新巴尔虎左旗 | 0.367 | 0.519 | 0.185 | 0.355 |
| 科尔沁右翼前旗 | 0.320 | 0.404 | 0.129 | 0.439 |
| 东乌珠穆沁旗 | 0.425 | 0.391 | 0.300 | 0.558 |
| 扎鲁特旗 | 0.326 | 0.414 | 0.231 | 0.824 |
| 阿鲁科尔沁旗 | 0.372 | 0.381 | 0.312 | 1.049 |
| 巴林左旗 | 0.418 | 0.413 | 0.322 | 1.035 |
| 西乌珠穆沁旗 | 0.418 | 0.390 | 0.290 | 1.000 |
| 锡林浩特市 | 0.385 | 0.413 | 0.267 | 1.095 |
| 克什克腾旗 | 0.414 | 0.452 | 0.241 | 1.156 |
| 林西县 | 0.503 | 0.536 | 0.330 | 1.170 |
| 巴林右旗 | 0.474 | 0.531 | 0.282 | 1.080 |
| 正蓝旗 | 0.483 | 0.436 | 0.315 | 1.025 |
| 正镶白旗 | 0.459 | 0.579 | 0.416 | 1.183 |
| 阿巴嘎旗 | 0.423 | 0.630 | 0.378 | 1.118 |
| 苏尼特左旗 | 0.459 | 0.541 | 0.264 | 0.830 |
| 苏尼特右旗 | 0.430 | 0.791 | 0.429 | 0.551 |
| 镶黄旗 | 0.350 | 0.775 | 0.462 | 0.555 |
| 平均 | 0.396 | 0.492 | 0.286 | 0.818 |

### 3.1.4　灾害损失指数

草原干旱灾害所造成的最直接的损失就是牧草产量的损失。在干旱条件下，由于地表植被覆盖度降低，蒸发加剧，导致水分的利用率降低，使单位质量的牧草产品的耗水量增加。草场水分是放牧畜牧业不可缺少的组成部分，干旱带来的水分缺少对畜牧业最直接的影响就是降低了草场的生产力。以 2008 年的盛草季产草量数据为参照，计算其他年份与参照年的产量距平，将距平值作为草原干旱灾害的损失指数 LI，如公式4.4 所示。

$$LI = (w - w_{200/})/w_{2008} \quad \text{（公式 1.4.4）}$$

表 1－4－4 为各旗县的灾害损失指数表。四个受灾年度中，2006 年损失指数较小，其草原产草量平均减少了 15.4%。2007 年的损失指数最高，其草原产草量平均减少了 20%以上。2007 年的干旱灾害强度一般，但由于其受灾范围广、持续时间长，对草原生产力造成的影响却很大。2009 年损失指数略低于 2007 年。与发生小范围春旱的 2006 年相比，虽然 2010 年干旱的持续指数与强度指数都相对较高，但由于其受灾范围相对较小，损失指数也较低。

**表 1－4－4　各旗县的灾害损失指数表**

**Tab. 1－4－4　Each county disaster damage index**

| | 2006 年 | 2007 年 | 2009 年 | 2010 年 |
|---|---|---|---|---|
| 新巴尔虎右旗 | 16.4% | 21.4% | 17.0% | 13.7% |
| 陈巴尔虎旗 | 17.9% | 25.4% | 24.2% | 19.1% |
| 鄂温克族自治旗 | 15.2% | 23.2% | 11.8% | 12.9% |
| 新巴尔虎左旗 | 14.5% | 19.6% | 12.1% | 12.1% |
| 科尔沁右翼前旗 | 15.8% | 19.2% | 13.3% | 13.8% |
| 东乌珠穆沁旗 | 14.1% | 15.0% | 12.4% | 11.8% |
| 扎鲁特旗 | 24.6% | 34.5% | 27.5% | 17.0% |
| 阿鲁科尔沁旗 | 13.4% | 17.0% | 17.0% | 12.0% |
| 巴林左旗 | 14.1% | 15.2% | 26.9% | 14.1% |
| 西乌珠穆沁旗 | 11.9% | 12.4% | 21.0% | 19.6% |
| 锡林浩特市 | 14.3% | 28.6% | 26.1% | 13.8% |
| 克什克腾旗 | 15.3% | 25.0% | 26.8% | 14.0% |
| 林西县 | 11.0% | 14.5% | 13.2% | 12.2% |
| 巴林右旗 | 13.5% | 13.0% | 15.4% | 14.1% |
| 正蓝旗 | 11.1% | 16.2% | 22.1% | 21.9% |
| 正镶白旗 | 18.8% | 17.5% | 14.2% | 14.4% |
| 阿巴嘎旗 | 17.4% | 21.0% | 18.9% | 14.7% |

（续表）

| | 2006 年 | 2007 年 | 2009 年 | 2010 年 |
|---|---|---|---|---|
| 苏尼特左旗 | 19.6% | 24.9% | 19.1% | 17.6% |
| 苏尼特右旗 | 16.9% | 20.9% | 14.6% | 16.6% |
| 镶黄旗 | 12.6% | 26.8% | 21.8% | 15.9% |
| 平均 | 15.4% | 20.6% | 18.8% | 15.1% |

## 3.2 草原干旱灾害程度评估与干旱灾害类型评定

### 3.2.1 草原干旱灾害综合评估指数

干旱灾害综合指数（DHI）的计算方法为权重法，所涉及的权重因子有：灾情范围指数、灾情持续指数、灾害强度指数与灾害损失指数，均为无纲量。DHI 是以县为单位的决策支持性指数，在赋予各因子权重的过程中，考虑到 SPI 强度值会出现大于 1 的情况，所以在综合指数中赋予 SPI 较小的权重，其他 3 个因子权重相同各为 0.3，草原干旱灾害综合评估指数计算公式为：

$$DHI = 0.3AI + 0.3CI + 0.1SPI_{max} + 0.3IJ \quad \text{（公式 1.4.5）}$$

表 1－4－5 为研究区各旗县四个年度的干旱灾害综合评估指数表，由表可知，2006 年的综合评估指数最低，各旗县均值为 0.164，其他三个年度的指数平均值相近，都在 0.3 到 0.4 之间。干旱灾害综合评估指数的最大值出现在 2007 年的扎鲁特旗，值为 0.51。

与生长季 6 个月尺度的 SPI 指数对应，分析对应气象等级灾害下的综合评估指数，制定了利用综合评估指数划分草原牧区干旱灾害等级的标准（表 1－4－5）。

**表 1－4－5 草原干旱灾害灾情等级表**

**Tab. 1－4－5 The grassland drough station rating table**

| 干旱灾害综合指数 | 无旱 | 轻旱 | 中旱 | 重旱 | 特旱 |
|---|---|---|---|---|---|
| DHI | < 0.1 | 0.1 ~ 0.2 | 0.2 ~ 0.35 | 0.35 ~ 0.45 | > 0.45 |

由表 1－4－5、1－4－6 可知，2006 年研究区内无重旱和特旱，发生干旱灾害等级为轻旱的旗县有 11 个，它们分别是陈巴尔虎旗、新巴尔虎左旗、科尔沁右翼前旗、西乌珠穆沁旗、锡林浩特市、林西县、巴林右旗、正蓝旗、正镶白旗、阿巴嘎旗和苏尼特右旗；干旱灾害等级为中旱的旗县有 6 个，包括鄂温克族自治旗、扎鲁特旗、阿鲁科尔沁旗、巴林左旗、克什克腾旗和苏尼特左旗。

2007 年发生干旱灾害等级为轻旱的旗县为新巴尔虎右旗；干旱灾害等级为中旱的旗县有 5 个，分别为新巴尔虎左旗、东乌珠穆沁旗、西乌珠穆沁旗、林西县、巴林右旗；干旱灾害等级为重旱的旗县有 10 个，分别是陈巴尔虎旗、鄂温克族自治旗、科尔沁右翼前旗、阿鲁科尔沁旗、巴林左旗、克什克腾旗、正蓝旗、正镶白旗、苏尼特右旗和阿巴嘎旗。干旱灾害等级为特旱的旗县有 4 个旗县，分别是扎鲁特旗、锡林浩特、苏尼特左旗和镶黄旗。

2009 年发生干旱灾害等级为轻旱的旗县有 4 个，分别为鄂温克族自治旗、新巴尔虎左旗、科尔沁右翼前旗和东乌珠穆沁旗；干旱灾害等级为中旱的旗县有 6 个，分别为陈巴尔虎旗、林西县、正镶白旗、阿巴嘎旗、苏尼特左旗和苏尼特右旗；干旱灾害等级为重旱的旗县有 7 个，分别是扎鲁特旗、阿鲁科尔沁旗、西乌珠穆沁旗、克什克腾旗、镶黄旗、巴林右旗和正蓝旗；干旱灾害等级为特旱的旗县有两个，分别是巴林左旗和锡林浩特。

2010 年发生干旱灾害等级为轻旱的旗县有 3 个，分别为新巴尔虎右旗、新巴尔虎左旗和东乌珠穆沁旗；干旱灾害等级为中旱的旗县有 11 个，分别为陈巴尔虎旗、鄂温克族自治旗、沁右翼前旗、阿鲁科尔沁旗、克什克腾旗、林西县、巴林右旗、正镶白旗、阿巴嘎旗、苏尼特右旗和镶黄旗；干旱灾害等级为重旱的旗县有 5 个，分别是扎鲁特旗、西乌珠穆沁旗、苏尼特左旗、巴林左旗和锡林浩特；干旱灾害等级为特旱是正蓝旗。

**表 1-4-6 各旗县的干旱灾害综合评估指数表**

**Tab. 1-4-6 Each county grassland drough disaster comprehensive evaluation index**

| | 2006 年 | 2007 年 | 2009 年 | 2010 年 |
|---|---|---|---|---|
| 新巴尔虎右旗 | 0.084 | 0.124 | 0.095 | 0.115 |
| 陈巴尔虎旗 | 0.168 | 0.394 | 0.307 | 0.339 |
| 鄂温克族自治旗 | 0.215 | 0.385 | 0.126 | 0.244 |
| 新巴尔虎左旗 | 0.125 | 0.317 | 0.123 | 0.182 |
| 科尔沁右翼前旗 | 0.144 | 0.378 | 0.189 | 0.262 |
| 东乌珠穆沁旗 | 0.089 | 0.240 | 0.176 | 0.192 |
| 扎鲁特旗 | 0.275 | 0.510 | 0.373 | 0.376 |
| 阿鲁科尔沁旗 | 0.202 | 0.379 | 0.404 | 0.339 |
| 巴林左旗 | 0.229 | 0.373 | 0.453 | 0.368 |
| 西乌珠穆沁旗 | 0.147 | 0.274 | 0.413 | 0.448 |
| 锡林浩特市 | 0.177 | 0.469 | 0.454 | 0.360 |
| 克什克腾旗 | 0.249 | 0.446 | 0.432 | 0.331 |
| 林西县 | 0.110 | 0.289 | 0.239 | 0.283 |
| 巴林右旗 | 0.116 | 0.344 | 0.384 | 0.341 |
| 正蓝旗 | 0.179 | 0.389 | 0.440 | 0.468 |
| 正镶白旗 | 0.115 | 0.427 | 0.276 | 0.279 |
| 阿巴嘎旗 | 0.102 | 0.447 | 0.316 | 0.316 |

（续表）

| | 2006 年 | 2007 年 | 2009 年 | 2010 年 |
|---|---|---|---|---|
| 苏尼特左旗 | 0.289 | 0.465 | 0.339 | 0.402 |
| 苏尼特右旗 | 0.179 | 0.365 | 0.229 | 0.308 |
| 镶黄旗 | 0.095 | 0.467 | 0.407 | 0.307 |
| 平均 | 0.164 | 0.374 | 0.309 | 0.313 |

### 3.2.2 草原干旱灾害类型评定

草原干旱的类型，按其成因可划分为少雨干旱型、高温干旱型以及高温少雨干旱型。不同类型的干旱灾害其发生、发展规律不同。少雨干旱型往往干旱的持续时间较长，干旱的发展程度持续加重。高温型干旱发展迅速，但持续时间取决于有效降水的来临时间，干旱发展的初期发生有效降水则干旱迅速缓解，即使前期干旱强度大，只要后期的降水条件充沛，造成的影响也会较小；而反过来，较长时间没有有效降水的高温干旱持续，则干旱涉及范围迅速扩大，对草原植被生产力的抑制影响会持续增加，从而形成重大干旱灾害。不同类型的草原干旱灾害由于特点不同，所采取的应对抗旱管理决策也会不同。因此，草原干旱类型划分与干旱等级划分同样重要。

本文采用 BP 神经网络分类法对干旱灾害类型进行划分，降低了灾害类型判读经验的限制，同时也降低了不同程度干旱灾害类型下各指标之间关系的假设限制，比之一般的统计聚类方法具有一定的优势。

BP 神经网络是一种单向传播的多层前向网络，网络的学习规则一般采用梯度下降法，通过不断地修正各层之间的权值使网络输出最终达到理想的效果。

一个含 2 个隐层的 BP 神经网络基本结构如图 1－4－2 所示。

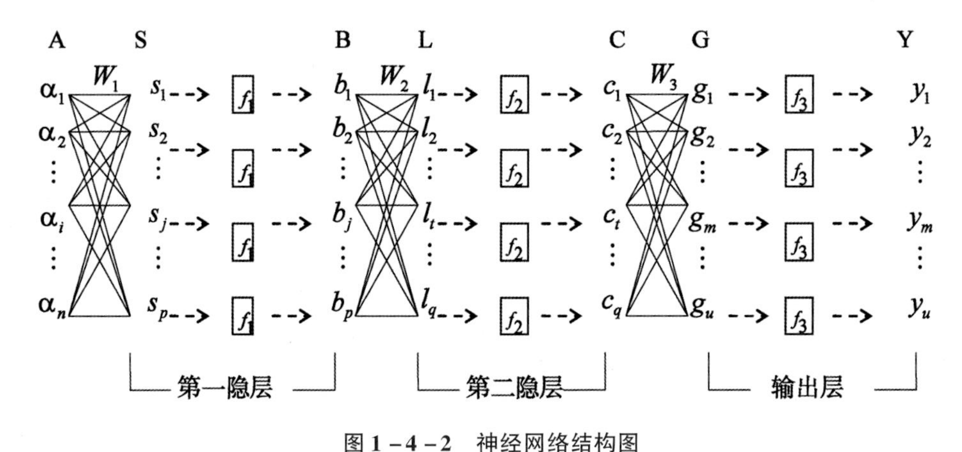


**图 1－4－2　神经网络结构图**

**Fig. 1－4－2　Neural network structure**

如图 1－4－2，BP 神经网络总体包括 3 层，即输入层，隐层，输出层，各层之间以权值矩阵相连，以图 1－4－2 的结构为例：各层的神经元数一般不相同，输入向量 *A*

$(a_1, a_2, a_i, a_n)$ 与输入层、隐层之间的权重矩阵 $W_1$ 相乘得到第一个中间层的输入向量 $S(s_1, s_2, s_j, s_p)$，$S$ 与偏置 $\theta$ 一起输入到激活函数 $f_1$ 中，得到第一个隐层的输出向量 $B(b_1, b_2, b_j, b_p)$。向量 $B$ 与权重矩阵 $W_2$ 相乘后得向量 $L(I_1, I_2, I_i, I_g)$ 作为第二个隐层的输入向量。$L$ 与偏置 $y$ 经过函数 $f_2$ 的作用输出了向量 $C(c_1, c_2, c_i, c_g)$。$c$ 与权重矩阵 $W_3$ 相乘的结果是输出层的输入向量 $G(g_1, g_2, g_m, g_n)$，$G$ 与偏置 $x$ 共同输入 $f_3$ 最终得到网络的输出向量 $Y(y_1, y_2, y_m, y_n)$。

要使最终的网络输出达到理想的效果，必须选定一定数目的样本和目标对网络进行训练。训练过程及其数学模型描述如下：

设目标向量为 $T(t_1, t_2, t_m, t_n)$，计算网络输出向量 $Y$ 与目标向量 $T$ 之间的误差 $d_t$：

$$d_m = (t_m - y_m) - y_m(1 - y_m) \qquad \text{(公式 1.4.6)}$$

利用连接权值 $w_{tm}$（$wt_{tm}$为权值矩阵 $W_3$ 的代表元素）、误差 $d_m$ 和第二个隐层的输出 $c_m$ 计算第二个隐层的各单元误差 $e_t$：

$$e_t = d_t - w_{tm} - c_t(1 - c_t) \qquad \text{(公式 1.4.7)}$$

利用连接权值 $w_{jt}$（$w_{jt}$为权值矩阵 $W_2$ 的代表元素）、误差 $e_t$ 和第一个隐层的输出 $b_j$ 计算第一个隐层的各单元的误差 $\delta_j$：

$$\delta_j = e_i \cdot w_{jt} - b_j(1 - b_j) \qquad \text{(公式 1.4.8)}$$

利用网络输出向量 $Y$ 与目标向量 $T$ 之间的误差 $d_m$ 与第二个隐层的输出向量 $c_t$ 来修正第二隐层与输出层的连接权重 $w_{tm}$和偏置 $x_m$，修正公式为：

$$w_{tm}(N+1) = w_{tm}(N) + a - d_m - c_t \qquad \text{(公式 1.4.9)}$$

$$x_m(N+1) = x_m(N) + a - d_m \qquad \text{(公式 4.10)}$$

其中，$a$ 为学习速率 $0 < a < 1$。

利用第二个隐层的各单元误差 $e_t$ 与第一个隐层的输出向量 $b_j$ 来修正第一隐层与第二隐层的连接权重 $w_{jt}$和偏置 $r_t$，修正公式为：

$$w_{jt}(N+1) = w_{jt}(N) + \alpha \cdot e_t \cdot c_t \qquad \text{(公式 1.4.11)}$$

$$\gamma_t(N+1) = \gamma_t(N) + \alpha \cdot e_t \qquad \text{(公式 1.4.12)}$$

利用第一个隐层的各单元误差 $\delta_j$ 与网络输入向量 $a_i$ 来修正连接权重 $w_{ij}$和偏置 $\theta_j$，修正公式为：

$$w_{ij}(N+1) = w_{ij}(N) + \alpha \cdot \delta \cdot a_i \qquad \text{(公式 1.4.13)}$$

$$\theta_j(N+1) = \theta_j(N) + \alpha \cdot \theta_j \qquad \text{(公式 1.4.14)}$$

本文设计的神经网络含两个隐层，第一个隐层的神经元数为 4，第二个隐层的神经元数为 15，输出层的神经元数为 4，$f_1$，$f_2$ 为 tansig，$f_3$ 为线形函数 purelin。建立 BP 神经网络的软件平台为 matlab。

在 matlab 中用 newff 函数可以创建 BP 神经网络，设所创建的网络为 net。

$$net = newf(\text{minmax}(a), [15, 20, 15], \{\text{'tan}sig\text{'}, \text{'tan}sig\text{'}, \text{'}purela\} \text{'}traingdr) \qquad \text{(公式 1.4.15)}$$

其中，min max $(a)$ 表示求向量 $a(a_1, a_2, a_3, a_4)$ 中的最大、最小值，*traingdn* 为训练函数。

向量 $a$（$a_1$，$a_2$，$a_3$，$a_4$）由某旗县某年度的干旱范围指数、持续指数、强度指数和损失指数组成。四个年度，共 16 个训练样本。在进行网络训练前要进行训练参数设置，训练参数包括训练次数 epochs、训练的误差目标 goal 以及学习速率 lr。本次研究采用的训练函数为 traingd，该函数为梯度下降 BP 算法函数。网络参数设置如下：

$$netrainporonepochs = 10\ 000$$

$$net\ goal = 0.01$$

$$netir = 0.01 \qquad \text{（公式 1.4.16）}$$

按公式 4.16 所设置的参数进行 10000 次网络训练，最终达到了 0.01 的误差目标，得到可进行网络仿真的 net。

网络仿真是将输入矩阵 $A$ 输入训练好的网络中，经过运算得到输出矩阵 $Y$ 的过程。仿真实现过程：

$$Y = \sin\ (netl,\ X),$$

$$[L,\ Y'] = \max\ (Y) \qquad \text{（公式 1.4.17）}$$

I 为最终含分类码矩阵。

训练样本为 8 个类型，包括无旱、强旱、连续旱、连片旱、连片强旱、连片连旱、连旱强旱和连片连旱强旱。无旱定义为 DHI 指数小于 0.1。强旱的定义为强度指数 HI 偏高。连续旱表现为持续指数 CI 偏高。连片旱表现为范围指数 AI 偏高。连片强旱表现为 AI 与 HI 指数偏高。连片连旱表现为 AI 与 CI 指数偏高。连旱强旱表现为 AI、CI、HI 三个指数比例相当，一般出现在重、特旱事件中。经过网络训练和仿真，最终得到研究区域内各旗县干旱类型的分类结果，见表 1－4－7。

**表 1－4－7　各旗县干旱类型表**

**Tab. 1－4－7　Each county grassland drough disaster type**

| | 2006 年 | 2007 年 | 2009 年 | 2010 年 |
|---|---|---|---|---|
| 阿巴嘎旗 | 无旱 | 连旱强旱 | 连旱 | 连片连旱强旱 |
| 阿鲁科尔沁旗 | 强旱 | 连旱 | 连旱强旱 | 连片强旱 |
| 巴林右旗 | 连片 | 连片连旱 | 连旱强旱 | 连片连旱强旱 |
| 巴林左旗 | 连旱强旱 | 连旱 | 连旱强旱 | 连片连旱强旱 |
| 陈巴尔虎旗 | 连旱 | 连旱强旱 | 连片强旱 | 连片连旱 |
| 东乌珠穆沁旗 | 无旱 | 连旱 | 强旱 | 强旱 |
| 鄂温克族自治旗 | 连片 | 连旱强旱 | 强旱 | 强旱 |
| 呼伦贝尔市区 | 连片 | 连旱强旱 | 强旱 | 强旱 |
| 科尔沁右翼前旗 | 连旱 | 连旱强旱 | 连旱 | 连旱 |
| 克什克腾旗 | 连旱强旱 | 连旱强旱 | 连旱强旱 | 连片强旱 |
| 林西县 | 连旱 | 连旱强旱 | 连旱 | 强旱 |
| 满洲里市 | 无旱 | 强旱 | 无旱 | 强旱 |
| 苏尼特右旗 | 强旱 | 连旱强旱 | 强旱 | 连旱强旱 |

（续表）

| | 2006 年 | 2007 年 | 2009 年 | 2010 年 |
|---|---|---|---|---|
| 苏尼特左旗 | 连片强旱 | 连旱强旱 | 连旱强旱 | 连片连旱强旱 |
| 乌兰浩特市 | 连旱 | 连旱强旱 | 连旱 | 连旱 |
| 西乌珠穆沁旗 | 连片 | 强旱 | 连旱强旱 | 连片强旱 |
| 锡林浩特市 | 连片 | 连旱强旱 | 连旱强旱 | 连片连旱强旱 |
| 镶黄旗 | 无旱 | 连旱强旱 | 连旱强旱 | 连旱 |
| 新巴尔虎右旗 | 无旱 | 强旱 | 无旱 | 强旱 |
| 新巴尔虎左旗 | 强旱 | 连旱 | 强旱 | 连旱 |
| 扎鲁特旗 | 连片连旱 | 连片连旱强旱 | 连旱强旱 | 连片连旱强旱 |
| 正蓝旗 | 强旱 | 连旱强旱 | 连旱强旱 | 连片连旱强旱 |
| 正镶白旗 | 强旱 | 连旱强旱 | 连旱 | 连片连旱强旱 |

### 3.2.3 内蒙古东部草原干旱灾害评估结果

利用 GIS 技术建立草原干旱灾害空间数据库，数据库内包含灾害的发生时间、等级、类型以及各项评估指数。利用空间数据库将草原干旱灾害的等级与类型分布可视化，制作干旱灾害专题地图。2006 年、2007 年、2009 年和 2010 年 4 个干旱年度内蒙古东部草原地区干旱灾害，按干旱类型制图（图 1－4－3，图 1－4－4，图 1－4－5，图 1－4－6）。

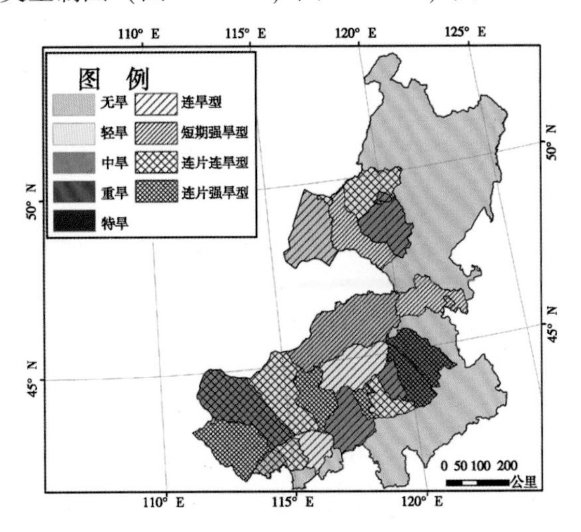


图 1－4－3　2006 年草原干旱灾害评估图

**Fig. 1－4－3　Grassland drought disaster assessment in 2006**

2006 年干旱程度以轻度干旱为主，有 5 个旗县为中度干旱水平，它们是：鄂温克旗、扎鲁特旗、巴林左旗、克什克腾旗和苏尼特左旗。干旱灾害的类型以强旱型最多，有 5 个旗县的干旱灾害类型为强旱灾。其次为连片旱灾，有 4 个旗县的干旱灾害类型为连片旱灾。2007 年干旱程度是 4 个年度里最重的。干旱程度以重旱为主，12 个旗县为

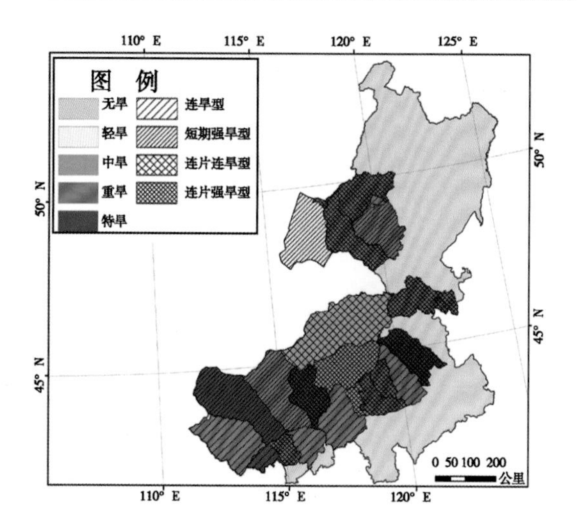


图 1-4-4　2007 年草原干旱灾害评估图

**Fig. 1-4-4　Grassland drought disaster assessment in 2007**

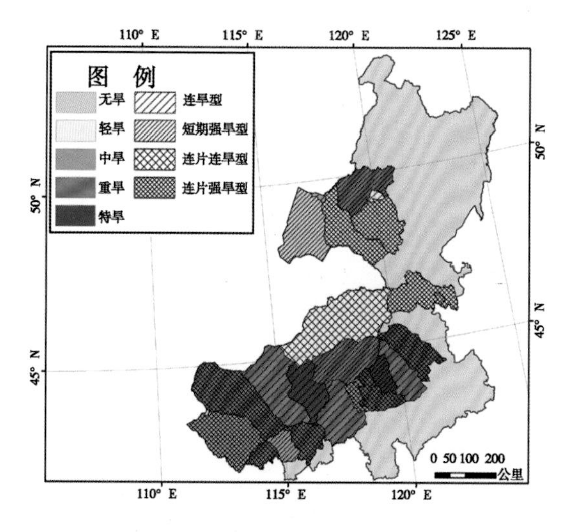


图 1-4-5　2009 年草原干旱灾害评估图

**Fig. 1-4-5　Grassland drought disaster assessment in 2009**

重度干旱，4 个旗县达到了特旱水平，它们是扎鲁特旗、锡林浩特市区、苏尼特左旗和镶黄旗。干旱类型以连旱强旱灾为主，其中，有 12 个旗县为连旱强旱型。2009 年内蒙古东部草原地区的干旱灾情分布为：北部以轻旱为主；西南部为中旱；东南部为重旱。干旱类型以连旱强旱型为主。2010 年干旱程度以中重度干旱为主，4 个旗县为轻旱，13 个旗县为中旱，5 个旗县为重旱，正蓝旗为特旱。2010 年灾害类型以连片连旱强旱灾为主，有 8 个旗县属于这一类型。

## 4　小结

从灾害的影响范围、持续时间、灾害强度情况等多角度对草原干旱灾害建立评估指

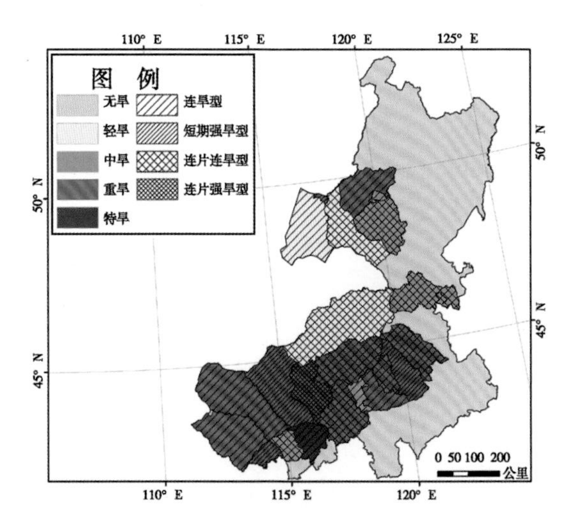


图 1-4-6 2010 年草原干旱灾害评估图

**Fig. 1-4-6 Grassland drought disaster assessment in 2010**

标体系，采用的 BP 神经网络分类法将干旱灾害类型划分为强旱、连续旱、连片连旱强旱等 8 种灾害类型。BP 神经网络分类法降低了灾害类型判读经验的限制和不同程度干旱灾害类型下各指标之间关系的假设限制，比之一般的统计聚类方法具有一定的优势。应用建立的草原干旱灾害评估方法，针对发生了春旱、夏旱、夏秋连旱的不同年份的干旱灾情进行了分旗县评估分析。评估结果既能反映出该年度的灾情程度，又可确定出干旱灾害的类型。

对内蒙古东部草原地区近年来的干旱灾害进行了灾害评估，结果表明，2006 年干旱程度以轻度干旱为主，有 5 个旗县为中度干旱水平，它们是：鄂温克旗、扎鲁特旗、巴林左旗、克什克腾旗和苏尼特左旗。干旱灾害的类型以强旱型最多，有 5 个旗县的干旱灾害类型为强旱型。其次为连片旱灾，有 4 个旗县的干旱灾害类型为连片旱灾。2007 年干旱程度是四个年度里最重的。干旱程度以重旱为主，12 个旗县为重度干旱，4 个旗县达到了特旱水平，它们是扎鲁特旗、锡林浩特市区、苏尼特左旗和镶黄旗。干旱类型以连旱强旱为主，其中，有 12 个旗县为连旱强旱型。2009 年内蒙古东部草原地区的干旱灾情分布为：北部以轻旱为主；西南部为中旱；东南部为重旱。干旱类型以连旱强旱型为主。2010 年干旱程度以中重度干旱为主，4 个旗县为轻旱，13 个旗县为中旱，5 个旗县为重旱，正蓝旗为特旱。2010 年灾害类型以连片连旱强旱灾为主，有 8 个旗县属于这一类型。

# 第五章　草原干旱风险评估与区划

## 1　引言

传统上，自然灾害的风险在本质上是指自然灾害的量级、时间等不确定性的概率分布。自然灾害风险评估的主要问题，就是寻找科学的途径去进行有关概率分布的估计（黄崇福，1998）。联合国人道主义事务部于1992年公布的自然灾害风险的定义为：在一定区域和给定时间段内，由于特定的自然灾害而引起的人民生命财产和经济活动的期望损失值，并采用了“风险度（R）=危险度（H）×易损度（V）”的表达式。史培军等（2002）在综合国内外相关研究成果的基础上提出区域灾害系统论的理论观点，认为灾害风险评估一般可划分为广义与狭义两种理解。广义的灾害风险评估，是对灾害系统进行风险评估，即在对孕灾环境、致灾因子、承灾体分别进行风险评估的基础上，对灾害系统进行风险评估；狭义的风险评估则主要是针对致灾因子进行风险评估，通常是对致灾因子及其可能造成的灾情之超越概率的估算。张继权等[57]认为，自然灾害风险指未来若干年内可能达到的灾害程度及其发生的可能性。指出在区域自然灾害风险形成过程中，危险性（H）、暴露性（E）、脆弱性（V）和防灾减灾能力（R）是缺一不可的，是四者综合作用的结果，自然灾害风险数学公式表示为：自然灾害风险度=危险性（H）×暴露性（E）×脆弱性（V）×防灾减灾能力（R）。

自然灾害风险评估与管理研究工作在我国起步较晚，其中，以地震、洪涝、干旱等为主要灾种。对干旱灾害的风险评估与管理研究更是还没有深入展开，以往的研究多集中于干旱灾害发生概率的计算的干旱灾害预警研究上。黄崇福[22]利用历史灾情资料信息扩散方法建立农业自然灾害风险评估的数学模型，得到湖南省农业旱灾受灾风险及水灾受灾风险。张存杰等[56]在经验正交函数（EOF）分析的基础上，设计了一种适合于西北地区干旱预测的EOF模型。刘建栋、王馥棠等[30]在对华北地区冬小麦进行了水分胁迫实验的基础上，建立了具有明确生物学机理的华北农业干旱预测数值模式。李东奎和江行久[26]阐述了灰色理论预测随机水文要素的基本方法，利用灰色理论预测了柳河水系的干旱年。侯威、杨萍等[21]计算了河北山西、黄河中下游、江淮和西北东部地区531年极端干旱事件的概率，通过小波分析总结四个地区的极端干旱事件的发生周期。张顺谦等[61]利用1961—2005年历史气象资料，以受旱天数、湿润度指数、标准化降水指数、温度距平、日照距平百分率等5个要素作为干旱评价指标，应用信息扩散方法建立了各单个评价指标的春、夏、伏旱旱情等级划分标准，采用模糊综合评价方法对1961—2006年四川盆地气候干旱进行评价，并给出了各市干旱出现的频率。杨奇勇等以湖南省的14个地州市为研究对象，从水资源风险管理的可靠性、恢复性、易损性出发，结合其抗旱减灾能力，利用灰色关联聚类法、层次分析法等方法建立了湖南农业干旱水资源风险评价模型，引用干旱风险指数法对湖南农业干旱水资源风险进行了评价。近年来对干旱灾害的风险评估与管理研究向着全面深入的方向迅速发展着，但其中对草原地区干旱灾害的风险评估与管理研究还相对空白。

自然灾害作为社会经济生产损害之源，历来是各类风险和风险管理研究的重要讨论对象。风险理念作为深入认识灾害、应对灾害的途径，也自然而然地引起了国内外防灾减灾领域的普遍关注。自然灾害的风险分析是利用对各种致灾因子、承灾体和社会系统的研究成果，对一定区域可能遭受灾害的程度尽量进行量化分析，并对减灾效果进行分析[23]。本文进行的草原干旱灾害风险区划以灾害风险理论为基础，通过对孕灾环境敏感性、致灾因子危险性、承灾体易损性、防灾抗灾能力等多因子综合分析，构建草原旱灾风险评价的模型，对草原旱灾风险程度进行评价和等级划分，借助GIS绘制相应的风险区划图系，并加以评述。

草原干旱灾害是指干旱的发生、发展及其对牧区生产、生活和草原生态系统造成的影响和危害的可能性。它关注于灾害所带来的危害的可能性而不是干旱灾害本身，当这种可能性成为现实才是干旱灾害。阐述草原干旱灾害的风险性具体来说，指的是某一地区某干旱灾害发生的可能、活动强度、损失破坏，草原旱灾风险指的是草原旱灾给牧区社会造成损失的可能性。运用自然灾害风险评价方法来分析评价这种可能性，形成草原旱灾必须具有以下条件：①其形成草原旱灾的环境（孕灾环境）；②存在诱发草原旱灾的因素（致灾因子）；③草原旱灾影响区有人类的居住或分布有社会财产（承灾体）；④人们在潜在的或现实的草原旱灾威胁面前，采取回避、适应或防御的对策措施（防灾抗灾能力）。首先就要从灾害的风险形成过程入手，分析孕灾环境敏感性、致灾因子危险性、承灾体易损性、防灾抗灾能力等各因子对草原干旱灾害风险的作用机制与内涵。孕灾环境是指危险性因子、承灾体所处的外部环境条件，如土地覆被、水系、植被分布等。孕灾环境敏感性指受到灾害威胁的所在地区外部环境对灾害或损害的敏感程度。在同等强度的灾害情况下，孕灾环境因子对干旱响应的敏感程度越高，灾害所造成的破坏损失越严重，灾害的风险也越大。致灾因子指导致灾害发生的直接因子，在本文中即为干旱（降水异常偏少）。致灾因子危险性指灾害异常程度，主要是由致灾因子活动强度和活动频度决定的。灾害的风险随致灾因子强度增大、频次增高而增高，灾害可能造成的破坏损失越严重。承灾体指灾害作用的对象，是人类活动及其所在社会中各种资源的集合，草原旱灾的直接受体就是畜牧业生产。承灾体易损性指可能受到灾害威胁的所有人员和财产的伤害或损失程度，如牧草、牲畜、人员等。一个地区人口和财产越集中，易损性越高，受到灾害的潜在威胁越大，灾害风险越高。防灾抗灾能力是指受灾区对灾害的抵御和恢复能力。包括应急管理能力、可为减灾投入的资源准备等，防灾抗灾能力越高，可能遭受的潜在损失越小，灾害风险越小。基于自然灾害风险形成理论，草原旱灾风险是由致灾因子危险性、孕灾环境敏感性、承灾体易损性和防灾抗灾能力4部分共同形成的（图1-5-1）。草原旱灾风险函数可表示为：草原旱灾风险=f（敏感性，危险性，易损性，防灾抗灾能力）。

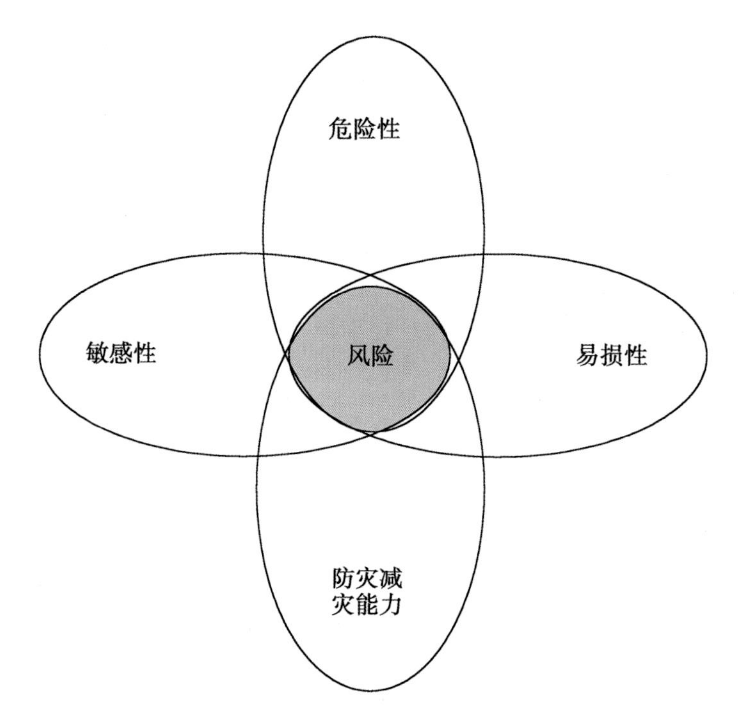


图 1-5-1 草原旱灾风险的形成

Fig. 1-5-1 The formation of grassland drought risk

## 2 研究内容与方法

利用格网技术、GIS 技术、自然灾害风险评价技术、模糊数学分析等复合研究方法，对草原区社会经济、人口、基础设施、属性数据进行空间展布。通过定量化的风险分析方法，进行旱灾风险关键要素识别、量化与风险贡献率，进而建立草原火灾危险性、暴露性、脆弱性及防灾能力评价与风险综合评价模型图 1-5-2。编制草原旱灾灾情图谱与风险图谱。

## 3 结果与分析

### 3.1 草原旱灾风险评估体指标系的建立

#### 3.1.1 孕灾环境敏感性指标的确定

孕灾环境是指危险性因子、承灾体所处的外部环境条件，如土地覆被、水系、植被分布等。孕灾环境敏感性指受到灾害威胁的所在地区外部环境对灾害或损害的敏感程度。在同等强度的灾害情况下，孕灾环境因子对干旱响应的敏感程度越高，灾害所造成的破坏损失越严重，灾害的风险也越大。不同的草原植被类型涵养水源、保持土壤湿度能力不同，对旱灾响应的敏感程度也不同。草甸草原、典型草原与荒漠草原是在不同的气候背景下发育而成的，其耐旱力随着生境条件的干燥程度增强而增强。优势种不同的草原其耐旱性也不同，一般丛生禾草耐旱性比根茎禾草强，例如针茅比羊草耐旱。通常植被的含水量与植被生长所需水分正比，利用不同植被类型的干鲜比例系数可以很好地

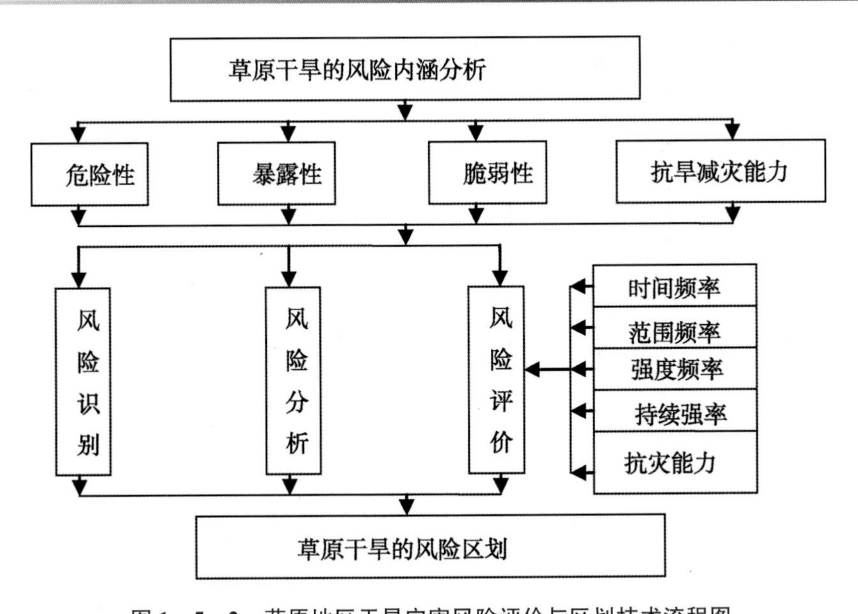


图 1－5－2　草原地区干旱灾害风险评价与区划技术流程图

**Fig. 1－5－2　Grassland drought risk assessment and division into districts technology process**

反映植被在生长季节对水分的依赖程度。植被对水分的依赖程度越高，对干旱的响应越敏感，受干旱的影响越严重。据此，本文选择草原植被类型作为孕灾环境敏感性的指标。敏感性指数的确定则是根据不同类型植被的干鲜比例系数确定的。表 1－5－1 为各类型草原植被的干鲜比例系数 C（陈世荣，2006）。敏感性指标 $SE$ 的计算公式为公式 5.1，其中，$bi$ 为缩放比例系数可设为常数，在本文中 $bi$ 值为 5。

$$SE = C/bi \qquad \text{（公式 1.5.1）}$$

表 1－5－1　各类型草原干鲜比系数表

**Tab. 1－5－1　The dry wet ratio of different grassland**

| 草地类型 | 干鲜比系数 |
|---|---|
| 温性草甸草原类 | 1∶3.2 |
| 温性草原类 | 1∶3.0 |
| 温性荒漠草原类 | 1∶2.7 |
| 低地草甸类 | 1∶3.5（低地沼泽化草甸亚类 1∶4.0） |
| 山地草甸 | 1∶3.5 |
| 沼泽草地类 | 1∶4.0 |

由图 1－5－3、图 1－5－4 可知，研究区干旱灾害孕灾环境敏感性指数呈东高西低分布。敏感性大于 0.6 的高敏感区的多分布于大兴安岭山麓地区，其中包括：陈巴尔虎旗东部、鄂温克族自治旗东部、新巴尔虎右旗东南部、东乌珠穆沁旗东部、西乌珠穆沁

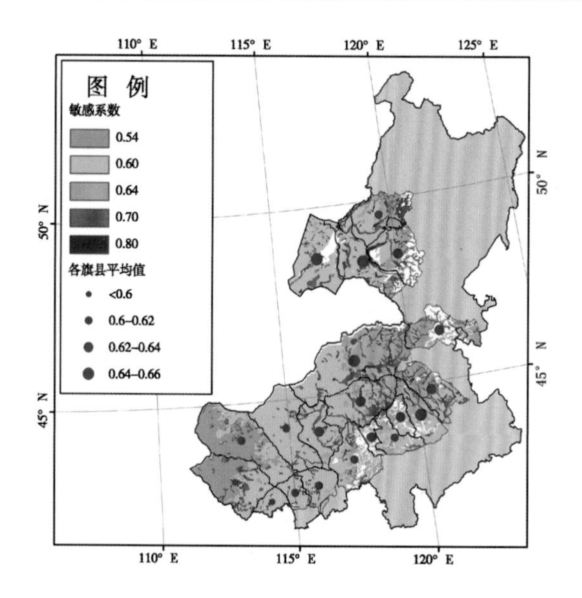


图 1－5－3　草原干旱灾害敏感系数分布图

**Fig. 1－5－3　Grassland drought disaster sensitive index**

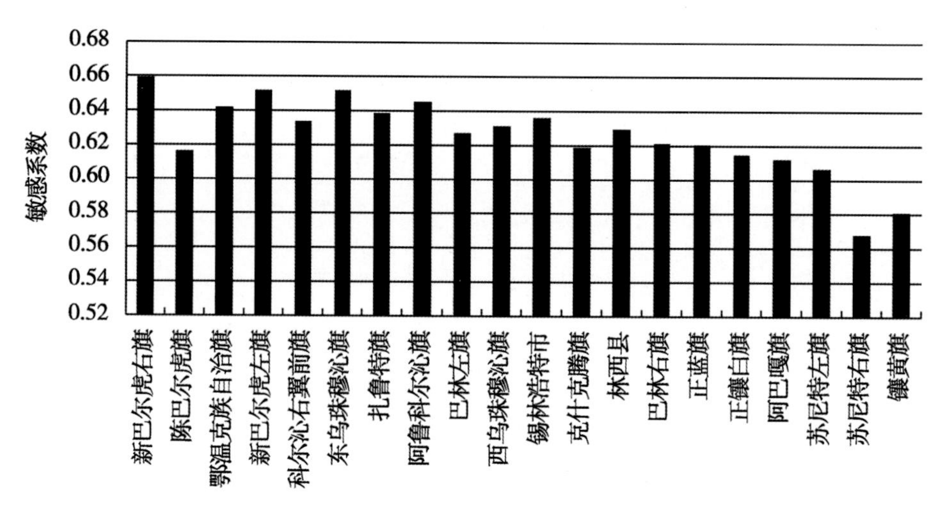


图 1－5－4　各旗县草原干旱灾害敏感指数分布

**Fig. 1－5－4　Grassland drought disaster sensitive index of each country**

旗东部、科尔沁右翼前旗大部、扎鲁特旗西北部以及阿鲁科尔沁北部地区。小于 0.6 的低值区主要分布于苏尼特左旗北部与苏尼特右旗北部的大部分地区。各旗县中敏感系数最高的是新巴尔虎右旗，值为 0.66，最低的为苏尼特右旗，值约为 0.57。

### 3.1.2　致灾因子危险性指标的确定

致灾因子指导致灾害发生的直接因子，在本文中即为干旱（降水异常偏少）。致灾因子危险性指灾害异常程度，主要是由致灾因子活动强度和活动频度决定的。灾害的风险随致灾因子强度而增大、频次增高而增高。内蒙古东部地区地处半湿润向半干旱气候区的过渡过区，降水变率大。干旱灾害发生频繁。降水偏少是研究区草原干旱形成的首要致灾因子。利用历史降水数据，计算灾情指数，统计不同地区灾害发生的频率和灾害强度。使用频率数据和强度数据评估危险性。使用加权综合评价法计算危险性指数。危险性指数 $HA$ 公式为：

$$HA = \sum \frac{DN_i}{n} \times W_i \qquad \text{（公式 1.5.2）}$$

公式 5.2 中，$DN_i$ 为 1971 年—2010 年 40 年间第 i 等级干旱的次数。n 为 40 年，$W_i$ 为第 i 等级干旱灾害的强度权重，干旱强度 4、3、2、1 级（对应等级为特旱、重旱、中旱、轻旱）权重分别为 4/10、3/10、2/10、1/10。危险性指数 $HA$ 就是不同等级干旱强度权重与不同等级降水强度发生的频次归一化后的乘积之和。

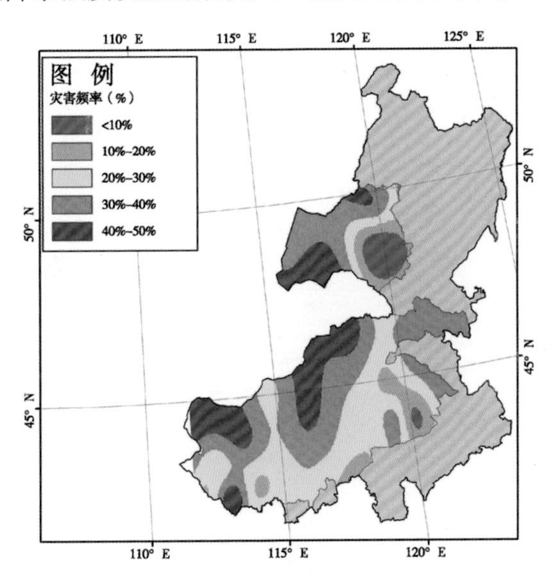


图 1－5－5　草原干旱灾害频率图

**Fig. 1－5－5　The frequency of grassland drought disaster**

研究区 40 年中发生中度及中度以上干旱灾害的频率，从图 1－5－5 中可知新巴尔虎左旗、东乌珠穆沁旗西部、锡林浩特市、苏尼特左旗北部都是干旱灾害高发区，中度及中度以上干旱灾害的发生的频率在 30%～50%之间。

表 1－5－2　内蒙古东部草原区干旱灾害危险性评价

**Tab. 1－5－2　Eastern Inner Mongolia grassland drought disaster risk assessment**

| 地区 | 危险性 | 地区 | 危险性 | 地区 | 危险性 |
|---|---|---|---|---|---|
| 阿巴嘎旗 | 0.400 | 科尔沁右翼前旗 | 0.420 | 锡林浩特市 | 0.420 |
| 阿鲁科尔沁旗 | 0.100 | 克什克腾旗 | 0.260 | 镶黄旗 | 0.280 |
| 巴林右旗 | 0.220 | 林西县 | 0.240 | 新巴尔虎右旗 | 0.460 |
| 巴林左旗 | 0.280 | 满洲里市 | 0.460 | 新巴尔虎左旗 | 0.380 |

（续表）

| 地区 | 危险性 | 地区 | 危险性 | 地区 | 危险性 |
|---|---|---|---|---|---|
| 陈巴尔虎旗 | 0.320 | 苏尼特右旗 | 0.360 | 扎鲁特旗 | 0.280 |
| 东乌珠穆沁旗 | 0.360 | 苏尼特左旗 | 0.460 | 正蓝旗 | 0.300 |
| 鄂温克族自治旗 | 0.320 | 乌兰浩特市 | 0.420 | 正镶白旗 | 0.300 |
| 呼伦贝尔市区 | 0.320 | 西乌珠穆沁旗 | 0.240 | | |

使用40年长序列降水数据获得东部草原地区干旱灾害的频率数据和强度数据，结合公式5.2计算各旗县的草原干旱灾害的致灾因子危性指数，见表1－5－2。内蒙古东部草原区干旱灾害的致灾因子危性较高的旗县为苏尼特左旗、新巴尔虎右旗、科尔沁右翼前旗和锡林浩特市，危险性指数均高于0.4。致灾因子危性相对较低的地区有阿鲁科尔沁旗、巴林右旗、克什克腾旗、林西县和西乌珠穆沁旗，危险性指数均在0.26以下。利用自然断点法结合表1－5－2中危险指数的评估结果划分干旱灾害致灾因子危险性等级，分别为轻微危险、轻危险、低危险、中危险和高危险五个等级，见表1－5－3。

**表1－5－3　草原干旱灾害危险性等级表**

**Tab. 1－5－3　Grassland drought disaster danger level table**

| | 轻微危险 | 轻危险 | 低危险 | 中危险 | 高危险 |
|---|---|---|---|---|---|
| HA（危） | < 0.1 | 0.1～0.26 | 0.26～0.32 | 0.32～0.40 | > 0.40 |

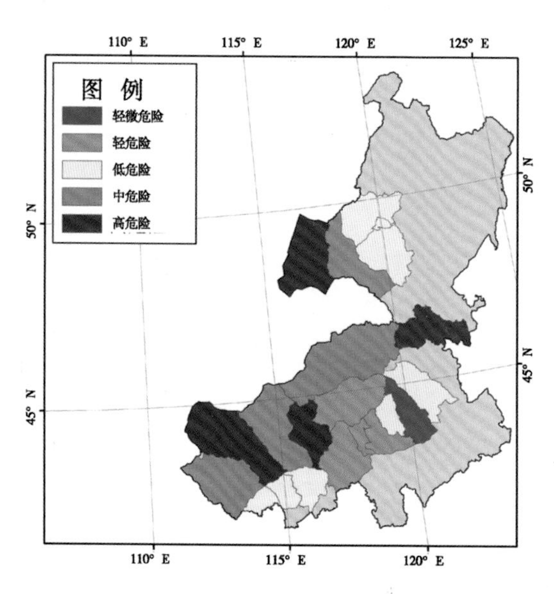


图1－5－6　草原干旱灾害致灾因子危险性评价图

**Fig. 1－5－6　The grassland drought risk assessment of hazard-formative factors**

内蒙古东部草原地区干旱灾害致灾因子的危险性评价说明阿鲁科尔沁旗为轻微危险区；巴林右旗、克什克腾旗、林西县和西乌珠穆沁旗为轻危险区；陈巴尔虎旗、鄂温克族自治旗、扎鲁特旗、巴林左旗、镶黄旗、正镶白旗和正蓝旗 7 个旗县为低危险区；新巴尔虎左旗、东乌珠穆沁旗、阿巴嘎旗和苏尼特右旗 4 个旗县为中危险区；苏尼特左旗、新巴尔虎右旗、科尔沁右翼前旗和锡林浩特市 4 个旗县市为高危险区图 1－5－6。

### 3.1.3　承灾体易损性指标的确定

承灾体指灾害作用的对象，是人类活动及其所在社会中各种资源的集合，草原旱灾的直接受体就是畜牧业生产。承灾体易损性指可能受到灾害威胁的所有人员和财产的伤害或损失程度，如牲畜存栏、人口等。一个地区人口和财产越集中，易损性越高，受到灾害的潜在威胁越大，灾害风险越高。在干旱灾害发生的情况下，草原旱灾造成的损失大小主要取决于受灾区域的牲畜头数以及水分条件正常年份的草原牧草生产力。一般来说牧草生产力越大，牲畜存栏头数越多造成的旱灾损失越大。因此易损性指标由牲畜存栏量和地区人口数量来确定。计算承灾体的易损性指数 $LO$ 的公式为：

$$LO = 0.5 \times \frac{(PEN - PEN_{min})}{(PEN_{max} - PEN_{min})} + 0.5 \times \frac{(HN - HN_{min})}{(HN_{max} - HN_{min})} \qquad (公式 1.5.3)$$

公式 5.3 中，$PEN$ 为当地的人口总量；$PEN_{max}$、$PEN_{min}$ 分别为研究区各旗县中人口数量的最大值、最小值。$HN$ 是当地的牲畜存栏头数；$HN_{max}$、$HN_{min}$ 分别为研究区各旗县中牲畜存栏头数最大值、最小值。本研究的人口数据与牲畜存栏头数均来源于 2008 年内蒙古统计年鉴。

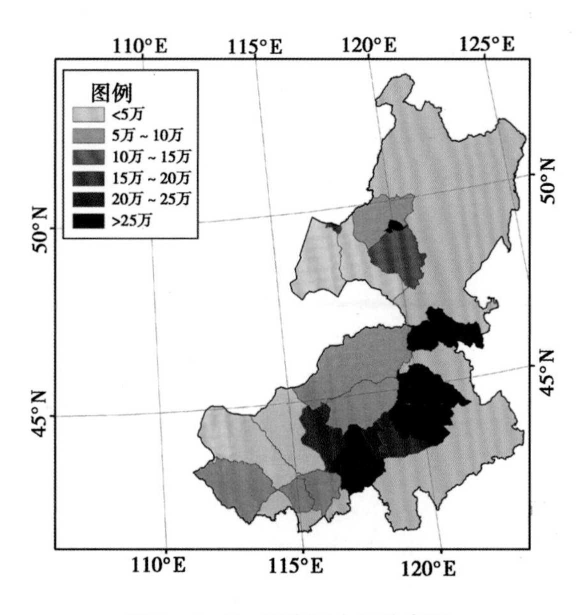


**图 1－5－7　研究区人口分布图**

**Fig. 1－5－7　Research area population distribution**

内蒙古东部草原地区中人口密度较大的旗县为科尔沁右翼前旗、扎鲁特旗 、阿鲁科尔沁旗、巴林左旗、巴林右旗和克什克腾旗，这 5 个旗县人口数量均超过了 25 万。

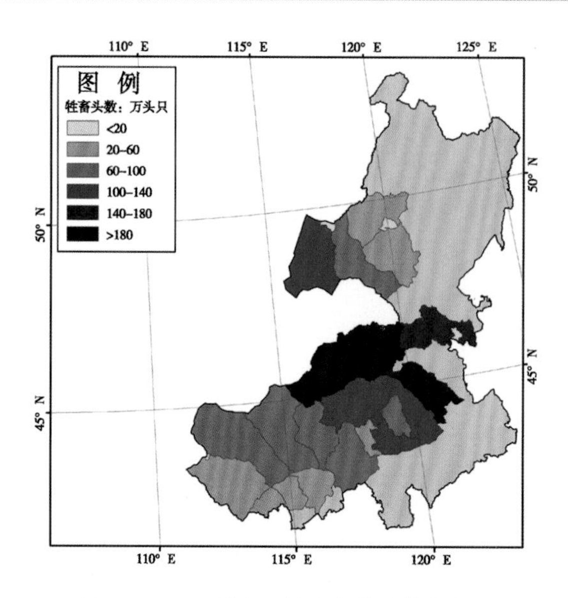


图 1 -5 -8　研究区牲畜存栏头数分布图

**Fig. 1 -5 -8 Research area distribution of livestock inventories**

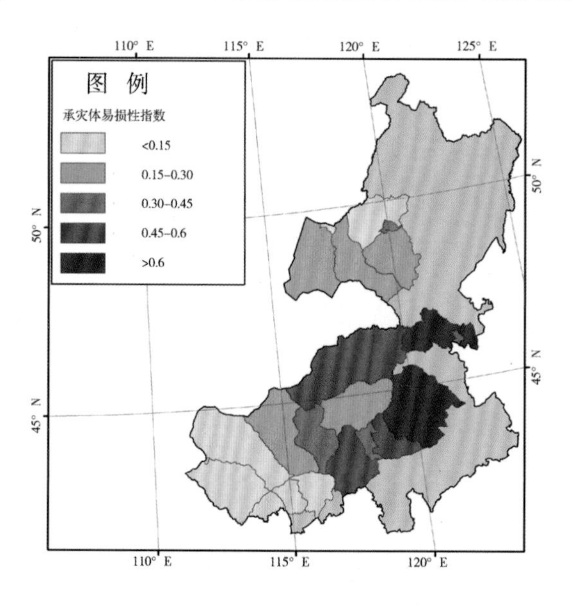


图 1 -5 -9　草原干旱灾害承灾体易损性评价图

**Fig. 1 -5 -9　The grassland drought vulnerability assessment hazard-affected body**

人口最少的 5 个旗县为新巴尔虎左旗、新巴尔虎右旗、阿巴嘎旗、苏尼特左旗和镶黄旗，这五个旗县人口总数均低于 5 万（图 1 -5 -7）。

内蒙古东部草原地区中牲畜存栏数大于 100 万头只的旗县有 7 个，分别为西乌珠穆沁旗、巴林右旗、新巴尔虎右旗、阿鲁科尔沁旗、科尔沁右翼前旗、东乌珠穆沁旗和扎鲁特旗。牲畜存栏低于 50 万头只的旗县有 4 个，分别为镶黄旗、正蓝旗、正镶白旗和苏尼特右旗（图 1－5－8）。

内蒙古东部草原地区各旗县草原干旱灾害易损指数大于 0.6 的旗县有 4 个，分别为科尔沁右翼前旗、扎鲁特旗、巴林左旗和阿鲁科尔沁旗。草原干旱灾害易损指数在 0.45～0.6 之间的旗县有 3 个，分别为东乌珠穆沁旗、巴林右旗和克什克腾旗。草原干旱灾害易损指数在 0.3～0.45 之间的旗县有两个，分别为锡林浩特市和林西县。草原干旱灾害易损指数在 0.15～0.3 之间的旗县有 5 个，分别为鄂温克族自治旗、新巴尔虎左旗、新巴尔虎右旗、西乌珠穆沁旗和阿巴嘎旗。草原干旱灾害易损指数小于 0.15 的旗县有 6 个，分别为陈巴尔虎旗、镶黄旗、正镶白旗、正蓝旗、苏尼特左旗和苏尼特右旗（图 1－5－9）。

### 3.1.4　防灾抗灾能力指标的确定

防灾抗灾能力是指受灾区对灾害的抵御和恢复能力。包括应急管理能力、可为减灾投入的资源准备等，防灾抗灾能力越高，可能遭受的潜在损失越小，灾害风险越小。防灾抗灾能力描述为应对草原旱灾所造成的损害而进行的工程和非工程措施。考虑到这些措施和工程的建设必须要有当地政府的经济支持，考虑用农牧民人均年收入和地方年财政收入作为衡量防灾抗灾能力的指标。防灾抗灾能力指数 $RE$ 公式为：

$$RE = 0.5 \times \frac{(PCI - PCI_{min})}{(PCI_{max} - PCI_{min})} + 0.5 \times \frac{(FR - FR_{min})}{(FR_{max} - FR_{min})} \qquad (公式 1.5.4)$$

其中 $PCI$ 为当地的农牧民人均年收入；$PCI_{max}$、$PCI_{min}$ 分别为研究区各旗县中农牧民人均年收入的最大值、最小值。$FR$ 是当地的年财政收入；$FR_{max}$、$FR_{min}$ 分别为研究区各旗县中年财政收入最大值、最小值。本节社会经济数据来源于 2008 年内蒙古统计年鉴数据。

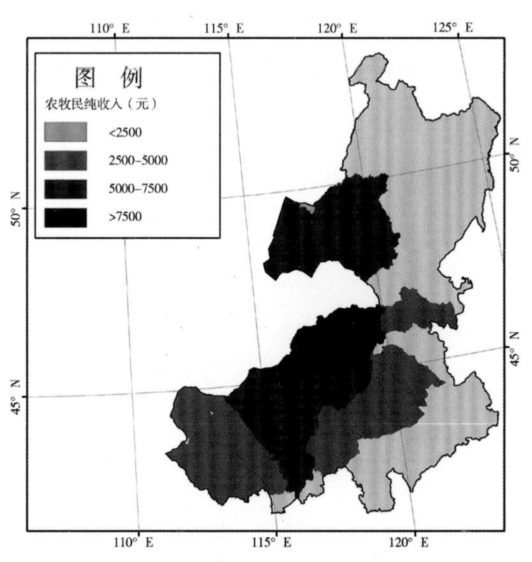


**图 1－5－10　草原区农牧民人均纯收入分布图**

**Fig. 1－5－10 The farmers and herdsmen net income distribution**

呼伦贝尔市四个旗县农牧民年均收入均在 5 000～7 500元。锡林郭勒盟农牧民年

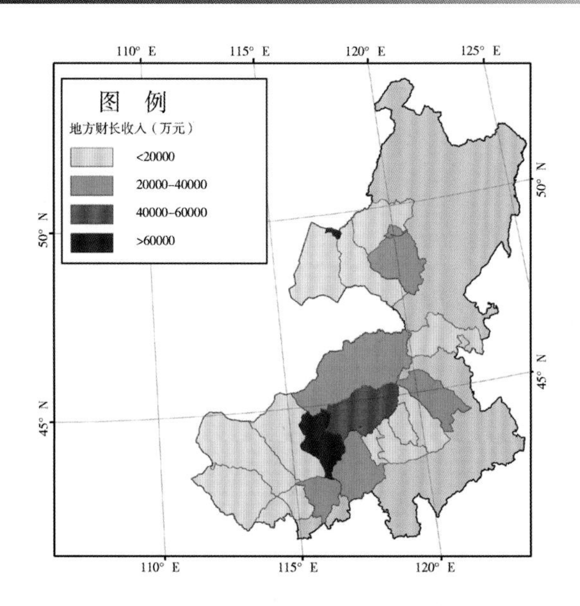


**图 1-5-11　各旗县地方财政收入分布图**

**Fig. 1-5-11Each county local finance income distribution**

均收入东部高于西部，东乌珠穆沁旗最高，农牧民年均收入高于 7 500元；中部阿巴噶旗、锡林浩特市、西乌珠穆沁旗和正蓝旗农牧民年均收入在 5 000～7 500元之间；西部苏尼特左旗、苏尼特右旗、正镶白旗和镶黄旗农牧民年均收入在 2 500～5 000元之间。赤峰市、通辽市和兴安盟的草原地区农牧民年均收入均在 2 500～5 000元之间（图 1-5-10）。

地方财政收入最高的旗县为锡林浩特市，年财政收入超过 6 亿元，西乌珠穆沁旗居次，年财政收入在 4 亿～6 亿元之间。年财政收入在 2 亿～4 亿元之间的旗县有 5 个，分别为鄂温克族自治旗、东乌珠穆沁旗、扎鲁特旗、克什克腾旗和正蓝旗。其他 13 个旗县年财政收入均低于 2 亿元（图 1-5-11）。

防灾抗灾能力指数高于 0.6 的旗县有 3 个，分别为鄂温克族自治旗、西乌珠穆沁旗和克什克腾旗。防灾抗灾能力指数在 0.45～0.6 之间的旗县为扎鲁特旗。防灾抗灾能力指数在 0.3～0.45 之间的旗县有 5 个，分别为林西县、镶黄旗、巴林右旗、东乌珠穆沁旗和锡林浩特市。防灾抗灾能力指数在 0.15～0.3 之间的旗县有 5 个，分别为科尔沁右翼前旗、苏尼特右旗、新巴尔虎右旗、巴林左旗和正蓝旗。防灾抗灾能力指数在低于 0.15 的旗县有 6 个，分别为新巴尔虎左旗、正镶白旗、苏尼特左旗、阿鲁科尔沁旗、阿巴嘎旗和陈巴尔虎旗（图 1-5-12）。

### 3.2　草原干旱灾害风险评价与区划

草原旱灾风险是由致灾因子危险性、孕灾环境敏感性、承灾体易损性和防灾抗灾能力 4 部分共同形成的，它表示干旱灾害对草原牧区经济生产的潜在威胁和直接危害。利用自然灾害风险评价方法建立草原干旱灾害风险评价模型，用公式表示为：

$$GDRI = SE \times HA \times RE \times (1 - LO) \qquad \text{（公式 1.5.5）}$$

GDRI 的值为 0～1 之间，其值越大则干旱灾害的风险越大。表 1-5-4 为内蒙古东部草

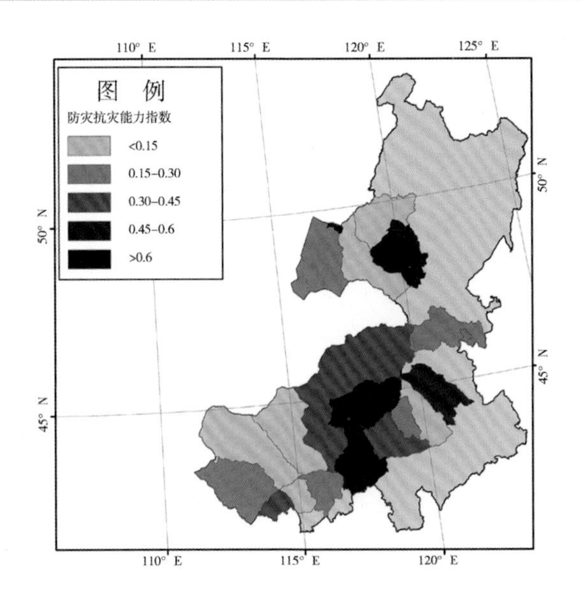


**图 1－5－12 草原地区干旱灾害防灾抗灾能力指数分布图**

**Fig. 1－5－12 The grassland drought disaster prevention anti-disaster ability index distribution**

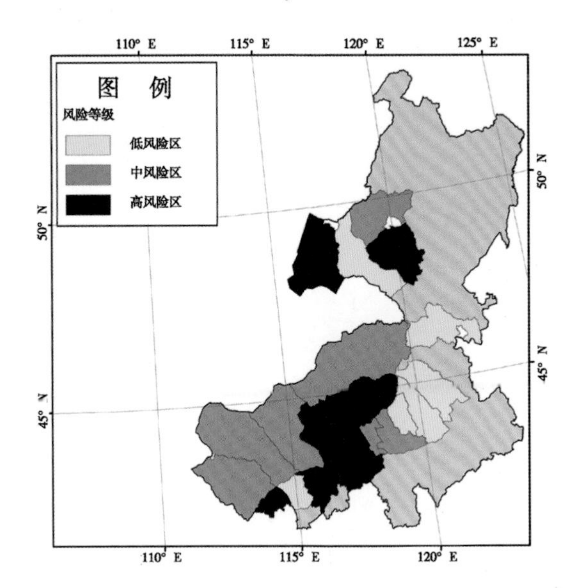


**图 1－5－13 内蒙古东部草原地区干旱灾害风险等级图**

**Fig 1－5－13 Eastern Inner Mongolia grassland region drought disaster risk level figure**

原地区各旗县干旱灾害风险指数结果。由表 1－5－4 可知，干旱灾害风险指数最高的旗县为鄂温克自治旗，值为 0.0949。干旱灾害风险指数最低的旗县为科尔沁右翼前旗，值为 0.0027。利用自然断点法对东部草原地区各旗县干旱灾害风险等级进行划分，低风险区有 6 个旗县，分别为新巴尔虎左旗、科尔沁右翼前旗、扎鲁特旗、阿鲁科尔沁旗、巴林左旗和正镶白旗。中风险区有 7 个旗县，分别为苏尼特右旗、苏尼特左旗、阿巴嘎旗、东乌珠穆沁旗、林西县、巴林右旗和陈巴尔虎旗。高风险区有 7 个旗县，分别为新巴尔虎右旗、鄂温克族自治旗、西乌珠穆沁旗、锡林浩特市、克什克腾旗、正蓝旗和镶黄旗（图 1 –5 –13）。

**表 1 –5 –4　内蒙古东部草原地区各旗县干旱灾害风险指数（GDRI）值**

**Tab. 1 –5 –4　Eastern Inner Mongolia grassland drought risk index（GDRI）of each county**

| 地区 | GDRI | 地区 | GDRI | 地区 | GDRI | 地区 | GDRI |
|---|---|---|---|---|---|---|---|
| 阿巴嘎旗 | 0. 0273 | 新巴尔虎左旗 | 0. 0178 | 巴林左旗 | 0. 0150 | 西乌珠穆沁旗 | 0. 0695 |
| 陈巴尔虎旗 | 0. 0232 | 正蓝旗 | 0. 0481 | 东乌珠穆沁旗 | 0. 0401 | 扎鲁特旗 | 0. 0056 |
| 苏尼特左旗 | 0. 0242 | 正镶白旗 | 0. 0022 | 鄂温克族自治旗 | 0. 0949 | 科尔沁右翼前旗 | 0. 0027 |
| 锡林浩特市 | 0. 0552 | 阿鲁科尔沁旗 | 0. 0023 | 克什克腾旗 | 0. 0491 | 苏尼特右旗 | 0. 0368 |
| 新巴尔虎右旗 | 0. 0489 | 巴林右旗 | 0. 0288 | 林西县 | 0. 0324 | 镶黄旗 | 0. 0604 |

应用致灾因子危险性、孕灾环境敏感性、承灾体易损性和防灾抗灾能力 4 个指标对各旗县样本进行分层聚类。聚类结果见图 1 –5 –14，最终划分为 3 个区域，结果见表

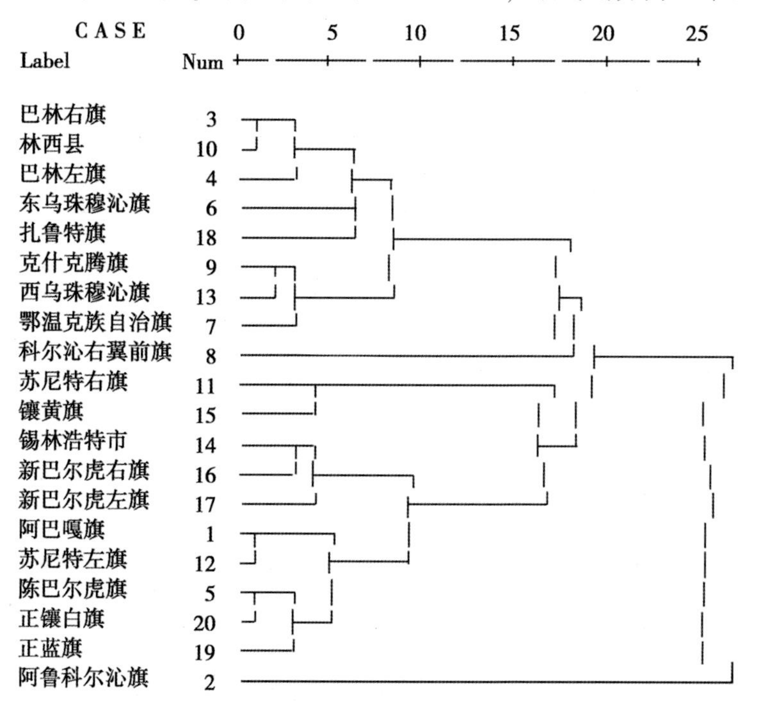


**图 1 –5 –14　干旱灾害风险区域分割树状图**

**Fig. 1 –5 –14　Drought disaster risk regional segmentation tree**

1 –5 –5。表 1 –5 –5 中属于 1 类型的旗县有 10 个，分别为阿巴嘎旗、陈巴尔虎旗、苏尼特右旗、苏尼特左旗、锡林浩特市、镶黄旗、新巴尔虎右旗、新巴尔虎左旗、正蓝旗和正镶白旗。属于 2 类型的旗县只有阿鲁科尔沁旗一个旗。属于 3 类型的旗有 9 个，分别为巴林右旗、巴林左旗、东乌珠穆沁旗、鄂温克族自治旗、科尔沁右翼前旗、克什克

腾旗、林西县、西乌珠穆沁旗和扎鲁特旗。

表 1-5-5　内蒙古东部草原地区风险评价表

Tab. 1-5-5　Eastern Inner Mongolia grassland drought assessment

| 地区 | 敏感性 | 危险性 | 易损性 | 防灾抗灾能力 | 风险指数 | 类型代码 |
|---|---|---|---|---|---|---|
| 阿巴嘎旗 | 0.612 | 0.400 | 0.141 | -0.211 | 0.0273 | 1 |
| 陈巴尔虎旗 | 0.616 | 0.320 | 0.133 | -0.114 | 0.0232 | 1 |
| 苏尼特右旗 | 0.568 | 0.360 | 0.204 | -0.119 | 0.0368 | 1 |
| 苏尼特左旗 | 0.606 | 0.460 | 0.098 | -0.114 | 0.0242 | 1 |
| 锡林浩特市 | 0.636 | 0.420 | 0.307 | -0.327 | 0.0552 | 1 |
| 镶黄旗 | 0.581 | 0.280 | 0.371 | 0.000 | 0.0604 | 1 |
| 新巴尔虎右旗 | 0.659 | 0.460 | 0.228 | -0.290 | 0.0489 | 1 |
| 新巴尔虎左旗 | 0.651 | 0.380 | 0.085 | -0.152 | 0.0178 | 1 |
| 正蓝旗 | 0.620 | 0.300 | 0.286 | -0.095 | 0.0481 | 1 |
| 正镶白旗 | 0.614 | 0.300 | 0.014 | -0.107 | 0.0022 | 1 |
| 阿鲁科尔沁旗 | 0.645 | 0.100 | 0.117 | -0.698 | 0.0023 | 2 |
| 巴林右旗 | 0.621 | 0.220 | 0.400 | -0.473 | 0.0288 | 3 |
| 巴林左旗 | 0.627 | 0.280 | 0.290 | -0.706 | 0.0150 | 3 |
| 东乌珠穆沁旗 | 0.652 | 0.360 | 0.387 | -0.558 | 0.0401 | 3 |
| 鄂温克族自治旗 | 0.641 | 0.320 | 0.607 | -0.238 | 0.0949 | 3 |
| 科尔沁右翼前旗 | 0.634 | 0.420 | 0.159 | -0.935 | 0.0027 | 3 |
| 克什克腾旗 | 0.619 | 0.260 | 0.609 | -0.499 | 0.0491 | 3 |
| 林西县 | 0.629 | 0.240 | 0.350 | -0.387 | 0.0324 | 3 |
| 西乌珠穆沁旗 | 0.631 | 0.240 | 0.649 | -0.293 | 0.0695 | 3 |
| 扎鲁特旗 | 0.638 | 0.280 | 0.451 | -0.930 | 0.0056 | 3 |

求对 3 种类型区域的各项风险评估指标的平均值，生成雷达图，见图 1-5-15。由图 1-5-15 可见 1 类型区域的雷达图（蓝线所围成的图形）与其他类型区域的雷达图之间最明显的差异为防灾抗灾能力最低，因此，属于 1 类型的旗县其草原干旱灾害风险类型为低防灾抗灾能力型。2 类型区域的雷达图（粉线围成的图形）与其他类型区域的雷达图之间最明显的差异为危险性低，因此，属于 2 类型的旗县其草原干旱灾害风险类型为低危险型。3 类型区域的雷达图（绿线围成的图形）与其他类型区域的雷达图之间最明显的差异为易损性高，因此，属于 3 类型的旗县其草原干旱灾害风险类型为易

损型。

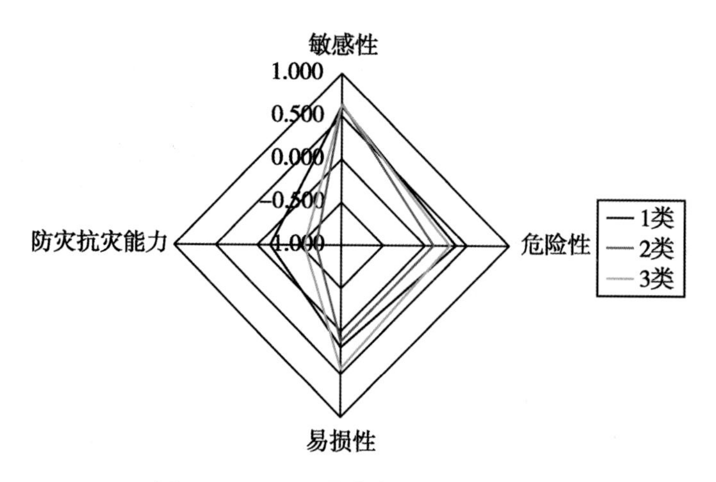


图 1－5－15　干旱灾害风险类型雷达图

Figl －5－15　Drought disaster risk types relative plot

## 4　小结

利用气象灾害风险评价方法对研究区草原干旱灾害进行风险评价与区划。风险等级评价结果为：内蒙古东部草原地区，处于干旱灾害低风险区的旗县有 6 个，分别为新巴尔虎左旗、科尔沁右翼前旗、扎鲁特旗、阿鲁科尔沁旗、巴林左旗和正镶白旗。处于干旱灾害中风险区的旗县有 7 个，分别为苏尼特右旗、苏尼特左旗、阿巴嘎旗、东乌珠穆沁旗、林西县、巴林右旗和陈巴尔虎旗。处于干旱灾害高风险区的旗县有 7 个，分别为新巴尔虎右旗、鄂温克族自治旗、西乌珠穆沁旗、锡林浩特市、克什克腾旗、正蓝旗和镶黄旗。应用致灾因子危险性、孕灾环境敏感性、承灾体易损性和防灾抗灾能力四个指标对各旗县样本进行分层聚类。聚类结果表明：阿巴嘎旗、陈巴尔虎旗、苏尼特右旗、苏尼特左旗、锡林浩特市、镶黄旗、新巴尔虎右旗、新巴尔虎左旗、正蓝旗和正镶白旗等 10 个旗县的草原干旱灾害风险类型为低防灾抗灾能力型。阿鲁科尔沁旗草原干旱灾害风险类型为低危险型。巴林右旗、巴林左旗、东乌珠穆沁旗、鄂温克族自治旗、科尔沁右翼前旗、克什克腾旗、林西县、西乌珠穆沁旗和扎鲁特旗，这 9 个旗县的草原干旱灾害风险类型为易损型。

# 第六章　内蒙古草原旱灾分析研究

## 1　干旱监测指标综述

### 1.1　引言

干旱作为一种气象灾害，长期困扰着人类的生活和工农牧业生产。据统计每年因干旱造成的全球经济损失高达60亿～80亿美元，远远超过了其他气象灾害[3]。随着人口增长和经济快速发展以及由此引起的全球气候变暖，干旱灾害有进一步恶化的趋势[4]。美国气象学会[5]在总结各种干旱定义的基础上将干旱分为4种类型：气象干旱、农业干旱、水文干旱和社会经济干旱。Mishra and Singh（2010）[99]也对以上4类干旱的划分和定义做了详细总结。

目前，常用的干旱监测指标主要有两类，一类是基于地面气候数据的干旱指标，即传统干旱监测指标，这些指标都是基于站点观测，很难反映大面积的干旱状况；另一类是基于遥感技术的干旱监测指标，主要应用多时相、多光谱、多角度遥感数据从不同侧面定性或半定量地评价土壤水分分布状况，由于干旱形成的持续性和覆盖范围的广泛性，应用基于遥感技术建立的干旱指标进行大范围的干旱监测将成为趋势。

### 1.2　传统干旱监测指标

传统的干旱指标主要包括降水距平百分率（Percent of Normal）、标准化降水指数（standardized precipitation index，SPI，McKee 1993）、多元标准化降水指数（Multivariate Standardized Precipitation Index，MSPI[100]）、帕默尔干旱指数（Palmer drought severity index，PDSI，Palmer 1965）、作物湿度指数（Crop moisture index，CMI，Palmer 1968）、地表水分供应指数（Surface water supply index，SWSI，Shafer and Dezman 1982）和综合气象干旱指数（CI）等。

#### 1.2.1　标准化降水指数（SPI）

SPI是基于降水数据的气象干旱指标，和降水距平百分率类似，SPI也是将降水和多年平均值比较，计算公式：

$$SPI = \pm \left[ t - \frac{c_0 + c_1 t + c_2 t^2}{1 + d_1 t + d_2 t^2 + d_3 t^3} \right] \qquad \text{（公式 1.6.1）}$$

式中t为累积概率的函数；c、d均为系数；当累积概率小于等于0.5时取负号，否则取正号。SPI是基于过去3、6、9、12个月等多种尺度的降水总量的气象干旱指数。SPI的最大优点是能够在不同时间尺度上计算，可以提供干旱早期预警。SPI通过将降水分布转换为正态分布克服了由非正态分布引起的矛盾。Healey et al.（2011）[100]使用

SPI 监测美国的干旱得到了很好的效果，表明 SPI 可以对比同一地区的不同国家之间以及不同地区之间的干旱程度。

其局限性在于 SPI 的定义和概率分布的假设决定了降水记录的长度和概率分布的特征在计算 SPI 值时具有重要的作用，Mishra et al（2010）[99]表明不同长度的降水记录可以得到相似和一致的 SPI 值，然而随着概率分布的不同 SPI 值具有显著的差异，这与 SPI 所需的长时间序列的降水记录和 GAMMA 概率分布的假设是矛盾的。此外 SPI 在没有考虑水分支出的情况下假定所有地点旱涝发生概率相同，无法标识频发地区。近年来发展的多元标准化降水指数 Bazrafshan et al.（2014）可用于识别特定地区的干旱期。

### 1.2.2 帕默尔干旱指数（PDSI）

Palmer 于 1965 年在原有研究成果的基础上，提出了 PDSI 干旱指标，Palmer 指标是一种被广泛用于评估旱情的干旱指标，该指标不仅列入了水量平衡概念，考虑了降水、蒸散、径流和土壤含水量等条件，同时也涉及一系列农业干旱问题，考虑了水分的供需关系，具有较好的时间和空间可比性。

但是，由于建立 PDSI 需要遵循一系列的规则和假定，导致许多研究[102-103]记录了 PDSI 的局限性，包括：①固有的时间尺度使得 PDSI 更适合监测农业干旱而不太适合水文干旱；②假定径流只发生在土壤饱和的时候低估了径流的发生；③PDSI 延缓了对干旱发生和消失的响应。

### 1.2.3 其他指标的局限性

降水距平百分率可以用于单个区域一年中特定时段的分析，其缺点是该指标将降水量当作正态分布的统计构想在两方面存在不连续性，首先，降水分布不具有统计性，降水多年平均值和降水长期序列的中位数之间的差异降低了指标的准确性。其次，由于降水的季节性和区域差异，该指标不能用于监测不同季节和不同区域之间的干旱。CMI 主要用于作物生长区短期的（生长季）水分状态评价。SWSI 的计算需要积雪、径流、降水和水储量四项因子，其因子的权重随着时空尺度的变化而变化，很难进行推广。CI 是国家干旱的行业标准，它是利用近 30 天和近 90 天标准化降水指数，以及近 30 天相对湿润度指数进行综合而得，既反映了月尺度和季尺度的降水量异常，又反映了短时间尺度（月）的水分亏缺情况，是一个适用于短时间尺度内表述干旱发生、发展和结束过程的动态监测指标。但有文献表明[104]，CI 指数对干旱的动态监测存在“旱情突然加剧”问题。

## 1.3 遥感干旱监测指标

目前常用的遥感干旱灾害监测指标主要有基于可见光和近红外波段的植被指数如归一化植被指数（Normalized Difference Vegetation Index，NDVI）、距平植被指数（Anomaly Vegetation Index，AVI）、植被状态指数（Vegetation Condition Index，VCI）、标准植被指数（Standardized Vegetation Index，SVI）等；基于近红外和短波红外的如归一化红外指数（Normalized Difference Infrared Index，NDII）、归一化水分指数（Normalized difference water index，NDWI）、标准多波段干旱指数（Normalized Multi-Band Drought Index，NMDI）、垂直干旱指数（Perpendicular Drought Index，PDI）[105-107]、改进的垂直干旱指数（Modified Perpendicular Drought Index，MPDI）和 MPDI1[108]等；基于热红外波段的

如温度状态指数（Temperature Condition Index，TCI）等，TCI 将 VCI 中的 NDVI 改为亮度温度，其思想是温度越高越干旱；基于可见光—近红外和热红外多波段的如植被温度状态指数（Vegetation Temperature Condition Index，VTCI）[109]、温度植被干旱指数（Temperature Vegetation Dryness Index，TVDI）、植被水分供应指数（Vegetation Water Supply Index，VWSI）、植被健康指数（Vegetation Health Index，VHI）、水分亏缺指数（Water Deficit Index，WDI）等；以及基于水分平衡和能量平衡的作物水分胁迫指数（Crop Water Stress Index，CWSI）和热惯量法等。

### 1.3.1　基于可见光近红外波段的干旱监测

（1）归一化植被指数（NDVI）：归一化植被指数是反映土地覆盖植被状况的一种遥感指标，定义为近红外波段与可见光波段反射率之差与之和的商，其表达式为：

$$NDVI = \frac{NIR - R}{NRI + R} \qquad \text{（公式 1.6.2）}$$

式中 NIR 为近红外波段的反射值，R 为红光波段的反射值。该指数在干旱监测中具有直观、易用性。许多干旱指数如 AVI、VCI、SVI 等都是利用 NDVI 作为其基础因子。

Ji Lei，Peters Albert J.（2003）[110]利用美国大平原中北部地区 NOAA/AVHRR 生长季 NDVI 时间序列（1989-2000）研究 NDVI 与 SPI 之间的相关关系，结果表明基于 3 个月降水的 SPI 和 NDVI 具有最好的相关关系，说明降水对植被的滞后和累积效应；且 NDVI 和 SPI 之间的相关关系月变化显著，最高相关关系出现在生长季中部，生长季开始和结束时相关关系较低；且 NDVI 与 SPI 之间的相关关系对草地和作物显著；空间上，最好的相关关系出现在低土壤持水能力地区；同时指出 NDVI 是植被水分状态的有效指示器，但用 NDVI 监测干旱需要考虑季节性。植被受水分胁迫是产生干旱的直接原因。因此，有效提取出植被的水分含量信息对旱情的监测有重要意义。归一化植被指数可以间接地反映旱情，但在时间上有一定的滞后性。干旱初期很难通过植被指数监测出来。大多数基于植被指数的模型一般情况下只适用于植被覆盖度比较高的地区；对于稀疏植被或裸地，监测结果存在较大的偏差。NDVI 的时间序列越长，越能更好地反映土壤供水状况及干旱程度。

（2）其他植被指数的局限性：文献[111,112]表明，VCI 监测干旱、降水动态变化的效果比 AVI 更有效、更实用，尤其在地形起伏大的区域，VCI 的估算精度远比 NDVI 好；NDVI 或从 NDVI 得到的干旱指数适用于研究大尺度范围的气候变异，而 VCI 适用于估算区域级的干旱程度；植被生长茂盛的阶段，利用 AVI 和 VCI 来监测作物的缺水状况，效果较好，但需要有较长年代的资料积累。Albert J. Peters（2002）[113]利用基于 NOAA/AVHRR NDVI 的 SVI 对美国中部进行干旱监测，研究表明 SVI 结合其他干旱监测工具可用于评价 1KM 空间分辨率的干旱范围和严重程度，SVI 可作为干旱区以及干旱程度不同的特殊区域近实时的植被状态指示器，同时指出需要注意的是局部地区除干旱之外的其他气候条件下，应用 SVI 可能降低植被覆盖度。

### 1.3.2　基于近红外短波红外的干旱监测

植被水分含量是遥感提取土壤湿度重要的参数，NDII 与植被冠层和叶片水分含量高度相关[114]，其表达式为：

$$NDII = \frac{R_{850} - R_{1\,650}}{R_{850} + R_{1\,650}} \quad (公式 1.6.3)$$

式中 $R_{850}$ 表示近红外波段的地表反射率，$R_{1\,650}$ 表示 1650nm 处的地表反射率。NDWI 可用于监测植被水分含量，其表达式为

$$NDWI = \frac{NIR - SWIR}{NIR + SWIR} \quad (公式 1.6.4)$$

式中 NIR 表示近红外波段的反射（辐射），SWIR 表示短波红外波段的反射（辐射），研究表明[115] NDWI 对景观水平上冠层相对含水量的变化敏感。NMDI 使用一个近红外和两个短波红外波段的信息（分别是 MODIS 的 2，6 和 7 波段），其表达式为：

$$NMDI = \frac{R_{860} - (R_{1\,640} - R_{2\,130})}{R_{860} + (R_{1\,640} - R_{2\,130})} \quad (公式 1.6.5)$$

式中 R 表示卫星传感器观测到的表观反射率。文献[116]表明 NMDI 提高了 NDWI 和 NDII 对干旱严重性的敏感性，同时提取植被和土壤水分含量，提高了对干土壤和低植被覆盖区的性能，在高植被覆盖区的性能和 NDII、NDWI 相似，在中植被覆盖区的应用需要进一步研究。

### 1.3.3 基于多波段的干旱监测

（1）植被温度状态指数（VTCI）：Wang Peng-xin et al.（2001）[109] 在地表温度（LST）和 NDVI 组成的三角形特征空间的基础上提出了利用植被温度状态指数（VTCI）来监测区域干旱，应用 VTCI 对中国西北部的黄土高原进行干旱监测，结果表明 VTCI 在研究干旱分布和划分干旱程度方面具有很好的性能。VTCI 定义如下：

$$VTCI = \frac{LST_{NDVIi.\max} - LST_{NDVIi}}{LST_{NDVIi.\max} - LST_{NDVIi.\min}} \quad (公式 1.6.6)$$

$$LST_{NDVIi.\max} = a_1 + b_1 \times NDVIi \quad (公式 1.6.7)$$

$$LST_{NDVIi.\min} = a_2 + b_2 \times NDVIi \quad (公式 1.6.8)$$

式中，$LST_{NDVIi.\min}$ 和 $LST_{NDVIi.\max}$ 分别为研究区域内，当 $NDVI_i$ 等于某一特定值时地表最低温度和最高温度，$LST_{NDVIi}$ 为 $NDVIi$ 时段的地表温度，系数 $a_1$、$b_1$、$a_2$、$b_2$ 从 LST 和 NDVI 的散点图估算，VTCI 取值范围为 0～1，一般说 VTCI 的值越小，干旱程度越严重。Wan et al.（2004）[117] 利用 MODIS 反演地表温度和归一化植被指数建立的 VTCI 监测了美国南部大平原的干旱，并用研究区的地面降水数据进行验证，通过分析 VTCI 和月降水量以及和月降水量与标准月降水量之间的偏差之间的相关性表明 VTCI 不仅与近期降水量密切相关，而且与前期降水总量相关，并且表明 VTCI 可能是更好的近实时的干旱监测方法。胡荣辰等[118]研究表明 VTCI 是在假设研究区域内土壤表层含水量从萎蔫含水量到田间持水量的基础上进行干旱监测的。因此，该方法要求研究区足够大而且土壤表层含水量变化范围为凋萎含水量到田间持水量之间，且地表覆盖应从裸土到植被完全覆盖，适合于研究一定区域某一特定年内某一时期的干旱程度。该方法具有地方专一性和时域专一性的特点，能较好地反映该区域的相对干旱程度，适用于植物生长期间的干旱监测。

（2）温度植被干旱指数（TVDI）：TVDI 表达式为：

$$TVDI = \frac{LST - LST_{min}}{LST_{max} - LST_{min}} \quad （公式 1.6.9）$$

$$LST_{max} = a_1 + b_1 \times NDVI \quad （公式 1.6.10）$$

$$LST_{min} = a_2 + b_2 \times NDVI \quad （公式 1.6.11）$$

式中，$LST$ 是任意像元的地表温度；$LST_{min}$、$LST_{max}$ 分别为某一 NDVI 对应的最小地表温度即湿边和最高地表温度即干边；$a_1$、$b_1$、$a_2$、$b_2$ 是拟合方程的系数。在干边上 TVDI = 1，在湿边上 TVDI = 0。TVDI 值越大，土壤湿度越低，表明干旱越严重。

Wang C，Qi S，Niu Z，et al.（2004）[119]采用 NOAA/AVHRR 10 天合成产品 NDVI 和 LST 构建 NDVI-LST 空间，利用 TVDI 评价 2000 年中国 3 月到 5 月的土壤湿度，为了降低由空间参数的异质性产生的影响，在中国的三个农业气候区分别计算 TVDI，结果表明严重干旱地区主要分布在中国的西北部和北部与南部的部分地区，严重干旱面积从 3 月的约 $67 \times 10^4 km^2$ 增长到 5 月的约 $126 \times 10^4 km^2$。为了评价 TVDI 监测土壤湿度的有效性，利用气象站点实测的土壤湿度进行了对比验证，结果表明 TVDI 与实测的土壤湿度之间存在显著的负线性相关，且 LST 比 NDVI 对 TVDI 更敏感，即 LST 比 NDVI 含有更多的干旱信息。同时对比了 TVDI 与单纯依靠地表温度的 CWSI 之间的有效性，结果表明 TVDI 与原地实测土壤湿度之间具有更显著的相关性。温度植被干旱指数较好地改变了单纯基于植被指数或单纯基于陆面温度进行土壤水分状态监测的不足，有效地减小了植被覆盖度对干旱监测的影响，提高了旱情遥感监测的准确度和实用性。近年来发展的土壤水分亏缺指数（SWDI）[120]可用于评价干旱的空间分布和干旱强度。

（3）其他干旱指标的优缺点：Cai Guoyin，et al（2011）[121]应用 2010 年 3 月 7 日 MODIS 数据，采用 VWSI 对云南省的干旱进行监测，通过与国家气象局干旱监测结果对比分析了 VWSI 的优缺点，结果表明 VWSI 倾向于密集植被覆盖区的农业领域。VHI 将 VCI 和 TCI 联合起来，并将 VCI 和 TCI 的贡献赋予不同的权重，文献[122,123]发现 VHI 比其他的植被干旱指数更有效。基于水分能量平衡原理的 CWSI，是在考虑土壤水分和农田蒸散的基础上建立起来的，物理意义明确，其精度较高，但因涉及的农学和气象参数较多，计算量大，实现起来比较困难，有些参数只能取参考值。遥感反演地表参数的精度目前还很难达到模型定量化计算的要求，在一定程度上阻碍了该模型的推广应用。为了克服 CWSI 在局部和区域尺度上应用时，在部分地区测量植被冠层温度的障碍，基于地表温度 LST 与 NDVI 散点图组成的梯形空间，Moran M. S. 等提出 VITT（vegetation index/temperature trapezoid）的概念[124]，并在此基础上建立了水分亏缺指数（WDI），指明 WDI 可用于精确评价完全和部分植被覆盖下的农田蒸散速率和相对农田水分亏缺。齐述华等[125]根据 CWSI 理论，在假定陆地表面温度是冠层温度与土壤表面温度线性加权及土壤与植被冠层之间不存在感热交换的情况下，结合陆气温差与植被指数，分别计算 2000 年 4 月上旬和 5 月中旬全国范围水分亏缺指数，并与表层土壤含水量对比。结果表明 WDI 能够比较合理地评价干旱的发生。但从 4 月上旬和 5 月中旬 WDI 与表层土壤湿度相关性进行比较表明，在稀疏植被覆盖条件下，由于 5 月份具有较高的土壤背景温度与冠层温度差，忽略土壤与冠层之间感热通量导致 WDI 与 CWSI 有较大的差异，从而降低了 WDI 在干旱炎热夏季的适用性。

### 1.4 结果

基于对干旱和主要干旱监测指标的深入理解和分析，得出以下结果。

(1) 干旱的发生存在递进关系，其严重性逐渐加深，在不考虑人类活动影响的情况下其根本原因是土壤水分亏缺，其直接原因是降水减少和蒸散发增加，对特定区域的研究需要考虑降水时间、土壤特性和地形等条件的影响。

(2) 由于干旱监测的复杂性和已有监测指标的局限性，近年来，微波遥感[126]、雷达遥感、高光谱遥感、新传感器等的发展，为土壤水分监测提供了新的方法和途径，在干旱监测的研究中得到很高的重视，在深入研究干旱形成机理的基础上形成可以确定干旱的发生、发展、严重性及干旱累积效应等的灵活实用的干旱指标成为干旱监测研究的发展方向。

## 2 内蒙古地区旱灾时空分布特征与风险分析

### 2.1 引言

内蒙古地处干旱、半干旱地区，年降水量少且时空分布不均匀，一般年份大部分地区春季降水量仅占年降水量的12%，不能满足农作物生长的需要，对农牧业发展及人畜饮水造成严重的影响[127]。内蒙古地区的气候条件决定了其降水量少，蒸发量和干燥度大，降水量和径流量年内、年际变化大，极易形成干旱灾害。据史料记载[128]，内蒙古地区干旱发生频繁，春旱严重，春夏连旱、或春夏秋连旱、或两三年连旱时有发生。加之长期的超载过牧、草地采矿等人为原因，导致严重的草地退化和极度脆弱的草原生态环境，不断减少和退化的草地面积减弱了内蒙古地区应对气候变化和环境灾害的能力。在全球气候变暖[129]的大背景下，内蒙古地区干旱灾害频发，给农牧业生产和人民生活等造成严重的影响和损失，成为影响内蒙古农牧业可持续发展的主要障碍之一。内蒙古草原面积巨大，是我国北方重要的生态屏障和畜牧业生产基地，其可持续发展对我国的生态、经济、社会安全和弘扬民族传统文化等具有重要意义。因此，研究内蒙古地区历代干旱灾害的演变，分析旱灾的空间分布和风险特征，不仅有利于认识现代旱灾在整个灾害变化进程中所处的位置，而且可为现在及未来的防灾减灾决策提供科学依据。

### 2.2 资料来源与研究方法

数据来源于《内蒙古历代自然灾害史料》《中国气象灾害大典·内蒙古卷》《内蒙古自然灾害通志》《内蒙古水旱灾害》《内蒙古自然灾害系统研究》、各盟市志及相关文献资料中的灾害统计数据。数据整理内容包括内蒙古地区在秦汉、魏晋南北朝、隋唐五代、宋辽金、元、明、清、民国时期以及 1949—1990 年间自然灾害的发生时间、地点、发生频次及造成的损失等，其中，1949—1990 年以各盟市为统计单元。

应用 Excel 2007 和 Origin Pro8.0 软件对相关灾害信息进行统计分析，以 1949—1990 年旱灾发生的频率作为统计分析指标，应用 ArcGIS10.0 软件，对内蒙古各盟市旱灾空间分布特征进行分析，揭示内蒙古旱灾在空间分布上的特点。应用基于历史灾情数据法和模糊数学信息扩散理论，通过分析 1949—1990 年内蒙古农区受旱农田及成灾面积数据和内蒙古牧区旱灾损失数据折算结果，对内蒙古地区进行农田旱灾脆弱性和牧区旱灾风险分析，探讨内蒙古地区的旱灾脆弱性和风险特征。

## 2.3　结果与分析

### 2.3.1　内蒙古地区历代旱灾的时间分布特征

#### 2.3.1.1　旱灾是内蒙古地区发生频率最高的灾害

通过统计史料中记载的旱灾、水灾、风灾、雪灾、霜灾、雹灾、虫灾、震灾、疫灾、其他灾害等10个类型，内蒙古地区历代发生各类灾害的次数占同期总灾害的百分比如表1－6－1所示。

**表1－6－1　内蒙古历代自然灾害发生频率**

**Tab. 1－6－1　The frequency of occurrence of natural disaster in Inner Mongolia history**

| 百分比 时代 灾种 | 秦汉 | 魏晋南北朝 | 隋唐五代 | 宋辽金 | 元 | 明 | 清 | 民国 | 1949—1990 | 总计 |
|---|---|---|---|---|---|---|---|---|---|---|
| 旱灾 | 36.00 | 26.71 | 46.88 | 56.47 | 30.72 | 48.60 | 52.77 | 11.83 | 44.36 | 41.22 |
| 水灾 | 17.33 | 14.38 | 7.81 | 10.00 | 18.07 | 6.15 | 18.72 | 23.66 | 12.04 | 14.45 |
| 风灾 | 9.33 | 16.44 | 4.69 | 2.94 | 6.63 | 5.59 | 2.55 | 11.83 | 3.65 | 6.83 |
| 雪灾 | 6.67 | 10.27 | 7.81 | 7.65 | 2.41 | 1.68 | 2.55 | 8.60 | 15.59 | 5.23 |
| 霜灾 |  | 9.59 | 6.25 | 7.06 | 8.43 | 2.79 | 8.51 | 6.45 | 3.50 | 6.65 |
| 雹灾 | 8.00 | 0.68 |  | 3.53 | 16.87 | 11.17 | 6.38 | 12.90 | 2.49 | 7.8 |
| 虫灾 | 4.00 | 4.79 | 4.69 | 5.29 | 4.22 | 7.82 | 5.53 | 5.38 | 12.66 | 5.41 |
| 震灾 | 14.67 | 13.70 | 10.94 | 5.88 | 9.64 | 11.17 | 1.28 | 6.45 | 0.67 | 8.24 |
| 疫灾 | 4.00 | 1.37 | 4.69 |  | 0.60 | 4.47 | 1.70 | 8.60 | 1.06 | 2.57 |
| 其他 |  | 2.05 | 6.25 | 1.18 | 2.41 | 0.56 |  | 4.30 | 3.98 | 1.6 |
| 合计 | 100 | 100 | 100 | 100 | 100 | 100 | 100 | 100 | 100 | 100 |

通过分析统计数据和表1－6－1可知，秦汉以来至1949年十类灾害记录共1128次，平均每10年19.4次，说明内蒙古地区是各类灾害的高发地区，又以旱灾所占比例最高，占总灾害次数的41.22%，其次是水灾，占14.45%，两者合计55.67%，假设史料中对各类灾害记载的几率相等，则上述数值反映了各类灾害在灾害频率构成中的地位，即旱灾频率最高，水灾次之。1949—1990年，旱灾发生比重高于历代平均水平，达44.36%，旱灾发生比重最高为宋辽金时期，达56.47%，最低为民国时期，仅11.83%。在历代的各类灾害中，仅民国时期水灾所占比重首次超过旱灾位居首位，占23.66%，旱灾为11.83%，其余各个时期均以旱灾所占比例最高。

#### 2.3.1.2　内蒙古地区的旱灾总体上呈波动增长趋势

从不同历史时期分析，内蒙古地区的旱灾在秦汉时期的443年间发生旱灾27次，平均0.61次/10年，魏晋南北朝时期的370年间发生旱灾39次，平均1.05次/10年，隋唐五代时期的372年间发生旱灾30次，平均0.81次/10年，宋辽金时期的320年间发生旱灾96次，平均3次/10年，元、明、清时期分别为5.2次/10年、3.14次/10年、4.63次/10年，民国时期为2.82次/10年，1949—1990年42年间发生全区性大旱16次，平均3.81次/10年，其线性、对数、指数和幂函数回归趋势分析结果 $R^2$ 分别为0.5055、0.5916、0.6281和0.7423，回归方程见图1-6-1，由各类预测趋势线可知内蒙古地区的旱灾总体上呈现波动增长的趋势且以幂函数增长曲线的 $R^2$ =0.7432最大。

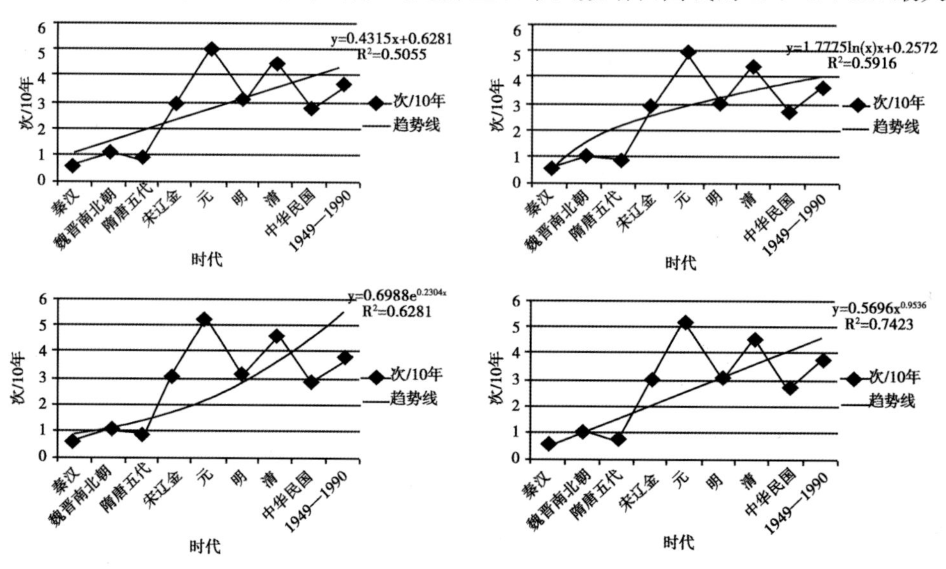


**图1-6-1　内蒙古地区历代旱灾趋势预测**

**Fig. 1-6-1　The drought disaster trend prediction of past dynasties in Inner Mongolia region**

### 2.3.2　1949—1990年间旱灾空间分布特征及风险分析

（1）旱灾空间分布特征分析：以内蒙古自治区11盟市（乌海市没有完整统计数据）为基本统计单元，分别统计1949—1990年间11盟市发生轻旱、中旱、重旱的年份，以旱灾发生次数除以时间跨度作为统计分析指标，形成旱灾总频率、轻旱频率、中旱频率、重旱频率4个指标，对内蒙古自治区旱灾进行空间分布特征分析，揭示旱灾的空间分布特征（图1-6-2）。

分析图1-6-2可以看出，内蒙古自治区的旱灾具有很强的空间变化特征，表现为旱灾发生频率具有明显的区域性，从总体发生频率来看，阿拉善盟和巴彦淖尔盟是旱灾发生频率最高的地区，几乎年年干旱；包头市、乌兰察布盟、赤峰市和通辽市是旱灾发生频率次高地区，总体在75%~85%；鄂尔多斯市、呼和浩特市和锡林郭勒盟也是旱灾多发地区，总体在65%~70%；从统计数据来看，呼伦贝尔盟和兴安盟是内蒙古地区旱灾发生次数最少的地区，但其发生频率亦超过50%。从旱灾程度来看，阿拉善盟和巴彦淖尔盟是内蒙古自治区重旱发生频率最高的地区，分别为70%和67.5%，该地区发生中旱和轻旱的频率相对较低，中旱分别为20%和25%，轻旱分别为10%和7.5%；鄂尔多斯市、包头市、呼和浩特市、乌兰察布盟、锡盟和通辽市是重旱的次高地区，分别为30%、30%、25%、16.25%、17.5%和22.5%，除乌兰察布盟位于中旱

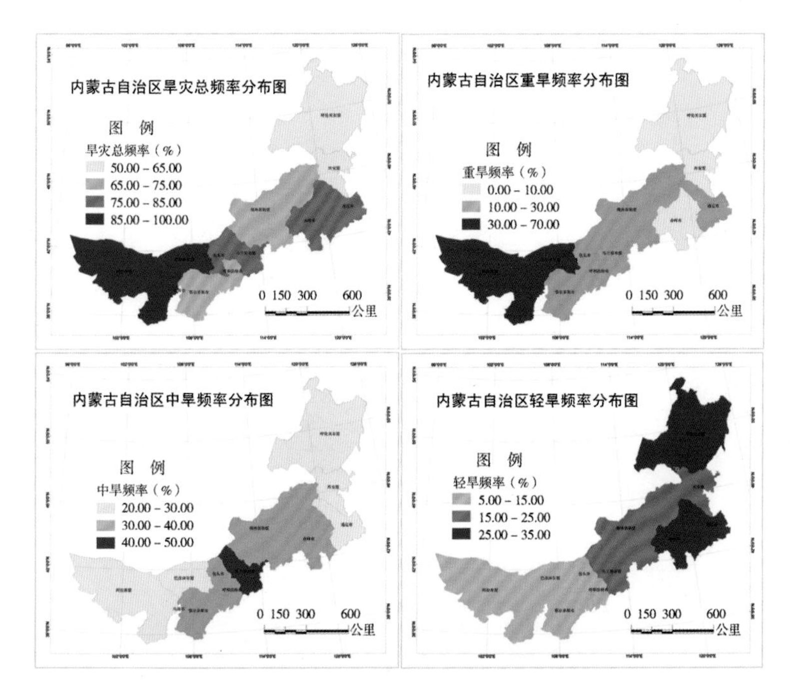


**图 1－6－2　内蒙古旱灾空间分布**

**Fig. 1－6－2　The spatial distribution of each grade of drought in Inner Mongolia**

最高地区、通辽市位于轻旱最高地区外，其余盟市均位于中旱和轻旱的次高及以下地区；呼伦贝尔盟、兴安盟和赤峰、通辽二市发生重旱和中旱的频率相对较低，轻旱发生频率较高，分别为 32.5%、25%、33.75% 和 35%。以上分析结论也验证了《中国气象灾害大典·内蒙古卷》关于“旱灾是内蒙古地区的众灾之首，是内蒙古地区发生次数最多、分布范围最广、影响程度最烈的一种气象灾害，特别是内蒙古西部地区更是“十年九旱”、“三年两中旱”、“五年一大旱”，内蒙古东部地区也有“三年两旱”、“七年一大旱”之说。

（2）旱灾脆弱性与风险分析：根据黄惠[130,131]、石勇[132]等研究成果，首先将 1949—1990 年间旱灾的成灾面积与受灾面积相比，衡量所统计各盟市农田面对旱灾的脆弱性，由计算结果可知除阿拉善盟和乌海市没有统计数据外，可将其余盟市的农田旱灾脆弱性分为 3 个阶梯，其中，处于第一阶梯的锡林郭勒盟、巴彦淖尔盟和呼和浩特市其脆弱值均超过 0.6，处于第二阶梯的为乌兰察布盟、鄂尔多斯市、赤峰市和兴安盟，脆弱值在 0.4～0.6 之间，其余通辽市、呼伦贝尔盟和包头市其旱灾脆弱值相对较低，位于 0.2～0.4 之间，各盟市脆弱值由大到小排序结果见表 1－6－2。其次本文引入模糊数学信息扩散理论进行旱灾风险评价，信息扩散是一种对样本进行集值化的模糊数学处理方法，它通过适当的扩散模型将单值样本变成集值样本，最简单的扩散模型是正态扩散模型，根据文献[133～136]，其计算过程如下：

设某评价指标（如受灾面积、次数、百分比等）的论域 $U$ 为 $U = \{u_1, u_2, \cdots, u_n\}$，其中 $u_i\{i = 1, \cdots, n\}$ 为评价指标论域内的某个值，$n$ 为论域取值个数。对于评价指标的

一个单值样本 $y_j$，以如下隶属函数 $f_j$ 将其所携带的信息扩散给论域 $U$ 中每一个取值 $u_i$。

$$f_j(u_i)=\frac{1}{h\sqrt{2\pi}}\exp\left[-\frac{(y_j-u_i)^2}{2h^2}\right]$$

$$(i=1,2,\cdots,n;j=1,2,\cdots m) \qquad \text{（公式 1.6.12）}$$

式中，$m$ 为评价指标的样本数，$h$ 为扩散系数，可根据样本集合中样本的最大值 $b$、最小值 $a$ 和样本个数 $m$ 来确定：若 $m<10$，$h=1.4230\ (b-a)\ /\ (m-1)$；若 $m\geqslant 10$，$h=1.4208\ (b-a)\ /\ (m-1)$。

令 $C_j=\sum_{i=1}^{n}f_j(u_i)$，则归一化后的隶属函数 $g_j$ 为：

$$g_j(u_i)=f_j(u_i)/C_j \qquad \text{（公式 1.6.13）}$$

对所有样本均进行以上处理，并计算经信息扩散后推断出的论域值为 $u_i$ 的样本个数 $q(u_i)$ 及各 $u_i$ 点上的样本数的总和 $Q$，即：

$$q(u_i)=\sum_{j=1}^{m}g_j(u_i)\ \text{及}\ Q=\sum_{i=1}^{n}q(u_i) \qquad \text{（公式 1.6.14）}$$

则样本落在 $u_i$ 处的频率为 $p(u_i)=q(u_i)/Q$，而指标值超过 $u_i$ 的概率为：

$$P(u\geqslant u_i)=\sum_{k=i}^{n}p(u_k) \qquad \text{（公式 1.6.15）}$$

利用上述计算公式，可以得到各评价指标在其论域内每一个取值 $u_i$ 处的超越概率 $P(u_i)$，即为要求的风险估计值。根据文献[9]，风险分析处理的是具有可能性特征的事件，定量风险分析的对象是事件的发生概率 p 和产生的后果 d；则风险值可以表示为 $r=p\times d$。

按照以上理论，根据 1949—1990 年内蒙古牧区九个盟市的旱灾损失数据折算结果，定义旱灾损失为年度旱灾总损失（单位：$10^2$ 万元），得出每个盟市 42 个样本的观测样本集合 $I=\{I_1,I_2,\cdots,I_{42}\}$，依据所有盟市损失金额并考虑精度要求，取受灾损失率指数论域 $V=\{v_1,v_2,\cdots,v_{350}\}=\{1,2,\cdots,350\}$。由计算所得各盟市风险曲线如图 1－6－3 所示，以锡林郭勒盟为例，灾损超过 2 000万元的概率为 0. 2917，即超过该损失水平的干旱灾害将近 3 年一遇。本文将各超越概率下的风险值求和按照由大到小顺序进行风险排序，如表 1－6－2 所示。结果表明内蒙古农区旱灾脆弱性位居前三的是锡林郭勒盟、巴彦淖尔盟和呼和浩特市地区；而牧区风险值之和则以鄂尔多斯市、赤峰市和通辽市位居前三。

**表 1－6－2　农区脆弱性与牧区风险排序**

**Tab. 1－6－2　Sequence of Vulnerability in agricultural areas and risk in pastoral areas**

| 区域 | | 1 | 2 | 3 | 4 | 5 | 6 | 7 | 8 | 9 | 10 |
|---|---|---|---|---|---|---|---|---|---|---|---|
| 农区 | 脆弱性 | 锡林郭勒盟 | 巴彦淖尔盟 | 呼和浩特市 | 乌兰察布盟 | 鄂尔多斯市 | 赤峰市 | 兴安盟 | 通辽市 | 呼伦贝尔盟 | 包头市 |
| 牧区 | 风险 | 鄂尔多斯市 | 赤峰市 | 通辽市 | 锡林郭勒盟 | 阿拉善盟 | 乌兰察布盟 | 巴彦淖尔盟 | 呼伦贝尔盟 | 兴安盟 | |

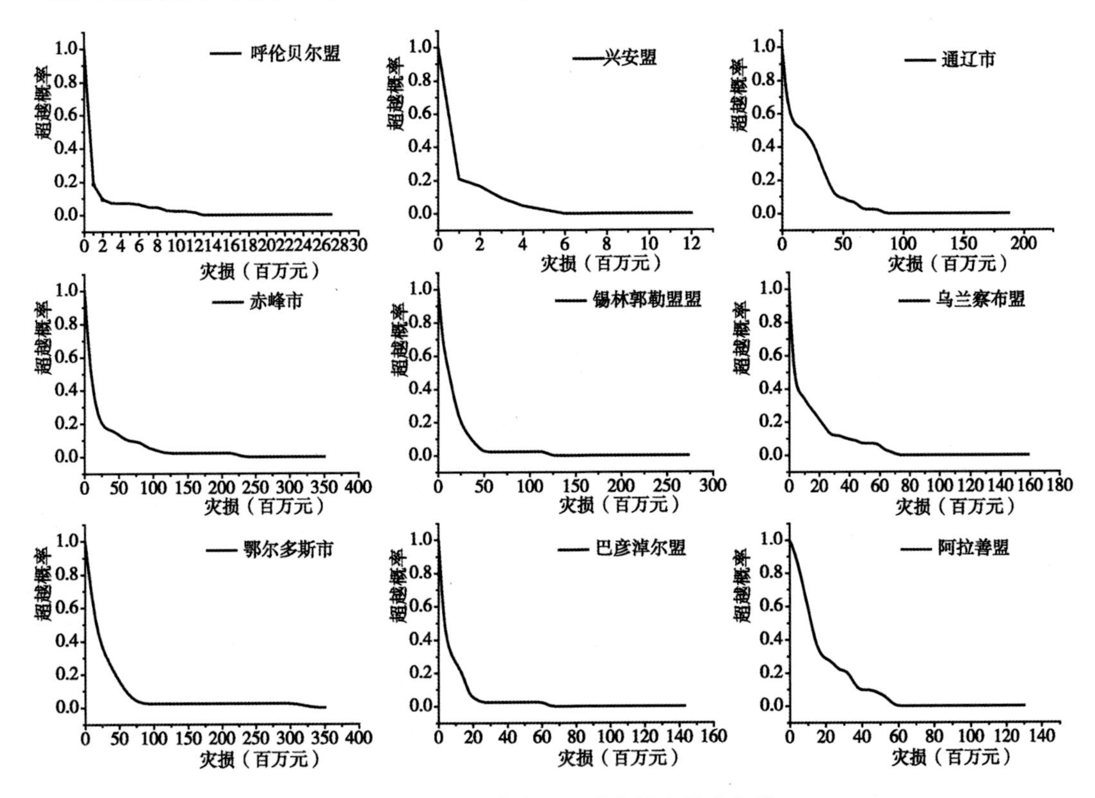


图 1－6－3 内蒙古牧区旱灾损失风险曲线

Fig. 1－6－3 Drought loss risk curve in the pastoral areas of Inner Mongolia

## 2.4 结果与讨论

（1）除民国时期外，内蒙古地区旱灾占据其他各类灾害之首，且总体上呈现波动增长趋势。历代旱灾平均发生比重为 41.22%，隋唐五代、宋辽金、明、清及 1949—1990 年间，旱灾发生频率均高于平均频率，最高为宋辽金时期，达 56.47%。

（2）1949—1990 年间旱灾的发生具有明显的空间特征，阿拉善盟和巴彦淖尔盟是旱灾发生频率最高的地区，几乎年年干旱；包头市、乌兰察布盟、赤峰市和通辽市是旱灾发生频率次高地区，总体在 75% ～85%；鄂尔多斯市、呼和浩特市和锡林郭勒盟也是旱灾多发地区，总体在 65% ～70%；呼伦贝尔盟和兴安盟是内蒙古地区旱灾发生次数最少的地区，但其发生频率亦超过 50%。

（3）1949—1990 年间内蒙古农区旱灾脆弱性位居前三的是锡林郭勒盟、巴彦淖尔盟和呼和浩特市地区；而牧区风险值之和则以鄂尔多斯市、赤峰市和通辽市位居前三。

通过收集整理内蒙古地区的旱灾资料发现，内蒙古地区的旱灾资料在时间与空间分布上极不平衡，从时间上看，以魏晋南北朝、宋辽金、民国、1949—1990 时期的资料记载较多也较丰富；从空间上看，除民国和 1949—1990 时期外，旱灾资料以与山西、陕西交界的内蒙古中西部地区为多，由于行政区划的历史变革，许多记载的空间位置并不在今内蒙古境内，为顾全全文，本节拟定内蒙古地区为研究区域。由于史料中的旱灾记录与现代的记录方式不同、标准不统一，因此用完全统一的方法研究存在一定的局限性。

依据文献[136]，区域灾害系统是由孕灾环境、致灾因子和承灾体三者共同组成的地球表层变异系统，孕灾环境的稳定性、致灾因子的危险性和承灾体的脆弱性，以及灾情相互作用形成区域灾害的事实。脆弱性反映的是承灾体受自然灾害影响、威胁的程度，可看作是安全的一个方面，脆弱性增加安全性降低，脆弱性越大，抵御和从灾害影响中恢复的能力就越差，本文利用脆弱性评价农区旱灾风险，利用超越概率评价牧区旱灾风险具有很好的理论依据。由于所收集数据的局限性，在1990年至今数据的缺失性和旱灾风险评估的对应性和完整性方面需要进一步研究。

## 3 基于标准化降水指数监测近33年内蒙古干旱情况

### 3.1 引言

干旱是我国主要的自然灾害之一，具有发生频率高、持续时间长、波及范围广的特点。干旱的发生是一个持续发展和恢复的过程。当干旱发生时，首先是气象干旱，若持续发展则会依次出现农业干旱、水文干旱和社会经济干旱。当干旱发展到某一程度时，会因降水量的增加而使水资源状况恢复到正常状态，从而结束干旱。针对不同程度的干旱，应采取准确、有效的干旱管理行动。在内蒙古最普遍发生的是气象干旱，随着持续的降水偏少，会进一步影响到灌溉农业，若降水量再持续偏少，则将发生水文和社会、经济干旱。社会经济干旱首先影响的是内蒙古西部农村居民的人畜饮水，造成各类干旱的最根本原因是降水量的持续偏少。据统计，自然灾害中70%为气象灾害，而干旱灾害又占气象灾害的50%左右。干旱的频繁发生和长期持续不但给国民经济带来了巨大的损失，还会造成水资源短缺、沙尘暴增加、荒漠化加剧、生态与环境恶化等问题。内蒙古位于中国北部边疆，属于温带大陆性季风气候区，气候复杂多样，四季分明。本文选取标准化降水指数作为气象干旱分析的指标，以年为时间尺度，从降水量的角度分析内蒙古地区的干旱动态。

**研究区概况**

内蒙古自治区疆域辽阔，地跨中国的东北、西北和华北地区，东起东经126°29′，西至东经97°10′，东西直线距离为2 400多km。地形以高原为主，高原从东北向西南延伸，地势由南向北、由西向东缓缓倾斜。一般地区海拔1 000～1 500m。内蒙古高原可划分为呼伦贝尔高原、锡林郭勒高原、乌兰察布高原和巴彦淖尔、阿拉善及鄂尔多斯高原四部分。高原上分布着辽阔的草原，是我国著名的天然牧场，还分布着一部分沙漠。高原边缘的山峦，主要有大兴安岭、阴山、贺兰山等。这些山脉的位置和走向，构成一条牧业区与农业区的分界线。高原的外沿，分布着河套平原、鄂尔多斯高原和辽嫩平原。这三个地区，除鄂尔多斯高原土质较差和比较干旱以外，其他两个地区均为肥土沃野，是自治区的主要农耕地带。内蒙古属典型的中温带季风气候，具有降水量少而不匀、寒暑变化剧烈的显著特点。冬季漫长而寒冷，多数地区冷季长达5个月到半年之久。其中1月份最冷，月平均气温从南向北由－10℃递减到－32℃，夏季温热而短暂，多数地区仅有一两个月，部分地区无夏季。最热月份在7月，月平均气温在16～27℃之间，最高气温为36～43℃。气温变化剧烈，冷暖悬殊甚大。降水量受地形和海洋远近的影响，自东向西由 500mm 递减为 50mm 左右。蒸发量则相反，自西向东逐渐增加。与之相应的气候带呈带状分布，从东向西由湿润、半湿润区逐步过渡到半干旱、干旱区。这里晴天多，阴天少，日照时数普遍都在 2 700h 以上，长时达 3 400h。冬春季多风，年平均风速在 3m/s 以上，蕴藏着丰富的光热、风能资源。内蒙古自治区大部分地区是干旱半干旱气候，其主要原因是远离海洋，大兴安岭山脉的阻挡，终年大陆气团控制，海洋的影响作用弱。

## 3.2　资料与研究方法

### 3.2.1　资料

利用内蒙古及周围地区 76 个气象站台 1952—2012 年的降水量数据，计算近 30 年的 SPI 值。应用 Arcgis10.1 和 Excel 统计分析 30 年中的干旱动态。

### 3.2.2　标准化降水指数

由于不同时间、不同地区降水量变化幅度很大，直接用降水量很难在不同时空尺度上相互比较，并且降水分布是一种偏态分布。SPI 的原理就是基于降水量分布不是正态分布，而是一种偏态分布。该指标是将某一时间尺度的降水量时间序列看作服从 $\Gamma$ 分布，通过降水量的 $\Gamma$ 分布概率密度函数求累积概率，然后转化成标准正态分布而得。这样做能够消除降水量在时空分布上的差异，使 SPI 能够适用于反映不同地区、不同时间尺度的干旱情况[137]。

标准化降水指数（Standardized Precipiptation index，简称 SPI）是先求出降水量 $\Gamma$ 分布概率，然后进行正态标准化而得，其计算步骤为[138~140]：

①假设某时段降水量为随机变量 x，则其 $\Gamma$ 分布的概率密度函数为：

$$f(x) = \frac{1}{\beta^{\gamma}\Gamma(\gamma)}x^{\gamma-1}e^{-x/\beta}, x > 0 \qquad (公式 1.6.16)$$

$$\Gamma(\gamma) = \int_0^{\infty} x^{\gamma-1}e^{-x}dx \qquad (公式 1.6.17)$$

其中：$\beta$ 和 $\gamma$ 分别为尺度和形状参数，可用极大似然估计方法求得：

$$\hat{\gamma} = \frac{1 + \sqrt{1 + 4A/3}}{4A} \qquad (公式 1.6.18)$$

$$\hat{\beta} = \bar{x}/\hat{\gamma} \qquad (公式 1.6.19)$$

$$其中 A = \lg\bar{x} - \frac{1}{n}\sum_{i=1}^{n}\lg x_i \qquad (公式 1.6.20)$$

式中 $x_i$ 为降水量资料样本，$\bar{x}$ 为降水量多年平均值，$i$ 为序列号，n 为降水数据的时间序列长度。

确定概率密度函数中的参数后，对于某一年的降水量 $x_0$，可求出随机变量 $x$ 小于 $x_0$ 事件的概率为：

$$P(x < x_0) = \int_0^{x_0} f(x)dx \qquad (公式 1.6.21)$$

利用数值积分可以计算用公式 6.16 式代入公式 6.21 式后的事件概率近似估计值。

②降水量为 0 时的事件概率由下式估计：

$$P(x = 0) = m/n \qquad (公式 1.6.22)$$

式中 $m$ 为降水量为 0 的样本数，$n$ 为总样本数。

③对 $\Gamma$ 分布概率进行正态标准化处理，即将公式 6.21、公式 6.22 求得的概率值代入标准化正态分布函数，即：

$$P(x < x_0) = \frac{1}{\sqrt{2\pi}} \int_0^{\infty} e^{-Z^2/2} dx \qquad \text{（公式 1.6.23）}$$

对公式 6.23 进行近似求解可得：

$$Z = S \frac{t - (c_2 t + c_1)t + c_0}{((d_3 t + d_2)t + d_1)t + 1.0} \qquad \text{（公式 1.6.24）}$$

其中 $t = \sqrt{\ln \frac{1}{P^2}}$，$P$ 为公式 6.21 或公式 6.22 求得的概率，并当 $P > 0.5$ 时，$P = 1.0 - P$，$S = 1$；当 $P \leq 0.5$ 时，$S = -1$。

$c_0 = 2.515517$，$c_1 = 0.802853$，$c_2 = 0.010328$，

$d_1 = 1.432788$，$d_2 = 0.189269$，$d_3 = 0.001308$。

由公式 6.24 求得的 $Z$ 值也就是此标准化降水指数 SPI。

首先计算站点 SPI 值，通过 Arcgis 软件进行克里金插值，按内蒙古旗县界线裁剪，裁剪完后把年平均 SPI 数据重分类，分类等级为无旱、轻旱、中旱、重旱、特旱[139,140]，等级划分如表 1-6-3 所示，重分类之后计算各等级干旱面积。

**表 1-6-3　标准化降水指数 *SPI* 的干旱等级**

**Tab. 1-6-3　Drought qrade classification based on SPI**

| 等级 | 类型 | *SPI* 值 |
|---|---|---|
| 1 | 无旱 | $-0.5 < SPI$ |
| 2 | 轻旱 | $-1.0 < SPI \leq -0.5$ |
| 3 | 中旱 | $-1.5 < SPI \leq -1.0$ |
| 4 | 重旱 | $-2.0 < SPI \leq -1.5$ |
| 5 | 特旱 | $SPI \leq -2.0$ |

## 3.3　结果分析

### 3.3.1　主要年份干旱特征

通过标准化降水指数来监测内蒙古 1980 年、1990 年、2000 年和 2010 年的干旱情况。图 1-6-4，图 1-6-5，图 1-6-6，图 1-6-7 分别是通辽，鄂尔多斯市，包头，呼和浩特市的 SPI 变化图。从图 1-6-4 的 2000 年的折线可知，通辽 1 月的时候 SPI 值达到 2 以上，根据标准化降水指数的干旱等级属于无旱。但是到了 2 月、3 月时 SPI 值一直下降，从无旱变成轻旱。5 月、6 月是农民种地的季节，这时候从轻旱变成无旱，到 7 月时 SPI 达到 -2 以下，属于重旱。2000 年的折线图表明，冬天雪多，春季雨少，对农牧民有着特别大的灾害影响。从图 1-6-4 的 4 条折线的对比来看，干旱普遍存在。从图 1-6-5 可知鄂尔多斯每年的 7 月左右都有着轻旱的现象。从图 1-6-6 可知包头市 1980 年 5 月和 7 月轻旱，1990 年几乎无旱，2000 年的 4 月和 8 月中旱。从

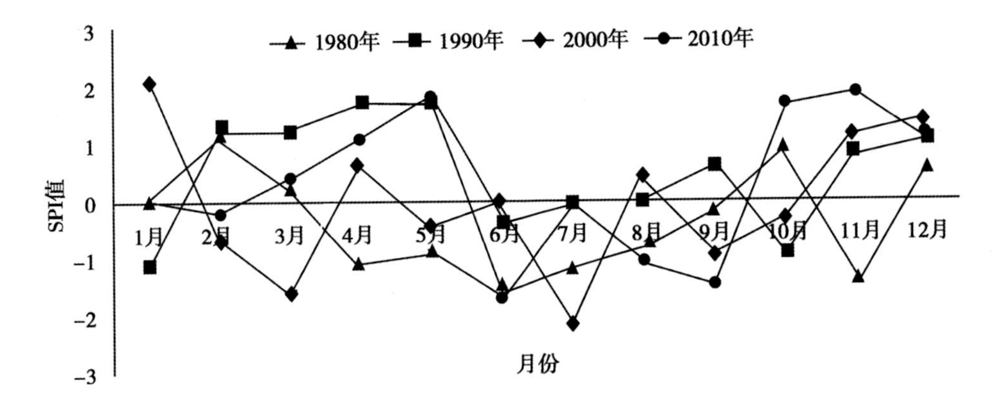


图 1-6-4 通辽市月尺度 SPI 变化

Fig. 1-6-4 SPI changes in the monthly scale of Tongliao City

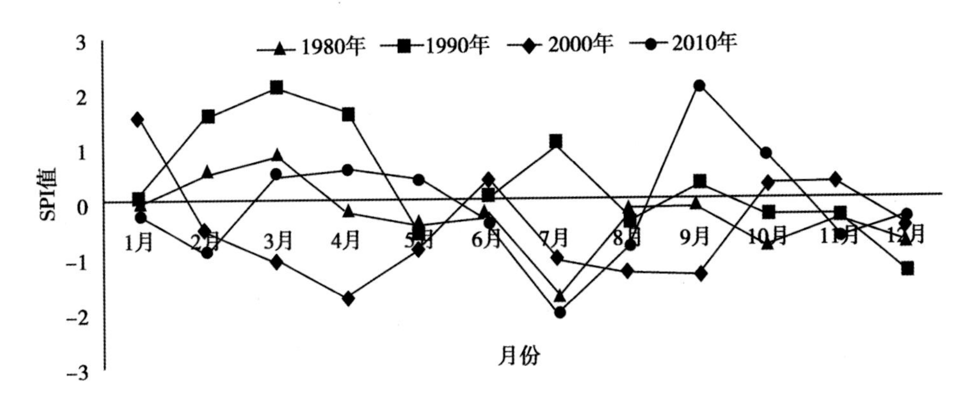


图 1-6-5 鄂尔多斯市月尺度 SPI 变化

Fig. 1-6-5 SPI changes in the monthly scale of ordos City

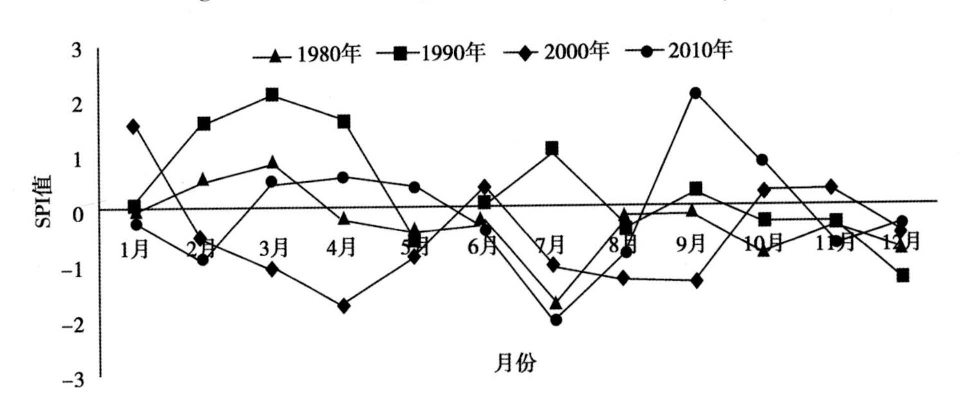


图 1-6-6 包头市月尺度 SPI 变化

Fig. 1-6-6 SPI changes in the monthly scale of Baotou City

图 1-6-7 可知呼和浩特 1980 年 7 月干旱，1990 年时 5 月份有干旱，2000 年干旱不是那么明显，几乎无旱，2010 年的 6 月、7 月、11 月都有干旱。图 1-6-8 是内蒙古主

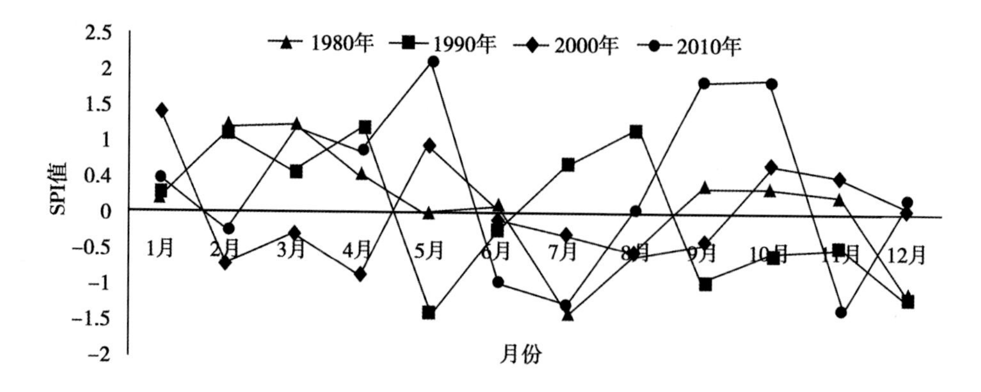


图 1-6-7　呼和浩特市月尺度 SPI 变化

**Fig. 1-6-7　SPI changes in the monthly scale of Hohhot City**

要年份各站点的 SPI 值，如图可知发生干旱的具体站点。

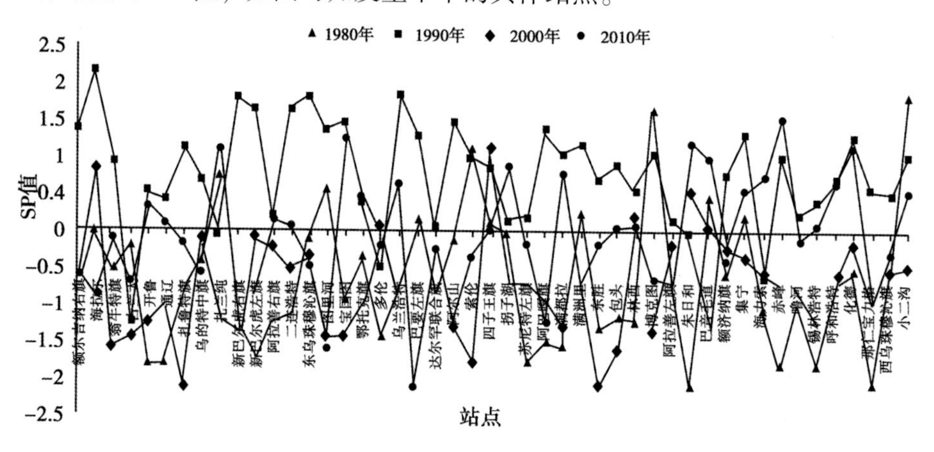


图 1-6-8　内蒙古年尺度 SPI 变化

**Fig. 1-6-8　SPI changes in the connual scale of Inner mongolia**

3.3.2　主要城市干旱特征

图 1-6-9 表明，呼和浩特出现轻旱的年份有 1986、1987、1993、1999、2000、2001、2005、2006、2007、2009、2011 年等，中旱的年份有 1986—1988、1999—2000、2005—2007、2011 年等，重旱的年份有 2011 年，呼和浩特出现干旱的频率较高。图 1-6-10 表明包头地区 SPI 折线最高值达到 1.5 左右，最低值 -1.5 左右，轻旱，中旱普遍存在，重旱在 2000 年时出现。图 1-6-11 表明通辽地区 SPI 折线最高值达到 1.7 左右，最低值 -2 左右，干旱特征有轻旱、中旱、重旱和特旱。图 1-6-12 表明鄂尔多斯地区 SPI 折线最高值达到 1.8 左右，最低值 -2 左右。干旱特征有轻旱、中旱和重旱。

3.3.3　内蒙古各年干旱面积动态分析

分别提取内蒙古无旱、轻旱、中旱、重旱、特旱的面积，分析各种干旱等级的变化趋势。内蒙古近 33 年的轻旱、中旱、重旱、特旱的变化趋势见图 1-6-13 到图 1-

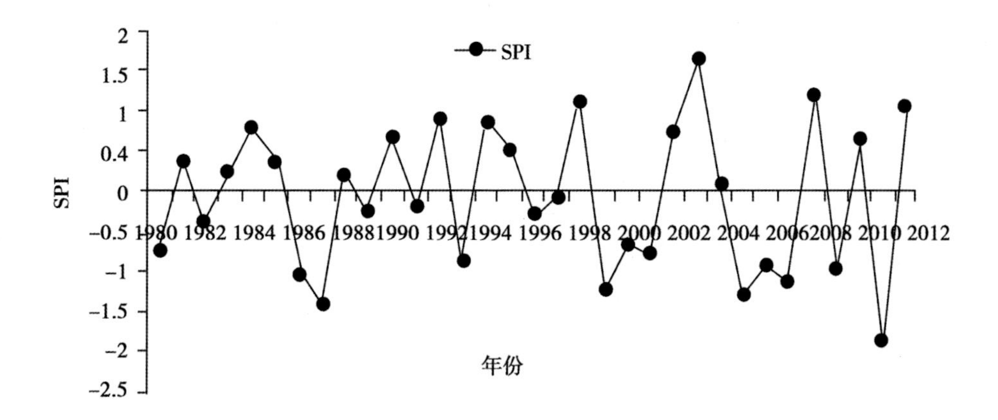


图 1－6－9　呼和浩特 1980—2012 年的按年尺度的 SPI 变化

Fig. 1－6－9　SPI changes in the annual scale of Hohhot city during 1980—2012

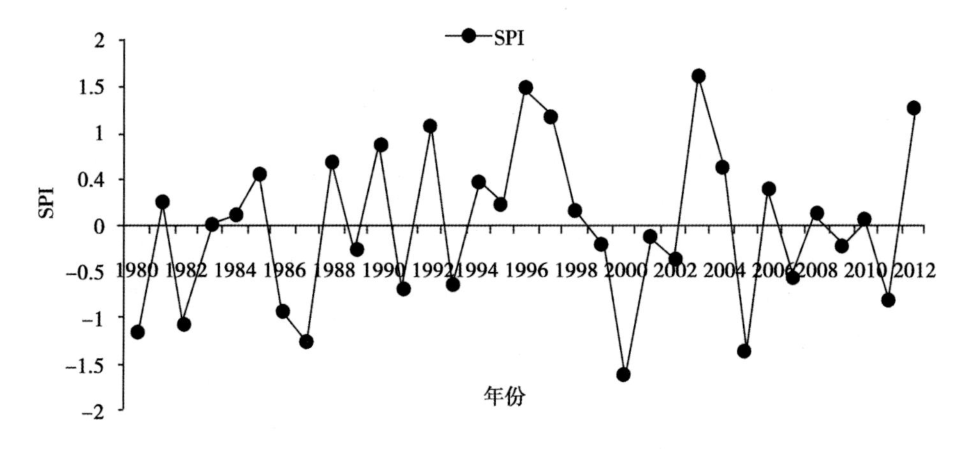


图 1－6－10　包头 1980—2012 年的按年尺度的 SPI 变化

Fig. 1－6－10　SPI changes in the annual scale of Baotou city during 1980—2012

6－16，内蒙古近 33 年里轻旱几乎每年都存在，2001 年内蒙古中旱面积达到最高值，1986 年和 2007 年内蒙古出现重旱和特旱的现象。干旱发生的时候也随之带来各种程度的灾害。根据内蒙古近 33 年的 SPI 值，1986 年内蒙古的无旱面积 503 922km$^2$，轻旱面积 259 941km$^2$，中旱面积 100 726km$^2$，重旱面积 10 557km$^2$。1997 年无旱 763 417km$^2$，中旱 390 368km$^2$。在 2000 年无旱面积 309 343km$^2$，轻旱面积 608 722km$^2$，中旱面积 235 720km$^2$。2005 年无旱面积 543 504km$^2$，轻旱面积 184 346km$^2$，中旱面积 398 658 km$^2$，重旱面积 27 277km$^2$。

### 3.4　结论

内蒙古主要年份的干旱特征是特旱少，在 1980 年朱日和、那仁宝力格等地区出现特旱，1990 年无特旱现象，2000 年扎鲁特旗、满洲里等地区有特旱，2010 年乌兰浩特特旱，轻旱、中旱、重旱普遍存在。

内蒙古的主要城市呼和浩特、包头、通辽和鄂尔多斯地区近 33 年里出现的干旱特

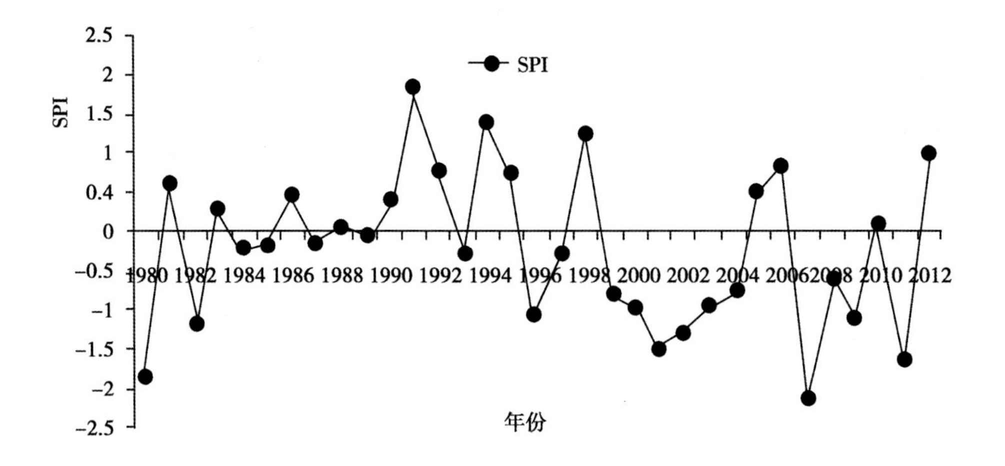


图 1-6-11　通辽 1980—2012 年的按年尺度的 SPI 变化

Fig. 1-6-11　SPI changes in the annual scale of Tornliao city during 1980—2012

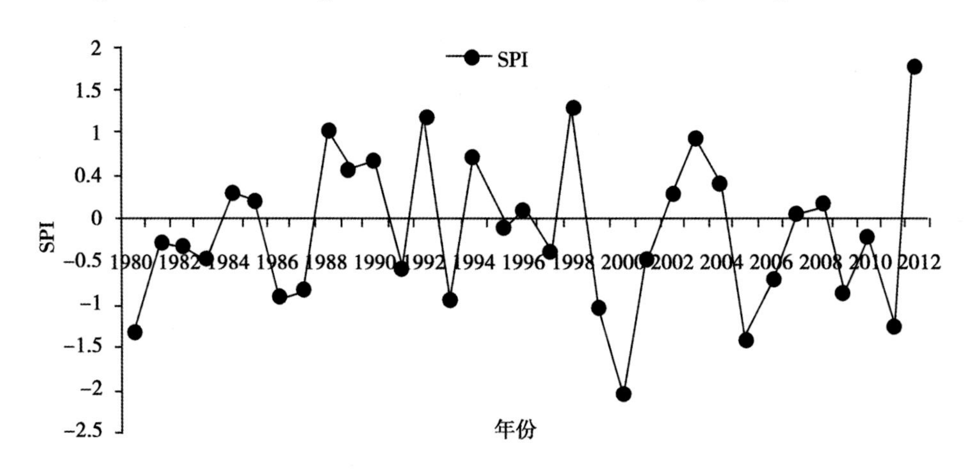


图 1-6-12　鄂尔多斯 1980—2012 年的按年尺度的 SPI 变化

Fig. 1-6-12　SPI changes in the annual scale of Ordos city during 1980—2012

征有轻旱、中旱、重旱等，其中通辽地区有特旱现象。

内蒙古各年干旱动态分析结果表明，干旱普遍存在，由西向东发展，西部地区的干旱重于东部地区的干旱，影响范围广，对农林牧的灾害影响严重。

## 4　基于标准化降水指数的近 53a 锡林郭勒盟干旱时空特征分析

### 4.1　引言

干旱作为一种气象灾害，长期困扰着人类的生活和工农牧业生产。据统计每年因干旱造成的全球经济损失高达 60 亿～80 亿美元，远远超过了其他气象灾害[3]。随着人口的增长和经济的快速发展以及由此引起的全球气候变暖，干旱灾害有进一步恶化的趋势，中国的西北、华北和东北地区都是干旱化显著的地区[2,4]，内蒙古锡林郭勒盟地处我国华北地区，属干旱、半干旱气候区，年降水量少且时空分布不均匀，蒸发量和干燥

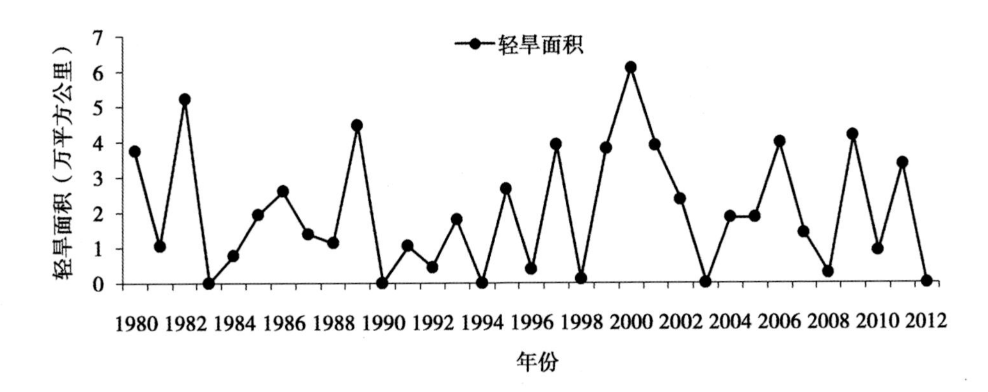


图 1-6-13 内蒙古地区 1980—2012 年轻旱面积动态分析

Fig. 1-6-13 Dynamic analysis of mild drought area in Inner Mongolia during 1980—2012

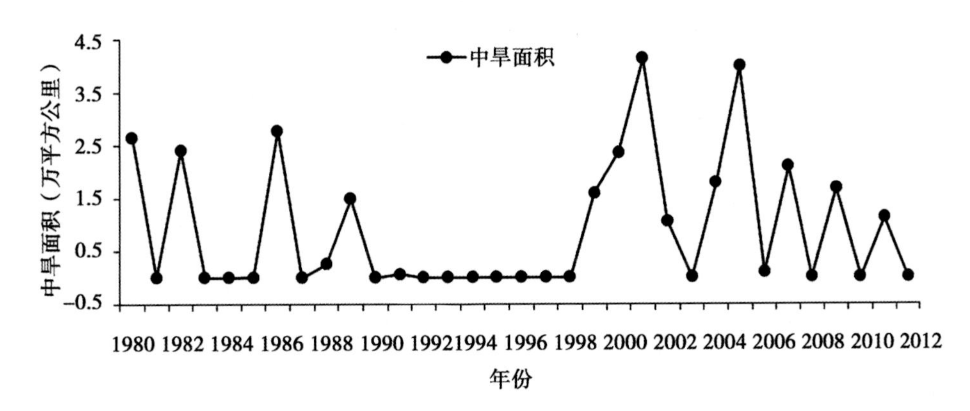


图 1-6-14 内蒙古地区 1980—2012 年中旱面积动态分析

Fig. 1-6-14 Dynamic analysis of moderate drought area in Inner Mongolia during 1980—2012

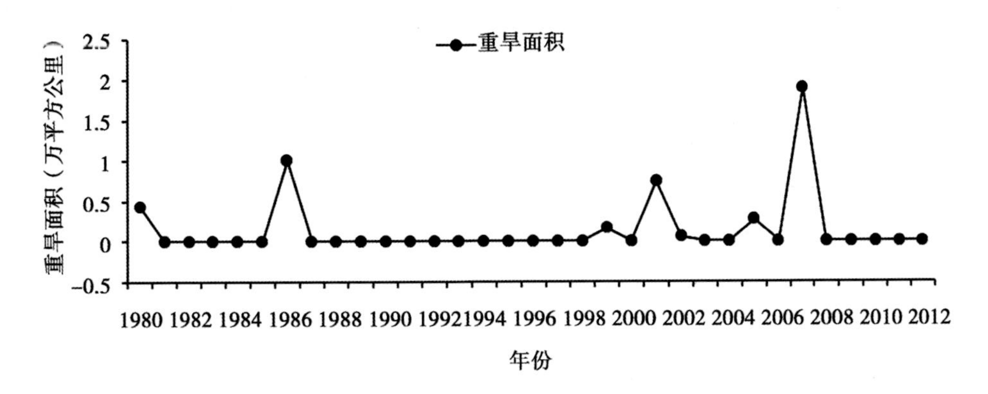


图 1-6-15 内蒙古地区 1980—2012 年重旱面积动态分析

Fig. 1-6-15 Dynamic analysis of severe drought area in Inner Mongolia during 1980—2012

度大，极易形成干旱灾害。加之长期的超载过牧、草地采矿等人为原因，导致严重的草地退化和极度脆弱的草原生态环境，不断减少和退化的草地面积减弱了该地区应对气候

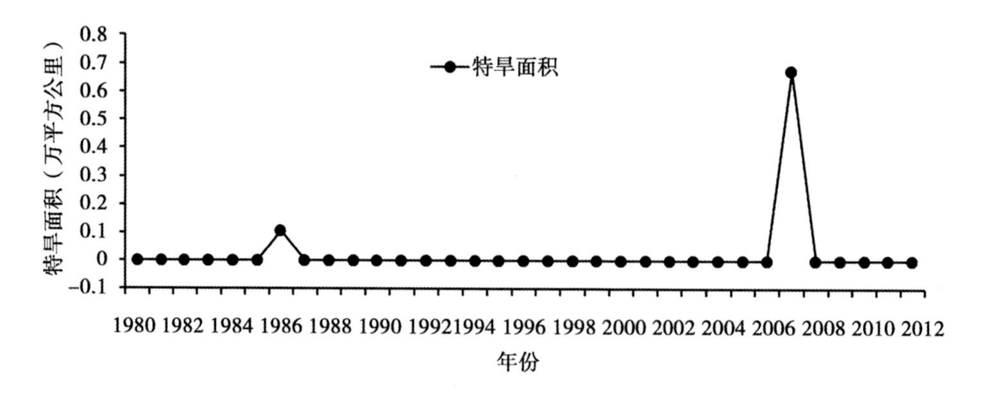


图 1-6-16　内蒙古地区 1980—2012 年特旱面积动态分析

Fig. 1-6-16　Dynamic analysis of special drought area in Inner Mongolia during 1980—2012

变化和环境灾害的能力。在全球气候变暖[1]的大背景下，锡林郭勒盟干旱灾害频发，给农牧业生产和人民生活等造成严重的影响和损失，成为影响该地区农牧业可持续发展的主要障碍之一。锡林郭勒盟草原面积巨大，是我国北方重要的生态屏障和畜牧业生产基地之一，其可持续发展对我国的生态、经济、社会安全和弘扬民族传统文化等具有重要意义。因此，全面分析和研究该地区干旱灾害的时空演变特征可为现在及未来的防灾减灾决策提供科学依据。

## 4.2　研究区概况

锡林郭勒盟位于内蒙古自治区中部，地理位置介于东经 111°59′至 120°01′，北纬 42°32′至 46°41′之间，北与蒙古国接壤，边界线长 1096km；西与乌兰察布市交界；南与河北省毗邻；东与赤峰市、通辽市和兴安盟相连。东西长 700 多 km，南北宽 500 多 km，总面积 20.26 万平方 km。下辖锡林浩特市、二连浩特市、东乌珠穆沁旗、西乌珠穆沁旗、阿巴嘎旗、苏尼特左旗、苏尼特右旗、镶黄旗、正镶白旗、太仆侍旗、正蓝旗、多伦县，共 2 市 9 旗 1 县。锡林郭勒盟地域辽阔，海拔在 900 ~ 1 300m 之间，属温带干旱半干旱大陆性季风气候区，年均气温 0 ~ 3℃，年降水量 140 ~ 400mm，由东南向西北递减，年蒸发量在 1 500 ~ 2 600mm，年平均风速 4 ~ 5m/s[141,142]。草原植被为基本植被类型，依水平地带性自西向东分为荒漠草原、典型草原和草甸草原三大亚型，南部为沙地植被和部分农田。地带性土壤类型有黑钙土、栗钙土和棕钙土。研究区总体气候特点是干旱、寒冷和多风，干旱是锡林郭勒盟的主要自然灾害，频繁发生的干旱灾害严重威胁着当地的畜牧业生产和人民的生活[143,144]。

## 4.3　数据与方法

本文基于锡林郭勒盟 15 个气象站点 1960—2013 年逐月降水资料，采用标准化降水指数（standardized precipitation index，SPI）方法，分别计算 1 个月、3 个月、6 个月和 12 个月时间尺度（SPI1、SPI3、SPI6 和 SPI12）的 SPI 序列，统计其干旱频率、干旱站次比和干旱强度。不同时间尺度的 SPI 可用于不同干旱的评价，1 个月时间尺度通常被认为是气象干旱指数，3 个月和 6 个月被认为是农业干旱指数，12 个月则为水文干旱指数[137,145]。本文主要分析了锡林郭勒盟的年度和季节干旱变化特征，并基于主成分分析和空间插值方法分析本地区干旱的空间特征。为便于不同序列的比较，1960 年数据仅在初始计算时采用，除冬季外，其余分析从 1961 年开始。数据来源于内蒙古气象局和中国气象科学数据共享服务网。降水分布是一种偏态分布，SPI 是在计算出某时段内降水量的 Γ 分布概率后，再进行正态标准化处理，最终用标准化降水累积频率分布来划分干旱等级，具体计算过程参见相关文献[146~162]和本章 3.2.2 节。

干旱评估指标

锡林郭勒盟地域面积较大，为了更好地反映干旱的发生程度，本文参考相关文献[152,153,155,156]，引入干旱发生频率、干旱发生站次比和干旱强度来评估锡林郭勒盟的干旱特征。

（1）干旱频率（$P_i$）：$P_i$ 是用来评价研究区某站近 53 年发生干旱的频繁程度，计算公式为 $P_i = (n_i/N) \times 100\%$，式中 N 为计算总年数，N＝53；$n_i$ 为 $i$ 站出现干旱的年数。根据不同程度干旱的发生年数计算各自的发生频率。

（2）干旱站次比（$P_j$）：$P_j$ 为研究区内发生干旱站数占全部站数的比例，用来评价干旱影响范围，计算公式为 $P_j = (m_j/M) \times 100\%$，式中 M 为总站数，$m_j$ 为 $j$ 年发生干旱的站数。干旱的影响范围定义：当绝大部分站发生干旱，即 $P_j \geq 70\%$ 时，定义为全域性干旱；当 $50\% \leq P_j < 70\%$、$30\% \leq P_j < 50\%$、$10\% \leq P_j < 30\%$、$P_j < 10\%$ 时，分别表示区域性干旱、部分地区干旱、局部地区干旱和无明显干旱。

（3）干旱强度（$S_{ij}$）：$S_{ij}$ 用来评价干旱严重程度，计算公式为：$S_{ij} = \frac{1}{m}\sum_{i=1}^{m} |SPI_{ij}|$，式中 $SPI_{ij}$ 为 $j$ 年发生干旱 $i$ 站的 SPI 值，$m$ 为发生干旱的站数，当 $0.5 \leq S_{ij} < 1$ 时为轻旱、$1 \leq S_{ij} < 1.5$ 为中旱、$S_{ij} \geq 1.5$ 为重旱，$S_{ij}$ 越大，干旱越严重。

（4）变化趋势率：变化趋势率即气候倾向率，为历年气候要素数据序列拟合直线的斜率，一般以乘以 10 来表示多年气候数据序列变化的倾向率。在实际计算时，可直接用 Excel 中 SLOPE 函数拟合得到。

## 4.4 结果与分析

### 4.4.1 锡林郭勒盟干旱时间特征

#### 4.4.1.1 不同时间尺度的 SPI 对比

不同时间尺度的 SPI 可以用于监测不同类型的干旱，多种时间尺度的 SPI 综合应用可以实现对干旱的综合监测评估[163]（图 1－6－17），短时间尺度的 SPI1 由于受短时间降水影响大，频繁地在 0 线上下波动，反映出短期的干旱变化特征；SPI3 可以反映季节干旱，随着时间尺度的增长，SPI6 和 SPI12 对短期降水的响应减慢，干旱变化比较稳定，周期更明显，可较清楚地反映长期的干旱变化特征。

以 2001—2002 年为例，分析数据和图 1－6－17 显示，SPI1 的值普遍小于 0，24 个月中有 12 个月达到轻旱以上等级，其中 2001 年 2～4 月为轻旱、7～8 月由中旱转为轻旱，2001 年 12 月—2002 年 2 月由轻旱转为中旱，2002 年 7～9 月为轻旱－中旱－轻旱、11 月为轻旱；同期的 SPI3 表明，2001 年 4～5 月由中旱转轻、7～10 月为轻旱－中旱－轻旱，2002 年 1～2 月由中旱转为重旱，2 月份 SPI 值达到－1.57，8～11 月为轻旱－中旱－轻旱；SPI6 表明，2001 年 7 月—2002 年 2 月为轻旱－中旱－轻旱的连续干旱阶段、

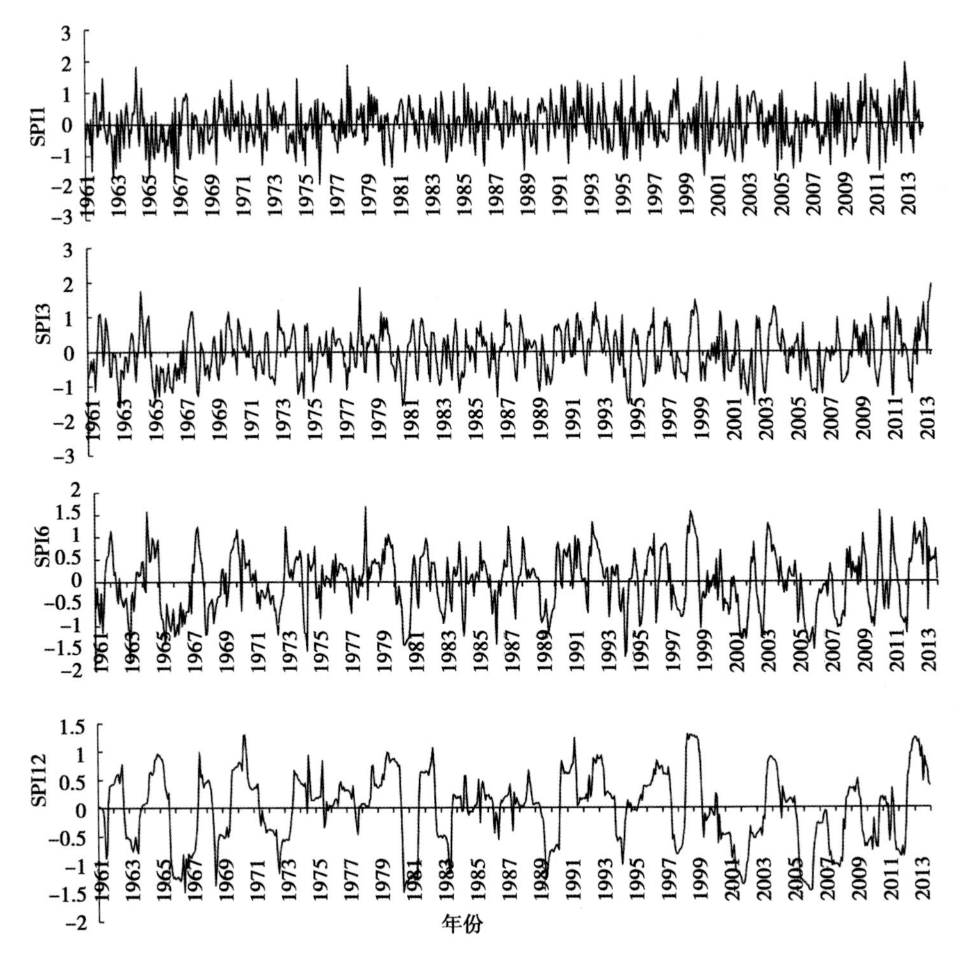


图 1-6-17 锡林郭勒盟 1961—2013 年 1 月、3 月、6 月和 12 月时间尺度的 SPI 变化过程

Fig. 1-6-17 The SPI change process of 1-3-6 and 12 month time scales in Xilingol League from 1961 to 2013

2002 年 10～12 月由轻旱转为中旱；SPI12 表明，2001—2002 年 24 个月的 SPI 值全部小于 0，其中 2001 年 4 月—2002 年 6 月发生连续 15 个月的轻旱－中旱－轻旱、2002 年 7～9 月份干旱得以缓减，10～11 月再次进入轻旱阶段。其余各月各尺度的 SPI 值均为无旱等级。由以上分析可知，随着时间尺度的增加，SPI 可充分反映前期降水变化的累积效应，干旱时段由频繁波动到阶段性爆发到逐渐增长。

4.4.1.2 干旱年际变化特征

SPI 的年际变化可以反映出干旱发生的具体时段[163]，分析数据中 SPI12 的逐月变化表明，锡林郭勒盟 1961—2013 年间干旱较为频繁且持续时间较长，53a 间共出现 26 次干旱事件，平均每两年一次，其中，连续 3 个月及以上干旱事件 16 次。主要干旱时段有 1962 年 10 月～1963 年 7 月、1965 年 8 月～1967 年 4 月、1972 年 7 月～1973 年 4 月、1980 年 7 月～1981 年 6 月、1989 年 7 月～1990 年 6 月、1994 年 2 月～7 月、1997 年 8 月～1998 年 4 月、2001 年 4 月～2002 年 6 月、2005 年 8 月～2006 年 8 月、2007 年

7月~2008年5月、2009年10月~2010年4月和2011年9月~2012年5月，均为连续干旱6个月及以上的轻旱到中旱时段。分析SPI12的逐月数据表明，锡林郭勒盟的干旱主要为轻旱和中旱等级，只有1994年11月为重旱，SPI值为-1.67。计算SPI12的线性倾向率为-0.023/10年，表明从长期变化趋势来看，锡林郭勒盟年际干旱呈缓慢增加趋势。

4.4.1.3　干旱季节变化特征

研究表明[155,163]3个月时间尺度的SPI能够较好地代表季节干旱的变化状况，因此本文用3~5月、6~8月、9~11月、12月~翌年2月的降水量，分别代表春季、夏季、秋季和冬季的降水量计算SPI值，结合分析数据和图1-6-17中的SPI3曲线分析锡林郭勒盟各季节的干旱变化特征。

（1）春旱：锡林郭勒盟春季干旱呈阶段性变化特征，1961—2013年发生春旱15次，平均3~4年出现一次春旱，春旱的年份有1962年、1965年、1966年、1972年、1974年、1981年、1984年、1986年、1989年、1993—1995年、2001年、2005年和2013年，其中，1986年和2013年为春季中旱年；1994年为春季重旱年，SPI值为-1.52；其余年份为春季轻旱年。春季SPI的线性倾向率为0.09/10a，表明从长期变化趋势来看，锡林郭勒盟春旱呈缓慢减少趋势，春季多降水年呈增多的趋势，但变化趋势不明显。

（2）夏旱：1961—2013年间夏旱亦较频繁，53年间发生夏旱13次，年份有1965年、1972年、1980年、1989年、1997年、2000年、2001年、2004年、2006年、2008年到2011年，其中，1980年、2001年、2004年、2009年和2010年为夏季中旱年，其余为夏季轻旱年。夏季SPI的线性倾向率为-0.09/10年，表明从长期变化趋势来看，锡林郭勒盟夏旱呈缓慢增加趋势，夏季多降水年呈减少的趋势，但变化趋势不明显。

（3）秋旱：1961—2013年间发生秋季干旱12次，年份有1962年、1965—1967年、1971年、1982年、1985年、1988年、1997年、1998年、2004年和2006年，其中，1962年、1967年和2004年为秋季中旱年，其余为秋季轻旱年。秋季SPI的线性倾向率为0.06/10年，表明从长期变化趋势来看，锡林郭勒盟秋旱呈缓慢减少趋势，秋季多降水年呈增多的趋势，但变化趋势不明显。

（4）冬旱：1960—2012年间锡林郭勒盟发生冬旱16次，平均3年左右发生一次冬旱，年份有1960年、1962年、1964年、1965年、1968年、1973—1976年、1979年、1981年、1983年、1993年、1995年、1998年和2002年，其中，1964年、1965年、1973年和1976年为冬季中旱年，其余为冬季轻旱年。冬季SPI的线性倾向率为0.14/10年，表明锡林郭勒盟冬旱呈减少趋势，冬季多降水年呈增加的趋势，变化趋势较明显。

综上可见，锡林郭勒盟发生年际和季节性轻旱、中旱较为频繁，且伴随有两季甚至四季连旱，如1972年、1989年和2001年发生春夏连旱，1997年、2004年和2006年发生夏秋连旱，1962年和1998年发生秋冬连旱；1965年则为四季连旱，以上干旱分析结果与锡林郭勒盟志等史料记载结果相近。

### 4.4.2 锡林郭勒盟干旱空间特征

锡林郭勒盟为干旱半干旱大陆性季风气候区，降水量在时间和空间上均存在不平衡性，其干旱在空间上表现出一定复杂性，为定量分析锡林郭勒盟近 53 年的干旱空间分布特征，本文参考相关文献[145,153,155,159,163]，选择年均 SPI12 进行主成分分析，识别出特征值大于 1 且方差贡献最大的前 4 个主成分，方差贡献率分别为 40.90%、15.74%、7.85% 和 6.53%，累积方差贡献率为 71.02%，通过空间插值得到前 4 个特征向量的空间分布如第一个特征向量是锡林郭勒盟干旱空间分布的主要形态，为一致的正值分布，大值区主要位于锡林浩特市和阿巴嘎旗的北部，以及正镶白旗南部和太仆侍旗，依次向东西方向递减且总体呈一致的变化趋势，所以，第一特征向量所代表的空间变化特征可视为锡林郭勒盟干旱空间分布的第一形态。第二个特征向量的空间分布总体上表现为由西南部苏尼特右旗、镶黄旗、正镶白旗、正蓝旗、多伦县和太仆侍旗向北部和东北部旗县干旱逐渐减轻的趋势，特征向量值在（-0.23～0.41）范围内，最干旱区位于苏尼特右旗，对应着 -0.23 的负值最小值，最大值为东乌珠穆沁旗的乌拉盖地区。第三个特征向量的空间分布表现为以二连浩特、苏尼特左旗和苏尼特右旗部分地区为中心的干旱区域且呈向东部逐渐减轻的趋势，最干旱区位于二连浩特，对应着 -0.44 的负值最小值。第四个特征向量的空间分布表现为以锡林浩特市和阿巴嘎旗为中心呈向东西部减弱的趋势。由于锡林郭勒盟面积较大且 SPI 本身的局限性，这一结果已具有较好的解释力和应用价值（图 1-6-18）。

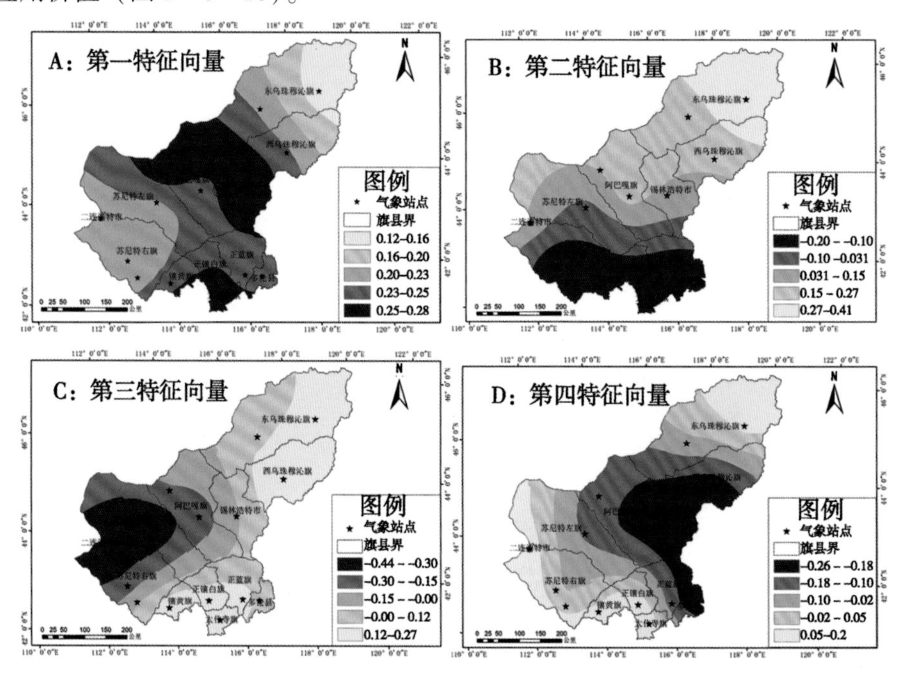


图 1-6-18 锡林郭勒盟年均 SPI12 前四个特征向量的空间分布

**Fig. 1-6-18 The first four eigenvectors distribution of annual SPI12 in Xilingol League**

前4个特征向量的空间分布与锡林郭勒盟四大类植被覆盖区域基本一致，即以镶黄旗、正镶白旗、正蓝旗、多伦县和太仆侍旗为代表的农牧交错区；以二连浩特市、苏尼特右旗和苏尼特左旗为代表的荒漠草原区；以锡林浩特市和阿巴嘎旗为代表的典型草原区和以东、西乌珠穆沁旗为代表的草甸草原区。分别计算四个区域的SPI12平均值，连续3个月及以上干旱时段统计结果如表1－6－4所示，结果表明4个区域的干旱时段存在很强的一致性。计算4个区域的线性倾向率分别为－0.024/10年、－0.025/10年、－0.018/10年和－0.007/10年，即SPI均存在减小趋势，说明4个区域均存在干旱化趋势，但变化趋势不明显。

**表1－6－4 四个区域的主要干旱（SPI≤－0.5）时段汇总**

**Tab. 1－6－4 Major drought（SPI≤－0.5）periods of four areas**

| 干旱区域 | 主要干旱时段 |
| --- | --- |
| 农牧交错区 | 1961.05～07，1962.12～1963.07，1965.08～1967.03，1971.09～1973.05，1980.07～1981.07，1989.07～1990.06，1997.10～1998.03，2001.05～2002.05，2005.07～2006.06，2007.07～2008.05，2009.08～2010.08，2011.09～2012.06. |
| 荒漠草原区 | 1965.08～1967.05，1974.09～1975.04，1980.07～1981.06，1982.08～1983.07，1987.11～1988.03，1989.08～1990.06，1994.06～08，2001.05～2003.01，2005.08～2006.08，2011.09～2012.05. |
| 典型草原区 | 1962.09～1963.04，1965.08～1967.04，1968.06～1969.03，1972.07～09，1980.08～1981.06，1983.04～07，1989.07～1990.06，1997.08～1998.04，1999.08～12，2000.07～2003.06，2005.08～2006.08，2007.09～2008.05，2010.07～2011.06，2011.09～2012.04. |
| 草甸草原区 | 1962.08～1963.09，1965.08～1967.04，1968.06～1969.06，1972.06～1973.05，1975.08～1976.06，1980.04～1980.11，1982.10～1983.07，1997.07～1998.05，1999.08～2001.04，2001.09～2002.06，2004.05～2004.08，2005.09～2008.05，2010.08～2010.10. |

#### 4.4.3 锡林郭勒盟干旱评估

##### 4.4.3.1 年度干旱评估

（1）干旱发生频率（$P_i$）：锡林郭勒盟不同站点年干旱总频率为30.2%～32.1%，平均为30.3%；轻旱频率为13.2%～15.1%，平均为15.0%；中旱频率为9.4%～11.3%，平均为9.7%；重旱频率为3.8%，特旱频率为1.9%。由于SPI是根据概率密度分布设定干旱等级，即假定不同地区发生干旱的概率相同[153,155]，因此各站点干旱频率总体上差异较小，无法标识干旱的地域分布规律，造成各站点干旱频率略有差异主要是由于降水概率略有不同。

锡林郭勒盟各月和各季的干旱频率与年干旱频率基本一致（表1－6－5），各月和各季的干旱总频率为30%左右，其中，轻旱频率为15%左右；多数月份和季节的中旱频率略低于年平均值、重旱频率略高于年平均值；多数月份特旱频率略低于年平均值，季节特旱频率与年平均值基本一致。

表 1－6－5 锡林郭勒盟不同月、季的干旱发生频率

**Tab. 1－6－5 Drought frequency of different months and seasons in Xilingol league**

| 类型 | 12 | 1 | 2 | 冬 | 3 | 4 | 5 | 春 | 6 | 7 | 8 | 夏 | 9 | 10 | 11 | 秋 |
|---|---|---|---|---|---|---|---|---|---|---|---|---|---|---|---|---|
| 轻旱 | 13.7 | 15.3 | 15.5 | 15.3 | 15.0 | 14.6 | 14.7 | 15.2 | 15.1 | 15.1 | 15.1 | 15.0 | 15.0 | 15.3 | 14.2 | 15.1 |
| 中旱 | 9.6 | 9.2 | 8.8 | 8.9 | 9.6 | 9.8 | 9.2 | 9.4 | 9.4 | 9.6 | 9.2 | 9.6 | 9.3 | 9.2 | 9.9 | 9.2 |
| 重旱 | 4.9 | 5.3 | 5.9 | 4.3 | 4.8 | 4.0 | 4.4 | 3.8 | 3.8 | 3.6 | 4.0 | 3.8 | 4.0 | 4.7 | 4.9 | 4.0 |
| 特旱 | 1.6 | 1.4 | 1.1 | 2.0 | 1.3 | 1.6 | 1.9 | 1.9 | 1.9 | 1.9 | 1.9 | 1.9 | 1.9 | 1.4 | 1.2 | 1.9 |
| 总频率 | 29.8 | 31.2 | 31.3 | 30.6 | 30.6 | 30.1 | 30.2 | 30.3 | 30.2 | 30.2 | 30.2 | 30.2 | 30.2 | 30.6 | 30.3 | 30.2 |

(2) 干旱发生范围（$P_j$）：全部干旱站次比如图 1－6－19 所示，锡林郭勒盟近 53 年来干旱站次比在 0%～93.3%之间波动变化，共 18 年未出现明显干旱（其中，7 年全盟各旗县均未出现干旱），占总年数的 34.0%，20 世纪 60 年代和 90 年代各有 5 年，70 年代、80 年代和 21 世纪最初 10 年分别有 2 年、1 年和 3 年，2012 年和 2013 年均未出现明显干旱。

53 年中共有 7 年发生全域性干旱，其中 2007 年干旱站次比为 73.3%，1965 年、1989 年和 2011 年干旱站次比为 80%，1980 年、2001 年和 2005 年干旱站次比达到 93.3%，20 世纪 90 年代没有发生全域性干旱。

分析统计数据和表 1－6－6 可知 20 世纪 90 年干旱最轻，只有 1997 年发生一次区域性干旱，干旱站次比为 53.3%，21 世纪最初 10 年干旱最重，共发生 5 次区域性以上干旱，平均两年一次，其中，2001—2002 连续两年发生全域性和区域性干旱。

表 1－6－6 锡林郭勒盟不同范围干旱出现次数统计

**Tab. 1－6－6 The number of different drought range occurrences in Xilingol league**

| 年代 | 无明显干旱 | 局部地区干旱 | 部分地区干旱 | 区域性干旱 | 全域性干旱 |
|---|---|---|---|---|---|
| 1961—1970 年 | 5 | 1 | 1 | 2 | 1 |
| 1971—1980 年 | 2 | 4 | 1 | 2 | 1 |
| 1981—1990 年 | 1 | 6 | 1 | 1 | 1 |
| 1991—2000 年 | 5 | 2 | 2 | 1 | 0 |
| 2001—2010 年 | 3 | 1 | 1 | 2 | 3 |
| 2011—2013 年 | 2 | — | — | — | 1 |

由图 1－6－20 和表 1－6－6 可知，21 世纪最初 10 年年均干旱站次比最高，达到 44.0%，中旱、重旱和特旱均位居各年代之首；20 世纪 90 年代年均干旱站次比最低，轻旱、中旱站次比为各年代最小，重旱和特旱年均站次分别为 0.5 和 0.2 站；20 世纪 80 年代和 2011—2013 年两个时段特旱站次为 0；除 20 世纪 70 年代轻旱站次比较高外，60 年代和 70 年代的其余各等级干旱站次比均位于中等水平。计算干旱站次比的线性倾

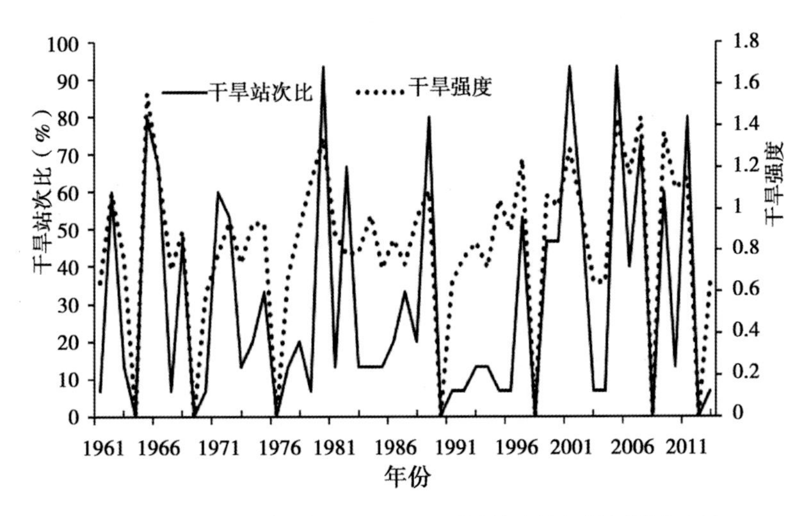


图 1－6－19　锡盟 1961－2013 干旱站次比和干旱强度变化

Fig. 1－6－19　The change of the percentage of drought stations and drought strength during 1961—2013 in Xilingol

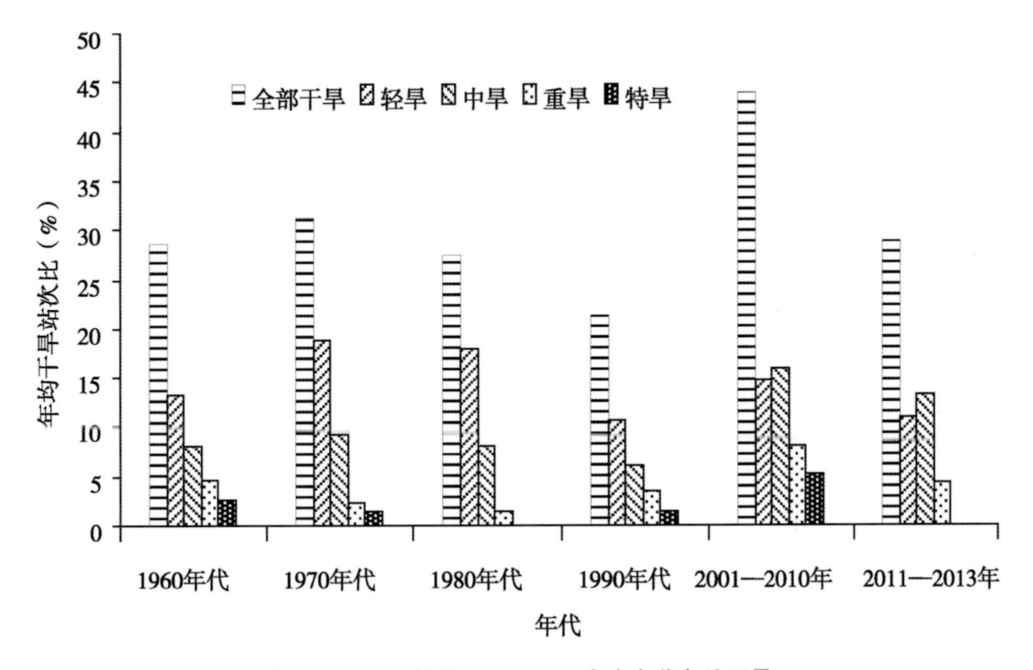


图 1－6－20　锡盟 1961—2013 年各年代年均干旱

Fig. 1－6－20　The average annual percentage of drought stations in different decades during 1961—2013 in Xilingol

向率为 1.38%/10 年，表明从长期来看锡林郭勒盟干旱站次比呈增加趋势。

（3）干旱发生强度（$S_{ij}$）：分析统计数据和图 1－6－19 表明，近 53 年干旱强度在 0～1.55 之间波动变化，平均干旱强度为 0.81。共有 17 年干旱强度在 1.00 以上，其中，1965 年为重度干旱，干旱强度为 1.55，其余 16 年均为中度干旱；除 1964 年、

1969 年、1976 年、1990 年、1998 年、2008 年和 2012 年共 7 年干旱强度为 0 外，其余 29 年均为轻度干旱，再次证明锡林郭勒盟的干旱主要为轻旱和中旱等级，干旱强度的线性倾向率为 0.026/10a，表明从长期来看锡林郭勒盟干旱强度呈增加趋势，但变化趋势不明显。从年代上来看，20 世纪 60 年代发生中旱 3 次（包括 1965 年的重旱）、70 年代 2 次、80 年代和 90 年代分别为 1 次和 4 次，21 世纪最初 10 年发生中旱 6 次，其中，2007 年为最旱年，干旱强度为 1.44，其次为 2005 年，2011—2013 年发生中旱 1 次。由表1 -6 -7 可知，20 世纪 70 年代平均干旱强度最重，21 世纪最初 10 年次之，总体表现出轻旱—中旱—轻旱—中旱的干旱等级变化趋势。

**表 1 -6 -7　锡林郭勒盟年、季尺度干旱站次比和干旱强度各年代比较**

**Tab. 1 -6 -7　Decades comparison of average annual and seasonal drought stations percentage and drought intensity in Xilingol League**

| 年代 | 干旱站次比（%） | | | | | 干旱强度 | | | | |
|---|---|---|---|---|---|---|---|---|---|---|
| | 春季 | 夏季 | 秋季 | 冬季 | 全年 | 春季 | 夏季 | 秋季 | 冬季 | 全年 |
| 1961—1970 | 31.3 | 22.7 | 43.3 | 40.0 | 28.7 | 0.73 | 0.66 | 1.06 | 0.98 | 0.74 |
| 1971—1980 | 29.3 | 33.3 | 22.7 | 41.3 | 31.3 | 0.74 | 0.95 | 0.78 | 0.77 | 1.06 |
| 1981—1990 | 37.3 | 24.0 | 24.7 | 23.3 | 27.3 | 0.81 | 0.78 | 0.68 | 0.78 | 0.86 |
| 1991—2000 | 36.7 | 20.7 | 30.0 | 22.7 | 21.3 | 0.84 | 0.68 | 0.89 | 0.72 | 0.82 |
| 2001—2010 | 18.7 | 50.7 | 33.3 | 25.3 | 44.0 | 0.52 | 0.99 | 0.88 | 0.67 | 1.0 |
| 2011—2013 | 24.4 | 26.7 | 20.0 | 20.0 | 28.9 | 0.43 | 0.43 | 0.82 | 0.46 | 0.60 |
| 趋势率/$10a^{-1}$ | -2.43 | 3.86 | -1.85 | -5.32 | 1.38 | -0.052 | 0.0087 | -0.031 | -0.086 | 0.026 |
| 变化 | 减少 | 增加 | 减少 | 减少 | 增加 | 减轻 | 略增重 | 减轻 | 减轻 | 增重 |

注：冬季研究时期为 1960—2012 年，其中 1960 年归入第一时段，最后一个时段只包括 2011 年和 2012 年

4.4.3.2　季节性干旱评估

（1）春旱。分析数据和图 1 -6 -21 表明，春季干旱站次比在 0% ~93.3% 之间变化，共 19 年春季无明显干旱（其中，14 年全盟各旗县均未出现春旱），占总年数的 35.8%，20 世纪 60、70 和 80 年代分别 3 次无明显春旱年，90 年代 2 次，21 世纪最初 10 年则有 6 年无明显春旱，2011 和 2012 年春旱站次比为 0。53 年中共发生 7 次全域性春旱，20 世纪 60 年代和 21 世纪最初 10 年未发生全域性春旱，20 世纪 70、80 和 90 年代分别发生 1 次、2 次和 3 次全域性春旱，其中，1986 年春旱最严重，干旱站次比达到 93.3%，2013 年春旱站次比为 73.3%。由各年代平均春旱站次比（表 1 -6 -7）可知，20 世纪 80 年代春旱站次比最高，90 年代次之。春季干旱站次比的线性倾向率为 -2.43%/10 年，表明从长期来看锡林郭勒盟春季干旱站次比呈减少趋势。

春季干旱强度在 0 ~1.61 之间波动变化，波动变化曲线近似于干旱站次比变化曲线，从年份上看，1974 年和 1994 年春旱最重，干旱强度分别为 1.61 和 1.54。由表

1－6－7可知，20世纪90年代春旱程度最重，80年代次之。春旱强度的线性倾向率为－0.052/10a，表明从长期来看锡林郭勒盟春季干旱强度呈减轻趋势。

（2）夏旱。夏季干旱站次比在0%～100%之间变化，共22年夏季无明显干旱（其中，8年全盟各旗县均未出现夏旱），占总年数的41.5%，其中20世纪60年代、70年代、80年代、90年代分别有6次、2次、2次和7次无明显夏旱，21世纪最初10年为3次，2012和2013年夏旱站次比均为0。53年共发生8次全域性夏旱，20世纪60年代未发生全域性夏旱，70、80和90年代分别发生2次、1次和1次全域性夏旱，21世纪最初10年发生3次，其中，1980年和2010夏旱站次比最高，达到100%，其次为2001年，夏旱站次比为93.3%，2011年全域性夏旱站次比为80%。由表1－6－7可知，21世纪最初10年夏旱站次比最高，年平均达到50.7%，20世纪70年代次之。夏旱站次比的线性倾向率为3.86%/10年，表明从长期来看锡林郭勒盟夏旱站次比呈增加趋势。

夏季干旱强度在0～1.497之间波动变化，从年份上看，2007年和2010年夏旱最重，干旱强度分别为1.497和1.483。由表1－6－7可知，21世纪最初10年夏旱最重，20世纪70年代次之。夏旱强度的线性倾向率为0.0087/10年，表明锡林郭勒盟夏季干旱强度呈略增重趋势。

（3）秋旱。秋季干旱站次比也在0%～100%之间变化，共13年秋季无明显干旱（其中8年全盟各旗县均未出现秋旱），占总年数的24.5%，其中，20世纪60年代、70年代、80年代和90年代分别有1次、3次、5次和1次无明显秋旱年，21世纪最初10年为2次，2012秋旱站次比均为6.7%。53年共发生6次全域性秋旱，20世纪60年代3次，80、90年代和21世纪最初10年分别发生1次全域性秋旱，其中，2005年秋旱站次比达到100%，其次为1965年和1982年，秋旱站次比为86.7%。由表1－6－7可知，60年代秋旱站次比最高，21世纪最初10年次之。秋旱站次比线性倾向率为－1.85%/10年，表明从长期来看锡林郭勒盟秋旱站次比呈减少趋势。

秋季干旱强度在0～1.52之间波动变化，从年份上看，1985年和1967年秋旱最重，干旱强度分别为1.52和1.51。由表1－6－7可知，20世纪60年代秋旱程度最重，90年代和21世纪最初10年分别位居第二和第三。秋旱强度的线性倾向率为－0.031/10年，表明锡林郭勒盟秋季干旱强度呈略减轻趋势。

（4）冬旱。冬季干旱站次比在0～93.3%之间变化，共22年冬季无明显干旱（其中，12年全盟各旗县均未出现冬旱），占总年数的41.5%，其中，20世纪60年代、70年代、80年代和90年代以及21世纪最初10年分别有2次、5次、5次、4次和5次无明显冬旱年，2012年冬旱站次比为0。53年共发生全域性冬旱9次，其中，20世纪60年代、80年代和90年代以及21世纪最初10年分别有1次全域性干旱，而20世纪70年代发生全域性干旱5次，平均两年一次。由表1－6－7可知，20世纪70年代冬旱站次比最高，冬旱站次比线性倾向率为－5.32%/10年，表明从长期来看锡林郭勒盟冬季干旱站次比呈减少趋势。

冬季干旱强度在0～1.65之间波动变化，其中，2001年冬旱最重，干旱强度达到1.65。由表1－6－7可知，20世纪60年代冬旱程度最重，冬旱强度的线性倾向率为－0.086/10年，表明锡林郭勒盟冬季干旱强度呈减轻趋势（图1－6－21）。

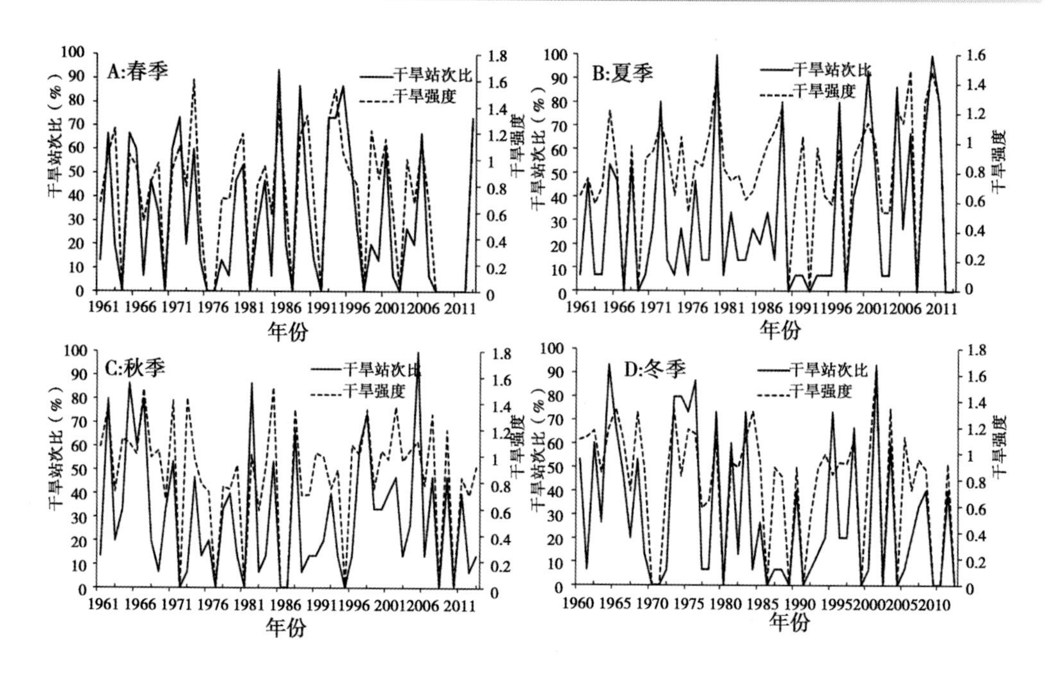


图 1-6-21　1960—2013 年锡林郭勒盟不同季节干旱站次比和干旱强度变化

Fig. 1-6-21　Annual variations of seasonal drought stations percentage and drought intensity from 1960 to 2013 in Xilingol League

4.5　结果与讨论

通过分析锡林郭盟近 53 年不同时间尺度 SPI 的时间、空间和强度特征，得出以下结论。

①通过对比同期的不同时间尺度 SPI1、SPI3、SPI6 和 SPI12 变化过程表明，随着时间尺度的增加，SPI 可充分反映前期降水变化的累积效应，锡林郭盟的干旱时段由频繁波动到阶段性爆发到逐渐增长。

②分析月、季和年度 SPI 序列表明，锡林郭勒盟的年度和夏季的干旱呈增加的趋势，春季、秋季和冬季呈减少的趋势，SPI 年际变化的线性趋势率为 -0.023/10 年，春、夏、秋和冬季的线性趋势率分别为 0.09/10 年、-0.09/10 年、0.06/10 年和 0.14/10 年。各尺度干旱频率均为 30% 左右，且干旱等级主要为轻旱和中旱，重旱和特旱频率较低。

③从干旱站次比和干旱强度两方面分析，春季、秋季和冬季干旱站次比呈减少趋势、干旱强度呈减轻趋势；夏季呈增加和增重趋势；全年亦呈增加和增重趋势，变化趋势与结论②一致，说明各尺度 SPI 序列的变化趋势和干旱站次比、干旱强度的变化趋势一致。年干旱站次比和干旱强度的线性趋势率分别为 1.38%/10 年 和 0.026/10 年。

④前 4 个特征向量的空间分布与锡林郭勒盟四大类植被覆盖区域基本一致，即以镶黄旗、正镶白旗、正蓝旗、多伦县和太仆侍旗为代表的农牧交错区；以二连浩特、苏尼特右旗和苏尼特左旗为代表的荒漠草原区；以锡林浩特市和阿巴嘎旗为代表的典型草原区和以东、西乌珠穆沁旗为代表的草甸草原区，统计表明四个区域的干旱时段存在很强

的一致性，且均存在干旱化趋势，SPI 变化趋势率分别为 -0.024/10 年、-0.025/10 年、-0.018/10 年和 -0.007/10 年。

由于干旱是大气-植被-土壤间水分、能量交换和相互作用的复杂机理过程，而 SPI 是基于站点降水计算的，很难反映大面积的干旱状况；SPI 在没有考虑蒸散发、温度、植被、土壤、地形等影响因素的情况下假定所有地点发生干旱的概率相同，导致其在识别干旱频发地区方面存在局限性，因此，全面深入分析各因素在干旱演变中的地位和作用等内容需要进一步研究。

## 5　锡林郭勒草原近 10 年植被覆盖度遥感监测

### 5.1　引言

植被是干旱区生态建设中的重要部分，而覆盖度是评价生态环境状况的重要指标。土壤风蚀已成为干旱半干旱区农牧业发展的限制因素之一。植被覆盖度作为重要的生态参数，不仅与区域水土流失、水资源储备有关，还与土壤风蚀等密切相关[164-167]。因此，如何准确快速地监测、估算植被覆盖度和提高植被覆盖度对区域生态建设有着举足轻重的作用。

遥感监测为研究大尺度、长时间序列的植被覆盖变化状况提供了一种有效的手段。其中，归一化植被指数（Normal Difference Vegetation Index，NDVI）是目前最为广泛应用的表征植被状况的指数，利用 NDVI 数据分析植被覆盖度变化趋势，国内学者已针对不同空间尺度的植被覆盖开展了大量研究[168-172]，并取得了良好的效果。就内蒙古而言，陈效逑等利用 NOAA/AVHRR NDVI 数据对内蒙古植被带进行了分时段的划分，并以典型草原植被带为例，分析了植被覆盖度时空变化及其与水热因子的关系。张宏斌等利用 MODIS NDVI 数据，研究了内蒙古草原 7 种草地类型的主要植被类型 9 年来年度 NDVI 空间变化趋势、波动程度、出现时间等植被指数时空特征。本文采用较长的时间序列（2004—2013 年）的 MODIS-NDVI 数据，定量研究了锡林郭勒盟植被覆盖度空间分布及时间动态变化规律。

### 5.2　研究区概况

锡林郭勒盟位于内蒙古自治区中部，地理位置介于东经 111°59′至 120°01′，北纬 42°32′至 46°41′之间，面积约 20.3 万 $km^2$，其中，天然草地占总面积的 97.2%，是我国内蒙古大草原的重要组成部分。该盟是一个以高平原为主体、兼有多种地貌的地理单元，全境地势南北高，中间低。属中温带干旱、半干旱大陆性气候，年均气温 0~3℃，年降水量 140~400mm，从东南向西北递减，年内降水约 70% 集中在 6~8 月，年降水相对变率超 20%，干燥度在 2~4 之间；全盟风力强劲，主风力风向为西北风，年平均风速为 4~5m/s。草原为研究区地带性植被，依水平地带性自东向西分成草甸草原、典型草原和荒漠草原 3 个亚型。植被组成主要以贝加尔针茅（*S. baicalensis*）、大针茅（*S. grandis*）、克氏针茅（*S. krylovii*）、戈壁针茅（*S. gobica*）、石生针茅（*S. klemenzii*）等旱生型禾草占优势。

## 5.3 数据与方法

### 5.3.1 数据来源和预处理

本文所用的数据为月最大值合成的 MODIS 植被指数产品（MOD13A3），空间分辨率为1km，时间跨度为2004 年5 月至2013 年9 月。文中研究采用MODIS 植被指数产品中的 NDVI 产品作为计算植被覆盖度的数据源。

利用 ENVI 图像处理软件对 MODIS 数据产品进行子集提取、数据格式转换和投影转换等，得到 NDVI 数据。选取更好的解释植被生长状况的 5 ~ 9 月作为研究时间段。在此基础上，通过 ENVI 软件波段运算实现背景赋值为 NaN，消除研究区负值影响，计算年平均 NDVI 等操作，再用研究区边界裁剪，最终得到10 年该区的 NDVI 数据集。

### 5.3.2 数据处理方法

#### 5.3.2.1 植被覆盖度计算方法

植被覆盖度是指植被（包括叶、茎、枝）在地面的垂直投影面积占总面积的百分比，是描述生态系统的重要基础数据。本文采用基于 NDVI 的像元二分模型反演植被覆盖度。其基本原理是：假设每个像元都可分解为纯植被和纯土壤两个部分，所得到的光谱信息（如 NDVI）也是两种纯组分的以面积比例加权的线性组合；其中，纯植被所占的面积百分比即为研究区的植被覆盖度公式。具体可表示为：

$$VFC = (NDVI\ lt\ NDVI_{min}) \times 0 + (NDVI\ gt\ NDVI_{max}) \times 1 + (NDVI\ ge\ NDVI_{min}\ and\ NDVI\ le\ NDVI_{max}) \times ((NDVI-NDVI_{min}) / (NDVI_{max}-NDVI_{min}))$$

式中，$NDVI_{max}$和 $NDVI_{min}$分别为区域内最大值和最小值。由于不可避免存在噪声，$NDVI_{max}$和 $NDVI_{min}$一般取一定置信度范围内的最大值与最小值，置信度的取值主要根据图像实际情况来定。参考李苗苗提出的估算 $NDVI_{max}$和 $NDVI_{min}$的方法，提取研究区统计结果中 NDVI 值的累积概率为 5% 和 95% 的 NDVI 值作为 $NDVI_{min}$和 $NDVI_{max}$。

根据上述方法计算得到各时期植被覆盖度分布图，同时将计算结果分为 5 个等级，即 0 ~ 0.2（极低覆盖度）、0.2 ~ 0.4（低覆盖度）、0.4 ~ 0.6（中覆盖度）、0.6 ~ 0.8（高覆盖度）、0.8 ~ 1（极高覆盖度）。

#### 5.3.2.2 年平均植被覆盖度计算方法

年平均植被覆盖度计算方法如下：

$$\overline{VFC} = \frac{1}{10}\sum_{i=2004}^{2013} VFCi \qquad \text{（公式 1.6.25）}$$

式中：$VFC_i$ 表示第 i 年的覆盖度。图 1 - 6 - 22 为 2004—2013 年研究区平均植被覆盖度分布图。

## 5.4 结果与分析

### 5.4.1 研究区 2004—2013 年平均植被覆盖度空间分布

图 1 - 6 - 22 表明，研究区植被覆盖度整体变化趋势为自东向西逐渐减小，东部高于西部。具体来说极低覆盖度主要出现在苏尼特右旗和二连浩特境内，苏尼特左旗、镶黄旗和阿巴嘎旗大部分为低覆盖度，南部镶白旗、正蓝旗、太仆侍旗和多伦县以中覆盖度为主，锡林浩特市大部分地区也是以中覆盖度为主，东部西乌珠穆沁和东乌珠穆沁境内主要以高或极高覆盖度为主。

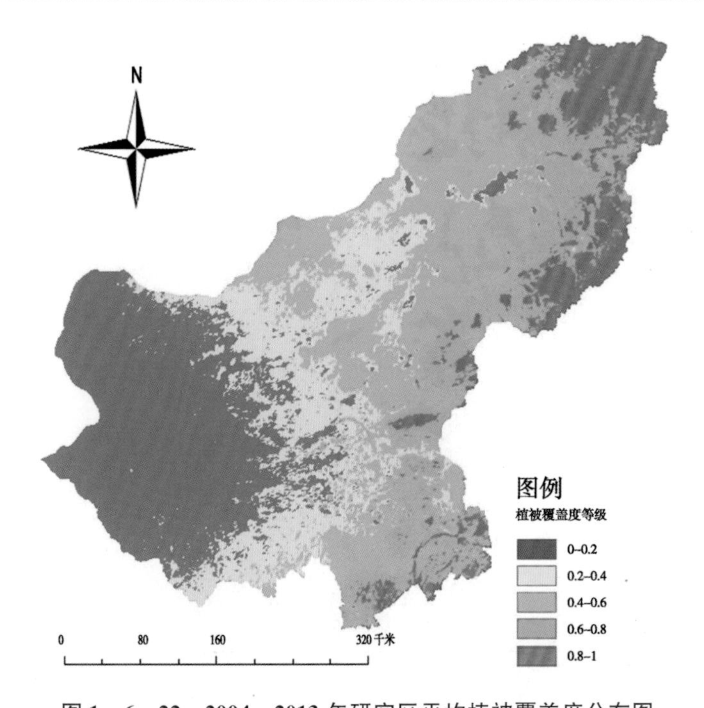


图 1-6-22　2004—2013 年研究区平均植被覆盖度分布图

Fig. 1-6-22　Average vegetation coverage of 2004—2013 years

5.4.2　植被覆盖度年动态变化分析

为分析植被覆盖度的年际变化，每隔 2 年计算研究区的植被覆盖度，得到 2004 年、2006 年、2008 年、2010 年和 2012 年各等级植被覆盖度的空间分布图（图 1-6-23）和面积统计表（表 1-6-8）。

表 1-6-8　研究区 2004、2006、2008、2010 和 2012 年植被覆盖度不同等级面积统计（%）

Tab. 1-6-8　Area statistics of different levels of vegetation coverage in 2004, 2006, 2008, 2010 and 2012.

| 年份 | 极低覆盖度（%） | 低覆盖度（%） | 中覆盖度（%） | 高覆盖度（%） | 极高覆盖度（%） |
|---|---|---|---|---|---|
| 2004 | 28.24 | 19.63 | 17.87 | 16.37 | 17.85 |
| 2006 | 31.74 | 23.06 | 17.34 | 13.98 | 13.91 |
| 2008 | 30.69 | 16.17 | 17.34 | 19.86 | 15.94 |
| 2010 | 30.37 | 21.68 | 17.87 | 16.65 | 13.81 |
| 2012 | 28.54 | 14.85 | 18.17 | 21.60 | 18.64 |

由表 1-6-8 可知，极低覆盖度面积在 5 个监测年里变化幅度很小，2004 年为 28.24%，2006 年为 31.74%，上升了 3.50%；2006—2010 年该面积没有明显变化；2010—2012 年由 30.37% 下降到 28.54%，总体增加 0.30%。减少面积主要分布在研究区西部。低覆盖度面积变化幅度较大，总体呈下降趋势，从 2004 年的 19.63% 减少到

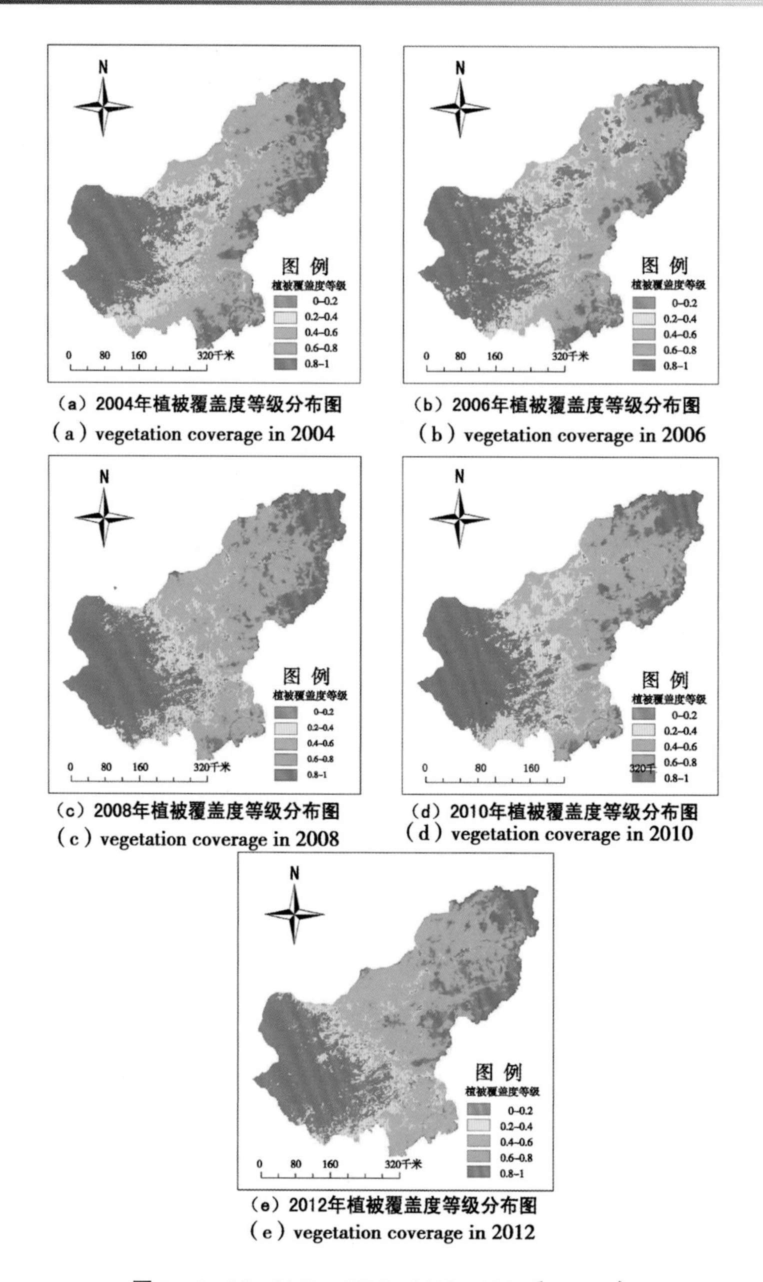


（a）2004年植被覆盖度等级分布图
（a）vegetation coverage in 2004

（b）2006年植被覆盖度等级分布图
（b）vegetation coverage in 2006

（c）2008年植被覆盖度等级分布图
（c）vegetation coverage in 2008

（d）2010年植被覆盖度等级分布图
（d）vegetation coverage in 2010

（e）2012年植被覆盖度等级分布图
（e）vegetation coverage in 2012

图 1－6－23　2000、2004、2008、2010 和 2012 年植被覆盖度等级分布图

Fig. 1－6－23　vegetection coverage in 2000，2004，2008，2010，and 2012

2012 年的 14.85%%，下降了 4.78%；下降面积主要分布在研究区中部。中覆盖度面积基本没有变化，由 2004 年的 17.87% 下降到 2006 年的 17.34%，2006 年到 2008 年没有变化，然后从 2008 年开始增加到 2012 年的 18.17%。高覆盖度面积持续总体增加，由 2004 年的 16.37% 增加到 2012 年的 21.60%。极高覆盖度面积基本上没有增加，从 2004 年到 2012 年仅增加了 0.79%。以上分析表明，2004—2012 年极低覆盖度面积、中

覆盖度面积和极高覆盖度面积变化不大；低覆盖度面积呈下降趋势；高覆盖度面积呈增加趋势；中覆盖度面积变化不大可能是由于低覆盖度转化为中覆盖度与中覆盖度转化为高覆盖度保持了一个平稳变化。

#### 5.4.3　不同等级植被覆盖度动态变化

运用决策树分类和波段运算功能，对不同时期的植被覆盖度等级结果进行运算，得到2004—2006年、2006—2008年、2008—2010年和2010—2012年研究区各植被覆盖度等级的转移量，其中，位于对角线上的表示等级未发生转移，转移矩阵如表1-6-9至表1-6-12。

**表1-6-9　2004—2006年研究区植被覆盖度等级转移矩阵**

**Tab. 1-6-9　Transfer matrix of vegetatron cover qrade in 2004—2006**

| 2006年 | 2004年 | | | | |
|---|---|---|---|---|---|
| | 极低覆盖度面积（$km^2$） | 低覆盖度面积（$km^2$） | 中覆盖度面积（$km^2$） | 高覆盖度面积（$km^2$） | 极高覆盖度面积（$km^2$） |
| 极低覆盖度 | 49 441（87.24%） | 11 973（30.36%） | 1 434（3.99%） | 805（2.45%） | 43（0.12%） |
| 低覆盖度 | 685（12.09%） | 21 646（54.89%） | 13 167（36.70%） | 4 229（12.86%） | 390（1.08%） |
| 中覆盖度 | 368（0.64%） | 5 382（13.65%） | 16 900（47.10%） | 10 105（30.74%） | 2 042（5.70%） |
| 高覆盖度 | 12（0.02%） | 417（1.06%） | 4 114（11.48%） | 13 740（41.79%） | 9 754（27.20%） |
| 极高覆盖度 | 0（0.00%） | 15（0.04%） | 263（0.73%） | 3 999（12.16%） | 23 630（65.90%） |

注：表中括号内的数字表示转移率（%），下同

表1-6-9表明2004—2006年期间极低覆盖度有87.24%未转移，主要转为低植被覆盖度，转移率为12.09%；低覆盖度有54.89%未转移，30.36%转移为极低覆盖度；中覆盖度有47.10%未转移，36.70%转为低覆盖度，11.48%转为高覆盖度；高覆盖度有41.79%未转移，30.74%转为中覆盖度，12.16%转为极高覆盖度；极高覆盖度有65.90%未转移，主要转移为高覆盖度，占2004年极高覆盖度面积的27.20%。

表 1 - 6 - 10　2006—2008 年研究区植被覆盖度等级转移矩阵

Tab. 1 - 6 - 10　Transfer matrix of vegetatron cover qrade in 2006—2008

| 2008 年 | 2006 年 | | | | |
|---|---|---|---|---|---|
| | 极低覆盖度面积（$km^2$） | 低覆盖度面积（$km^2$） | 中覆盖度面积（$km^2$） | 高覆盖度面积（$km^2$） | 极高覆盖度面积（$km^2$） |
| 极低覆盖度 | 52 576<br>（82.54%） | 8 527<br>（18.42%） | 505<br>（1.45%） | 2<br>（0.01%） | 1<br>（0.004%） |
| 低覆盖度 | 6 982<br>（10.96%） | 16 882<br>（36.48%） | 7 407<br>（21.29%） | 1 135<br>（4.05%） | 27<br>（0.10%） |
| 中覆盖度 | 2 915<br>（4.58%） | 12 477<br>（26.96%） | 11 677<br>（33.56%） | 6 666<br>（23.78%） | 1 078<br>（3.86%） |
| 高覆盖度 | 1 128<br>（1.77%） | 736<br>（15.90%） | 12 558<br>（36.09%） | 12 262<br>（43.74%） | 6 543<br>（23.45%） |
| 极高覆盖度 | 95<br>（0.15%） | 1 036<br>（2.24%） | 2 650<br>（7.62%） | 7 972<br>（28.43%） | 20 258<br>（72.59%） |

表 1 - 6 - 10 表明 2006—2008 年期间极低覆盖度的 82.54% 未发生变化，10.96% 转为低覆盖度；低覆盖度 36.48% 未转移，主要转为中覆盖度（26.96%）；中覆盖度有 33.56% 未转移，36.09% 转移为高覆盖度；高覆盖度有 43.74% 未转移，28.43% 转为极高覆盖度，23.78% 转为中覆盖度；极高覆盖度有 72.59% 未转移，有 23.45% 转为高覆盖度。

表 1 - 6 - 11　2008—2010 年研究区植被覆盖度等级转移矩阵

Tab. 1 - 6 - 11　Transfer matrix of vegetatron cvuer qrade in 2008—2010

| 2010 年 | 2008 年 | | | | |
|---|---|---|---|---|---|
| | 极低覆盖度面积（$km^2$） | 低覆盖度面积（$km^2$） | 中覆盖度面积（$km^2$） | 高覆盖度面积（$km^2$） | 极高覆盖度面积（$km^2$） |
| 极低覆盖度 | 54 345<br>（88.21%） | 5 745<br>（17.71%） | 122<br>（0.35%） | 50<br>（0.01%） | 1<br>（0.003%） |
| 低覆盖度 | 7 246<br>（11.76%） | 22 209<br>（68.48%） | 12 108<br>（34.78%） | 1 936<br>（4.86%） | 16<br>（0.05%） |
| 中覆盖度 | 20<br>（0.03%） | 4 287<br>（13.22%） | 16 794<br>（48.24%） | 13 548<br>（33.99%） | 1 208<br>（3.77%） |
| 高覆盖度 | 0<br>（0.00%） | 192<br>（0.59%） | 5 262<br>（15.12%） | 19 158<br>（48.07%） | 8 792<br>（27.47%） |
| 极高覆盖度 | 0<br>（0.00%） | 0<br>（0.00%） | 527<br>（1.51%） | 5 204<br>（13.06%） | 21 994<br>（68.71%） |

转移矩阵表 1 - 6 - 11 中对角线上的转移率表明，2008—2010 年期间，各等级未发生转移的几乎在一半或一半以上。除去未转移的，极低覆盖度主要转为低覆盖度，占 2008 年极低覆盖度面积的 11.76%；低覆盖度主要转移到极低覆盖度，占 2008 年低覆

盖度面积的17.71%，13.22%转为了中覆盖度；中覆盖度主要转化为低覆盖度，占2008年中覆盖度面积的34.78%，15.12%转成了高覆盖度；高覆盖度主要转为中覆盖度，占2008年高覆盖度面积的33.99%，13.06%转成了极高覆盖度；极高覆盖度主要转移为高覆盖度，占2008年极高覆盖度面积的27.47%。

**表1-6-12　2010—2012年研究区植被覆盖度等级转移矩阵**

**Tab. 1-6-12　Transfer matrix of vegetatron cover qrade in 2010—2012**

| 2012年 | 2010年 | | | | |
|---|---|---|---|---|---|
| | 极低覆盖度面积（$km^2$） | 低覆盖度面积（$km^2$） | 中覆盖度面积（$km^2$） | 高覆盖度面积（$km^2$） | 极高覆盖度面积（$km^2$） |
| 极低覆盖度 | 50 809（84.38%） | 6 434（14.79%） | 30（0.08%） | 9（0.03%） | 3（0.01%） |
| 低覆盖度 | 8 627（14.33%） | 18 395（42.27%） | 2 726（7.60%） | 48（0.14%） | 1（0.004%） |
| 中覆盖度 | 768（1.28%） | 14 799（34.01%） | 15 909（44.37%） | 4 729（14.16%） | 289（1.04%） |
| 高覆盖度 | 14（0.02%） | 3 788（8.71%） | 14 919（41.61%） | 18 894（56.56%） | 5 736（20.69%） |
| 极高覆盖度 | 0（0.00%） | 99（0.23%） | 2 273（6.34%） | 9724（29.11%） | 21 696（78.25%） |

从表1-6-12中看出，2010年至2012年间极低覆盖度未转化率为84.38%，14.33%转变为低覆盖度；低覆盖度主要转移为中覆盖度，占34.01%，14.79%转移为极低覆盖度；中覆盖度为未转移量为44.37%，主要转移为高覆盖度，占41.61%；29.11%的高覆盖度转移为极高覆盖度；极高覆盖度的未转移量为78.25%，20.69%转移为高覆盖度。

总体而言，2004—2006年植被显著退化，植被覆盖度降低。接下来的2006—2008年的植被状况有所好转，低覆盖度及以下等级的面积有所减小，中覆盖度以上等级的面积增加，2008年至2010年间植被有所退化，中覆盖度以上各等级的面积向低等级植被覆盖度的面积转化较大。2010—2012年间植被进一步好转，低覆盖度面积减小、中高覆盖度面积增加。

## 5.5　结果与讨论

利用2004—2013年的MODIS NDVI数据估算了研究区的植被覆盖度，分析了植被覆盖度的时空变化特征，并得出以下主要结论。

（1）研究区植被覆盖度变化趋势是自东向西逐渐减小，东部高于西部；2004—2013年研究区植被覆盖度总体呈波动上升趋势。

（2）2004—2006年间植被覆盖度由高等级向低等级转移。2006—2008年间植被覆盖度由低到高转移。2008—2010年间植被覆盖度再次向低覆盖度转移。2010—2012年间植被覆盖度又由低向高转移。总体来看植被覆盖度的转移呈现字母W的形状，造成这种现象的原因可能是因为降雨量的变化及禁牧、轮牧等原因而导致的。

# 6 基于相对湿润指数的近31年锡林郭勒盟5~9月干旱趋势分析

## 6.1 引言

目前，对草原牧区干旱的研究远不及对农业干旱的研究广泛和深入。锡林郭勒盟地处中纬度内陆，属干旱、半干旱大陆性气候区。降水量少而变幅大，生态环境脆弱，旱灾频发，危害严重。因此，全球变暖的大环境下，分析干旱趋势的特征和规律，对于该地区的生产、生活、生态环境以及科学研究都具有重要的意义。由于M指标考虑了地表水分平衡过程中降水和气温这两个重要参量，因此，M指标在表征干湿变化时比降水更有优势。本文计算M指数用Morlet小波分析法和趋势系数法分析了近31年锡林郭勒盟干旱变化趋势，探讨了锡林郭勒盟干旱变化的规律，为气候变化基础研究及相关部门应对干旱变化提供参考。

## 6.2 研究内容与方法

### 6.2.1 资料来源

选取内蒙古气象局提供的锡林郭勒盟及其周边地区资料较为完整的27个气象台站1980—2010年逐月平均气温及降水资料作为M指数计算的基础资料。对于时间序列分析，采用锡林郭勒盟12个台站的平均值代表锡林郭勒地区。

### 6.2.2 相对湿润度指数及其计算方法

相对湿润度指数（M指数）能够客观真实地反映作物干旱的发生强度，对作物生长季月尺度的干旱监测评估中表现效果较好[173]，其计算公式[174]：

$$M = \frac{P - PE}{PE} \qquad (公式 1.6.26)$$

式中，M为相对湿润度指数；P为某时段的降水量；PE为某时段的可能蒸散量(mm/月)。

蒸散量采用修订后的Thornthwait法（GB/T 20481—2006），其计算公式：

$$PE_m = 16.0 \times \left(\frac{10T_i}{H}\right)^A \qquad (公式 1.6.27)$$

式中：PEm为可能蒸散量，是指月可能蒸散量，单位为毫米每月（mm/月）；Ti为月平均气温，单位为摄氏度（℃）；H为年热量指数；A为常数。

各月热量指数Hi由式（公式6.28）计算：

$$H_i = \left(\frac{T_i}{5}\right)^{151i} \qquad (公式 1.6.28)$$

年热量指数H由式（公式6.29）计算：

$$H = \sum_{i=4}^{12} H_4 = \sum_{i=4}^{12} \left(\frac{T_i}{5}\right)^{1.514} \qquad (公式 1.6.29)$$

常数A由式（公式6.30）计算：

$$A = 6.75 \times 10^{-7}H^3 - 7.71 \times 10^{-6}H^2 + 1.792 \times 10^{-2}H + 0.49 \qquad (公式 1.6.30)$$

当月平均气温$T_i \leq 0$℃时，月热量指数$H_i = 0$，月可能蒸散量$PE_m = 0$（mm/月）。

#### 6.2.3　气候统计方法

所使用的气候统计方法主要包括 Morlet 小波分析[175]和趋势系数等。

#### 6.2.4　干旱评估指标

为了更好地反映较大范围内的区域干旱发生程度，在这里引入干旱发生频率，干旱发生站次比，干旱强度。根据 GB/T 20481—2006 对干旱等级划分的标准，本文认为当 $M \leq -0.4$ 时，发生干旱；当 $M \leq -0.8$ 时，发生极端干旱。

##### 6.2.4.1　干旱频率（$P_i$）

$P_i$ 是用来评价某站 5 ~9 月发生干旱频繁程度，计算公式如下：

$$P_i = (n/N) \times 100\% \qquad \text{（公式 1.6.31）}$$

其中，n 为牧草生长季发生干旱的月数；N 为总月数。

##### 6.2.4.2　干旱站次比（$P_j$）

$P_j$ 是用某一区域内干旱发生站数多少占全部站数的比例来评价干旱影响范围的大小，可用以下公式表示：

$$P_j = (m/M) \times 100\% \qquad \text{（公式 1.6.32）}$$

其中，m 为作牧草生长季发生干旱的台站数；M 为总台站数。干旱发生站次比（$P_j$）表示一定区域干旱发生的范围的大小，也间接反映干旱影响范围的严重程度[176]。

干旱的影响范围定义[155]：当 $P_j \geq 50\%$ 时，即研究区域内有一半以上的站发生干旱，为全域性干旱；当 $50\% > P_j \geq 33\%$ 时为区域性干旱；当 $33\% > P_j \geq 25\%$ 时为部分区域性干旱；当 $25\% > P_j \geq 10\%$ 时为局域性干旱；当 $P_j < 10\%$ 时可认为无明显干旱发生。

##### 6.2.4.3　干旱强度（$S_{ij}$）

$S_{ij}$用来评价干旱严重程度，单站的某月内的干旱强度一般可由 M 值反映，M 绝对值越大，表示干旱越严重。某区域内某时段的干旱程度可由下式得到，即

$$S_{ij} \frac{1}{m} \sum_{i=1}^{m} | M_i | \qquad \text{（公式 1.6.33）}$$

式中，$|M_i|$ 为发生干旱时的 M 的绝对值。根据干旱分级可推出：当 $0.65 > S_{ij} \geq 0.4$ 时为轻度干旱；当 $0.8 > S_{ij} \geq 0.65$ 时为中度干旱；当 $S_{ij} \geq 0.8$ 时，干旱强度为重度干旱。

### 6.3　结果与分析

#### 6.3.1　干旱化趋势的空间分布

为客观反映近 31a 锡林郭勒牧草生长季的干旱趋势，采用了计算降水量以及 M 指数等指标的趋势系数进行分析。图 1－6－24 给出了 1980—2010 年锡林郭勒 5 ~9 月降水及 M 指数趋势系数的空间分布。根据文献[177]将全盟分成东部、西部、南部 3 个部位，从图 1－6－25 可以看出，近 31 年，锡林郭勒盟降水减少的趋势、其空间分布由高到低依次为：东部地区、南部地区、西部地区。通过分析图 1－6－24b 发现，从 M 指标变化趋势的空间分布来看锡林浩特盟东部地区呈现干旱趋势严重。

#### 6.3.2　干旱趋势的时间变化

图 1－6－25 表征了锡林郭勒盟近 31 年来的降水量、相对湿润度指数变化过程周期

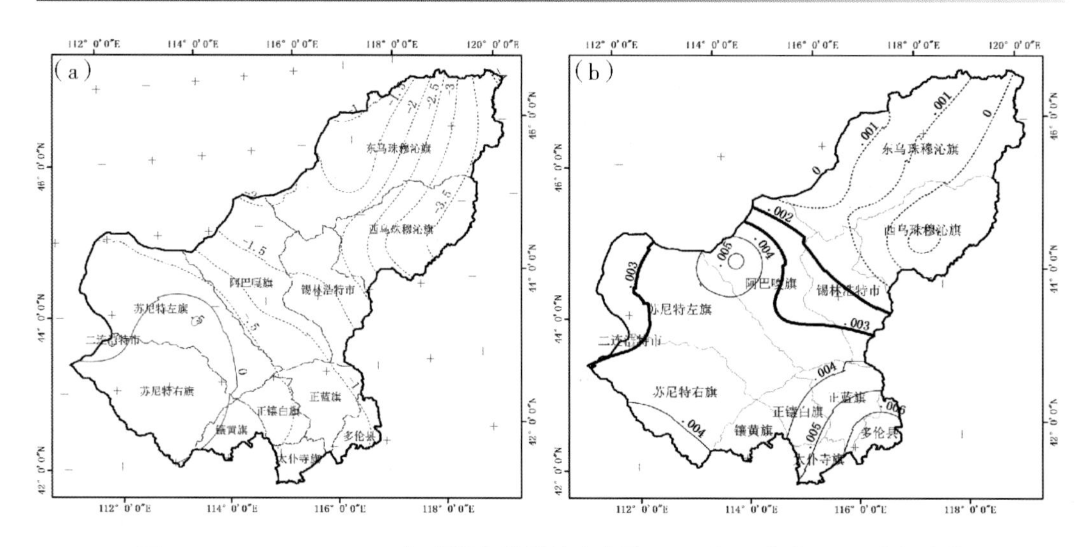


图 1-6-24　1980—2010 年 锡林郭勒盟的降水量（a）和 M 指数（b）空间变化

Fig. 1-6-24　The spatial variation of precipitation（a）and M index（b）in Xilin Gol League from 1980 to 2010

性特征图，其等值线表示降水量、相对湿润度指数时间序列小波变化后的时频分布图，反映了降水量、相对湿润度指数的高低和小波系数在不同尺度正负相间的周期性震荡中心变化（实线表示小波系数为正值，虚线表示小波系数为负值）。可以看出，对于整个研究区，大于 20 年的周期尺度上出现 3 次降水量多少交替变换：20 世纪 80 年代为少雨时段、90 年代为丰沛时段、进入 21 世纪降水明显下降进入少雨时段。而在小于 10 年以下的尺度下，干旱周期性变化比较频繁多次出现降水多少交替的过程。其中，大于 20a 的能量最大，周期震荡最强，为主要的震荡周期。M 指数的震荡周期与降水基本一致，也都表现出 20 年以上的震荡时间尺度为主要的震荡周期，只是在震荡时间上略有差异。小波系数虚线 21 世纪时段可以看出未来几年锡林郭勒盟仍将处于干旱化趋势的阶段。

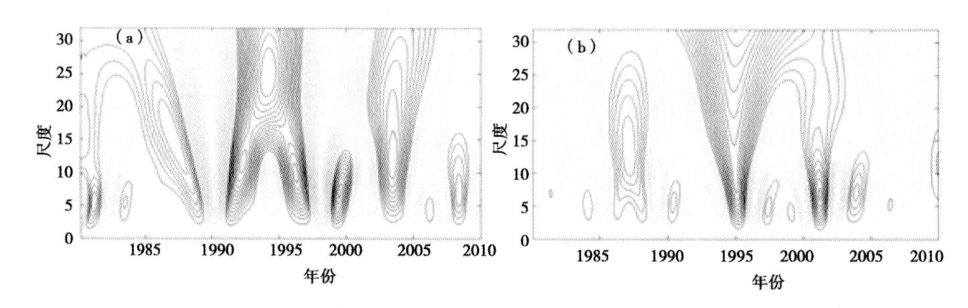


图 1-6-25　锡林郭勒盟降水（a）、湿润指数（b）小波系数图

Fig. 1-6-25　Wavelet coefficient map of precipitation（a）and M index（b）in Xilin Gol League

### 6.3.3　干旱发生频率的变化

在增暖背景下，为表征锡林郭勒地区作牧草生长季干旱频率空间变化特征，图 1-

6－26 给出了其近 31 年来运用 M 指数计算的干旱发生频率的空间分布结果。可以看出，锡林郭勒盟 1980—2010 年时段全域干旱，干旱发生频率非常高，真是 10 年 9 旱。西部地区干旱频率最高（75%～90%）、其次为东部地区（50%～75%）。这与内蒙古自治区气象灾害大典的记载资料基本一致。

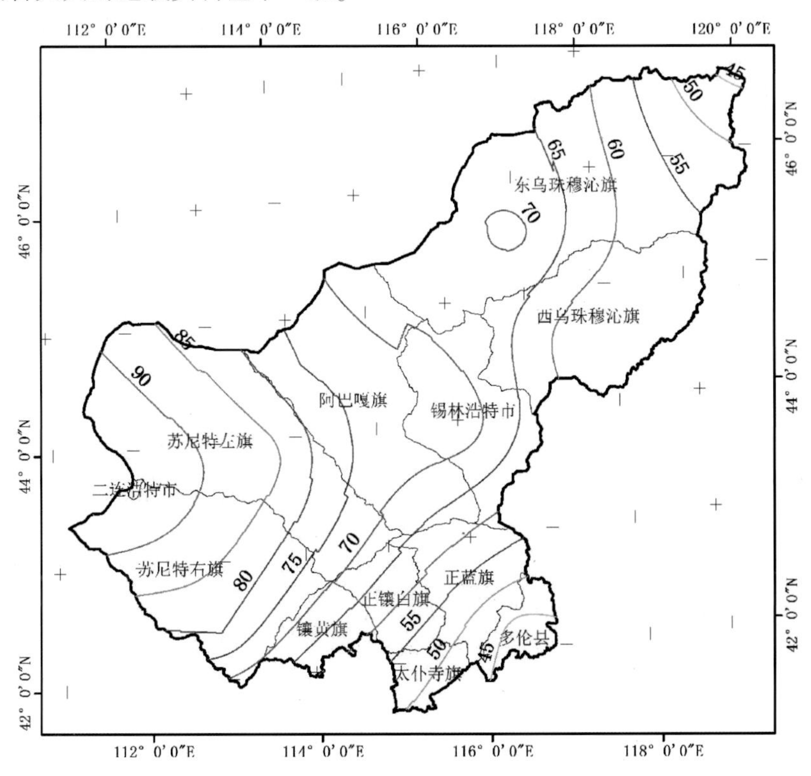


**图 1－6－26　基于 M 指标计算的 1980—2010 年**
**锡林郭勒地区干旱发生频率分布图（%）**

**Fig. 1－6－26　The drought occurrence frequency distribution map in Xilin Gol League from 1980 to 2010 base on M index**

**表 1－6－13　锡林郭勒盟不同年代干旱发生频率统计**

**Tab. 1－6－13　Statistics of drought occurrence frequency in Xilin Gol League various years**

| 站次比 | 1980—1990 年 | 1991—2000 年 | 2001—2010 年 |
|---|---|---|---|
| M 指数 | 79.8 | 46.2 | 83.6 |

表 1－6－13 给出了 1980—2010 年间其干旱频率为高—低—高的规律。在 20 世纪 90 年代发生频率较低，随后升高。90 年代是降水量丰沛期，因此，干旱出现次数最少，进入 21 世纪为持续干旱少雨期，降水量明显减少，蒸发量增大，干旱事件也明显增多。

### 6.3.4　干旱发生范围的变化（站次比）

干旱（无旱以上的干旱，下同）发生站次比表示一次干旱发生地区范围的大小，以表征干旱发生的面积变化。本文通过计算 M 指标下的每年发生干旱的站次比来分析干旱发生范围的变化规律。

从图 1－6－27 可以看出，锡林郭勒盟 31 年间干旱站次比在 15%～100% 波动变化。干旱发生范围增长突变点在 1995 年前后，20 世纪 90 年代中期之前全域性干旱—区域性干旱—部分区域性干旱-局域性干旱的趋势发展干旱发生范围。90 年代中期之后干旱发生范围与 90 年代中期之前呈反方向发展。为而 90 年代中期之后干旱发生范围增长明显。从站次比的 1995 年以来整体变化趋势看，干旱发生范围有不断扩大的趋势。对比文献[178]的降水温度变化趋势与 M 指标评价锡林郭勒草原生长季干旱是符合实际的。M 指数站次比评价气象干旱发生范围的变化比农业干旱优势。

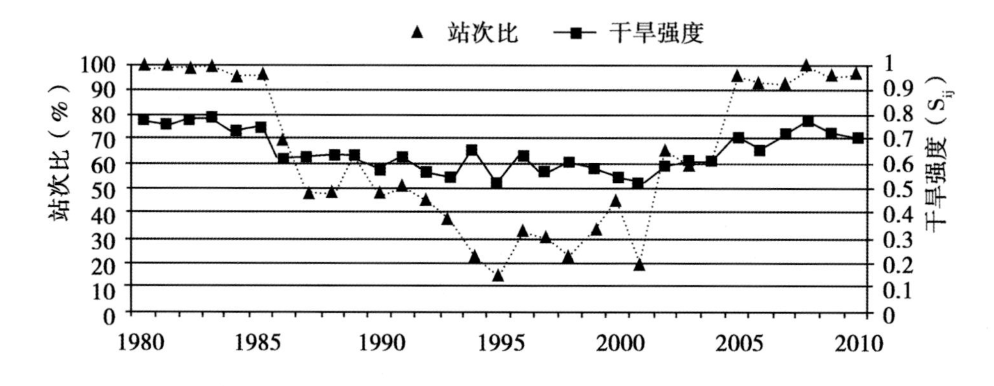


图 1－6－27　1980—2010 年锡林郭勒地区站次比和干旱强度变化特征

Fig. 1－6－27　Annual variations characteristics of drought stations proportion and drought intensity in Xilin Gol League from 1980 to 2010

### 6.3.5　干旱发生强度

干旱强度见图 1－6－27，近 31 年锡林郭勒地区每年轻度以上干旱、总体变化为中旱—轻旱—中旱的态势。1980—2010 年干旱强度变化规律基本跟站次比一致。1980—1985 年连续 6a 全域性中度干旱、1986 年全域性轻度干旱、1987—1988 年连续 2 年区域性轻度干旱、1989 年全域性轻度干旱、1990 年区域性轻度干旱、1991 年全域性轻度干旱、1992—1993 年连续 2 年区域性轻度干旱、1994—1995 年连续 2 年局域性中度干旱、1996 年区域性轻度干旱、1997 年部分区域性干旱、1998 年局域性轻度干旱、1999—2000 年连续 2 年区域性轻度干旱、2001 年局域性轻度干旱、2002—2004 年连续 3 年全域性轻度干旱、2005—2010 年连续 6 年全域性中度干旱。

综上，1980—2010 锡林郭勒盟全域性中度干旱集中在 1980—1985 年和 2005—2010 年 2 个时段。

## 6.4　讨论与结论

（1）1980—2010 年，在牧草生长季内，锡林郭勒盟大部分地区呈干旱化趋势，其空间分布从高到低依次为：东部地区、南部地区、西部地区。M 指标的计算结果与降水空间分布趋势基本一致，但湿润化地区较小。

（2）锡林郭勒盟 M 指数的振荡周期与降水量变化特征基本一致，主要振荡周期约为 20a 以上尺度，1980—2010 年发生了 3 次干湿交替，分别表现为干—湿—干。未来几年内，锡林郭勒地区可能仍将处于干旱化阶段。

（3）近 31 年锡林郭勒地区干旱面积呈现线性上升趋势。

（4）M 指数计算结果表明，锡林郭勒地区干旱频率空间分布格局的高值区主要集中在西部和东部，从时间变化来看，干旱的发生频率虽整体为增加趋势，但在 1980—1990 年较低，随后升高，并在 2001—2010 年均达到最大值。

（5）1980—2010 年 31 年内锡林郭勒盟全域性中度干旱集中在 1980—1985 年和 2005—2010 年 2 个时段。

## 参考文献


[1] 秦大河，罗勇，全球气候变化的原因和未来变化趋势 [J]. 科学对社会的影响，2008（2）：16 - 21.

[2] 秦大河，气候变化与干旱 [J]. 科技导报，2009（11）：3.

[3] Wilhite D A. Drought as a natural hazard：concepts and definitions [J]. Drought：A global assessment，2000：3 - 18.

[4] 秦大河，丁一汇，王绍武，中国西部生态环境变化与对策建议 [J]. 地球科学进展，2002（17 - 3）：314 - 319.

[5] American Meteorological Society. Meteorological drought-policy statement [J]. Bulletin of American Meteorological Society，1997（78）：847 - 849.

[6] 韩建国，草地学，[M]. 北京，中国农业出版社，2007.

[7] 常煌，气候变化对呼伦贝尔草原牧草生长的影响 [D]. 兰州大学，2006.

[8] 白玉双，马建等，呼伦贝尔地区春末至初夏干旱气候特征及预测 [J]. 内蒙古农业科技，2007（7）：51 - 53.

[9] 常煌，气候变化对呼伦贝尔草原牧草生长的影响 [D]. 兰州大学，2006.

[10] 邓聚龙，灰色系统基本方法 [M]. 武昌，华中理工大学出版社，1988.

[11] 樊高峰，张小伟等，浙江省干湿状态的时空分布特征 [J]. 中国农业气象，200（29 - 1）：111 - 114.

[12] 范嘉泉，郑剑非，帕默尔气象干旱研究方法介绍 [J]. 气象科技，1984，12（1）：63 - 71.

[13] 冯利华，基于信息扩散理论的气象要素风险分析 [J]. 气象科技，2000，（1）：27 - 29.

[14] 冯晓明，多角度 MSIR 数据用于区域生态环境定童遥感研究 [D]. 中国科学院遥感应用研究所，2006.

[15] 高懋芳，覃志豪，刘三超，MODIS 数据反演地表温度的参数敏感性分析 [J]. 遥感信息，2005（6）：3 - 5.

[16] 郭克贞，内蒙古草原干旱指标研究 [J]. 内蒙古水利，1994（1）：14 - 19.

[17] 郭铌，管晓丹，植被状况指数的改进及在西北干旱监测中的应用 [J]. 地球科学进展，2007（22 - 11）：1 161 - 1 160.

[18] 国家气候中心，全国气候影响评（1986—1997）[M]. 北京，气象出版社.

[19] 韩萍，王鹏新等，多尺度标准化降水指数的 ARIMA 模型干旱预测研究 [J]. 干旱地区农业研究，2008 (26 - 2): 212 - 218.
[20] 侯琼，陈素华，乌兰巴特尔，基于 SPAC 原理建立内蒙古草原干旱指标 [J]. 中国沙漠，2008 (28 - 2): 326 - 331.
[21] 侯威，杨萍等，中国极端干旱事件的年代际变化及其成因 [J]. 物理学报，2008 (57 - 6): 3 932 - 3 940.
[22] 黄崇福，刘新立，周国贤，等，以历史灾情资料为依据的农业自然灾害风险评估方法 [J]. 自然灾害学报，1998 (7 - 2): 1 - 8.
[23] 黄崇福，自然灾害风险分析理论与实践 [M]. 北京：科学出版社，2005: 1 - 7.
[24] 黄妙芬，黄土高原西北部地区的旱度模式 [J]. 气象，1991 (17 - 1): 23 - 28.
[25] 李翠金，华北异常干旱气候事件及其对农业影响评估模式的研究 [J]. 灾害学，1999 (14 - 1): 65 - 69.
[26] 李东奎，江行久，利用灰色理论预测干旱年 [J]. 地下水，2008 (30 - 5): 120 - 122.
[27] 梁春成，梁云，陈洁，天然草场牧草干旱指标探讨 [J]. 中国农业气象，1999, 20 (3): 5 - 8.
[28] 刘庚山，郭安红，安顺清，帕默尔干旱指标及其应用研究进展 [J]. 自然灾害学报，2004, 13 (4): 21 - 26.
[29] 刘庚山，郭安红，帕默尔干旱指标及其应用研究进展 [J]. 自然灾害学报，2004 (13 - 4): 22 - 27.
[30] 刘建栋，王馥棠等，华北地区农业干旱预测模型及其应用研究 [J]. 应用气象学报，2008 (14 - 5): 593 - 604.
[31] 刘玲，高素华，侯琼，等，北方草地干旱指标 [J]. 自然灾害学报，2006 (15 - 6): 270 - 275.
[32] 刘寿东，戴艳杰，内蒙古草地土壤水分动态监测预测模式的研究 [J]. 信息技术与内蒙古气象减灾应用研究，北京，气象出版社，2002: 84 - 87.
[33] 刘巍巍，安顺清，帕默尔旱度模式的进一步修正 [J]. 应用气象学报，2004 (15 - 2): 207 - 216.
[34] 刘希林，泥石流风险评价中若干问题的探讨田 [J]. 山地学报，2000 (18 - 4): 341 - 345.
[35] 刘钟龄，蒙古高原景观生态区域分析 [J]，干旱区资源与环境，1993 (8 - 7): 257 - 260.
[36] 马延庆，王素娥，渭北旱塬地区旱度指数模式及应用结果分析 [J]. 新疆气象，1998 (21 - 2): 33 - 34.
[37] 牛建明，气候变化对内蒙古草原分布和生产力影响的预测研究 [J]. 草地学报，2001 (9 - 4): 277 - 282.
[38] 沈建国，李喜仓等，中国气象灾害大典内蒙古卷 [M]. 北京，气象出版社，2008: 8 - 63.

[39] 史培军，三论灾害研究的理论与实践田 [J]. 自然灾害学报，2002，11 (3)：1-9.
[40] 宋连春，邓振偏，蓝安详，干草 [M]. 北京：气象出版社，2003.
[41] 宋小宁，赵英时，冯晓明，基于卫星遥感数据改进区域尺度的显热通量模型 [J]. 地理与地理信息科学，2007 (1-23)：36-38.
[42] 孙建军，成颖，定量分析方 [M]. 南京，南京大学出版社，2005.
[43] 田国良等，热红外遥感 [M]，电子工业出版社，2006，288-291
[44] 田汉勤，徐小锋，宋霞，干旱对陆地生态系统生产力的影响 [J]. 植物生态学报，2007 (31-2)：231-241.
[45] 佟长福，郭克贞，佘国英等，西北牧区干旱指标分析及旱情实时监测模型研究 [J]. 节水灌溉，2007 (3)：6-9.
[46] 王宏，李晓兵，李霞，王丹丹；中国北方草原对气候干旱的响应 [J]. 生态学报，2008 (7-2)：172-182.
[47] 王以彭，李结松，刘立元，层次分析法在确定评价指标权重系数中的应 [J]. 第一军医大学学报，1999，19 (4)：377-379.
[48] 王英舜，杨文义，贺俊杰，张银锁，草原干旱对天然牧草生长发育及产量形成的影响 [J]. 气象，1999 (27-2)：12-15.
[49] 王永芬，莫兴国，王艳芬等，基于 VIP 模型对内蒙古草原蒸散季节和年际变化的模拟 [J]. 植物生态学报，2008 (32-5)：1 052-1 060.
[50] 卫捷，马柱国，Palmer 干旱指数/地表湿润指数与降水距平的比较 [J]. 地理学报，2003 (1)：117-124.
[51] 闫殿武，IDL 可视化入门与提高 [M]，机械工业出版社，2003.
[52] 杨奇勇，毛德华，常疆，蔡松柏，湖南省农业干旱水资源风险评价 [J]. 湖南师范大学自然科学学报，2008 (31-1)：125-129.
[53] 杨青，李兆元，干旱半干旱地区的干旱指数分析 [J]. 灾害学，1994 (6-9-2)：12-16.
[54] 杨胜利，马清泽，旗河，干旱对锡林郭勒草原生态环境的影响及对策 [J]. 内蒙古草业. 2005 (17-4)：34-35.
[55] 杨扬，安顺清，刘巍巍等，帕默尔旱度指数方法在全国实时旱情监视中的应用 [J]. 水科学进展，2007 (18-1)：52-57.
[56] 张存杰，董安祥，郭慧，西北地区干旱预测的 EOF 模型 [J]. 应用气象学报，2005 (10-5)：503-508.
[57] 张继权，冈田宪夫，多多纳裕一，综合自然灾害风险管 [J]. 城市与减灾，2005.
[58] 张继权，李宁，主要气象灾害风险评价与管理的数量化方法及其应用 [M]. 北京，北京师范大学出版社，2007.
[59] 张强，华北地区干旱指数的确定及其应用 [J]. 灾害学，1998 (13-4)：34-38.
[60] 张强，潘学标，马国柱等，干旱 [M]. 北京，气象出版社，2009.
[61] 张顺谦，侯美亭，王素艳，基于信息扩散和模糊评价方法的四川盆地气候干旱综

合评价 [J]. 自然资源学报, 2008 (23 -4): 713 -723.

[62] 赵国强, 我国北方典型生态区气候变化对农田、森林和草地生态的影响研究 [D]. 南京信息工程大学, 2008.

[63] 赵惠媛, 夏士淳, 帕默尔气象干旱研究方法在松嫩平原西部的应用 [J]. 黑龙江农业科学, 1996 (3): 30 -33.

[64] 赵英时等, 遥感应用分析原理与方法 [M]. 科学出版社, 2004: 272 - 378, 391 -392.

[65] 中科院内蒙古宁夏综合考察队, 内蒙古自治区及其东西部毗邻地区天然草场 [M]. 科学出版社, 1980.

[66] 周晓梅, 松嫩平原羊草草地土 - 草 - 畜间主要微量元素的研究 [D]. 哈尔滨, 东北师范大学, 2004.

[67] Bailey L. D. , Effects of potassium fertilizer and fall harvests on alfalfa grown on the eastern Canadian Prairies [J]. Canadian Journal Soil Science, 1983 (63): 211 -219.

[68] Allen CD, Breshears DD, Drought-induced shift of a forest woodland ecotone: rapid landscape response to climate variation [J]. Proceedings of the Natural Academy of Sciences of the United States of America, 1998 (95): 14 839 -14 842.

[69] Davidson EA, Belk E, Boone RD. Soil water content and temperature as independent or confounded factors controlling soil respiration in a temperate mixed hardwood forest [J]. Global Change Biology, 1998 (4): 217 -227.

[70] Edwards, D. C. , and T. B. McKee, Characteristics of 20th century drought in the United States at multiple time scales [J]. Climatology Report Number Colorado State University, Fort Collins, Colorado, 1997: 97 -102.

[71] Griffin JJ, Ranney TG, Pharr DM, Heat and drought influence photosynthesis, water relations, and soluble carbohydrates of two ecotypes of redbud (Cercis canadensis) [J]. Journal of the American Society for Hot cultural Science, 2004 (129): 497 -502.

[72] Haves. M. Drought indices [D], Lincoln, Nebraska, University of Nebraska, 2002 (9): 211 -219.

[73] Breshears DD, Allen CD, The importance of rapid disturbance induced losses in carbon management and sequestration [J]. Global Ecology and Biogeography, 2002 (11): 1 -5.

[74] Burton AJ, Pregitzer KS, Zogg GP, Zak DR, Drought reduces root respiration in sugar maple forests [J]. Ecological Applications, 1998 (8): 771 -778.

[75] Ciais Ph, Reichstein M, Viovy N, Granier A, Ogee J, Allard V, Aubinet M, Buchmann N, Bernhofer C, Carrara A, ChevallierF, Noblet ND, Friend AD, Friedllingstein P, Grunwald T, Heinesch B, Keronen P, Knohl A, KrinnerG, Loustau D, Manca G, Matteucci G, Miglietta F, Ourcival JM, Papale D, Pilegaard K, Rambal

S, Seufert G, Soussana JF, Sanz MJ, Schulze ED, Vesala T, Valentini R. Europe-wide reduction inprimary productivity caused by the heat and drought in 2003 [J]. Nature, 2005 (437): 529 -533.

[76] Ferretti DF, Pendall E, Morgan JA, Nelson JA, Lecain D, Mosier AR, Partitioning evapotranspiration fluxes from a Colorado grassland using stable isotopes: seasonal variations and ecosystem implications of elevated atmospheric $CO_2$ [J]. Plant and Soil, 2003 (254): 291 -303.

[77] Keetch JJ, Byram GM, A Drought Index for Forest Fire Control. Southeast. Forest Exp. Sta. USDA [J]. Forest Service Research. 1968 (9 -38): 32.

[78] Kimura R, Fan J, Zhang XC, Takayama N, Kamichika M, Matsuoka N. Evapotranspiration over thegrassland field in the Liudaogou Basin of the Loess Plateau China [J]. Acta Oecologica, 2006 (29): 45 -53.

[79] KUSTAS W, BLANFORD J, STANNARD D, et al, Local energy flux estimates for unstable conditions using variance data in semi-arid rangelands [J]. Water Resources Research, 1994, 30 (5): 1 351 -1 361.

[80] Li SG, Eugster W, Asanuma J, Kotani A, Davaa G, Oyunbaatar D, Sugita M. Energy partitioning and itsbiophysical controls above a grazing steppe in centralMongolia [J]. Agricultural and Forest Meteorology, 2006 (137): 89 -106.

[81] Li SG, Lai CT, Lee G, Shimoda S, Yokoyama T, Higuchi A, Oikawa T. Evapotranspiration from a wet temperate grassland and its sensitivity to microenvironmental variables [J]. Hydrological Processes, 2005 (19): 517 -532.

[82] Limin Y, Bruce K W, LarryL T, eta1. An anlaysis of relaitonship among climat forcingn a dtimeintegrated NDVI of grasslnads over the U. S. northenr and centralgreatplains [J]. Remote Sensing of Enivronment, 1998 (65): 25 -37.

[83] Lloret F, Siscart D, Dalmases C. Canopy recovery after drought dieback in holmoak Mediterranean forests of Catalonia (NE Spain) [J]. Global Change Biology, 2004 (10): 2 092 -2 099.

[84] Mckee T B, N J Doesken, J Kleist, The relationship of drought frequency and duration to time scales [J]. Eighth Con. f on Applied Climatology, Anheim, CA, Amer. Meteor. Soc, 1993: 179 -184.

[85] McKee. T. B. ; N. J. Doesken; and J. Kleist, The relationship of drought frequency and duration to time scales. Preprints [J]. 8th Conference on Applied Climatology1993 - January, 17 -22, Anaheim, California: 179 -184.

[86] Miyashita K, Tanakamaru S, Maitani T, Kimura K, Recovery responses of photosynthesis, transpiration, and stomatal conductance in kidney bean following drought stress [J]. Environmental and Experimental Botany, 2005 (53): 205 -214.

[87] Nagler PL, Glenn EP, Kim H, Emmerich W, Scott RL, Huxman TE, Huete AR. Relationship between evapotranspiration and precipitation pulses in a semi-arid rangeland

estimated by moisture flux towers and MODIS vegetation indices [J]. Journal of Arid Environ-ments, 2007 (70): 443 -462.

[88] Nouvellon Y, Rambal S, Seen DL, Moran MS, Lhomme JP, BéguéA, Chehbouni AG, KerrY. Modelling of daily fluxes of water and carbon from shortgrass steppes [J]. Agricultural and Forest Meteorology, 2007 (100): 137 -153.

[89] Palmer, W. C, Keeping track of crop moisture conditions, nationwide: The new Crop Moisture Index [J]. Weatherwise, 1968 (21): 156 -161.

[90] Palmer, W. C. 1965. Meteorological drought [D]. Research Paper No. 45, U. S. Department of Commerce Weather Bureau, Washington, D. C.

[91] Palta JA, Nobel PS. Influences of water status, temperature, and root age on daily patterns of root respiration fortwo cactus species [J]. Annals ofBotany, 1989 (63): 651 -662.

[92] Palta JA, Nobel PS. Root respiration for Agave deserti: influence of temperature, water status and root age on daily patterns [J]. Journal of Experimental Botany, 1989 (40): 181 -186.

[93] Plessis W P. Linear ergression erlaitonships between NDVI, vegetation and rainfall in Etosha Nationla Prak, Namibia [J]. Journla of Aird Enivronments, 1999 (42): 235 -260.

[94] Song X, Yu GR, Liu YF, Sun XM, Lin YM, Wen XF, Seasonal variation ofWUE-and the environmental factors in subtropical plantation coniferous [J]. Science in China Series D, 2006 (49): 119 -126.

[95] Wever LA, Flanagan LB, Carlson PJ. Seasonal and interannual variation in evapotranspiration, energy balance and conductance in a northern temperatel grassland [J]. Agricultural and Forest Meteorology, 2002 (112): 31 -49.

[96] Xu ZZ, Zhou GS, Effects of water stress on photo synthesis and nitrogen metabolism in vegetative and reproductive shoots of Leymus chinensis [J]. Photosyntherica, 2005 (43): 29 -35.

[97] Xu ZZ, Zhou GS, Li H, Responses of chlorophyll fluorescence and nitrogen level of Leymus chinensis seedling to change of soil moisture and temperature [J]. Journal of Environmental Sciences, 2004 (16): 666 -669.

[98] Xu ZZ, Zhou GS. Effects of water stress and nocturnal temperature on carbon allocation in the perennial grass Leymus chinensis [J]. Physiologia Plantarum, 2005 (123): 272 -280.

[99] Mishra A K, Singh V P. A review of drought concepts [J]. *Journal of Hydrology*, 2010 (391): 202 -216.

[100] Bazrafshan, J., S. Hejabi, et al. Drought Monitoring Using the Multivariate Standardized Precipitation Index (MSPI). *Water Resources Management*, 2014 (28): 1 045 -1 060.

[101] Healey N C, Irmak A, Arkebauer T J, et al. Remote sensing and in situ-based estimates of evapotranspiration for subirrigated meadow, dry valley, and upland dune ecosystems in the semi-arid sand hills of Nebraska, USA [J]. *Irrigation and Drainage Systems*, 2011, 25 (3): 151 – 178.

[102] Alley W M. The Palmer drought severity index: limitations and assumptions [J]. *Journal of climate and applied meteorology*, 1984, 23 (7): 1 100 – 1 109.

[103] Guttman N B. Comparing the palmer drought index and the standardized precipitation index [J]. *JAWRA Journal of the American Water Resources Association*, 1998, 34 (1): 113 – 121.

[104] 王劲松，李耀辉，王润元，等. 我国气象干旱研究进展评述 [J]. 干旱气象，2012，30 (4)：497 – 508.

[105] Ghulam, A., Qin, Q., Teyip, T., & Li, Z. L. Modified perpendicular drought index (MPDI): a real-time drought monitoring method. *ISPRS Journal of Photogrammetry and Remote Sensing*, 2007, 62 (2): 150 – 164.

[106] Ghulam, A., Qin, Q., & Zhan, Z.. Designing of the perpendicular drought index. *Environmental Geology*, 2007, 52 (6): 1 045 – 1 052.

[107] Ghulam, A., Qin, Q., Kusky, T. M., & Li, Z. L.. A re-examination of perpendicular drought indices. *International Journal of Remote Sensing*, 2008, 29 (20): 6 037 – 6 044.

[108] Li, Z. and D. Tan. The Second Modified Perpendicular Drought Index (MPDI1): A Combined Drought Monitoring Method with Soil Moisture and Vegetation Index. *Journal of the Indian Society of Remote Sensing*. 2013, 41 (4): 873 – 881.

[109] Wang P, Li X, Gong J, et al. Vegetation temperature condition index and its application for drought monitoring [C]. *Geoscience and Remote Sensing Symposium. IEEE*, 2001, 141 – 143.

[110] Ji L, Peters A J. Assessing vegetation response to drought in the northern Great Plains using vegetation and drought indices [J]. *Remote Sensing of Environment*, 2003, 87 (1): 85 – 98.

[111] Gebrehiwot T, Van Der Veen A, Maathuis B. Spatial and temporal assessment of drought in the Northern highlands of Ethiopia [J]. *International Journal of Applied Earth Observation and Geoinformation*, 2011, 13 (3): 309 – 321.

[112] 刘志明，张柏，晏明，等. 土壤水分与干旱遥感研究的进展与趋势 [J]. 地球科学进展，2003，18 (4)：576 – 583.

[113] Peters A J, Walter-Shea E A, Ji L, et al. Drought monitoring with NDVI-based standardized vegetation index [J]. *Photogrammetric engineering and remote sensing*, 2002, 68 (1): 71 – 75.

[114] Yilmaz M T, Hunt Jr E R, Jackson T J. Remote sensing of vegetation water content from equivalent water thickness using satellite imagery [J]. *Remote Sensing of Environ-*

ment, 2008, 112 (5): 2 514 -2 522.

[115] Serrano L, Ustin S L, Roberts D A, et al. Deriving water content of chaparral vegetation from AVIRIS data [J]. *Remote Sensing of Environment*, 2000, 74 (3): 570 -581.

[116] Wang L, Qu J J. NMDI: A normalized multi - band drought index for monitoring soil and vegetation moisture with satellite remote sensing [J]. *Geophysical Research Letters*, 2007, 34 (20).

[117] Wan, Z., P. Wang, and X. Li. Using MODIS Land Surface Temperature and Normalized Difference Vegetation Index products for monitoring drought in the southern Great Plains, USA. *International Journal of Remote Sensing*, 2004, 25 (1): 61 -72.

[118] 胡荣辰, 朱宝, 孙佳丽. 干旱遥感监测中不同指数方法的比较研究 [J]. 安徽农业科学, 2009, 37 (17): 8 289 -8 291.

[119] Wang C, Qi S, Niu Z, et al. Evaluating soil moisture status in China using the temperature-vegetation dryness index (TVDI) [J]. *Canadian Journal of remote sensing*, 2004, 30 (5): 671 -679.

[120] Keshavarz, M. R., M. Vazifedoust, and A. Alizadeh. Drought monitoring using a Soil Wetness Deficit Index (SWDI) derived from MODIS satellite data. *Agricultural Water Management*, 2014, (132): 37 -45.

[121] Cai G, Du M, Liu Y. Regional drought monitoring and analyzing using MODIS data-A case study in Yunnan Province [M]. *Computer and Computing Technologies in Agriculture* IV, Springer, 2011, 243 -251.

[122] Kogan F N. Remote sensing of weather impacts on vegetation in non-homogeneous areas [J]. *International Journal of Remote Sensing*, 1990, 11 (8): 1 405 -1 419.

[123] Kogan F N. Operational space technology for global vegetation assessment [J]. *Bulletin of the American Meteorological Society*, 2001, 82 (9): 1 949 -1 964.

[124] Moran M S, Clarke T R, Inoue Y, et al. Estimating crop water deficit using the relation between surface-air temperature and spectral vegetation index [J]. *Remote sensing of environment*, 1994, 49 (3): 246 -263.

[125] 齐述华, 张源沛, 牛铮, 等. 水分亏缺指数在全国干旱遥感监测中的应用研究 [J]. 土壤学报, 2005, 42 (3): 367 -372.

[126] Zhang, A. and G. Jia. Monitoring meteorological drought in semiarid regions using multi-sensor microwave remote sensing data. *Remote Sensing of Environment*, 2013, 134: 12 -23.

[127] 邢野, 刘永志, 安玉麟, 等编. 内蒙古自然灾害通志 [M]. 呼和浩特: 内蒙古人民出版社, 2001.

[128]《中国气象灾害大典》编委会编. 中国气象灾害大典 · 内蒙古卷 [M]. 北京: 气象出版社, 2008.

[129] 秦大河, 罗勇. 全球气候变化的原因和未来变化趋势 [J]. 科学对社会的影响,

2008（2）：16－21.

[130] 黄蕙，温家洪，司瑞洁，等.自然灾害风险评估国际计划述评Ⅱ——评估方法[J].灾害学，2008，23（3）：96－101.

[131] 黄蕙，温家洪，司瑞洁，等.自然灾害风险评估国际计划述评Ⅰ——指标体系[J].灾害学，2008，23（2）：112－116.

[132] 石勇，许世远，石纯，等.沿海区域水灾脆弱性及风险的初步分析[J].地理科学，2009（6）：853－857.

[133] 张顺谦，侯美亭，王素艳.基于信息扩散和模糊评价方法的四川盆地气候干旱综合评价[J].自然资源学报，2008（4）：713－723.

[134] 杨旭，李春晨.基于信息扩散理论的火灾风险评估模型研究及其应用[J].工业安全与环保，2010，36（1）：42－43.

[135] 张继权，刘兴朋.基于信息扩散理论的吉林省草原火灾风险评价[J].干旱区地理，2007，（4）：590－594.

[136] 史培军.再论灾害研究的理论与实践[J].自然灾害学报，1996，5（4）：8－19.

[137] 车少静，李春强，申双和.基于SPI的近41年（1965—2005）河北省旱涝时空特征分析[J].中国农业气象，2010，31（1）：137－143.

[138] 李伟光，陈汇林，朱乃海，陈珍莉.标准化降水指标在海南岛干旱监测中的应用分析[J].中国生态农业学报，2009，17（1）：178－182.

[139] 白永清，智协飞，祁海峡，张玲.基于多尺度SPI的中国南方大旱监测[J].气象科学，2010，30（3）：292－300.

[140] 翟禄新，冯起.基于SPI的西北地区气候干湿变化[J].自然资源学报，2011，26（5）：847－857.

[141] 徐广才，康慕谊，MarcMetzger，等.锡林郭勒盟生态脆弱性[J].生态学报，2012，32（5）：1 643－1 653.

[142] 王海梅，李政海，乌兰，等.锡林郭勒草原区气温的时空变化特征[J].生态学报，2011，31（24）：7 511－7 515.

[143] 王海梅，李政海，韩国栋，等.锡林郭勒盟气候干燥度的时空变化规律[J].生态学报，2010，30（23）：6 538－6 545.

[144] 王学强，白利云，刘志刚，等.锡林郭勒盟近50a降水变化及旱涝年分析[J].内蒙古气象，2012（5）：6－8.

[145] 王媛媛，张勃.基于标准化降水指数的近40a陇东地区旱涝时空特征[J].自然资源学报，2012，27（12）：2 135－2 144.

[146] 付奔，金晨曦.三种干旱指数在2009—2010年云南特大干旱中的应用比较研究[J].人民珠江，2012（2）：4－6.

[147] 赵海燕，高歌，张培群，等.综合气象干旱指数修正及在西南地区的适用性[J].应用气象学报，2011，22（6）：698－705.

[148] 韩萍，王鹏新，王彦集，等.多尺度标准化降水指数的ARIMA模型干旱预测研究[J].干旱地区农业研究，2008，26（2）：212－218.

[149] 赵桂香. 干旱化趋势对山西省水资源的影响分析 [J]. 干旱区研究, 2008, 25 (4): 492 - 496.

[150] 杨艳昭, 张伟科, 封志明, 等. 干旱条件下南方红壤丘陵地区水分平衡 [J]. 农业工程学报, 2013, 29 (12): 110 - 119.

[151] 翟禄新, 冯起. 基于 SPI 的西北地区气候干湿变化 [J]. 自然资源学报, 2011, 26 (5): 847 - 857.

[152] 郑晓东, 鲁帆, 马静, 等. 基于标准化降水指数的淮河流域干旱演变特征分析 [J]. 水利水电技术, 2012 (4): 102 - 106.

[153] 孙智辉, 曹雪梅, 王治亮, 等. 基于标准化降水指数的陕西黄土高原—省略—1971—2010 年干旱变化特征 [J]. 中国沙漠, 2013, 33 (5): 1 560 - 1 567.

[154] 袁云, 李栋梁, 安迪. 基于标准化降水指数的中国冬季干旱分区及气候特征 [J]. 中国沙漠, 2010, 30 (4): 917 - 925.

[155] 黄晚华, 杨晓光, 李茂松, 等. 基于标准化降水指数的中国南方季节性干旱近 58a 演变特征 [J]. 农业工程学报, 2010 (7): 50 - 59.

[156] 马国飞, 张晓煜, 段晓凤, 等. 基于标准化降水指数分析宁夏山区干旱演变特征 [J]. 西北农业学报, 2010 (10): 101 - 106.

[157] 刘艳丽, 王国庆, 顾颖, 等. 基于改进的标准化降水指数的黄河中游干旱情势研究 [J]. 干旱区资源与环境, 2013, 27 (10): 75 - 80.

[158] 王彦集, 刘峻明, 王鹏新, 等. 基于加权马尔可夫模型的标准化降水指数干旱预测研究 [J]. 干旱地区农业研究, 2007, 25 (5): 198 - 203.

[159] 李斌, 李丽娟, 李海滨, 等. 澜沧江流域干旱变化的时空特征 [J]. 农业工程学报, 2011, 27 (5): 87 - 92.

[160] 高瑞, 王龙, 杨茂灵, 等. 三种干旱指数在南盘江流域识别干旱能力中的应用 [J]. 水电能源科学, 2012, 30 (9): 9 - 12.

[161] 刘招, 吴新, 乔长录. 三种干旱指数在渭北旱塬应用的对比分析 [J]. 人民黄河, 2010, 32 (7): 71 - 72.

[162] 韩海涛, 胡文超, 陈学君, 等. 三种气象干旱指标的应用比较研究 [J]. 干旱地区农业研究, 2009, 27 (1): 237 - 241.

[163] 车少静, 李春强. 基于标准化降水指数的石家庄干旱时空特征 [J]. 气象科技, 2010, 38 (1): 66 - 70.

[164] 徐广才, 康慕谊, Marc Metzger, 李亚飞. 锡林郭勒盟生态脆弱性. 生态学报, 2012, 32 (5): 1 643 - 1 653.

[165] 刘清泉, 杨文斌, 珊丹. 草甸草原土壤含水量对地上生物量的影响. 干旱区资源与环境, 2005, 19 (7): 179 - 181.

[166] 李燕琼, 郑绍伟, 李德鹏, 等. 岷江上游干旱河谷白刺花生物量及其与土壤含水量关系研究 [J]. 四川林业科技, 2009, 30 (4): 17 - 22.

[167] 黄德青, 于兰, 张耀生, 等. 祁连山北坡天然草地地上生物量及其与土壤水分关系的比较研究 [J]. 草业学报, 2001, 20 (3): 20 - 27.

［168］游珍，李占斌，袁琼，等. 干旱区植被覆盖度的建设阈值分析. 水土保持研究［J］. 2005，12（3）：88－90.

［169］陈效逑，王恒. 1982-2003 年内蒙古植被带和植被覆盖度的时空变化［J］. 地理学报，2009，64（1）：84－94.

［170］王颖，张科利，李峰. 基于 10 年 MODIS 数据的锡林郭勒盟草原植被覆盖度变化监测［J］. 干旱区资源与环境，2012，26（9）：165－169.

［171］李苗苗. 植被覆盖度的遥感估算方法研究［D］. 中国科学院研究生院，2003.

［172］张宏斌，杨桂霞，李刚，陈宝瑞，辛晓平. 基于 MODIS NDVI 和 NOAA NDVI 数据的空间尺度转换方法研究——以内蒙古草原区为例. 草业科学，2009，26（10）：39－45.

［173］王备，高文明，龙俐. 黔西南州越冬作物生长季气象干旱特征分析［J］. 贵州气象，2011，35（1）：18－20.

［174］中国气象局. GB/T 20481—2006 气象干旱等级［S］. 北京：中国标准出版社，2006.

［175］李海东，沈渭寿，赵卫，等. 1957—2007 年雅鲁藏布江中游河谷降水变化的小波分析［J］. 气象与环境学报，2010，26（4）：1－7.

［176］马建勇，许吟隆，潘婕. 基于 SPI 与相对湿润度指数的 1961—2009 年东北地区 5～9 月干旱趋势分析［J］. 气象与环境学报，2012，28（3）：90－95.

［177］包姝芬，马志宪，崔学明. 近 50 年锡林郭勒盟的气候变化特征分析. 内蒙古农业大学学报（自然科学版），2011，32（3）：157－160.

［178］王学强，等. 1961—2009 年锡林郭勒盟气温突变特征分析［J］. 内蒙古气象，2011（1）：22－24，46.

# 第二篇
# 草原雪灾

草原雪灾是由于大量的降雪与积雪，对畜牧业生产及人们日常生活造成危害和损失的气象灾害。中国草地面积约占世界草地的13%，占国土面积的40%，其中，牧区草地面积为3.13亿$hm^2$，主要分布在内蒙古、新疆维吾尔自治区（以下简称新疆）、西藏自治区（以下简称西藏）、青海和甘肃等地。这些省区每年为国家创造约1/5的畜牧业产值，在我国国民经济建设和人民生活改善中占有重要地位。由于雪灾属突发性自然灾害，不仅影响冬季放牧，而且严重威胁着因前期干旱累积而特别脆弱的冬季畜牧业生产，是制约我国畜牧业持续发展的重要致灾因子。

季节性积雪对水文过程和气候具有重要的作用，积雪覆盖面积是水文学和气候学研究的必要参数之一。积雪覆盖面积的动态变化状况对水体和能量循环以及社会经济和生态环境均具有重大的影响。然而，冬春季降雪是影响草原牧区畜牧业发展的重要因子，过量而长期的降雪会掩埋牧草，造成牲畜无法啃食，使牲畜面临冻死、饿死的威胁，便形成雪灾。雪灾是世界上面临的十大灾害之一，对国民经济的影响和人民群众生命财产安全的影响是巨大的，特别是畜牧业为主题经济的草原牧区。如2010年的统计数据：2010年1月初、12月22日、27日内蒙古发生特大雪灾三起，全年受灾人口累计达45.28万，受灾畜生累计达424.7万头只，直接经济损失达8.01亿元。

我国草原牧区大雪灾大致有十年一遇的规律。至于一般性的雪灾，其出现次数就更为频繁了。据统计，西藏牧区大致2~3年一次，青海牧区也大致如此。新疆牧区，因各地气候、地理差异较大，雪灾出现频率差别也大，阿尔泰山区、准葛尔西部山区、北疆沿天山一带和南疆西部山区的冬牧场和春秋牧场，雪灾频率达50%~70%，即在10年内有5~7年出现雪灾。其他地区在30%以下。雪灾高发区，也往往是雪灾严重区，如阿勒泰和富蕴两地区，雪灾频率高达70%，重雪灾高达50%。反之，雪灾频率低的地区往往是雪灾较轻的地区，如温泉地区雪灾出现频率仅为5%，且属轻度雪灾。但不管哪个牧区大雪灾都很少有连年发生的现象。

我国牧区雪灾主要发生在内蒙古草原、西北地区及青藏高原部分地区，也是雪灾极为活跃的地区。草原雪灾发生的原因复杂，涉及气象因子（积雪深度、积雪范围、积雪日数、积雪密度、风速、降雪量和气温）、地形条件（阴坡、阳坡、凹地、高地等）和草场状况（牧草长势、草群高度、草群密度和盖度）组成的自然因素系统与畜群结构（大小牲畜的数量、比例等）、冬储草料、棚圈化率、冬春季草场配置状况和交通、通讯状况等社会经济因素系统两大类因素。因此，其发生具有一定的随机性和不确定性。长期以来，我国对于草原雪灾缺乏系统性和规范性研究，这也是我国畜牧业生产波状起伏，无法稳定发展的主要原因。针对这一问题，中国农业科学院草原研究所联合东北师范大学、内蒙古师范大学、国家气象局及农业部草原监理中心等多家单位，对我国草原雪灾研究中存在的问题进行了系统研究。

本书系统地论述我国草原牧区雪灾研究现状及发展趋势；总结了内蒙古的积雪面积、初雪日期和终雪日期、雪深等积雪参数的时空特征；总结了草原雪灾发生特点及时空分布规律；提出了草原雪灾监测预测方法；阐述了草原雪灾风险内涵与形成机制及风险评价和管理的基本理论；提出了草原雪灾风险及灾情评价方法。

# 第一章　草原雪灾概述

## 1　草原雪灾概论

### 1.1　草原雪灾特点和时空分布规律

草原雪灾是由于大量的降雪与积雪，对畜牧业生产及人们日常生活造成危害和损失的气象灾害。中国草地面积约占世界草地的13%，占国土面积的40%，其中，牧区草地面积为3.13亿 $hm^2$，主要分布在内蒙古、新疆、西藏、青海和甘肃等地。这些省区每年为国家创造约1/5的畜牧业产值，在我国国民经济建设和人民生活改善中占有重要地位。由于雪灾属突发性自然灾害，不仅影响冬季放牧，而且严重威胁着因前期干旱累积而特别脆弱的冬季畜牧业生产，是制约我国畜牧业持续发展的重要致灾因子。

草原雪灾亦称白灾，是因长时间大量降雪造成大范围积雪成灾的自然现象。主要是指依靠天然草场放牧的畜牧业地区，由于冬半年降雪量过多和积雪过厚，雪层维持时间长，影响畜牧正常放牧活动的一种灾害。对畜牧业的危害，主要是积雪掩盖草场，且超过一定深度，有的积雪虽不深，但密度较大，或者雪面覆冰形成冰壳，牲畜难以扒开雪层吃草，造成饥饿，有时冰壳还易划破羊和马的蹄腕，造成冻伤，致使牲畜瘦弱，常常造成牧畜流产，仔畜成活率低，老弱幼畜饥寒交迫，死亡增多。同时还严重影响甚至破坏交通、通信、输电线路等生命线工程，对牧民的生命安全和生活造成威胁。雪灾主要发生在稳定积雪地区和不稳定积雪山区，偶尔出现在瞬时积雪地区。中国牧区的雪灾主要发生在内蒙古草原、西北和青藏高原的部分地区。根据我国雪灾的形成条件、分布范围和表现形式，将雪灾分为3种类型：雪崩、风吹雪灾害（风雪流）和牧区雪灾。

我国草原牧区大雪灾大致有十年一遇的规律。至于一般性的雪灾，其出现次数就更为频繁了。据统计，西藏牧区大致2~3年一次，青海牧区也大致如此。新疆牧区，因各地气候、地理差异较大，雪灾出现频率差别也大，阿尔泰山区、准葛尔西部山区、北疆沿天山一带和南疆西部山区的冬牧场和春秋牧场，雪灾频率达50%~70%，即在10年内有5~7年出现雪灾。其他地区在30%以下。雪灾高发区，也往往是雪灾严重区，如阿勒泰和富蕴两地区，雪灾频率高达70%，重雪灾高达50%。反之，雪灾频率低的地区往往是雪灾较轻的地区，如温泉地区雪灾出现频率仅为5%，且属轻度雪灾。但不管哪个牧区大雪灾都很少有连年发生的现象。

雪灾发生的时段，冬雪一般始于10月，春雪一般终于4月。危害较重的，一般是秋末冬初大雪形成的所谓“坐冬雪”。随后又不断有降雪过程，使草原积雪越来越厚，以致危害牲畜的积雪持续整个冬天。中国雪灾空间分布格局的基本特征是：第一，中国雪灾分布比较集中，全国有399个雪灾县，集中分布在内蒙古、新疆、青海和西藏4省区。地域上形成3个雪灾多发区，即内蒙古大兴安岭以西、阴山以北的广大地区和新疆天山以北地区、青藏高原地区；第二，全国存在着三个雪灾高频中心，即内蒙古锡林郭勒盟东乌珠穆沁旗、西乌珠穆沁旗、西苏旗、阿巴嘎旗等地区；新疆天山北塔城、富蕴、阿勒泰、布克塞尔、伊宁等地；青藏高原东北部巴彦喀喇山脉附近玉树、称多、囊谦、达日、甘德、玛沁一带。

### 1.2　草原雪灾等级标准

灾害危险度评价体系中，易于诱发灾害事件的孕灾环境（自然与人文环境）、易于酿成灾情的承灾体系统（社会经济系统）、易于形成灾情的区域或时段组合在一起，则必然导致的灾害系统脆弱性水平。应用以上灾害理论观点，将影响雪灾等级划分的众多因素列出，如降雪量、降雪范围、积雪深度、积雪持续时间、草场类型、草群高度、坡度、坡向、牲畜种类、灾区交通状况以及牧民的牧草储量等。

牧区雪灾中气象条件是致灾因子中最根本的主导性因子，没有降雪雪灾也就无从谈起，经过分析降雪范围、积雪厚度和积雪持续时间是一次降雪成灾与否的主要影响因子。受灾地区的自然状况和经济条件是雪灾成灾等级的充分条件，草群高度、牧草留存量、牧民自身的防灾抗灾能力及当地的交通条件等综合因素都是一个地区抗灾能力的表现。由于各类家畜的生理特征不同，从而表现出在积雪较深的情况下，破雪采食能力有异。因此在遭受雪灾危害的时候，各类家畜损失也不一样。根据调查资料综合分析：马在积雪深度达20～30cm、绵羊为10～20cm、牛<10cm时，就会造成采食困难。另外，积雪深度和草群高度结合，可以很好地反映冬春季草场由于牧草被积雪掩埋，使牲畜采食和走场发生困难而引起积雪灾害。所以，同一灾情年份，各类家畜损失情况各不相同。

依据各地区气候状况、自然状况、牲畜状况和经济条件四方面指标，制定牧区雪灾发生的等级，并将草原雪灾预险等级分为轻灾、中灾、重灾和特大灾四级。

轻灾：当积雪掩埋牧草程度在0.30～0.40cm，积雪持续日数大于等于10天时，或积雪掩埋牧草程度在0.41～0.50cm，积雪持续日数大于等于7天时；积雪面积比大于等于20%时为轻灾。轻灾影响牛的采食，对羊的影响尚小，而对马则无影响，牲畜死亡一般在5万头（只）以下。

中灾：当积雪掩埋牧草程度在0.41～0.50cm，积雪持续日数大于等于10天时，或积雪掩埋牧草程度在0.51～0.70cm，积雪持续日数大于等于7天时；积雪面积比大于等于20%时为中灾。中灾影响牛、羊的采食，对马的影响尚小，牲畜死亡在5万～10万头（只）。

重灾：当积雪掩埋牧草程度在0.51～0.70cm，积雪持续日数大于等于10天时，或积雪掩埋牧草程度在0.71～0.90cm，积雪持续日数大于等于7天时；积雪面积比大于等于40%时为重灾。重灾影响各类牲畜的采食，牛、羊损失较大，牲畜死亡在10万～20万头（只）。

特大灾。当积雪掩埋牧草程度在0.71～0.90cm，积雪持续日数大于等于10天时，或积雪掩埋牧草程度大于等于0.90cm，积雪持续日数大于等于7天时；积雪面积比大于等于60%时为特大灾。特大灾影响各类牲畜的采食，如果防御不当将造成大批牲畜死亡，牲畜死亡在20万头（只）以上。

## 1.3 草原雪灾风险评价

### 1.3.1 草原雪灾风险的构成要素

草地雪灾是草地放牧业的一种冬、春季雪灾。主要是指依靠天然草场放牧的畜牧业地区，冬半年由于降雪量过多和积雪过厚，雪层维持时间长，积雪掩埋牧场，影响家畜放牧采食或不能采食，造成冻饿或因而染病，甚至发生大量死亡。

草地雪灾风险的形成及其大小，是由致灾因子的危险性、承灾体的暴露性和脆弱性及防灾减灾能力综合影响决定的（图2－1－1），危险性表示引发草地雪灾的致灾因子；暴露性表示当草地雪灾发生时受灾区的人口、牲畜、基础设施等，脆弱性表示易受致灾因子影响的人口、牲畜、基础设施等；防灾减灾能力表示受灾区在长期和短期内能够从生态灾害中恢复的程度。

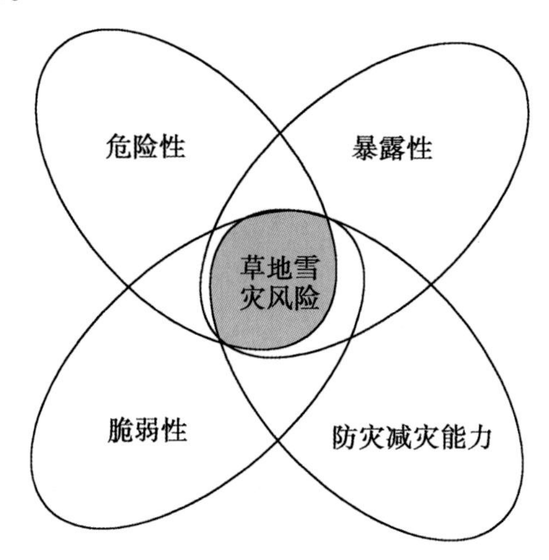


图2－1－1　草地雪灾形成原理

Fig. 2－1－1　Formation principle of grassland snow disaster

### 1.3.2 草原雪灾风险的形成机制

从灾害学角度出发，根据草地雪灾形成的机理和成灾环境的区域特点，草地雪灾的产生应该具备以下条件：首先，必须存在一定量的降雪；其次，在温度、风力、高程、坡度等自然条件的影响下作用于草地以及草地上的生命和基础设施；再次，经过草地上脆弱的生命、社会经济等的加剧风险与人为的物资投入、政策法规等的降低风险的综合作用下，造成了一定的损失，即草地雪灾（图2－1－2）。

## 1.4 雪灾灾情评价

### 1.4.1 草地雪灾灾情构成要素

从区域灾害系统论的观点来看，草地雪灾的致灾因子、孕灾环境、承灾体、灾情之间相互作用，相互影响，形成了一个具有一定结构、功能、特征的复杂体系，这就是草地雪灾灾害系统，其中，致灾因子、孕灾环境、承灾体和灾害损失（灾情）包括图2－1－3所示要素。

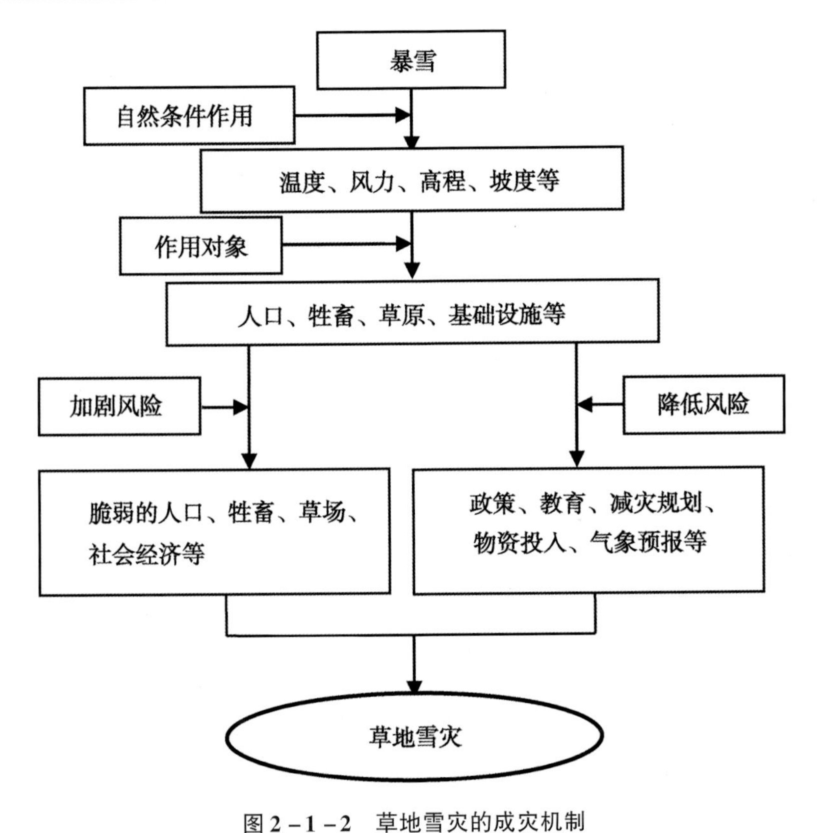


图 2－1－2　草地雪灾的成灾机制

Fig. 2－1－2　Disaster mechanism of grassland snow disaster

1.4.2　草地雪灾灾情的形成机制

国内外有关学者在大量研究区域灾害安全的基础上系统地进行了理论总结，认为在灾情形成过程中，致灾因子、孕灾环境与承灾体缺一不可，忽略任何一个因子对灾害的研究都是不全面的。

史培军等在综合国内外相关研究成果的基础上提出区域灾害系统论的理论观点。他认为，灾情即灾害损失（$D$）是由孕灾环境（$E$）、致灾因子（$H$）、承灾体（$S$）之间相互作用形成的，即：

$$D = E \times H \times S \quad \text{（公式 2.2.1）}$$

式中，$H$ 是灾害产生的充分条件，$S$ 是放大或缩小灾害的必要条件，$E$ 是影响 $H$ 和 $S$ 的背景。任何一个特定地区的灾害，都是 $H$，$E$，$S$ 综合作用的结果。其轻重程度取决于孕灾环境的稳定性、致灾因子的危险性以及承灾体的脆弱性，是由上述相互作用的 3 个因素共同决定的。灾害系统是由孕灾环境、承灾体、致灾因子与灾情共同组成具有复杂特性的地球表层系统（图 2－1－4）。

所谓孕灾环境的稳定性是指灾害发生的背景条件，即自然环境与人文环境的稳定程度。一般环境越不稳定，灾害损失越大。

致灾因子的危险性是指造成灾害的变异程度，主要是由灾变活动规模（强度）和活动频次（概率）决定的。一般灾变强度越大，频次越高，灾害所造成的破坏损失越

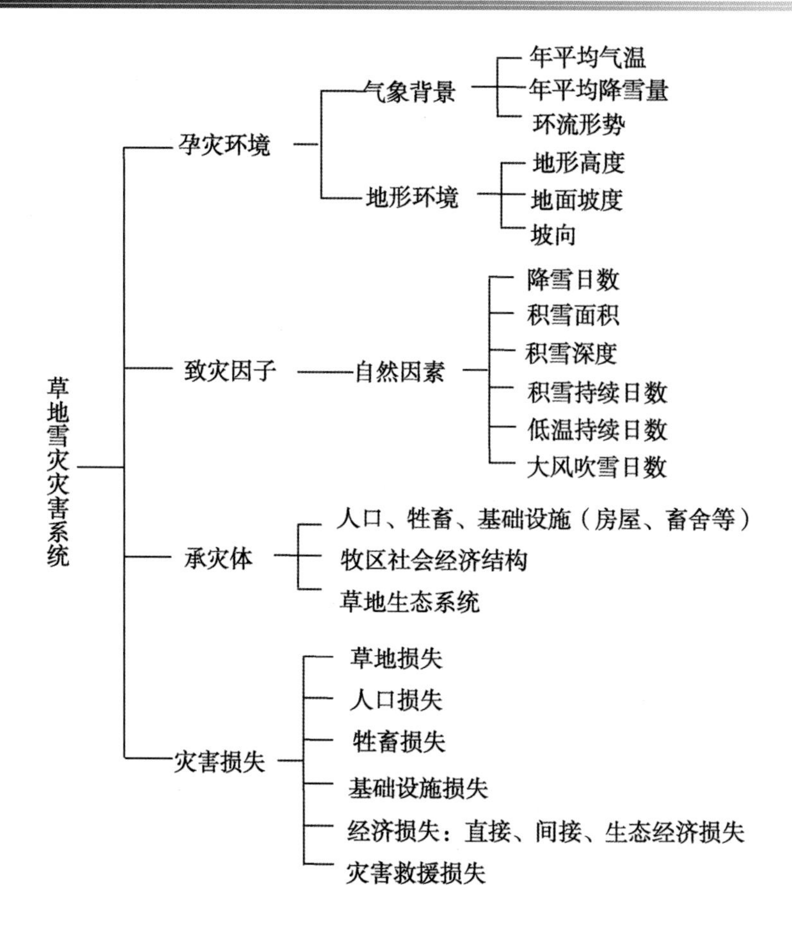


图 2－1－3　草地雪灾灾害系统的构成要素

Fig. 2－1－3　The constituent elements of disaster system of grassland snow disaster

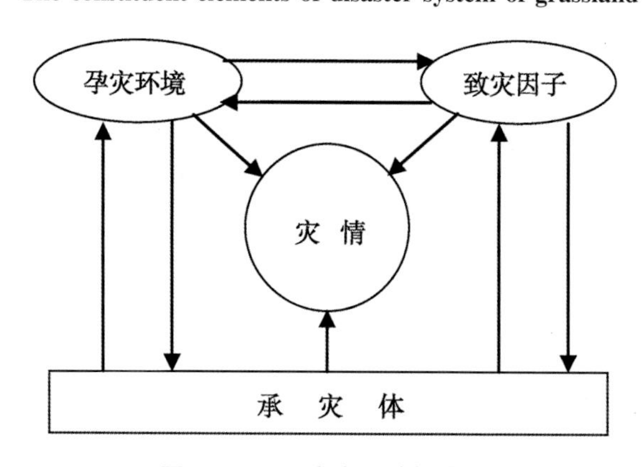


图 2－1－4　灾害系统构成图

Fig. 2－1－4　The constituent of disaster system

严重。

承灾体的脆弱性也叫易损性，是指在给定的危险地区存在的所有财产由于危险因素而造成伤害或损失的容易程度，脆弱性越大损失也越大。

图 2－1－4 表明，在灾害系统中，灾害损失的形成是由于致灾因子在一定的孕灾环境下作用于承灾体后而形成的。雪灾是自然界的降雪作用于人类社会的产物，是人与自然之间关系的一种表现。由于草地牧区雪灾的最终承灾体是人类及人类社会的集合体，如草地、牲畜、建筑设施等，所以，只有对承灾体的部分或整体造成直接或间接损害的降雪才能被称为雪灾。草地牧区雪灾是指依靠天然草场放牧的畜牧业地区，由于冬半年降雪量过多和积雪过厚，雪层维持时间长，影响畜牧正常放牧活动，牲畜因冻、饿而出现死亡现象的一种灾害。对畜牧业的危害，主要是积雪掩盖草场，且超过一定深度，有的积雪虽不深，但密度较大，或者雪面覆冰形成冰壳，牲畜难以扒开雪层吃草，造成饥饿，有时冰壳还易划破羊和马的蹄腕，造成冻伤，致使牲畜瘦弱，常常造成牧畜流产，仔畜成活率低，老弱幼畜饥寒交迫，死亡增多。同时还严重影响甚至破坏交通、通信、输电线路等生命线工程，对牧民的生命安全和生活造成威胁。

从灾害学的角度出发，草地牧区雪灾的产生必须具有以下条件：①必须存在诱发降雪的因素（致灾因子）；②存在形成草地牧区雪灾的环境（孕灾环境）；③草地牧区降雪的影响区域有人类及其社会集合体的居住或分布有社会财产（承灾体）。图 2－1－5 中概括了草地雪灾成灾的机理和过程。

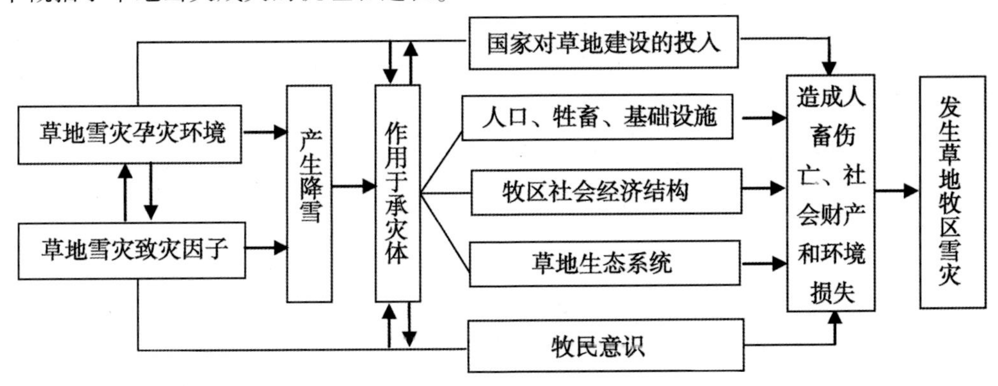


图 2－1－5　草地雪灾成灾机理

Fig. 2－1－5　Mechanism of grassland snow disaster

## 2　研究区概况

本文研究区域为中国北方草原 5 省区：新疆、西藏、内蒙古、青海和甘肃等 5 省区，草原总面积 486.92km$^2$，占全国草原总面积的 74.43%。其中，新疆维吾尔自治区，地处中国西北边陲，总面积 166.49 万 km$^2$，占中国陆地总面积的 1/6，新疆地形特点俗喻“三山夹两盆”，三山为阿尔泰山、昆仑山、天山，天山横亘中部，把新疆分为南北两半，南部是塔里木盆地，北部是准噶尔盆地，习惯上称天山以南为南疆，天山以北为北疆。西藏自治区位于中国西南边陲，东经 78°25′至 99°06′，北纬 26°44′至 36°32′之间，它北临新疆维吾尔自治区，东北连接青海省，东连四川省，东南与云南省相连，南边和西部与缅甸、印度、不丹、锡金和克什米尔等国家和地区接壤，形成了中国与上述国家和地区边境线的全部或一部分，全长近4 000km。内蒙古自治区位于中国的北部边疆，由东北向西南斜伸，呈狭长形，经纬度东起东经126°04′，西至东经97°12′，纬度跨度大，自北纬38°至55°直线距离1 700km，全区总面积118.3万$km^2$，占中国土地面积的12.3%，是中国第三大省区。青海省为我国青藏高原上的重要省份之一，简称青，因境内有全国最大的内陆咸水湖——青海湖，而得省名。青海位于我国西北地区，面积72.23万$km^2$，东西长1 200多km，南北宽800多km，与甘肃、四川、西藏、新疆接壤，地理位置为北纬31°39′~39°12′，东经89°24′~103°04′。甘肃省地处黄河上游，地理坐标位于北纬32°31′~42°57′、东经92°13′~108°46′之间，古属雍州，是丝绸之路的锁匙之地和黄金路段，与蒙古接壤，像一块瑰丽的宝玉，镶嵌在中国中部的黄土高原、青藏高原和内蒙古高原上，东西蜿蜒1 600多km，纵横45.37万$km^2$，占全国总面积的4.72%。新疆阿勒泰山脉、天山及昆仑山西南部，西藏东部地区和冈底斯山及念青唐古拉山南部，内蒙古大兴安岭西麓和呼伦贝尔高原，青海东部地区和南部玉树大草原、环青海湖草原，以及甘肃祁连山一带，这些地区均为积雪长期覆盖区，均应提高雪灾的预防。

## 3　草原雪灾研究内容、常用方法

### 3.1　草原雪灾监测

研究内容

（1）积雪范围监测：光学遥感和被动微波遥感协同监测草原积雪覆盖范围：归一化差分积雪指数（NDSI）是目前EOS/MODIS资料进行积雪监测的主要方法之一。由于雪有很强的可见光反射和强的短红外吸收特征，因此使用第二通道（841~876nm）、第四通道（545~565nm）和第六通道（1628~1652nm）进行NDSI的计算和积雪判识。

$$NDSI = (CH_4 - CH_6) / (CH_4 + CH_6)$$

一般地当NDSI>0.4且$CH_2$反射率>11%、$CH_4$反射率>10%时判定为雪。

微波传感器具有全天候工作的能力，因此比较适用于云层覆盖下的积雪监测，而目前常用的是被动微波遥感技术，雷达数据的使用则仍在探索之中。对于被动微波积雪遥感而言，积雪像元识别的依据在于积雪对不同频率的微波辐射能量散射与吸收的不同。由于积雪颗粒对高频能量的散射能力更强，这样造成低频与高频通道的亮温差为正值。通常对于积雪等散射体而言，可以通过简单的双通道差值法来进行识别。这里，定义散射指数（scatter index）具有如下的形式：SCAT =（Tb19V-Tb37V or Tb22V-Tb85V）

式中，19和37分别表示19GHz和37GHz频率通道，22和85同义，V表示极化方式。

一般情况下，识别散射体的条件为SCAT>0。当然，仅仅使用散射指数还不能准确地识别出积雪。考虑到地表其他类型散射体的影响，通常使用多阈值法来进行积雪像元的判定，而这就需要根据区域实际状况的客观差异来予以研究和确定。

使用被动微波数据进行雪盖识别，首先应使用散射指数来识别散射体，然后再将积雪与其他散射体区分开来，可按下面的算法和顺序来实现。

①散射体的识别。

SCAT = max（Tb18.7V - Tb36.5V-3，Tb23.8V-Tb89V-3，Tb36.5V-Tb89V-1）>0

②降雨的识别。

Tb23.8V >260K

Tb23.8V≥254K and scat ≤3K

Tb23.8V≥168 +0.49 ×Tb89V

③ 寒漠的识别。

Tb18.7V-Tb18.7H ≥18K

Tb18.7V-Tb36.5V≤12K and Tb36.5V-Tb89V≤13K

④ 冻土的识别。

Tb18.7V-Tb36.5V≤5K and Tb23.8V-Tb89V≤8K

Tb18.7V-Tb18.7H≥8K

通过以上判别式的叠加计算，就可以将草原积雪覆盖的遥感信息提取出来。

光学遥感与微波遥感用于积雪范围的监测，各有其优缺点。光学遥感数据空间分辨率较高，但受天气影响；微波遥感数据具有全天候的优势，但是，其空间分辨率较低。总体而言，应该将两者的优势结合起来，以达到提高积雪面积估算精度的目的。

（2）积雪深度监测：利用被动微波遥感数据、植被、气象站台的积雪观测资料以及野外定点观测资料来建立不同区域（草甸草原、典型草原和荒漠草原）的雪深监测模型，并监测草原积雪深度。研究方法是建立回归模型。

### 3.2　草原雪灾评价

#### 3.2.1　雪灾风险评价：

研究内容：

① 雪灾风险指标的选取；②雪灾预警模型的建立；③雪灾预警等级划分；④雪灾风险评价。

草地雪灾风险评价方法：

在对草地雪灾进行风险评价中主要采用了如下几种方法。

①自然灾害风险指数法：自然灾害风险指未来若干年内可能达到的灾害程度及其发生的可能性。某一地区的自然灾害风险是危险性、暴露性、脆弱性和防灾减灾能力4个因素共同作用的结果，四者缺一不可。自然灾害风险的数学公式可以表示为：

自然灾害风险 = 危险性（H）×暴露性（E）×脆弱性（V）×防灾减灾能力（R）

其中，危险性、暴露性和脆弱性与自然灾害风险成正相关，防灾减灾能力与自然灾害风险成反相关。当危险性与脆弱性在时间上和空间上结合在一起的时候就很可能形成草地雪灾。

②层次分析法：层次分析法是一种定性与定量分析相结合的多因素决策分析方法。这种方法将决策者的经验判断给予数量化，在目标因素结构复杂且缺乏必要数据的情况下使用更为方便。

层次分析法确定指标权重系数的基本思路是：先把评价指标体系进行定性分析，根据指标的相互关系，分成若干级别，如：目标层、准则层、指标层等。先计算各层指标单排序的权重，然后再计算各层指标相对总目标的组合权重。

③加权综合评分法：加权综合评分法是考虑到每个评价指标对于评价总目标的影响的重要程度不同，预先分配一个相应的权重系数，然后再与相应的被评价对象的各指标的量化值相乘后，再相加。计算式为：

$$P = \sum_{i=1}^{n} A_i W_i \qquad (公式 2.2.2)$$

且有 $A_i > 0$ ，$\sum_{i=1}^{n} A_i = 1$

其中，$W$ 为某个评价对象所得的总分；$A_i$ 为某系统 i 项指标的权重系数；$W$i 为某系统第 i 项指标的量化值；n 为某系统评价指标个数。

④网格 GIS 分析方法：网格 GIS 是 GIS 与网格技术的有机结合，是 GIS 在网格环境下的一种应用。根据具体的研究内容确定网格的大小，用 GIS 技术来实现网格的生成；运用一定的数学模型将搜集到的以行政区为单位的各种属性数据进行网格化，并与网格相对应建立空间数据库。

3.2.2　雪灾灾情评价：

研究内容：

①雪灾灾情评价指标的选取；②建立雪灾灾情的评价模型；③雪灾灾情评价；④雪灾灾情区划。

雪灾灾情评价方法：

草地雪灾灾情评价研究的方法包括等值线法、层次分析法（*AHP*）、灰色定权聚类法和 *GIS* 技术相结合的分析方法。

（1）等值线法：是指将采集的参数，经数据处理后，展开在相应的测线测点上，按一定的等值数差，将相同等级数据全部勾绘出来，形成等值线图的方法。本文采用 *Surfer* 软件画等值线图的方法。*Surfer* 制图一般要经过编辑数据、数据插值、绘制图形、打开及编辑基图和图形叠加等过程，在气象预报和科研工作中应用广泛，能减少工作强度，提高工作效率和出图质量。具体分为 5 个步骤，详细参阅文献。

（2）层次分析法（*AHP*）：是一种对指标进行定性定量分析的方法，层次分析法是计算复杂系统各指标权重系数的最为合适的方法之一，因此本文采用专家咨询基础上的 *AHP* 方法作为确定评价指标权重的方法。本文应用此方法的基本思路是：通过将每个因子的组成指标成对地进行简单地比较、判断和计算，得出每个指标的权重，以确定不同指标对同一因子的相对重要性。它是对指标进行一对一的比较，可以连续进行并能随时改进，比较方便有效。运用层次分析法进行决策时，大体可分为 6 个步骤进行，详细参阅文献。

① 画指标体系的层次图；

② 确定计算各层次权重系数顺序；

③ 构造判断矩阵；

④ 各层次单排序指标权重计算；

⑤ 各层次判断矩阵一致性检验；

⑥ 计算组合权重系数。

(3) 灰色定权聚类法：是指根据灰色定权聚类系数的值对聚类对象进行归类，称为灰色定权聚类。

当聚类指标意义不同，量纲不同，且在数量上悬殊很大时，若不给各指标赋予其不同的权重，可能导致某些指标参与聚类的作用十分微弱，所以，利用灰色定权聚类法对各聚类指标事先赋权。

灰色定权聚类可按下列步骤进行。

① 绘出聚类样本矩阵；

② 确定灰类白化函数；

③ 根据以往经验或定性分析结论给定各指标的聚类权 $\eta_j(j=1,2,\cdots,m)$；

④ 计算指标定权聚类系数 $\sigma_i^k$，构造聚类系数向量 $\sigma_i$；

⑤ 把对象进行聚类。若 $\sigma_i^{k^*}=\max\limits_{1\leqslant k\leqslant j}\{\sigma_i^k\}$，则断定聚类对象 $i$ 属于灰类 $k^*$。

地理信息系统（*GIS*）具有采集、管理分析和输出多种空间信息的能力，与草地雪灾的形成密切相关的雪灾发生次数、降雪日数、积雪日数、雪灾发生的地理分布等均具有较强的空间变异性，可以用空间分布数据来表现，*GIS* 技术必然能够对草地雪灾的灾情分析起到很好的支持作用。因此本文借助 *GIS* 技术对内蒙古锡林郭勒盟草地雪灾灾情进行分析。

### 3.3 积雪数据同化

目前，积雪数据同化研究多集中在发展和测试一维的单点系统。在这些系统中，一般使用陆面过程模型中的积雪子模型模拟雪深、雪水当量、雪密度、雪湿度等雪的状态变量，采用估计雪深、雪水当量的各种算法或者辐射传输模型作为观测算子将雪的状态变量转换为观测量，有的同化系统则直接同化各类积雪遥感数据产品，所使用的同化方法以各类 Kalman 滤波为主。

### 3.4 草原雪灾应急管理辅助系统

系统的开发研究分为 4 个阶段：系统分析、系统设计、系统实施、系统评价及维护。系统分析阶段的工作主要解决“做什么”的问题，其核心主要是对系统进行逻辑分析，解决需求功能的逻辑关系和数据支持系统的逻辑结构，以及数据与需求功能之间的关系；系统设计阶段的工作主要解决“怎么做”的问题，将系统由逻辑设计向物理设计过度，为系统实施奠定基础；系统评价将运行着的系统与预期目标进行比较，考察系统是否达到设计时所预定的效果。

## 4 草原所取得的成绩

### 4.1 以锡林郭勒草原为研究区域

利用 MODIS 影像数据及地面调查数据，探索性地进行了大范围内遥感估测冷季天然草地牧草现存量的方法和技术手段的研究，提出了枯草指数的计算方法，并分析了遥感枯草指数与牧草现存量之间的相关性，着重研究了如何利用枯草指数来建立牧草现存量估测模型。同时，利用野外调查数据分析了冷季天然草地牧草保存率的变化规律，在此基础上，分析了研究区域内牧草现存量的空间分布特征及变化规律，为今后开展冷季天然草地大面积牧草现存量估产和动态监测提供了有效途径。

### 4.2 我国草原雪灾发生规律及时空分布特征的研究

雪灾发生的时段，冬雪一般始于 10 月，春雪一般终于 4 月。危害较重的，一般是秋末冬初大雪形成的所谓“坐冬雪”。随后又不断有降雪过程，使草原积雪越来越厚，以致危害牲畜的积雪持续整个冬天。中国雪灾空间分布格局的基本特征是：第一，中国雪灾分布比较集中，全国有 399 个雪灾县，集中分布在内蒙古、新疆、青海和西藏四省区。地域上形成 3 个雪灾多发区，即内蒙古大兴安岭以西、阴山以北的广大地区和新疆天山以北地区、青藏高原地区；第二，全国存在着 3 个雪灾高频中心，即内蒙古锡林郭勒盟东乌珠穆沁旗、西乌珠穆沁旗、西苏旗、阿巴嘎旗等地区；新疆天山北塔城、富蕴、阿勒泰、和布克塞尔、伊宁等地；青藏高原东北部巴彦喀喇山脉附近玉树、称多、囊谦、达日、甘德、玛沁一带。

### 4.3 根据雪灾监测的原理

应用野外实测数据、同时段的遥感数据、数字高程数据（DEM）三者相结合，探讨 NDSI、坡度、地形曲率、坡向与积雪深度的关系。运用卷积运算方法，建立不同地形下的积雪深度的反演模型。对西藏、新疆、内蒙古、青海、甘肃的草原牧区进行遥感监测评估。

### 4.4 中国农业科学院草原研究所

利用遥感技术对我国北方草原雪灾进行监测，以近期 10 天的 MODIS 数据为遥感信息源，准确掌握了全国及北方 8 省区（内蒙古、新疆、青海、西藏、甘肃、黑龙江、吉林、辽宁）降雪面积、范围及分布格局。同时，采用积雪指数和基于 MODIS 数据的积雪深度监测模型对我国北方 8 省区积雪深度进行全面估测，并在此基础上完成了我国北方及内蒙古、新疆、青海、西藏、甘肃五大省区降雪状况系列图的编制。

### 4.5 归一化差分积雪指数（NDSI）

是基于积雪对可见光与短波红外波段的反射特征和反射差相对大小的一种测量方法，目前，基于反射特性的归一化差分积雪指数（NDSI）计算法具有普遍的实际操作意义，精度高，分类合理，是提取积雪信息的最佳技术手段。利用 2010 年 1 月 8 号 MODIS 数据对内蒙古自治区范围进行了积雪监测。

### 4.6 建立了雪灾易发区的雪灾背景数据库

内容包括：历年气象观测资料、社会经济统计资料、实况调查数据，以及政区、交通、草地资源、草地等级、土地利用类型等专业图件的数字化图形数据。其次，结合雪灾易发区的数字地形模型（DTM），对所有数据进行分析和标准化处理，进而建成雪灾易发区雪灾背景数据库。利用遥感资料对背景数据库进行实时更新、系统与信息的空间定位与复合，以及系统信息的空间操作，达到各种数据的统一管理。利用 GIS 的综合分析、动态预测等功能，通过对大量实时遥感资料和非遥感资料的综合分析，为雪灾应用模型（如雪灾判别模型、灾情发展预测模型和雪灾损失评估模型）提供参数，从而建立了我国牧区雪灾预警模型。

### 4.7　在综合分析研究

草原区的气候条件、自然环境、牲畜状况和社会经济状况的基础上，特制定草原雪灾分级标准并根据专家经验值法确定各影响因子权重值，建立了草原雪灾预警等级划分。

## 5　存在的问题及展望

### 5.1　存在的问题

遥感技术以其宏观、快速、周期性、多尺度、多谱段、多时相等优势，在积雪动态监测中发挥着重要作用。但是，与其他环境监测相比，积雪的遥感监测有其特殊的复杂性。

（1）就积雪的光谱特性而言，尽管在可见光和近红外波段积雪有其明显的光谱特征，但积雪对太阳光的反射和自身的辐射，不仅与雪面状态，即雪表面光滑程度、纯洁程度有关，而且与雪晶大小和形状有关，还与积雪内部的垂直结构，如积雪深度、积雪中液态水含量和积雪的层结状态以及观测时的太阳的入射角度有关。这些因素，虽然有助于积雪监测的应用分析，但也给积雪的准确判读带来了困难。

（2）积雪下垫面的不同，即地形特征和地表植被特征也给遥感监测积雪造成一定的影响。例如，高山和谷地的积雪、阳坡和阴坡的积雪、森林与灌木丛中的积雪等，其光谱响应均有差别，这些都是影响积雪判读的重要因素。

（3）最重要的则是云，尤其是低云的影响，是利用可见光资料监测积雪的最大障碍。由于云与雪在可见光和近红外波段具有类似的光谱特征，因此，在遥感监测积雪中如何区分云和雪，如何消除云和大气的影响是一个关键问题。被动微波遥感数据是可见光遥感数据监测积雪的有益补充。微波数据可以不受天气以及云的影响，全天候对积雪进行监测。但是用被动微波遥感数据获取积雪信息需要发展一定的算法，不如可见光数据观测积雪范围那样直接。各地由于不同的积雪以及下垫面的状况，几乎不存在适合任何条件下的雪深反演算法。

（4）目前，建立雪深模型时都用气象站点的数据来建立模型，气象站点资料只是一个点数据，不能代表整个区域积雪的平均状况，并且分布也不均匀。

### 5.2　展望

在今后一段时间内，其主要研究内容可包括以下方面：

（1）雪灾监测方面：任何一种遥感资料都有其各自优缺点，在实际应用过程中，利用多源遥感数据，扬长避短，提高对积雪深度和雪水当量的估计精度。

（2）雪灾研究：将更突出多学科的交互优势，特别是利用“3S”一体化技术，实现对积雪的实时遥感监测、综合评价与早期预警，并运用系统工程理论研究积雪灾害系统的内部反馈机制，提出防御对策。

（3）积雪对气候变化的影响研究：将更强调区域性、大范围，突出动态特点，研究时空分布特征，预测变化趋势，以解决积雪与全球变化中的一些重大理论问题。

（4）融雪径流模拟：将更注重模型参数的优化，特别是卫星雪盖参数和积雪水当量换算的遥感参数估计。另外，为了充分发挥遥感技术在水文应用中的潜力，应努力将遥感系统的输出与现有的基于水文学的模型更紧密的结合。

# 6　国内外研究进展

## 6.1　草地雪灾监测国内外研究进展

### 6.1.1　国外研究进展

光学方面：早在1987年，Stanley等（1987）利用AVHRR数据进行了不同通道的反照率的研究，发现通道1和通道2的反照率之差可以用于监测积雪的边界。随后，利用AVHRR数据，应用线性混合光谱分解原理和线性插值法来研究森林地区的积雪覆盖面积估算方法（Simpson等，1998；Metsamaki等，2002；Salomonson等，2004）利用基于MODIS归一化差分积雪指数（NDSI：Normalized Difference Snow index）的逐像元的雪盖分析，并与作为地面真值的ETM观测值做检验，结果显示NDSI极大地提高了积雪识别精度。

被动微波：20世纪70年代末以来，研究者们发展了多种积雪的被动微波遥感模型以及反演雪深和雪水当量的算法。chang等（1987）利用微波辐射计SMMR和SSM/I的亮温值，提出了“亮温梯度”算法。之后对该算法进行了修正，探讨了不同地区具有不同的表达式的地形差异（Foster等，1997；Tait，1998）。在这段时期，针对不同频率下地形对微波辐射影响的研究也很多，包括星载实验、机载实验、地面测量、理论模型。到本世纪初以来，Armstrong等（2002）利用SSM/I数据反演的雪深，发现荒漠地区和冻土区的雪深总是被高估。还有利用SSM/I亮温数据，用动态算法及动静态混合算法计算了北美大草原的雪深值（Biancamaria等，2008；Grippa等，2004）。同时，基于被动微波遥感数据的雪水当量（SWE：Snow Water Equivalent）算法也有了较大的发展。建立了一系列雪水当量的反演模型，最具有代表性的有基于统计模式的雪水当量估算法、HUT（Helsinki University of Technology）积雪辐射模型、TOL（temperature Gradient Index）算法（Derksen C.，2002）和MSC（Meteorological Service of Canada）算法（Derksen C.，2002；Derksen C.，2008）。Derksen（2008）在加拿大马尼托巴湖北部的北方针叶林区，利用AMSR-E垂直极化亮温数据和地面实测的雪水当量数据进行回归分析，更好地反映SWE的季节内变化。总之，国外利用微波雷达图像和可见光卫星遥感资料，对积雪与可见光、近红外、热红外及微波之间相互作用的机理及其电磁波谱特性已有比较详细的研究，也提出了一些监测积雪特征因子空间变化的模型与方法。但是，在积雪监测与评价方面，仍有不少问题有待进一步研究（Foster J L.，1997；Fily M.，1999）。尽管欧洲及北美等发达国家在冬季也有严重的积雪，但是这些地区有良好的草地畜牧业基础设施，积雪对畜牧业的影响不大，因而在雪灾预警和积雪对畜牧业危害评价方面的研究不多（崔恒心，1995）。

### 6.1.2　国内研究进展

国内在积雪方面的监测工作开始于80年代中期。（曾群柱等，1990；马虹等，1996；周咏梅等，2001）利用AVHRR气象卫星资料进行积雪监测，提出估算积雪深度和面积的方法，并对其精度进行了检验。结果显示，对积雪区判识的精确度在80%以上，反演的积雪深度基本准确。由于MODIS图像相比较AVHRR资料具有较高的时间和空间分辨率，所以自发射以来很快得到了广泛的应用。还有利用中分辨率成像光谱仪（MODIS）红外、可见光谱数据进行积雪面积监测，说明利用MODIS数据可进行积雪面积监测（季泉等，2006；陆智等；2007）。

刘艳等（2005）用MODIS数据结合该区同期野外实测的积雪反射光谱数据和气象台站实测雪深数据，建立了新疆地区基于MODIS数据的雪深反演模型，并对其精度作了评价。雪深反演结果与实测值对比表明，应用MODIS数据进行大区域雪深反演，可以清楚反映积雪分布范围和雪深空间分布特征。另有利用MODIS数据、气象站点实测雪深数据等研究了新疆、西藏、青海等青藏高原地区的积雪面积和雪深的监测（梁天刚等，2007；惠凤鸣等，2004；利李甫等，2005；边多等，2005）。张学通等（2008）对新疆北部地区MODIS积雪遥感数据MOD10A1进行精度分析。积雪在不同区域有不同的特点，国内对内蒙古以及蒙古高原的积雪监测方面研究相对较少，因此本研究选取了内蒙古为研究区。

被动微波：我国积雪微波遥感研究起步稍晚，在20世纪90年代初期，原中国科学院兰州冰川冻土研究所的研究人员通过国际合作开展了被动微波积雪研究，并且较系统地比较了我国西部气象台站的雪深资料和SMMR反演结果，评价了雪深和雪水当量算法的精度和适应性。（曹梅盛等，1994；李培基，1993；柏延臣等，2001；高峰等，2003）利用SMMR被动微波亮温数据和我国西部气象台站的雪深资料对我国西部地区的反演雪深模型修正了Chang的算法。

车涛等（2004）以chang算法为基础，利用气象站雪深观测数据和SMMR在18和37GHz的水平极化亮温差做线性回归，建立了雪深反演模型进行东西部地区积雪深度反演。结果发现，可以使总体反演精度平均提高10%，Kappa分析精度平均提高20%。李晓静等（2007）利用SSM/I数据发展了在我国及周边地区判识积雪的改进方法，大大减小了青藏高原等地区冻土对积雪判识的影响。延昊等（2008）也通过对积雪和其他地物的被动微波辐射计SSM/I的微波亮温值进行波谱分析，提出了一个识别积雪的SSM/I微波检测方法，并与MODIS的5d合成积雪覆盖数据进行了比较，结果表明SSM/I的积雪范围与MODDS基本一致。发现该反演模型优于chang的算法。孙知文等（2006）利用新疆地区AMSR-E亮温数据，建立了新疆地区基于AMSR-E数据的雪深反演模型。将反演的雪深值与气象台站的实测值进行对比分析，其RMSE值为9.2cm。Liang等（2008）利用MODIS雪盖产品和AMSR-E的SWE数据，合成了用户自定义的每日积雪产品。该每日积雪产品所有天气状况下的积雪分类精度可达到75.4%，极大弥补了MODIS数据严重受云的影响缺陷，同时也有效地提高了积雪监测的精度。延昊等（2005）以中亚地区为研究区，分析比较了MODIS和AMSR-E积雪分布，发现由于云的遮蔽使MODIS积雪分布面积会比实际小，但由于MODIS的空间分辨率很高，得到的积雪边界线轮廓清晰。而微波由于不受云的影响，得到的AMSR-E积雪分布比较符合实际，但积雪的边界线较粗。仲桂新等（2010）对东北地区的AMSR-E、MODIS两种数据源的积雪产品数据进行对比验证分析，得出被动微波遥感AMSR-E积雪产品高估积雪覆盖面积，光学遥感MOD10A2积雪产品倾向于低估积雪覆盖面积。研究结果表明，土地利用类型、云和雪深这3种影响因素对积雪产品精度有重要影响。

## 6.2　草地雪灾风险研究的国内外进展

### 6.2.1　国内研究进展

我国研究者把雪灾作为北方草地牧区的一种重要灾害来研究。目前，对草地雪灾的研究主要集中在以下几个方面：（1）对雪灾的形成原因进行研究：了解雪灾发生的原因是减少雪灾发生的关键，也是正确选取草地雪灾风险评价指标的依据。张殿发和张祥华从气象因素、经营方式和政府政策等发面对我国北方草地雪灾的致灾因素进行了分析，指出草地雪灾的形成既有外部因素又有内部因素，认为受“拉尼娜事件”影响的异常气候固然是致灾的客观原因，但是不合理的人类经济活动超过草地生态阈限，使脆弱的草地生态平衡遭到严重破坏，生态系统抵御灾害的能力降低，加上草地公有、牲畜私有之间的所有制相位差激发牧民掠夺式利用草地资源，这些都是雪灾频繁发生的原因。（2）研究雪灾发生的时空分布格局：认识雪灾发生的时空分布格局可以为预防和减少雪灾发生的资金投入及政府决策提供重要的依据。郝璐、王静爱等从雪灾的时空变化角度分析了中国雪灾平均灾次的高、低值区与草场退化程度的关系，从承灾体脆弱性的角度揭示了雪灾格局形成的机制。（3）草地雪灾风险的评价指标及方法的研究：聂娟根据遥感影像数据特征、地物波谱特征、以及两者间关系探讨了较合理的积雪提取模型、方法，通过积雪分布，开展积雪持续时间、范围和深度等分析，结合地面资料进行了雪灾预测、预警，为早期备灾等提供决策支持。（4）草地雪灾的预测研究：芦光新应用 GM（1.1）模型对青海南部地区雪灾可能发生的趋势进行了预测，并且提出了防御雪灾的对策。

### 6.2.2　国外研究进展

在国外，关于雪灾的研究主要针对山区雪灾进行研究，研究的重点主要是积雪的流动性、雪崩、积雪深度对植被的干扰作用等。如 Daniele Bocchiola 对意大利中部阿尔卑斯山脉的积雪深度频率曲线和雪崩危险度进行了研究；Erik Valinger 根据树的特征确定雪灾对松树的损害概率；Marja-LeenaPaatalo 对短期积雪量对森林的破坏风险模型进行了研究；D. L. Mitchell 建立了积雪增长模型。国外对城市雪灾的研究是利用历史雪灾资料进行城市雪灾的统计分析，如 Stanley A. Changnon 利用历史雪灾资料分析了美国暴风雪灾害的时空分布。同时利用遥感进行积雪厚度研究也取得系列成果。

## 6.3　草地雪灾灾情评价国内外进展

国内进展：在国内，郝璐等对中国雪灾的时空变化进行了研究，中国雪灾存在三个高发中心：即内蒙古中东部、新疆天山以北和青藏高原东北部，雪灾年际波动幅度大，总体呈现增长趋势，还进一步分析了中国雪灾年均灾次的高、低值区与草场退化程度的关系，从承灾体脆弱性的角度揭示了雪灾格局形成的机制；刘德才和戚家新利用大量的雪灾资料，从实际到理论阐述了雪灾对新疆畜牧业生产的影响、时空分布、产生原因及其对策。这些对雪灾的研究是从承灾体的脆弱性的角度来分析的。

余忠水等总结分析了造成藏北雪灾的主要大气环流特征并结合那曲地区畜牧业生产实际情况，提供客观全面的雪灾气候等级划分及评估标准，为决策部门提供科学直观的雪灾评估依据；王勇等通过对青海南部高原 13 个气象站的 1971—2000 年的春季（3 ~ 5 月）和冬季（10 ~ 2 月）降水资料，进行经验正交函数（EOF）展开分析，得到雪灾空间分布，对时间系数进行小波分析和熵谱分析得到雪灾时间分布和青南高原春冬季雪灾的主要周期，研究发现青南高原春季发生大雪灾的次数比冬季多；湖涛对内蒙古地区白灾的形成因素、与气候变化的关系、周期性和监测预报进行了研究，指出内蒙古白灾存在准 2 ~3 年、准 10 年的周期；白灾的出现与厄尼诺现象的当年或前一年存在着相关关系。以上学者的研究是从孕灾环境的稳定性进行考虑的。

在指标体系和方法选择的研究上，选取的指标也不尽相同。林建等结合内蒙古常规站点雪深资料和卫星监测的积雪覆盖率资料，主要考虑积雪厚度和持续时间对不同草场的灾情影响，建立了一套简单的内蒙古雪灾监测方法，认为把常规站点的雪深资料和卫星监测积雪覆盖率资料有机的结合起来才能正确监测雪灾情况；杨慧娟基于对内蒙古锡林浩特市近几十年内发生的雪灾事件的分析，选取了 6 个评价雪灾的气候指标，计算了这 6 个因子的长期变化趋势，还引入熵权法，计算了各因子对雪灾影响的重要性程度，从而建立了综合评价方法，用以分析雪灾随气候变化的变化规律；秦海蓉利用降雪量、低温、牲畜膘情、草地产草量、饲草储备、保温、草地载畜量、雪灾预报、抗灾组织等因子，对青南牧区雪灾危害的影响，提出通过人为干预防御雪灾的综合措施，并制定了入冬前进行的抗灾能力评定标准；鲁安新则在雪灾的评估中考虑了雪、草、畜等社会承灾能力综合因素的影响，建立了西藏地区雪灾遥感监测评估模型；刘兴元等根据草地畜牧业的特点，建立了以草地、家畜、饲料储备和牧区人文经济为主体的四类三级雪灾评价指标体系，通过格栅获取法和模糊 Borda 数分析法，确定了指标体系各因素的权重，建立了雪灾对草地畜牧业影响的定量评价和雪灾损失计算模型，提出了以载畜量、受灾面积、积雪与牧草高度之比和气候为变量因子的不同等级雪灾损失指数模型，用模糊评价和德尔菲法相结合的方法，综合评价了雪灾对草地畜牧业的正面和负面影响；李海红等在中国牧区雪灾等级指标研究中依据积雪掩埋牧草程度、积雪持续日数和积雪面积比等三项指标，考虑气象因子与雪灾的关系来制定中国牧区雪灾发生的等级指标，将灾情等级分为轻灾、中灾、重灾和特大灾四级；周秉荣等应用灾害学的理论和观点，以青海牧区为研究对象，采用模糊数学方法建立从降水、积雪、成灾、灾情评价的综合判识模型，对已产生灾情的雪灾进行等级划分，建立相对评估指标，提供救灾决策信息。

国外研究进展：在国外，关于雪灾的研究主要针对山区雪灾进行研究，研究的重点主要是积雪的流动性、雪崩、积雪深度对植被的干扰作用等，对草地雪灾的研究很少。认识草地雪灾时空分布规律是减少雪灾发生的关键，也是正确选取草地雪灾灾情损失评价指标的依据。Stanley A. Changnon 利用历史雪灾资料分析了美国暴风雪灾害的时空分布。

# 第二章　内蒙古积雪与时空特征

## 1　内蒙古积雪面积时空特征

### 1.1　引言

积雪是地球表层覆盖的重要组成部分，就全球和大陆尺度范畴而言，大范围积雪影响气候变化、地表辐射平衡与能量交换、水资源利用等；就局域和流域范畴而言，积雪影响天气、工农业和生活用水资源、环境、寒区工程等一系列与人类活动有关的要素[1]。积雪的分布以及积雪随时间和地区的变化已越来越受到国内外学者的重视。国外利用微波雷达图像和可见光卫星遥感资料对积雪与可见光、近红外、热红外及微波之间相互作用的机理及其电磁波谱特性已有研究，也提出了一些监测积雪特征因子空间变化的模型与方法[2,3]。但是在不同区域的积雪监测与评价方面仍有不少问题有待进一步研究。我国也有不少学者先后对不同区域的积雪覆盖进行了监测与研究。延昊[4]利用NOAA气象卫星1.6μm红外波段，对中国北方冬季的卫星积雪图像进行识别，并对积雪深度进行了精度检验。张学通等[5]对新疆北部地区MODIS积雪遥感数据MOD10A1进行了精度分析。仲桂新等[6]利用MODIS积雪产品（MOD10A2、MOD10C2）和Aqua/AMSR-E雪水当量产品，分析了东北地区积雪覆盖面积的变化特征，以研究区气象站点观测的积雪数据为真实值来验证两种产品积雪信息的精度，探讨了云覆盖、土地利用类型和雪深对积雪覆盖精度的影响。韩兰英等[7]利用EOS/MODIS、NOAA资料以及气象资料应用线性光谱混合模型提取像元内积雪所占比例分析祁连山积雪面积时间、空间分布及其气候响应。陈晓娜等[8]利用MOD02 HKM数据通过线性光谱混合模型（LSMM，Linear Spectral Mixing Model）对研究区MODIS影像进行了像元分解从中提取积雪面积信息并进行精度评价。一些研究者利用被动微波遥感SSM/I数据对青藏高原的雪深进行反演并进行了结果评价[9~12]。李金亚等[13]利用MODIS和AMSR-E数据构建草原积雪遥感监测模型，以日为监测单元以旬为多日合成时段，对中国6大牧区在2008年10月上旬至2009年3月下旬间的草原积雪覆盖范围进行监测，并对监测结果进行了检验以此说明MODIS与AMSR-E数据在雪灾监测方面协同监测的可行性。而长时间序列对内蒙古地区积雪覆盖的监测研究相对较少。

内蒙古自治区位于我国北部边疆（37°24′~53°23′N，97°12′~126°04′E），东部与黑龙江、吉林、辽宁三省毗邻，南部、西南部与河北、山西、陕西、宁夏四省区接壤，西部与甘肃省相连，北部与蒙古国为邻，东北部与俄罗斯交界，国境线长达4 221km，全区的总面积为118.3万km$^2$，占全国总面积的12.3%，居全国第3位。内蒙古草原是全球典型的中纬度半干旱温带草原生态类型，位于IGBP全球变化研究典型陆地样带中国东北陆地样带之内，是我国北方重要的陆地生态系统，是草地畜牧业生产的基础，也是我国三大积雪分布中心之一，特别是其中西部和东北部是雪灾多发区。这些牧区均为少数民族的聚集地，草地和牲畜是其最基本的生产、生活资料，一旦成灾，草场封闭，食料短缺，牧民和家畜即刻陷入绝境，损失惨重，严重制约草地畜牧业的可持续发展[14~17]。因此掌握内蒙古的积雪覆盖范围和动态变化特征，可以为进一步改善内蒙古地区积雪遥感监测及雪灾评价提供科学依据。

### 1.2　数据源及研究方法

（1）数据源：采用美国国家雪冰中心（National Snow and Ice Data Center，NSIDC）网站下载2002—2012年MODIS的MOD10A2积雪产品。MOD10A2数据是由逐日积雪分类产品MOD10A1影像8天数据合成，目的是为了保证影像像元内积雪覆盖面积最大，减少云的影响。MOD10A2数据产品中包含积雪，云层覆盖和质量验证信息，数据的格网分辨率为500m[18]。研究区由6幅MOD10A2拼接而成，包括2002年10月至2012年3月末10个积雪季230个时相共1 380幅图像。本研究将每年10月至翌年3月作为积雪季节（如2002年10～2003年3月的积雪季为2003年的积雪季，剩下年份的积雪季节以此类推）。利用国家气象局提供的内蒙古50个气象站点1980—2010年近30年的平均气温数据分析内蒙古气候变化特征。

（2）研究方法：每期的6幅MOD10A2积雪产品分别进行拼接、坐标变换，将正弦曲线投影转换为ALBERS等面积投影，椭球体选为WGS84，重采样方法选用最邻近法，图像文件转换为GeoTIFF格式，使用内蒙古行政界线，将影像进行裁剪。利用每个月的四期MOD10A2积雪产品进行叠加合成，形成内蒙古月积雪分布图像。月积雪分布图像采用了最大合成法，反映合成期内积雪的最大分布范围。当一个像素在30d内有1d或1d以上被积雪覆盖时，则标记为有雪。如果该像素在30d内无雪，则将其标记为出现频率最多，且除云以外的某种地物，具体合成规则[19]见表2－2－1。

**表2－2－1　MOD10A2积雪产品月合成规则（引用了王玮的合成规则）**

**Tab. 2－2－1　compositing rules for MOD10A2 snow cover product**

| MOD10A2 | MOD10A2 | | | | | |
|---|---|---|---|---|---|---|
| | 0/1/4/11/254/255 | 25（陆地） | 37（水体） | 50（云） | 100（积雪覆盖的湖冰） | 200（积雪） |
| 0/1/4/11/254/255 * | 0 | 25 | 37 | 50 | 100 | 200 |
| 25（陆地） | 25 | 25 | 37 | 25 | 100 | 200 |
| 37（水体） | 37 | 37 | 37 | 37 | 100 | 200 |
| 50（云） | 50 | 25 | 37 | 50 | 100 | 200 |

（续表）

| MOD10A2 | MOD10A2 、 | | | | | |
|---|---|---|---|---|---|---|
| | 0/1/4/11/254/255 | 25（陆地） | 37（水体） | 50（云） | 100（积雪覆盖的湖冰） | 200（积雪） |
| 100（积雪覆盖的湖冰） | 100 | 100 | 100 | 100 | 100 | 200 |
| 200（积雪） | 200 | 200 | 200 | 200 | 200 | 200 |

注：*0、1、4、11、254 和 255 分别代表传感器数据丢失、不确定、错误数据、夜晚或传感器停止工作或在极地区域、传感器数据饱和及填充数据

对内蒙古积雪覆盖时间提取时（公式 2－2－1），利用近 10 年积雪季节每个月的积雪覆盖图的各像元时间值（有积雪赋给 1 无雪赋给 0 值）提取，将各像元时间值进行加和平均得到近 10 年各像元平均积雪覆盖时间指数图。

$$\overline{SNCT_j} = \frac{1}{6}\sum_{i=1}^{6} SNCT_{ij} \qquad \text{（公式 2.2.1）}$$

式中 $SNCT_{ij}$ 表示月合成积雪分布图像的各像元积雪覆盖时间值，$\overline{SNCT_j}$ 表示近 10 年各像元积雪覆盖时间平均值，$i$ 和 $j$ 分别代表月和年份（$i = 10$，11，12，1，2，3；$j =$ 2002，2004，…，2012）。图中，图例接近 1 的表示积雪覆盖时间比较长，长时间积雪覆盖区域定义为近 10 年各像元积雪覆盖时间平均值占全部积雪季节时间的 80% 以上（图例的 0.8 以上区域）。

## 1.3 结果与分析

### 1.3.1 积雪面积年内变化

近 10 年，研究区（图 2－2－1）积雪面积年内变化整体上呈现双峰和单峰的波动特点，年内最大积雪面积基本发生在 12 月或 1 月份，年内积雪面积最小的是 10 月份。最大积雪面积最大的年份是 2002 年 12 月份，达 83.27 万 $km^2$，最大积雪面积最小的年份是 2009 年 1 月份为 55.26 万 $km^2$。年内变化基本上 1 月份之前积雪面积波动的上升，1 月份之后为积雪面积消融阶段。2003 年、2005 年、2006 年、2008 年和 2011 年的积雪面积年内变化为单峰的波动特点。其中，2003 年和 2005 年在 10 月至 11 月为上升状态，12 月到达最高点，达 83.27 万 $km^2$ 和 79.95 万 $km^2$，1 月至 3 月为下降状态。2006 年和 2008 年在 10 月至 12 月为上升状态，1 月到达最高点，2 月至 3 月逐渐下降。2011 年的积雪面积年内变化为 10 月至 1 月上升，2 月到达最高点，3 月下降；2004 年、2007 年、2009 年、2010 年和 2012 年的积雪面积年内变化是双峰的波动特点。其中，2004 年的两个峰值分别在 11 月和 1 月份，波谷在 12 月份。2007 年的两个峰值出现在 11 月和 2 月份，波谷出现在 1 月份。2009 年的积雪面积年内变化在 10 月至 12 月上升，1 月份到最高点，2 月下降后 3 月又上升。2010 年的两个峰值出现在 11 月和 1 月份，波谷出现在 12 月份。2012 年的积雪面积年内变化为 10 月至 11 月上升，12 月到达最高点，1 月至 2 月下降后 3 月份又回升。

空间上内蒙古的积雪面积年内变化，从 10 月份开始大兴安岭西麓、呼伦贝尔高原

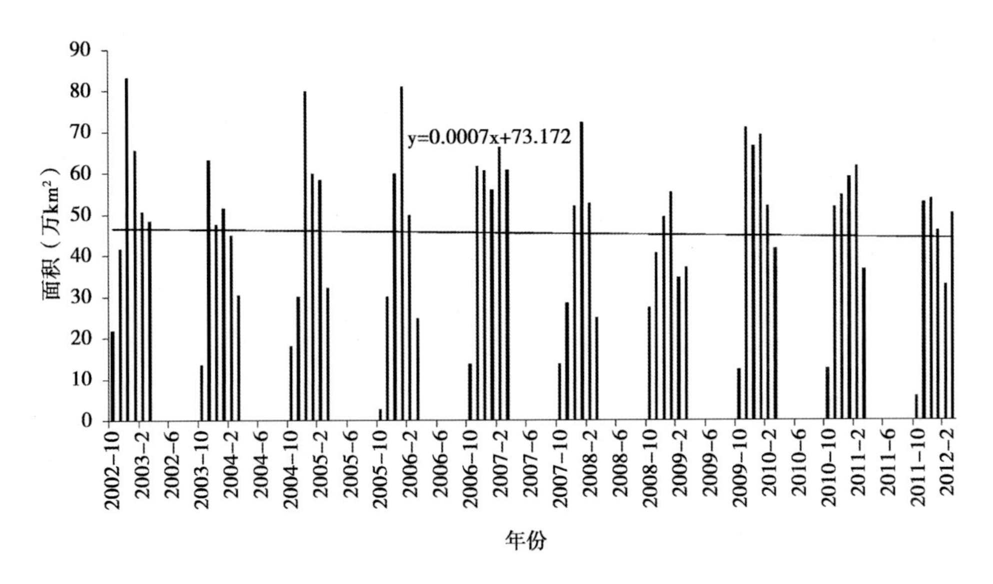


图 2－2－1　内蒙古积雪面积年内变化

**Fig. 2－2－1　Inter annul change of snow cover in the Inner Mongolia**

以及乌珠穆沁盆地最早降雪，1 月份之前积雪面积波动为明显的增加趋势，并且积雪面积覆盖内蒙古的中西部和东北部。其中，锡林郭勒草原和乌兰察布草原的积雪面积变化主导着内蒙古的总体积雪面积波动。1 月份之后为积雪消融阶段，积雪面积不断减少。

1.3.2　积雪面积年际变化

近 10 年，研究区积雪面积年际变化整体上呈现减少的趋势，其中，每年平均减少率为 7km²（图 2－2－1）。研究区除了 11 月份和 3 月份以外，其余月份积雪面积年际变化均呈现减少的趋势（图 2－2－2）。10 月份的积雪面积年际变化有三峰的波动特点，两个波谷为 2003 年和 2005 年，其中，积雪面积最大值出现在 2008 年，达 27.47 万 km²。11 月份的积雪面积年际变化是 3 峰的波动特点。三个峰值分别在 2003 年、2006 年和 2009 年，两个波谷是 2004 年和 2007 年。积雪面积最大值出现在 2009 年，达 70.88 万 km²。12 月份的积雪面积年际变化是三峰的波动特点。三峰为 2002 年、2004 年和 2009 年，两个波谷为 2003 年和 2008 年。积雪面积最大值出现在 2002 年，达 83.27 万 km²。1 月份的积雪面积年际变化是四峰的波动特点。四峰是 2003 年、2006 年、2008 年和 2010 年，三个波谷是 2004 年、2007 年和 2009 年。积雪面积最大值出现在 2006 年，达 80.91 万 km²。2 月份的积雪面积年际变化呈现四峰的波动特点。四峰是 2003 年、2005 年、2007 年和 2011 年，三个波谷是 2004 年、2006 年和 2009 年。积雪面积最大值出现在 2007 年，达 66.33 万 km²。3 月份的积雪面积年际变化是三峰的波动特点。三峰是 2003 年、2007 年和 2012 年，两个波谷是 2006 年和 2008 年，积雪面积最大值出现在 2007 年，达 60.75 万 km²。

近 10 年积雪最大面积的变化呈现减少的趋势（图 2－2－3），并有三峰的波动特点。3 个峰值分别是 2006 年、2008 年和 2010 年，3 个波谷是 2004 年、2007 年和 2009 年，积雪面积最大值出现在 2003 年，为 83.27 万 km²，积雪面积最小值出现在 2012

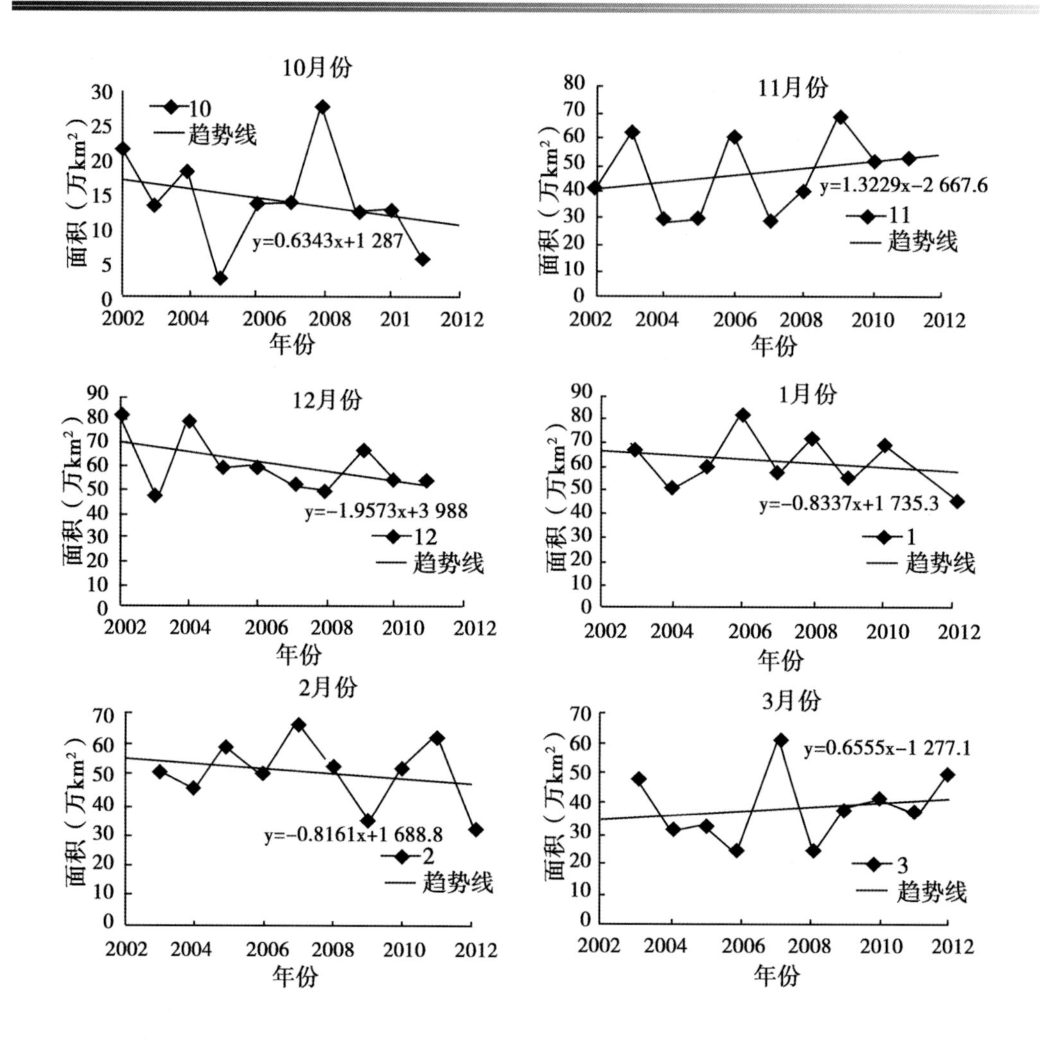


图 2－2－2　近 10 年内蒙古各月份积雪面积年际变化

Fig. 2－2－2　Recent 10 years annual changes of snow cover of each month

年，为 53. 82 万 km$^2$。

空间上，近 10 年内蒙古长时间积雪覆盖区域（图 2－2－4）主要分布在大兴安岭西麓、呼伦贝尔高原以及乌珠穆沁盆地。这些地方积雪季节内长时间积雪覆盖，因此灾情较严重，应准备防灾措施。锡林郭勒草原和乌兰察布草原的积雪面积变化主导着内蒙古的总体积雪面积波动，并且这些地区积雪覆盖时间也较长，应做好降雪预报工作，以准备防灾措施。

1. 3. 3　气候响应

近 30 年（1980—2010 年）内蒙古气温年际变化（图 2－2－5）有明显上升的趋势，其中每 10 年的平均增温率为 0. 456℃，气温显著变暖。研究区气温为阶段性的波动上升，其中 1980—2000 年间波动周期和幅度比较大，这 20 年来年均温度的最大值和最小值相差 2. 3℃左右，平均温度最低的年份出现在 1984 年（3. 25℃），平均温度最高的年份出现在 1998 年（5. 58℃）；2000—2010 年间气温波动幅度和周期缩短，但总体

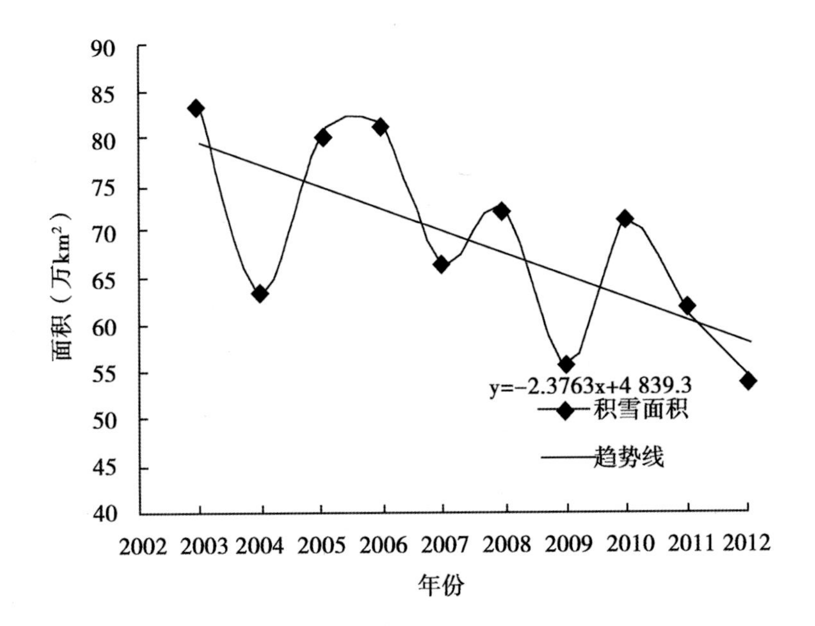


图 2－2－3　近 10 年内蒙古年际尺度最大积雪面积的变化

Fig. 2－2－3　Maximum snow cover change in recent 10 years

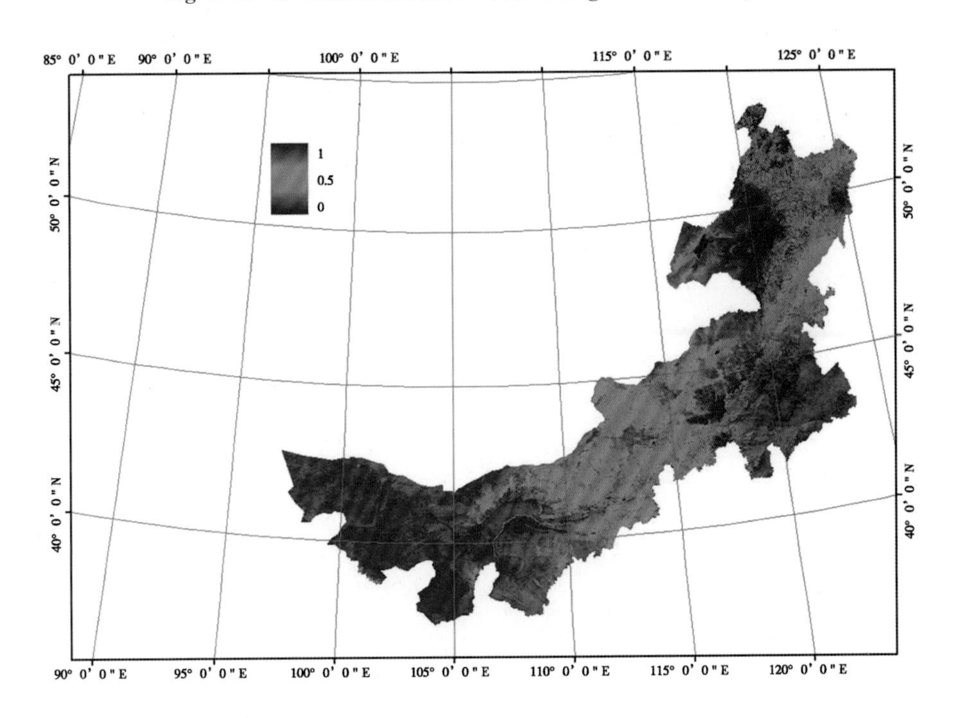


图 2－2－4　近 10 年内蒙古积雪覆盖时间指数图

Fig. 2－2－4　Temporal index of snow cover in Inner Mongolia in previous 10 years

趋势还是升温，平均温度最高的年份出现在 2007 年（5.96℃）。上述特征表明最近 30 年来内蒙古气温年际变化有明显差异，变化幅度较大不稳定，有明显上升的趋势。温度的上升引起暖冬化导致内蒙古积雪面积减少。这一结果与IPCC第四次评估报告[19]指出的受全球变暖影响21世纪积雪面积预计将大范围减少的结论相一致。说明内蒙古积雪面积的变化受气温的影响很大。

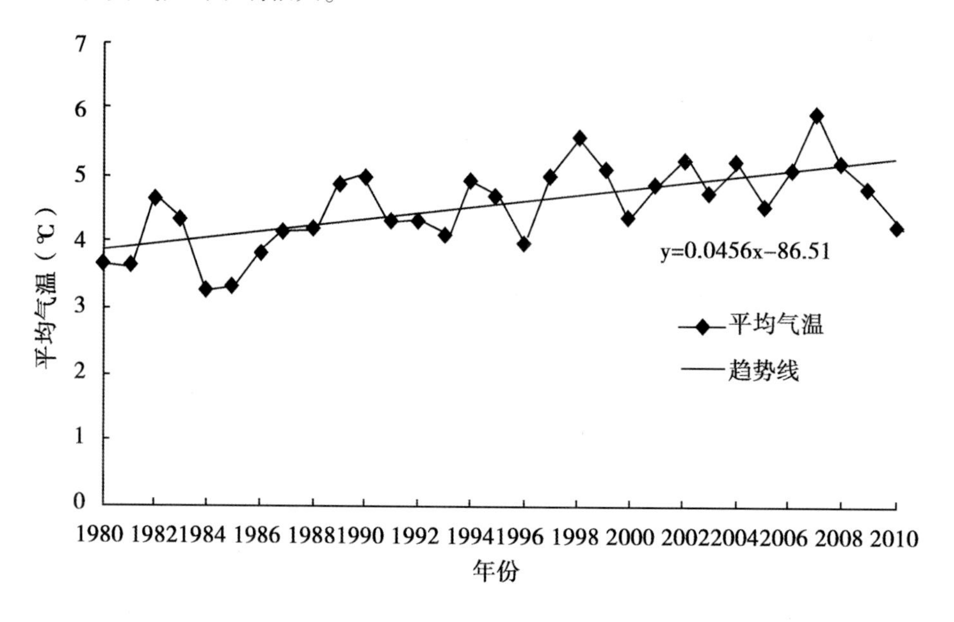


图2-2-5　近30年内蒙古平均气温变化

Fig. 2-2-5　Averaged temperature changes in recent 30 years

## 1.4　讨论

国内外的研究表明，遥感技术用于积雪监测具有极大的潜力。目前，MODIS全球雪盖制图有一套成熟的算法。国内青藏高原和北疆地区的积雪面积时空特征研究比较多一些，而内蒙古的相对少一些，尤其长时间序列的积雪面积时空特征更少一些。本研究利用美国国家航空航天局提供的MODIS的8天积雪合成资料来分析了内蒙古积雪覆盖面积的时空变化特征及气候响应。时间上，近10年内蒙古的积雪面积整体上有稍微减少的趋势，该结论与北半球积雪有减少的趋势一致。空间上，近10年大兴安岭西麓、呼伦贝尔高原以及乌珠穆沁盆地是长时间积雪铺盖区。该地区在积雪季节的80%以上的时间都被积雪覆盖，应该合理规划草地利用方式，加强饲料储备，提高防灾能力。该地区也是雪灾重点监测的区域。其中锡林郭勒草原和乌兰察布草原的积雪面积变化主导着内蒙古的总体积雪面积波动。该地区积雪面积波动较大，应做好降雪预报工作，方便牧民调整生产以及相关部门部署、实施雪灾救助及预防工作。

前人研究表明，地表气温和降雪量变化是造成积雪面积减小的主要原因。内蒙古气温的明显上升引起暖冬化，可能导致积雪面积的减少，说明内蒙古积雪面积的减少主要受气温的影响。但积雪与气候响应的一些机理，如内蒙古积雪与降雪量、蒸散量和积雪日数的关系等尚待进一步深入研究。

## 1.5　结果

时间上，2002—2012年内蒙古积雪面积年内变化整体上呈现双峰和单峰的波动特点，最大积雪面积发生在12月或1月份，最小积雪面积发生在10月份。1月份之前积雪面积波动为明显的增加趋势，1月份之后为积雪消融阶段，积雪面积不断减少。内蒙古积雪面积年际变化呈现多波动的特点，整体上有稍微减少的趋势，其中，每年平均减少率为7km$^2$。研究区除了11月份和3月份以外积雪面积都呈现减少的趋势。每年积雪最大面积的变化是三峰的波动特点，最大积雪面积有下降的趋势。

空间上，近10年内蒙古长时间积雪覆盖区域主要分布在大兴安岭西麓、呼伦贝尔高原以及乌珠穆沁盆地。其中，锡林郭勒草原和乌兰察布草原的积雪面积变化主导着内蒙古的总体积雪面积波动。

内蒙古气温的明显上升引起暖冬化，可能导致积雪面积的减少，说明内蒙古积雪面积的减少主要受气温的影响。

## 2　内蒙古积雪时空特征（内蒙古积雪日数、初雪日期和终雪日期及雪深时空特征）

积雪是冰冻圈的重要组成部分，北半球积雪分布广泛，且具有较大的年内和年际变化，其积累与消融对全球气候和水文均有重要影响[21]。内蒙古草原是全球典型的中纬度半干旱温带草原生态类型，位于IGBP全球变化研究典型陆地样带中国东北陆地样带之内，是我国北方重要的陆地生态系统，是草地畜牧业生产的基础，也是我国三大积雪分布中心之一，特别是其中部和东北部是雪灾多发区。这些牧区均为少数民族的聚集地，草地和牲畜是其最基本的生产、生活资料，一旦成灾，草场封闭，食料短缺，牧民和家畜即刻陷入绝境，损失惨重，严重制约草地畜牧业的可持续发展[14~17]。因此，除积雪面积以外准确并及时地估算积雪日数、初雪日、终雪日和雪深等积雪参数具有重要意义。

传统上，积雪的监测是通过气象台站和水文观测站观测资料插值实现的，相对于冬季大范围的积雪分布而言，这些气象台站不仅数目稀少基本一个旗县一个站点、在空间上的分布不均匀，而且在一些恶劣条件的地区，如高海拔山区等，没有气象台站的分布。在我国，胡汝骥[23]、李培基等[24]在20世纪80年代通过对全国气象站积雪观测资料的统计和描绘，揭示了我国积雪分布的基本规律，并完成了我国多年平均的积雪日数及积雪类型制图。之后，胡汝骥等[25]、李培基[26]结合气象站的降雪量和积雪深度等观测资料，初步评价了我国季节性积雪的分布特征，并完成了中国的雪灾区划制图工作。但是，这种传统的由气象台站观测资料插值获得的积雪参数制图，对积雪空间分布的异质性表达不准确，不能完全并及时地揭示积雪在整个区域的实际分布状况。近些年，随着遥感技术的发展和一些新型传感器的出现，弥补了传统积雪观测的不足，为大范围积雪监测提供了有效手段。光学积雪遥感制图已有40多年的发展历史，积雪产品包括AVHRR，MODIS和国产FY－2C等，其中，应用范围最广的MODIS积雪产品空间分辨率较高，且具有相对成熟的积雪提取算法[27]。Liang等[28]以提高牧区雪灾监测能力为目的，评价并分析了MODIS积雪产品在北疆牧区的应用效果；窦燕等[29]以天山山区为研究对象，利用MODIS合成积雪产品，分析了研究区积雪分布、雪线高度等的年际变化趋势，以及积雪分布随海拔变化趋势等；林金堂等[30]采用类似的方法，分析了新疆玛纳斯河山区积雪的时空分布状况。MODIS 积雪产品受云覆盖影响十分严重，特别是它的每日产品直接应用于区域积雪的观测和制图时会带来较大的误差[31~32]。为此，研究者提出了多种降低积雪产品中云覆盖的方法[33~36]，其中，最便捷且应用效果好的是多传感器及多时相数据融合的方法。Xie 等[37]在 MODIS 双星每日积雪产品融合的基础上，通过设定一定的云覆盖阈值（为 10%）进行灵活多日的 MODIS 数据融合，结果表明这一方法可将融合产品绝大部分的云覆盖降至 10% 以下。另外，与可见光相比，微波遥感不受云覆盖影响，对地表下垫面有一定的穿透深度，因此在积雪范围、雪深和雪水当量等的监测方面有较好的应用。Che 等[38]利用被动微波 SMMR，SSM/I 和 AMSR-E 亮温数据，采用修正后的 Chang“亮温梯度”算法，反演得到了中国雪深长时间序列数据集（1978—2012），其不足之处在于被动微波资料空间分辨率低，约 25km。白淑英等[40]利用中国雪深长时间序列数据集（1979—2010）逐日被动微波雪深数据和同期气象资料，对近 32 年的西藏雪深时空变化特征及其气候因子的响应关系进行了分析。目前，对内蒙古地区的积雪参数的长时间时空变化特征方面的研究相对少一些。因此，本文利用中国雪深长时间序列数据集（1978—2012）逐日被动微波雪深数据，对近 10 年内蒙古的积雪日数、初雪日、终雪日和雪深的时空特征进行了分析。

### 2.1 积雪参数的定义

为研究内蒙古积雪多年的时空分布特征，除了积雪面积以外还采用了初雪日期（SCOD）、终雪日期（SCED）、积雪日数（SCD）、和雪深等参数。本研究将每年 10 月至翌年 3 月作为积雪季节（如 2002 年 10～2003 年 3 月的积雪季为 2003 年的积雪季，剩下年份的积雪季节以此类推）。这些参数是影响人类活动的重要因素。在内蒙古地区，从秋季到冬季稳定积雪形成之前，以及从冬季到春季积雪消融后，这期间常有短暂的积雪形成。因此，如何确定冬季积雪的初始日期以及终止日期是首先需要解决的问题。

地面气象观测规范[42]规定：当气象站四周视野地面被雪（包括米雪、霰、冰粒）覆盖超过一半时要观测雪深。符合观测雪深条件的日子，每天 08 时在观测地点将量雪尺垂直地插入雪中到地表为止（勿插入土中），依据雪面所遮掩尺上的刻度线，读取雪深的厘米整数，小数点后四舍五入；平均雪深不足 0.5cm 的，记为 0cm。也就是说，当日积雪深度为 0.5cm 以下时，积雪深度记为 0cm；当积雪深度≥0.5cm 时，数值四舍五入，最小值为 1cm。

本研究初雪日期定义为一年中该像元点从某日起积雪类别持续出现日数首次超过 14 d 时该日的儒略日，终雪日期则相反[41]，影像上各像元点的积雪日数定义为一个积雪季节中该像元点积雪类别出现的日数之和。三者共同描述了积雪在整个积雪季节年份的时空分布状况，对区域水资源管理、畜牧业管理和雪灾应急管理等均有重要的研究意义。

### 2.2 数据来源及处理

卫星遥感数据采用 1978—2012 年逐日中国雪深被动微波遥感数据产品，来源于中国西部环境与生态科学数据中心（http：//westdc. westgis. ac. cn）提供的中国雪深长时间序列数据集。空间分辨率为 25km，范围为内蒙古界限，采用全球等积圆柱 EASE-

GRID 投影。

首先，采用 ARCGIS 软件中的 ASCII to Raster 模块，将雪深数据原始 ASCII 源文件转化成栅格数据，然后，把雪深数据转换为 Albers 投影，进而用内蒙古界限裁剪生成内蒙古逐日栅格雪深数据，空间分辨率为 25km。然后 ARCGIS 软件中的 Raster to Point 模块提取内蒙地区的点数据。利用点专题数据在 ARCGIS 软件中的 Extract Multi Values to Point 模块，提取每年积雪季的雪深数据。利用 VC + + 6.0 语言编程按照积雪参数的定义来统计积雪季节的积雪参数，在利用 ARCGIS 软件里点数据和统计的积雪参数的 Excel 表格连接，并用 Point to Raster 模块得到内蒙古的积雪日数、初雪日期和终雪日期、雪深等专题地图。

## 2.3　结果与分析

### 2.3.1　积雪日数

内蒙古 2003—2012 年的平均积雪日数空间分布图（图 2 - 2 - 6）表明，内蒙古稳

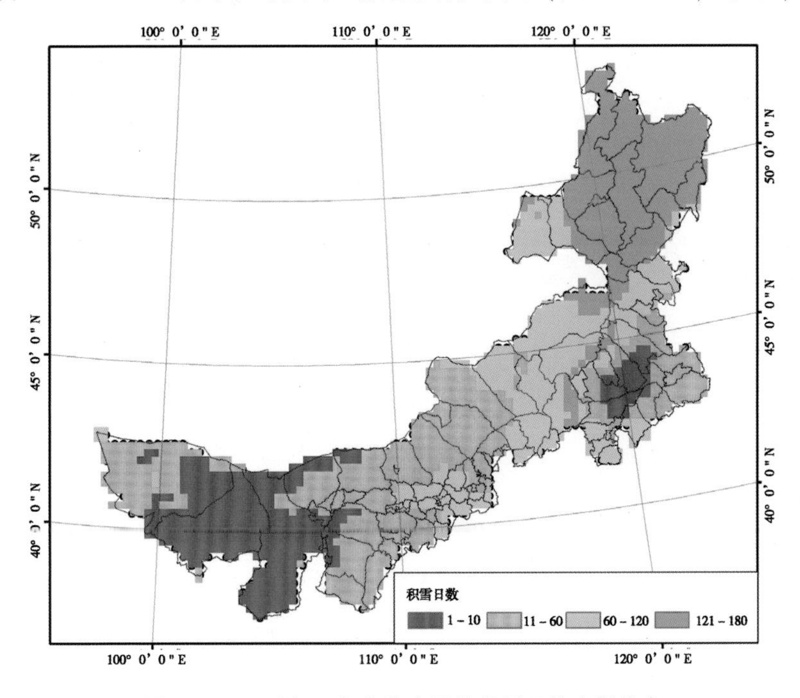


**图 2 - 2 - 6　近 10 年内蒙古平均积雪日数空间分布**

**Fig. 2 - 2 - 6　The spacial distribution of the arerage number of snow cover days in the past 10 years of Inner Mongolia**

定积雪区（即积雪季节里积雪日数在 60d 以上地区）主要分布在呼伦贝尔市、锡林郭勒盟、兴安盟中部和北部、通辽市北部、赤峰市南部及乌兰察布高原南部。其中积雪季节里积雪日数在 120 天以上地区分布在呼伦贝尔市、兴安盟阿尔山市、东乌珠穆沁旗东北部、西乌珠穆沁旗西南部和克什克腾旗东部。积雪季节里积雪日数在 61 ~ 120 天的地区主要分布在新巴尔虎右旗、锡林郭勒盟、兴安盟中部和北部、通辽市北部、赤峰市南部及乌兰察布高原南部。这些稳定积雪区雪灾发生的概率比较大，应做好降雪预报工作

和准备防灾措施；积雪季节里积雪日数在 11～60 天之间的不稳定积雪区域分布在通辽市南部、苏尼特左旗、苏尼特右旗、阴山山脉、鄂尔多斯高原及额济纳旗中西部地区。积雪季节里积雪日数在 1～10 天之间的不稳定积雪区域分布在阿拉善左旗、阿拉善右旗、额济纳旗东部、扎鲁特旗西南部、阿鲁科尔沁旗南部以及巴林左旗、巴林右旗和翁牛特旗 3 个旗的交界处。

近 10 年研究区积雪季节里，稳定积雪区域面积最大的年份是 2003 年，空间上主要分布在呼伦贝尔市、锡林郭勒盟、兴安盟、通辽市北部、赤峰市西部和阴山山脉地区。其中积雪季节里积雪日数在 120 天以上地区分布在呼伦贝尔市、兴安盟、通辽市北部、东乌珠穆沁旗、西乌珠穆沁旗、锡林浩特市、阿巴嘎旗北部和克什克腾旗。积雪日数在 61～120 天之间的地区主要分布在锡林郭勒盟西部、乌兰察布高原和阴山山脉地区；积雪季节里积雪日数在 11～60 天之间的不稳定积雪区域分布在鄂尔多斯高原、阿拉善左旗中部、额济纳旗西部。积雪日数在 1～10 天之间的不稳定积雪区域分布在通辽市南部、赤峰市东部、阿拉善右旗、额济纳旗东部地区。近 10 年内蒙古稳定积雪区域面积最小的年份是 2011 年，空间上主要分布在呼伦贝尔市、兴安盟、东乌旗、西乌旗、阿巴嘎旗北部边境地区、克什克腾旗中东部。其中积雪季节里积雪日数在 120 天以上地区分布在呼伦贝尔市中东部、兴安盟北部、东乌旗东部、克什克腾旗中部地区。积雪日数在 61～120 天之间的地区主要分布在呼伦贝尔高原、兴安盟东南部、科左中旗、东乌旗西部、西乌旗、锡林浩特市东部、阿巴嘎旗北部边境地区、克什克腾旗东部；积雪季节里积雪日数在 11～60 天之间的不稳定积雪区域分布在阴山山脉东南部地区、锡林郭勒盟南部、通辽市南部、赤峰市中部地区。积雪日数在 1～10 天之间的不稳定积雪区域分布在内蒙古西部地区以及阿鲁科尔沁旗、巴林左旗、巴林右旗、翁牛特旗和敖汉旗 5 个旗县交界处（图 2－2－7）。

### 2.3.2 初雪日期和终雪日期

内蒙古逐年初雪日期分布图（图 2－2－8）揭示，近 10 年，内蒙古积雪面积最大的年份是 2003 年，1 月份之前是积雪面积增加的阶段，10 月份呼伦贝尔市大部分地区、兴安盟的阿尔山市、科右前旗和科右中旗西部地区、科左中旗中部、霍林郭勒市、扎鲁特旗北部、赤峰市西部地区、东乌旗、西乌旗、锡林浩特市、阿巴嘎旗和正蓝旗北部开始下雪。11 月份新巴尔虎右旗、新巴尔虎左旗、陈巴尔虎旗西部地区、扎赉特旗、科右前旗东部地区、突泉县、包头和呼和浩特市附近地区开始下雪。12 月份开始下雪的地区是内蒙古中部的锡林郭勒盟西部地区、乌兰察布盟、鄂尔多斯市和巴彦淖尔市、额济纳旗西部地区。1 月份之后基本上没怎么下雪。

近 10 年，积雪面积最小的年份是 2009 年，10 月份开始下雪的地区分布在呼伦贝尔市中部和西部地区、东乌旗和西乌旗的东部地区、克什克腾旗的中部地区。11 月份开始下雪的地区分布在锡林郭勒盟中部和东部地区、乌兰察布盟、呼和浩特市和包头市附近地区。12 月份开始下雪的地区分布在赤峰市南部、兴安盟东部地区。12 月份之后下雪的地区很少，主要分布在锡林郭勒盟的荒漠草原区的部分地区和额济纳旗的部分地区。

近 10 年，12 月份以后开始大面积下雪的年份是 2006 年和 2008 年。空间上主要分

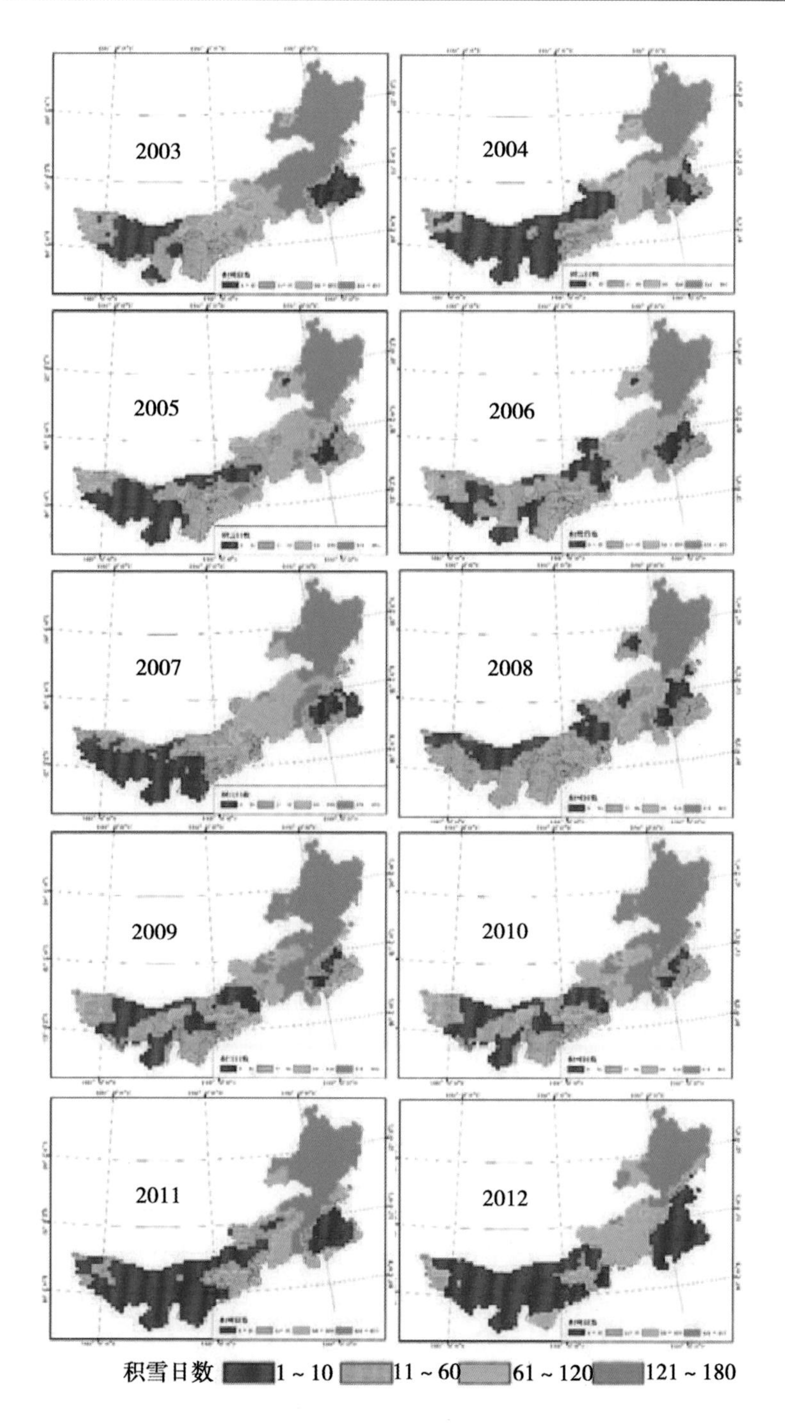


图 2 - 2 - 7　近 10 年内蒙古逐年积雪日数空间分布图

Fig. 2 - 2 - 7　The spacial distribution of the snow cover days year in the past 10 years of Inner Mongolia

布在内蒙古西部的鄂尔多斯市、巴彦淖尔盟和阿拉善盟地区。10 月份开始下雪的地区基本分布在呼伦贝尔市和锡林郭勒盟东部的乌珠穆沁草原。1 月份之前，基本上是积雪

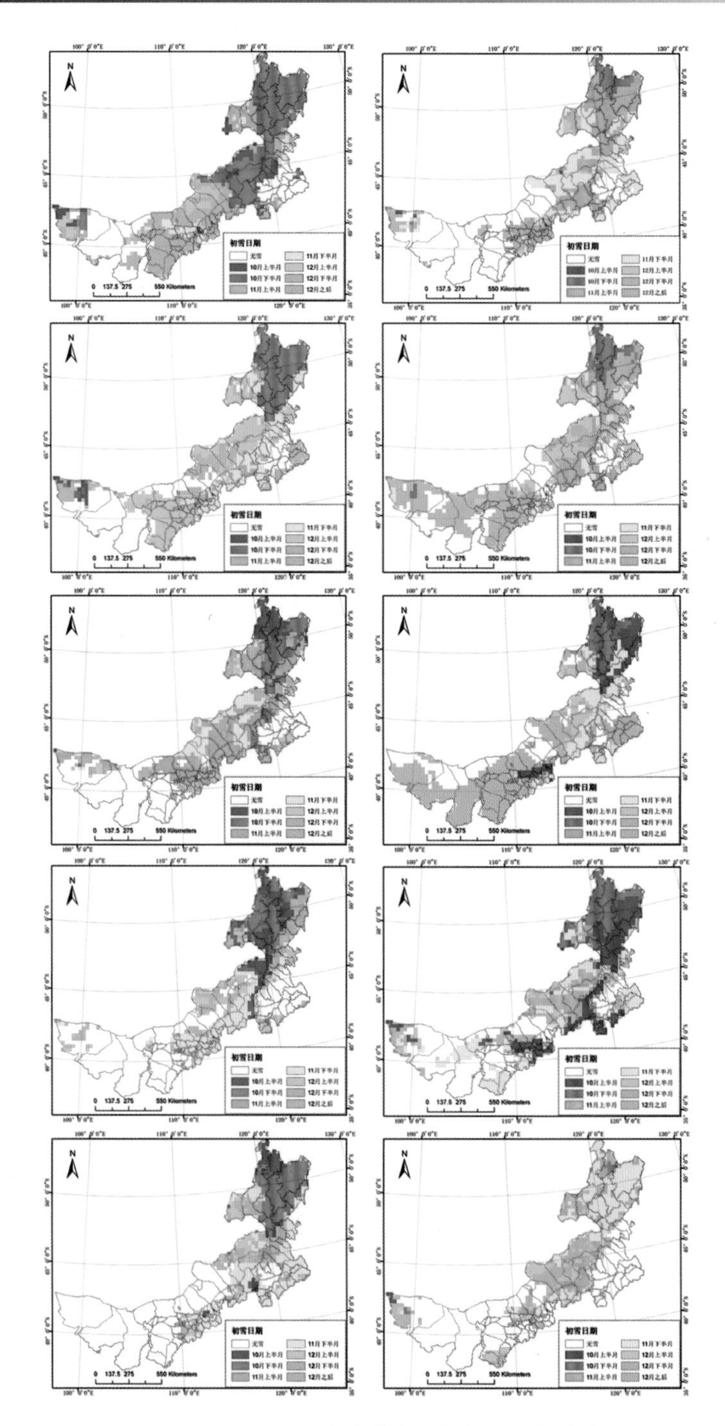


图 2－2－8　近 10 年内蒙古逐年初雪日期分布

**Fig. 2－2－8　Distribution of the first snow date year by year in the past 10 years of Inner Mongolia**

面积不断增加积雪积累阶段。

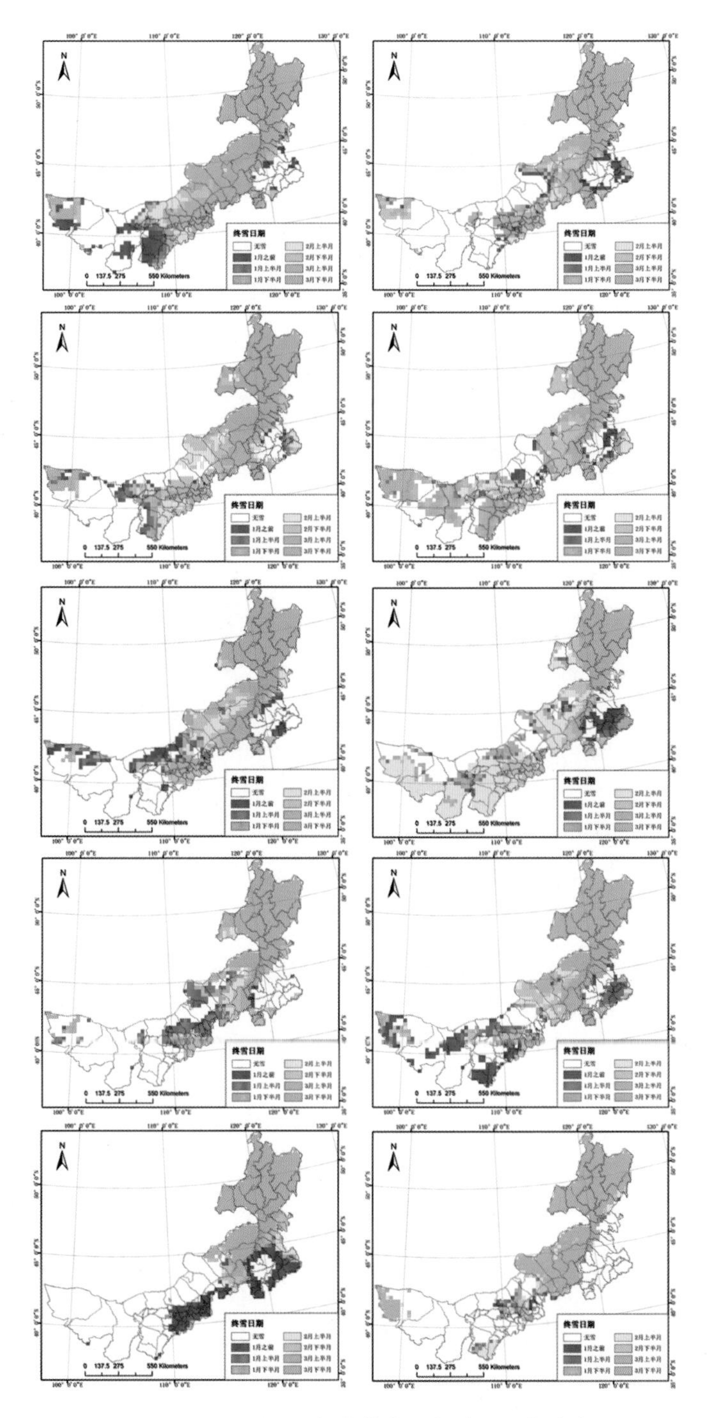


图 2－2－9　近 10 年内蒙古逐年终雪日期分布

**Fig. 2－2－9　Distribution of the final snow date year by year in the past 10 years of Inner Mongolin**

内蒙古逐年终雪日期分布图（图 2－2－9）揭示，2003 年，终雪日期 1 月份之前的地区主要分布在内蒙古西部的鄂托克前旗、鄂托克旗、杭锦旗、阿拉善左旗的部分地方和额济纳旗的部分地方。终雪日期在1月份的地方很少，2月份的地方主要分布在巴彦淖尔盟、鄂尔多斯市的其他地区、达茂旗北部、四子王旗北部、苏尼特右旗北部地区。终雪日期在3月上半月的地区主要分布在呼和浩特市附近地区、乌兰察布市其他地方、锡林郭勒盟的其他地方、赤峰市西部地区、扎鲁特旗北部、兴安盟北部和呼伦贝尔市东部地区。终雪日期在3月下半月的地区主要分布在呼伦贝尔市西部地区。2004年，终雪日期在1月份之前的地区不多，主要分布在通辽市中部、敖汉旗北部和苏尼特左旗北部。终雪日期在1月份的地区也不多，主要分布在包头市。终雪日期在2月份的地区主要分布在锡林郭勒盟中部和扎赉特旗东部。终雪日期在3月份的地区主要分布在呼伦贝尔市、兴安盟北部、扎鲁特旗北部、赤峰市中西部、乌兰察布市南部、呼和浩特市和固阳东部地区。2005年，终雪日期在2月份的地区逐渐增加，主要分布在通辽市东南部、锡林郭勒盟西部地区、鄂尔多斯市东部、巴彦淖尔中部地区。终雪日期在3月份的地区主要分布在呼伦贝尔市、兴安盟北部、扎鲁特旗北部、东乌旗、西乌旗、赤峰市西部、呼和浩特市附近地区。2006年，终雪日期在1月份的地区增加，主要分布在鄂尔多斯市和阿拉善盟。终雪日期在2月份的地区主要分布在乌兰察布市南部、呼和浩特市、包头市、锡林郭勒盟大部分地区、通辽市东部地区、新巴尔虎右旗等地区。终雪日期在3月份的地区主要分布在呼伦贝尔市中东部、兴安盟北部、赤峰市西部地区和额济纳旗西部地区。2007年，终雪日期在3月份的地区逐渐减少，主要分布在呼伦贝尔市、兴安盟北部、东乌旗东北部、西乌旗东南部、赤峰市中西部、呼和浩特市包头附近地区。2008年，终雪日期在2月份的地区逐渐增加，主要分布在内蒙古的中西部地区。终雪日期在3月份的地区逐渐减小，主要分布在呼伦贝尔市中东部、阿尔山市、扎赉特旗西部、科右前旗中西部、克什克腾旗东部地区。2009年，内蒙古的积雪面积也很小，终雪日期在3月份的地区主要分布在呼伦贝尔市、东乌旗东部、西乌旗西南部、克什克腾旗东部地区。2010年，2月份的时候内蒙古的中西部地区以及通辽市的积雪基本上消融。2011年，终雪日期1月份之前的地区主要分布在呼和浩特市、包头、乌兰察布市、通辽市和赤峰市除了克什克腾旗以外的其他地区，2月份的时候除了呼伦贝尔市、东乌旗、西乌旗和克什克腾旗以外的地区的积雪基本上消融。2012年3月份上半月的时候，内蒙古的所有地区积雪都融化掉，基本上没有积雪区域。

近10年，内蒙古的积雪面积有减少的趋势，初雪日期不断退后和终雪日期有逐渐提前的趋势。

### 2.3.3 积雪深度

近10年内蒙古平均雪深分布图（图2-2-10）揭示，内蒙古平均雪深10cm以上的积雪地区主要分布在大兴安岭山脉地区，并且初雪日期早和终雪日期晚。该地区也是积雪日数较长的稳定积雪覆盖区域和雪灾发生概率最高的区域。因此，特别是畜牧业为主要生产资料的草原牧区地区新巴尔虎右旗、新巴尔虎左旗、陈巴尔虎旗、鄂温克自治旗、东乌旗、西乌旗、阿巴嘎旗、锡林浩特、正蓝旗、白旗和镶黄旗等地区应做好降雪预报工作，以准备防灾措施。另外苏尼特右旗、苏尼特左旗等地方雪深不是那么大，但是荒漠草原区，主要积雪日数较长就可能发生雪灾，因此也应做好降雪预报工作，以准备防灾措施。

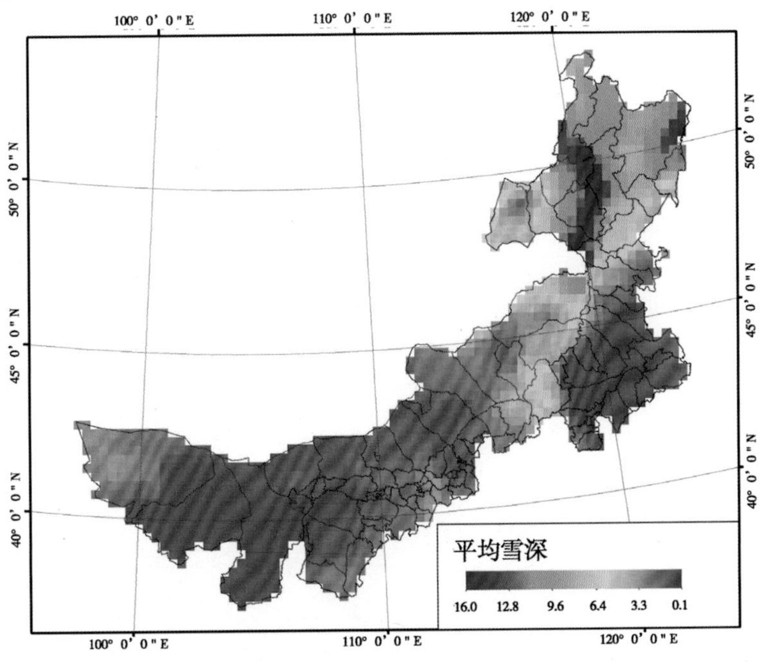


图 2－2－10　近 10 年内蒙古平均雪深分布图

Fig. 2－2－10　Spatial distribution of the average snow depth in Inner Mongolia over the past 10 years

## 3　内蒙古雪灾时空特征

### 3.1　数据来源与研究方法

#### 3.1.1　数据来源

本文选用的是内蒙古气象灾害大典·（内蒙古卷）、内蒙古统计年鉴、内蒙古民政厅提供的内蒙古实际灾情统计数据以及内蒙古自治区的 1：400 万的数据集，并对这些资料进行筛选、统计、整理、分析。

#### 3.1.2　研究方法

本文通过对统计数据的整理，以旗县为单位，统计出各旗县 1978—2004 年间发生雪灾的次数和分布情况，再导入 ArcGIS 进行分类显示，制作专题地图，从时间和空间的角度加以分析研究。

### 3.2　结果与分析

#### 3.2.1　时间分布特征

从内蒙古雪灾发生旗县次数变化图（图 2－2－11）可以看出，从 20 世纪 80 年代至 21 世纪初，内蒙古雪灾发生旗县次数基本呈波状增加的趋势，27 年间共有 66 个旗县发生了 468 次不同程度的雪灾。前 15 年年均发生雪灾旗县次数为 15 次左右且趋于平稳，后 10 年年均发生雪灾旗县次数 22 次左右且有明显的上升趋势。

雪灾发生旗县次数最少的年份为 1984 年和 1993 年均只有 9 个旗县发生过雪灾，发

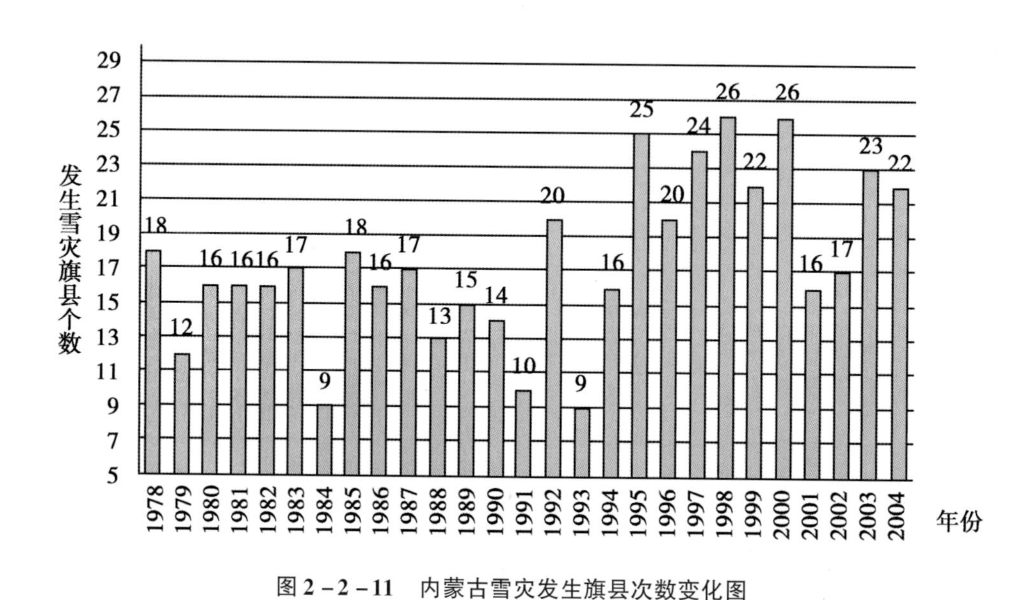


图 2－2－11　内蒙古雪灾发生旗县次数变化图

**Fig. 2－2－11　The number of variations of snow disaster occurred in Inner Mongolia**

生次数最多的年份为 1998 年和 2000 年均有 26 个旗县发生的雪灾。

从内蒙古雪灾直接经济损失变化图（图 2－2－12）可以看出，直接经济损失年际变化较大基本呈波状增加的趋势，这与内蒙古雪灾发生旗县次数变化相对应。直接经济损失最大出现在 2003 年，达到 51 596万元，受灾人口 37.4 万人。

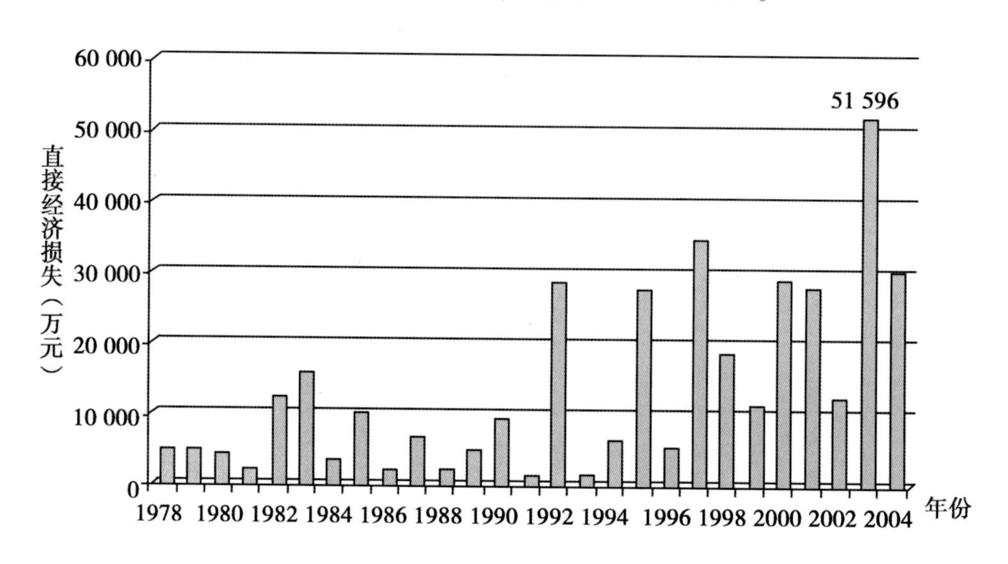


图 2－2－12　内蒙古雪灾直接经济损失变化图

**Fig. 2－2－12　Changes of direct economic loss caused by snow disaster in Inner Mongolia**

从雪灾受灾人口变化图（图 2－2－13）可以看出，受灾人口最多的年份出现在 1995 年，达到 93.95 万人，造成的直接经济损失为 27 081.5万元。

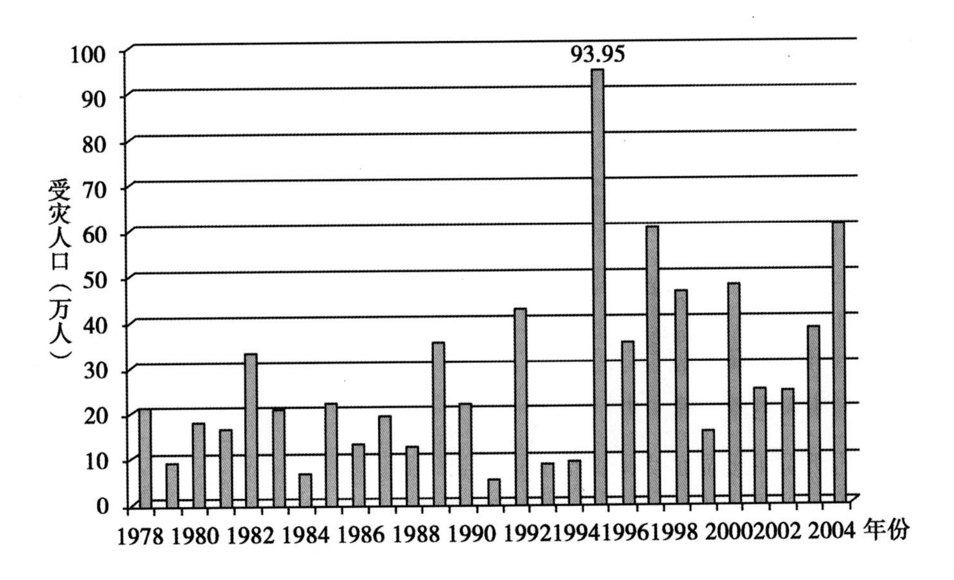


图 2－2－13　内蒙古雪灾受灾人口变化图

Fig. 2－2－13　Changes of affected population caused by snow disaster in Inner Mongolia

3.2.2　空间分布特征

从 1984 年内蒙古雪灾空间分布图（图 2－2－14）来看，雪灾主要发生在新巴尔虎右旗、新巴尔虎左旗、西乌旗、科右前旗、阿巴嘎旗等 9 个旗县，共造成 6.45 万人受灾，直接经济损失 3 437.0万元。

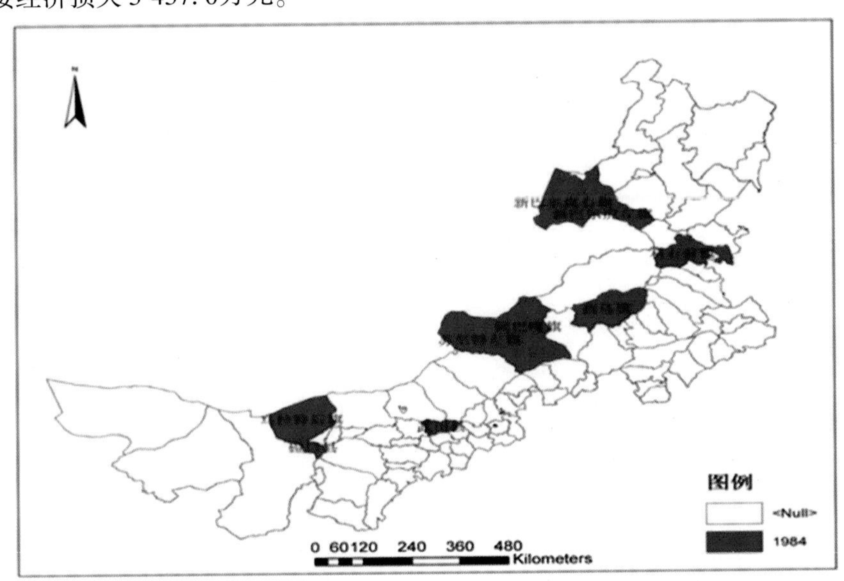


图 2－2－14　1984 年内蒙古雪灾空间分布图

Fig. 2－2－14　Spatial distribution of Inner Mongolia snow disaster in 1984

从 1993 年内蒙古雪灾空间分布图（图 2－2－15）来看，雪灾主要发生在新巴尔虎左旗、西乌旗、阿巴嘎旗、奈曼旗、乌拉特后旗等 9 个旗县，共造成 8.30 万人受灾，直接经济损失 1 389. 0万元。

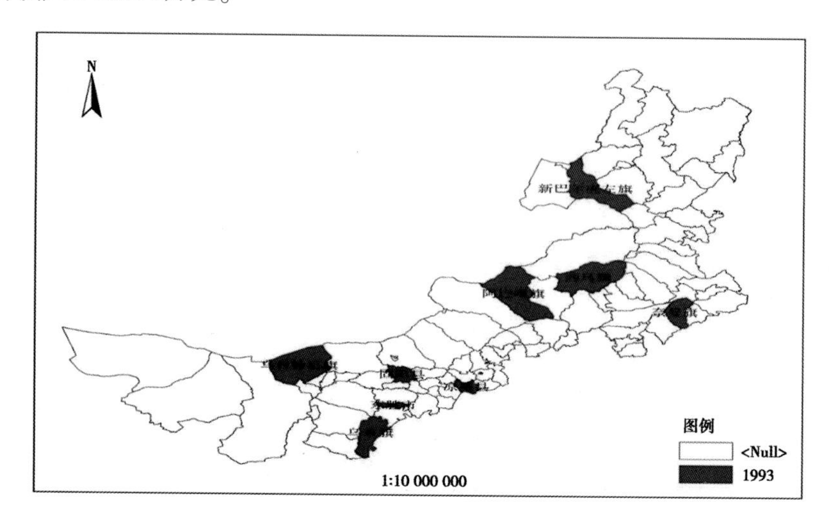


图 2 – 2 – 15　1993 年内蒙古雪灾空间分布图

Fig. 2 – 2 – 15　Spatial distribution of Inner Mongolia snow disaster in 1993

从 1998 年内蒙古雪灾空间分布图（图 2 – 2 – 16）来看，雪灾主要发生在新巴尔虎左旗、扎赉特旗、苏尼特左旗、乌拉特中旗、乌拉特后旗、杭锦旗、鄂托克旗等 26 个旗县，共造成 45. 62 万人受灾，直接经济损失 18 410. 4万元。

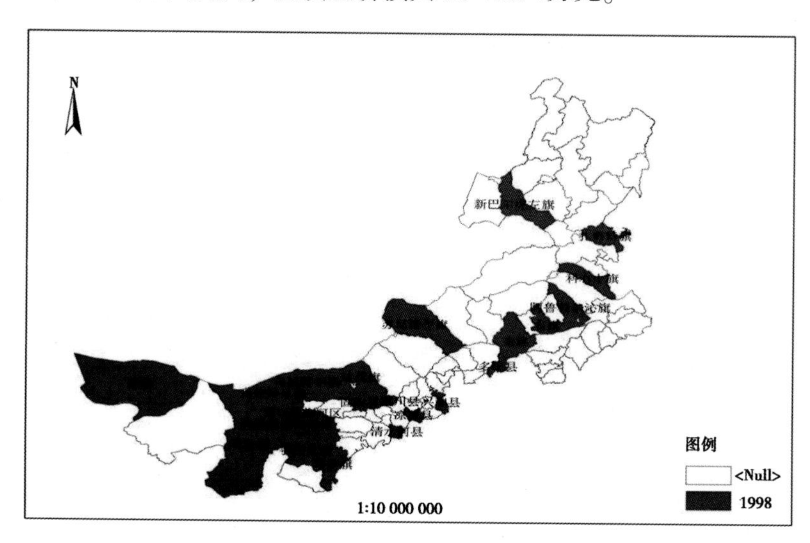


图 2 – 2 – 16　1998 年内蒙古雪灾空间分布图

Fig. 2 – 2 – 16　Spatial distribution of Inner Mongolia snow disaster in 1998

从2000年内蒙古雪灾空间分布图（图2－2－17）来看，雪灾主要发生在新巴尔虎左、右旗、东乌旗、西乌旗、苏尼特左旗、乌拉特中旗、杭锦旗、鄂托克旗等26个旗县，共造成47.38万人受灾，同时造成7人死亡，直接经济损失28 625.0万元（表2－2－2）。

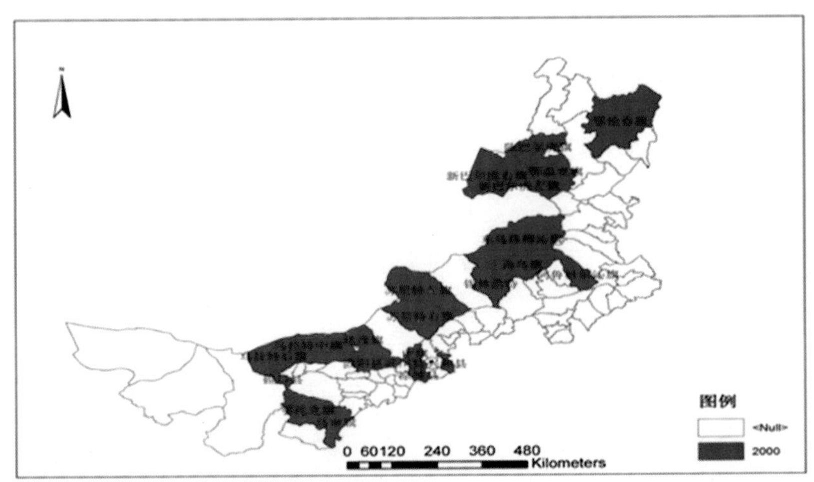


图2－2－17　2000年内蒙古雪灾空间分布图

Fig. 2－2－17　Spatial distribution of Inner Mongolia snow disaster in 2000

表2－2－2　受灾情况统计表

Tab. 2－2－2　Statistical table of disaster situation

| 年份 | 受灾人口（万人） | 死亡人口（人） | 直接经济损失（万元） |
|---|---|---|---|
| 1984 | 6.54 | 0 | 3 437.00 |
| 1993 | 8.30 | 0 | 1 389.00 |
| 1998 | 45.62 | 0 | 18 410.40 |
| 2000 | 47.38 | 7 | 28 625.00 |

从1978—2004年内蒙古雪灾发生频率空间分布（图2－2－18）表明，发生雪灾的频率较高地方，主要发生在新巴尔虎左旗、东乌珠穆沁旗、西乌珠穆沁旗、阿巴嘎旗、苏尼特左旗、乌拉特后旗磴口县等旗县，与此同时也可以看出牙克石市、科尔沁左翼后旗、翁牛特旗、敖汉旗、土左旗，和林格尔县、阿拉善右旗等旗县发生雪灾的概率较小。

### 3.3　结论

（1）在雪灾时间分布上，1978—2004年内蒙古雪灾发生频次基本呈波状增加的趋势，20世纪80年代雪灾发生频率趋于平稳，90年代后期频率增加并出现高潮，1995年后有明显增加的趋势。

（2）1978—2004年间，雪灾发生旗县数最多的年份是1998年和2000年，均有26个旗县，最少的年份是1984年和1993年，均有9个旗县；受灾人口最多的年份出现在

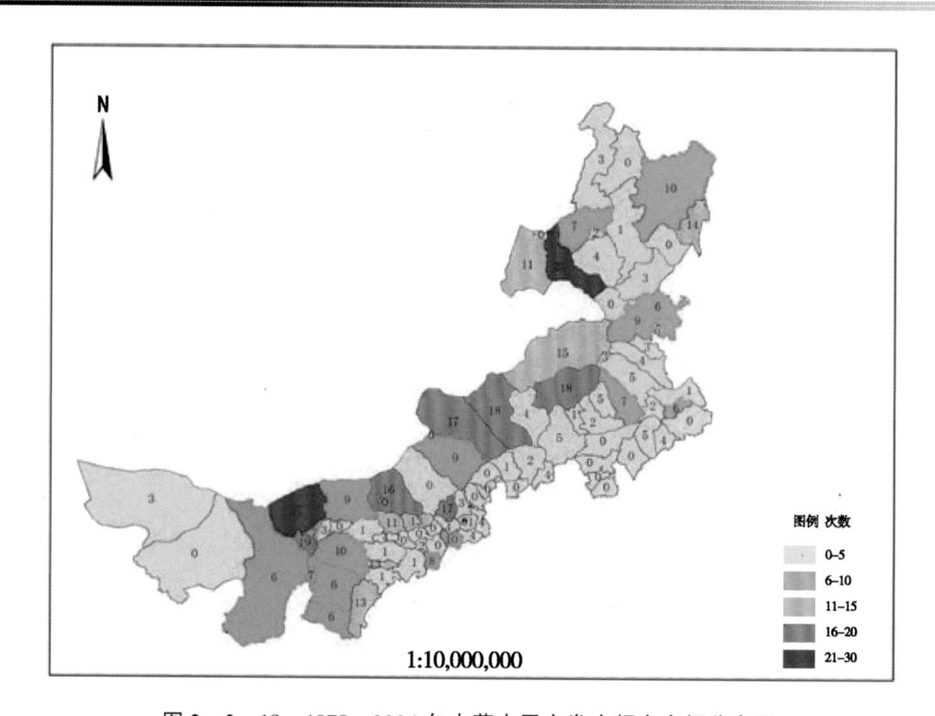


图 2－2－18　1978—2004 年内蒙古雪灾发生频率空间分布图
Fig. 2－2－18　Spatial distribution of Inner Mongolia snow disaster occurrence frequency from 1979－2011

1995 年，达到 93. 95 万人，直接经济损失最大出现在 2003 年，达到 51 596万元。

（3）在雪灾空间分布上，从内蒙古全区范围来看，主要发生在新巴尔虎左旗、东乌珠穆沁旗、西乌珠穆沁旗、阿巴嘎旗、苏尼特左旗、乌拉特后旗、磴口县等旗县。

# 第三章　中国草原雪灾发生规律及时空分布特征

## 1　我国雪灾发生规律及时空分布特征研究概述

雪灾亦称白灾，是因长时间大量降雪造成大范围积雪成灾的自然现象。雪灾的主要危害有：严重影响甚至破坏交通、通讯、输电线路等生命线工程，对牧民的生命安全和生活造成威胁，引起牲畜死亡，导致畜牧业减产。雪灾主要发生在稳定积雪地区和不稳定积雪山区，偶尔出现在瞬时积雪地区。草原雪灾是我国牧区最主要的自然灾害，长期以来，雪灾一直是制约我国畜牧业稳定发展的主要因素，给我国的畜牧业生产及人民的生命财产带来巨大的经济损失。据统计，建国以来共发生大中雪灾近 70 次，给牧区畜牧业生产造成惨重的损失。草原雪灾主要发生在我国三大积雪分布区，即青藏高原草原区、天山北疆草原区和内蒙古草原区（图 2－3－1、图 2－3－2）。总面积达 $420\times10^4$ $km^2$，而这些地区又是我国主要的畜牧业基地。

由于我国地域辽阔，因此雪灾分布不仅存在显著的地域分布规律也表现出极强的时间上分布规律。雪灾在地域上主要发生在我国三大积雪分布区，从时间上看发生雪灾的时间一般在 10 月至次年的 4 月。下面我们就几大雪灾频发区的雪灾发生规律及时空分布特征分别进行讨论。

## 2　青藏高原草原区雪灾发生规律及时空分布特征

### 2.1　青藏高原概况

青藏高原，地处我国的西部和西南部，位于北纬 26°～39°，东经 79°～104°。其南部为喜马拉雅山，北部为昆仑山和祁连山，东南部为横断山脉环绕。含青海省、西藏自治区及四川省西部与甘肃省西南部。因青藏高原的主体部分在青海省和西藏自治区境内故名青藏高原。青藏高原面积约为 230 万 $km^2$，仅次于巴西高原。草原辽阔，以放牧为主。由于海拔高，高原上的气温较低，冬寒夏凉，无霜期短，无四季之分，只有冷暖之别。在如此严酷条件下发育的自然植被，是大面积的高寒草甸、高寒草原等。雪灾是青藏高原地区制约畜牧业生产的最严重的灾害之一。

### 2.2　青藏高原雪灾的时空分布规律

#### 2.2.1　青藏高原雪灾的空间分布规律

李培基利用美国宇航局 SMMR 微波候积雪深度图，NOAA 可见光数字化周积雪面积资料以及 60 个基本气象台站逐日雪深和密度记录，揭示了青藏高原雪灾的季节变化、

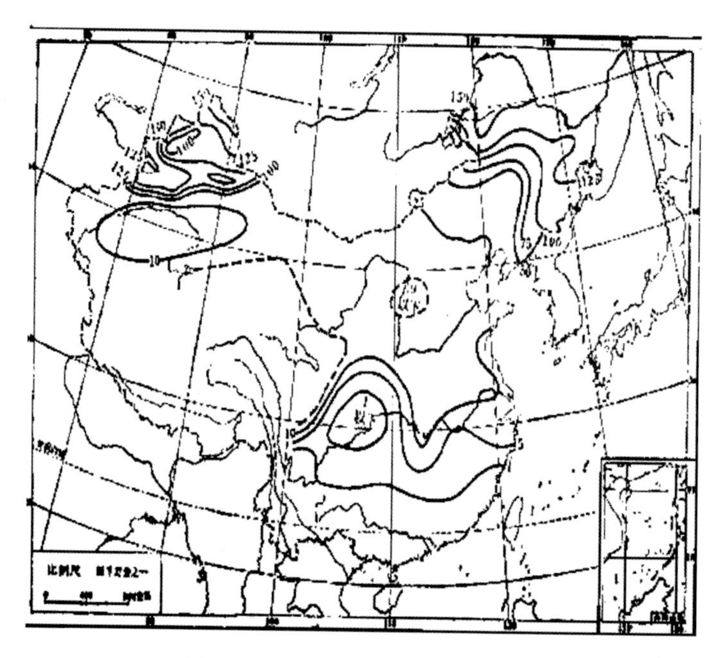

图 2-3-1　中国积雪天数分布图

**Fig. 2-3-1　Spatial distribution of snow cover days in China**

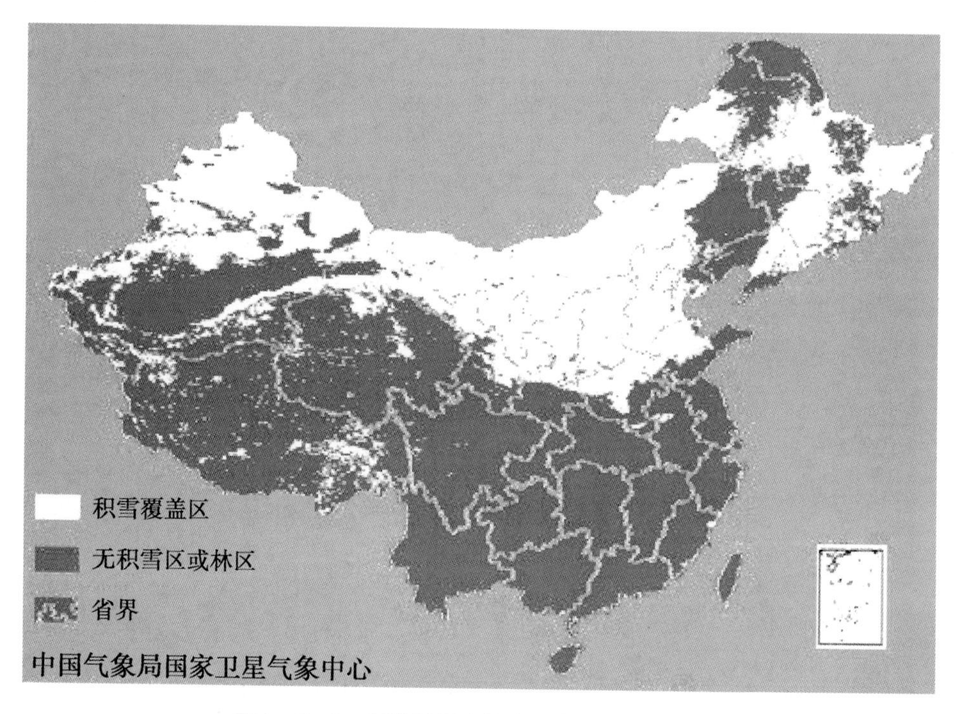


图 2-3-2　气象卫星全国积雪覆盖监测分析图

**Fig. 2-3-2　National monitoring analysis chart of snow cover by meteorological satellite**

年际波动以及雪灾的时空分布特征。研究表明，青藏高原积雪空间分布很不均匀，以四周山地多雪，尤其是东西两侧多雪与广大腹地少雪为特征。唐古拉山东段以北至巴颜咯拉山和阿尼玛卿山地区是雪深年际波动最大的地区，这里是欧亚大陆积雪年际变化最为显著的地区。青藏高原大范围雪灾总是发生在这个雪深年际波动最激烈的地区，1985—1986 年的特大雪灾就发生在这里，1995—1996 年大雪灾也发生在这里。

### 2.2.2　青藏高原雪灾的时间分布规律

积雪年循环过程特征首先是积雪高度集中在隆冬季节，这点和降雪量并不相同；冬（12、1 和 2 月）春（3、4 和 5 月）秋（9、10 和 11 月）三季积雪量分别占全年的 45.2%，28% 和 21.2%。其次是雪盖建立迅速，从 10 月中～11 月底雪盖发展极为迅速；而雪盖消退缓慢，从 2 月中旬一直持续到 6 月份，4 和 5 月份由于降雪量增加还会出现小规模扩展。最后，雪深年际变率远较平原低地地区高，尤其是 11、12 和 1 月的变率最高。大雪年与小雪年的差别也表现为隆冬季节雪量的多少，例如冬季积雪鼎盛时期，正常年份高原平均雪深为 15cm，最大雪年达 21.3cm，最小雪年仅 10.4cm。因此，大范围雪灾或特大雪灾常常发生在冬季雪盖迅速建立时期和雪深年际变率最高的积雪鼎盛时期，尤其是 1 月份峰值时期。1977—1978 年大雪灾发生在 12～1 月份，1985—1986 年特大雪灾出现在 10 月底～11 月底。1988—1989 年雪灾发生在 1 月份。1995—1996 年大雪灾也发生在 12 月底～1 月份。

雪灾年代际和年际变化显著，20 世纪 60 年代中期和 80 年代初期偏少，70 年代后期和 80 年代中后期偏多。特大雪灾年为 1977—1978 年、1985—1986 年及 1995—1996 年，可谓十年一大灾；此外，1972—1973 年、1982—1983 年及 1988—1989 年也较严重。雪灾多发生在 ENSO 年，波谱分析表明具有 3 年准周期，说明高原雪灾与赤道太平洋海气异常相联系。相反，雪灾偏少与大规模火山喷发和北极海冰重冰情年代相伴随。高原雪量与北半球冬季气温呈正相关，在 60 年代中期北半球降温时期，雪灾偏少，随着全球变暖雪量呈增加趋势，积雪年际变幅明显加大，雪灾越来越严重。表 2－3－1 是青藏高原逐月积雪深度年际变率。

**表 2－3－1　青藏高原逐月积雪深度年际变率（1957—1992）**

**Fig. 2－3－1　Interannual variability of monthly snow depth in Qinghai-Tibet Plateau（1957—1992）**

| 地区＼月份 | 8 | 9 | 10 | 11 | 12 | 1 | 2 | 3 | 4 | 5 | 6 | 7 | 全年 |
|---|---|---|---|---|---|---|---|---|---|---|---|---|---|
| 青藏高原 | | 0.41 | 0.58 | 0.81 | 0.82 | 0.96 | 0.74 | 0.69 | 0.42 | 0.32 | 0.38 | | 0.47 |

## 2.3　青藏高原雪灾发生规律

导致青藏高原雪灾的原因，大致可以归纳为 3 类：第一类可称为乌拉尔山（或其西侧为高压脊）高压脊（或宽阔高压脊）型，其东部，即青藏高原北部为一低压槽区，导致雪灾的是此低压槽中一个或数个低压槽东移，此槽前部在低空可具有 10℃或以上的温度梯度，在高原南部低压槽里向北暖湿气流的配合下，造成数次降雪过程而形成雪灾；第二类可称北脊南槽型。此型的主要特点是 90°E 附近的 45°N 以北地区为长波脊所控制，但在 35～45°N 地带里则为低压槽，其中的低空锋区里也常有 10℃或以上的锋区温度梯度，35°N 以南的青藏高原东部地区仍有西南暖湿气流，并有来自青藏高原南部低槽；第三类可称为多波动型，此型特点为数个源自中亚地区宽广低槽里的 35～40 个经度的短波槽接踵东移，与高原槽前部的高原东部暖湿气流相结合，导致数次降雪过程。

上述 3 种类型有两个共同特点；首先也是最明显的特点是雪灾的降水（雪）过程，通常都有来自南方的暖湿气流所支持，此暖湿气流又都源自青藏高原南部的准常定的低压槽里。其次，在雪灾区域的西或西北方，都有冷槽系统的入侵，这个冷槽系统可以是一个宽广的大槽，也可以是数个短波槽组成一次大的降水（雪）过程。总起来说，雪灾的天气形势特点是，东高西低，西（北）部有冷低槽入侵，南支系统维持暖湿气流，北支系统维持低槽影响系统。

## 3 新疆草原区雪灾发生规律及时空分布特征

### 3.1 新疆概况

新疆位于我国西部边陲，地处北纬 32°22′～49°33′，东经 73°21′～96°21′，面积 166 万平方千米，约占全国总面积的 1/6，是我国行政面积最大的省区。新疆地域辽阔，草原资源丰富，草原面积大，草地类型多，草地的主面积有 0.57 亿 $hm^2$，其中，可利用面积 0.48$hm^2$，居全国第三位，是我国主要畜牧业基地之一。但是畜牧业要发展，每年牲畜能否安全越冬度春是关键，而冬春季新疆的雪害频繁，分布广泛，每年都有大批牲畜因雪灾而死亡，雪灾成为该区牧业发展的一个重要的限制性因素。因此，有必要对雪灾形成的特点、规律和分布特征进行系统的分析和研究。

### 3.2 新疆草原区雪灾的时间分布

一般情况下，较强冷空气入侵和稳定积雪期间为雪害多发期。新疆稳定积雪期由北疆的 10 月底开始到南疆的翌年 1 月初。其中，北疆北部的阿勒泰及塔城盆地为 10 月底～11 月上旬开始有稳定性积雪，北疆西部和北疆沿天山一带 11 月中旬开始有稳定性积雪，南疆地区的稳定性积雪从 12 月下旬至翌年 1 月上旬开始，全疆的稳定性积雪融化由南疆的 2 月中旬开始到北疆的 4 月份结束，积雪日数最长的是阿勒泰，最短的是和田。额尔齐斯河谷平原、塔城盆地、准噶尔盆地北缘平均为 11 月中、下旬到翌年 3 月中、下旬；准噶尔盆地南缘为 11 月下旬至翌年 3 月上、中旬；准噶尔盆地腹地稳定积雪形成时间比南缘推迟 10～20d，结束也早 10d 左右，平均为 12 月上、中旬至翌年 3 月初；准噶尔盆地西北部、西部和西南部的和布克赛尔、克拉玛依、精河等地，平均为 12 月中旬至翌年 2 月中旬。南疆平原地区几乎没有稳定积雪期，只有个别年份，在其西部有 1～2 个月的稳定积雪期。平均最大积雪深度南疆和东疆为 3～5cm，北疆沿天山一带为 15～25cm，北疆北部、西部和伊犁河谷为 25～35cm。最大积雪深度阿尔泰山和山前平原地区以及准噶尔西部山地多在 2 月上旬到 3 月底；伊犁河谷为 2 月中旬到 3 月中旬；南疆西部山区多在 2～3 月。

### 3.3 新疆草原区雪灾的空间分布

根据中国气象局 2006 年 1 月 19 日发布的新疆积雪深度分布图（图 2－3－3）可看出，新疆积雪深度由南向北、由东向西、由盆地到山区依次增加，北疆的阿勒泰地区、塔城盆地、伊犁河谷为多雪地区，平均最大积雪深度为 20～35cm，北疆沿天山一带的平均最大积雪深度为 15～25cm，南疆平原地区的平均最大积雪深度大于 5cm，塔里木盆地中心几乎没有积雪。山区积雪的分布较复杂，阿勒泰山南坡和天山北坡积雪最深，天山南坡次之。

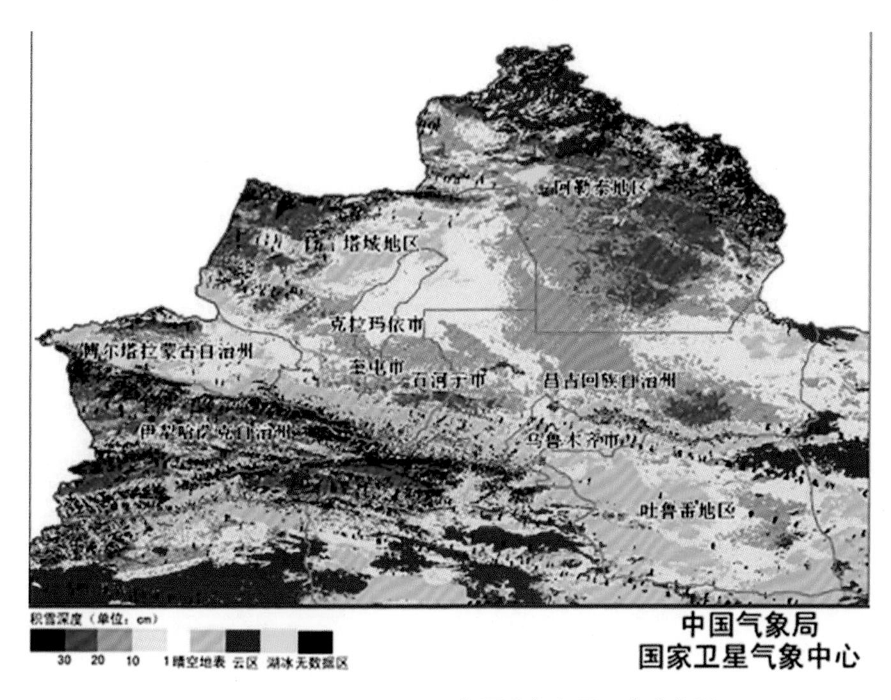


图 2－3－3　EOS/MODIS 新疆北部积雪深度分布图

（2006 年 1 月 19 日 13：18）

**Fig. 2－3－3　Distribution of snow depth in North Xinjiang based on EOS/MODIS（At 13：18 on January 19，2006）**

## 3.4　新疆草原区雪灾发生规律

由于气象因素造成新疆草原区的雪灾主要有以下几方面：进入 10 月以后，对流层高层为二波，欧亚范围中高纬度为一脊一槽的经向环流，地中海－欧洲－新地岛为稳定的超长波脊，脊顶伸展到 80°N，泰米尔半岛到西伯利亚为超长波槽区，新疆处于脊前的平均槽底强风区上，欧洲地区平均脊稳定维持、不断替换，引导极地冷空气影响新疆。极地冷空气不断加强、主体移向东半球，并向西南方向伸展到 55°N。新疆上空的极锋锋区加强，北半球平均槽、脊位置少动但发生替换，伴随替换造成新疆降雪。$500hp_a$ 北半球冬季平均环流呈三槽三脊，3 个槽分别位于亚洲东岸、北美大陆东岸和欧洲地区上空，10 月份大气环流开始向冬季过度，东亚的槽开始建立，西欧脊和新疆脊建立并稳定维持。由于槽、脊的移动导致极地冷空气不断南下影响新疆造成新疆的降雪天气。

由于地形原因新疆常发生雪灾的地方主要是西北部的额尔齐斯河谷、伊犁河谷和额敏河谷。它们都是口向西开、西低东高、西宽东窄的河谷。因面迎盛行西风，故简称迎风谷。河谷中历史最大积雪深度记录都在75~80cm左右以上。这3条河谷冬季多雪的原因，主要就是因为它们都是口向西开的喇叭口地形，当盛行西风气流进入谷口后，气流截面积越来越小，因而气流抬升速度也越来越大。这就造成气流中水气大量迅速凝结，降下大雪。

根据有关雪灾的资料，绘制出新疆雪灾分布表。由表2-3-2可以看出，北疆北部的阿勒泰地区、塔城盆地和天山山区的巴音布鲁克牧区出现雪灾次数最多，北疆西部的伊犁和南疆西部山区牧区雪灾次数较多，北疆沿天山一带和天山南坡的牧区出现雪灾的较少，全疆其他地区的牧区几乎没有出现雪灾。

表2-3-2　北疆地区雪灾统计表

Tab. 2-3-2　Snow disaster statistics in North Xinjiang

| 受灾年份 | 受灾地区 | 损失牲畜（万头只） | 伤亡人数（人） |
| --- | --- | --- | --- |
| 1960年11月18日 | 阿勒泰地区 | 10 | 死20人，伤57人 |
| 1956年2~4月 | 阿勒泰地区 | 40 | 死34人 |
| 1969年3月23~25日 | 北疆地区 | 230 | |
| 1977年1~3月 | 北疆地区 | 39 | |
| 1978年2月中旬~3月下旬 | 南疆西部山区 | 13 | |
| 1979年4月9~12日 | 巴里坤三塘 | 246 | |
| 1985年4月上旬 | 新疆全区 | 110 | |

## 4　内蒙古草原区雪灾发生规律及时空分布特征

### 4.1　内蒙古概况

内蒙古自治区是我国最大的畜牧业生产基地，全区草地面积8 666.7万$hm^2$，占全国草地面积的20.06%。畜牧业是内蒙古的基础产业和优势产业，在国民经济中占有非常重要的地位。在过去的50年中，内蒙古畜牧业遭受较大的自然灾害17次，其中，近1/3一是雪灾造成的。

### 4.2　内蒙古草原区雪灾的时间分布

江毅等在《内蒙古冬、春季大（暴）雪中短期预报方法》中普查内蒙古111个站点1961年冬季至1998年春季共37个年度（每年10月至翌年3月）的降水量资料，资料数据为日（20~20时）降雪量，包括雪、雨夹雪和少数雨。由此将1961年10月至1998年3月总共划分为37个冬季。根据这37个冬季的月降雪量资料给出内蒙古降雪10月最多，翌年3月次之；1月最少，12月次之；12月到翌年2月降雪量变化幅度不大，而10月到12月、翌年2月到3月的降雪量变化幅度则相当大。又将6个月的冬季均分为3个时段：前冬期（10月、11月）、隆冬期（12月至翌年1月）和后冬期（2月、3月）。显然，隆冬期降雪量少，变化小；而前冬期和后冬期分别为降雪量的递减和递增时期，雪量大，变化显著，为过渡时期。

## 4.3　内蒙古草原区雪灾的空间分布

从表2-3-3显示的内蒙古冬季前冬期、隆冬期和后冬期降雪量的分布情况看，冬季降雪量较多的区域位于内蒙古中部偏西的伊克昭盟西部、乌兰察布盟阴山山脉南侧、巴彦淖尔盟的东南部地区以及位于内蒙古东南部的锡林郭勒南部、赤峰市、哲里木盟地区。位于东北部的呼伦贝尔盟大兴安岭东麓次之。内蒙古沿黄河流域和西辽河流域这两个湿度最大的地区恰好是内蒙古冬季大（暴）雪出现频率最高的两个区域。

**表2-3-3　内蒙古雪灾统计表**

**Tab. 2-3-3　Inner Mongolia snow disaster statistics**

| 雪灾发生时间 | 雪灾发生范围 | 受灾人口 | 受灾牲畜头数 |
|---|---|---|---|
| 1950年5月至6月 | 锡、察哈尔、呼盟 | | 冻死牲畜4.78万 |
| 1952年冬至1953年春 | 锡、察、呼盟 | | 冻死牲畜1.34万 |
| 1954年春 | 锡林郭勒盟 | | 损失牲畜11.9万 |
| 195511月 | 锡林郭勒盟 | 冻死1人 | 受灾牲畜30万，死5千 |
| 1956年冬1957年春 | 锡、察、呼昭、乌、巴盟 | | 死亡牲畜17.6万 |
| 1958年1月至3月 | 锡、察哈尔、乌、呼盟 | 冻伤256人，1人 | 损失牲畜4.76万 |
| 1960年底1961年初 | 锡、乌、巴盟 | | 受灾畜417.5万，死29.6万 |
| 1961年底1962年初 | 锡、乌 | | 受灾畜60余万，死42.31万 |
| 1964年初 | 锡、巴盟 | | 受灾畜153.5万，死1.18万 |
| 1965年11月 | 巴、呼盟 | | 受灾牲畜20多万 |
| 1968年冬1969年春 | 昭、呼盟 | 死牧民1人，冻伤8人 | 损失牲畜130余万 |
| 1969年冬1970年春 | 呼盟 | | 损失牲畜21.36万 |
| 1972年9月 | 包头、乌盟 | 冻死牧民2人 | 死牲畜2 000多头 |
| 1974年4月 | 阿拉善盟 | | 死亡牲畜650多头（只） |
| 1975年冬1976年春 | 锡、昭盟 | 重灾11291人 | 损失牲畜54.3万 |
| 1977年10月底 | 锡、呼、乌、昭、巴盟 | | 受灾牲畜524万，损失91.4万 |
| 1977年冬1978年春 | 乌盟、锡盟阿巴嘎旗 | | 损失牲畜51.1万 |
| 1979年春、冬 | 阿盟额济纳旗和阿拉善旗、锡盟太仆寺旗、呼盟西新巴旗 | 受灾人口5.4万 | 损失牲畜23.69万 |

（续表）

| 雪灾发生时间 | 雪灾发生范围 | 受灾人口 | 受灾牲畜头数 |
|---|---|---|---|
| 1980 年冬 | 呼、哲、锡盟 | | 受灾牲畜约 30 余万，死亡 34.9 万 |
| 1981 年 5 月、11 月 | 锡、乌盟 | 受灾人口 3.5 万余，冻死 27 人，冻伤 120 人 | 受灾牲畜 31.4 万 |
| 1982 年 5 月、12 月 | 乌、锡、昭、呼盟 | 冻死 3 人、冻伤牧民 9 人 | 受灾牲畜 150.6 万，损失 9.25 万多 |
| 1982 年冬 1983 年春 | 呼盟 | | 重灾牲畜 67.2 万，轻灾牲畜 43.7 万 |
| 1983 年冬 1984 年春 | 呼、兴安、伊盟 | | 死亡牲畜 47.55 万 |
| 1985 年 11 月 | 乌、锡、赤峰、哲、兴安盟 | 受灾人口 2.5 万 | 灾畜 1 350万，死 50 余万 |
| 1986 年冬 | 伊、赤峰、兴安盟、呼盟、锡盟 | 受灾人口 75 万 | 灾畜 594 万、死 5.1 万 |
| 1987 年春 | 赤峰、呼盟、锡盟 | | 死牲畜 25.82 万 |

### 4.4 内蒙古草原区雪灾的发生规律及特点

强大的蒙古高压造成的快行冷锋（寒潮）是内蒙古雪灾的直接成因。冬季，蒙古高压控制内蒙古的大部分地区，加强了地面的辐射冷却，使高压系统更加增强，天气晴朗干燥。这时在高空西风带的控制下，地面与高空都盛行西北风，当西风带高空低槽东移过境时，常有南方暖湿气流侵入，造成雨雪天气，低槽过境后，近地面常有大量冷空气自西北向东南急剧推进，形成寒潮天气，这使气温剧烈下降，并伴随着有风沙、雪暴，降雪量过大、时间过长，便形成白灾。

冰盖雪对雪灾具有强大的放大效应。蒙古高压、大风、冰盖雪三者之间相互影响，相互促进，11 月后多次降雪，草地全部被积雪覆盖，并形成积雪层与冰雪层交错的结构。冰盖雪强烈反射太阳光，大大降低内蒙古地区的温度，成为强大的冷源，从而加剧该地区的高压势力。蒙古高压加强后，从而使西风带高空低槽东移加速，吸引更多的暖湿气流侵入，再次普降大雪。低槽过境后，近地面加强了的蒙古高压，迫使更多冷空气自西北向东南急剧推进，形成更大范围的寒潮，气温再次降低，低温把雪冰冻起来，在高压、大风、冰盖雪三者的反馈过程中，致使内蒙古的高压不断加强，冰盖雪不断加厚，致使内蒙古雪灾不断恶化。

根据上述分析，我国草原牧区大雪灾大致有十年一遇的规律。至于一般性的雪灾，其出现次数就更为频繁了。据统计，西藏牧区大致 2 ~3 年一次，青海牧区也大致如此。新疆牧区，因各地气候、地理差异较大，雪灾出现频率差别也大，阿尔泰山区、准葛尔西部山区、北疆沿天山一带和南疆西部山区的冬牧场和春秋牧场，雪灾频率达 50 ~

70%，即在10年内有5～7年出现雪灾。其他地区在30%以下。雪灾高发区，也往往是雪灾严重区，如阿勒泰和富蕴两地区，雪灾频率高达70%，重雪灾高达50%。反之，雪灾频率低的地区往往是雪灾较轻的地区，如温泉地区雪灾出现频率仅为5%，且属轻度雪灾。但不管哪个牧区大雪灾都很少有连年发生的现象。

雪灾发生的时段，冬雪一般始于10月，春雪一般终于4月。危害较重的，一般是秋末冬初大雪形成的所谓“坐冬雪”。随后又不断有降雪过程，使草原积雪越来越厚，以致危害牲畜的积雪持续整个冬天。如内蒙古牧区：雪灾主要发生在内蒙古中部的巴盟、乌盟、锡盟及昭盟和哲盟的北部一带，发生频率在30%以上，其中，以阴山地区雪灾最重最频繁；西部因冬季异常干燥，则几乎没有雪灾发生。新疆牧区：雪灾主要集中在北疆准噶尔盆地四周降水多的山区牧场；南疆除西部山区外，其余地区雪灾很少发生。青海牧区，雪灾也主要集中在南部的海南、果洛、玉树、黄南、海西5个冬季降水较多的州。西藏牧区，雪灾主要集中在藏北唐古拉山附近的那曲地区和藏南日喀则地区。前者常与青海南部雪灾连在一起。

# 第四章　基于数字高程模型的草原牧区雪厚度遥感监测

## 1　引言

降雪是影响我国北方草原牧区畜牧业发展的重要因子，过量而长期的降雪会掩盖牧草，造成牲畜草料供应不足，使牲畜面临冻死、饿死的威胁，形成“白灾”。因此草地雪灾监测是雪灾危害程度评价的关键，而卫星资料又是雪灾监测中常用的基础数据，对于牧区的抗灾救灾工作意义重大。卫星资料具有观测范围广、多时相等特征，在资源与环境的研究方面有很大的优势。同时地理信息系统（GIS）作为空间分析的有力工具，可以实现卫星资料与基于数字高程数据的有机结合，起到增加信息，提高遥感判别精度和遥感应用深度的作用。

近年来作为地球观测系统（EOS）的主要探测仪器之一，MODIS 在 0.412 ~ 14.24μm 的波谱范围内有 36 个离散波段，覆盖在可见光和红外区，其通道分辨率分别为 250m、500m 和 1 000m，最高分辨率比 NOAA /AVHRR 提高了 16 倍，大大增强对地球大范围区域细致观测的能力，同时获得地球大气、海洋、陆地、冰川覆盖等多种环境信息。因此 MODIS 的高光谱分辨率、高空间分辨率和高时间分辨率决定了它在地球资源观测中具有绝对优势。

雪灾监测原理

积雪在可见光和红外波段特有的光谱特征，是区分积雪与其他地物、确定积雪范围的基础。在 MODIS 数据中雪与其他地表物体相比，具有两个明显的特征：①在可见光波段通道 4（0.555μm）上有很高的反射率；②在短波近红外波段通道 6（1.64μm）上有很低的反射率。所以基于反射特性的归一化 NDSI 计算法具有普遍的实际操作性意义，在积雪监测中得到了广泛应用。积雪深度是雪灾监测的另一个重要参数。但 NDSI 只能宏观的反映雪被状况，一些建立在积雪深度与 NDSI 波段组合参数关系基础上的统计模型也具有相当的不稳定性和饱和，很难推广应用。由于积雪深度的空间分布与降雪量、风力、地形等参数的共同作用有关，积雪无消融的温度状态下，积雪深度空间分布模式的形成可以简单视为降雪量在风力作用下雪随地形的现分配过程。凸形地貌积雪易受侵蚀；凹形地貌积雪易堆积。在各地形部位虽然积雪深度空间分布模式形成的内部机制比较复杂，但就较大范围的雪灾监测而言，按照上述的认识，只要建立起来，就基本上包含了各因子对积雪深度的影响，可以较好地估算积雪深度。

## 2 研究方法与处理流程

根据雪灾监测的原理应用野外实测数据、同时段的遥感数据、数字高程数据（DEM）三者相结合，探讨 NDSI、坡度、地形曲率、坡向与积雪深度的关系。运用卷积运算方法，建立不同地形下的积雪深度的反演模型。根据积雪深度划分灾情程度从而达到雪灾监测的目的。

### 2.1 野外数据采集

相对于荒漠草原地区，草甸草原和典型草原地区的冷季牧草储存量受雪灾影响更大，因此在广域分布性的草甸草原和典型草原地区进行了积雪深度的野外数据采集。2008 年 1 月 14 日到 16 日于东乌珠穆沁旗、西乌珠穆沁旗、克什克腾旗、锡林浩特市、阿巴嘎旗选取了 20 个样地。主要地形为波状起伏的平原与低丘陵，坡度范围 0 度到 12 度。数据采集为沿坡面方向自坡底向坡顶间隔 20m 测量积雪深度。并画成样地的分布图（图 2－4－1，2－4－2）。

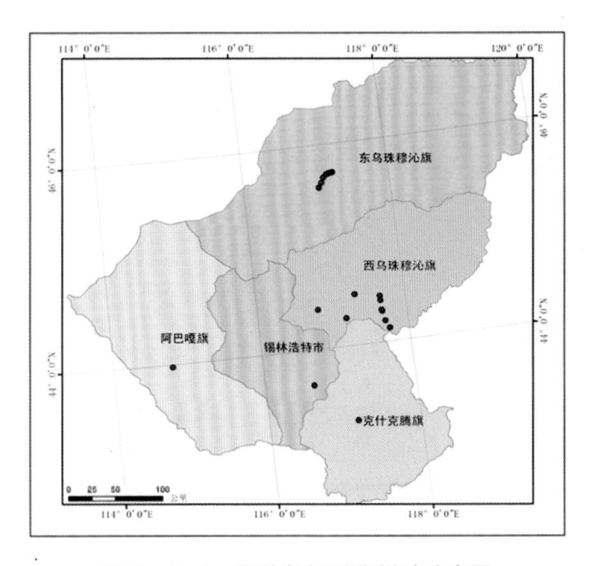


图 2－4－1 野外数据采集样地分布图

**Fig. 2－4－1 Field data sampling plots**

### 2.2 DEM 数据处理

DEM 数据为 Global Land Cover Network 于 2000 年进行的 Shuttle Radar Topography Mission（SRTM）项目所获得的数字高程数据，此数据为全球共享可从 ftp：//e-0dps01u. ecs. nasa. gov/srtm/下载。为了检测 SRTM 的 DEM 数据的精度，对应 20 组实地的 GPS 数据进行了数据的成对 T 检验，表 2－4－1 显示结果是在信度水平 0. 99 下两组数据无显著不同。

表 2 -4 -1 成对检验结果

Tab. 2 -4 -1 Pairs test result

| | Paired Differences | | | | | t | df | Sig (2 - tailed) … |
|---|---|---|---|---|---|---|---|---|
| | Mean | Std. Deviation | Std. Error Mean | 99% Confidence Interval of the Difference | | | | |
| | | | | Lower | Upper | | | |
| Pair 1 VAR00001 - VAR00002… | 19. 5500 | 52. 68724 | 11. 78122 | - 14. 1553 | 53. 2553 | 1. 659 | 19 | . 113 |

将原始数据几何投影为 albers 等积投影，为了与地面数据相匹配使用双线性法重采样为 100 米分辨率数据。为了与遥感数据相匹配将数据用最近邻居法重采样为 1 000米分辨率数据。

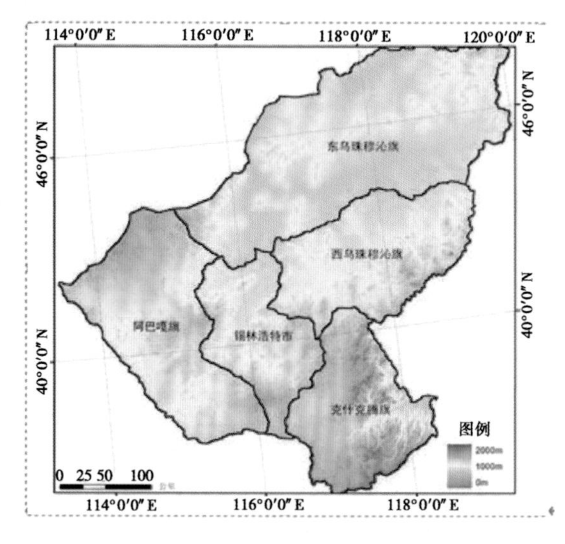


图 2 -4 -2 野外数据采集区 DEM

Fig. 2 -4 -2 DEM of field data sampling plots

对 1 000米 DEM 数据进行地形分析计算，获得坡度、坡向、垂直曲率数据。野外数据的采集地区冬季盛行风向为西风，以迎风坡与背风坡划分坡向数据的数值分布，迎风坡西向赋值为 5，西北向与西南向赋值为 4，北向与南向赋值为 3，东北向与东南向赋值为 3，背风坡东向赋值为 1。垂直曲率是指某一像元沿坡度最大的方向上的曲率，垂直曲率的正负反映地形的凹凸，正值为凸形地形，负值为凹形地形，垂直曲率的绝对值大小反映地形的弯曲程度，值越大弯曲越大。

对 100 米 DEM 数据进行地形分析计算获得坡度和垂直曲率数据，然后利用这两组数据进行决策树分类，坡度为 1 度以下为平地，坡度 1 度以上垂直曲率大于 0. 001 为凸形地，坡度 1 度以上垂直曲率小于 - 0. 001 为凹形地，其余为平地。

## 2.3　遥感数据处理

遥感数据采用 MODIS 1 000m 分辨率数据，选取 4、6 波段进行几何纠正、辐射纠正以及太阳高度角纠正。计算归一化雪被指数 NDSI，公式为

$$NDSI = (CH4 - CH6) / (CH4 + CH6) \qquad (公式\ 2.4.1)$$

为了有效的去除云、坏道等无用信息实现数据的区域全覆盖，对 2008 年 1 月 8 日到 1 月 16 日计算完毕的 NDSI 数据进行了最大合成。将合成好的 NDSI 数据重采样为 100 米分辨率数据，并与 DEM 数据进行数据叠加，使得两组数据完全匹配。最后处理好的 DEM 数据的行数与列数均为 NDSI 数据的 10 倍（图 2－4－3）。

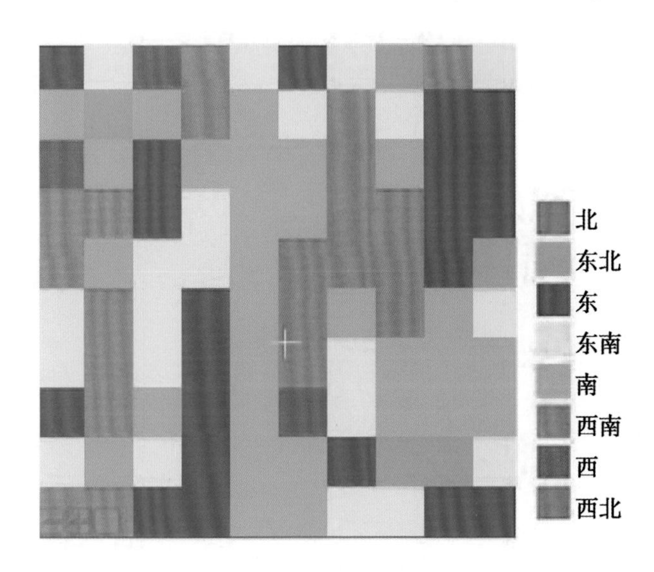


**图 2－4－3　3 号样地 $1km^2$ 内 100 米分辨率坡度分布**

**Fig. 2－4－3　The Slope distribution of plot 3 within $1km^2$ by 100 meters resolution**

**（The cross marked pixel lacation of plot 3 in corresponding of MODIS data）**

（图上十字标明 3 号样地在对应的一个 MODIS 数据像元内的位置）

## 2.4　数据匹配

为了将野外实测数据、DEM 数据、MODIS 数三者匹配起来建立积雪深度监测模型，必须将数据统一到一致的地理坐标、投影体系与分辨率下。由于目标旨在实现遥感的大范围实时监测，因此，在考虑到模型的实用性下，将所有的数据统一到 1 000米分辨率下建立模型。使用坡度、坡向、垂直曲率、NDSI 四个因子与积雪深度建立遥感监测模型。

首先，提取样地对应的 MODIS 像元上的 NDSI 值、1 000 米的坡度值、坡向值与垂直曲率值。然后根据 100 米的 DEM 地形分类数据将野外实测的数据换算出一个像元内的平均积雪深度。将采集的坡顶数据定为凸形地的积雪深度，坡低数据定为凹形地的积雪深度，坡面或平地数据定为平地的积雪深度。统计一个 MODIS 像元内对应的 10×10 大小的 DEM 地形分类数据中各类地形所占的百分比，以百分比为权重计算这一 MODIS 像元的平均积雪深度（图 2－4－4）。

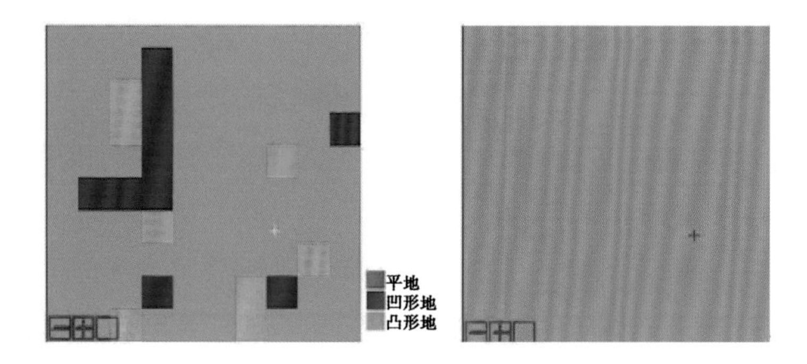


图 2－4－4　MODIS 像元的平均积雪深度图

**Fig. 2－4－4　The average snow depth of MODIS pixel（The cross represents plot 14 GPS location, The terrain classification of DEM by 100 meters resolution on the left map, The corresponding pixel about 1, 000 meters resolution from MODIS data on the right map）**

（图上十字标明 14 号样地 GPS 打点位置，左图为 100 米 DEM 地形分类图，右图为 1000 米 MODIS 数据的对应像元）

## 3　积雪厚度反演模型建立

首先进行因子分析，计算坡度、坡向、垂直曲率、NDSI 四个因子的贡献率分析（表 2－4－2），经过分析坡向与积雪深度的关系不显著，在模型中予以剔除。其他因子与积雪深度均显著相关，随后进行各因子与积雪深度的曲线评估，考虑的曲线方程有：线性方程、对数方程、二次曲线、三次曲线，S 型曲线。评估结果为各因子均与积雪深度在线性方程上的表达最为显著，表 2－4－3 为 NDSI 与积雪深度的曲线拟合结果，结果表明线性方程、对数方程均达到了极显著的水平，由于线性方程的 $R^2$ 较高所以选择线性关系表达进行建模。

表 2－4－2　分析建模数据表

**Tab. 2－4－2　Modeling data sheet**

| 编号 | 积雪深度 | 垂直曲率 | NDSI | 坡度 | 坡向 |
|---|---|---|---|---|---|
| 01 | 9.06 | －0.00116 | 0.4874 | 0.54 | 2 |
| 02 | 5.42 | －0.00042 | 0.4404 | 0.56 | 2 |
| 03 | 6.21 | 0.001357 | 0.1916 | 6.2 | 3 |
| 04 | 11.22 | 0 | 0.5463 | 0.91 | 3 |
| 05 | 4.38 | －0.00969 | 0.2711 | 3.82 | 3 |
| 06 | 10.81 | 0.00256 | 0.3777 | 4.23 | 5 |
| 07 | 7.76 | 0.000317 | 0.4239 | 5.77 | 5 |
| 08 | 5.01 | －0.00053 | 0.3367 | 0.21 | 4 |
| 09 | 4.98 | 0.000009 | 0.2392 | 1.03 | 5 |
| 10 | 9.15 | －0.00192 | 0.4406 | 10.66 | 2 |

（续表）

| 编号 | 积雪深度 | 垂直曲率 | NDSI | 坡度 | 坡向 |
|---|---|---|---|---|---|
| 11 | 9. 55 | 0. 000931 | 0. 5467 | 0. 82 | 2 |
| 12 | 7. 35 | -0. 00068 | 0. 44 | 0. 51 | 3 |
| 13 | 8. 44 | -0. 00161 | 0. 4982 | 0. 82 | 2 |
| 14 | 9. 24 | 0 | 0. 4608 | 0. 14 | 4 |
| 15 | 7. 04 | -0. 00148 | 0. 3658 | 2. 5 | 4 |
| 16 | 7. 71 | -0. 00294 | 0. 4529 | 1. 55 | 2 |
| 17 | 10. 11 | -0. 00219 | 0. 5041 | 6. 51 | 2 |
| 18 | 11. 76 | 0. 0028 | 0. 5109 | 2. 69 | 3 |
| 19 | 7. 64 | -0. 00034 | 0. 4868 | 7. 18 | 2 |
| 20 | 7. 31 | 0. 00206 | 0. 4861 | 2. 92 | 5 |

**表 2-4-3　NDSI 与积雪深度的曲线拟合结果**

**Tab. 2-4-3　NDSI and snow depth curve fitting results**

| Dependent | Mth | Rsq | d. f. | F | Sigf | b0 | b1 | b2 | b3 |
|---|---|---|---|---|---|---|---|---|---|
| DEEP | LIN | 0. 491 | 18 | 17. 33 | 0. 001 | 1. 6316 | 14. 9899 | | |
| DEEP | LOG | 0. 443 | 18 | 14. 33 | 0. 001 | 12. 4676 | 5. 0215 | | |
| DEEP | QUA | 0. 524 | 17 | 9. 36 | 0. 002 | 6. 7201 | -14. 39 | 38. 9145 | |
| DEEP | CUB | 0. 525 | 16 | 5. 9 | 0. 007 | 10. 2556 | -45. 979 | 126. 473 | -76. 811 |
| DEEP | S | 0. 412 | 18 | 12. 63 | 0. 002 | 2. 572 | -0. 2081 | | |

选择坡度、垂直曲率、NDSI 三个因子与积雪深度建立反演模型。结果为：

$$D = 1.649 + PROCON \times 248.686 + NDSI \times 14.084 + SLOPE \times 0.162$$

其中，D 为 1 000米像元的平均积雪深度，PROCON 为垂直曲率，SLOPE 为坡度。通过显著性检验，结果为极显著，其中，NDSI 与积雪深度的相关性最显著（表 2-4-4，表 2-4-5）。

**表 2-4-4　模型的显著性检验结果**

**Tab. 2-4-4　Significant test results of the model**

| Model | | Sum of Squares | df | Mean Square | F | Significance |
|---|---|---|---|---|---|---|
| 1 | Regression | 53. 813 | 3 | 17. 938 | 8. 767 | 0. 001（a） |
| | Residual | 32. 737 | 16 | 2. 046 | | |
| | Total | 86. 550 | 19 | | | |

**表 2-4-5　各因子的显著性检验结果**

**Tab. 2-4-5　Significant test results for each factor**

| Model | | Unstandardized Coefficients | | Standardized Coefficients | t | Significance |
|---|---|---|---|---|---|---|
| | | B | Std. Error | Beta | | |
| 1 | 常数项 | 1. 694 | 1. 576 | | 1. 075 | 0. 299 |
| | PROCON | 248. 686 | 128. 522 | 0. 306 | 1. 935 | 0. 071 |
| | NDSI | 14. 084 | 3. 406 | 0. 658 | 4. 136 | 0. 001 |
| | SLOPE | 0. 162 | 0. 113 | 0. 223 | 1. 435 | 0. 171 |

根据这一模型所获得的积雪数据仅为 $1km^2$ 范围内积雪的平均厚度，在现实情况下，虽然可以认定 $1km^2$ 范围内的降雪量是相同的，但是，在风与地形的影响下积雪分布是不均匀的，在灾害的遥感监测过程中像元内的最大积雪深度往往更受关注。利用计算出的 $1km^2$ 平均积雪深度与较高空间分辨率的 DEM 数据结合可以进行卷积运算，推算出各地形类型下不同的积雪深度，从而得到对应的 $1km^2$ 范围内积雪深度的最大值与最小值，也就是说遥感反演的结果通过与较高分辨率的 DEM 数据结合可以得出像元内积雪深度的值域，这样得出的监测数据结果信息量更大，更有应用价值。

要获得像元内积雪深度的值域，首先，建立三种地形雪深比例的经验值，根据野外实测的雪深数据在针对波状起伏的高平原草原地区设定同一像元内凸形地、平地、凹形地的积雪深度比例为 1∶2∶10。然后，要统计各类地形（平地、凸形地、凹形地）在像元内所占的百分比，具体方法为将 100 米的 DEM 地形分类数据作为一个矩阵，对它用 10×10 的窗口进行卷积运算，运算过程中返回每个窗口内的 3 种地形的个数，然后根据比例关系推算凸形地的积雪深度值，公式如下

$$TD = D[i, j] \div (0.01 \times TC + 0.02 \times PC + 0.1 \times AC)$$

（公式 2.4.2）

其中，TD 为凸形地的积雪深度，D［i，j］为第［i，j］像元的平均积雪深度，TC 为凸形地个数，PC 为平地个数，AC 为凹形地个数。进一步根据比例关系得到凹形地的积雪深度，以凸形地的积雪深度为像元的最小深度，以凹形地的积雪深度为像元的最大深度（图 2－4－5）。

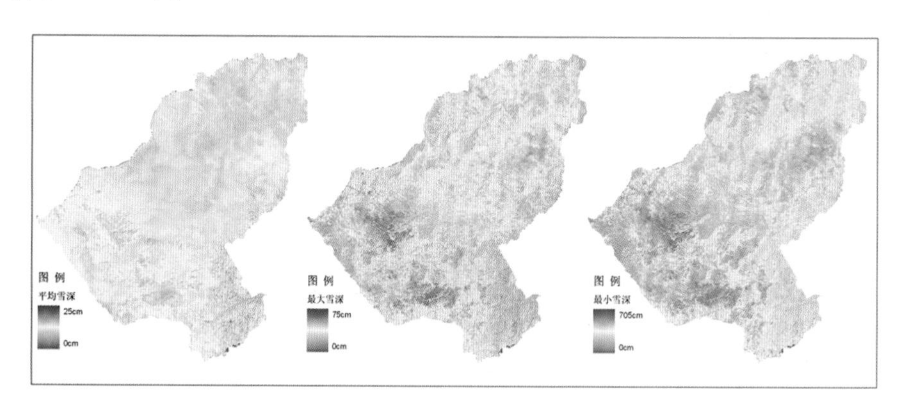


图 2－4－5　积雪深度结果图

**Fig. 2－4－5　Snow depth result (Average snow depth on the left, the maximum snow depth in the middle, the minimum snow depth on the right)**

（左图为平均雪深，中图为最大雪深，右图为最小雪深）

## 4　草原牧区雪灾灾害等级划分

积雪是草原牧区雪灾的主要致灾因子，用积雪深度来划分草原雪灾的灾害等级相比于降雪量更能准确的反映灾情程度，更具有现实的应用价值。在草原牧区雪灾成灾主要

表现在影响牲畜啃食牧草和阻断交通等方面。一般积雪深度在 10cm 以下对牲畜啃食牧草没有影响，因此，以平均积雪深度 10cm 为划分成灾标准。在成灾地区的低洼地等较易积雪地方的雪深更受关注，因此，在划分成灾地区雪灾等级时使用最大积雪深度作为划分指标。对应气象雪灾的划分标准，将牧区草原雪灾划分为 4 个等级：轻灾、中灾、重灾与特大灾。具体指标是 10 ~ 30cm 为轻灾；30 ~ 45cm 为中灾；45 ~ 60cm 为重灾；>60cm 为特大灾。计算方法为使用决策树利用平均雪深数据与最大雪深数据进行判别分类（图 2 -4 -6）。

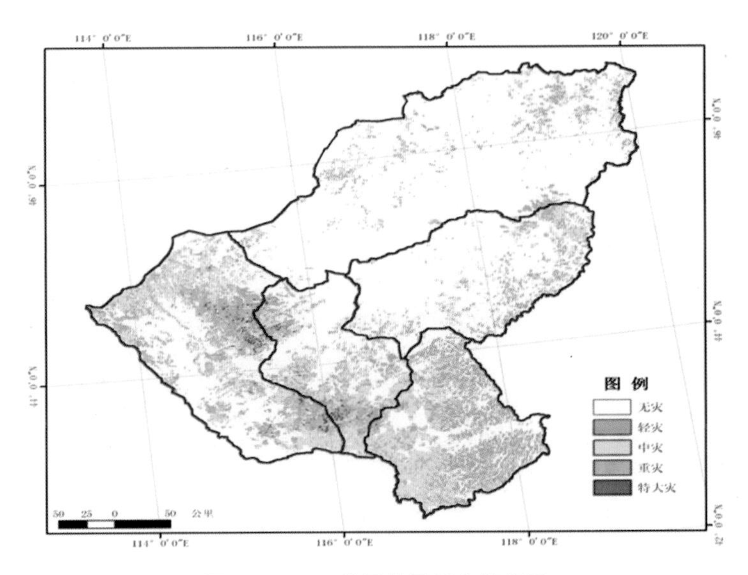


**图 2 -4 -6 牧区草原雪灾等级图**

**Fig. 2 -4 -6 The rank map of grassland snow disaster in pastoral areas**

## 5 2010 年 1 月雪灾监测实例

北方多省发生重、特大雪灾，针对此次雪灾对西藏、新疆、内蒙古、青海、甘肃草原牧区进行遥感监测评估。遥感数据为 MODIS 数据 2010 年 1 月 1 日至 2010 年 1 月 8 日（图 2 -4 -7）。

### 5.1 积雪深度监测

从表 2 -4 -6 可知 5 大草原牧区平均积雪深度最大的为内蒙古自治区，全区积雪平均深度为 6.76cm，地势较为低洼积雪深度较大的凹形地积雪平均深度为 26cm。西藏与新疆的平均积雪深度均为 5cm，但新疆地区凹形地的均值要大于西藏 4cm。甘肃地区的积雪深度为 5 个地区最小的，青海地区略高于甘肃。积雪覆盖地区的平均积雪深度多在 10 ~ 15cm，平均积雪深度高于 20cm 的地区主要分布于新疆的天山地区和阿尔泰山山区，以及西藏东南部。在遥感监测的像元内凹形地地貌地区的积雪深度代表当地的最大积雪深度，从统计表表 2 - 4 - 6 中可以看出凹形地的积雪深度均值内蒙古最高为 26.18cm，新疆次之为 17.83cm，青海经与西藏相差很小均略高于 14cm，甘肃值最低，约 10cm。可以看出最大积雪深度大于 50cm 的地区主要分布于内蒙古锡林郭勒盟西北

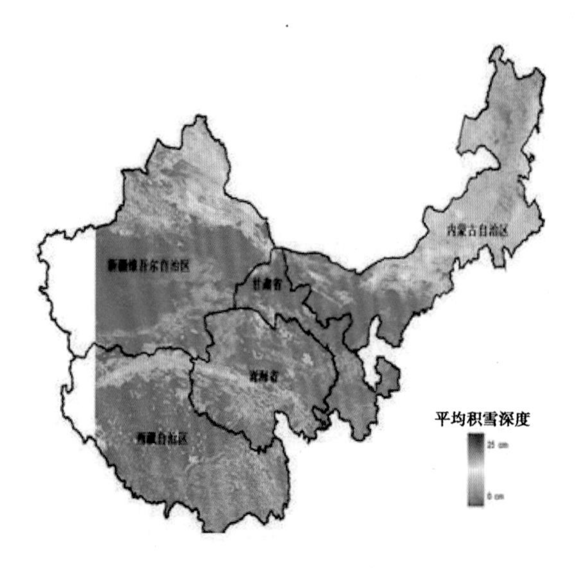


图 2-4-7　五大草原牧区平均积雪深度图

**Fig. 2-4-7　The average snow depth in five prairie pastoral areas**

部、乌兰察布北部；新疆北部阿尔泰山南麓与天山山脉北麓包围的地区；以及西藏的可可西里山和唐古拉山地区（图 2-4-8）。

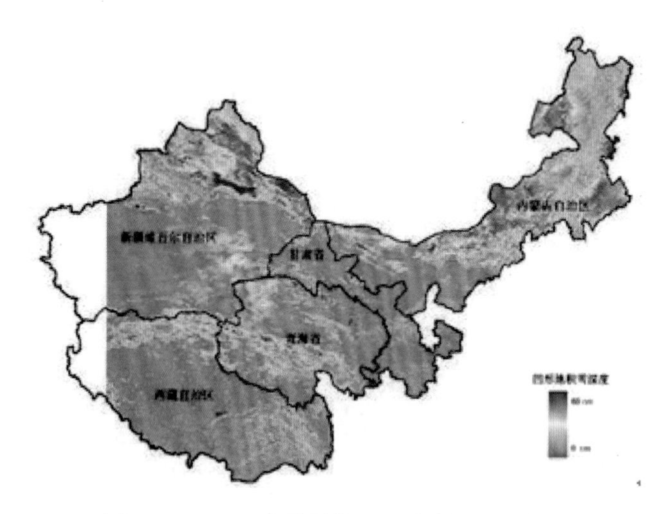

图 2-4-8　五大草原牧区凹形地积雪深度图

**Fig. 2-4-8　Concave ground snow depth in five prairie pastoral areas**

表 2-4-6　五大草原牧区积雪深度统计表

**Tab. 2-4-6　Snow depth statistics in five prairie pastoral areas**　（单位：cm）

| | 平均值 | 凹形地均值 | 凸形地均值 |
|---|---|---|---|
| 西藏 | 5.19 | 14.19 | 1.42 |
| 新疆 | 5.00 | 17.83 | 1.78 |

（续表）

| | 平均值 | 凹形地均值 | 凸形地均值 |
|---|---|---|---|
| 内蒙古 | 6.76 | 26.18 | 2.62 |
| 青海 | 4.70 | 14.83 | 1.48 |
| 甘肃 | 3.42 | 10.32 | 1.03 |

（1）西藏地区积雪深度：西藏一半以上的地区积雪深度大于10cm，其中，阿里与那曲北部成大片分布，凹形地的积雪深度可达50cm以上。藏东南林芝、昌都、山南地区的积雪深度较大，多大于50cm，部分地区深度可达150cm以上（图2－4－9，2－4－10）。

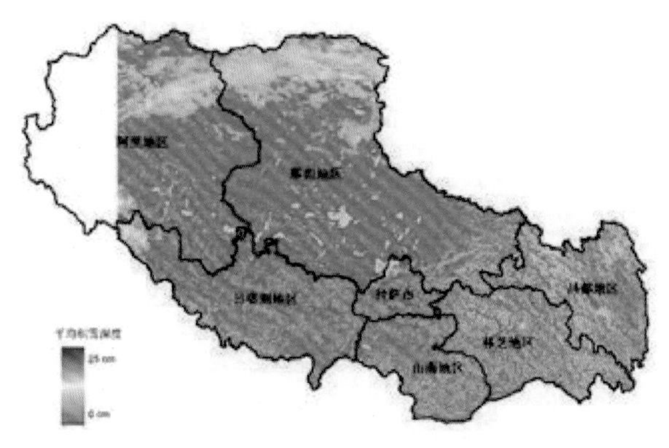

图2－4－9　西藏平均积雪深度图

Fig. 2－4－9　The average snow depth in Tibet

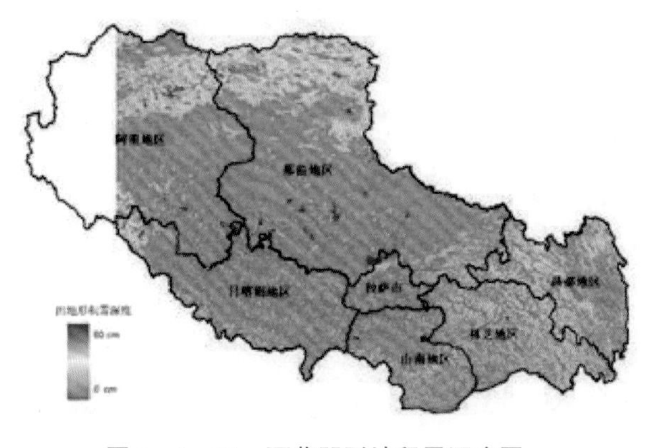

图2－4－10　西藏凹形地积雪深度图

Fig. 2－4－10　The Concave ground snow depth in Tibet

（2）新疆地区积雪深度：新疆地区是本次雪灾受灾最严重的地区之一。天山以北的新疆北部地区平均积雪厚度普遍大于10cm，阿勒泰、昌吉、塔城东部、哈密北部的大部分地区最大积雪深度超过了60cm。天山以南的巴音郭楞蒙古自治州也有大片积雪分布（图2－4－11，2－4－12）。

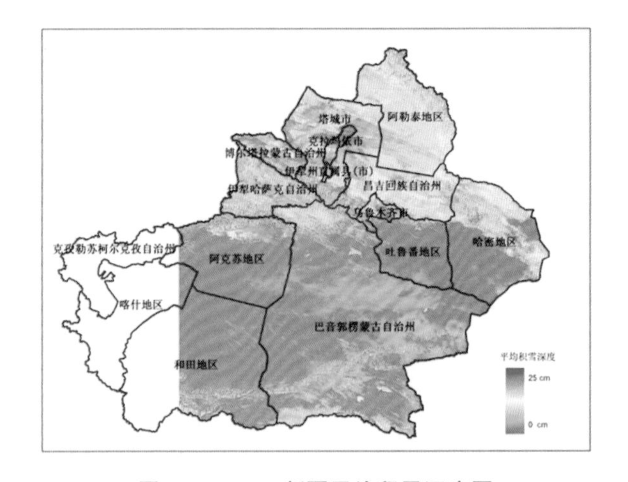


图 2 –4 –11　新疆平均积雪深度图

**Fig. 2 –4 –11　The average snow depth in Xinjiang**

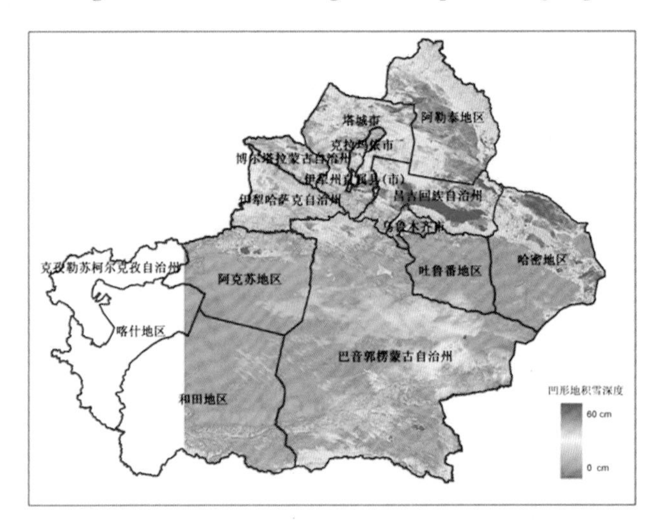


图 2 –4 –12　新疆凹形地积雪深度图

**Fig. 2 –4 –12　The concave ground snow depth in Xinjiang**

（3）内蒙古地区积雪深度：内蒙古地区除鄂尔多斯、乌海以及阿拉善平均积雪深度较低外，其他地区均有成片的较厚积雪，平均雪深多大于 10cm。呼伦贝尔西部、通辽东部、锡林郭勒盟大部、乌兰察布北部、包头北部、巴彦淖尔市北部，最大积雪深度多超过了 50cm（图 2 –4 –13，2 –4 –14）。

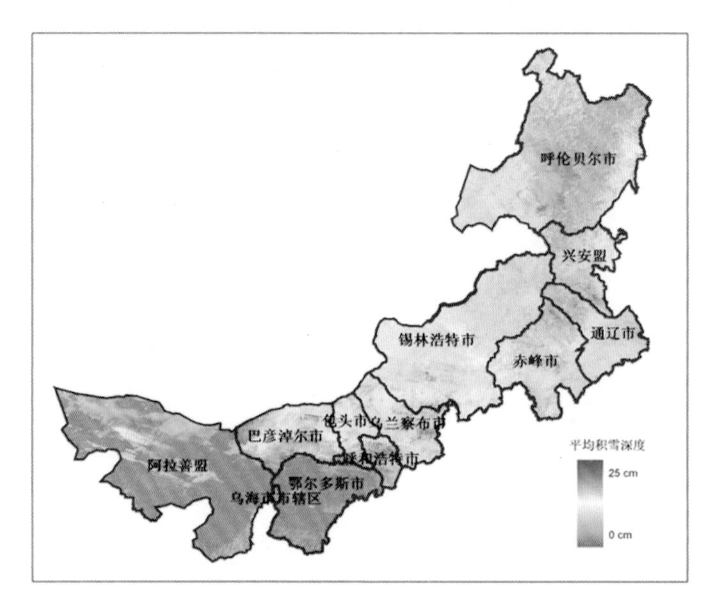


图 2－4－13　内蒙古平均积雪深度图

**Fig. 2－4－13　The average snow depth in Inner Monglia**

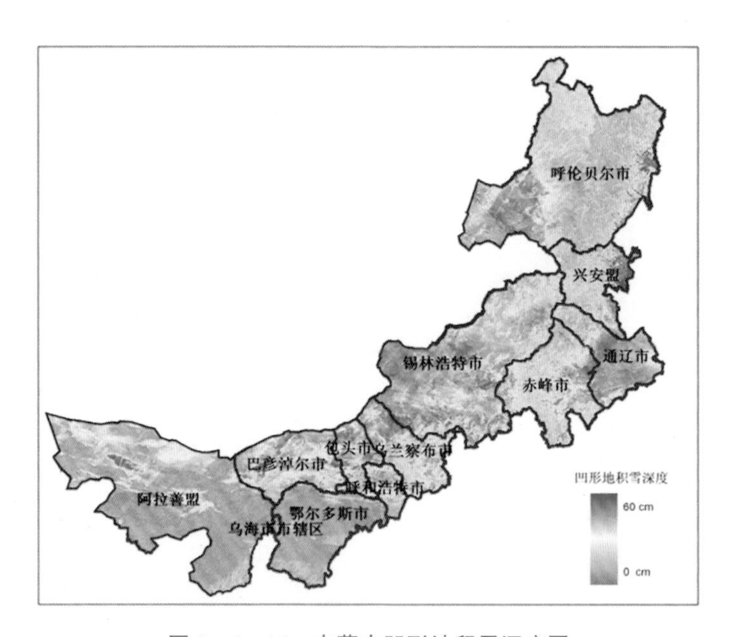


图 2－4－14　内蒙古凹形地积雪深度图

**Fig. 2－4－14　The concave ground snow depth in Inner Monglia**

（4）青海地区积雪深度：青海地区积雪深度最大的地区为玉树藏族自治州，尤其是可可西里山与昆仑山地区平均积雪深度均超过 10cm，最大积雪深度可达 60cm 以上。另外海西蒙古自治州与果洛藏族自治州地区也有大范围较厚的积雪分布（图 2－4－15，2－4－16）。

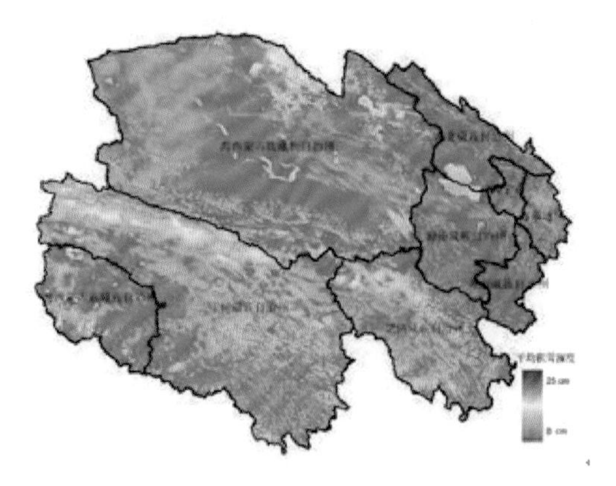

图 2 –4 –15　青海平均积雪深度图
Fig. 2 –4 –15　The average snow depth in Qinghai

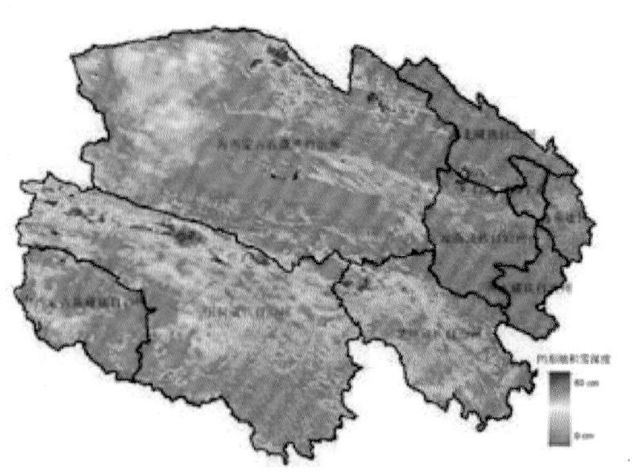

图 2 –4 –16　青海凹形地积雪深度图
Fig. 2 –4 –16　The concave ground snow depth map in Qinghai

（5）甘肃地区积雪深度：甘肃地区的积雪主要成零星分布，全省平均积雪深度仅为3cm，积雪最厚的地区为酒泉市北部边界与西南边界地区，以及张掖市北部（图2 –4 –17，2 –4 –18）。

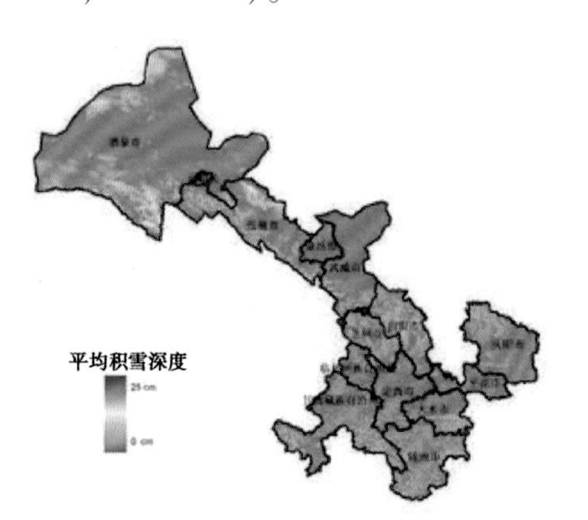


图 2 –4 –17　甘肃平均积雪深度图
Fig. 2 –4 –17　The average snow depth in Gansu

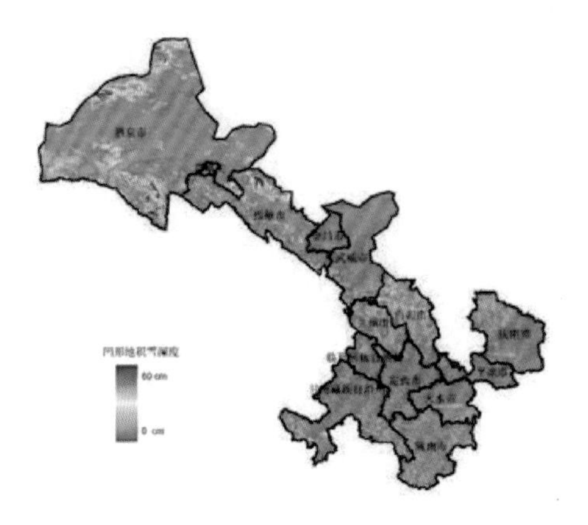

图 2 –4 –18　甘肃凹形地积雪深度图
Fig. 2 –4 –18　The concave ground snow depth in Gansu

## 5.2　受灾面积监测

本次大范围降雪使得五大草原牧区 56.31% 的地区遭受了不同程度的雪灾（表 2 –4 –7）。其中，内蒙古、新疆地区成灾面积最大均为约 20 万 $km^2$，西藏次之为 13.86 万 $km^2$，青海为 5.95 万 $km^2$，甘肃为 1.19 万 $km^2$。内蒙古地区受灾面积最大占全区总面积的 17.86%，新疆次之受灾面积占全区总面积的 14.51%，西藏地区受灾面积占全区总面积的 12.69%，青海、甘肃受灾面积均低于全区总面积的 10%。西藏地区发生轻灾的面积比例最大，其受灾地区一半为轻度雪灾。内蒙古发生中、重度雪灾的地区面积最大，比例也最大。在内蒙古遭受雪灾的地区中有1/3的地区发生了中度雪灾，有一半的地区发生了重度雪灾，但其发生特大雪灾的地区非常小。新疆地区发生特大雪灾的面积最大，有1.44万$km^2$的地区发生了特大雪灾，占所在地区总面积的百分比也最高，达到了1.05%，这一数值是西藏地区的2倍，内蒙古地区的6倍。也就是说内蒙古地区在本次雪灾中受灾范围最广，面新疆地区的受灾程度最大。

表2－4－7　五大草原牧区受灾面积统计表

Tab. 2－4－7　Disaster area statistics in five prairie pastoral areas　（单位：$km^2$）

| | 成灾面积 | 轻灾面积 | 中灾面积 | 重灾面积 | 特大灾面积 |
|---|---|---|---|---|---|
| 西藏 | 138 601 | 66 106 | 47 154 | 19 511 | 5 830 |
| 新疆 | 198 166 | 63 903 | 53 376 | 66 482 | 14 405 |
| 内蒙古 | 204 869 | 33 068 | 70 602 | 99 250 | 1 949 |
| 青海 | 59 564 | 24 789 | 18 522 | 13 136 | 3 117 |
| 甘肃 | 11 914 | 6 580 | 2 251 | 2 766 | 317 |
| 合计 | 613 114 | 194 446 | 191 905 | 201 145 | 25 618 |

表2－4－8　各等级受灾面积占地区总面积百分比

Tab. 2－4－8　Percentage of each grade of the disaster area

| | 成灾百分比（%） | 轻灾百分比（%） | 中灾百分比（%） | 重灾百分比（%） | 特大灾百分比（%） |
|---|---|---|---|---|---|
| 西藏 | 12.69 | 6.05 | 4.32 | 1.79 | 0.53 |
| 新疆 | 14.51 | 4.68 | 3.91 | 4.87 | 1.05 |
| 内蒙古 | 17.86 | 2.88 | 6.15 | 8.65 | 0.17 |
| 青海 | 8.32 | 3.46 | 2.59 | 1.83 | 0.44 |
| 甘肃 | 2.94 | 1.62 | 0.56 | 0.68 | 0.08 |
| 合计 | 56.31 | 18.70 | 17.52 | 17.82 | 2.27 |

（1）西藏地区受灾程度：表2－4－8显示，西藏成灾面积为13.86万$km^2$，占地区总面积的12.69%。其中，轻灾面积为6.61万$km^2$，占地区总面积的6.05%；中灾面积为4.71万$km^2$，占地区总面积的4.32%；重灾面积为1.95万$km^2$，占地区总面积的1.79%；特大灾面积为0.58万$km^2$，占地区总面积的0.53%。西藏地区的雪灾程度以轻灾为主，大多分布在藏南地区。昆仑山与可可西里山南麓有中、重度雪灾发生，另外林芝唐古拉山山区也有中度以上的雪灾发生（图2－4－19）。

（2）新疆地区受灾程度：新疆地区成灾面积为19.81万$km^2$，占地区总面积的14.51%。其中，轻灾面积为6.39万$km^2$，占地区总面积的4.68%；中灾面积为5.34

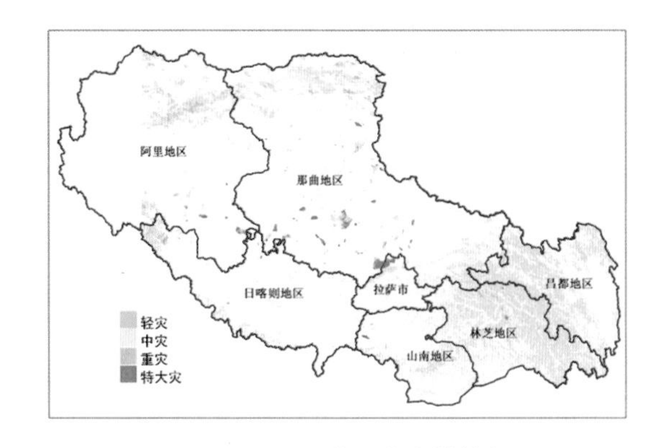


图 2－4－19　西藏雪灾灾情等级图

**Fig. 2－4－19　Snow disaster grade map in Tibet**

万 km²，占地区总面积的 3.91%；重灾面积为 6.65 万 km²，占地区总面积的 4.87%；特大灾面积为 1.44 万 km²，占地区总面积的 1.05%。新疆地区是本次雪灾受灾程度最大的地区。天山以北的新疆北部地区平均积雪厚度大普遍发生了雪灾。昌吉回族自治州发生了大面积的特大雪灾，阿勒泰、塔城东部、哈密北部地区受灾程度也很大，多为重、特大雪灾。天山以南的巴音郭楞蒙古自治州以及和田地区也有大面积的轻度雪灾发生（图 2－4－20）。

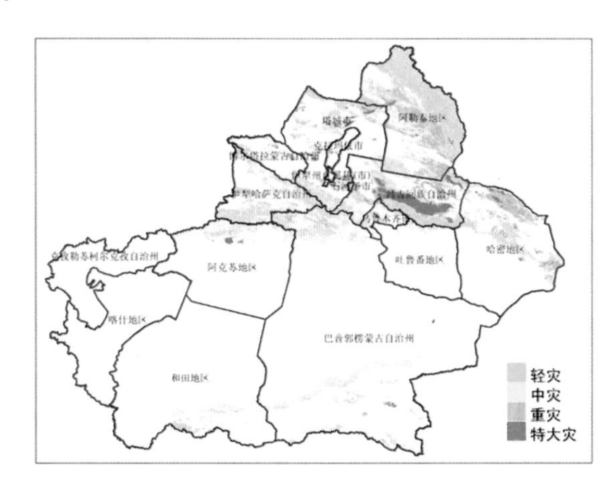


图 2－4－20　新疆雪灾灾情等级图

**Fig. 2－4－20　Snow disaster grade map in Xinjiang**

（3）内蒙古地区受灾程度：内蒙古成灾面积为 20.49 万 km²，占地区总面积的 17.86%。其中轻灾面积为 3.31 万 km²，占地区总面积的 2.88%；中灾面积为 7.06 万 km²，占地区总面积的 6.15%；重灾面积为 9.93 万 km²，占地区总面积的 8.65%；特大灾面积为 0.19 万 km²，占地区总面积的 0.17%。内蒙古为本次雪灾受灾面积最大的地区。轻度雪灾的发生范围主要集中于大兴安岭两翼以及南麓地区。内蒙古东缘受地形突然抬升影响降雪量较大，多有中、重度雪灾发生。内蒙古高原的核心地区——呼伦贝尔西部、锡林郭勒盟大部、乌兰察布市北部、包头市、巴彦淖尔市河套地区以北发生了大面积的中、重度雪灾，其中，以锡林郭勒盟与乌兰察布市的交界处最为严重，部分地区甚至发生了特大雪灾（图 2 – 4 – 21）。

图 2 – 4 – 21　内蒙古雪灾灾情等级图

**Fig. 2 – 4 – 21　Snow disaster grade map in Inner Mongolia**

（4）青海地区受灾程度：青海成灾面积为 5. 96 万 $km^2$，占地区总面积的 8. 32%。其中，轻灾面积为 2. 48 万 $km^2$，占地区总面积的 3. 46%；中灾面积为 1. 85 万 $km^2$，占地区总面积的 2. 59%；重灾面积为 1. 31 万 $km^2$，占地区总面积的 1. 83%；特大灾面积为 0. 31 万 $km^2$，占地区总面积的 0. 44%。青海地区大面积受灾的地区为玉树藏族自治州、果洛藏族自治州以及海西蒙古自治州。北部的鱼卡河流域、可可西里山地区、昆仑山地区受灾较重，发生了大面积中度以上的雪灾（图 2 – 4 – 22）。

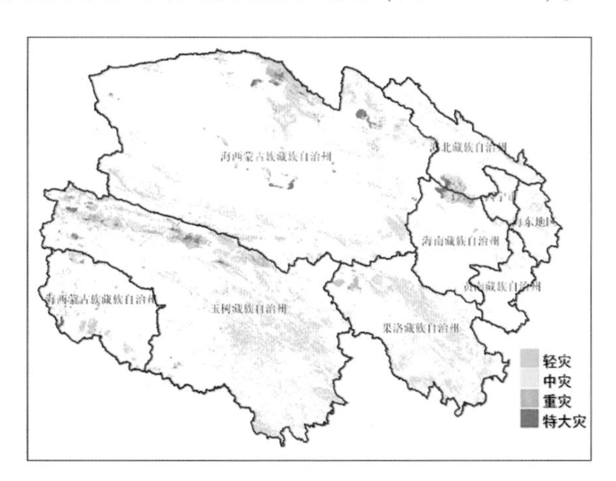


图 2 – 4 – 22　青海雪灾灾情等级图

**Fig. 2 – 4 – 22　Snow disaster grade map in Qinghai**

（5）甘肃地区受灾程度：青海成灾面积为 1. 19 万 $km^2$，占地区总面积的 2. 94%。其中轻灾面积为 0. 66 万 $km^2$，占地区总面积的 1. 62%；中灾面积为 0. 23 万 $km^2$，占地区总面积的 0. 56%；重灾面积为 0. 28 万 $km^2$，占地区总面积的 0. 68%；特大灾面积为

0.03 万 km²，占地区总面积的 0.08%。甘肃雪灾发生面积比例较小，且多为轻灾，仅在酒泉市北部边界与西南边界地区有中、重度雪灾发生（图 2－4－23）。

图 2－4－23　甘肃雪灾灾情等级

**Fig. 2－4－23　Snow disaster grade map in Gansu**

# 第五章　中国北方草原雪灾遥感监测研究案例

## 1　中国北方地区雪灾状况概述

2009 年 11 月以来，全国各地连续发生降雪天气，降雪持续时间之长、波及范围之广均为历史罕见。特别是北方地区，新疆阿勒泰和塔城、青海玛多、西藏普兰和革吉、内蒙古乌拉特后旗、甘肃敦煌等牧区相继发生低温雪灾，与往年相比，积雪较厚、气温偏低，给畜牧业生产、人民生活及社会经济造成巨大影响。进入 2010 年 1 月份，北方地区更是连续降雪，据报道：京津地区的日降雪量均突破了 1951 年以来的 1 月份历史极值；内蒙古地区雪灾严重，由哈尔滨发往包头的 1814 次列车 1 月 3 日晚行至乌兰察布市察哈尔右翼后旗贲红至商都县 18km 处时，被大雪围困在大山沟中，车上 1 500余名旅客被困；新疆塔城、阿勒泰发生雪灾，截至 1 月 8 日 20 时，5 000余人被紧急转移，因灾造成直接经济损失约 1 亿元人民币。已造成新疆 12 个县（市）90 个乡镇 26. 18 万人受灾，紧急转移安置受灾民众 5 435 人，因灾伤病 276 人，倒塌房屋 799 间，损坏房屋 4 897间；局部地区交通受阻，电力中断。其他省区的降雪量与往年相比也都偏多。

为了准确掌握降雪状况，中国农业科学院草原研究所利用遥感技术对我国北方草原雪灾进行监测，以近期 10 天的 MODIS 数据为遥感信息源，准确掌握了全国及北方 8 省区（内蒙古、新疆、青海、西藏、甘肃、黑龙江、吉林、辽宁）降雪面积、范围及分布格局。同时，采用积雪指数和基于 MODIS 数据的积雪深度监测模型对我国北方 8 省区积雪深度进行全面估测，并在此基础上完成了我国北方及内蒙古、新疆、青海、西藏、甘肃五大省区降雪状况系列图的编制。专题图及数据统计分析结果如下：

## 2　雪灾覆盖面积及分布格局

图 2 –5 –1 至图 2 –5 –7 为我国北方 8 省区积雪覆盖图，统计结果（表 2 –5 –1）表明，全国积雪覆盖总面积为 297. 5 万 $km^2$，占国土面积 30. 98%。北方 5 省区积雪覆盖面积为 193. 22 万 $km^2$，其中，内蒙古地区积雪覆盖面积最大，为 68. 83 万 $km^2$，占总积雪面积的 23%，新疆积雪面积为 54. 90 万 $km^2$，降雪范围占本区的 28. 41%。

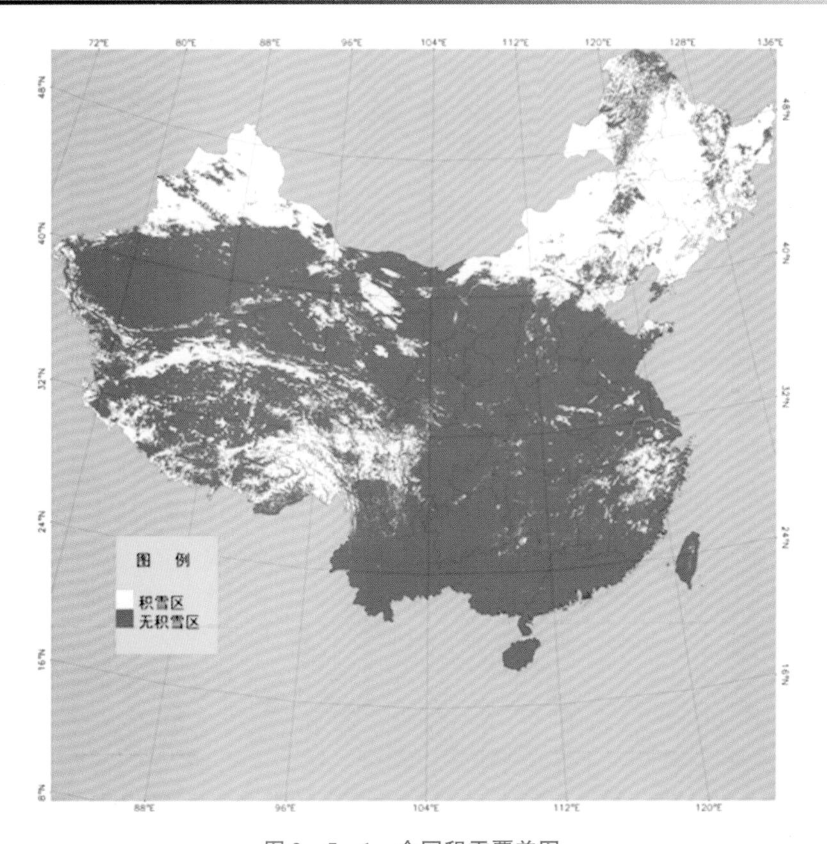


图 2 –5 –1　全国积雪覆盖图

**Fig. 2 –5 –1　National Snow Cover map**

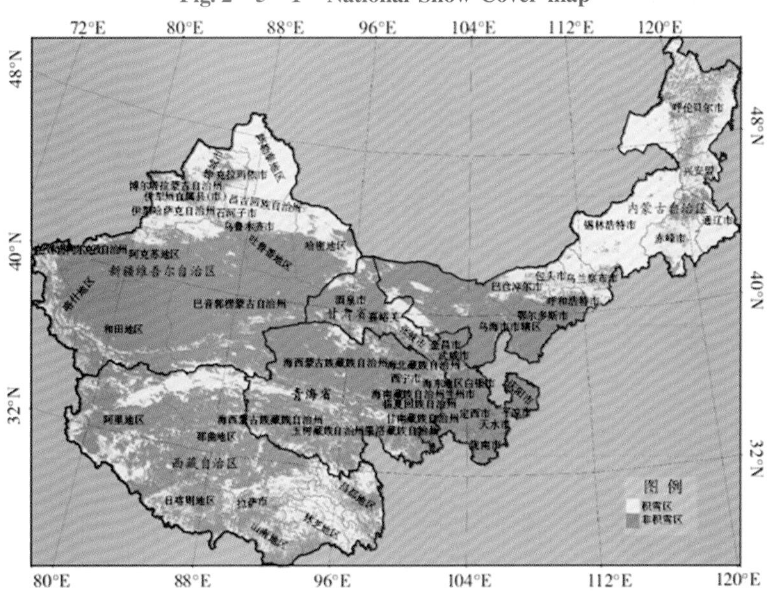


图 2 –5 –2　北方积雪覆盖图

**Fig. 2 –5 –2　Snow cover map in North**

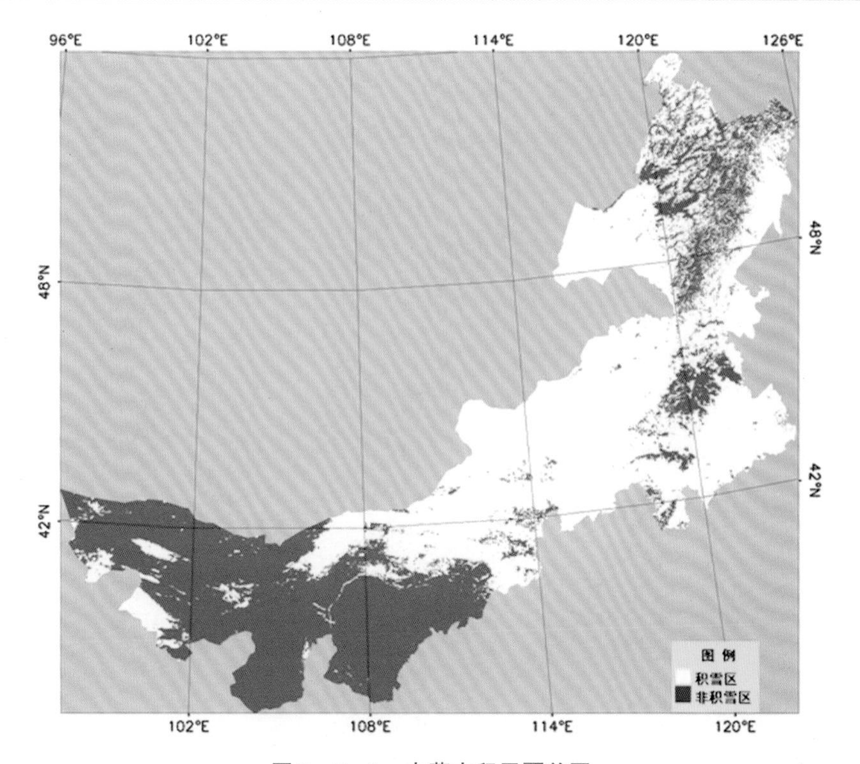


图 2 –5 –3　内蒙古积雪覆盖图

**Fig. 2 –5 –3　Snow cover map in Inner Mongolia**

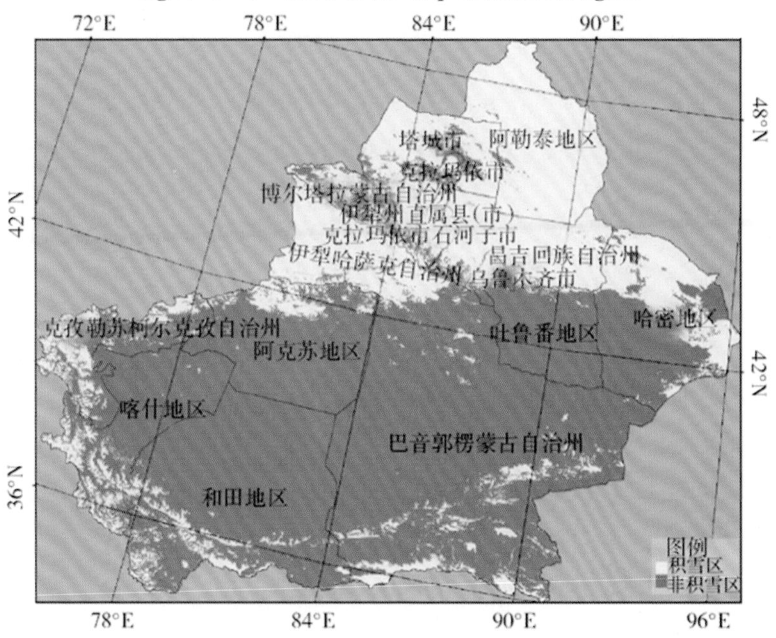


图 2 –5 –4　新疆积雪覆盖图

**Fig. 2 –5 –4　The snow cover map in Xinjiang**

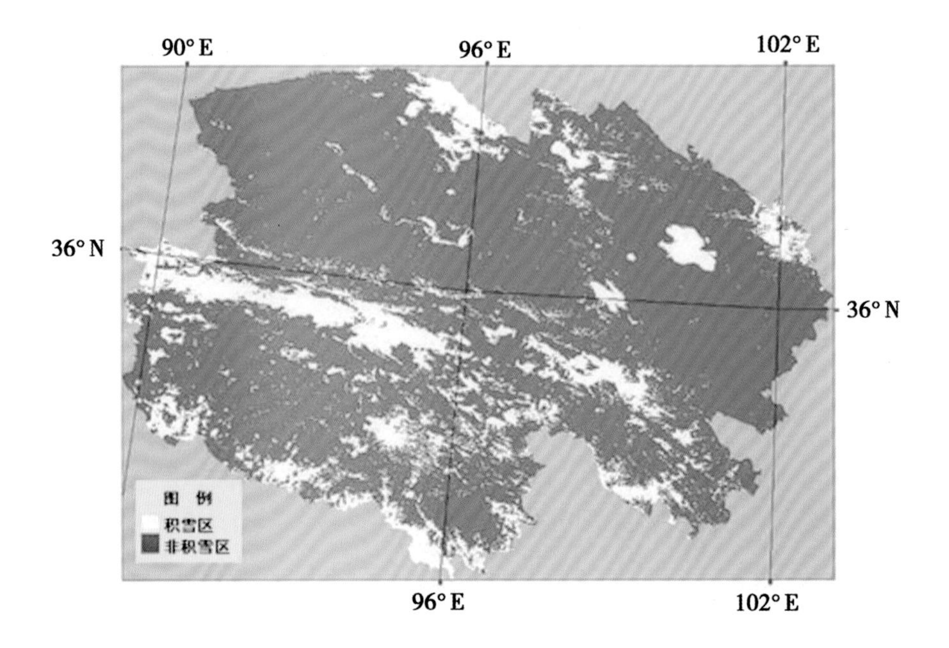


图 2 –5 –5　青海积雪覆盖图

Fig. 2 –5 –5　Snow cover map in Qinghai

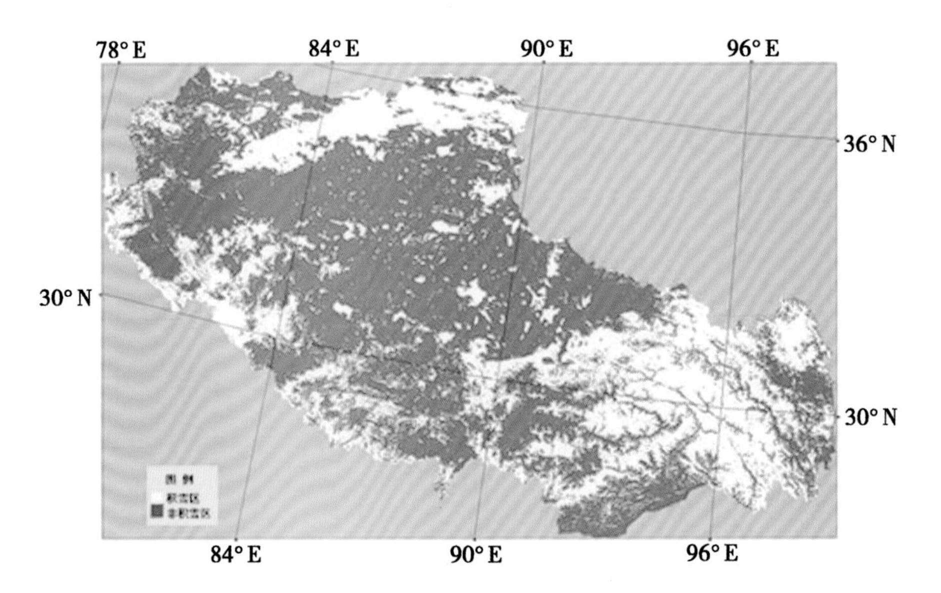


图 2 –5 –6　西藏积雪覆盖图

Fig. 2 –5 –6　Snow cover map in Tibet

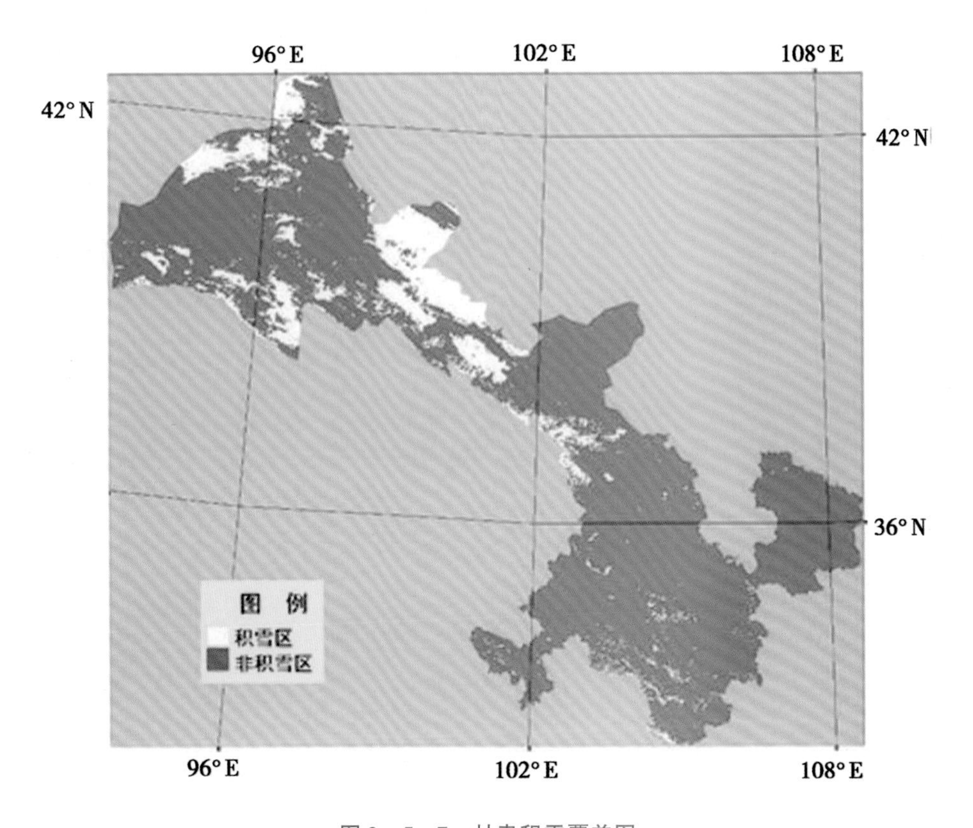


图 2－5－7　甘肃积雪覆盖图

Fig. 2－5－7　Snow cover map in Gansu

表 2－5－1　降雪面积统计表

Tab. 2－5－1　Snowfall area statistics

| 降雪地区 | 降雪面积（万 $km^2$） | 分布范围 |
| --- | --- | --- |
| 全国 | 297.52 | 黑、吉、辽、西藏、内蒙古大部，新疆北部，青海东部和南部，甘肃西北部及南方江苏部分地区 |
| 北方草原区 | 259.09 | 黑、吉、辽、西藏、内蒙古大部，新疆北部，青海东部和南部，甘肃西北部 |
| 内蒙古 | 68.83 | 呼伦贝尔市、兴安盟、通辽市、赤峰市、锡林郭勒盟、乌兰察布市及阿拉善盟的额济纳旗西南部、阿拉善左旗的东北部 |
| 新疆 | 54.90 | 新疆北部地区包括塔城、阿勒泰地区、伊犁哈萨克自治州、昌吉回族自治州等地 |
| 青海 | 14.29 | 玉树藏族自治州、海西蒙古族藏族自治州、果洛藏族自治州、海北藏族自治州及青海湖周边地区 |
| 西藏 | 48.77 | 林芝地区、山南地区、昌都地区、日喀则地区、阿里西南部和东北部以及那曲地区北部 |
| 甘肃 | 6.43 | 酒泉市的金塔、肃北，张掖市大部 |

## 3 积雪指数等级及积雪深度

参见表2－5－2，各地的降雪深度统计（图2－5－9至2－5－13）。

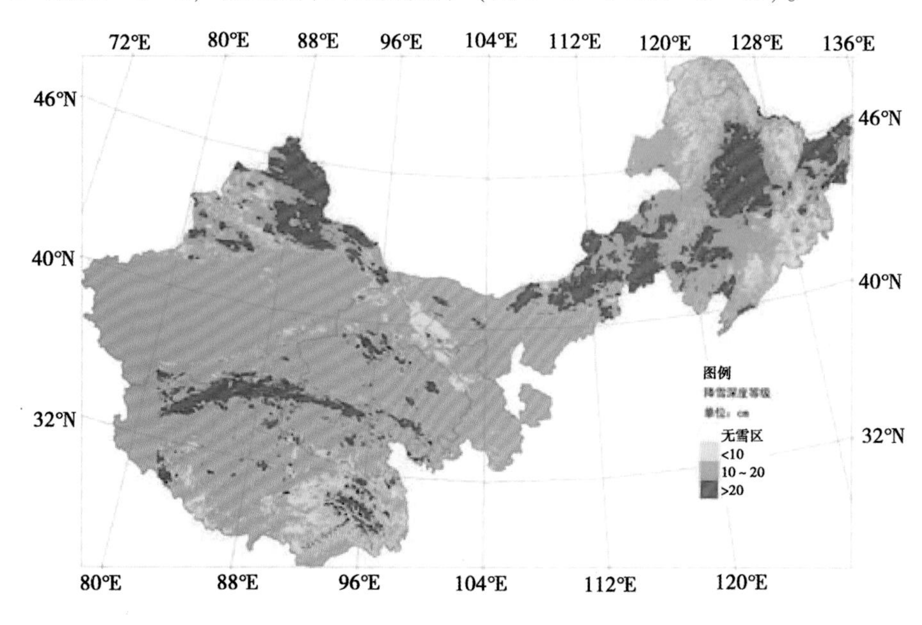


图2－5－8 北方积雪深度等级图

**Fig. 2－5－8 Snow depth gradient map in North**

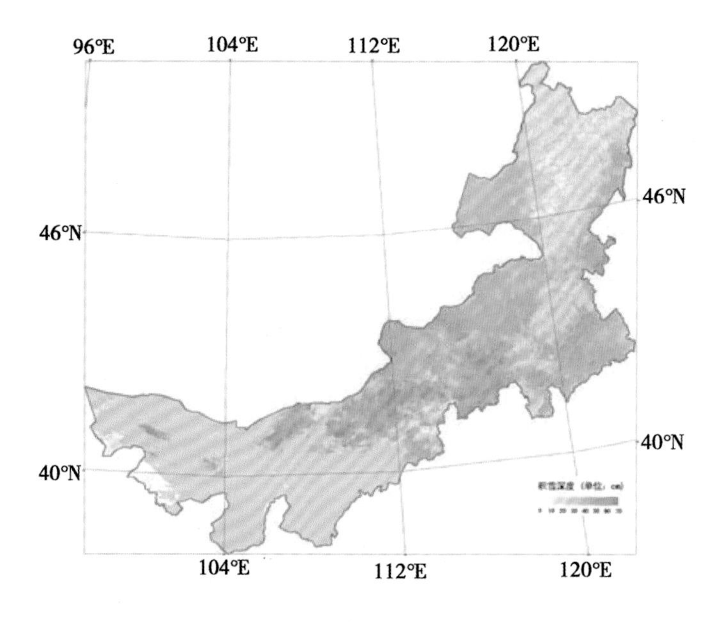


图2－5－9 内蒙古积雪深度梯度图

**Fig. 2－5－9 Snow depth gradient map in Inner Mongolia**

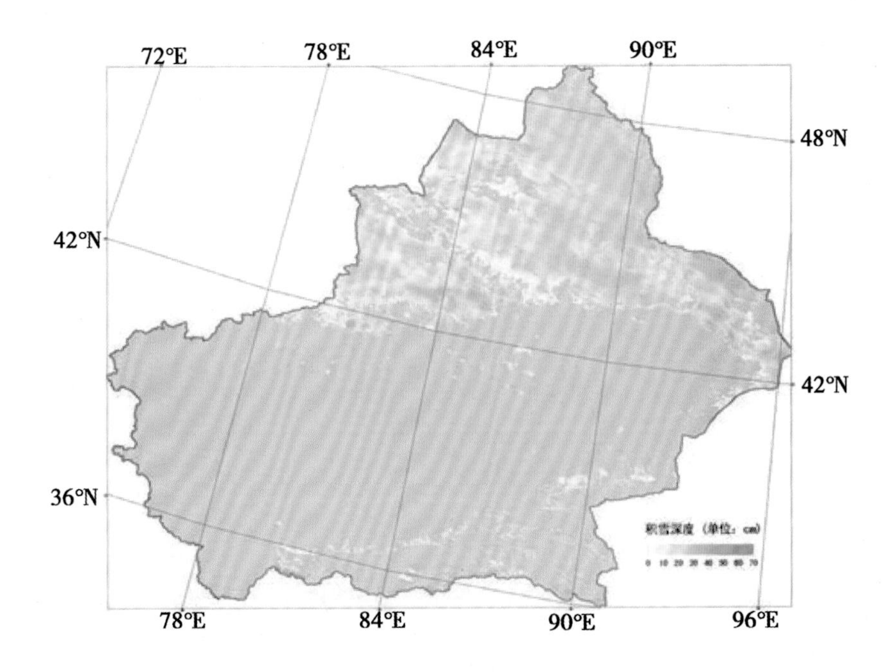


图 2－5－10　新疆积雪深度梯度图

Fig. 2－5－10　Snow depth gradient map in Xinjiang

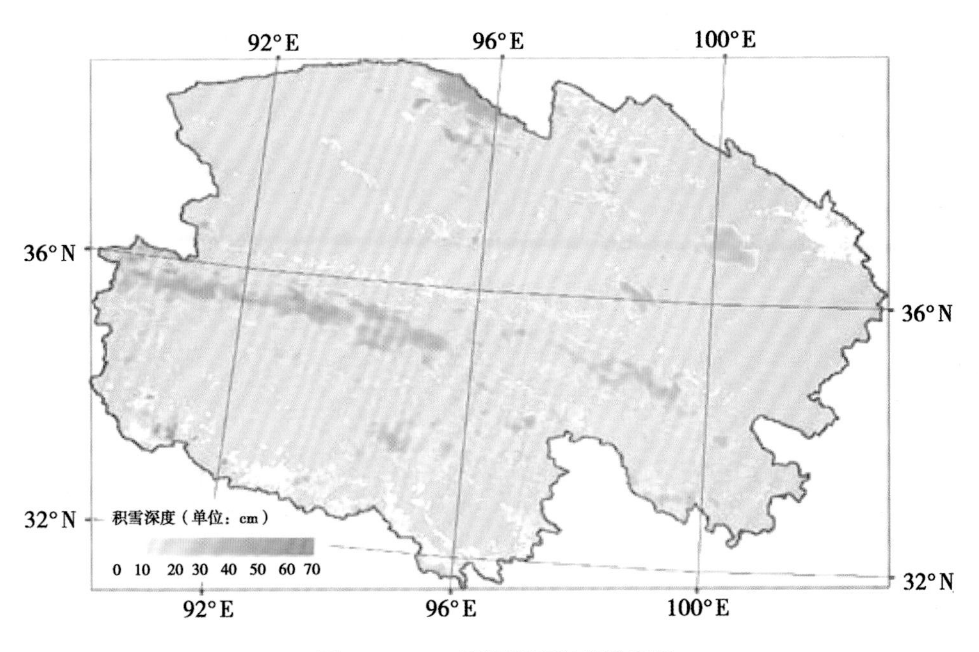


图 2－5－11　青海积雪深度梯度图

Fig. 2－5－11　Snow depth gradient map in Qinghai

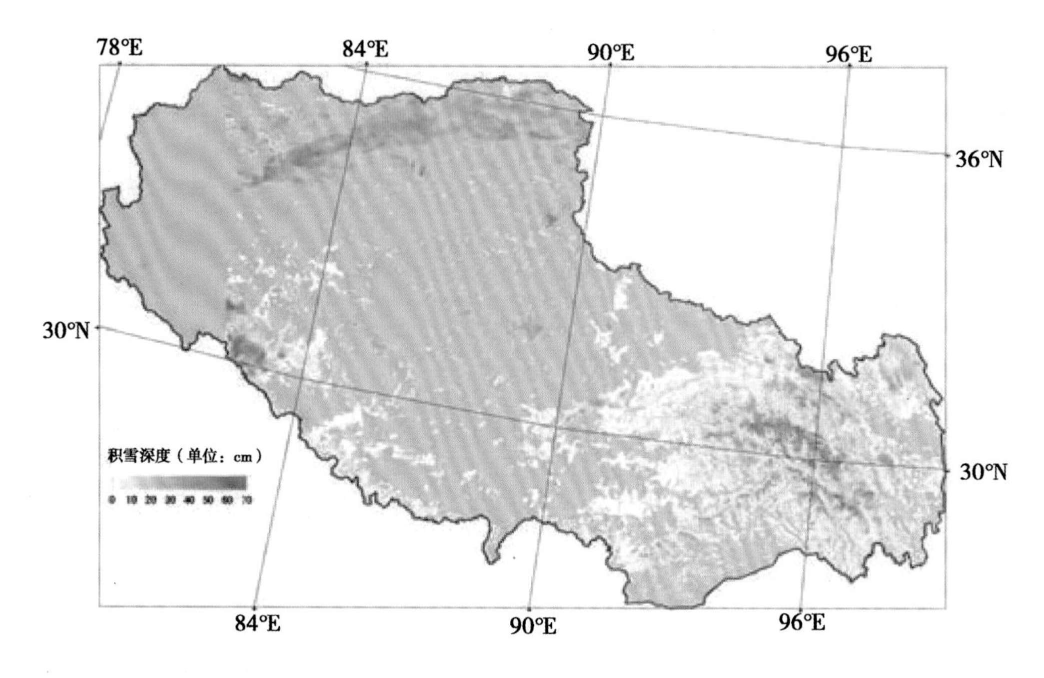


图 2－5－12　西藏积雪深度梯度图

**Fig. 2－5－12　Snow depth gradient map in Tibet**

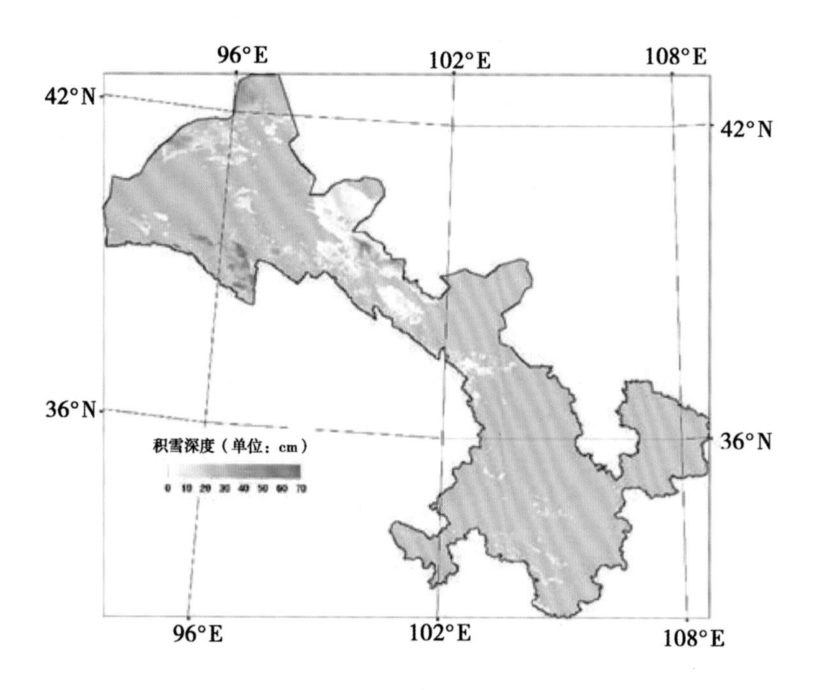


图 2－5－13　甘肃积雪深度梯度图

**Fig. 2－5－13　Snow depth gradient map in Gansu**

表 2－5－2　降雪深度统计

**Tab. 2－5－2　Statistics of snowfall depth**

| 降雪区域 | 降雪等级 | 降雪厚度（厘米） | 面积 | 分布范围 |
|---|---|---|---|---|
| 北方 | 1 | < 10 | 559 417 | 大小兴安岭以及黑、吉、辽三省的东部；西藏东南部；甘蒙边界 |
| | 2 | 10～20 | 890 178 | 内蒙古东部部分地区（不包括大兴安岭地区）；吉林西部以及辽宁大部；库尔勒以北、乌鲁木齐以西的大部分地区 |
| | 3 | > 20 | 896 110 | 东北平原、黑龙江东北部；内蒙古中部；新疆库尔勒以北、乌鲁木齐以东的大部分地区；青海昆仑山地区；西藏东南核心地区。 |
| 内蒙古 | 1 | <10 | 98 973 | 大兴安岭以及甘蒙边界 |
| | 2 | 10～20 | 335 234 | 呼伦贝尔西部、兴安盟和通辽市大部、锡林郭勒盟的东北部与西南部地区以及乌兰察布盟的南部地区 |
| | 3 | > 20 | 245 351 | 内蒙古中部：赤峰市西部地区、锡林郭勒盟的中部，以及黄河内蒙古段以北地区 |
| 新疆 | 1 | <10 | 86 936 | 库尔勒以北、乌鲁木齐以西的部分地区；与西藏交界地区有零星分布 |
| | 2 | 10～20 | 183 136 | 库尔勒以北、乌鲁木齐以西的大部分地区 |
| | 3 | >20 | 216 761 | 库尔勒以北、乌鲁木齐以东的大部分地区 |
| 青海 | 1 | <10 | 26 601 | 西宁东部地区；南部与西藏交界地区 |
| | 2 | 10～20 | 43 787 | 昆仑山以南地区有零星分布 |
| | 3 | >20 | 62 415 | 昆仑山地区 |
| 西藏 | 1 | <10 | 114 079 | 西藏东南大部以及西南部分地区 |
| | 2 | 10～20 | 64 094 | 西藏东南部有零星分布 |
| | 3 | >20 | 131 925 | 西藏东南核心地区：林芝、拉萨和乃东的交界地区 |
| 甘肃 | 1 | <10 | 38 909 | 甘肃中部甘蒙边界地区：巴丹吉林沙漠的西部地区 |
| | 2 | 10～20 | 10 078 | 甘肃北部有零星分布 |
| | 3 | >20 | 7 198 | 柴达木盆地北部的甘青交界地区 |

# 第六章 草原雪灾风险评价与区划研究

## 1 草地雪灾风险评价的基本理论与方法

### 1.1 草地雪灾风险研究的国内外进展

#### 1.1.1 国内研究进展

我国研究者把雪灾作为北方草地牧区的一种重要灾害来研究。目前，对草地雪灾的研究主要集中在以下几个方面：①对雪灾的形成原因进行研究：了解雪灾发生的原因是减少雪灾发生的关键，也是正确选取草地雪灾风险评价指标的依据。张殿发和张祥华从气象因素、经营方式和政府政策等方面对我国北方草地雪灾的致灾因素进行了分析，指出草地雪灾的形成既有外部因素又有内部因素，认为受“拉尼娜事件”影响的异常气候固然是致灾的客观原因，但是不合理的人类经济活动超过草地生态阈限，使脆弱的草地生态平衡遭到严重破坏，生态系统抵御灾害的能力降低，加上草地公有、牲畜私有之间的所有制相位差激发牧民掠夺式利用草地资源，这些都是雪灾频繁发生的原因。②研究雪灾发生的时空分布格局：认识雪灾发生的时空分布格局可以为预防和减少雪灾发生的资金投入及政府决策提供重要的依据。郝璐、王静爱等从雪灾的时空变化角度分析了中国雪灾平均灾次的高、低值区与草场退化程度的关系，从承灾体脆弱性的角度揭示了雪灾格局形成的机制。③草地雪灾风险的评价指标及方法的研究：聂娟根据遥感影像数据特征、地物波谱特征、以及两者间关系探讨了较合理的积雪提取模型、方法，通过积雪分布，开展积雪持续时间、范围和深度等分析，结合地面资料进行了雪灾预测、预警，为早期备灾等提供决策支持。④草地雪灾的预测研究：芦光新应用 GM（1.1）模型对青海南部地区雪灾可能发生的趋势进行了预测，并且提出了防御雪灾的对策。

#### 1.1.2 国外研究进展

在国外，关于雪灾的研究主要针对山区雪灾进行研究，研究的重点主要是积雪的流动性、雪崩、积雪深度对植被的干扰作用等。如 Daniele Bocchiola 对意大利中部阿尔卑斯山脉的积雪深度频率曲线和雪崩危险度进行了研究；Marja－Leena Paatalo 对短期积雪量对森林的破坏风险模型进行了研究；Erik Valinger 根据树的特征确定雪灾对松树的损害概率；D. L. Mitchell 建立了积雪增长模型。国外对城市雪灾的研究是利用历史雪灾资料进行城市雪灾的统计分析，如 Stanley A. Changnon 利用历史雪灾资料分析了美国暴风雪灾害的时空分布。同时利用遥感进行积雪厚度研究也取得系列成果。

## 1.2　草地雪灾风险的形成机理

### 1.2.1　草地雪灾风险的构成要素

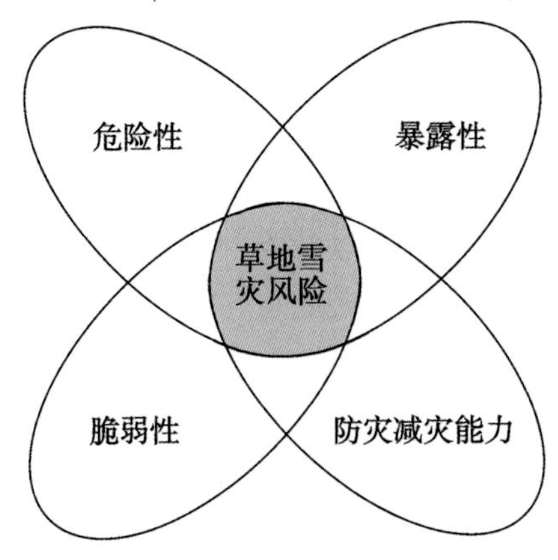


图2－6－1　草地雪灾形成原理

Fig. 2－6－1　Formation principle of grassland snow disaster

草地雪灾是草地放牧业的一种冬、春季雪灾。主要是指依靠天然草场放牧的畜牧业地区，冬半年由于降雪量过多和积雪过厚，雪层维持时间长，积雪掩埋牧场，影响家畜放牧采食或不能采食，造成冻饿或因而染病，甚至发生大量死亡。

草地雪灾风险的形成及其大小，是由致灾因子的危险性、承灾体的暴露性和脆弱性及防灾减灾能力综合影响决定的（图2－6－1），危险性表示引发草地雪灾的致灾因子；暴露性表示当草地雪灾发生时受灾区的人口、牲畜、基础设施等，脆弱性表示易受致灾因子影响的人口、牲畜、基础设施等；防灾减灾能力表示受灾区在长期和短期内能够从生态灾害中恢复的程度。

### 1.2.2　草地雪灾风险的形成机制

从灾害学角度出发，根据草地雪灾形成的机理和成灾环境的区域特点，草地雪灾的产生应该具备以下条件：首先，必须存在一定量的降雪；其次，在温度、风力、高程、坡度等自然条件的影响下作用于草地以及草地上的生命和基础设施；最后，经过草地上脆弱的生命、社会经济等的加剧风险与人为的物资投入、政策法规等的降低风险的综合作用下，造成了一定的损失，即草地雪灾（图2－6－2）。

## 1.3　草地雪灾风险评价的方法与技术路线

### 1.3.1　草地雪灾风险评价方法

在对草地雪灾进行风险评价中主要采用了如下几种方法。

（1）自然灾害风险指数法：自然灾害风险指未来若干年内可能达到的灾害程度及其发生的可能性。某一地区的自然灾害风险是危险性、暴露性、脆弱性和防灾减灾能力四个因素共同作用的结果，四者缺一不可。自然灾害风险的数学公式可以表示为：

自然灾害风险＝危险性（H）×暴露性（E）×脆弱性（V）×防灾减灾能力（R）

其中，危险性、暴露性和脆弱性与自然灾害风险成正相关，防灾减灾能力与自然灾害风险成反相关。当危险性与脆弱性在时间上和空间上结合在一起的时候就很可能形成草地雪灾。

（2）层次分析法：层次分析法是一种定性与定量分析相结合的多因素决策分析方法。这种方法将决策者的经验判断给予数量化，在目标因素结构复杂且缺乏必要数据的情况下使用更为方便。

层次分析法确定指标权重系数的基本思路是：先把评价指标体系进行定性分析，根据指标的相互关系，分成若干级别，如：目标层、准则层、指标层等。先计算各层指标单排序的权重，然后再计算各层指标相对于总目标的组合权重。

（3）加权综合评分法：加权综合评分法是考虑到每个评价指标对于评价总目标的

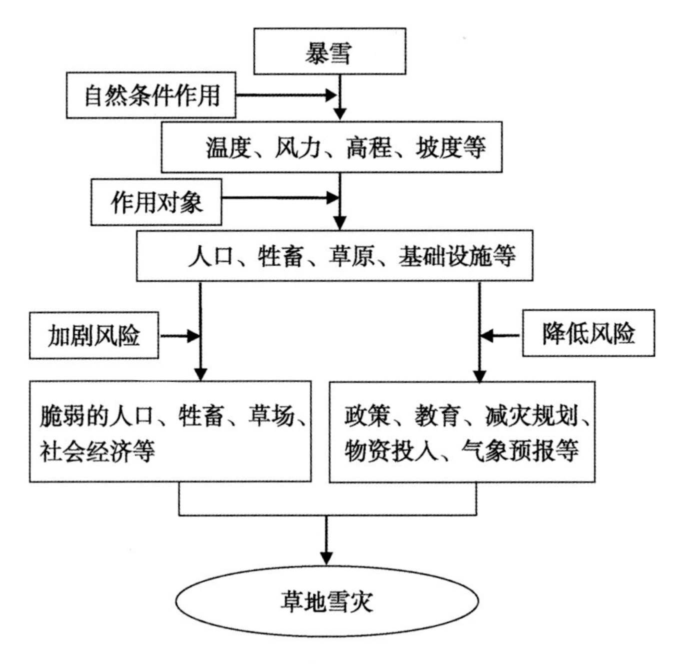


图 2-6-2　草地雪灾的成灾机制

Fig. 2-6-2　Disaster mechanism of grassland snow disaster

影响的重要程度不同，预先分配一个相应的权重系数，然后与相应的被评价对象的各指标的量化值相乘后，再相加。计算式为：

$$P = \sum_{i=1}^{n} A_i W_i \qquad \text{（公式 2.6.1）}$$

且有 $A_i > 0$，$\sum_{i=1}^{n} A_i = 1$

其中，$W$ 为某个评价对象所得的总分；$A_i$为某系统的 i 项指标的权重系数；$W$i 为某系统第 i 项指标的量化值；n 为某系统评价指标个数。

（4）网格 GIS 分析方法：网格 GIS 是 GIS 与网格技术的有机结合，是 GIS 在网格环境下的一种应用。根据具体的研究内容确定网格的大小，用 GIS 技术来实现网格的生成；运用一定的数学模型将搜集到的以行政区为单位的各种属性数据进行网格化，并与网格相对应建立空间数据库。

### 1.3.2　草地雪灾风险评价技术路线

基于网格 GIS 技术，以自然灾害风险形成原理和自然灾害风险评价理论为理论依据，对锡林郭勒盟草地雪灾风险进行评价。具体步骤为相关数据收集与处理；利用相关方法和 GIS 技术对各种数据进行分析；构建草地雪灾风险评价的概念框架、风险评价模型和指标体系；对锡林郭勒盟草地雪灾风险进行评价。

研究流程见图 2-6-3 所示。

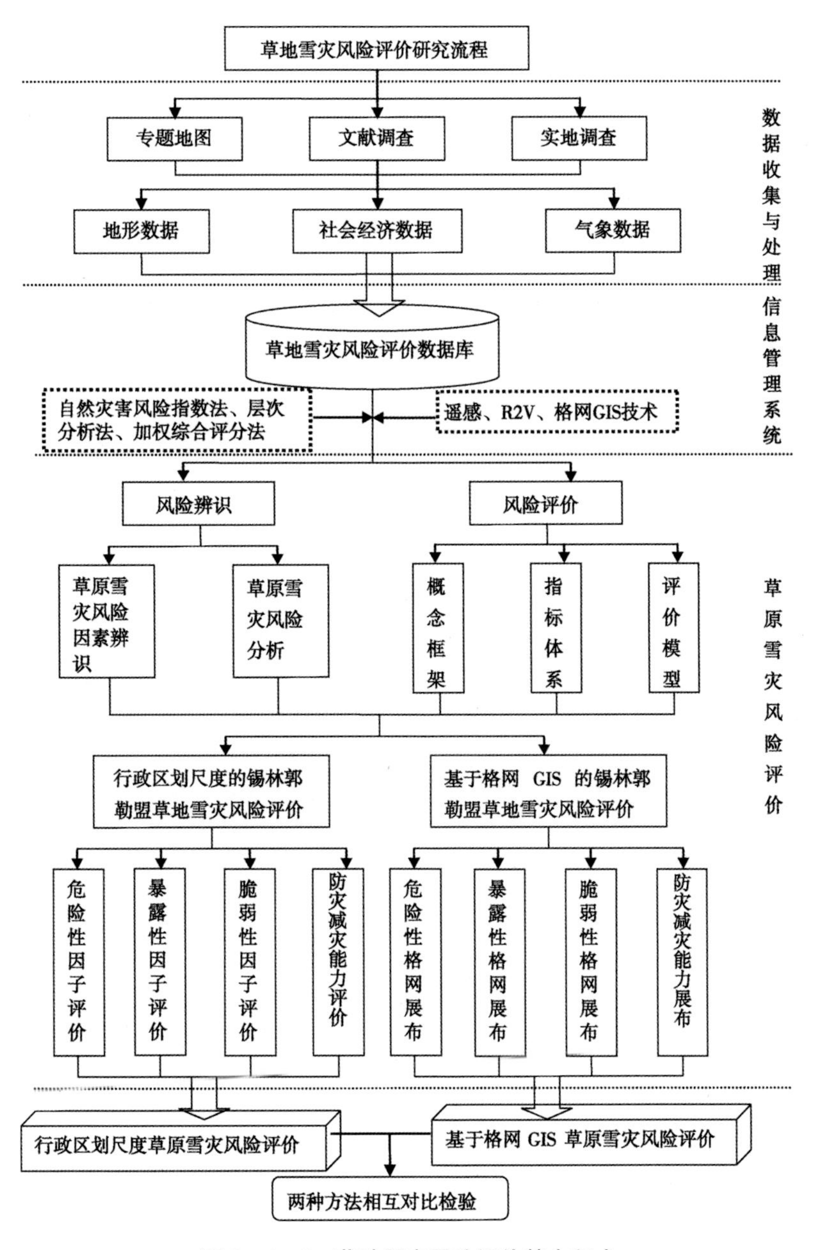


图 2－6－3　草地雪灾风险评价基本程式

Fig. 2－6－3　Basic formulas of risk assessment to grassland snow disaster

## 2　草地雪灾风险因素辨识

### 2.1　研究区概况

#### 2.1.1　地理概况

锡林郭勒盟位于内蒙古自治区中部偏东，111°03′～120°00′E，41°35′～46°46′N。北接蒙古共和国浩瀚戈壁，东界大兴安岭，西邻乌兰察布盟，南与河北省张家口、承德地区毗邻。面积20.3万$km^2$，人口96.5万人。盟辖9个旗、1个县、2个市。12个旗县市分别是：锡林浩特市、二连浩特市、东乌珠穆沁旗、西乌珠穆沁旗、阿巴嘎旗、苏尼特左旗、苏尼特右旗、镶黄旗、正镶白旗、太仆寺旗、正蓝旗、多伦县。

锡林郭勒盟属中温带干旱半干旱大陆性季风气候，风大、少雨、寒冷。年平均气温0～3℃，结冰期长达5个月，寒冷期长达7个月，1月气温最低，平均－20℃，为华北最冷的地区之一。这样的气候条件使得锡林郭勒盟的降雪不易融化而形成积雪，持续时间较长，进而致使雪灾频发。

#### 2.1.2 草地雪灾概况

锡林郭勒草地从有记录以来发生了多次草地雪灾，现仅对四次影响比较大的草地雪灾进行简要介绍：

1977年10月，内蒙古锡林郭勒盟降特大暴雪，平均雪深15～30cm。局部50cm以上，雪后降温，积雪不化，牲畜觅食困难，全盟牲畜损失2/3，达215万头。

2000年12月，历史罕见的沙尘暴夹带暴风雪的双重灾难袭击内蒙古锡林郭勒盟。受灾的人口达10多万人，各旗县共死亡27人，失踪14人。受灾牲畜达300多万头，已有大量牲畜被冻死，盟内主要交通干线中断。

2001年1月，锡林郭勒草地遭遇雪暴，全盟在这次沙尘暴风雪中，严重冻伤14人，死亡13人，失踪14人，至少有3万多头（只）牲畜死亡，近万头（只）牲畜走失。

2010年1月，锡林郭勒盟出现大范围降雪、降温天气，降雪量为5.8～7.2mm，最大积雪深度达21cm，最低温度下降14至16度，伴有较强雪尘暴，对农牧民和农牧业造成严重影响。截至1月12号，正蓝旗降雪平均积雪厚度达29cm，死亡大小畜413头只，其中，牛156头、羊225只，丢失马30多匹，因灾倒塌棚圈150平方米，造成直接经济损失60万元。全旗今冬明春饲草缺口3 990万kg，饲料缺口600万kg。

### 2.2 草地雪灾风险因素识别

#### 2.2.1 气象因素

造成锡林郭勒盟草地雪灾的直接因素是降雪，但是低温日数、风吹雪日数、积雪日数等也对草地雪灾的形成具有一定的推动作用，属于间接因素。

锡林郭勒盟年平均降雪量47mm，自东南向西北递减。高值区主要分布在太仆寺旗和正镶白旗，低值区分布在二连浩特市。锡林郭勒盟年平均降雪日数各旗县从15～41d不等，东南多而西北少，年平均降雪日数最多的是西乌珠穆沁旗和太仆寺旗。年平均积雪日数东多西少，高值区也分布在西乌珠穆沁旗和太仆寺旗。锡林郭勒盟年平均风速4～5m/s，大风日数在50～80d，风吹雪日数有两个高值中心，同样是太仆寺旗和西乌珠穆沁旗。

#### 2.2.2 地形因素

锡林郭勒盟地势由东南向西北方向倾斜，东南部多低山丘陵，盆地错落，西北部地形平坦，一些低山丘陵和熔岩台地零星分布其间。东北部为乌珠穆沁盆地，河网密布，水源丰富。西南部为浑善达克沙地，由一系列垄岗沙带组成，多为固定和半固定沙丘。海拔在800～1 200m。

从高程和坡度角度分析，高程较高且坡度大温度较低，积雪不易融化，持续时间较长，容易形成雪灾。锡林郭勒盟东南部地势较高，加上气象因素的严重影响，发生雪灾的危险性很大。

#### 2.2.3　人为因素

促进草地雪灾发生的自然因素固然重要，但是人为因素也不能忽视。近些年来，由于牧民盲目地放牧，只重视牲畜的数量，不顾草地的承载能力，过度放牧使得草地退化，沙地面积增多，使得原本就处于内陆地区的锡林郭勒盟的干旱半干旱气候的干旱程度加剧，降水变率增大，极端天气，沙尘暴、雪灾等频繁出现。

## 3　基于行政区尺度的草地雪灾风险评价

### 3.1　草地雪灾风险评价指标体系

#### 3.1.1　草地雪灾风险评价的指标系统

根据草地雪灾风险的形成机制与概念框架，借鉴自然灾害风险评价理论，本着代表性和可操作性原则建立了草地雪灾风险评价指标体系（表 2－6－1）。分为目标层、因子层、子因子层和指标层，并选取了 24 个指标来描述草地雪灾风险。

表 2－6－1　草地雪灾风险评价指标体系

Tab. 2－6－1　Indicators system of grassland snow disaster assessment

| 目标层 | 因子层 | 子因子层 | 指标层 | 权重 |
|---|---|---|---|---|
| 锡林郭勒盟草原雪灾风险指数 SDRI | 危险性（H）（0.5403） | 气象因素 | $X_{H1}$ 降雪日数（天） | 0.0727 |
| | | | $X_{H2}$ 低温持续天数（天） | 0.0379 |
| | | | $X_{H3}$ 大风吹雪日数（天） | 0.0346 |
| | | | $X_{H4}$ 积雪深度（cm） | 0.1961 |
| | | | $X_{H5}$ 积雪持续日数（天） | 0.1528 |
| | | 地形因素 | $X_{H6}$ 高程（m） | 0.0268 |
| | | | $X_{H7}$ 坡向 | 0.0194 |
| | 暴露性（E）（0.1228） | 生命暴露性 | $X_{E1}$ 牧区人口数量（人） | 0.0577 |
| | | | $X_{E2}$ 牲畜数量（头） | 0.0336 |
| | | 草场暴露性 | $X_{E3}$ 草场面积（cm） | 0.0085 |
| | | 经济暴露性 | $X_{E4}$ 牲畜棚、圈面积（万 $m^2$） | 0.0169 |
| | | | $X_{E5}$ 公路里程数（km） | 0.0061 |
| | 脆弱性（V）（0.2745） | 生命脆弱性 | $X_{V1}$ 0 ~6 岁和 >60 岁人口（%） | 0.1290 |
| | | | $X_{V2}$ 老、幼畜数量（头） | 0.0751 |
| | | 草场脆弱性 | $X_{V3}$ 草高 <7cm 的草场面积（$km^2$） | 0.0191 |
| | | 经济脆弱性 | $X_{V4}$ 牲畜棚面积（万 $m^2$） | 0.0377 |
| | | | $X_{V5}$ 草地区内公路里程数（km） | 0.0137 |
| | 防灾减灾能力（R）（0.0624） | 政策法规 | $X_{R1}$ 预防雪灾的资金投入（万元） | 0.0142 |
| | | | $X_{R2}$ 草地雪灾防灾减灾预案的制定 | 0.0142 |
| | | 科学教育水平 | $X_{R3}$ 完成九年义务教育人数（人） | 0.0033 |
| | | 草地减灾规划 | $X_{R4}$ 休牧草场面积（$km^2$） | 0.0029 |
| | | 预防雪灾物资 | $X_{R5}$ 铲雪设备数量（台） | 0.0078 |
| | | | $X_{R6}$ 牧草储存量（kg） | 0.0144 |
| | | 气象预报 | $X_{R7}$ 准确率（%） | 0.0056 |

3.1.2　草地雪灾风险指标的量化方法

由于所选取的评价草地风险程度指标的单位不同，为了便于计算，选取一下直线缩放公式，把各指标量化成可计算的 0～10 之间的无向量指标来表示所有指标：

$$X_{ij}^{'} = \frac{X_{ij} \times 10}{X_{imaxj}} \quad \text{（公式 2.6.2）}$$

其中，$X_{ij}^{'}$ 与 $X_{ij}$ 相应表示旗县 $j$ 中指数 $i$ 的量化值和原始值，$X_{imaxj}$ 表示指数 $i$ 在所有旗县中的最大值。

3.1.3　草地雪灾风险评价模型

根据标准自然灾害风险数学公式，结合草地雪灾风险概念框架，利用加权综合评分法和层次分析法，建立如下草地雪灾风险指数模型

$$SDRI = (H^{WH})(E^{WE})(V^{WV})[0.1(1-a)R+a] \quad \text{（公式 2.6.3）}$$

$$H = W_{H1}X_{H1} + W_{H2}X_{H2} + W_{H3}X_{H3} + W_{H4}X_{H4} + W_{H5}X_{H5} + W_{H6}X_{H6} + W_{H7}X_{H7} \quad \text{（公式 2.6.3a）}$$

$$E = W_{E1}X_{E1} + W_{E2}X_{E2} + W_{E3}X_{E3} + W_{E4}X_{E4} + W_{E5}X_{E5} \quad \text{（公式 2.6.3b）}$$

$$R = W_{R1}X_{R1} + W_{R2}X_{R2} + W_{R3}X_{R3} + W_{R4}X_{R4} + W_{R5}X_{R5} + W_{R6}X_{R6} + W_{R7}X_{R7} \quad \text{（公式 2.6.3c）}$$

$$V = W_{V1}X_{V1} + W_{V2}X_{V2} + W_{V3}X_{V3} + W_{V4}X_{V4} + W_{V5}X_{V5} \quad \text{（公式 2.6.3d）}$$

其中，SDRI 是草地雪灾风险指数，用于表示草地雪灾风险程度，其值越大，表示草地雪灾风险程度越大；H、E、V、R 分别表示草地雪灾的危险性、暴露性、脆弱性和防灾减灾能力因子指数，在模型（2.6.3a）－（2.6.3d）中，$X_i$ 表示 i 量化后的权重，$W_i$ 为指标 $i$ 的权重，表示各指标对形成草地雪灾风险的主要因子的相对重要性。变量 a 是常数（0≤a≤1），用来描述防灾减灾能力对于减少的总的 SDRI 所起的作用。

## 3.2　基于行政区尺度的草地雪灾风险评价与区划

3.2.1　单因子风险评价

（1）危险性因子评价：二连浩特除外，整体而言，锡林郭勒盟的草地雪灾危险性是从东向西递减的。也就是说，二连浩特市、东乌珠穆沁旗和西乌珠穆沁旗的危险性较高，而锡林浩特市、阿巴嘎旗等锡林郭勒盟中部的 7 个旗县处于中等危险水平，苏尼特左旗和苏尼特右旗的危险行水平较低。

（2）暴露性因子评价：锡林郭勒盟大部分处于中等风险水平，其暴露性因子值总体上东部地区高于西部地区，其中以东乌珠穆沁旗和西乌珠穆沁旗为代表，暴露性因子值较高。中部地区暴露性因子值处于中等水平，而多伦县处于较高的风险水平。锡林郭勒盟西部地区基本上都处于轻风险水平。

（3）脆弱性因子评价：锡林郭勒盟草地雪灾风险的脆弱性因子值大体上从东南向西北降低。锡林浩特市、西乌珠穆沁旗、正蓝旗和太仆寺旗的脆弱性处于高等水平。多伦县和东乌珠穆沁旗的脆弱性处于中等风险水平，而锡林郭勒盟的中西部地区脆弱性都处于较低的风险水平。

（4）防灾减灾能力因子评价：整体上看，锡林郭勒盟各个旗县的防灾减灾能力没有规律性，彼此之间存在一定的差距。其中，锡林郭勒盟政府所在地锡林浩特市和东乌珠穆沁旗的防灾减灾能力较高。苏尼特右旗、太仆寺旗和西乌珠穆沁旗的防灾减灾能力处于中等水平。苏尼特左旗、阿巴嘎旗和多伦县的防灾减灾能力较低，其他旗县的防灾减灾能力更低。

3.2.2　综合因子的风险评价

对草地雪灾风险进行综合分析则需要考虑组成风险的四个因子，即危险性、暴露性、脆弱性和防灾减灾能力。图2－6－4中不仅可以比较单一风险因子对不同地区的贡献程度，如锡林郭勒盟各旗县中二连浩特市危险性最高，苏尼特右旗的危险性最低；多伦县的暴露性高，而二连浩特市的暴露性最低；正蓝旗的脆弱性高，二连浩特市的脆弱性最低；而锡林浩特市的防灾减灾能力最高，镶黄旗的防灾减灾能力最低。而且可以比较不同的风险因子对同一地区总体风险的贡献程度，如锡林浩特市草地雪灾风险主要受危险性和脆弱性制约，而二连浩特市草地雪灾风险主要受危险性因子的制约。

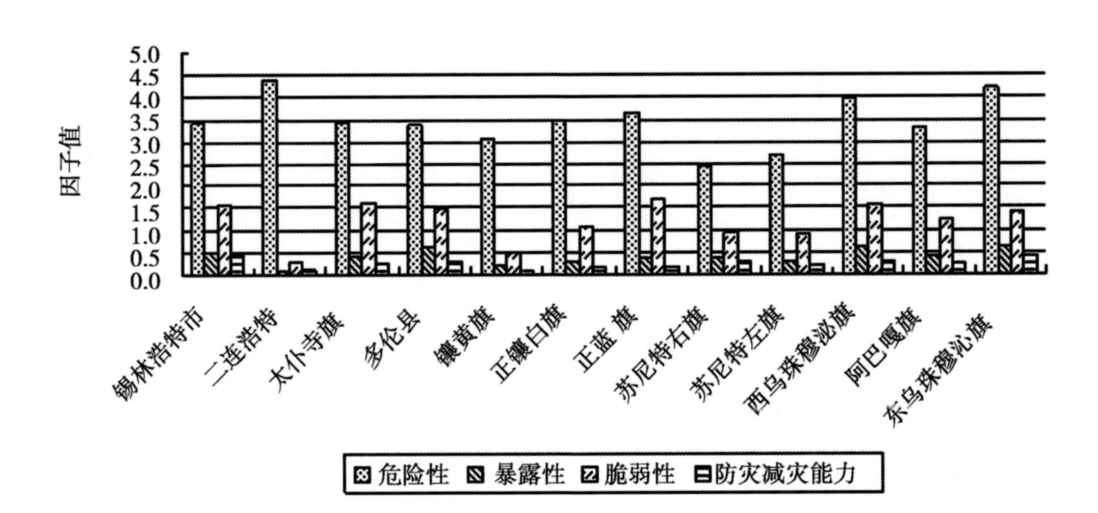


图2－6－4　基于行政区尺度的内蒙古锡林郭勒盟草地雪灾风险因子分析结果图

Fig. 2－6－4　The result of grassland snow disaster risk indexes based on administrative region scale in Xilingol League of Inner Mongolia

为了评价草地雪灾风险程度，首先根据研究区域草地雪灾的实际状态，并考虑到草地雪灾风险的最大值与最小值，采用5级分级法对风险进行分级，其结果如表2－6－2所示。基于公式（3），运用GIS技术生成了锡林郭勒盟草地雪灾风险图。从图上可以看出属于高风险水平旗、县都位于锡林郭勒盟的东部地区，分别为东乌珠穆沁旗和西乌珠穆沁旗；属于中等风险水平的4个旗县分别位于锡林郭勒盟的中南部地区，有锡林浩特市、正蓝旗、太仆寺旗和多伦县；锡林郭勒盟的中西部地区均属于低等风险水平。从总体上看，锡林郭勒盟草地雪灾风险水平空间格局大致是东部高、中部较高、西部低。

表 2-6-2 内蒙古锡林郭勒盟草地雪灾风险评价标准

Tab. 2-6-2 The standard of grassland snow disaster risk assessment in Xilingol League of Inner Mongolia

| SDRI | 3.7108 ~ 3.9073 | 3.9073 ~ 4.7525 | 4.7525 ~ 4.9264 | 4.9264 ~ 5.7115 | 5.7115 ~ 6.2102 |
|---|---|---|---|---|---|
| 等级 | 轻微 | 轻 | 低 | 中 | 高 |

# 4 基于格网尺度的草地雪灾风险评价

## 4.1 草地雪灾风险评价指标体系

为了更精确地描述锡林郭勒盟草地雪灾风险，根据草地雪灾风险的形成机理，同时参考基于行政区尺度的草地雪灾风险评价过程，本部分进行了基于格网尺度的草地雪灾风险评价。根据草地雪灾风险评价精度要求，本部分设计了以下草地雪灾风险评价指标体系。

### 4.1.1 草地雪灾风险评价的指标系统

根据草地雪灾风险的概念框架，并基于科学性、综合性和可操作性等原则，本部分建立了如下的草地雪灾风险评价指标体系。

危险性是指雪灾危险因子对牧区人口、财产和生态系统造成灾害的严重性。当雪灾危险因子在脆弱体上的时间和空间上的统一，便形成了草地雪灾。因此，草地雪灾的危险性研究十分必要。根据雪灾的形成机理分析得知，草地雪灾主要受气象和地形因子的影响。在此选取了 7 个指标来描述草地雪灾。主要有：年均降雪天数、年均低温天数（≤ -10℃）、年均大风天数、年均降雪深度、年均积雪持续日数。这些数据主要从锡林郭勒盟 24 个气象观测站获取。通过空间反距离插值得到这些因子的空间分布。同时由于地形因子对草地雪灾影响较大，在此选取了坡度和坡向两个指标来描述。坡度和坡向是从数字高程模型（DEM）得到（图 2-6-5）。

暴露性是指草地上的人口、牲畜、经济、生态系统等承受草地雪灾危险性，并受到不利影响的承灾体。当草地雪灾发生时，草地人口、牲畜、草地生态系统和社会经济是雪灾的承灾体，因此，本部分选取人口和牲畜数量来描述生命暴露性，选取牲畜棚数量、经济密度来描述经济暴露性，选取草地单位面积产量来描述草地暴露性。其中草地单位面积产量通过标准化植被指数（NDVI）得到，通过对多年同一地区的 NDVI 求平均值得到多年的 NDVI 平均指数，其中，NDVI 越大，表明产草量越高（图 2-6-6）。

脆弱性是指承灾体暴露性中由于结构和物理特征不同而造成的对雪灾的不同反映程度。通俗地说就是受雪灾危险因子影响的难易程度和受损程度。根据承灾体暴露性，草地雪灾脆弱性也包括生命脆弱性、经济脆弱性和草地脆弱性。生命脆弱性描述的是单个生命体和团体容易在雪灾中受伤或者致死。生命脆弱性包括人口脆弱性和牲畜脆弱性。生命脆弱性与年龄、体质、灾害常识等有关。而人口中的 0 ~ 6，60 + 的人群在年龄结构中最容易受到伤害，同时小型牲畜也容易在雪灾中受伤，因此，选取 0 ~ 6，60 + 人口所占比例和小型牲畜所占比例作为描述生命脆弱性的两个指标。在雪灾发生后，一些

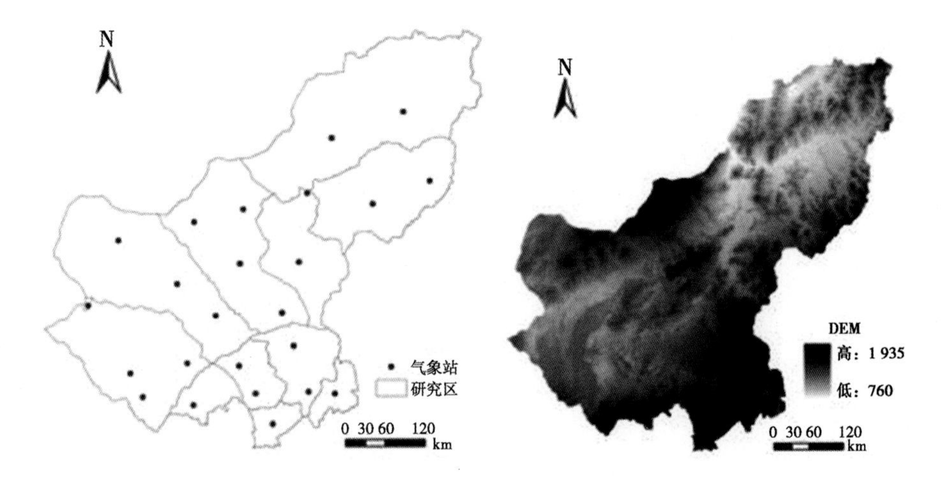


图 2 -6 -5　锡林郭勒盟气象地面气象站点和 DEM（90m）数据

Fig. 2 -6 -5　Meteorological stations and SRTM DEM（90m）data

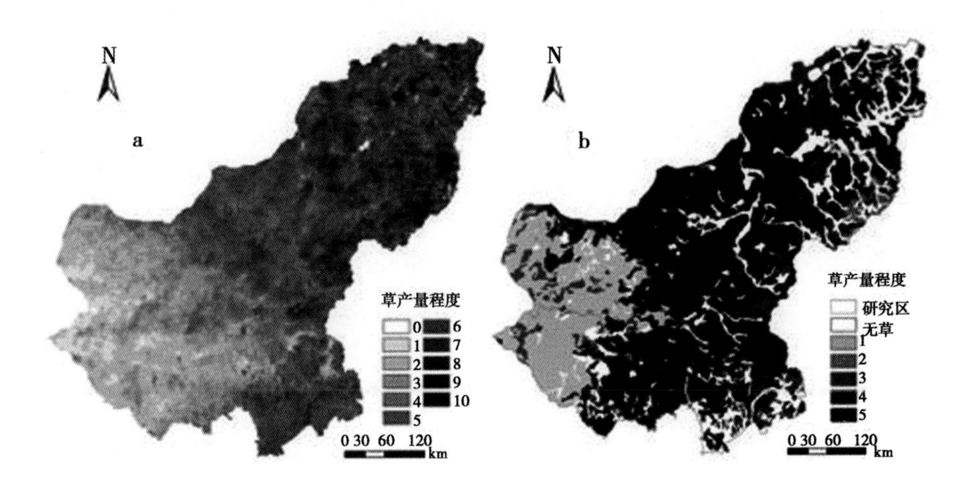


图 2 -6 -6　锡林郭勒盟的年均平均产草量（a）和年均草的高度（b）

Fig. 2 -6 -6　Annual average of grass yield and annual average of grass height in Xilingol League

简陋的牲畜棚、以及交通和通讯都会受到一定程度的影响，因此选取简易牲畜棚数量、交通通讯设备两个指标描述社会经济脆弱性。草的高矮可以描述草地是否能被雪覆盖，在此选取草的高度作为草地脆弱性的指标。

防灾减灾能力评价是对一个地区对雪灾的物资准备和雪灾后恢复能力的评价。本研究从减灾政策、教育水平、减灾规划、减灾物资和气象预报 5 个方面对锡林郭勒盟草地雪灾的防灾减灾能力进行评价。草地雪灾风险评价的指标体系与权重见表 2 -6 -3。

表 2－6－3　基于格网尺度的草地雪灾风险指标体系与权重

Tab. 2－6－3　Snow disaster assessment indicators and weight based on grid scale

| 目标层 | 因子层 | 子因子层 | 指标层 | 权重 |
| --- | --- | --- | --- | --- |
| 草地雪灾风险指数（GSDRI） | 危险性 | 气象因素 | $X_{H1}$年均降雪日数 | 0.073 |
| | | | $X_{H2}$年均低温持续日数 | 0.038 |
| | | | $X_{H3}$年均大风吹雪日数 | 0.035 |
| | | | $X_{H4}$年均积雪深度（cm） | 0.196 |
| | | | $X_{H5}$年均积雪持续日数 | 0.151 |
| | | 地形因子 | $X_{H6}$坡度（°） | 0.027 |
| | | | $X_{H7}$坡向（°） | 0.019 |
| | 暴露性 | 生命暴露性 | $X_{E1}$牧区人口 | 0.058 |
| | | | $X_{E2}$牲畜数量 | 0.034 |
| | | 草地暴露性 | $X_{E3}$草地单产（kg/km$^2$） | 0.009 |
| | | 经济暴露性 | $X_{E4}$牲畜棚面积（km$^2$） | 0.017 |
| | | | $X_{E5}$经济密度 Yuan/km$^2$） | 0.006 |
| | 脆弱性 | 生命脆弱性 | $X_{V1}$0～6 and 60＋人口所占比例（%） | 0.129 |
| | | | $X_{V2}$老幼牲畜数量 | 0.075 |
| | | 草地脆弱性 | $X_{V3}$草的平均高度（cm） | 0.019 |
| | | 经济脆弱性 | $X_{V4}$简易牲畜棚面积（m$^2$） | 0.038 |
| | | | $X_{V5}$交通与通讯设备（￥） | 0.014 |
| | 防灾减灾能力 | 减灾政策 | $X_{R1}$资金支持（￥） | 0.014 |
| | | | $X_{R2}$应急预案与防灾计划 | 0.014 |
| | | 教育水平 | $X_{R3}$完成义务教育人口 | 0.003 |
| | | 减灾规划 | $X_{R4}$休牧面积（km$^2$） | 0.003 |
| | | 减灾物资 | $X_{R5}$除雪设备数量 | 0.008 |
| | | | $X_{R6}$储备草料能力（kg） | 0.014 |
| | | 气象预报 | $X_{R7}$降雪预报能力（%） | 0.006 |

#### 4.1.2　草地雪灾风险指标的量化方法

由于有些草地雪灾风险的指标是一些定性描述，所以本研究通过分级赋值方法对这些指标进行量化。这些指标主要有坡向（表 2－6－4）、应急预案与防灾计划(表 2－6－5)。

表 2－6－4　研究区坡向分级赋值

Tab. 2－6－4　Slope classify assignment in study area

| Angle（°） | 0～23 | 23～68 | 68～113 | 113～158 | 158～203 | 203～248 | 248～293 | 293～338 | 338～360 |
|---|---|---|---|---|---|---|---|---|---|
| 坡向 | N | NE | E | SE | S | SW | W | NW | N |
| 赋值 | 8 | 4 | 3 | 2 | 1 | 2 | 3 | 4 | 8 |

North（N），northeast（NE），east（E），southeast（SE），south（S），southwest（SW），west（W），and northwest（NW）

表 2－6－5　应急预案与减灾计划赋值

Tab. 2－6－5　Evaluation of emergency plan and disaster reduction plan

| 应急预案与减灾计划 | 有 | 无 |
|---|---|---|
| 赋值 | 1 | 0 |

由于所选取的评价草地风险程度指标的单位不同，为了便于计算，选取以下直线缩放公式，把各指标量化成可计算的 0～10 之间的无向量指标来表示所有指标：

$$X'_{ij} = \frac{X_{ij} \times 10}{\max X_{ij}} \qquad （公式 2.6.4）$$

其中，$X'_{ij}$ 与 $X_{ij}$ 相应表示旗县 $j$ 中指数 $i$ 的量化值和原始值，$\max X_{ij}$ 表示指数 $i$ 在所有旗县中的最大值。值越大，说明该指标对风险的贡献率越大。

4.1.3　草地雪灾风险评价模型

本研究根据草地雪灾风险形成机理，利用以下模型对草地雪灾风险进行评价。

$$GSDRI = (H^{WH} \times E^{WE} \times V^{WV}) / (1 + R^{WR}) \qquad （公式 2.6.5）$$

$$H = \sum_{i}^{7} (W_{H_i} X_{H_i}) \qquad （公式 2.6.5a）$$

$$E = \sum_{i}^{5} (W_{E_i} X_{E_i}) \qquad （公式 2.6.5b）$$

$$V = \sum_{i}^{5} (W_{V_i} X_{V_i}) \qquad （公式 2.6.5c）$$

$$M = \sum_{i}^{7} (W_{M_i} X_{M_i}) \qquad （公式 2.6.5d）$$

其中，GSDRI 是草地雪灾风险指数，用于表示草地雪灾风险程度，其值越大，表示草地雪灾风险程度越大；$H$、$E$、$V$、$R$ 分别表示草地雪灾的危险性、暴露性、脆弱性和防灾减灾能力因子指数，$WH$、$WE$、$WV$ 和 $WR$ 表示 4 个因子的权重。在（5a）～（5d）中，$X_{Hi}$、$X_{Ei}$、$X_{Vi}$ 和 $X_{Ri}$ 表示 4 个因子中各指标，$W_{Hi}$、$W_{Ei}$、$W_{Vi}$ 和 $W_{Ri}$ 表示 4 个因子中各指标对应的权重，表示各指标对形成草地雪灾风险的主要因子的相对重要性。其中，草地雪灾风险指数越大，草地雪灾风险越大。

## 4.2　基于格网尺度的草地雪灾风险评价与区划

4.2.1　单因子风险评价

通过对各指标进行空间分析，对各指标划分成 1km×1km 的格网。根据草地雪灾指标体系中指标进行分析，并利用草地雪灾风险指数计算公式，得到草地雪灾风险中危险性、暴露性、脆弱性和防灾减灾能力的等级区划图2-6-7。

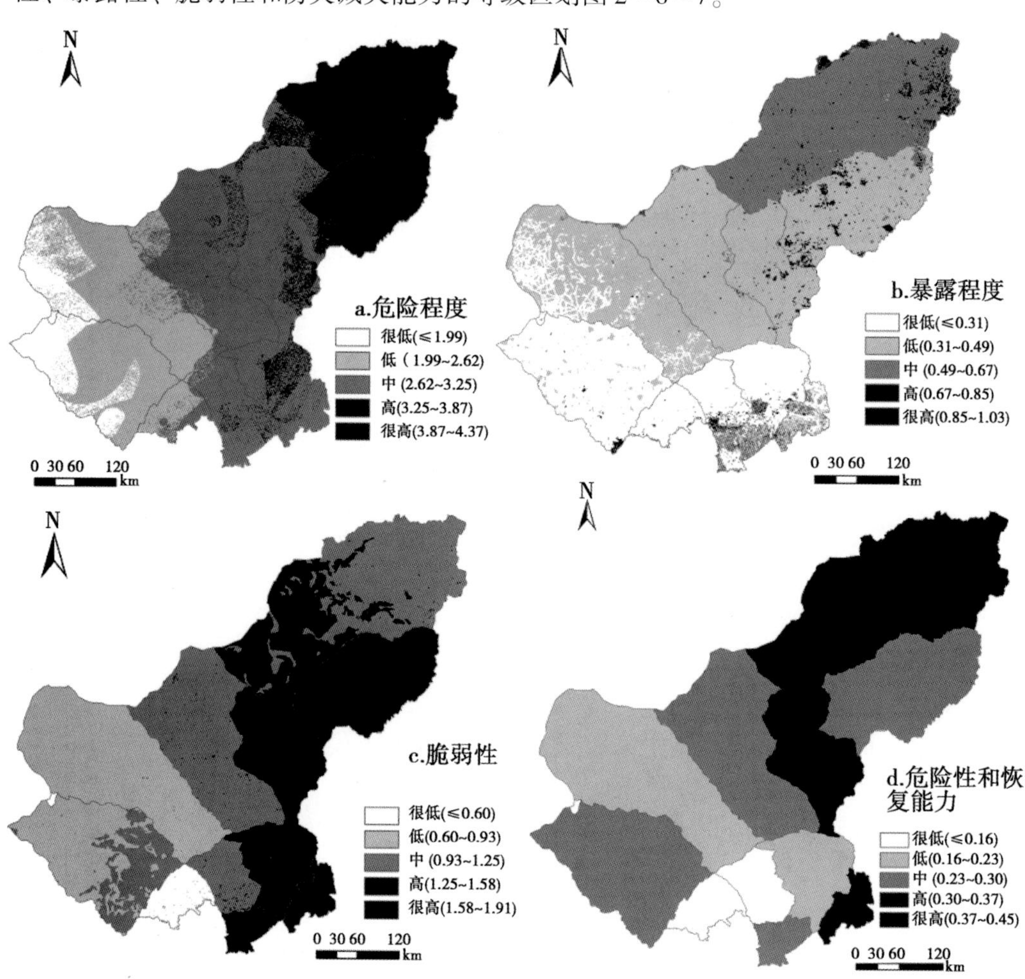


图2-6-7 锡林郭勒盟草地雪灾

**Fig. 2-6-7 Snow disaster in Xilingol Grassland**

危险性等级（a），暴露性等级（b），脆弱性等级（c）和防灾减灾能力等级（d）

Dangerous level （a） Exposure level （b） Vulnerable level （c） The level of disaster prevention and alleviate ability

4.2.2 综合因子的风险评价

根据草地雪灾风险指标评价计算公式，得到锡林郭勒盟草地雪灾风险值。根据草地雪灾案例，将草地雪灾风险等级划分成5级（图2-6-8）。通过图2-6-8可以看出，在锡林郭勒盟的东北部草地雪灾风险值呈现出从西南到东北递增的趋势，在东乌的中东部、西乌的北部出现两个高值区。说明锡林郭勒盟北部和东部地区草地雪灾风险较高，占锡林郭勒盟的大半部分行政区。

利用GIS的地统计功能，得到锡林郭勒盟各旗县的草地雪灾风险的最小值、最大值和平均值。通过图2-6-9可以看出，锡林郭勒盟整体草地雪灾风险较高，对比研究区

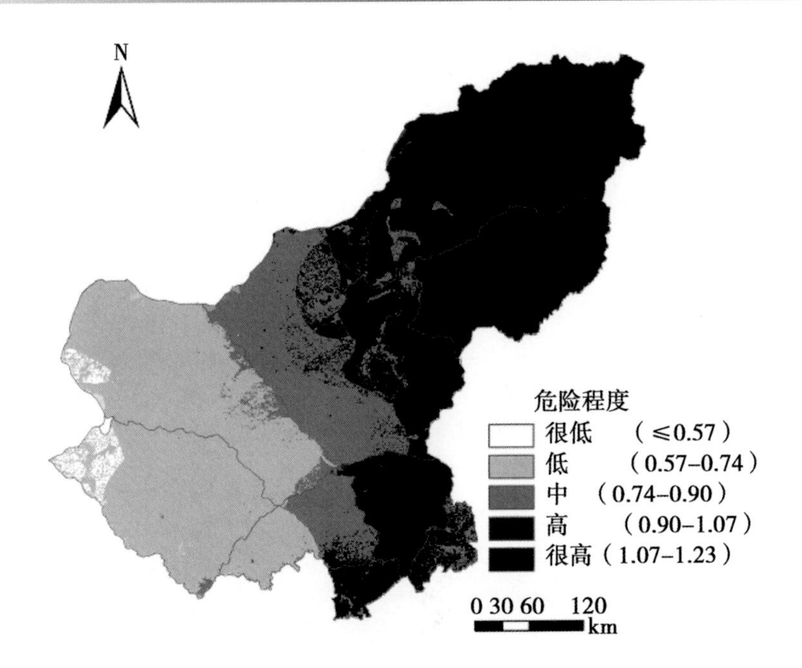


图 2－6－8 锡林郭勒盟草地雪灾风险等级区划图

Fig. 2－6－8 Snow disaster risk level zoning map in Xilingol grassland

各旗县市草地雪灾风险发现，草地雪灾风险的最大值出现在西乌旗和东乌旗，最小风险值出现在二连浩特。

## 5 分区域的草地雪灾管理对策研究

### 5.1 草地雪灾管理实施的途径

#### 5.1.1 建立雪灾的监测、预测、预警评估系统

虽然雪灾的发生是不能控制的，但却可以对雪灾提前做出预测和预警，进而采取积极有效的抗灾措施来减轻灾害。利用遥感进行雪灾的研究已经是地理信息系统的一个重要数据源和强有力的更新手段。根据草地自然灾情，结合当地自然、社会、人口情况进行评估，及时对可能受到灾害威胁的相关地区进行预警，最大限度地减少人民群众财产损失，以便国家和各级政府采取应急措施，对牧民进行救助。

#### 5.1.2 提高各级领导和全社会防灾减灾意识

居安思危，预防为主。各级政府的高度重视和支持是减灾工作不断发展的重要前提。采用各种形式，宣传和普及灾害与减灾知识，提高全社会的防灾意识和减灾能力，全面提高牧民群众的整体素质，培养长期防灾减灾的思想，提高牧民自我预防意识，对灾害的发生有思想和物质上的准备，并采取各种有效的减灾措施，就能够大幅降低灾害带来的损失。强化各级政府的责任意识，把保障人民群众利益和生命财产安全作为草地防灾减灾的首要任务，并且要不断完善和改进草地法，加强执法力度。

#### 5.1.3 建立和完善减灾体系

建立起完善配套的减灾体系的任务包括对灾害的监测预警、风险分析、问题分析、

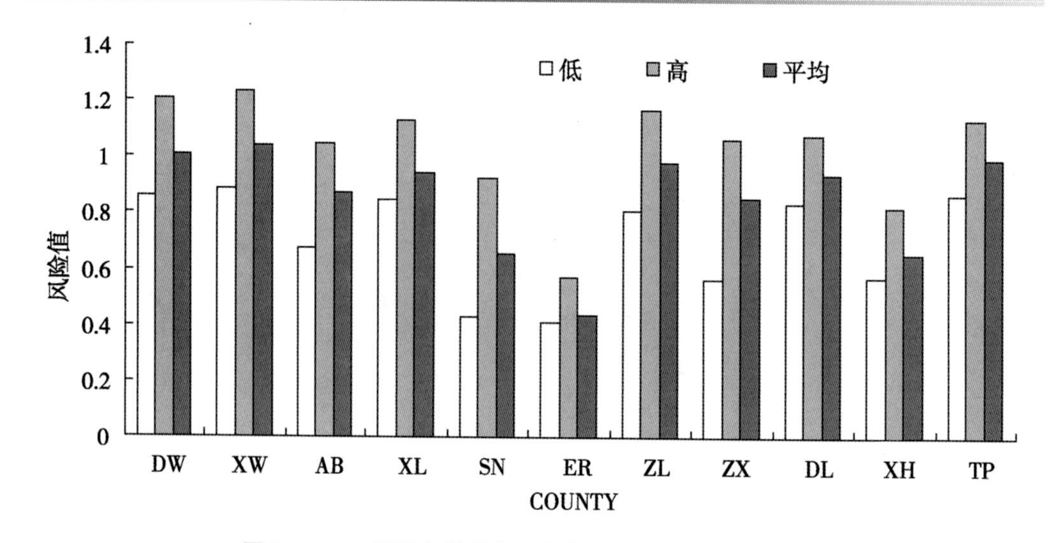


图 2-6-9 锡林郭勒盟各县市草地雪灾风险值的对比图

Fig. 2-6-9 Comparison of grassland snow disaster risk values in each countries of Xilingol League

东乌珠穆沁（DW）、西乌珠穆沁（XW）、阿巴嘎（AB）、锡林浩特（XL）、苏尼特（SN）、二连浩特（ER）、正蓝（ZL）、正镶白（ZX）、多伦（DL）、镶黄（XH）和太仆寺（TP）

Dong Ujimqin（DW）、Xi Ujimqin（XW）、Abag（AB）、Xilin Hot（XL）、Sunit（SN）、Erenhot（ER）、Zhenglan（ZL）、Zhengxiangbai（ZX）、Duolun（DL）、Xianghuang（XH）、Taipu Si（TP）

政策分析、决策组织实施等。气象部门主要是承担起对气象灾害发生、发展规律的研究，利用气象资料探测系统、卫星遥感系统、计算机系统，对灾害进行监测、信息收集、分析评估，对各种减灾措施进行风险分析和技术评价，为政府和决策者提供信息服务和决策支持。各部门要全力协作，共同做好减灾服务工作。

5.1.4 通过调整畜群结构来减轻灾害

在冬季来临之前，贮草普遍偏少时，要留足适龄母畜、后备畜、种公畜、生产役畜，适当宰杀老、弱、病畜，尽可能多地出售，确保母、幼畜安全渡灾。如果发生雪灾时，根据各种家畜破雪采食能力大小，混合编群，由于牛的采食能力最差，所以要先放马，再放羊，后放牛，使各种家畜都可采食，以减轻雪灾的危害。

5.1.5 平衡草地生态系统以提高生产力和承灾能力

草地是一个具有自我调节能力的生态系统，它有强化和改善草地对灾害的反应脆弱性的作用，所以，既要不断地提高草地生产力，发展畜牧业，又要良好地维护草地生态平衡，在生态效益的前提下，去追求经济效益。以畜打草，以草定畜，用养结合。内蒙古锡林郭勒草地分布在干旱、寒冷的地区，草地的自我调节能力极差，外加草少畜多，掠夺式经营已经使内蒙古锡林郭勒盟牧区草地退化面积达到了 95 622km$^2$，占草场总面积的 48.63%。草场的退化和环境的恶化也会直接影响饲草供应，这样使草地和牲畜对灾害的承载能力下降，雪灾发生时会加剧灾害的损失程度。

5.1.6 加强牲畜棚舍建设

棚圈是保证家畜安全越冬的重要条件之一。雪灾除积雪过深牲畜无法采集外，严寒、潮湿和大风会使牲畜生理机能显著下降，这时棚圈就成为牲畜休息或躲避灾害性天气侵袭的主要地方。家畜往往因躲避设施差，或来不及躲避而掉膘，母畜流产，仔畜成活率降低以及老、弱、幼畜死亡率增高，所以，要加强棚圈建设，减少风雪严寒给家畜造成的体能消耗和不必要的损失。

#### 5.1.7　建立饲料、饲草基地和饲草库

牧区雪灾危害的本质是积雪掩埋牧草，造成牲畜采食困难而产生的一种“饿灾”。充足的饲草料后援是抗御牧区雪灾的重要条件，建立稳定的饲草料基地，贮备足够饲草料是预防牧区雪灾的根本措施。通过不断提高生产力水平，逐步摆脱靠天养畜的传统牧业生产习惯，就能从根本上消除雪灾的影响。建立草料库是抗御雪灾的主要措施，在入冬前要备足草料，在水热条件好的地区，牧草生长繁茂，可以通过扩大打草场面积和适当建立人工饲料基地和饲草基地，为草料库提供充足的草料，以解决雪灾期的饲料问题。草地雪灾的防御要坚持防灾抗灾相结合并以防灾为主。保障牧民群众的生命和财产安全以减轻灾情。但是，由于雪灾的频繁发生、受灾区域大、地形复杂、牧户居住分散及交通受阻等因素，灾情发生后在短期内无法组织大量的救灾物资，组织到的物资也无法及时有效地运往灾区，救灾效果不理想。要从根本上转变这种状况，必须树立救灾与防灾并举，防重于救的指导思想，变被动救灾为主动防灾。

### 5.2　基于风险评价结果的草地雪灾管理对策研究

#### 5.2.1　草地雪灾管理工程措施

草地雪灾管理工程措施主要包括：①防灾减灾物资库建设；②交通、通信设施建设；③草料、饲草库建设；④牲畜棚舍建设。根据草地雪灾风险评价中危险性评价结果，可以看出东乌旗和西乌旗的危险性最高，这两个旗需要加强以上草地雪灾管理的工程措施。同时由于东乌旗和西乌旗的草地雪灾风险值较高，这两个旗需要建立草地雪灾防灾减灾物资库。

#### 5.2.2　草地雪灾管理非工程措施

草地雪灾管理的非工程措施主要包括：①对特大草地雪灾保险的实施；②制定居民应急减灾计划和对策；③建立草地雪灾预报预警系统；④救灾。通过草地雪灾风险评价结果，对根据草地雪灾风险等级制定不同的雪灾保险金额。对不同风险区的居民区制定不同的应急减灾计划和对策。对全盟建立实时的雪灾预报预警系统。

#### 5.2.3　草地雪灾综合管理研究

草地雪灾综合管理是在风险评价结果的基础上，结合草地雪灾管理的工程措施和非工程措施，对锡林郭勒盟草地雪灾进行综合管理，以取得最大的防灾减灾效果。在草地雪灾高发区建立草地雪灾防灾减灾物资库，并对牲畜棚和饲料饲草库的建设标准进行规划。同时注重对草地雪灾的全过程进行综合管理，在雪灾发生前要建立及时的雪灾预报预警系统，对雪灾进行实时跟踪预报，在雪灾发生时能对实时灾情进行快速评价，并对雪灾物资进行实时调度，对雪灾造成的潜在损失进行评估，在雪灾发生后对雪灾的灾后损失进行评估，并进行雪灾后的恢复建设。所以，草地雪灾综合管理是结合工程措施和非工程措施的全过程综合管理。

# 第七章　草原雪灾灾情分析与评价研究

## 1　草地雪灾灾情评价的基本理论与方法

### 1.1　草地雪灾灾情国内外研究的进展

草地雪灾灾情评价是草地雪灾管理工作中的一项重要内容，指在一定的时间和空间范围内对雪灾造成的损失包括草场的（牧草）损失、受灾区域内的设施如房屋、帐篷、牲畜棚舍、通讯设备、交通设备、电力设备等毁损、人畜伤亡、救援疏散及恢复建设费用支出、生态环境经济损失等进行评估。通过损失评价可以确定灾情状况并结合其他雪灾实况的调查和分析，能够提供准确可靠的灾情数据和指标。草地雪灾灾情评价也可按照雪灾发生的时间划分为灾害发生之前的预评估、灾害发生过程的监测性评估和灾害发生之后的实测性评估三种。对草地雪灾进行灾后的实测性评价可为政府决策部门提供减灾救灾依据。对雪灾灾情等级评价，每位研究者取的指标也不尽相同，至今没有统一的指标体系。主要是基于灾害形成机制对其进行评价。

#### 1.1.1　国内研究进展

在国内，郝璐等对中国雪灾的时空变化进行了研究，指出中国雪灾存在 3 个高发中心：即内蒙古中东部、新疆天山以北和青藏高原东北部，雪灾年际波动幅度大，总体呈现增长趋势，还进一步分析了中国雪灾年均灾次的高、低值区与草场退化程度的关系，从承灾体脆弱性的角度揭示了雪灾格局形成的机制。刘德才和戚家新利用大量的雪灾资料，从实际到理论阐述了雪灾对新疆畜牧业生产的影响、时空分布、产生原因及其对策。这些对雪灾的研究是从承灾体的脆弱性的角度来分析的。

余忠水等总结分析了造成藏北雪灾的主要大气环流特征并结合那曲地区畜牧业生产实际情况，提供客观全面的雪灾气候等级划分及评估标准，为决策部门提供科学直观的雪灾评估依据；王勇等通过对青海南部高原 13 个气象站的 1971—2000 年的春季（3 ~ 5 月）和冬季（10 ~ 2 月）降水资料，进行经验正交函数（EOF）展开分析，得到雪灾空间分布，对时间系数进行小波分析和熵谱分析得到雪灾时间分布和青南高原春冬季雪灾的主要周期，研究发现青南高原春季发生大雪灾的次数比冬季多；湖涛对内蒙古地区白灾的形成因素、与气候变化的关系、周期性和监测预报进行了研究，指出内蒙古白灾存在准 2 ~ 3 年、准 10 年的周期；白灾的出现与厄尼诺现象的当年或前一年存在着相关关系。以上学者的研究是从孕灾环境的稳定性进行考虑的。

在指标体系和方法选择的研究上，选取的指标也不尽相同。林建等结合内蒙古常规站点雪深资料和卫星监测的积雪覆盖率资料，主要考虑积雪厚度和持续时间对不同草场的灾情影响，建立了一套简单的内蒙古雪灾监测方法，认为把常规站点的雪深资料和卫星监测积雪覆盖率资料有机的结合起来才能正确监测雪灾情况；杨慧娟基于对内蒙古锡林浩特市近几十年内发生的雪灾事件的分析，选取了6个评价雪灾的气候指标，计算了这6个因子的长期变化趋势，还引入熵权法，计算了各因子对雪灾影响的重要性程度，从而建立了综合评价方法，用以分析雪灾随气候变化的变化规律；秦海蓉利用降雪量、低温、牲畜膘情、草地产草量、饲草储备、保温、草地载畜量、雪灾预报、抗灾组织等因子，对青南牧区雪灾危害的影响，提出通过人为干预防御雪灾的综合措施，并制定了入冬前进行的抗灾能力评定标准；鲁安新则在雪灾的评估中考虑了雪、草、畜等社会承灾能力综合因素的影响，建立了西藏地区雪灾遥感监测评估模型；刘兴元等根据草地畜牧业的特点，建立了以草地、家畜、饲料储备和牧区人文经济为主体的四类三级雪灾评价指标体系，通过格栅获取法和模糊 Borda 数分析法，确定了指标体系各因素的权重，建立了雪灾对草地畜牧业影响的定量评价和雪灾损失计算模型，提出了以载畜量、受灾面积、积雪与牧草高度之比和气候为变量因子的不同等级雪灾损失指数模型，用模糊评价和德尔菲法相结合的方法，综合评价了雪灾对草地畜牧业的正面和负面影响；李海红等在中国牧区雪灾等级指标研究中依据积雪掩埋牧草程度、积雪持续日数和积雪面积比等三项指标，考虑气象因子与雪灾的关系来制定中国牧区雪灾发生的等级指标，将灾情等级分为轻灾、中灾、重灾和特大灾四级；周秉荣等应用灾害学的理论和观点，以青海牧区为研究对象，采用模糊数学方法建立从降水、积雪、成灾、灾情评价的综合判识模型，对已产生灾情的雪灾进行等级划分，建立相对评估指标，提供救灾决策信息。

#### 1.1.2 国外研究进展

在国外，关于雪灾的研究主要是针对山区雪灾进行研究，研究的重点主要是积雪的流动性、雪崩、积雪深度对植被的干扰作用等，对草地雪灾的研究很少。认识草地雪灾时空分布规律是减少雪灾发生的关键，也是正确选取草地雪灾灾情损失评价指标的依据。Stanley A. Changnon 利用历史雪灾资料分析了美国暴风雪灾害的时空分布。

### 1.2 草地雪灾灾情的形成机理

#### 1.2.1 草地雪灾灾情构成要素

从区域灾害系统论的观点来看，草地雪灾的致灾因子、孕灾环境、承灾体、灾情之间相互作用，相互影响，形成了一个具有一定结构、功能、特征的复杂体系，这就是草地雪灾灾害系统，其中，致灾因子、孕灾环境、承灾体和灾害损失（灾情）包括图2-7-1所示要素。

#### 1.2.2 草地雪灾灾情的形成机制

国内外有关学者在大量研究区域灾害安全的基础上系统的进行了理论总结，认为在灾情形成过程中，致灾因子、孕灾环境与承灾体缺一不可，忽略任何一个因子对灾害的研究都是不全面的。

史培军等在综合国内外相关研究成果的基础上提出区域灾害系统论的理论观点。他认为，灾情即灾害损失（$D$）是由孕灾环境（$E$）、致灾因子（$H$）、承灾体（$S$）之间相互作用形成的，即

$$D = E \cap H \cap S \quad \text{（公式 2.7.1）}$$

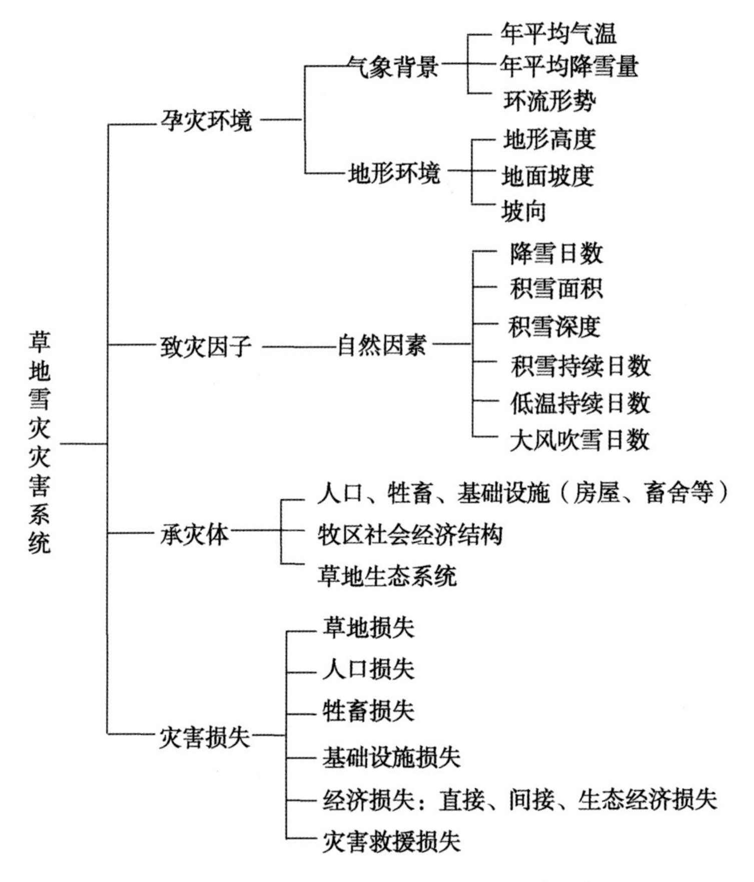


图 2－7－1　草地雪灾灾害系统的构成要素

Fig. 2－7－1　The constituent elements of disaster system of grassland snow disaster

式中，$H$ 是灾害产生的充分条件，$S$ 是放大或缩小灾害的必要条件，$E$ 是影响 $H$ 和 $S$ 的背景。任何一个特定地区的灾害，都是 $H$，$E$，$S$ 综合作用的结果。其轻重程度取决于孕灾环境的稳定性、致灾因子的危险性以及承灾体的脆弱性，是由上述相互作用的三个因素共同决定的。灾害系统是由孕灾环境、承灾体、致灾因子与灾情共同组成具有复杂特性的地球表层系统（图 2－7－2）。

所谓孕灾环境的稳定性是指灾害发生的背景条件，即自然环境与人文环境的稳定程度。一般环境越不稳定，灾害损失越大。

致灾因子的危险性是指造成灾害的变异程度，主要是由灾变活动规模（强度）和活动频次（概率）决定的。一般灾变强度越大，频次越高，灾害所造成的破坏损失越严重。

承灾体的脆弱性也叫易损性，是指在给定的危险地区存在的所有财产由于危险因素而造成伤害或损失的容易程度，脆弱性越大损失也越大。

图 2－7－2 表明，在灾害系统中，灾害损失的形成是由于致灾因子在一定的孕灾环境下作用于承灾体后而形成的。雪灾是自然界的降雪作用于人类社会的产物，是人与自然之间关系的一种表现。由于草地牧区雪灾的最终承灾体是人类及人类社会的集合体，如草地、牲畜、建筑设施等，所以，只有对承灾体的部分或整体造成直接或间接损害的

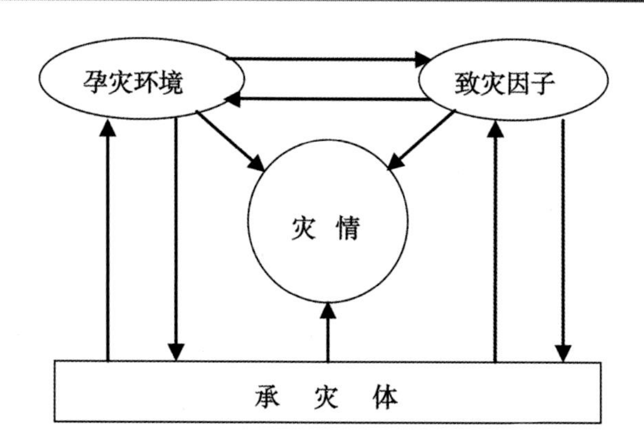


图 2-7-2　灾害系统构成图

Fig. 2-7-2　The constituent of disaster system

降雪才能被称为雪灾。草地牧区雪灾是指依靠天然草场放牧的畜牧业地区，由于冬半年降雪量过多和积雪过厚，雪层维持时间长，影响畜牧正常放牧活动，牲畜因冻、饿而出现死亡现象的一种灾害。对畜牧业的危害，主要是积雪掩盖草场，且超过一定深度，有的积雪虽不深，但密度较大，或者雪面覆冰形成冰壳，牲畜难以扒开雪层吃草，造成饥饿，有时冰壳还易划破羊和马的蹄腕，造成冻伤，致使牲畜瘦弱，常常造成牧畜流产，仔畜成活率低，老弱幼畜饥寒交迫，死亡增多。同时还严重影响甚至破坏交通、通信、输电线路等生命线工程，对牧民的生命安全和生活造成威胁。

从灾害学的角度出发，草地牧区雪灾的产生必须具有以下条件：①必须存在诱发降雪的因素（致灾因子）；②存在形成草地牧区雪灾的环境（孕灾环境）；③草地牧区降雪的影响区域有人类及其社会集合体的居住或分布有社会财产（承灾体）。图 2-7-3 中概括了草地雪灾成灾的机理和过程。

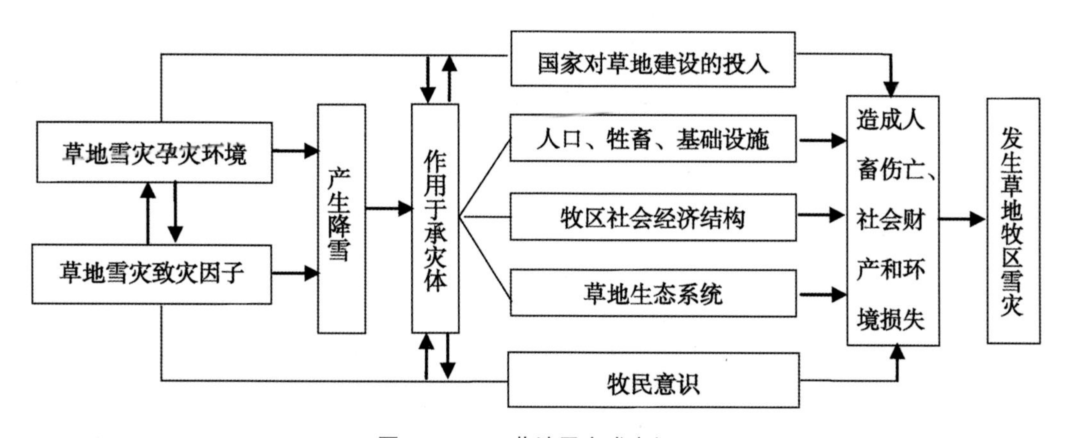


图 2-7-3　草地雪灾成灾机理

Fig. 2-7-3　Mechanism of the grassland snow disaster

## 1.3　草地雪灾灾情评价的方法与技术路线

### 1.3.1　草地雪灾灾情评价的方法

草地雪灾灾情评价研究的方法包括等值线法、层次分析法（*AHP*）、灰色定权聚类

法和 *GIS* 技术相结合的分析方法。

（1）等值线法：是指将采集的参数，经数据处理后，展开在相应的测线测点上，按一定的等值数差，将相同等级数据全部勾绘出来，形成等值线图的方法。本文采用 *Surfer* 软件画等值线图的方法。*Surfer* 制图一般要经过编辑数据、数据插值、绘制图形、打开及编辑基图和图形叠加等过程，在气象预报和科研工作中应用广泛，能减少工作强度，提高工作效率和出图质量。具体分为 5 个步骤，详细参阅文献。

（2）层次分析法（*AHP*）：是一种对指标进行定性定量分析的方法，层次分析法是计算复杂系统各指标权重系数的最为合适的方法之一，因此本文采用专家咨询基础上的 *AHP* 方法作为确定评价指标权重的方法。本文应用此方法的基本思路是：通过将每个因子的组成指标成对地进行简单地比较、判断和计算，得出每个指标的权重，以确定不同指标对同一因子的相对重要性。它是对指标进行一对一的比较，可以连续进行并能随时改进，比较方便有效。运用层次分析法进行决策时，大体可分为 6 个步骤进行，详细参阅文献。

①画指标体系的层次图；

②确定计算各层次权重系数顺序；

③构造判断矩阵；

④各层次单排序指标权重计算；

⑤各层次判断矩阵一致性检验；

⑥计算组合权重系数。

（3）灰色定权聚类法：是指根据灰色定权聚类系数的值对聚类对象进行归类，称为灰色定权聚类。

当聚类指标意义不同，量纲不同，且在数量上悬殊很大时，若不给各指标赋予其不同的权重，可能导致某些指标参与聚类的作用十分微弱，所以利用灰色定权聚类法对各聚类指标事先赋权。

灰色定权聚类可按下列步骤进行：

①绘出聚类样本矩阵

②确定灰类白化函数

③根据以往经验或定性分析结论给定各指标的聚类权 $\eta_j(j = 1,2,\cdots,m)$

④计算指标定权聚类系数 $\sigma_i^k$ ，构造聚类系数向量 $\sigma_i$

⑤把对象进行聚类。若 $\sigma_i^{k^*} = \max\limits_{1\leqslant k\leqslant j}\{\sigma_i^k\}$ ，则断定聚类对象 $i$ 属于灰类 $k^*$ 。

地理信息系统（*GIS*）具有采集、管理分析和输出多种空间信息的能力，与草地雪灾的形成密切相关的雪灾发生次数、降雪日数、积雪日数、雪灾发生的地理分布等均具有较强的空间变异性，可以用空间分布数据来表现，*GIS* 技术必然能够对草地雪灾的灾情分析起到很好的支持作用。因此本文借助 *GIS* 技术对内蒙古锡林郭勒盟草地雪灾灾情进行分析。

### 1.3.2 草地雪灾评价的技术路线

对草地雪灾的研究基于 *GIS* 技术，根据区域灾害系统理论及草地雪灾成灾机理，建立内蒙古锡林郭勒盟地区草地雪灾灾情评价与等级划分技术路线图，如图2－7－4所示。总体来讲，内蒙古锡林郭勒盟地区草地雪灾灾情评价与等级划分可分为以下4步：①数据的收集与整理；②草地雪灾灾情信息管理系统；③灾情评价与区划；④提出综合防御对策。

## 2　内蒙古锡林郭勒盟草地雪灾灾害系统分析及雪灾时空格局

锡林郭勒盟位于内蒙古自治区中部偏东，111°03′～120°00′E，41°35′～46°46′N。北接蒙古共和国浩瀚戈壁，东屏大兴安岭，西邻乌兰察布盟，南与河北省张家口、承德地区毗邻。面积20.3万$km^2$，人口96.5万人。盟辖9个旗、1个县、2个市（图2－7－5）。12个旗县市（区）分别是：锡林浩特市、二连浩特市、东乌珠穆沁旗、西乌珠穆沁旗、阿巴嘎旗、苏尼特左旗、苏尼特右旗、镶黄旗、正镶白旗、太仆寺旗、正蓝旗、多伦县。

内蒙古锡林郭勒盟属中温带干旱半干旱大陆性季风气候，全年盛行偏西风，风大、少雨、气候寒冷多变。春季多风易干旱，夏季温凉雨不均，秋季凉爽霜雪早，冬季寒冷而漫长，这使降雪不易融化而形成积雪，且积雪的持续时间较长，致使雪灾多发。

锡林郭勒盟草原面积辽阔，天然草原面积为$19.2\times10^4km^2$，占总面积的97.8%。草原面积中可利用草场面积$17.6\times10^4km^2$，占草原面积的90%。锡林郭勒草原是目前世界上温带草原中原生植被保存最完好的天然草场，拥有多种植被类型，这里草地资源丰富，畜牧业发达，为国家提供大量的乳、肉、皮毛产品。但是由于气候原因及经济发展水平比较低，基础建设投入不足，超载放牧等因素，该地区受自然灾害的影响比较严重。

锡林郭勒盟是欧亚大陆草原区亚洲中部亚区的重要组成部分，各地牧草长势不同，以典型草原为主，还有部分草甸草原、半荒漠草原。典型草原，分布于锡林郭勒盟中部，是锡林郭勒草原主体，著名的乌珠穆沁草原就在这里；草甸草原，分布在锡林郭勒盟东北部和东部，是森林向草原的过渡地带；锡林郭勒盟的西部和中南部为半荒漠草原[27]。

### 2.1　内蒙古锡林郭勒盟草地雪灾灾害系统分析

根据本章1.2的内容可知，草地雪灾灾害损失是在草地雪灾致灾因子、孕灾环境和承灾体综合作用下形成的，根据这一理论分析内蒙古锡林郭勒盟草地雪灾灾害系统各构成要素的具体情况。

对内蒙古锡林郭勒盟24个气象站（图2－7－6）1960—1980年的地面气候资料进行整理，用统计方法进行分析。

#### 2.1.1　致灾因子子系统分析

（1）降雪日数和积雪日数：内蒙古锡林郭勒盟的畜牧业历来是靠天养畜，常受雪灾的侵袭，其特点是形成时间早、持续时间长、危害较严重。能否形成雪灾以及雪灾的危害程度取决的主要气象因子有降雪、积雪日数、积雪深度等，因此，雪灾可能发生时期的长短，主要受积雪开始期和终止期所决定，而雪灾可能发生期的始期和终期，就是积雪的初日和终日。所以，凡是积雪初日出现越早，终日结束越迟的地方，雪灾可能发

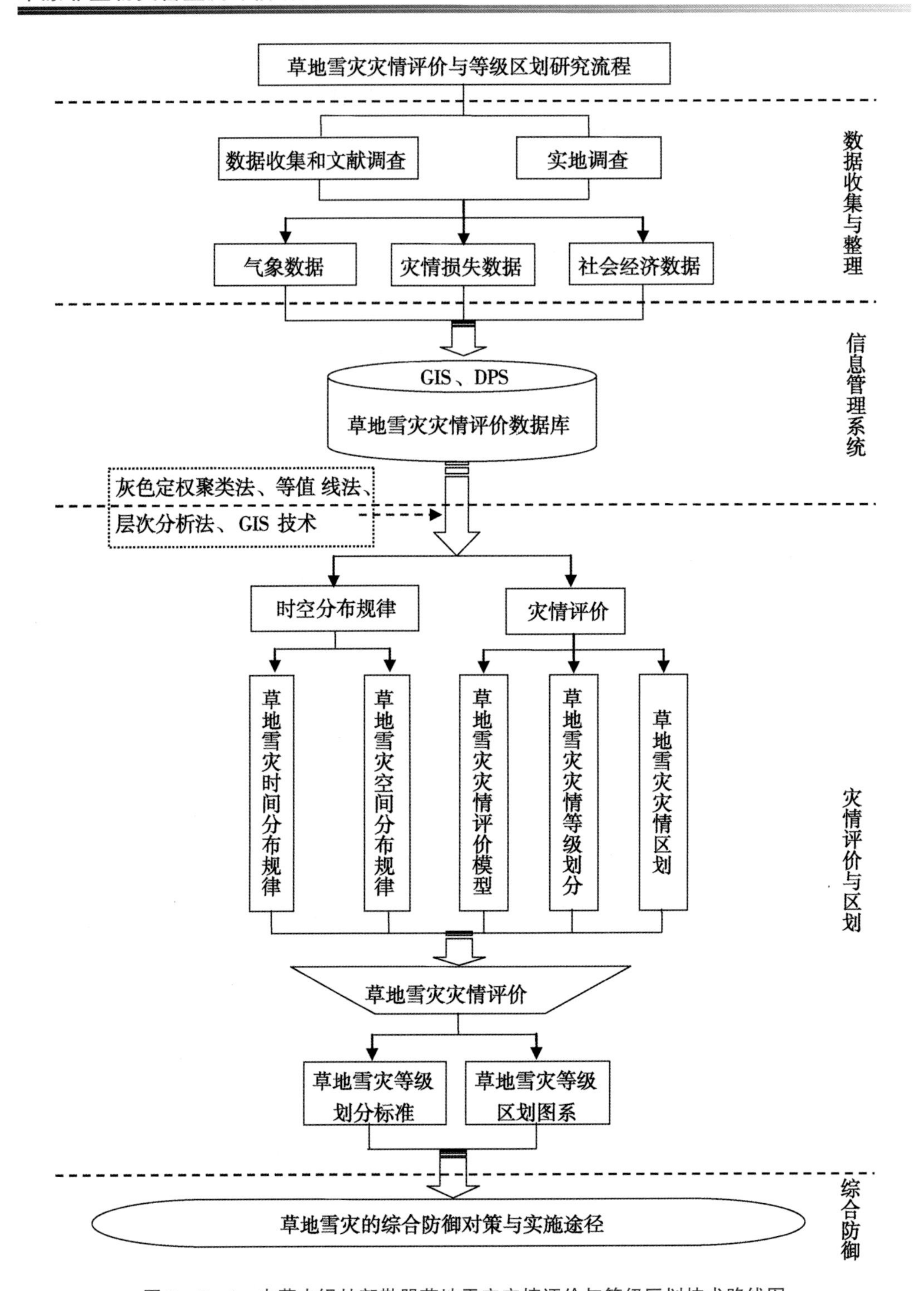


图 2－7－4　内蒙古锡林郭勒盟草地雪灾灾情评价与等级区划技术路线图

**Fig. 2－7－4　Flow chart of disaster assessment and grade classification of grassland snow disaster in Xilingol League of Inner Mongolia**

生时段越长，概率也就越大。雪灾可能发生时期长短与初、终雪期间的天数是一致的。

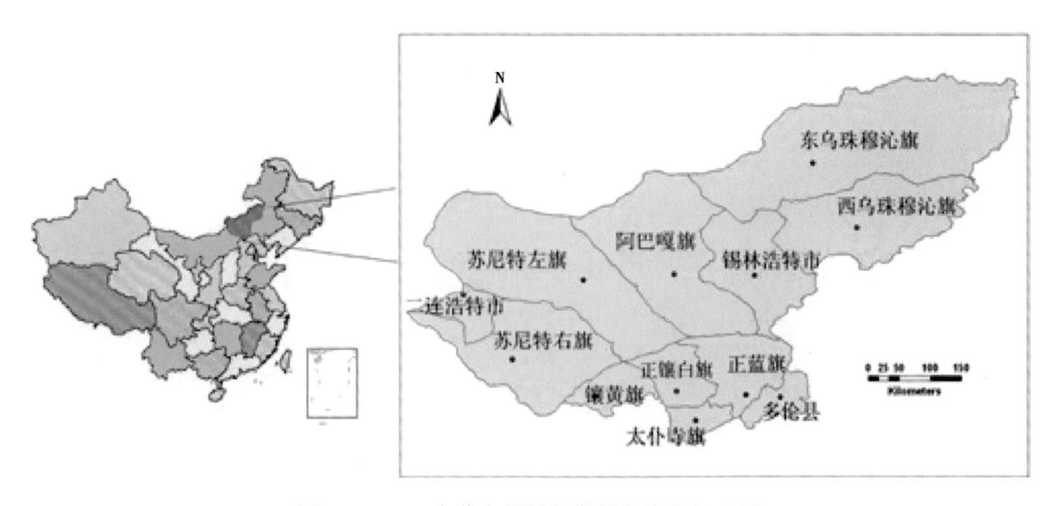


图 2－7－5　内蒙古锡林郭勒盟各旗县行政图

**Fig. 2－7－5　Administration map of banners in Xilingol League of Inner Mongolia**

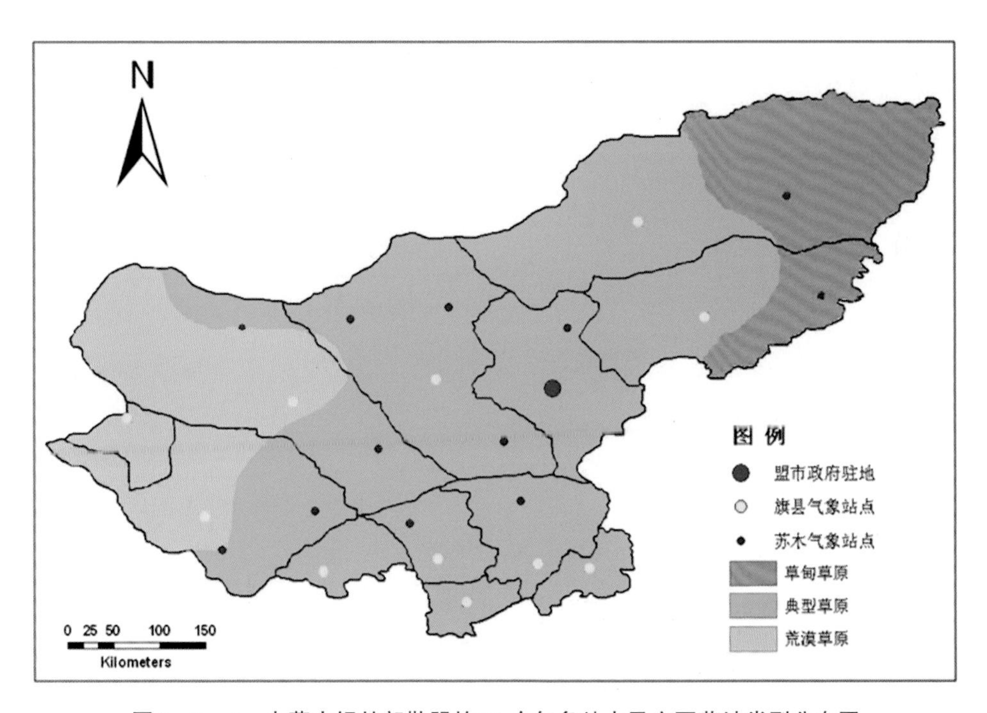


图 2－7－6　内蒙古锡林郭勒盟的 24 个气象站点及主要草地类型分布图

**Fig. 2－7－6　The distribution map of the 24 meteorological stations and main grassland types in Xilingol League of Inner Mongolia**

根据对 1960—1980 年 24 个站点的积雪统计资料的分析和实地调查得知，积雪的初日发生在 9～12 月份，集中发生在 10 月份，频率约为 70. 4%，发生在 11 月份的频率约为 19. 4%（图 2－7－7a），发生在 10、11 月份的频率共占 89. 8%；终日发生在次年 2～5 月份，集中发生在次年的 4 月及 5 月，频率约占 92. 1%（图 2－7－7b）。雪灾可能发生始、终期具有明显的地域性差异。锡林郭勒盟的积雪期从9月至次年5月，雪灾可能发生期较长，达八、九个月之久。积雪期的长短只反映雪灾的可能发生期，而是否成灾还要看各地的具体情况。

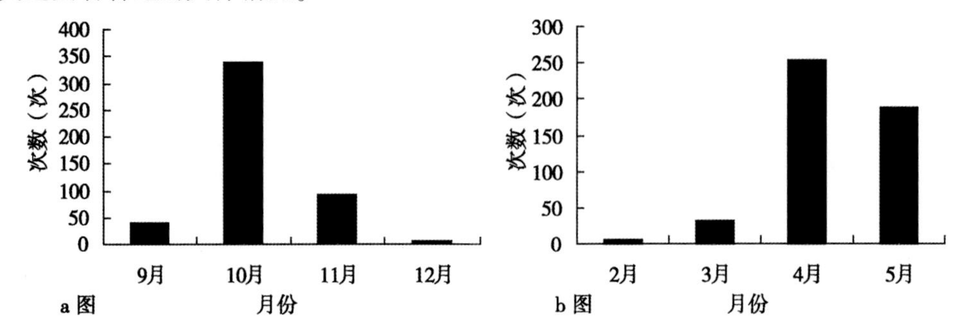


图2－7－7　内蒙古锡林郭勒盟积雪初日（a图）和终日（b图）的月份分布

Fig. 2－7－7　The month distribution of the beginning（a）and ending（b）days of grassland snow cover in Xilingol League of Inner Mongolia

利用统计资料，采用*surfer*空间分析工具制成等值线图。从图2－7－8中可以看出，锡林郭勒盟年平均降雪日数各旗县从15－41d不等，平均为27d，东南多而西北少，年平均降雪日数最多的是西乌珠穆沁旗和太仆寺旗。

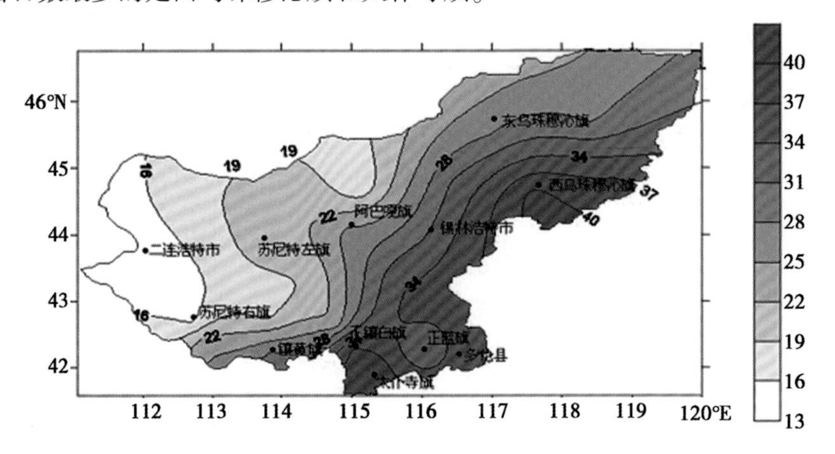


图2－7－8　内蒙古锡林郭勒盟多年平均降雪日数（1960—1980年）

Fig. 2－7－8　The average annual snowfall days in Xilingol League of Inner Mongolia

锡林郭勒盟年平均积雪日数各旗县从56～143d不等（图2－7－9），平均为98d，东多西少，年平均积雪日数最多的旗县也为西乌珠穆沁旗和太仆寺旗。对比两图发现，在锡林郭勒盟的东北部由于其纬度相对较高，降雪容易形成积雪。

（2）最大积雪深度：内蒙古锡林郭勒盟最大积雪深度北部高于南部，东部高于西部地区（图2－7－10）。极大值有2个高值区：一是东乌珠穆沁旗北部，可达44cm，二是锡林郭勒盟中部的阿巴嘎旗的大部、锡林浩特市的小部分地区，雪深达到30cm。

（3）大风吹雪日数：降雪时或降雪后，风力达到一定强度时，吹扬雪粒，随风运动，形成风雪流。被风雪流搬运的雪在风速减弱的地方堆积起来，形成吹积雪，从风雪

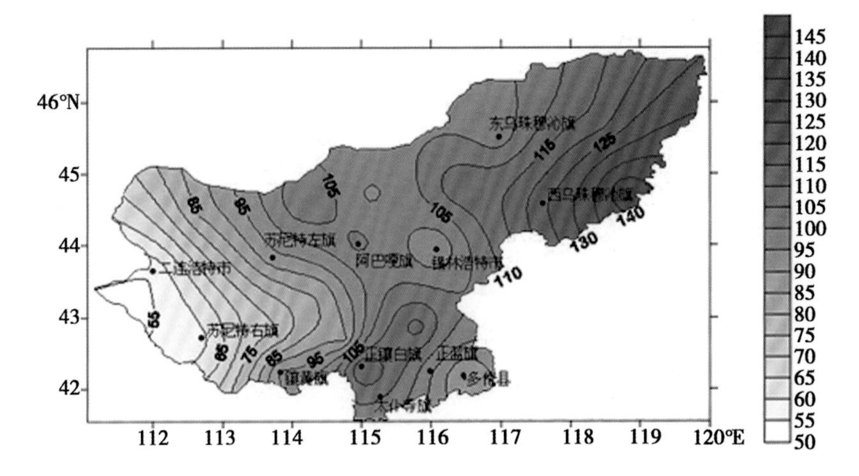


图 2-7-9 内蒙古锡林郭勒盟多年平均积雪日数（1960—1980 年）

**Fig. 2-7-9 The average annual snow cover days in Xilingol League of Inner Mongolia**

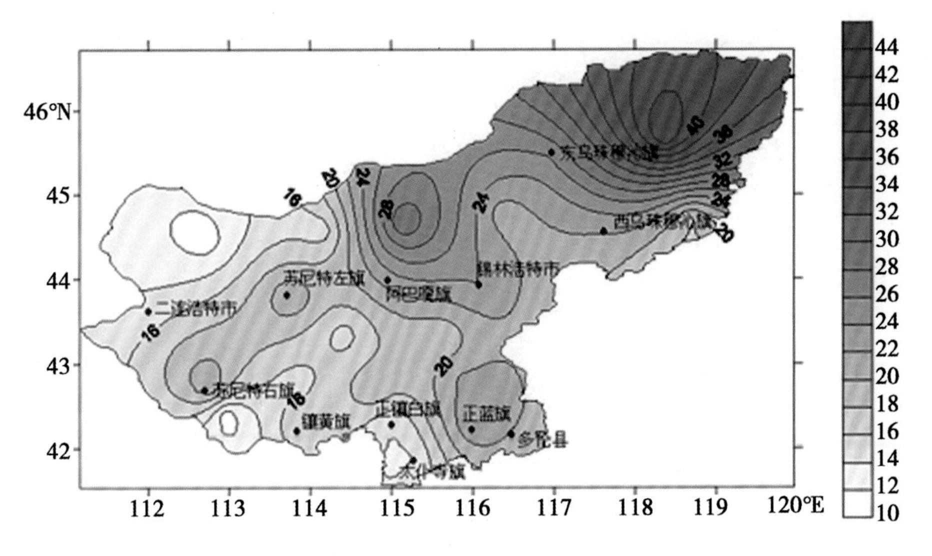


图 2-7-10 内蒙古锡林郭勒盟多年最大积雪深度 cm（1960—1980 年）

**Fig. 2-7-10 The annual maximum depth of snow cover in Xilingol League of Inner Mongolia**

流到吹积雪的全过程称为风吹雪[28]。锡林郭勒盟年平均风速 4～5m/s，大风日数在 50～80d。锡林郭勒盟风吹雪日数有 2 个高值中心（图 2-7-11），一个位于锡林郭勒盟南部的太仆寺旗，另一个位于西乌珠穆沁旗。最高日数达到 17d。

2.1.2 孕灾环境子系统分析

锡林郭勒盟是一个以高原为主体，整个地势呈南高北低，东高西低，由西向东斜的趋势。山地丘陵起伏；中部戈壁滩和盆地交错，沙丘连绵，海拔较高，为 800～1 800m。

锡林郭勒盟年平均蒸发量 1 500～2 600mm，平均无霜期 100～120d。年平均温度 2℃（图 2-7-12），气温由东北向西南逐渐递增。全盟最冷月平均气温大部分地区在

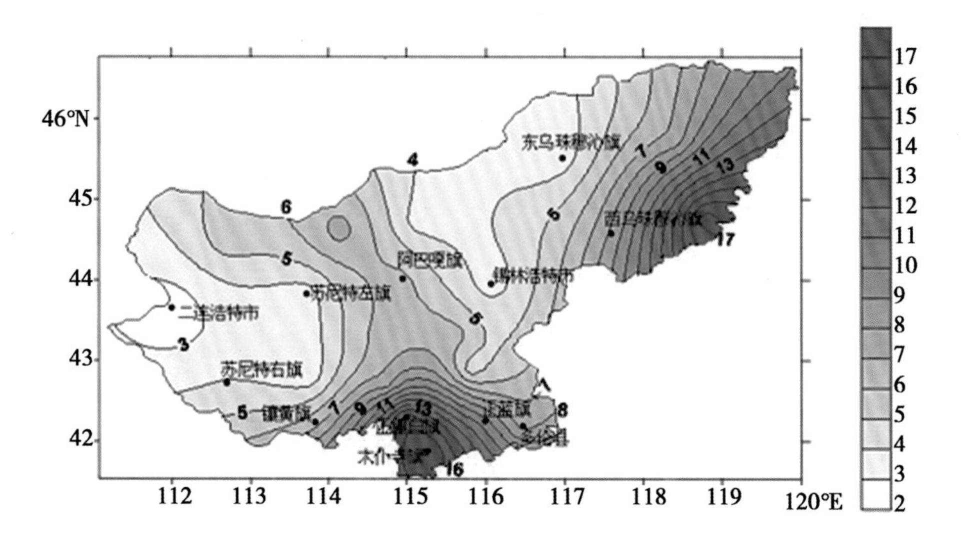


图 2－7－11　内蒙古锡林郭勒盟多年平均风吹雪日数（1960—1980 年）

Fig. 2－7－11　The average annual snow drift days in Xilingol League of Inner Mongolia

－17～－21℃，年极端最低温度在－35℃，最热月平均气温大部分地区在 18～21℃，年极端最高气温在 35～39℃之间，年温差和昼夜温差均较大。

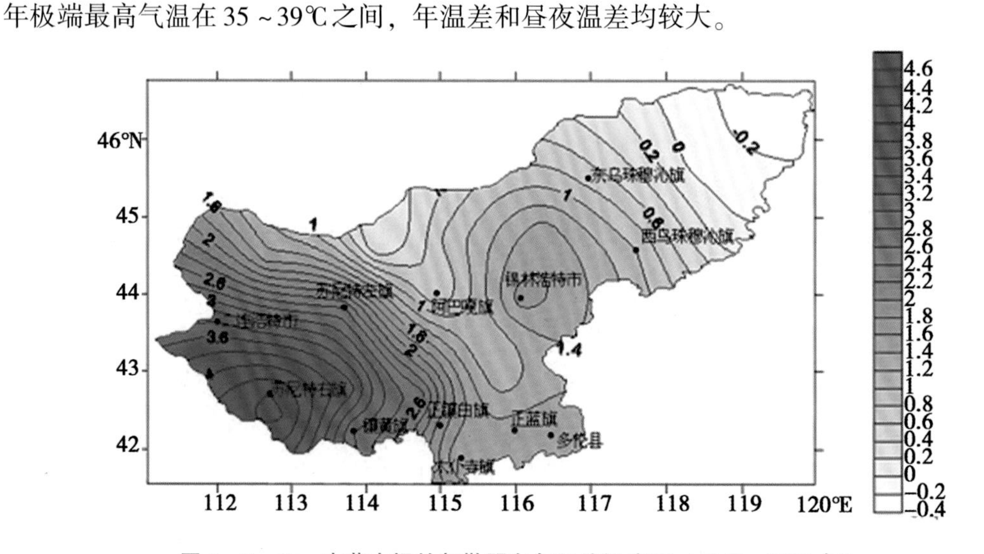


图 2－7－12　内蒙古锡林郭勒盟多年平均温度℃（1960—1980 年）

Fig. 2－7－12　The average annual temperature in Xilingol League of Inner Mongolia

锡林郭勒盟年平均降雪量 47mm（图 2－7－13），自东南向西北递减。最高地区达 78mm，最低为 26mm，高值区主要分布在锡林郭勒盟的太仆寺旗和正镶白旗，低值区分布在锡林郭勒盟西部的二连浩特市。

对比图 2－7－12 和 2－7－13 发现锡林郭勒盟年平均气温较低的地区降雪量也相应较大，各地水热状况差别较大，冬春寒潮反复侵扰，易形成雪灾。强大的蒙古高压造成的快行冷锋（寒潮）是内蒙古锡林郭勒盟雪灾的直接成因[29]。冬季，蒙古高压控制其

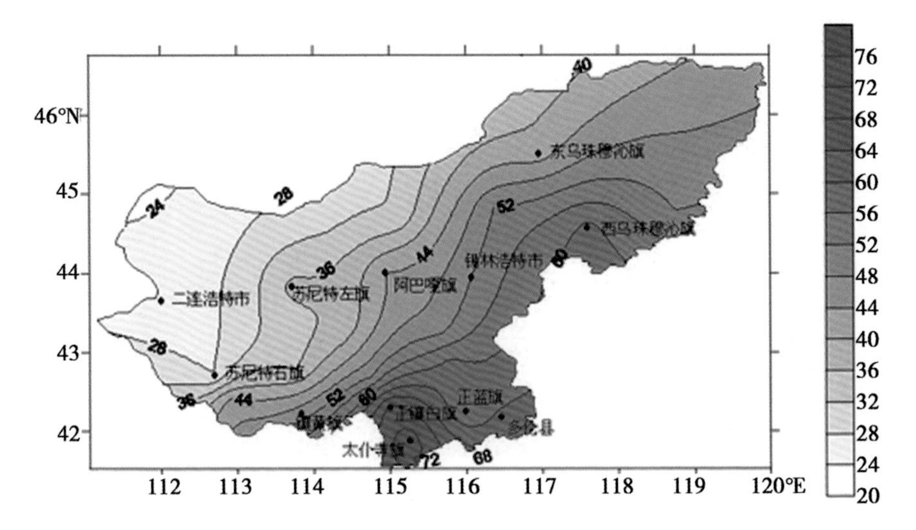


图 2－7－13　内蒙古锡林郭勒盟多年平均降雪量 mm（1960—1980 年）

Fig. 2－7－13　The average annual snowfall in Xilingol League of Inner Mongolia

大部分地区，加强了地面的辐射冷却，使高压系统更加增强，天气晴朗干燥。这时在高空西风带的控制下，地面与高空都盛行西北风。当西风带高空低槽东移过境时，常有南方暖湿气流侵入，造成雨雪天气。低槽过境后，近地面常有大量冷空气自西北向东南急剧推进，形成寒潮天气。这使气温剧烈下降，并伴有风沙、雪暴。降雪量过大、时间过长，便形成雪灾。

### 2.1.3　承灾体子系统分析

承灾体主要指草地雪灾作用的对象。锡林郭勒盟畜牧业较发达，是我国重要畜牧业生产基地，雪灾对牧业的经济结构影响较大。利用 *GIS* 技术对锡林郭勒盟的牧区地区生产总值（图 2－7－14a）、牧业占农、林、牧、渔业的比重（图 2－7－14b）、牧区人口密度（图 2－7－14c）和畜均棚圈数（图 2－7－14d）进行了分级，如果某旗县地区生产总值、牧业占的比重和人口密度分配较多，畜均棚圈面积越小，那么其暴露性越大，其受雪灾的影响所造成的损失也就越大。牧区地区生产总值属锡林浩特市最高；锡林郭勒盟的东乌珠穆沁旗、西乌珠穆沁旗、阿巴嘎旗、苏尼特右旗和苏尼特左旗牧业占农、林、牧、渔业的比重最高；牧区人口密度最大的是多伦县；而牧业占农、林、牧、渔业的比重比较大的地区的畜均棚圈数却比较小。

在上述的内蒙古锡林郭勒盟草地雪灾孕灾环境、致灾因子和承灾体的综合作用下，形成了锡林郭勒盟草地雪灾的灾害损失，即草地雪灾灾情。

## 2.2　内蒙古锡林郭勒盟草地雪灾时空格局

影响草地牧区降雪是否成灾的气象因子主要有冬春降雪量、积雪覆盖面积、积雪深度、积雪日数、气温等，它们具有年、月、日变化和地理分布变化，因此，草地雪灾具有明显的时空分布特征。对灾害系统时空分布规律的认识是灾害区划的基础。分析锡林郭勒盟雪灾的时空分布规律，可以更好地为其经济发展服务，为防灾、减灾规划以及抗灾、救灾决策管理提供依据。

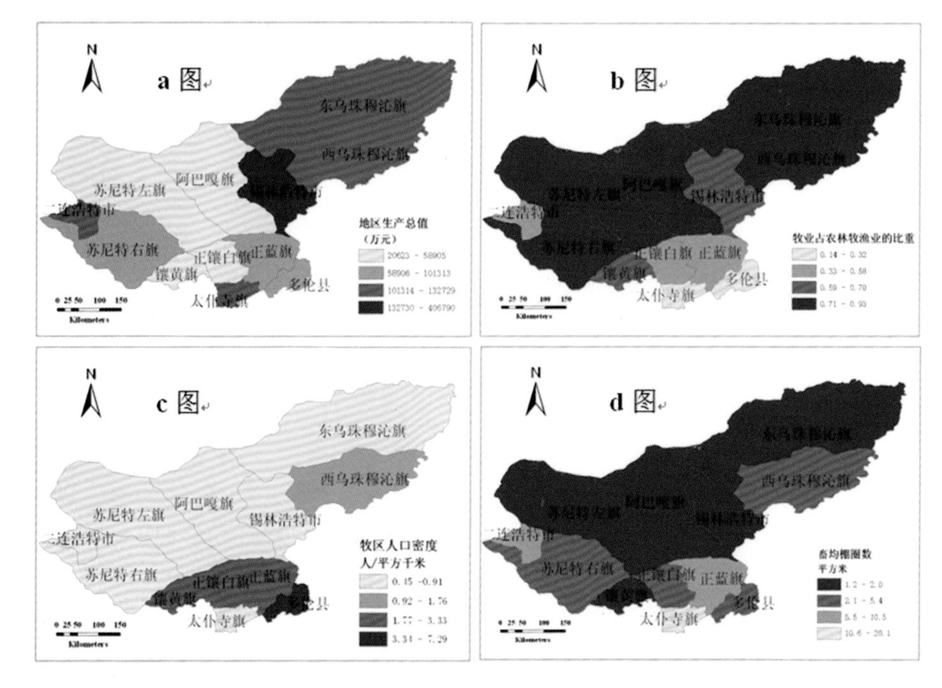


图 2-7-14　内蒙古锡林郭勒盟草地雪灾承灾体的等级划分

**Fig 2-7-14　The grade classification of hazard-affected bodies of grassland snow disaster in Xilingol League of Inner Mongolia**

a. 地区生产总值；b. 牧业占农林牧渔业的比重；c. 牧区人口密度；d. 畜均棚圈数

A The region of Gross Domestic Product; B Animal husbandry accounted for the proportion of agriculture, forestry, animal husbandry and fishery; C The population density in pastoral areas; D The average number of livestock stalls

降雪不一定成灾，适当的降雪不仅能解决冬季的牲畜饮水问题，而且对翌年春季牧草返青非常有利。根据中国牧区畜牧气候区划科研协作组调查，只有积雪深度达到一定程度才能形成雪灾。积雪越厚，持续时间越长，家畜所受到的影响便越大。而在同等的积雪条件下，牧草长势越好，积雪对家畜采食量的影响便越小；而且畜群的体况越好，受到雪灾影响时损失越小。当草甸草场积雪深度≥15cm，草原草场≥10cm，荒漠草场≥5cm 时，雪埋牧草相当于牧草高度的 30% 及以上时就可以发生雪灾[21]。本文在此气象标准研究基础上结合中国气象局制定的统计标准，即当年 10 月至次年 5 月，草地牧区积雪深度≥5cm 且连续积雪日数≥7 天统计为一次草地牧区雪灾过程[30]，对内蒙古锡林郭勒盟 1960—1980 年该地区 24 个气象站的地面气象资料进行了统计、整理并对内蒙古锡林郭勒盟草地雪灾的时空分布进行分析。

### 2.2.1　年际变化规律

草地雪灾的年际变化主要表现草地雪灾多来年总的发展趋势。通过对内蒙古锡林郭勒盟 24 个气象站点 1960—1980 年地面气象资料进行分析（见图 2-7-12），研究发现，1960—1980 年期间，内蒙古锡林郭勒盟草地雪灾年际变化较大，这是由于天气、气候变化不确定因素及人为因素的影响，使得草地雪灾呈现不均匀的波状起伏状态。通过 3 年移动平均曲线可以看出，在20世纪60年代草地雪灾呈现增加—减少—再增加的波状趋势；70年代草地雪灾亦呈现增加—减少—再增加的波状趋势，也就是说在20世纪60年代和70年代的中期，是雪灾发生的低谷期；而雪灾高发的年份有1961（指1961—1962年间，以下依此类推）、1963、1967、1970、1971、1972、1977、1980年，集中发生在60、70年代的始末；而1967、1970、1977、1980年是草地雪灾发生的高峰年份。

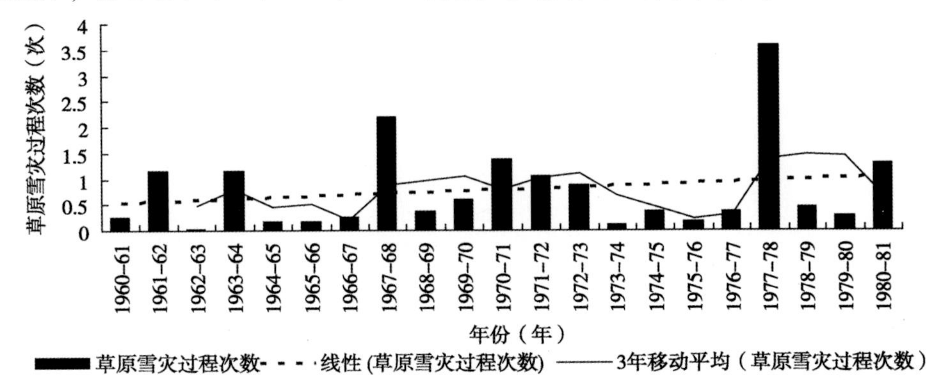


图2－7－15　内蒙古锡林郭勒盟草地雪灾过程平均次数年际变化（1960—1980年）

Fig. 2－7－15　The annual variation of average frequency of snow disaster processes in Xilingol League of Inner Mongolia

从图2－7－15中的趋势线可以看出，雪灾有增加的趋势，总体说来，锡林郭勒盟草地雪灾是呈波状增加的趋势，雪灾呈现波状说明其主要受气候变化的影响，而雪灾呈增加的趋势则说明人类活动的不断增强，特别是单位草场载畜量持续增加导致草地退化使承灾体变得更为脆弱，这是雪灾持续增长的主要原因之一。

### 2.2.2　季节分布规律

受内蒙古锡林郭勒草原的气候影响，草地雪灾发生的季节性很强。从1960—1980年积累的锡林郭勒盟各月的雪灾次数统计资料可以看出（图2－7－16），锡林郭勒盟雪灾的发生期一般自当年10月至翌年5月均可出现雪灾，全年雪灾发生期长达6、7个月之久，内蒙古锡林郭勒盟草地雪灾主要发生在12月至次年3月，占总体的80.25%，均出现在冬春寒冷的季节，11、12月份的雪量大，表层积雪可日融夜冻形成冰壳，牲畜不易采食而成灾，2、3月份是季节转换时期，是冷空气活动频繁的季节，加上冬季牲畜体能大量消耗，春天牲畜的体能普遍下降，牲畜膘情最差，部分牧区又处于接羔保育期，抵御灾害的能力低，容易成灾。草地雪灾高峰期出现在2月份。

### 2.2.3　空间分布

由于锡林郭勒盟各地自然条件、草场类型和生产方式不同，使得锡林郭勒盟草地雪灾的发生呈现区域性差异，因此，草地雪灾的分布具有空间差异性。

用相关分析法分别做出年平均雪灾过程次数（即图2－7－15纵坐标）与年平均降雪日数和积雪日数（1960—1980年）的相关系数，R分别等于0.74和0.88，且都通过$P<0.01$检验，呈现非常好的相关性，说明年平均降雪日数和积雪日数越多，其发生草地雪灾的可能性越大。用资料统计各站点草地雪灾发生次数，进行重新整理后生成等值

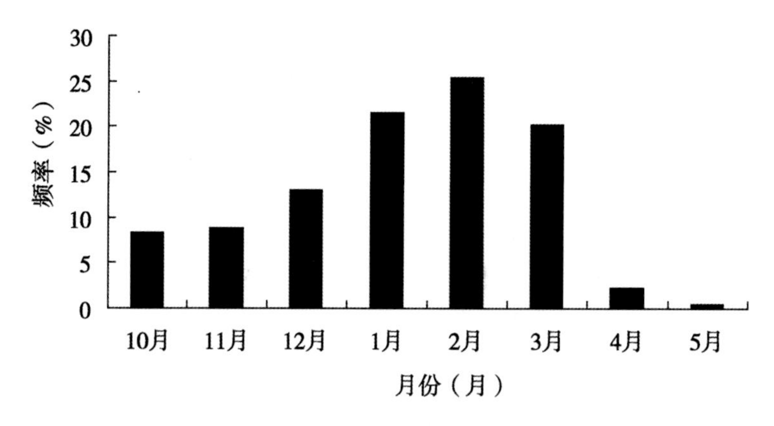


图 2-7-16　锡林郭勒盟不同月份草地雪灾发生频率（1960—1980 年）

Fig. 2-7-16　The frequency of different month of grassland snow disaster in Xilingol League of Inner Mongolia

线图（图 2-7-17），结合年平均降雪日数、积雪日数分布图来对比分析锡林郭勒盟各地区的雪灾空间分布情况。从图 2-7-8 中可以看出，锡林郭勒盟的年平均降雪日数呈现从东南到西北逐渐递减的格局，东部年平均降雪日数多于西部、南部多于北部，高值区分布在西乌珠穆沁旗、太仆寺旗。年平均积雪日数的空间分布格局（图 2-7-9）与锡林郭勒盟多年平均降雪日数基本一致，但是多伦县已经不是积雪日数的高值区。正蓝旗和正镶白旗相对来说年平均降雪日数并不多，但是年平均积雪日数相对来说较多，所以降雪成灾的可能性较大。

如图 2-7-17 所示，在地理空间分布上，研究区草地雪灾高发区主要在锡林郭勒盟西部的苏尼特左旗和苏尼特右旗北侧；锡林郭勒盟东部的东乌珠穆沁旗东侧的乌拉盖苏木和西乌珠穆沁旗；中部的锡林浩特市朝克乌拉苏木；南部的正蓝旗、太仆寺旗、正镶白旗。西部的苏尼特左旗和苏尼特右旗的多年平均降雪日数和积雪日数并不多，但是雪灾却频发，主要是因为其草场类型属于荒漠、半荒漠草原，且草原退化较严重，即使少量积雪也使该地区容易发生雪灾，其草地退化非常严重，退化草地面积分别占其各自草地总面积的 71.6% 和 75.1%[33]；东乌珠穆沁旗东侧的乌拉盖苏木的纬度相对较高，气温较寒冷，且年平均积雪日数非常多，易发生雪灾；太仆寺旗、正蓝旗和正镶白旗草地退化较严重，退化草地面积分别占其各自草地总面积的 70%、34.7% 和 43.1%。研究结果表明，内蒙古锡林郭勒草地雪灾呈两侧多而中部少、呈块状分布的空间格局。这主要是因为所处地理环境、草地类型的不同和人类活动的影响。雪灾高发区，也往往是雪灾严重区，反之，雪灾频率低的地区往往是雪灾较轻的地区，但牧区大雪灾都很少有连年发生的现象。

在 21 年间，雪灾发生频次最高的是苏尼特左旗，年发生次数为 0.62 次，其次是乌拉盖，年发生次数为 0.57 次，再次是朝克乌拉和那日图，为 0.52 次。锡林郭勒盟平均年草地雪灾发生次数为 0.37 次，也就是说平均 3 年就发生一次草地雪灾。

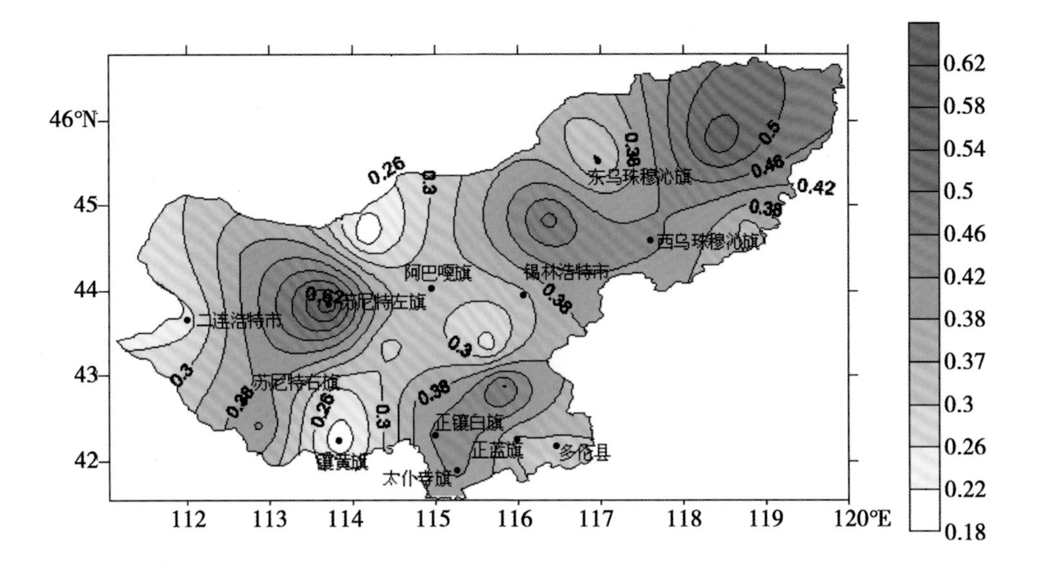


图 2-7-17　内蒙古锡林郭勒盟草地雪灾发生频次（频次/年）（1960—1980 年）

Fig. 2-7-17　The frequency of grassland snow disaster in Xilingol League of Inner Mongolia

## 3　内蒙古锡林郭勒盟草地雪灾灾情评价与区划

### 3.1　草地雪灾灾情评价指标体系

#### 3.1.1　草地雪灾灾情评价的指标系统

灾情评价是指对灾害造成的各种损失和影响进行经济评价和估计。对草地雪灾等级的评价需综合考虑各方面指标，以综合反映灾情的真实性。在以往的灾害损失分类或计算中，忽略了一项十分重要的内容，就是灾害事件发生时的救灾和灾后灾区恢复的投入部分，它包括为救灾和灾区恢复工作所投入的全部社会产品总量，我们称之为灾害救援损失。参考各类文献，在与专家经验相结合的基础上，结合自己的看法，遵循指标体系构建的原则，综合考虑指标体系确定的系统性、科学性、目的性、可比性和可操作性原则，筛选并确定了草地雪灾的灾情评价指标体系表（图 2-7-18 所示），把评价指标概括为 6 项：草地损失（$G$）、人口损失（$P$）、牲畜损失（$L$）、基础设施损失（$I$）、经济损失（$E$）及灾害救援损失（$S$），其中共包括 12 个子指标。

#### 3.1.2　草地雪灾灾情指标的量化方法

根据草地雪灾灾情的形成机制与概念框架选取了如上图所列出的指标体系，用于评价草地雪灾灾情，由于所选指标的单位不同，为了便于计算，选取以下直线缩放公式，把各指标量化成可计算的 0～10 之间的无向量指标来表示所有指标：

$$X'_{ij} = \frac{X_{ij} \times 10}{X_{i\max j}} \qquad （公式 2.7.2）$$

其中，$X'_{ij}$ 与 $X_{ij}$ 相应表示旗县 $j$ 中指数 $i$ 的量化值和原始值，$X_{i\max j}$ 表示指数 $i$ 在所有旗县中的最大值。

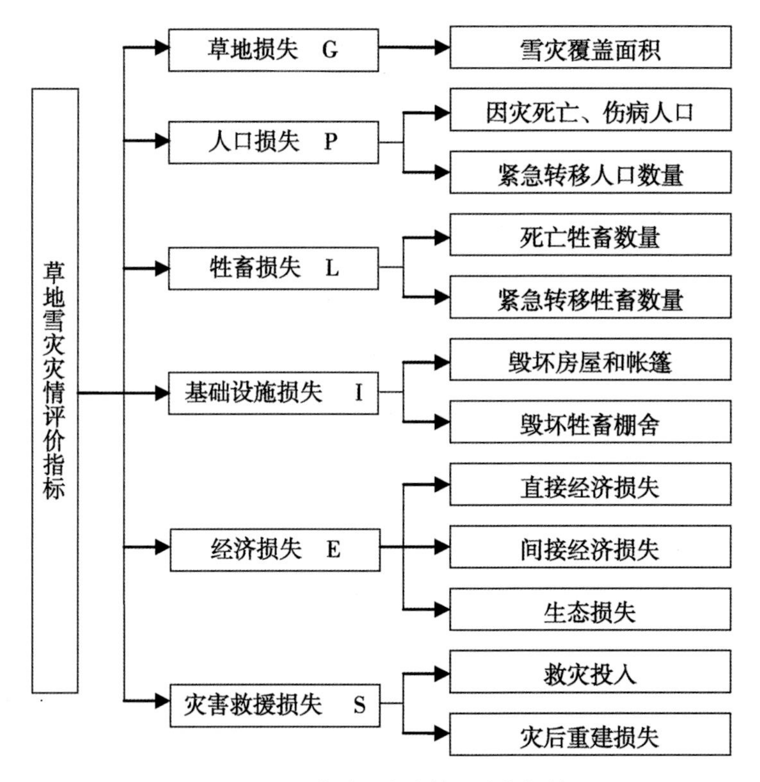


图 2-7-18 草地雪灾灾情评价指标体系

Fig. 2-7-18 Indicators system of grassland snow disaster assessment

## 3.2 基于相对指标划分的草地雪灾灾情评价模型的建立

灰色白化权函数聚类可以分为灰色变权聚类法和灰色定权聚类法。灰色变权聚类法适用于指标的意义、量纲皆相同的情形。当聚类指标的意义、量纲不同且不同指标的样本值在数量上悬殊较大时，不宜采用灰色变权聚类。当聚类指标意义不同、量纲不同，且在数量上悬殊很大时，采用灰色变权聚类可能导致某些指标参与聚类的作用十分微弱。解决这一问题有两条途径：一条途径是先采用初值化算子或均值化算子将各指标样本值化为无量纲数据，然后进行聚类，这种方式对所有聚类指标一视同仁，不能反映不同指标在聚类过程中作用的差异性；另一条途径是对各聚类指标事先赋权。第二种聚类方法就是本文所采用的灰色定权聚类法。灰色定权聚类评估非常适用于评价指标体系中指标意义不同、量纲不同，且在绝对数量上差异悬殊，而最终又希望得到一个能够反映目前状况的综合指标这样一种情形，因此，本文选取灰色定权聚类评价方法对草地雪灾灾情进行评价。

### 3.2.1 构建聚类样本矩阵

随着生产力水平的发展，人们对灾害的研究不断深入，防灾减灾措施日趋科学化，但由灾害造成的损失却急剧上升。灾情评价的目的是为灾情等级的确定与划分服务。由于各地方的草地面积不同、经济发展水平不同等原因，如果用绝对指标评价草地雪灾灾情等级，评价出来的结果应用于政府制定防灾减灾及救灾政策的意义不大，而利用相对指标来评价灾情则可以得出较为客观的结论，为防灾、减灾及灾害赔偿和救援提供科学依据。因此，本文考虑利用相对指标，对原始数据进行处理，得出新的样本值，而且由于各指标中的子指标对于该指标对评价结果的影响较小，所以本文对原始数据进行如下处理得到新的样本值：

$$G=\frac{\text{受灾草原面积}}{\text{草原总面积}} \quad \text{（公式 2.7.3）}$$

$$P=\frac{\text{伤亡人口数量}+\text{紧急转移人口数量}}{\text{总人口数量}} \quad \text{（公式 2.7.4）}$$

$$L=\frac{\text{伤亡牲畜数量}+\text{紧急转移牲畜数量}}{\text{总牲畜数量}} \quad \text{（公式 2.7.5）}$$

$$I=\frac{\text{毁坏房屋和帐篷}}{\text{总房屋和帐篷}}+\frac{\text{毁坏牲畜棚舍}}{\text{总牲畜棚舍}} \quad \text{（公式 2.7.6）}$$

$$E=\frac{\text{直接经济损失}+\text{间接经济损失}+\text{生态损失}}{GDP} \quad \text{（公式 2.7.7）}$$

$$S=\frac{\text{救灾投入}+\text{灾后重建损失}}{GDP} \quad \text{（公式 2.7.8）}$$

以 2000—2006 年内蒙古地区锡林郭勒盟 12 个旗县为聚类对象，以图 2－7－15 为聚类评价指标，即草地损失、人口损失、牲畜损失、基础设施损失、经济损失、灾害救援损失 6 个聚类指标，并设定 4 个灰类，则聚类灰数集即灰类集 {k}（k＝1，2，3，4），其中，1，2，3，4 分别代表轻灾、中灾、重灾、特大灾。设第 i 个聚类对象关于第 j 个聚类指标的样本值为 $x_{ij}$，即第 i 个旗县关于第 j 个聚类评价指标的处理后的样本值。构建聚类样本矩阵为：

$$X=\{x_{ij}\} \quad (i=1, 2, \cdots, 12;\ j=1, 2, 3, 4, 5, 6) \quad \text{（公式 2.7.9）}$$

3.2.2 确定各指标的聚类权

利用层次分析法确定各指标的聚类权重。层次分析法的主要特点是定性与定量分析相结合，将人的主观判断用数量化形式表达出来并进行科学处理。由于是对指标进行一对一的比较，而不是对所有指标一起进行比较，而且一对一比较比较方面，可以连续进行并能随时改进，因此，更能适合复杂的科学领域情况。在广泛征求雪灾研究领域的专家和学者意见的基础上，利用层次分析方法得出草地损失、人口损失、基础设施损失、牲畜损失、经济损失、灾害救援损失的各自权重值，其聚类权集为

$$\eta_j=\{\eta_1, \eta_2, \eta_3, \eta_4, \eta_5, \eta_6\}=\{0.033, 0.052, 0.204, 0.077, 0.480, 0.154\} \quad \text{（公式 2.7.10）}$$

一致性检验用矩阵最大特征根 $\lambda_{min}=6.2989$ 计算一致性指标 $CI$：

$$CI=\frac{\lambda_{min}-n}{n-1} \quad (n\ \text{为阶数}) \quad \text{（公式 2.7.11）}$$

查平均随机一致性指标 $RI$，可知 $RI=1.26$，故一致性比例 $CR=CI/RI=0.0474<0.1$。由此可见，评判矩阵具有较满意的一致性。虽然这些权重值相对来讲比较合理，但相信仍能够很好地改进，而且如果需要的话，可以被修正。

### 3.2.3 确定灰类白化权函数

根据实际情况，通过对调查资料的汇总和分析，在征求有关草地雪灾管理部门意见的基础上，借助 *GIS* 技术将草地雪灾灾情等级划分中各指标样本值划分为 4 个灰类，确定不同的子灰类的临界值，见表 2－7－1。

表 2－7－1 各评价指标的灰类划分

**Tab. 2－7－1 The grey scale classification of the assessment indicators**

| 指标代号 | 权重 | 轻灾 | 中灾 | 重灾 | 特大灾 |
|---|---|---|---|---|---|
| 1（*G*） | [0.033] | [0.230，0.28] | [0.28，0.32] | [0.32，0.3702] | [0.3702，0.4299] |
| 2（*P*） | [0.052] | [0.014，0.021] | [0.021，0.046] | [0.046，0.071] | [0.071，0.135] |
| 3（*L*） | [0.204] | [0.078，0.096] | [0.096，0.134] | [0.134，0.152] | [0.152，0.171] |
| 4（*I*） | [0.077] | [0.028，0.033] | [0.033，0.037] | [0.037，0.040] | [0.040，0.048] |
| 5（*E*） | [0.480] | [0.018，0.021] | [0.021，0.026] | [0.026，0.030] | [0.030，0.033] |
| 6（*S*） | [0.154] | [0.0064，0.0096] | [0.0096，0.0143] | [0.0143，0.0178] | [0.0178，0.0214] |

由表 2－7－1 和各指标值，设 $j$ 指标 $k$ 子类的灰类的白化权函数为 $f_j^k(\cdot)$（$j=1$，2，3…，6；$k=1$，2，3，4），根据灰色定权聚类模型及各指标值，参考各类文献确定每个指标关于各灰类的白化权函数，得到各评价指标的白化权函数分别为：

$$f_j^k[-,\ -,\ 0.28,\ 0.35],\ f_j^k[0.23,\ 0.32,\ -,\ 0.4],$$
$$f_j^k[0.23,\ 0.37,\ -,\ 0.48],\ f_j^k[0.23,\ 0.43,\ -,\ -];$$
$$f_j^k[-,\ -,\ 0.02,\ 0.06],\ f_j^k[0.01,\ 0.05,\ -,\ 0.1],$$
$$f_j^k[0.01,\ 0.07,\ -,\ 0.18],\ f_j^k[0.01,\ 0.14,\ -,\ -];$$
$$f_j^k[-,\ -,\ 0.09,\ 0.14],\ f_j^k[0.08,\ 0.13,\ -,\ 0.16],$$
$$f_j^k[0.08,\ 0.15,\ -,\ 0.19],\ f_j^k[0.08,\ 0.17,\ -,\ -];$$
$$f_j^k[-,\ -,\ 0.033,\ 0.039],\ f_j^k[0.028,\ 0.037,\ -,\ 0.044],$$
$$f_j^k[0.028,\ 0.040,\ -,\ 0.052],\ f_j^k[0.028,\ 0.048,\ -,\ -];$$
$$f_j^k[-,\ -,\ 0.021,\ 0.028],\ f_j^k[0.018,\ 0.026,\ -,\ 0.031],$$
$$f_j^k[0.018,\ 0.03,\ -,\ 0.035],\ f_j^k[0.018,\ 0.033,\ -,\ -];$$
$$f_j^k[-,\ -,\ 0.0096,\ 0.0161],\ f_j^k[0.0064,\ 0.0143,\ -,\ 0.02],$$
$$f_j^k[0.0064,\ 0.0178,\ -,\ 0.023],\ f_j^k[0.0064,\ 0.0214,\ -,\ -]$$

通过对调查资料的汇总和分析，计算各个旗县的草地损失、人口损失、牲畜损失、基础设施损失、经济损失、灾害救援损失 6 个评价指标的白化权函数值。常用的白化权函数有下述 3 种形式，计算方法如下：

（1）$f_j^k[-,\ -,\ x_j^k(3),\ x_j^k(4)]$，称其为下限测度白化权函数；

$$f_j^k(X)\begin{cases}0 & x\notin[0,\ x_j^k(4)]\\ 1 & x\in[0,\ x_j^k(3)]\\ \dfrac{x_j^k(4)-x}{x_j^k(4)-x_j^k(3)} & x\in[x_j^k(3),\ x_j^k(4)]\end{cases}\quad (j=1,\ 2,\ \cdots,\ 6;\ k=1)$$

（公式 2. 7. 12）

（2）$f_j^k[x_j^k(1), x_j^k(2), -, x_j^k(4)]$，称其为适中测度白化权函数，其白化权函数为：

$$f_j^k(X)\begin{cases}0 & x\notin[x_j^k(1),\ x_j^k(4)]\\ \dfrac{X-x_j^k(1)}{x_j^k(2)-x_j^k(1)} & x\in[x_j^k(1),\ x_j^k(2)]\\ \dfrac{x_j^k(4)-x}{x_j^k(4)-x_j^k(2)} & x\in[x_j^k(2),\ x_j^k(4)]\end{cases}\quad (j=1,\ 2,\ \cdots,\ 6;\ k=2,\ 3)$$

（公式 2. 7. 13）

（3）$f_j^k[x_j^k(1), x_j^k(2), -, -]$，称其为上限测度白化权函数，其白化权函数为：

$$f_j^k(X)\begin{cases}0 & x<x_j^k(1)\\ \dfrac{X-x_j^k(1)}{x_j^k(2)-x_j^k(1)} & x\in[x_j^k(1),\ x_j^k(2)]\\ 1 & x\geqslant x_j^k(2)\end{cases}\quad (j=1,\ 2,\ \cdots,\ 6;\ k=4)$$

（公式 2. 7. 14）

由样本值、白化权函数和公式（2. 7. 12 ~ 2. 7. 14）计算出各灾情指标白化权函数值。

3. 2. 4　计算指标定权聚类系数

聚类系数的大小是衡量聚类对象属于某一种灰类的标准。设 $\sigma_i^k$ 为聚类对象 $i$ 关于 $k$ 灰类的聚类系数，其计算公式如下：

$$\sigma_i^k=\sum_{j-1}^{6}f_j^k(x_{ij})\cdot\eta_j=(\eta_1,\eta_2,\eta_3,\eta_4,\eta_5,\eta_6)$$

$$\begin{bmatrix}f_{i1}^1(x_{i1}) & f_{i1}^2(x_{i1}) & f_{i1}^3(x_{i1}) & f_{i1}^4(x_{i1})\\ f_{i2}^1(x_{i2}) & f_{i2}^2(x_{i2}) & f_{i2}^3(x_{i2}) & f_{i2}^4(x_{i2})\\ f_{i3}^1(x_{i3}) & f_{i3}^2(x_{i3}) & f_{i3}^3(x_{i3}) & f_{i3}^4(x_{i3})\\ f_{i4}^1(x_{i4}) & f_{i4}^2(x_{i4}) & f_{i4}^3(x_{i4}) & f_{i4}^4(x_{i4})\\ f_{i5}^1(x_{i5}) & f_{i5}^2(x_{i5}) & f_{i5}^3(x_{i5}) & f_{i5}^4(x_{i5})\\ f_{i6}^1(x_{i6}) & f_{i6}^2(x_{i6}) & f_{i6}^3(x_{i6}) & f_{i6}^4(x_{i6})\end{bmatrix} i=1,2,\cdots,12;k=1,2,3,4$$

（公式 2. 7. 15）

公式（2. 7. 15）即为草地雪灾的灾情评价模型。式中，$\eta_j$ 为各评价指标的权重，$f_{ij}^k(x_{ij})$ 为聚类旗县 $i$ 关于各个聚类评价指标白化权函数的取值。此结果也可以用于各旗县单个聚类评价指标的等级划分。$\sigma_i = (\sigma_i^1, \sigma_i^2, \sigma_i^3, \sigma_i^4)$，$\sigma_i$ 为聚类系数向量，是聚类旗县 $i$ 的综合评价值。计算结果如下所示：

$$\sigma_i^k = \begin{bmatrix} \sigma_1^1 & \sigma_1^2 & \sigma_1^3 & \sigma_1^4 \\ \sigma_2^1 & \sigma_2^2 & \sigma_2^3 & \sigma_2^4 \\ \sigma_3^1 & \sigma_3^2 & \sigma_3^3 & \sigma_3^4 \\ \sigma_4^1 & \sigma_4^2 & \sigma_4^3 & \sigma_4^4 \\ \sigma_5^1 & \sigma_5^2 & \sigma_5^3 & \sigma_5^4 \\ \sigma_6^1 & \sigma_6^2 & \sigma_6^3 & \sigma_6^4 \\ \sigma_7^1 & \sigma_7^2 & \sigma_7^3 & \sigma_7^4 \\ \sigma_8^1 & \sigma_8^2 & \sigma_8^3 & \sigma_8^4 \\ \sigma_9^1 & \sigma_9^2 & \sigma_9^3 & \sigma_9^4 \\ \sigma_{10}^1 & \sigma_{10}^2 & \sigma_{10}^3 & \sigma_{10}^4 \\ \sigma_{11}^1 & \sigma_{11}^2 & \sigma_{11}^3 & \sigma_{11}^4 \\ \sigma_{12}^1 & \sigma_{12}^2 & \sigma_{12}^3 & \sigma_{12}^4 \end{bmatrix} = \begin{bmatrix} 0.0583 & 0.0756 & 0.5784 & 0.8665 \\ 0.1573 & 0.3947 & 0.8186 & 0.6396 \\ 0.0051 & 0.1941 & 0.5862 & 0.8723 \\ 0.4884 & 0.7688 & 0.5323 & 0.4149 \\ 0.0855 & 0.4775 & 0.8439 & 0.6768 \\ 0.2384 & 0.6840 & 0.7016 & 0.5328 \\ 0.8710 & 0.0110 & 0.0738 & 0.1204 \\ 0.2430 & 0.8068 & 0.7125 & 0.5660 \\ 0.8213 & 0.4990 & 0.3543 & 0.2664 \\ 0.9614 & 0.3263 & 0.2253 & 0.1676 \\ 0.4910 & 0.6753 & 0.5128 & 0.4463 \\ 0.9743 & 0.1741 & 0.1224 & 0.0850 \end{bmatrix}$$

#### 3.2.5 对象进行聚类

若 $\sigma_i^{k^*} = \max\limits_{1 \leqslant k \leqslant 4} \{\sigma_i^k\}$，则断定聚类对象 $i$ 属于灰类 $k^*$。当有多个对象同属于灰类 $k^*$ 时，还可以进一步根据灰色定权聚类系数的大小确定同属于灰类 $k^*$ 的各对象的优劣或位次。

### 3.3 内蒙古锡林郭勒盟草地雪灾灾情评价与区划

#### 3.3.1 单灾情指标评价

对于草地雪灾灾情的分析评价与等级区划应当遵循草地雪灾的成灾机理，结合 *GIS* 技术，根据公式 2.7.12 至 2.7.15 的计算结果分别对内蒙古锡林郭勒盟草地雪灾各灾情指标进行分析。

（1）草地损失评价与区划：从整体上讲，内蒙古锡林郭勒盟草地损失程度西部大于东部地区（图 2－7－19）。西部地区除二连浩特外，其余都处于重灾和特大灾水平；东部地区除锡林浩特市处于重灾水平外，其余的都处于轻灾和中灾水平。整个锡林郭勒盟处于特大灾水平的有苏尼特左旗和镶黄旗，处于轻灾水平的有二连浩特市、阿巴嘎旗和多伦县。

（2）人口损失评价与区划：由图 2－7－20 可以看出，锡林郭勒盟各个旗县的人口损失程度都较小，除二连浩特市、锡林浩特市分别处于特大灾水平和重灾水平外，其余都处于中灾和轻灾水平。处于轻灾水平的有苏尼特右旗、阿巴嘎旗、正蓝旗、多伦县和西乌珠穆沁旗。

（3）牲畜损失评价与区划：从整体来讲，锡林郭勒盟各旗县的牲畜损失都比较大（图 2－7－21）。大体上东部高于西部地区、北部高于南部地区。处于特大灾水平的是东乌珠穆沁旗，处于轻灾水平的有二连浩特市、正蓝旗和多伦县。

（4）基础设施损失评价与区划：从图 2－7－22 可以看出，整个锡林郭勒盟基础设施损失东、西部大于中部地区。处于特大灾水平的是二连浩特市和太仆寺旗；处于轻灾

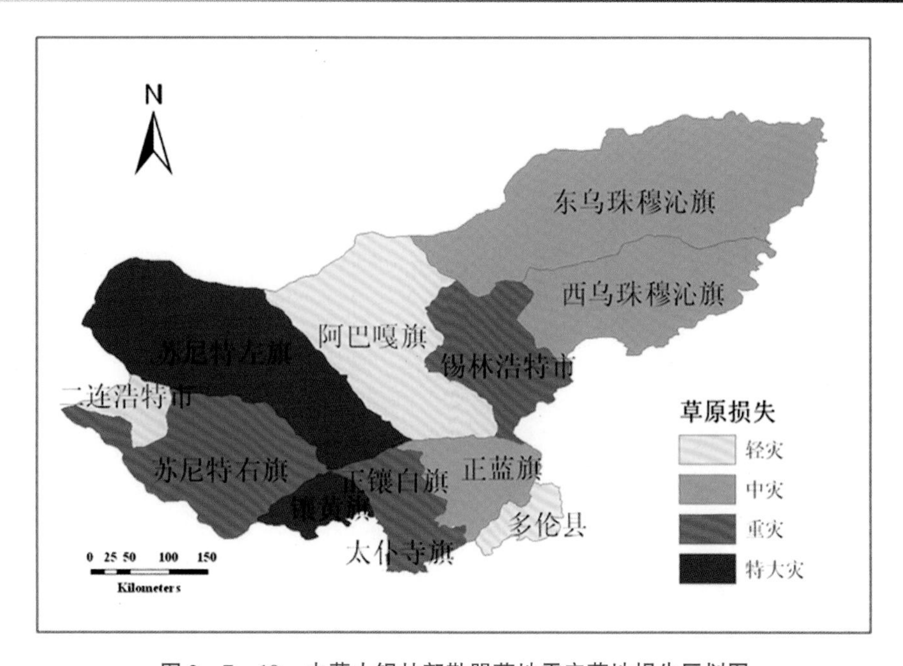


图 2-7-19　内蒙古锡林郭勒盟草地雪灾草地损失区划图

**Fig. 2-7-19　Zoning map of grassland loss of snow disaster in Xilingol League of Inner Mongolia**

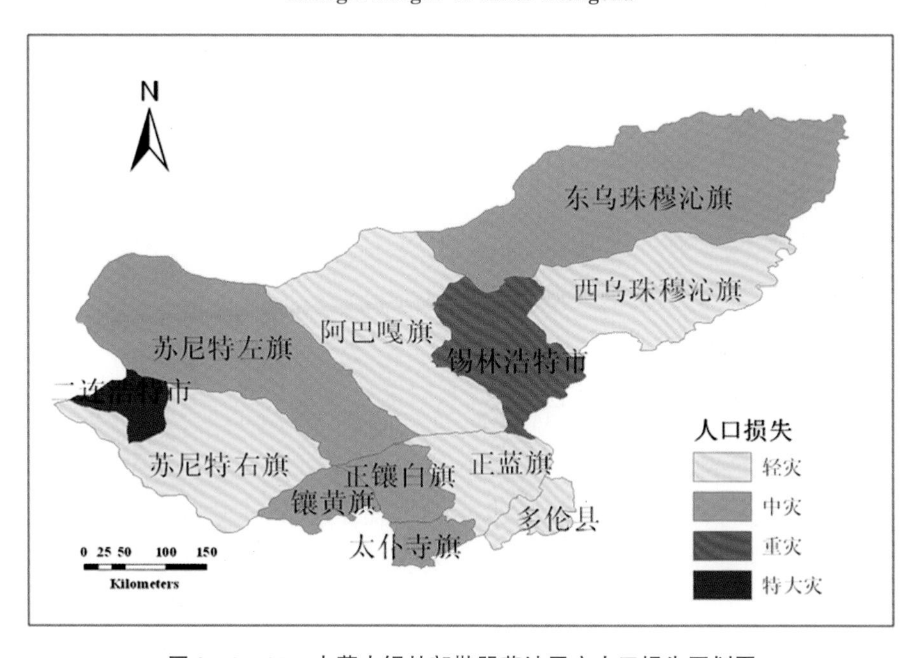


图 2-7-20　内蒙古锡林郭勒盟草地雪灾人口损失区划图

**Fig. 2-7-20　Zoning map of population loss of grassland snow disaster in Xilingol League of Inner Mongolia**

水平的有阿巴嘎旗、正镶白旗、正蓝旗和西乌珠穆沁旗。

（5）经济损失评价与区划：从图 2-7-23 中可以看出，锡林郭勒盟草地雪灾经济

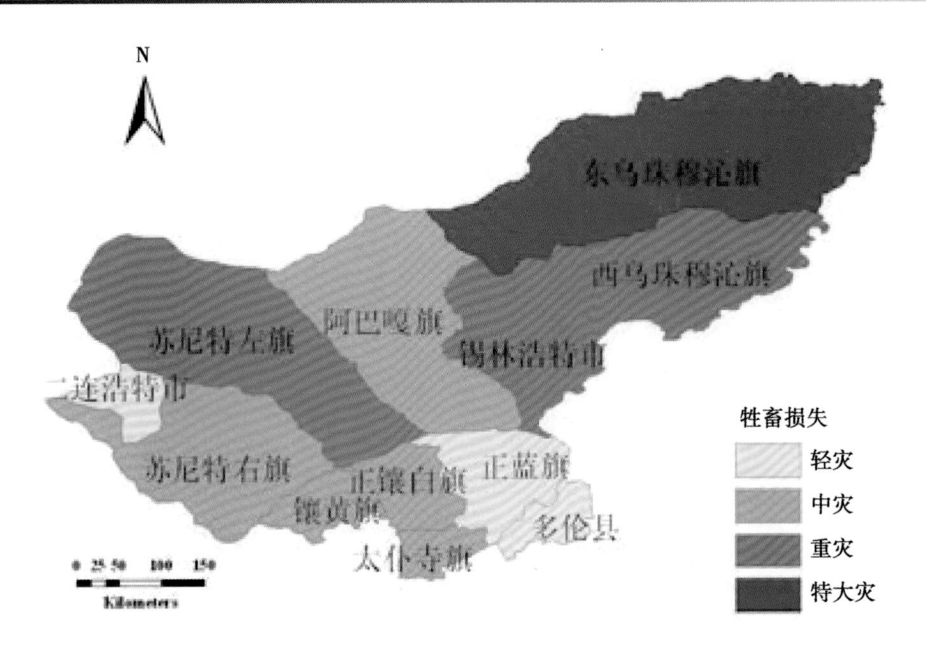


图 2－7－21　内蒙古锡林郭勒盟草地雪灾牲畜损失区划图

Fig. 2－7－21　Zoning map of livestock loss of grassland snow disaster in Xilingol League of Inner Mongolia

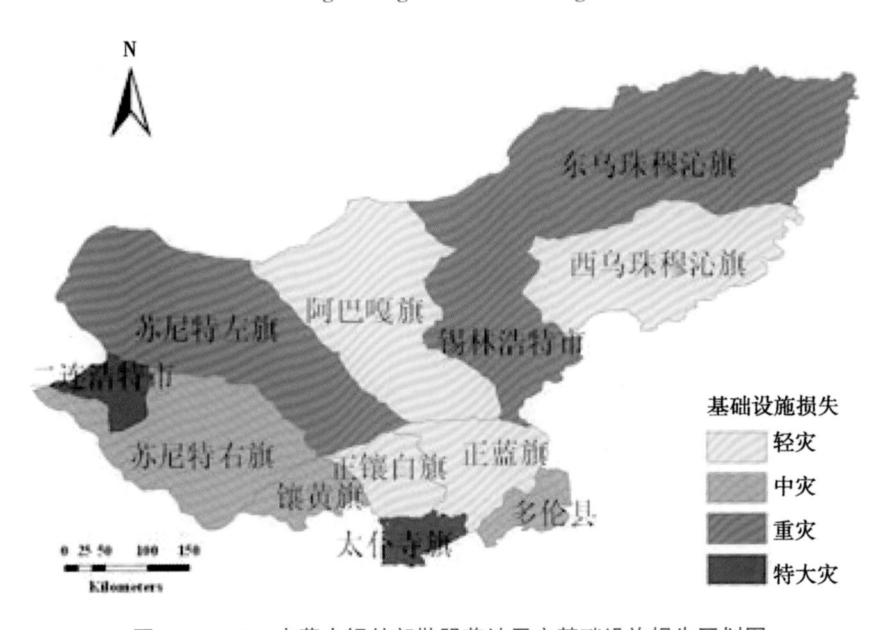


图 2－7－22　内蒙古锡林郭勒盟草地雪灾基础设施损失区划图

Fig. 2－7－22　Zoning map of infrastructure loss of grassland snow disaster in Xilingol League of Inner Mongolia

损失分布情况整体上看是东部高于西部地区、北部高于南部地区，中南部地区损失最低。处于轻灾水平的有二连浩特市、正蓝旗、正镶白旗和多伦县，处于特大灾水平的有东乌珠穆沁旗和锡林浩特市。

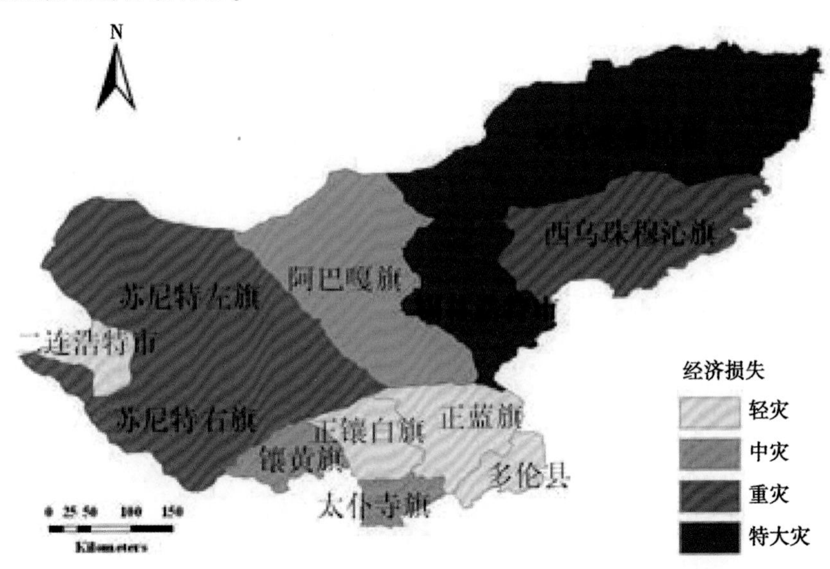


图 2－7－23　内蒙古锡林郭勒盟草地雪灾经济损失区划图

Fig. 2－7－23　Zoning map of economic loss of grassland snow disaster in Xilingol League of Inner Mongolia

（6）灾害救援损失评价与区划：从图 2－7－24 可以看出锡林郭勒盟草地雪灾灾害救援损失东部高于西部地区，西部除了镶黄旗处于重灾水平外，其余均处于轻灾和中灾水平。处于特大灾水平的有东乌珠穆沁旗和锡林浩特市，处于轻灾水平的有二连浩特市、正蓝旗和多伦县。

3.3.2　内蒙古锡林郭勒盟草地雪灾灾情评价与区划

在单指标评价的基础上，为了实现各指标中不同等级之间的综合比较，体现不同等级之间的大小差异，把各旗县中各评价指标的 $f_j^k(x_{ij})$ 的值即白化权函数值（见公式 2.7.15 矩阵）进行最大隶属度分析，分成轻灾、中灾、重灾、特大灾 4 个等级，把 $\max\limits_{1\leq k\leq 4}\{f_i^k(x_{ij})\}$ 的值按其归属的等级乘以 1（轻灾）或 2（中灾）或 3（重灾）或 4（特大灾），计算结果生成图 2－7－25。

从图 2－7－25 可以比较出不同旗县单一灾情指标对总灾情的贡献程度。从图 2－7－25 中可以看出，在锡林郭勒盟各旗县市中，苏尼特左旗和镶黄旗的草地损失最严重，贡献率最大，其中最大的是镶黄旗，而最小的是阿巴嘎旗、二连浩特市、多伦县；人口损失最严重的是锡林浩特市，其他各旗县的人口损失贡献率都很小；牲畜损失最大的是东乌珠穆沁旗和苏尼特左旗，而最小的是正蓝旗；基础设施损失最大的是太仆寺旗和二连浩特市，最小的是西乌珠穆沁旗、阿巴嘎旗、正镶白旗和正蓝旗；经济损失最大的是锡林浩特市和东乌珠穆沁旗，其中锡林浩特市最大，而最小的是太仆寺旗；灾害救援损失最大的是锡林浩特市和东乌珠穆沁旗，以锡林浩特市为最大，最小的是正镶白旗。

灾情等级的确定必须能够比较准确地反映灾情的大小，为各级政府和相应部门抗灾

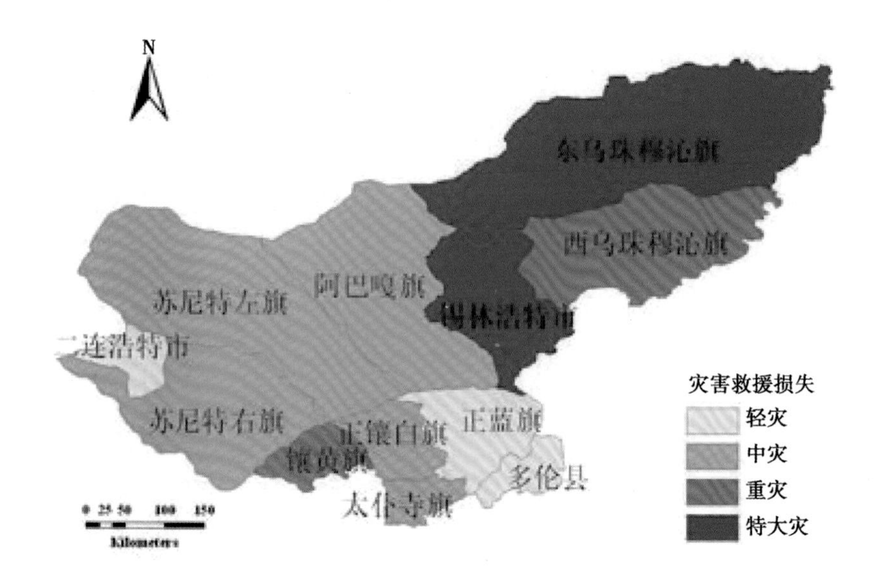


图 2－7－24　内蒙古锡林郭勒盟草地雪灾灾害救援损失区划图

**Fig. 2－7－24　Zoning map of disaster relief losses of grassland snow disaster in Xilingol League of Inner Mongol**

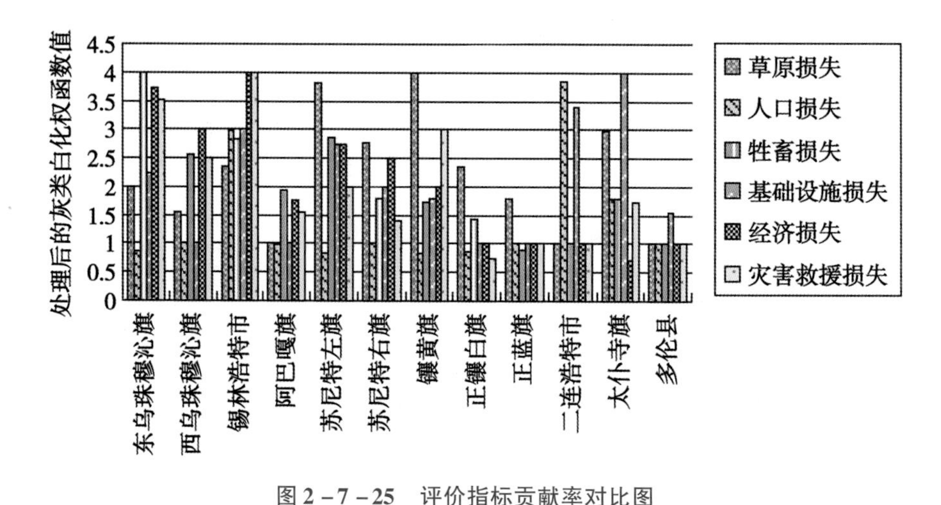


图 2－7－25　评价指标贡献率对比图

**Fig. 2－7－25　Comparison of contribution rate of disaster assessment indicators**

救灾提供依据。对于内蒙古锡林郭勒盟草地雪灾灾情的分析评价应综合考虑各个评价指标的灾情损失情况。根据草地雪灾灾情评价模型计算结果进行灾情分析，即可确定锡林郭勒盟地区草地雪灾灾情等级并对其进行区划。根据公式 2.7.15，计算内蒙古锡林郭勒盟各旗县的聚类系数向量集 $\sigma_i$ ，根据 $k^*$ 将不同的旗县归入不同的灰类，见表 2－7－2。而且在同一灰类中也可根据 $\sigma_i^{k^*}$ 值的大小，对灰类中的对象进行排序。

表 2－7－2　12 个旗县的综合聚类评价结果

Tab. 2－7－2　The results of cluster assessment of 12 banners

| 旗县 | 轻灾 | 中灾 | 重灾 | 特大灾 | max | 聚类结果 |
| --- | --- | --- | --- | --- | --- | --- |
| 东乌珠穆沁旗 | 0.0583 | 0.0756 | 0.5784 | 0.8665 | 0.8665 | 特大灾 |
| 西乌珠穆沁旗 | 0.1573 | 0.3947 | 0.8186 | 0.6396 | 0.8186 | 重灾 |
| 锡林浩特市 | 0.0051 | 0.1941 | 0.5862 | 0.8723 | 0.8723 | 特大灾 |
| 阿巴嘎旗 | 0.4884 | 0.7688 | 0.5323 | 0.4149 | 0.7688 | 中灾 |
| 苏尼特左旗 | 0.0855 | 0.4775 | 0.8439 | 0.6768 | 0.8439 | 重灾 |
| 苏尼特右旗 | 0.2384 | 0.7840 | 0.7016 | 0.5382 | 0.7804 | 中灾 |
| 二连浩特市 | 0.8710 | 0.0110 | 0.0738 | 0.1204 | 0.8710 | 轻灾 |
| 镶黄旗 | 0.2430 | 0.8068 | 0.7125 | 0.5660 | 0.8068 | 中灾 |
| 正镶白旗 | 0.8213 | 0.4990 | 0.3543 | 0.2664 | 0.8213 | 轻灾 |
| 正蓝旗 | 0.9614 | 0.3263 | 0.2252 | 0.1676 | 0.9614 | 轻灾 |
| 太仆寺旗 | 0.4910 | 0.6753 | 0.5128 | 0.4463 | 0.6753 | 中灾 |
| 多伦县 | 0.9743 | 0.1741 | 0.1224 | 0.0850 | 0.9743 | 轻灾 |

### 3.3.3　内蒙古锡林郭勒盟草地雪灾灾情等级图绘制

根据聚类评价结果，制定内蒙古锡林郭勒盟草地雪灾灾情评价区划图（图 2－7－19 至 2－7－26）。其中，草地雪灾特大灾区包括东乌珠穆沁旗和锡林浩特市，重灾区包括苏尼特左旗和西乌珠穆沁旗，中灾区包括苏尼特右旗、阿巴嘎旗、镶黄旗、太仆寺旗，轻灾区包括二连浩特市、正镶白旗、正蓝旗和多伦县。

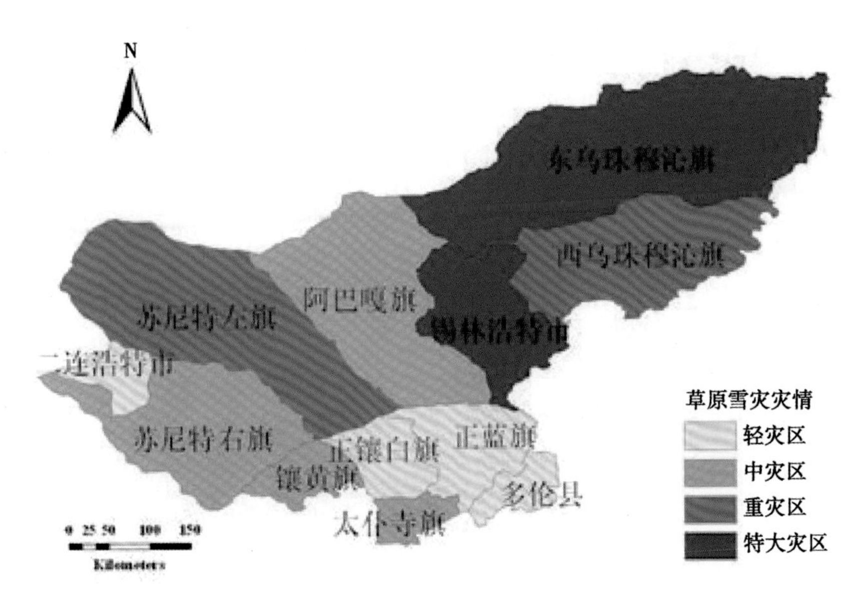


图 2－7－26　内蒙古锡林郭勒盟草地雪灾灾情等级区划图

Fig. 2－7－26　Zoning map of disaster classification of grassland snow disaster in Xilingol League of Inner Mongolia

## 参考文献

[1] Armstrong R L, Brodzik M J. Hemispheric-scale comparison and evaluation of passive microwave Snow algorithms [J]. Annals of Glaciology, 2002, 34: 38 -44.

[2] Biancamaria S, Mognard N M, Boone Aaron, et al. A satellite snow depth multi-year average derived from SSM/I for the high latitude regions [J]. Remote Sensing of Environment, 2008, 112 (5): 2 557 -2 565.

[3] Chang A T C, Gloersen P, Schmugge T J, et al. Microwave emission from snow and glacier ice [J]. *J Glaciol*, 1976, 16: 23 -29

[4] Chang A T C, Foster JL, Hall D K. Nimbus-7 SMMR Derived Global Snow Cover Parameters [J]. Annals of Glaciology, 1987, 9: 39 -44.

[5] Chang A T C, Grody N, Tsang L, et al. Algorithm theoretical basis document (ATBD) for AMSR-E snow water equivalent algorithm. NASA/GSFC, 1997

[6] Derksen C, Walker A E, Le Drew E, et al. Time-series analysis of Passive-microwave-derived central North American snow water equivalent imagery [J]. Annals of Glaciology, 2002, 34: 1 -7.

[7] Derksen C, Walker A, Goodison B. Evaluation of passive microwave snow water equivalent retrievals across the boreal forest/tundra of western Canada [J]. Remote Sens Environ, 2005, 96: 315 -327

[8] Derksen C. The contribution of AMSR-E 18.7 and 10.7 GHz measurements to improved boreal forest snow water equivalent retrievals [J]. Remote Sensing of Environment, 2008, 112 (5): 2 701 -2 710.

[9] Foster J L, Hall D K, Chang A T C, et al. An overview of passive microwave snow research and results [J]. Rev Geophys, 1984 22: 195 -208

[10] Foster J L, Chang A T C, Hall D K. Comparison of Snow Mass Estimates from a Prototype Passive Microwave Snow Algorithm, A Revised Algorithm and a Snow Depth Climatology [J]. Remote Sensing of Environment, 1997, 62: 132 -142.

[11] Fily M, Dedieu J P, Durand Y. Comparison between the results of a snow metamorphism model and remote sensing derived snow Parameters in the Alps [J]. Remote Sensing of Environment, 1999, 68: 254 -263.

[12] Grippa M, Mognard N, Le Toana T, et al. Siberia snow depth climatology derived from SSM/I data using a combined dynamic and static algorithm [J]. Remote Sensing of Environment, 2004, 93 (1 -2): 30 -41.

[13] Liang T G, Zhang X T, Xie H J, et al. Toward improved daily snow cover mapping with advanced combination of MODIS and AMSR-E measurements [J]. Remote Sensing of Environment, 2008, 112: 3 750 -3 761.

[14] Metsamaki S, VepsalainenJ, pulliainenJ, et al. ImProved linear interpolation method for the estimation of snow-covered area from optical data [J]. Remote Sensing of Envi-

ronment, 2002, 82 (1): 64 -78.

[15] Mognard N M, Josberger E G. Northern Great Plains 1996/97 seasonal evolution of snowpack Parameters from satellite Passive-microwave measurements [J]. Annals of Glaciology, 2002, 34: 15 -23.

[16] Pulliainen, J. MapPing of snow water equivalent and snow depth in boreal and sub-arctic zones by assimilating space-bone microwave radiometer data and ground-based observations. Remote Sensing of Environment, 2006, 101: 257 -269.

[17] SalomonsonV, Appel I. Estimating fractional snow cover from MODIS using the normalized difference snow index [J]. Remote Sensing of Environment, 2004, 89 (3): 351 -360.

[18] Simpson JJ, Stitt JR, Sienko M. Improved estimates of the area extent of snow cover from AVHRR data [J]. Hydrology, 1998, 204: 1 -23.

[19] Stanley Q Kidder, Huey-Tzu Wu. A multispectral study of the St. Louis area under snow-covered conditions using NOAA-7 AVHRR data [J]. Remote Sensing of Environment, 1987, 22 (2): 159 -172.

[20] SUN Zhi-wen, SHI Jian-cheng, JIANG ling-mei, et al. DeveloPment of Snow Depth and Snow water Equivalent Algorithm in western China Using Passive Microwave Remote Sensing Data [J]. Advances in Earth Seienee, 2006, 21 (12): 1 363 -1 368.

[21] Tait A. Estimation of Snow Water Equivalent Using Passive Microwave Radiation Data [J]. Remote Sensing of Environment, 1998, 64: 286 -291.

[22] Wang Jian. Comparison and analysis on methods of snow cover mapping by using satellite remote sensing data [J]. Remote Sensing Technology and Application, 1999, 14 (4): 29 -36.

[23] 柏延臣，冯学智，李新，等. 基于被动微波遥感的青藏高原雪深反演及其结评价 [J]. 遥感学报，2001，5 (3): 161 -165.

[24] 边多，董妍，边巴次仁，等. 基于 MODIS 资料的西藏遥感积雪监测业务化方法 [J]. 气象科技，2005，36 (3): 345 -348.

[25] 曹梅盛，李培基. 中国西部积雪微波遥感监测 [J]. 山地研究，1994，12 (4): 230 -234.

[26] 曾群柱，雍世鹏，顾钟炜. 中国雪灾的分类分级和危险度评价方法的研究 [C]. 北京：中国科技出版社，1993.

[27] 曾群柱. 黄河上游卫星雪盖监测与融雪径流研究总结 [M]. 见：黄河流域典型地区遥感动态研究. 北京：科学出版社，1990.

[28] 车涛，李新，高峰. 青藏高原积雪深度和雪水当量的被动微波遥感反演 [J]. 冰川冻土，2004，26 (3): 363 -368.

[29] 全川，雍世鹏，雍伟义，等. 温带一草原放牧场积雪灾害分级评价的遥感分析 [J]. 内蒙古大学学报，1996，27 (4): 531 -537.

[30] 崔恒心，张江铃，彭海宏. 新疆草地资源合理利用雪灾防治研究培训团赴美考察

报告 [J]. 新疆畜牧业，1995，3：40 - 44.

[31] 冯学智，曾群柱. 西藏那曲雪灾的遥感监测研究 [C]. 中国科学院兰州冰川冻土研究所集刊（第8号），北京：科学出版社，1995.

[32] 冯学智，曾群柱，鲁安新，等. 我国主要牧区雪灾遥感监测与评估研究 [J]. 青海气象，1996（4）：12 - 13.

[33] 冯学智，鲁安新，曾群柱. 中国主要牧区雪灾遥感监测评估模型研究 [J]. 遥感学报，1997，1（2）：129 - 134.

[34] 高峰，李新，Armstrong R L，等. 被动微波遥感在青藏高原积雪业务监测中初步应用 [J]. 遥感技术与应用，2003，18（6）：360 - 363.

[35] 宫德吉，郝慕玲. 白灾成灾综合指数的研究 [J]. 应用气象学报，1998，9（1）：120 - 123.

[36] 宫德基，李彰俊. 内蒙古大（暴）雪与白灾的气候学特征 [J]. 气象，2000，26（12）：27 - 31.

[37] 郭晓宁，李林，刘彩红. 青海高原1961—2008年雪灾时空分布特征 [J]. 气候变化研究进展，2010，(6) 5：332 - 337

[38] 郭晓宁，李林，王发科. 基于实际灾情的青海高原雪灾标准研究 [J]. 气象科技，2012，40（4）：676 - 679

[39] 何永清，周秉荣，张海静，等. 青海高原雪灾风险度评价模型与风险区划探讨 [J]. 草业科学，2010，27（11）：37 - 42.

[40] 郝璐，王静爱，满苏尔，等. 中国雪灾时空变化及畜牧业脆弱性分析 [J]. 自然灾害学报，2002，11（4）：43 - 48.

[41] 惠凤鸣，田庆久，李英成，等. 基于MODIS数据的雪情分析研究 [J]. 遥感信息，2004（4）：35 - 37.

[42] 季泉，孙龙祥，王勇，等. 基于MODIS数据的积雪监测 [J]. 遥感信息，2006，(3)：57 - 58.

[43] 李甫，伏洋，肖建设，等. 青海省2008年年初雪灾及雪情遥感监测与评估 [J]. 青海气象，2005（2）：61 - 64.

[44] 李培基. 近30年来我国雪量变化的初步探讨 [J]. 气象学报，1990，48（4）：433 - 437.

[45] 李培基. 中国西部积雪变化特征 [J]. 地理学报，1998，48（6）：505 - 515.

[46] 李培基，米德生. 中国积雪的分布 [J]. 冰川冻土，1983：5（4）：9 - 18.

[47] 李培基. 中国季节积雪资源的初步评价 [J]. 地理学报，1988，43（2）：108 - 119.

[48] 李晓静，刘玉洁，朱小祥，等. 利用SSM/I数据判识我国及周边地区雪盖 [J]. 应用气象学报，2007，18（1）：12 - 20.

[49] 梁天刚，高新华，刘兴元. 阿勒泰地区雪灾遥感监测模型与评价方法 [J]. 应用生态学报，2004，15（12）：2 272 - 2 276.

[50] 梁天刚，高新华，黄晓东，等. 新疆北部MODIS积雪制图算法的分类精度 [J].

干旱区研究，2007，24（4）：446－452.
[51] 刘艳，张璞，李杨，等. 基于 MODIS 数据的雪深反演－以天山北坡经济带为例 [J]. 地理与地理信息科学，2005，21（6）：41－44.
[52] 陆智，刘志辉，房世峰. MODIS 数据的积雪密度遥感监测分析 [J]. 水土保持与应用，2007，(3)：29－30.
[53] 马虹，仇家琪，徐俊荣. 利用 GIS 复合 AVHRR 数据进行积雪信息提取方法的研究 [J]. 冰川冻土，1996，18：336－343.
[54] 史培军，陈晋. RS 与 GIS 支持下的草地雪灾监测试验研究 [J]. 地理学报，1996，51（4）：296－304.
[55] 萨楚拉，刘桂香，包刚等. 内蒙古积雪面积时空变化及其对气候响应 [J]. 干旱区资源与环境，2013，27（2）：137－142.
[56] 萨楚拉，刘桂香，包刚，等. 近 10 年蒙古高原积雪面积时空变化研究 [J]. 内蒙古师范大学学报（自然科学汉文版），2012，41（5）：531－536.
[57] 魏云洁，甄霖，Batkhishgo，等. 蒙古高原生态服务消费空间差异的实证研究 [J]. 资源科学，2009，31（10）：1 677－1 684.
[58] 延昊. 利用 MODIS 和 AMSR-E 进行积雪制图的比较分析 [J]. 冰川冻土，2005，27（4）：515－519.
[59] 延昊，张佳华. 基于 SSM/I 被动微波数据的中国积雪深度遥感研究 [J]. 山地学报，2008，26（1）：59－64.
[60] 张学通，黄晓东，梁天刚，等. 新疆北部地区 MODIS 积雪遥感数据 MOD10A1 的精度分析，草业学报，2008，17（1）：110－117.
[61] 张学通. 青海省积雪监测与青南牧区雪灾预警研究 [D]. 博士论文，兰州：兰州大学，2010.
[62] 甄霖，刘纪远，刘雪林，等. 蒙古高原农牧业系统格局变化与影响因素分析 [J]. 干旱区资源与环境，2008，22（1）：144－151.
[63] 周陆生，李海红，王青春. 青藏高原东部牧区一暴雪过程及雪灾分布的基本特征 [J]. 高原气象，2000，19（4）：450－455.
[64] 周陆生，王青春，李海红，等. 青藏高原东部牧区一暴雪过程雪灾灾情实时预评估方法的研究 [J]. 自然灾害学报，2001，10（2）：55－65.
[65] 周咏梅，贾生海，刘萍. 利用 NOAA-AVHRR 资料估算积雪参数 [J]. 气象科学，2001，21（1）：117－121.
[66] 仲桂新，宋开山，王宗明，杜嘉，等. 东北地区 MODIS 和 AMSR-E 积雪产品验证及对比 [J]. 冰川冻土，2010，32（6）：1 262－1 268.
[67] 中国气象局气候服务与气候司. 牧区雪灾的分析研究 [C]. 北京：气象出版社，1998.
[68] 王建. 卫星遥感积雪制图方法对比与分析 [J]. 遥感技术与应用，1999，14（4）：29－36.

# 第三篇

# 草原火灾

草原火灾是指在失控条件下发生发展，并给草原资源、国家和人民生命财产及其生态环境等带来不可预料损失的草原地面可燃物的燃烧行为。我国的草原地区主要分布在我国的北部地区，气候属于温带大陆性气候，干旱是气候主要特点，一年的一半时间处在枯草期，枯草期由于降水少，可燃物干枯，因此容易引起火灾，每年由于草原火灾而给当地的人民带来巨大的损失（刘桂香等，2008）。草原火灾作为一种人为—自然灾害，是草原地区重要的灾害之一，对我国草原地区的可持续发展有着严重的负面效应（草原灾害，王宗礼，2009）。

新中国成立以来，我国几乎每年都发生数百起的草原火险灾害，并时常伴有特大草原火灾发生。1994—2003 年 10 年间共发生重、特大草原火灾 205 起，其中，内蒙古 171 起、新疆 18 起、新疆兵团 6 起、黑龙江 4 起、河北 2 起、青海 2 起、吉林 1 起、甘肃 1 起，前四位分别占重大、特大草原火灾总次数的 83.4%、8.9%、2.9% 和 1.95%（王宗礼，2009）。内蒙古自治区位于祖国北部边疆，处于欧亚大陆的腹地，大部分土地为天然草地植被所覆盖，它是欧亚大陆草原的重要组成部分（内蒙古草地资源，1990）。内蒙古自治区是我国草原火险高发区，自 1949—1988 年统计，共发生草原火警火灾 5 510起，烧毁草原 18 560万 $hm^2$，并引发森林火警火灾 2 902起，烧毁森林面积达 919 万 $hm^2$，扑火经费支出达 5 757多万元，火灾烧伤 1 231人，死亡 472 人（王宗礼，2009）。内蒙古自治区呼伦贝尔市、兴安盟和锡林郭勒盟等地区由于草地连续分布、枯草期长和气候干旱等原因草原火灾频繁发生，而且随着近几年的退耕还草等生态工程的实施，一些曾经生态退化严重、植被覆盖度低、可燃物量少的区域，由于植被覆盖度和可燃物含量的不断增加形成了新的易火区。火灾造成了极其巨大的损失，严重威胁着人民的生命、财产安全，并给草原生态造成了不利的影响。

我国的天然草原多分布在北方的地区，草原地区人口密度低，道路密度不高，如果靠地面监测，将会延误、失去最佳的灭火时机。草原火正在燃烧时扑灭人员需要及时获知火场范围，但是，由于草原火灾的特殊性，地面调查和监测，很难准确的掌握火场的整体情况，这对判断火势的发展趋势，以及对下一步的扑救工作的部署都带来困难。卫星遥感具有较高的时空分辨率，可以同时监测大范围的火情，可对火势的发展进行动态监测，能够提供较精确的火点面积和对火点的位置进行精确定位。目前，遥感技术已在火灾监测中得到广泛应用，遥感手段已成为草原火灾监测的必不缺少的技术手段，Terra 和 Aqua 卫星上搭载的中分辨率成像光谱仪（MODIS）从设计上就是要最大限度地提供最佳的观察定位数据，能够获得多时相的火灾探测产品（刘玉洁，杨忠东等，2001）。在草原火灾的灾前预警、火点面积估算、风险评估、损失评价和环境影响评价等阶段，遥感能提供必要的数据支持，再结合地理信息系统技术进行空间分析并统计和绘制专题图。可以为草原火灾的监测、预警、风险评价、损失评估和生态环境影响评价提供数据源，为草原火灾应急管理工作提供支持，为草原火灾应急管理和防灾减灾提供良好服务。

本研究目的是以草原火灾应急管理的实用技术研究开发为主要研究内容，基于 3S

技术进行内蒙古草原枯草期可燃物量遥感估测方法、内蒙古草原火灾预警、草原火灾亚像元火点面积估测、内蒙古草原火灾风险评价、内蒙古草原火灾损失评估和草原火灾生态环境影响评价等方面的研究，最终获得关键技术的突破，建立比较完善的集草原火灾应急管理技术体系，为有效地防范草原火灾提供技术支持。从根本上把草原火灾的损失减少到最低限度，为巩固绿化成果、保护生态环境、稳定社会治安和实现经济可持续发展提供服务。

# 第一章　草原火灾概述

## 1　草原火灾概论

草原不但是畜牧业的生产资料，还在全球气候和碳平衡中起着重要作用。我国是世界上第二草原大国，草地面积4亿 $hm^2$，占国土总面积的40%以上（徐柱，1998）。我国的草原地区主要分布在我国的北部的干旱半干旱地区，气候属于温带大陆性气候，干旱是气候主要特点，一年的一半时间处在枯草期，枯草期由于降水少，可燃物干枯，因此容易引起火灾，每年由于草原火灾而给当地的人民带来巨大的损失（刘桂香等，2008）。我国的草原火灾频率高，由火灾引起的损失也大，且我国北方地区的大部分属于草原地区，大概有1/3的草原容易发生草原火灾（韩启龙等，2005），近年来由于气候变暖全球森林草原火灾次数和损失都呈上升趋势。

内蒙古自治区位于祖国北部边疆，处于欧亚大陆的腹地，大部分土地为天然草地植被所覆盖，它是欧亚大陆草原的重要组成部分（内蒙古草地资源，1990）。内蒙古自治区呼伦贝尔市、兴安盟和锡林郭勒盟等地区由于草地连续分布、枯草期长和气候干旱等原因草原火灾频繁发生，而且随着近几年的退耕还草等生态工程的实施，一些曾经生态退化严重、植被覆盖度低、可燃物量少的区域，由于植被覆盖度和可燃物含量的不断增加形成了新的易火区。

火（Fire）是地球生态系统中非常重要和不可避免的干扰因子。火具有两面性：一方面，是草地改良的有效措施，例如，火烧可以清除枯草、寄生虫卵和病菌，还能够控制灌木以获得有利于牲畜放牧的亚顶级群落；另一方面，如果失去控制形成草原火灾就会具有破坏性的一面。草原火灾（Grassland Fire）是指在失控条件下发生发展，并给草地资源、畜牧业生产及其生态环境等带来不可预料损失的草地可燃物（牧草枯落物、牲畜粪便等）的燃烧行为（刘桂香，2008）。草原火灾具有突发性强的特点，草原火灾不仅危及到人的生命财产安全，还会对草地生态系统产生影响，甚至会破坏草地生态平衡，是重大的灾害之一（苏和，刘桂香，2004）。草原火灾会使国家和人民的生命和财产遭受严重损失，例如，1972年内蒙古自治区锡林郭勒盟西乌珠穆沁旗一次特大草原火灾就烧死71人，并且造成一些受灾牧户倾家荡产，瞬间成为畜无一头的困难户（刘桂香，2008）。在2010年12月5日，四川省甘孜藏族自治州道孚县发生草原火灾，过火面积约500亩，导致包括15名战士、5名群众、2名林业职工在内共22人遇难，3人重伤（http：//www. chinanews. com/tp/hd/2010/12－06/17724. shtml，2010）。火灾会释放大量的改变地球大气化学成分的温室气体和气溶胶，这将会导致全球气候的变化，也会引起大气环境的污染（梁芸，2004）。此外，草原火灾还会使草地退化、土壤侵蚀和引起森林火灾，等等。因此，研究草原火灾具有重要的现实意义和长远的历史意义。

国务院发布的《国家突发公共事件总体应急预案》中将草原火灾事件纳入到重大突发事件。《国家中长期科学和技术发展规划纲要》中的农林生态安全与现代林业优先主题中草原火灾防灾减灾研究被明确列为主要研究课题。草原火灾快速监测、火险预警、风险评价、损失评估和生态环境影响评价等应急关键技术在国务院发布的《关于"十一五"期间国家突发公共事件应急体系建设规划的实施意见》和《"十一五"期间国家突发公共事件应急体系建设规划》中列为主要任务之一，提出须进行草原火灾应急管理工作中所需的应急管理的理论基础研究，以及确定相关指标体系，开展草原火灾应急管理示范项目建设，对草原火灾损失评估、防灾减灾相关技术和装备设备进行开发和研究，加强草原火灾的防灾减灾综合能力（佟志军，2009）。

我国的天然草原多分布在北方地区，草原地区人口密度低，道路密度不高，如果靠地面监测，将会延误、失去最佳的灭火时机。草原火正在燃烧时扑灭人员需要及时获知火场范围，但是，由于草原火灾的特殊性，地面调查和监测，很难准确的掌握火场的整体情况，这对判断火势的发展趋势，以及对下一步的扑救工作的部署都带来困难。卫星遥感具有较高的时空分辨率，可以同时监测大范围的火情，可对火势的发展进行动态监测，能够提供较精确的火点面积和对火点的位置进行精确定位。目前，遥感技术已在火灾监测中得到广泛应用，遥感手段已成为草原火灾监测的必不缺少的技术手段，Terra和 Aqua 卫星上搭载的中分辨率成像光谱仪（MODIS）从设计上就是要最大限度地提供最佳的观察定位数据，能够获得多时相的火灾探测产品（刘玉洁，杨忠东等，2001）。在草原火灾的灾前预警、火点面积估算、风险评估、损失评价和环境影响评价等阶段，遥感能提供必要的数据支持，再结合地理信息系统技术进行空间分析并统计和绘制专题图。可以为草原火灾的监测、预警、风险评价、损失评估和生态环境影响评价提供数据源，为草原火灾应急管理工作提供支持，为草原火灾应急管理和防灾减灾提供良好服务。

本文是以草原火灾应急管理的实用技术研究开发为主要研究内容，基于 3S 技术进行草原枯草期可燃物量遥感估测方法、草原火灾预警、草原火灾亚像元火点面积估测、草原火灾风险评价、草原火灾损失评估和草原火灾生态环境影响评价等方面的研究，最终获得关键技术的突破，建立比较完善的草原火灾应急管理技术体系，为有效地防范草原火灾提供技术支持。从根本上把草原火灾的损失减少到最低限度，为巩固绿化成果、保护生态环境、稳定社会治安和实现经济可持续发展提供服务。

## 2 研究区概况

内蒙古自治区位于祖国北部边疆，位于北纬 37°24′~53°23′，东经 97°12′~126°04′，从南至北的距离约为 1 700km，从东到西的距离约为 2 400多 km，土地总面积约为 118.3 万 km$^2$，北部和东部分别与蒙古人民共和国、俄罗斯联邦交界，西部和甘肃省为邻，其东部与辽宁、吉林、黑龙江三省相连，南部和河北、山西、陕西、宁夏回族自治区接壤，国境线长达 4 200km，海拔高度在 900 ~ 1 300m 之间。内蒙古不仅土地面积辽阔，而且拥有广大面积的天然草地，通过实地考察，天然草地面积达78.6万$km^2$，约占自治区面积的66.4%。

### 2.1　地形地貌

内蒙古自治区由大兴安岭、阴山山脉和贺兰山形成内蒙古一条重要的天然界线，将由南向北或由东到西呈现平原、山地与高平原镶嵌排列。地势相对平坦，地形以高平原为主，包括阿拉善高原、鄂尔多斯高原、乌兰察布高原和锡林郭勒高原；由于山前断陷作用形成嫩江西岸平原、西辽河平原、河套平原。鄂尔多斯市和呼和浩特市的局部地区有丘陵沟壑分布；乌兰察布市有丘陵分布。

### 2.2　气候特点

由于本区位置偏北，年内太阳高度变化很大。冬季漫长而严寒，夏季温热而短促，气温年较差甚大。夏季温度适宜草地植物的生长发育，内蒙古自治区绝大部分地区的积温条件能够满足一年一熟，部分地区的积温条件可以达到复种的条件。无霜期大致与植物生长期相近，无霜期从西南向东北逐渐缩短。牧草往往是由于一次强烈的寒潮过后而枯黄，牧草枯黄期一般自东北向西南推迟。降水量自东南向西北递减，冬春少雨雪，降水集中于夏季，各地降水年际变化都很大，最多年较最少年降水量相差倍数，从东向西增大，大部分地区为2～4倍。月降水的年际变化可达几十倍。实际降水量的利用率不高，而是以暴雨形式降落占绝对多数，降水强度大，流失量多。晚秋至春末处于蒙古高压中心的东南缘，由于反气旋环流的结果，全区多数地区盛行西北风，后套地区因受贺兰山、桌子山影响，盛行西南风。

### 2.3　水资源状况

内蒙古自治区东部河流较多，水量也大，西部河流稀疏而水贫。内蒙古自治区的主要水系有黑龙江水系、西辽河水系、大凌河流域、海河流域、滦河流域、黄河流域、乌拉盖河、额济纳河、艾布盖河和塔布河等。

内蒙古的天然湖泊星罗棋布，有一千多个，总面积为7 500$km^2$，总蓄水量约270亿$m^3$，是牧区天然供水水源。但由于气候干旱，蒸发强烈，湖泊多为矿化物较高的盐碱湖。矿化度不高的淡水湖大都位于内蒙古的东部和中部，其中，湖面较大的有达赉湖（呼伦池）、贝尔湖、达里诺尔、库伦查干诺尔、黄旗海、岱海、哈素海、乌梁素海等。其中，达赉湖、贝尔湖、乌梁素海属于外流湖，其余均属于内陆湖泊。内蒙古各河水量的补给来源是降水、地下水和融冰融雪等3部分，其中，主要是降水。径流量的年际变化大，为地表水资源的利用带来了诸多不便。

地下水的分布随底层及气候区域的不同而有明显差别。地下水埋藏较多的地区，大多位于半封闭和封闭的盆地，如河套平原、西辽河平原、乌珠穆沁盆地、毛乌素沙区、小腾格里沙区、呼伦贝尔高平原的乌尔逊低地等。这些地区聚水条件好，水资源丰富，埋藏浅，通常具有丰富的承压水层的分布，是隐域性草地类型分布较多的地区。

### 2.4　土壤状况

内蒙古自治区基本上属于高原型地貌，地质历史条件复杂，土壤的成土母质第四纪沉积物的发生类型多种多样。由于内蒙古自治区从东部到西部的气候的地带性分布，而使土壤也有相应的地带性分布。全区自东向西依次分布着黑土带——黑钙土带——栗钙土带——棕钙土带——漠钙土——灰棕荒漠土带。而南部边缘地区，因热量偏高，自东向西断续分布着与高原主体完全不同的土壤带：即褐土带——黑垆土带——灰钙土带（内蒙古草地资源，1990）。在相对高度较大的一些山地，土壤的垂直带分异也是较为明显的。除地带性土壤外，在各土壤带区域内，由于局部生境条件的变化，还出现一些隐域性土壤：草甸土、沼泽土、盐土、碱土、风沙土和钙淤土等（内蒙古草地资源，1990）。

### 2.5 植被状况

内蒙古自东向西气候的干湿度具有明显的地带性，与气候的湿润、半湿润、半干旱、干旱和极干旱等分布特征相对应，植被也发育成森林、森林草原、典型草原、荒漠草原、草原化荒漠和典型荒漠五个地带性二级植被亚型。内蒙古从南向北依次分布着暖温带植被类型、中温带植被类型和寒温带植被类型，具有明显的地带性分布。

### 2.6 可燃物特征

内蒙古草地可燃物量的空间分布规律与内蒙古草地的空间分布规律基本相同，由于受地带性水热条件等气象因子的影响，特别是降水量的制约，就其水平分布格局而言，有明显的地带性规律。在温带草原地区，除沙地草地和隐域性的草地类型外，其他草地类型植被的高度、盖度及可燃物量在径向上从东向西递减，在纬向上从北向南递增。从东向西依次为草甸草原——典型草原——荒漠草原——草原化荒漠——荒漠，与生物量的递减规律相一致。草地可燃物量的时间变异，既有年际的变化，也有季节的差异。草地可燃物量年度生物量主要是受降水和气温的影响，其次也受利用程度的影响。当9月中旬牧草进入枯草期可燃物量处于高峰时，由于牲畜采食、践踏和自然消耗，草地可燃物量越来越少，到翌年5月底，牧草返青时止，枯草期的可燃物量最低，有些地区已降到可燃物量的可燃物临界线（$50g/m^2$）以下。

## 3 研究方法及技术路线

### 3.1 相关性分析

相关性分析指的是对两个或多个具备相关性的变量元素之间进行分析，从而衡量两个变量因素的相关密切程度。文中运用SPASS软件进行相关性分析。

### 3.2 专家打分法

专家打分法是指将研究对象各指标因子的资料以匿名的方式向相关领域专家进行意见征询；并对专家的意见做整理、统计和归纳；综合考虑了各个专家的经验与主观判断之后，再经过多次的意见征询，反复调整得出各个指标的最终权重（http://baike.baidu.com/view/1278522.htm）。

#### 3.2.1 使用范围

主要适用于存在诸多不确定因素，采用其他方法难以进行定量分析的指标。

#### 3.2.2 特点

（1）简便。对所要评价的对象，选择合适的指标因子；并对指标因子进行等级和标准划分。

（2）直观。各个指标因子的等级标准都以直观的打分形式体现。

（3）计算方法简单。

（4）对于可以定量确定的指标因子和无法定量确定的指标因子进行评价时都可以采用专家打分法。

### 3.3　回归分析

回归分析（regression analysis）是确定两种或两种以上变数间相互依赖的定量关系的一种统计分析方法。是研究一个随机变量 Y 对另一个（X）或一组（X1，X2，…，Xk）变量的相依关系的统计分析方法。回归分析是应用极其广泛的数据分析方法之一。它基于观测数据建立变量间适当的依赖关系，以分析数据内在规律，并可用于预报，控制等问题。

在回归分析中，把变量分为两类。一类是因变量，它们通常是实际问题中所关心的一类指标，通常用 Y 表示；而影响因变量取值的另一变量成为自变量，用 X 来表示。回归分析按照涉及的自变量的多少，可分为一元回归分析和多元回归分析；按照自变量和因变量之间的关系类型，可分为线性回归分析和非线性回归分析。如果在回归分析中，只包括一个自变量和一个因变量，且二者的关系可用一条直线近似表示，这种回归分析称为一元线性回归分析。如果回归分析中包括两个或两个以上的自变量，且因变量和自变量之间是线性关系，则称为多元线性回归分析。

回归分析的步骤如下。

（1）根据预测目标，确定自变量和因变量。

（2）建立回归预测模型。

（3）进行相关分析。

（4）检验回归预测模型，计算预测误差。

（5）计算并确定预测值。

本文应用 SPSS 软件的 regression 模块进行回归分析研究。

### 3.4　归一化处理

归一化是一种简化计算的方式，即将有量纲的表达式，经过变换，化为无量纲的表达式，成为纯量。在多种计算中都经常用到这种方法，是简化计算，缩小量值的有效办法。归一化后的值的范围在［0，1］之间，转换公式如下：

$$Y = (X - M_{in}) / (M_{ax} - M_{in}) \quad \text{（公式 3.1.1）}$$

式中，Y 为转换后的值；X 为转换前的值；$M_{in}$ 为样本的最小值；$M_{ax}$ 样本的最大值。

### 3.5　层次分析法

在 20 世纪 70 年代初，美国匹茨堡大学的运筹学家萨蒂教授提出层次分析法（Analytic Hierarchy Process，AHP）。AHP 将多目标决策问题作为一个系统，将目标分解为多个目标，进而分解为多指标的若干层次，通过定性指标模糊量化方法算出层次单排序和总排序，以作为多指标和多方案的优化决策系统。

#### 3.5.1　优点

（1）层次分析法把研究对象作为一个系统，按照分解、比较判断、综合的思维方式进行决策，这种方法尤其可用于多目标、多准则、多时期等的系统评价。

（2）该方法有机地结合定性与定量方法，使复杂的系统分解，便于人们接受，且能把多目标、多准则又难以全部量化处理的决策问题化为多层次单目标问题。

（3）AHP 中所需定量数据信息较少。

### 3.5.2 缺点

（1）不能为决策提供新方案。

（2）定量数据较少，定性成分多，不易令人信服。

（3）指标过多时数据统计量大，且权重难以确定。

（4）特征值和特征向量的精确求法比较复杂。

### 3.5.3 层次分析的步骤

（1）分析系统中各因素间的关系，对同一层次各元素关于上一层次中某一准则的重要性进行两两比较，构造两两比较的判断矩阵。

（2）由判断矩阵计算被比较元素对于该准则的相对权重，并进行判断矩阵的一致性检验。

（3）计算各层次对于系统的总排序权重，并进行排序。

（4）得到各方案对于总目标的总排序。

## 4 国内外研究进展

### 4.1 草地可燃物量遥感估测

通过阅读大量外文文献后发现国外关于可燃物的研究主要集中在生长季的可燃物量和可燃物湿度监测方面，没有发现关于枯草期可燃物量遥感监测的相关研究。而我国北方草原地区的火灾多发生在枯草季节，因此，关于枯草期的可燃物量估测研究是非常必要的。到目前为止国内还没有枯草期可燃物量的遥感估测研究，相关研究主要为冷季牧草的研究，有三种类型：第一种，依据实测牧草产量数据进行冷季牧草现存量的研究（魏永林，2007）。第二种，利用牧草的保存率来估算冷季牧草量。第三种，利用遥感数据和地面实测数据建立回归模型后利用遥感监测估计冷季牧草量。

### 4.2 草原火险预警

草原火险等级预报可以通过构建草原火险指数（Grassland Fire Danger Index）来实现。国外的森林草原火险研究可以分为两个阶段，第一个阶段是在 20 世纪 80 年代以前，这个阶段森林草原的火险预警研究主要是基于大气温度、大气湿度、风速、风向、晴天日数等气象因子进行相关研究；第二阶段是 20 世纪 80 年代以后，在这一阶段森林草原火险的预警研究不仅考虑气象因子，还通过利用遥感技术获得地面的特征，还有一些学者在结合遥感和气象的基础上再加上可燃物特征和地形地貌等多个因子，进行多因子的综合分析的草原火险等级预报研究。

国内关于森林草原火险预警研究在 2000 年之前主要是基于大气温度、大气湿度、风速、风向、晴天日数等气象因子的单因子预测。李兴华等利用相关分析法选择了森林草原火灾与气象条件密切的因子，并应用判别分析的方法建立了基于气象因子的内蒙古自治区东北部森林草原火险等级预报系统（李兴华，2001，2004）。近些年来，国内学者们进行了结合大气温度、大气湿度、风速、风向、晴天日数等气象因子，以及地面可燃物特征调查、遥感监测和地形地貌特征等多因子的综合草原火险等级预报方法研究。例如，周伟奇等利用大气温度、大气相对湿度、风速、降水量、枯草率、可燃物干重和草地连续度等7个基本指标构造的基于遥感的草原火险指数，将研究区域的火险状态划分为低、中、高和极高4个等级用来预测草原火灾发生的可能性、扩展速度和扑灭难度（周伟奇，2004）；陈世荣在分析草原火灾发生和遥感信息传输机理的基础上利用遥感反演的植被叶面水分、陆地地表温度、枯草率、可燃物重量和草地连续度5个基本指标，构造了基于遥感的草原火险指数，并用该指数衡量草原火灾发生的可能性、扩展速度和扑灭难度（陈世荣，2006）。

## 4.3　草原火灾亚像元火点面积估算

国外从20世纪70年代末80年代初开始了火灾遥感监测研究，Matson和Dozier建立的基于GOESVAS数据的亚像元火灾监测技术是相关研究的理论基础（Matson，1981）。GOES具有较高的时间分辨率，但是其空间分辨率却较低，而NOAA/AVHRR时空分辨率都较好。Dozier利用NOAA/AVHRR数据建立了亚像元火点面积提取模型（Dozier，1981），该模型成为以后亚像元火点面积提取的主要方法之一。MODIS科学小组的Kaufman和Justice研究出了MODIS火点自动提取算法（Kaufman and Justice，1998）。Terra和Aqua卫星上搭载的中分辨率成像光谱仪（MODIS）从设计上就是要最大限度地提供最佳的观察定位数据，能够获得多时相的火灾探测产品（刘玉洁，2001）。而且EOS/MODIS与NOAA/AVHRR数据相比其空间分辨率有较大提高。随着遥感技术的发展，火灾监测中开始应用SPOT和Landsat等卫星资料。

我国利用遥感监测草原火灾的研究起步比较晚。从20世纪80年代开始，苏和、刘桂香和裴浩等学者利用NOAA/AVHRR数据的通道组合来监测火情（苏和，1995，1996，1998，）（刘桂香，2008）（裴浩，1996）。梁芸和陈世荣等则利用MODIS数据计算亮度温度后根据阈值提取火点（梁芸，2004）（陈世荣，2006）。国家卫星中心的刘诚等利用NOAA/AVHRR资料进行过森林火灾中混和像元的分解（刘诚，2004）。青海省气象科学研究所的冯蜀青等利用EOS/MODIS资料应用牛顿迭代法求解森林火灾中的亚像元火点的面积（冯蜀青，2008）。目前的火灾亚像元遥感监测多是基于NOAA/AVHRR资料的森林火灾火点亚像元的面积估测，草原火灾研究都是基于像元为最小单位监测火点，草原火灾火点混和像元的问题一直是监测中的技术难点。

## 4.4　草原不同季节火烧的生态效应

火烧对植被的影响表现在除了使植物受害致死外，还对植物繁殖如开花结实、种子脱落或散布、种子贮藏、种子发芽、幼苗发生、繁殖方式等产生多方面的影响，或通过改变土壤理化性质及生物活性间接影响植被。其影响既有有害的一面，又有有利的一面，可以是短暂的，或者是长期的。火对不同生活型的植物具有不同的生态效应，不同的植物对火有不同的忍耐力或抵抗力，有的植物种类在火烧后会加速生长和繁殖，而有的种类则会被抑制生长、繁殖，甚至死亡。

火烧产生的热量，通过传导进入植物活组织，对植物产生影响甚至伤害。除了对生长产生影响外还对植物的生理调节产生影响，但这方面的研究报道较少。火烧会造成瞬间的高温对植物产生影响，主要表现在降低植物的生长代谢速率，通过影响一些蛋白质和光合酶类，使光合作用速率降低，呼吸作用增强，碳素代谢失调，有毒物质积累，生物膜系统的结构和功能遭到破坏，还诱导植物从细胞结构、生理生化过程、基因表达等各方面发生一系列变化，甚至导致植物死亡（夏钦，2010）。逆境会诱导植物产生膜脂过氧化作用，造成超氧自由基等活性氧大量积累，最终导致植株代谢紊乱（陈培琴，2005）。植物对逆境的适应主要在细胞膜系统（王洪春，1985），植物则通过酶性和非酶性2类防御系统来清除体内活性氧（刘志刚，2011）。

火烧对土壤理化性质的影响，与土壤自身特性、火烧强度以及可燃物类型有关（宋启亮，2010）。火烧使土壤变得裸露，增加了土壤蒸发，减少植物蒸腾，并且由于温度的变化对土壤含水量产生影响（周道玮，1999）。火烧对土壤化学性质的影响主要表现为把复杂的有机质转化为简单的无机物，并重新与土壤发生化学反应，进而影响土壤酸碱性和土壤肥力（赵宁，2011）。研究发现火烧把 pH 较低的枯枝落叶和腐殖质转化为 pH 值较高为灰炭，因而土壤中的 pH 值一般会升高（戴伟，1994）（王丽，2008）。国外许多研究也表明，从短期影响看，火烧后土壤有机质含量会大幅度下降（Almendros G，1984）。

### 4.5 草原火灾生态环境影响评价

1964 年在加拿大召开的国际环境质量评价会议上首次提出了环境影响评价概念。1973 年环境影响评价的概念引入我国。生态环境评价研究大体上可分为两类：一类是反映生态环境质量现状的生态环境质量评价；另一类是反映人类从生态环境和生态过程中获取的利益的生态环境价值评价。国内外关于草原火灾的研究主要是作为野火的一部分来进行整体研究的，关于火烧对草地生态环境的影响主要是通过植物群落、土壤和空气等单个因子的变化进行研究，而结合多因子的综合研究较少见。

### 4.6 草原火灾损失评估

草原火灾损失评估（Grassland Fire Loss Assessment）是对过火区内由草原火灾造成的草场损失、人畜伤亡、房屋棚舍的损毁、通讯设施的毁坏、扑救火灾时的人员与设备费用支出，和灾后重建时的相关费用以及生态环境影响等的评估。草原火灾损失评估包括直接经济损失、间接经济损失和生态环境经济损失。国外关于火灾损失评估研究主要集中在森林火灾损失评估方面，对森林火灾直接损失评估与间接损失评估的研究做得比较全面。如美国和澳大利亚通过计算森林林木的死亡率进行林火对环境的影响研究，通过人员死亡、伤残和火灾对附近地区和社会活动造成的潜在影响等进行林火对社会的影响研究。欧洲结合遥感与地理信息系统技术，运用遥感影像图提取火灾范围与土地覆盖数据库进行空间叠加分析获知林火损失情况。

国内关于草原火灾损失评估的相关研究非常少，苏和、刘桂香等根据 NOAA/AVHRR 数据计算亮度温度和植被指数确定过火面积和位置，从而评估火灾所造成的各项损失（苏和，1995）。傅泽强以经济损失为草原火灾损失评估指标将灾情划分为重灾、大灾和小灾 3 个等级，而生态环境经济损失量与直接和间接损失总量的比例系数为 50%（傅泽强，2001）。张继权等选取吉林省 1995—2005 年的草原火灾次数和草原火灾经济损失两个指标，基于信息矩阵方法得到草原火灾次数和经济损失两个指标之间的模糊关系矩阵。发现当草原火灾发生次数小于 30 次时，草原火灾损失随草原火灾次数呈现不规则增长；当草原火灾次数大于 40 次时，草原火灾损失基本稳定在 15 万元左右（张继权，2006）。

### 4.7　草原火灾风险评价

国外的草原火灾研究是将草原火灾作为野火的一部分来整体研究的，多侧重于草原火行为、火险预报和火管理等。关于草原火灾风险评价的研究主要是以可燃物特性或气象因子等进行单因素风险评价和利用历史资料进行的着火概率与损失变化的计算。草原火灾系统非常复杂，利用单一指标无法真实地描述草原火灾风险等级，利用历史资料又无法描述草原火灾风险各影响因素的状况。国内关于火灾风险评价也非常少见，主要是由东北师范大学的张继权和北京师范大学的王静爱等做了很多的相关研究和实践。

# 第二章　枯草期可燃物量遥感估测研究

## 1　引言

### 1.1　研究意义与目的

草地上的可燃物是燃烧的物质基础。草地上的可燃物重量、可燃物的含水量、可燃物种类以及连续度等可燃物的特性决定着草原火灾的发生发展与火势的强度。草地上的枯黄植物是草地火灾最重要可燃物，枯草期可燃物的空间分布特征随着时间不断变化，在整个枯草期的 6 个月可燃物的重量不断减少。

内蒙古自治区位于祖国北部边疆，处于欧亚大陆的腹地，大部分土地为天然草地植被所覆盖，它是欧亚大陆草原的重要组成部分（内蒙古草地资源，1990）。受地带性水热条件等气象因子的影响，内蒙古草原可燃物量的分布规律基本遵循草地类型的分布规律，除沙地草地和隐域性的草地类型外，其他草地类型植被的高度、盖度及可燃物量在径向上从东向西递减，在纬向上从北向南递增：草甸草原主要分布在内蒙古自治区呼伦贝尔盟、兴安盟、锡林郭勒盟东部，草群高度 25 ~ 45cm，草群盖度 45 ~ 85%，可燃物量 1 465kg/hm$^2$；典型草原主要分布在呼伦贝尔高平原东部至锡林郭勒盟高平原，草群高度 15 ~ 35cm，草群盖度 35% ~ 70%，可燃物量 840 ~ 1 800kg/hm$^2$；荒漠草原主要分布在内蒙古自治区中西部，草群高度 15 ~ 25cm，草群盖度 30% ~ 50%，可燃物量 172 ~ 1 030kg/hm$^2$；草原化荒漠主要分布在内蒙古自治区乌兰察布高原西部至阿拉善东部、鄂尔多斯西部等，草群高度 10 ~ 25cm，草群盖度 15% ~ 30%，可燃物量 327 ~ 846kg/hm$^2$；荒漠主要分布在内蒙古自治区乌兰察布高原西部以西，草群高度 5 ~ 20，草群盖度 10% ~ 20%，可燃物量 294 ~ 585kg/hm$^2$。全区春秋两季降水少、天气干燥、多大风，生产上又有烧荒、烧麦茬的习惯，加之大部分草原、森林区人烟稀少交通不便，用火管理难度较大，草原、森林火灾时有发生，造成对国家及人民生命财产的损失（裴浩，1996）。

草地可燃物量的时间变异，既有年际的变化，也有季节的差异。草地可燃物量年度生物量主要是受降水和气温的影响，其次也受利用程度的影响。当 9 月中旬牧草进入枯草期可燃物量处于高峰时，由于牲畜采食、践踏和自然消耗，草地可燃物量越来越少，到翌年 5 月底，牧草返青时止，枯草期的可燃物量最低，有些地区已降到可燃物量的可燃物临界线（50g/m²）以下。

随着退牧还草、京津风沙源治理等草原保护建设重点工程的全面实施，草原禁牧休牧面积不断扩大，项目区草原植被得到有效恢复。在很多项目区，昔日的严重退化草原已经是绿草油油，可燃物载量急剧上升，高火险等级的草原面积不断扩大。例如，内蒙古自治区鄂尔多斯市项目区的草群盖度由禁牧前的30%提高到现在的50～70%，高度由30～50cm提高到70～100cm。甚至连内蒙古自治区阿拉善项目区近年也发生多次草原火灾（刘桂香，2008）。

草原火险预报对于降低草原火灾损失具有非常重要的作用。草原火险的影响因素有可燃物、大气湿度、风速、风向、大气温度和地形，等等，其中，可燃物是燃烧的物质基础，可燃物量与草原火险等级具有高度正相关关系。枯草期的可燃物主要是草地植被的枯枝落叶，一般不易分解，极易积累所致（刘桂香，2008）。因此，及时准确地掌握可燃物量时空分布的动态变化对提高草原火险预报准确率具有重要意义。

本文在总结分析前人研究工作的基础上，利用内蒙古草原不同类型草地枯草期野外实测可燃物月动态数据和准同步的EOS/MODIS数据，分别针对草甸草原、典型草原、荒漠草原、草原化荒漠和荒漠等草地类型建立基于EOS/MODIS数据的枯草期可燃物量遥感估测模型，为提高草原火险预报工作的准确性提供技术支持。

### 1.2 国内外相关研究

目前，国内外对生长季牧草生物量的遥感监测研究较多，而对枯草期可燃物量的研究较少。通过阅读大量外文文献没有找到关于枯草期可燃物量遥感监测的国外的相关研究，这可能与国外对冷季牧草利用率较低有关。

国内枯草期可燃物量的相关研究主要有3种类型。

第一种，魏永林等依据草原站和气象试验站等部门提供的草场调查和定点测定的牧草产量数据进行冷季牧草现存量的研究（魏永林，2007）。

第二种，利用牧草的保存率来估算冷季牧草量。例如，杨文义等利用1988—1997年对内蒙古锡林郭勒盟草甸草原、典型草原和荒漠草原观测的牧草产量、利用各个气象站的气象资料与同期的NOAA/AVHRR遥感卫星数据构建了牧草产量达峰值时的不同草原类型的牧草产量鲜重（kg/km²）估产模型，再根据冷季不同类型草地牧草保存率计算冷季牧草现存量（杨文义，2001）。崔庆东等根据2007年10月至2008年4月野外实地测量牧草现存量的相关数据，以10月份牧草现存量为基数，分别计算草甸草原、典型草原、荒漠草原和沙地植被4种草地类型冷季每月牧草保存率，制作成冷季枯草指数查找表，分析了研究区内4种草地类型的牧草保存率的变化趋势（崔庆东，2009）。

第三种，利用遥感数据和地面实测数据建立回归模型后利用遥感监测估计可燃物量，例如，裴浩等将极轨气象卫星NOAA/AVHRR资料的第一至第四通道的探测值与准同步获得的地面实测牧草量数据进行相关分析后，发现草地枯草量与 AVHRR 第一和第二通道的探测值均有显著的负相关关系。因此，基于地面实测枯草量数据和与其对应时期的 NOAA/AVHRR 第一和第二通道探测值，通过回归分析方法得到了枯草量（DGW）遥感监测模型（裴浩，1995）。崔庆东以锡林郭勒草原为研究区，利用 MODIS 数据及地面调查数据，通过 SPSS 统计软件分析枯草指数与地面实测冷季牧草量的相关性，分别建立了针对草甸草原、典型草原、荒漠草原和沙地植被等四种草地类型从 11 月至次年 4 月每月牧草现存量估测模型，利用模型反演了锡林郭勒盟冷季牧草现存量的分布图，对锡林郭勒盟的冷季牧草的时间和空间分布规律及特征进行了详细的分析（崔庆东，2009）。

## 2 研究内容与方法

### 2.1 数据准备

#### 2.1.1 野外实测可燃物量月动态数据

在 2007 年 11 月至 2012 年 4 月每年枯草期的 6 个月（11 月至翌年 4 月）对内蒙古草甸草原、典型草原、荒漠草原等 3 类草地可燃物现存量野外测定，草原化荒漠和荒漠的可燃物现存量数据来源于内蒙古草原勘察设计院 2009 年和 2010 年测定的可燃物现存量数据。草本测定样方为 1m × 1m，灌木半灌木测定样方为 10m × 10m，重复 3 次后取平均值。可燃物的现存量获取是对样方内的可燃物进行齐地剪掉，然后在烘箱内烘干后对其质量进行称重。除了测得可燃物重量以外，还要记录样方的精确经纬度和高程信息，同时调查样方所在区域的地形地貌和土壤类型等信息，并详细记录在调查表格上。

#### 2.1.2 遥感数据与预处理

本文中所用到的遥感数据来源于美国国家航空航天局（NASA）网站。利用 2007 年 11 月至 2012 年 4 月与野外实测可燃物月动态数据准同步的内蒙古自治区范围内的 8 天合成 MODIS 数据地面反射率产品。将反射率产品进行投影转换后按内蒙古自治区的行政界线裁剪，同时将野外可燃物月动态样地的经纬度信息转换成矢量数据后与影像图进行叠加分析获取相应点的 MODIS 数据各通道的反射率值，为下一步的相关分析和建立模型做准备。

### 2.2 研究内容

利用 2007—2012 年内蒙古草原不同类型草地枯草期野外实测可燃物月动态数据和准同步的 EOS/MODIS 数据，分别针对草甸草原、典型草原、荒漠草原、草原化荒漠和荒漠等草地类型建立基于 EOS/MODIS 数据的枯草期可燃物量遥感估测模型，为提高草原火险预报工作的准确性提供技术支持。

### 2.3 研究方法

土壤和枯草的反射光谱曲线有明显的差异，在可见光波段和近红外波段枯草层的反射率低于土壤的反射率。当地表的枯草量不同时其反射率也不同：地面完全裸露时其反射率最高；而当地面完全被枯草覆盖时反射率最低；地面被枯草覆盖程度处于两者之间时反射率也处于最高、最低之间（裴浩，1995）。我们可以认为同类草地在相同植被覆盖度下的可燃物重量基本相同，因此，可以分草地类型建立反射率与可燃物重量之间的经验模型。

本文利用SPSS统计分析软件对实测的内蒙古不同类型草地枯草期可燃物重量数据和同期相应点的EOS/MODIS的第一和第二通道反射率数据进行相关分析，确定建立经验模型时使用的EOS/MODIS反射率通道，再通过回归分析法建立内蒙古不同类型草地的枯草期可燃物重量遥感估测模型。

#### 2.3.1　积雪判识

内蒙古草原地区在枯草期多有积雪覆盖，如果在进行相关分析和建立模型时不剔除被雪覆盖区的样本，将会降低相关分析的准确性和模型的精度。因此，在进行相关分析前先利用归一化差分积雪指数（NDSI）进行积雪判识。NDSI是基于雪对可见光和短红外波段的反射特性和反射差的相对大小的一种测量方法（刘玉洁，2001），计算公式如下：

$$NDSI = (RCH4 - RCH6) / (RCH4 + RCH6) \quad \text{（公式 3.2.1）}$$

式中，RCH4为MODIS数据第四通道的反射率，RCH6为MODIS数据第六通道的反射率。

通常，当 $NDSI > 0.4$、RCH2的反射率 $> 11\%$ 且 $RCH4 > 10\%$ 时判定为雪。

#### 2.3.2　回归分析

相关性分析是指对两个或多个具备相关性的变量元素进行分析，从而衡量两个变量因素的相关密切程度。本文利用SPSS统计软件的Analyze下拉菜单的Correlate命令进行相关性分析。回归分析的相关介绍请看第一章绪论中研究方法的介绍。本文选择SPSS统计软件将“可燃物质量实测值”设定为因变量，通道“反射率”数据设定为自变量进行回归分析。

## 3　结果与分析

### 3.1　相关分析

利用SPSS软件对不同类型草地的可燃物野外实测数据与相同点准同步MODIS数据第一（RCH1）和第二（RCH2）通道反射率值分别生成散点图，如图3-2-1。

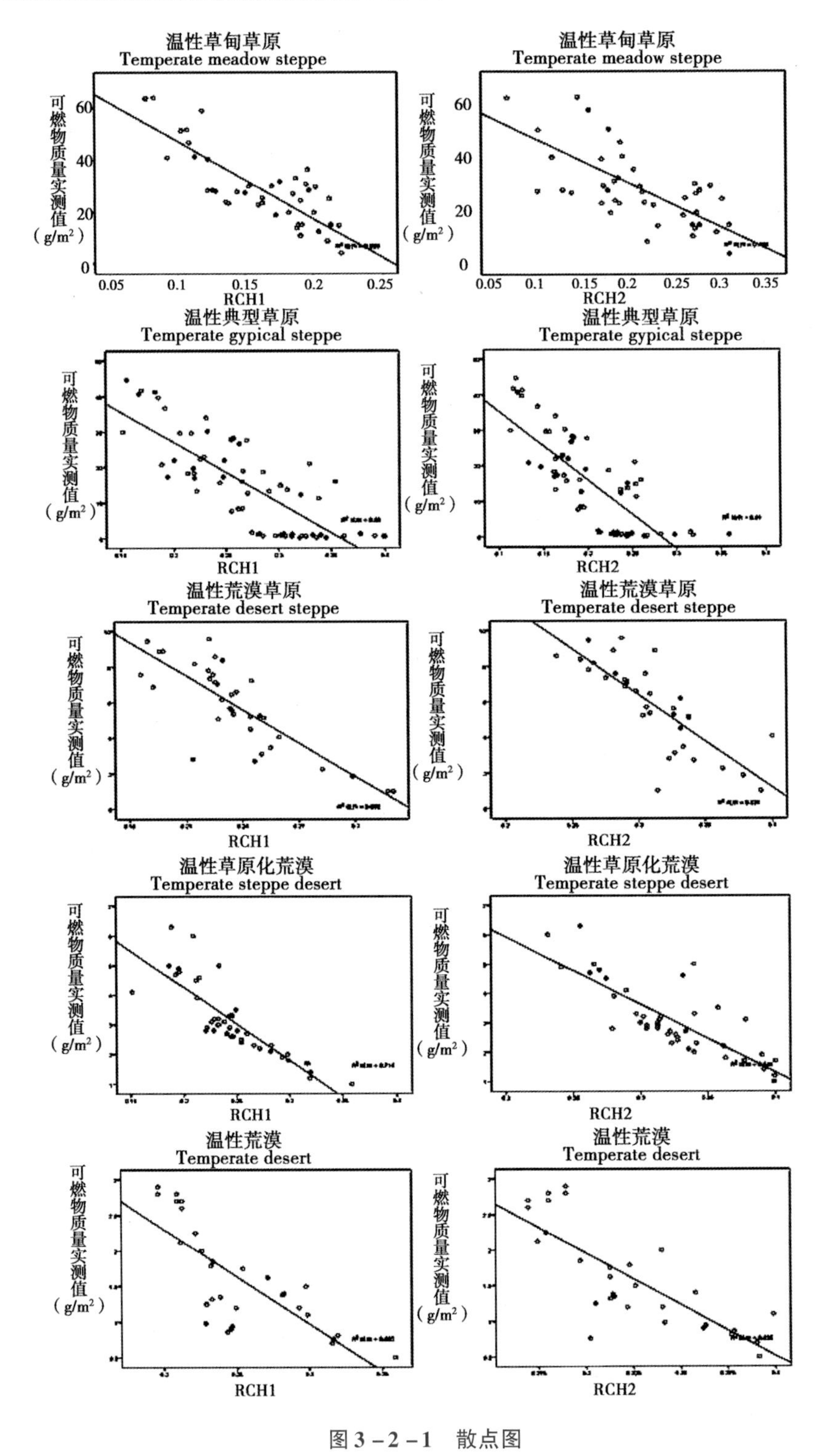


图 3－2－1　散点图

Fig. 3－2－1　the scatter diagram

从上面的散点图看，每张图中的两组数据都存在相关关系如表 3－2－1。

表 3－2－1　可燃物重量实测值与 EOS/MODIS 数据第一和第二通道反射率的相关系数

Tab. 3－2－1　the correlation coefficient between the fuel weight with EOS/MODIS RCH1 and RCH2

| 草地类型 Grassland type | 可燃物存量－CH1 反射率 EAC-RCH1 | 可燃物存量－CH2 反射率 EAC-RCH2 | 样本数 Sample number |
|---|---|---|---|
| 草甸草原 Temperate meadow steppe | －0.828** | －0.783** | 45 |
| 典型草原 Temperate typical steppe | －0.794** | －0.781** | 66 |
| 荒漠草原 Temperate desert steppe | －0.814** | －0.794** | 35 |
| 草原化荒漠 Temperate steppe desert | －0.846** | －0.800** | 43 |
| 荒漠 Temperate desert | －0.776** | －0.797** | 33 |

注：** 相关性高度显著，* 显著相关；EAC 为可燃物现存量。

Note：** highly significant correlation，* significant correlation；EAC mean existing amount of combustible.

从以上分析可知，在各类型草地 MODIS 数据第一和第二通道的反射率值与可燃物现存量均呈现负相关关系。在草甸草原、典型草原、荒漠草原和草原化荒漠 EOS/MODIS 数据一通道反射率与可燃物现存量的相关系数高于 EOS/MODIS 数据二通道与可燃物现存量的相关系数；在荒漠 EOS/MODIS 数据二通道与可燃物现存量的相关系数高于 EOS/MODIS 数据一通道与可燃物现存量的相关系数。据此，利用 EOS/MODIS 数据二通道的反射率值建立了荒漠枯草期可燃物量估测模型；利用 EOS/MODIS 数据第一通道的反射率值建立了另外四类草地枯草期可燃物量估测模型。

### 3.2　建立模型

在建立模型时选择了一元线性回归、二次曲线和对数曲线等三种模型。用 SPSS 软件以 MODIS 数据第一通道的反射率值为自变量，可燃物实测值为因变量，分别对草甸草原、典型草原、荒漠草原、草原化荒漠和荒漠等草地类型建立了可燃物现存量的一元线性回归、二次曲线和对数曲线模型，见表 3－2－2。

表 3－2－2　枯草期可燃物重量估测模型

Tab. 3－2－2　the inversion models of fuel weight in the scorch stage

| 草地类型 Grassland type | 模型 Model | 相关系数 R | 显著性 Sig. |
|---|---|---|---|
| 草甸草原 Temperate meadow steppe | $Y = -298.511X + 76.991$ | 0.686 | 0.000 |
| | $Y = -43.5\ln X - 52.244$ | 0.726 | 0.000 |
| | $Y = 120.934 - 932.541X + 2101.478X^2$ | 0.732 | 0.000 |

（续表）

| 草地类型<br>Grassland type | 模型<br>Model | 相关系数<br>R | 显著性<br>Sig. |
|---|---|---|---|
| 典型草原<br>Temperate typical steppe | $Y = -238.319X + 82.984$ | 0.793 | 0.000 |
| | $Y = -55.636\ln X - 54.86$ | 0.716 | 0.000 |
| | $Y = 136.386 - 708.654X + 992.356X^2$ | 0.757 | 0.000 |
| 荒漠草原<br>Temperate desert steppe | $Y = -63.120X + 20.764$ | 0.663 | 0.000 |
| | $Y = -15.38\ln X - 16.462$ | 0.651 | 0.000 |
| | $Y = 18.279 - 42.966X - 40.119X^2$ | 0.664 | 0.000 |
| 草原化荒漠<br>Temperate steppe desert | $Y = -24.694X + 9.201$ | 0.716 | 0.000 |
| | $Y = -6.099\ln X - 5.515$ | 0.716 | 0.000 |
| | $Y = 12.052 - 47.633X + 44.827X^2$ | 0.724 | 0.000 |
| 荒漠<br>Temperate desert | $Y = -14.424X + 6.284$ | 0.635 | 0.000 |
| | $Y = -4.763\ln X - 3.792$ | 0.650 | 0.000 |
| | $Y = 16.157 - 75.152X + 92.057X^2$ | 0.669 | 0.000 |

注：显著性（Sig.）小于0.01时为高度显著，小于0.05大于0.01时为显著相关；

Note: highly significant correlation when Sig. $<0.01$, significant correlation when $0.01<$ Sig. $<0.05$

通过分析表3－2－2中各模型的相关系数和显著性后，最终确定的各类型草地的可燃物现存量最优估测模型如下表3－2－3。

**表3－2－3　枯草期可燃物重量估测模型**

**Tab. 3－2－3　The inversion models of fuel weight in the scorch stage**

| 草地类型<br>Grassland type | 模型<br>Model | 相关系数<br>R | 显著性<br>Sig. |
|---|---|---|---|
| 草甸草原<br>Temperate meadow steppe | $Y = 120.934 - 932.541X + 2101.478X^2$ | 0.732 | 0.000 |
| 典型草原<br>Temperate typical steppe | $Y = -238.319X + 82.984$ | 0.793 | 0.000 |
| 荒漠草原<br>Temperate desert steppe | $Y = 18.279 - 42.966X - 40.119X^2$ | 0.664 | 0.000 |
| 草原化荒漠<br>Temperate steppe desert | $Y = 12.052 - 47.633X + 44.827X^2$ | 0.724 | 0.000 |
| 荒漠<br>Temperate desert | $Y = 16.157 - 75.152X + 92.057X^2$ | 0.669 | 0.000 |

注：显著性（Sig.）小于0.01时为高度显著，小于0.05大于0.01时为显著相关；

Note: highly significant correlation when Sig. $<0.01$, significant correlation when $0.01<$ Sig. $<0.05$

## 3.3　遥感监测可燃物时空分布特征

应用建立的内蒙古不同类型草地枯草期可燃物估测最优估测模型反演 2010 年 11 月至 2011 年 4 月的可燃物质量分布图，再与内蒙古自治区的草地类型图进行叠加分析后，获得不同草地类型的可燃物分布情况和分级面积统计数据。各月可燃物量均由东到西呈现递减规律，可燃物量的高低与研究区域草地类型的分布具有一定的对应关系，由于部分地区有积雪覆盖，因此，积雪覆盖区无法监测到可燃物质量。

### 3.3.1　11 月可燃物空间分布特征分析

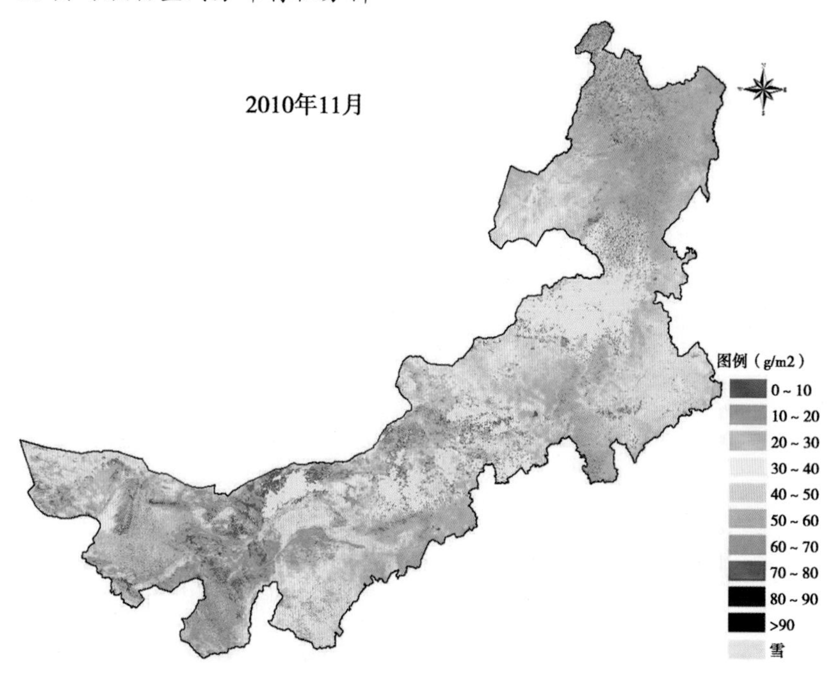


图 3 –2 –2　2010 年 11 月内蒙古草地可燃物质量分布图

Fig. 3 –2 –2　Inner Mongolia grassland fuel weight distribution map In November 2010

从图 3 –2 –2 中可以获知，11 月份可燃物量大于 $40g/m^2$ 的高可燃物量区域主要分布在呼伦贝尔盟、兴安盟、通辽市北部、赤峰市、锡林郭勒盟中部和东部、乌兰察布市南部、呼和浩特市南部和鄂尔多斯市东部地区。可燃物量在 $20 \sim 40g/m^2$ 的中等可燃物量区域主要分布在呼伦贝尔盟的西部、通辽的中部和南部、锡林郭勒盟的西部、乌兰察布市的中部和北部、包头市、巴彦淖尔市的部分地区、鄂尔多斯市的大部以及阿拉善盟的部分地区。可燃物量小于 $20g/m^2$ 的低可燃物质量区域主要分布在锡林郭勒盟的西部的部分地区、乌兰察布市北部的部分地区、鄂尔多斯市的北部、巴彦淖尔市的中西部和阿拉善盟的大部地区。分草地类型的可燃物质量的分级与面积统计结果见表 3 –2 –4 和图 3 –2 –3。

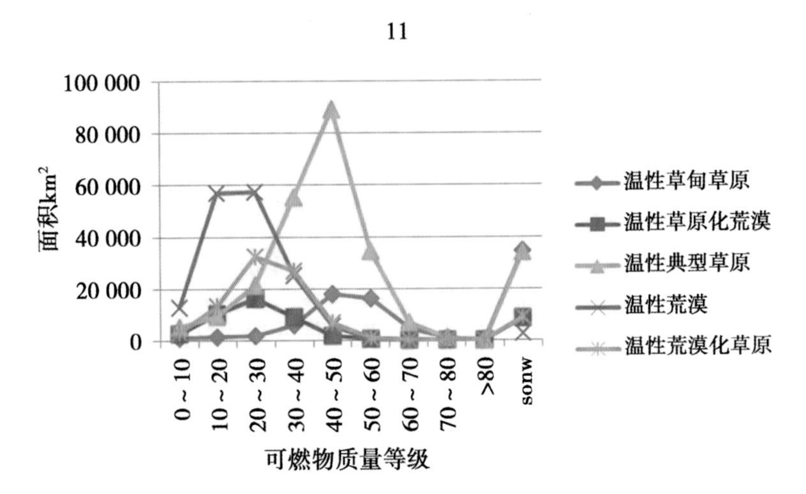


图 3-2-3　各草地类型 2010 年 11 月份可燃物质量等级面积统计曲线图

Tab. 3-2-3　the fuel weight ranking area statistical curve every grassland in November 2010

表 3-2-4　各草地类型 2010 年 11 月份可燃物质量等级面积分布表

Tab. 3-2-4　the fuel weight ranking area distribution table every grassland in November 2010

| 等级 | 面积（$km^2$） | | | | |
|---|---|---|---|---|---|
| | 草甸草原 | 典型草原 | 荒漠草原 | 草原化荒漠 | 荒漠 |
| 0~10 | 1 062.63 | 2 750.44 | 5 056.56 | 12 932.06 | 2 987.88 |
| 10~20 | 1 218.56 | 10 320.69 | 9 612.94 | 56 905.81 | 13 179.25 |
| 20~30 | 1 812.38 | 16 344.38 | 21 400.56 | 57 262.94 | 32 591 |
| 30~40 | 5 969.63 | 9 251.75 | 55 329.69 | 25 133.69 | 26 908.5 |
| 40~50 | 18 035.63 | 2 042.44 | 89 257.88 | 5 544.81 | 6 950.31 |
| 50~60 | 16 241.31 | 480.81 | 34 458.75 | 513.88 | 985.81 |
| 60~70 | 4 630.25 | 57 | 7 126.13 | 48.56 | 123.81 |
| 70~80 | 873.44 | 15.06 | 879 | 1.63 | 8.5 |
| >80 | 6.06 | 0.19 | 19.63 | | 0.88 |
| 雪 | 34 567.81 | 8 517.56 | 34 237.94 | 2 880.44 | 8 950.75 |

结合分析表 3-2-4 和图 3-2-3 得知，11 月份：草甸草原可燃物量大于 $40g/m^2$ 的高可燃物量的区域的面积为 39 786.69$km^2$；可燃物量在 20~$40g/m^2$ 的中等可燃物量的区域的面积为 7 782 $km^2$；可燃物量小于 $20g/m^2$ 的低可燃物量的区域的面积为 2 281.19$km^2$。

典型草原可燃物量大于 $40g/m^2$ 的高可燃物量的区域的面积为 2 595.5005$km^2$；可燃物量在 20~$40g/m^2$ 的中等可燃物量的区域的面积为 25 596.13$km^2$；可燃物量小于 $20g/m^2$ 的低可燃物量的区域的面积为 13 071.128$km^2$。

荒漠化草原可燃物量大于 $40g/m^2$ 的高可燃物量的区域的面积为 131 741.38$km^2$；可

燃物量在 20 ~ 40g/m² 的中等可燃物量的区域的面积为 76 730.25km²；可燃物量小于 20g/m² 的低可燃物量的区域的面积为 14 669.50km²。

草原化荒漠可燃物量大于 40g/m² 的高可燃物量的区域的面积为 6 108.88km²；可燃物量在 20 ~ 40g/m² 的中等可燃物量的区域的面积为 82 396.63km²；可燃物量小于 20g/m² 的低可燃物量的区域的面积为 69 837.87km²。

荒漠可燃物量大于 40g/m² 的高可燃物量的区域的面积为 8 069.31km²；可燃物量在 20 ~ 40g/m² 的中等可燃物量的区域的面积为 59 499.5km²；可燃物量小于 20g/m² 的低可燃物量的区域的面积为 16 167.13km²（图 3 - 2 - 4）。

3.3.2　12 月可燃物空间分布特征分析

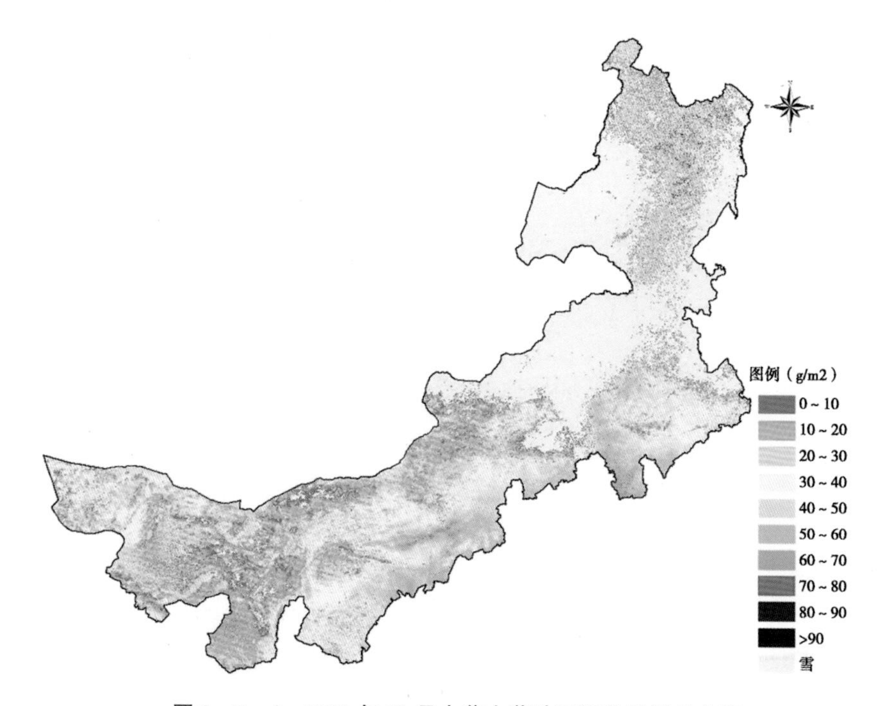


**图 3 - 2 - 4　2010 年 12 月内蒙古草地可燃物质量分布图**

**Fig. 3 - 2 - 4Inner Mongolia grassland fuel weight distribution map In December 2010**

从图 3 - 2 - 4 中可以获知，12 月份的可燃物量比 11 月份有明显减少，积雪面积有明显增加。可燃物量大于 40g/m² 的高可燃物量的区域明显减少，分布范围主要在赤峰市、赤峰市南部的部分地区、锡林郭勒盟的南部的部分地区、乌兰察布市南部，呼和浩特市南部和鄂尔多斯市东部有分布。可燃物量在 20 ~ 40g/m² 的中等可燃物量的区域有明显增加，主要分布在通辽的中部和南部、赤峰市的东部、锡林郭勒盟的西部的部分地区、乌兰察布市的中部地区、呼和浩特市的北部地区、包头市的南部地区、巴彦淖尔市的南部部分地区、鄂尔多斯市的大部以及阿拉善盟的部分地区；可燃物量小于 20g/m² 的低可燃物量的区域面积也明显的增加，主要分布在锡林郭勒盟的西部的大部地区、乌兰察布市北部的大部地区、鄂尔多斯市的北部、巴彦淖尔市的中西部和阿拉善盟的大部地区。分草地类型的可燃物量的分级与面积统计结果见表3-2-5（图3-2-5）。

表3-2-5　各草地类型2010年12月份可燃物质量等级面积分布表

Tab. 3-2-5　the fuel weight ranking area distribution table every grassland in December 2010

| 等级 | 面积（$km^2$） | | | | |
|---|---|---|---|---|---|
| | 草甸草原 | 典型草原 | 荒漠草原 | 草原化荒漠 | 荒漠 |
| 0~10 | 1 853.31 | 2 904.5 | 6 108.38 | 14 526.38 | 4 326.56 |
| 10~20 | 1 822.31 | 14 022.56 | 12 197.56 | 51 235.94 | 22 941.5 |
| 20~30 | 2 242.81 | 16 782.38 | 27 378.63 | 54 735.75 | 31 932.25 |
| 30~40 | 31 | 9 407.44 | 42 766.31 | 25 814.38 | 20 566.13 |
| 40~50 | 5 088 | 2 753.81 | 34 739.38 | 5 724.88 | 5 996.63 |
| 50~60 | 4 094.19 | 748.44 | 16 108 | 792.06 | 995 |
| 60~70 | 1 574.19 | 153.88 | 3 646.38 | 16.38 | 149.19 |
| 70~80 | 418.13 | 30.75 | 547.25 | 63.19 | 25 |
| >80 | 25.06 | 2.19 | 65.19 | | 0.88 |
| 雪 | 64 182.19 | 2 974.38 | 113 817.4 | 8 314.88 | 5 753.56 |

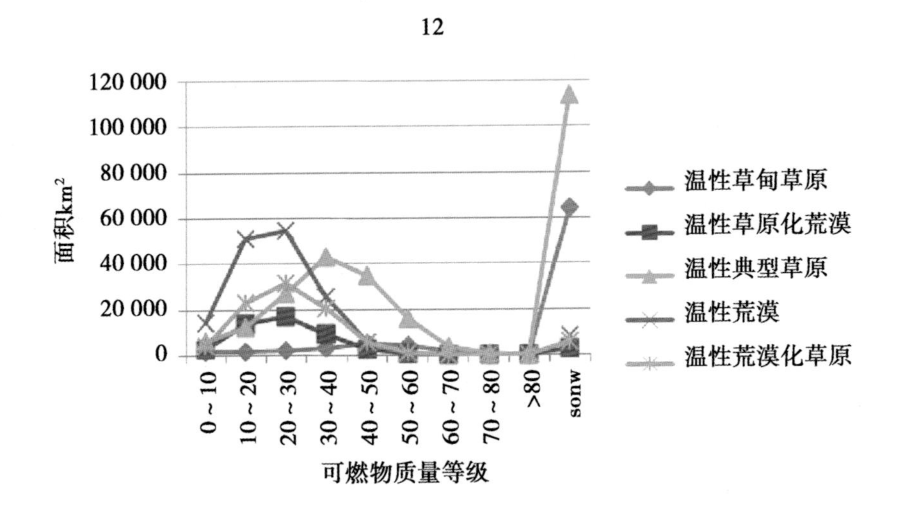


图3-2-5　各草地类型2010年12月份可燃物质量等级面积统计曲线图

Tab. 3-2-5　the fuel weight ranking area statistical curve every grassland in December 2010

结合分析表3-2-5和图3-2-5得知，12月份：草甸草原可燃物量大于40g/$m^2$的高可燃物量的区域的面积为11 199.56$km^2$；可燃物量在20~40g/$m^2$的中等可燃物量的区域的面积为5 350.81$km^2$；可燃物量小于20g/$m^2$的低可燃物质量区域的面积为3 675.63$km^2$。该草地类型中各可燃物量等级的面积减少的原因主要是由于积雪覆盖使得积雪覆盖区的可燃物量无法用遥感进行监测造成的。

典型草原可燃物量大于40g/$m^2$的高可燃物量的区域的面积为3 689.06$km^2$；可燃物

量在 20 ~ 40g/m² 的中等可燃物量的区域的面积为 26 189.82km²；可燃物量小于 20g/m² 的低可燃物量区域的面积为 16 927.06km²。

荒漠化草原可燃物量大于 40g/m² 的高可燃物量的区域的面积为 55 106.19km²；可燃物量在 20 ~ 40g/m² 的中等可燃物量的区域的面积为 70 144.94km²；可燃物量小于 20g/m² 的低可燃物质量区域的面积为 18 305.94km²。

草原化荒漠可燃物量大于 40g/m² 的高可燃物量的区域的面积为 6 596.5km²；可燃物量在 20 ~ 40g/m² 的中等可燃物量的区域的面积为 80 550.13km²；可燃物量小于 20g/m² 的低可燃物量的区域的面积为 65 762.32km²。

荒漠可燃物量大于 40g/m² 的高可燃物量的区域的面积为 7 166.69km²；可燃物量在 20 ~ 40g/m² 的中等可燃物量的区域的面积为 52 498.38km²；可燃物量小于 20g/m² 的低可燃物量的区域的面积为 27 268.06km²。

### 3.3.3　1 月可燃物空间分布特征分析

从图 3 - 2 - 6 中可直观看到，1 月份的可燃物量分布情况与 12 月份的可燃物量分布情况大致相同，但是，由于积雪覆盖面积的加大使得内蒙古中东部地区的可燃物量无法估测。可燃物量大于 40g/m² 的高可燃物量区域主要分布在兴安盟的部分地区、通辽市北部的部分地区、赤峰市南部、乌兰察布市南部、呼和浩特市南部和鄂尔多斯市东部的部分地区；可燃物量在20 ~ 40g/m² 的中等可燃物量的区域主要分布在通辽的中部和南部、赤峰市中部、乌兰察布市的中部的部分地区、巴彦淖尔市的南部、鄂尔多斯市的大部以及阿拉善盟的部分地区；可燃物量小于 20g/m² 的低可燃物量的区域主要分布在乌兰察布市北部的部分地区、鄂尔多斯市的北部、巴彦淖尔市的中西部和阿拉善盟的大部地区。各草地类型可燃物质量的分级与面积统计结果见表 3 - 2 - 6（图 3 - 2 - 7）。

**表 3 - 2 - 6　各草地类型 2011 年 1 月份可燃物质量等级面积分布表**

**Tab. 3 - 2 - 6　the fuel weight ranking area distribution table every grassland in January 2011**

| 等级 | 面积（km²） | | | | |
|---|---|---|---|---|---|
| | 草甸草原 | 典型草原 | 荒漠草原 | 草原化荒漠 | 荒漠 |
| 0 ~ 10 | 1 934.44 | 8 175.32 | 6 550.44 | 24 280.88 | 7 668.50 |
| 10 ~ 20 | 2 212.75 | 11 144.81 | 7 966.63 | 57 354.63 | 9 772.38 |
| 20 ~ 30 | 2 885.88 | 8 700.69 | 12 540.13 | 48 825.25 | 10 130.94 |
| 30 ~ 40 | 4 164.19 | 4 441.38 | 21 566.50 | 17 390.69 | 11 695.25 |
| 40 ~ 50 | 4 706.56 | 1 684.56 | 23 535.13 | 2 706.69 | 4 375.06 |
| 50 ~ 60 | 2 849.06 | 483.56 | 13 160.19 | 214.69 | 436.38 |
| 60 ~ 70 | 1 159.00 | 42.50 | 2 737.19 | 64.13 | 30.25 |
| 70 ~ 80 | 274.75 | 29.56 | 372.63 | 1.63 | 25.13 |
| > 80 | 24.06 | 2.19 | 59.81 | | 0.88 |
| 雪 | 64 161.38 | 15 075.75 | 168 835.40 | 10 385.25 | 48 551.94 |

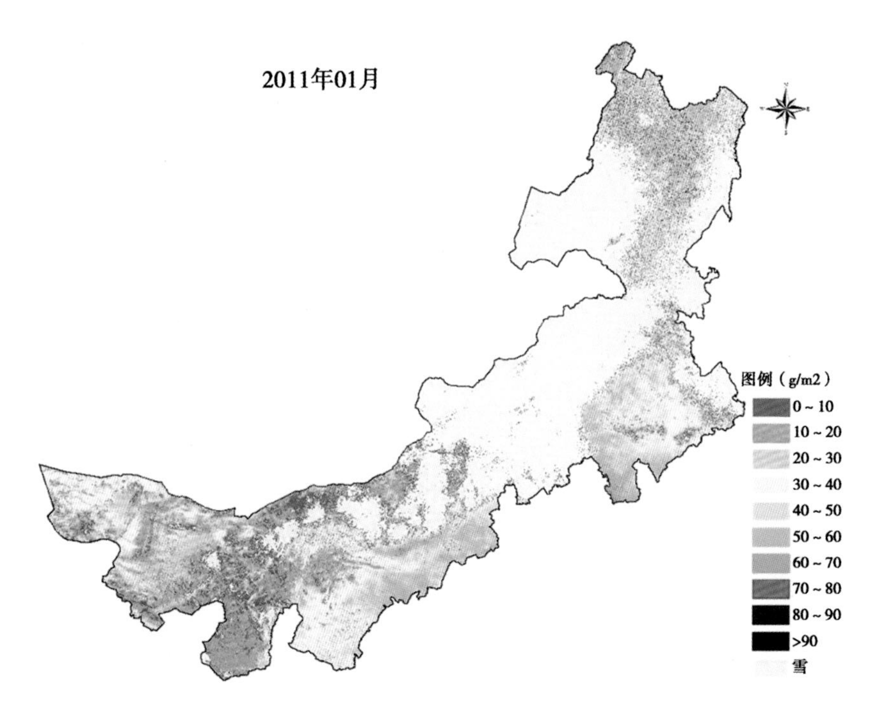


图 3 -2 -6　2011 年 1 月内蒙古草地可燃物质量分布图

Fig. 3 -2 -6Inne Mongolia grassland fuel weight distribution map In January2011

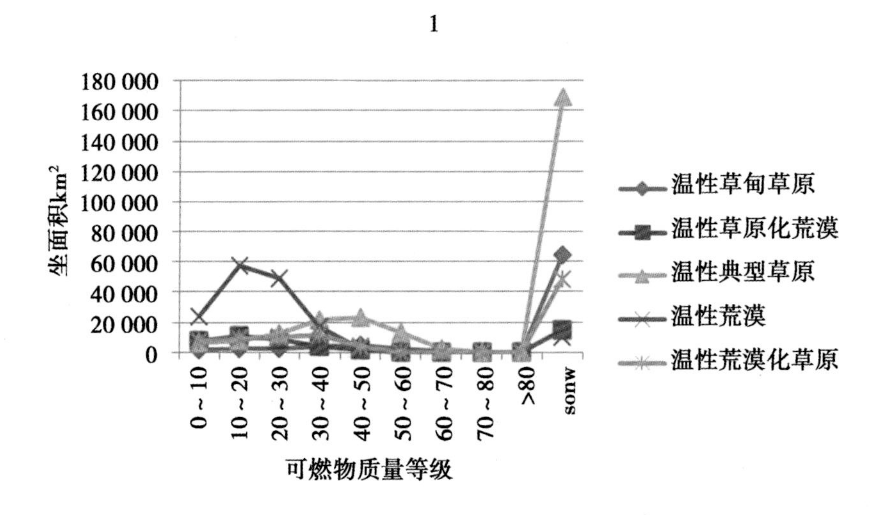


图 3 -2 -7　各草地类型 2011 年 1 月份可燃物质量等级面积统计曲线图

Fig. 3 -2 -7　the fuel weight ranking area statistical curve every grassland in January 2011

结合分析表 3 -2 -6 和图 3 -2 -7 得知，1 月份：草甸草原可燃物量大于 40g/m$^2$ 的高可燃物量的区域的面积为 8 294. 38km$^2$；可燃物量在 20 ~40g/m$^2$ 的中等可燃物量的区域的面积为 4 147. 19km$^2$；可燃物量小于20g/m$^2$ 的低可燃物量的区域的面积为 4 147. 19km$^2$。

典型草原可燃物量大于40g/$m^2$的高可燃物量的区域的面积为38 640.25$km^2$；可燃物量在20～40g/$m^2$的中等可燃物量的区域的面积为19 320.12$km^2$；可燃物量小于20g/$m^2$的低可燃物量的区域的面积为19 320.12$km^2$。

荒漠化草原可燃物量大于40g/$m^2$的高可燃物量的区域的面积为29 034.13$km^2$；可燃物量在20～40g/$m^2$的中等可燃物量的区域的面积为14 517.06$km^2$；可燃物量小于20g/$m^2$的低可燃物量的区域的面积为14 517.06$km^2$。

草原化荒漠可燃物量大于40g/$m^2$的高可燃物量的区域的面积为163 271.02$km^2$；可燃物量在20～40g/$m^2$的中等可燃物量的区域的面积为81 635.51$km^2$；可燃物量小于20g/$m^2$的低可燃物量的区域的面积为81 635.51$km^2$。

荒漠可燃物量大于40g/$m^2$的高可燃物量的区域的面积为34 881.75$km^2$；可燃物量在20～40g/$m^2$的中等可燃物量的区域的面积为17 440.88$km^2$；可燃物量小于20g/$m^2$的低可燃物量的区域的面积为17 440.88$km^2$。

### 3.3.4 2月可燃物空间分布特征分析

从图3-2-8中可以获知，与1月份相比2月份的可燃物量分布情况大致相同，但是，由于积雪的融化，使得可燃物量可监测到的范围变大。可燃物量大于40g/$m^2$的高可燃物量区域主要在兴安盟有零星分布，通辽市北部、赤峰市南部和西部、锡林郭勒盟南部的部分地区、乌兰察布市南部的部分地区、呼和浩特市南部的部分地区和鄂尔多斯市东部的部分地区也有分布；可燃物量在20～40g/$m^2$的中等可燃物量的区域主要分布通辽市的中部和南部、赤峰市的东部、锡林郭勒盟的西部、乌兰察布市的中部和南部、呼和浩特市中部和北部、包头市中部和南部、巴彦淖尔市的东部和南部、鄂尔多斯市的大部以及阿拉善盟的部分地区；可燃物量小于20g/$m^2$的低可燃物量的区域主要分布在锡林郭勒盟的西部、乌兰察布市北部、鄂尔多斯市的北部、巴彦淖尔市的中北部和阿拉善盟的大部地区。可燃物量的分级与面积统计结果见表3-2-7（图3-2-9）。

表3-2-7 各草地类型2011年2月份可燃物量等级面积分布表

Tab. 3-2-7 the fuel weight ranking area distribution table every grassland in February 2011

| 等级 | 面积（$km^2$） | | | | |
|---|---|---|---|---|---|
| | 草甸草原 | 典型草原 | 荒漠草原 | 草原化荒漠 | 荒漠 |
| 0～10 | 1 831.63 | 4 782.81 | 5 652.38 | 23 587.50 | 4 395.50 |
| 10～20 | 2 112.13 | 16 546.38 | 11 770.75 | 63 892.25 | 24 521.94 |
| 20～30 | 2 809.44 | 18 794.06 | 27 344.19 | 54 055.88 | 37 401.25 |
| 30～40 | 5 832.06 | 7 155.13 | 48 425.63 | 15 907.88 | 20 308.31 |
| 40～50 | 13 161.75 | 1 495.31 | 50 619.56 | 1 715.88 | 3 822.06 |
| 50～60 | 8 912.25 | 208.75 | 14 283.69 | 38.00 | 367.19 |
| 60～70 | 1 459.63 | 3.63 | 1 468.88 | 61.56 | 17.38 |
| 70～80 | 85.25 | 29.50 | 45.00 | 1.63 | 24.44 |
| >80 | 27.00 | 2.19 | 56.69 | | 0.88 |
| 雪 | 48 199.63 | 762.56 | 97 712.56 | 1 963.25 | 1 827.75 |

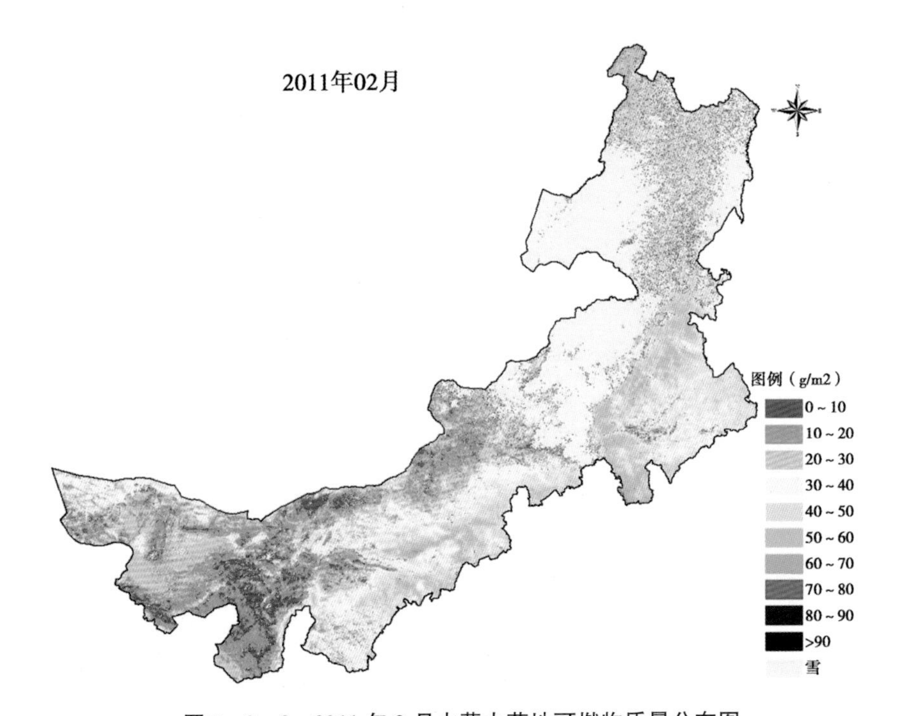


图 3－2－8　2011 年 2 月内蒙古草地可燃物质量分布图

**Fig. 3－2－8　Inner Mongolia grassland fuel weight distribution map In February 2011**

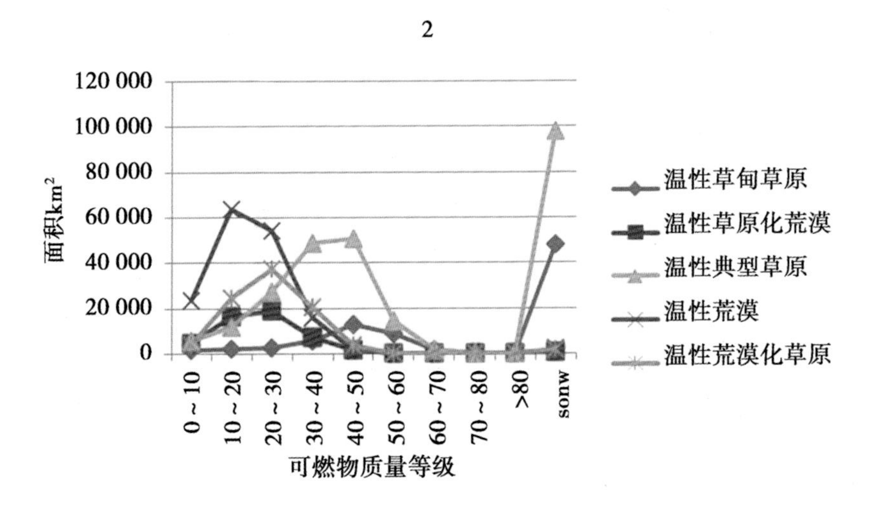


图 3－2－9　各草地类型 2012 年 2 月份可燃物质量等级面积统计曲线图

**Tab. 3－2－9　the fuel weight ranking area statistical curve every grassland in February 2011**

结合分析表 3－2－7 和图 3－2－9 得知，2 月份：草甸草原可燃物量大于 40g/m² 的高可燃物量的区域的面积为 23 645.88km²；可燃物量在 20～40g/m² 的中等可燃物量的区域的面积为 8 641.50 km²；可燃物量小于 20g/m² 的低可燃物质量区域的面积为

3 943. 75km$^2$。

典型草原可燃物量大于40g/m$^2$的高可燃物量的区域的面积为1 739. 38km$^2$；可燃物量在20～40g/m$^2$的中等可燃物量的区域的面积为25 949. 19km$^2$；可燃物量小于20g/m$^2$的低可燃物量的区域的面积为21 329. 19km$^2$。

荒漠化草原可燃物量大于40g/m$^2$的高可燃物量的区域的面积为66 473. 81km$^2$；可燃物量在20～40g/m$^2$的中等可燃物量的区域的面积为75 769. 82km$^2$；可燃物量小于20g/m$^2$的低可燃物量的区域的面积为17 423. 13km$^2$。

草原化荒漠可燃物量大于40g/m$^2$的高可燃物量的区域的面积为1 817. 06km$^2$；可燃物量在20～40g/m$^2$的中等可燃物量的区域的面积为69 963. 76km$^2$；可燃物量小于20g/m$^2$的低可燃物量的区域的面积为87 479. 75km$^2$。

荒漠可燃物量大于40g/m$^2$的高可燃物量的区域的面积为4 231. 94km$^2$；可燃物量在20～40g/m$^2$的中等可燃物量的区域的面积为57 709. 56km$^2$；可燃物量小于20g/m$^2$的低可燃物量的区域的面积为28 917. 44km$^2$。

### 3. 3. 5　3月可燃物空间分布特征分析

从图3－2－10中可以获知，3月份可燃物量明显变少。可燃物量大于40g/m$^2$的高可燃物量的区域主要分布在内蒙古东部和南部的部分地区，可燃物量为中低的区域占内蒙古总面积的绝大部分，尤其是内蒙古的中西部地区变成了以可燃物量小于10g/m$^2$的极低可燃物量的分布区。可燃物量的分级与面积统计结果见表3－2－8（图3－2－11）。

**表3－2－8　各草地类型2011年3月份可燃物量等级面积分布表**

**Tab. 3－2－8　the fuel weight ranking area distribution table every grassland in March 2011**

| 等级 | 面积（km$^2$） | | | | |
|---|---|---|---|---|---|
| | 草甸草原 | 典型草原 | 荒漠草原 | 草原化荒漠 | 荒漠 |
| 0～10 | 1 473. 938 | 5 049. 5 | 8 528. 938 | 20 384. 88 | 6 734. 5 |
| 10～20 | 1 674. 813 | 17 935. 56 | 22 156. 06 | 65 892 | 25 453. 06 |
| 20～30 | 2 682. 5 | 18 512 | 45 917. 38 | 54 314. 5 | 39 473. 5 |
| 30～40 | 7 348. 563 | 6 069. 375 | 62 152. 06 | 17 327. 81 | 17 239. 88 |
| 40～50 | 17 217. 69 | 1 427. 438 | 42 335. 44 | 1 716. 625 | 2 819. 188 |
| 50～60 | 11 621. 5 | 253. 875 | 11 506. 5 | 74. 8125 | 335. 9375 |
| 60～70 | 1 699. 625 | 4. 6875 | 1 224. 375 | 61. 9375 | 7. 5625 |
| 70～80 | 71. 875 | 29. 5 | 49. 5625 | 1. 625 | 24. 4375 |
| >80 | 19. 375 | 2. 1875 | 56. 125 | | 0. 875 |
| 雪 | 40 621. 63 | 496. 1875 | 63 452. 88 | 1 449. 625 | 597. 75 |

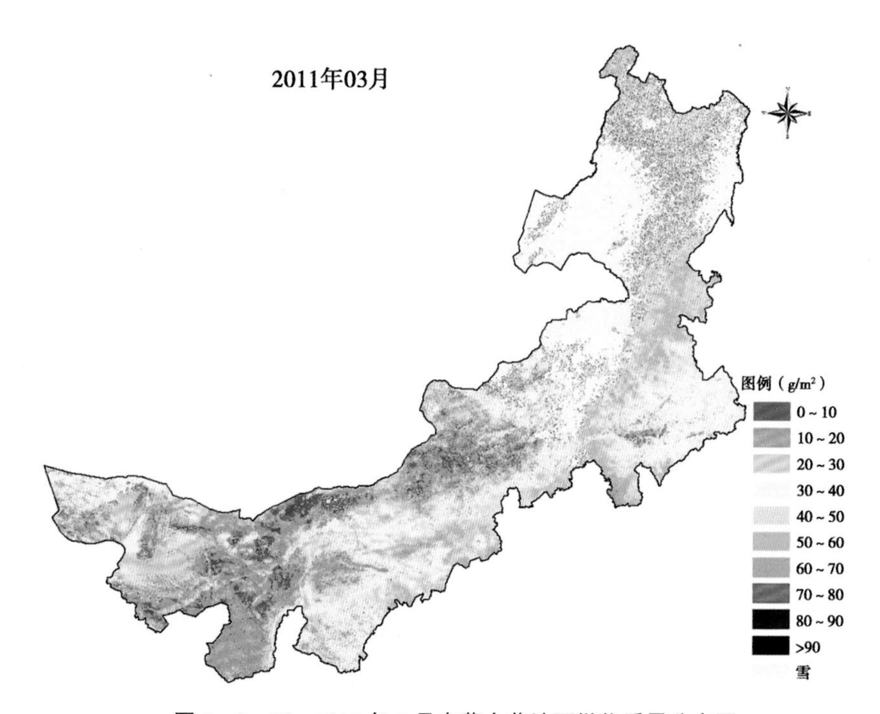


图 3－2－10　2011 年 3 月内蒙古草地可燃物质量分布图

Fig. 3－2－10　Inner Mongolia grassland fuel weight distribution map In March 2011

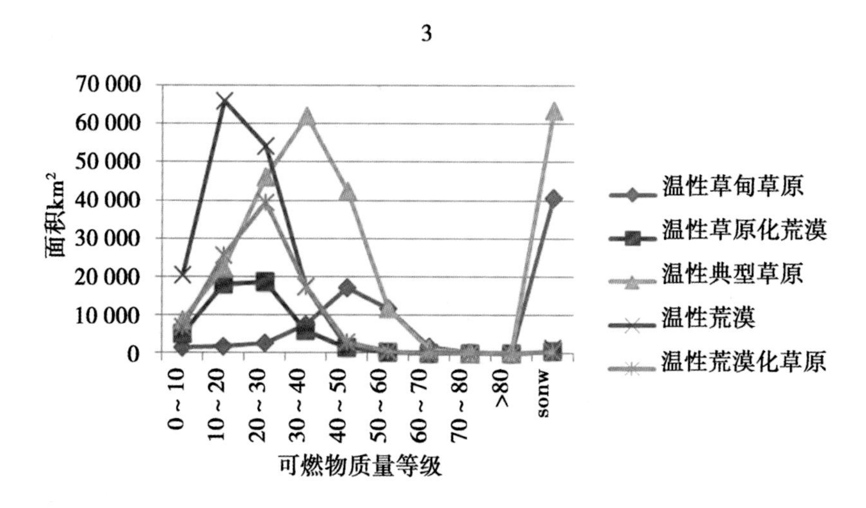


图 3－2－11　各草地类型 2011 年 3 月份可燃物质量等级面积统计曲线图

Fig. 3－2－11　the fuel weight ranking area statistical curve every grassland in March 2011

结合分析表 3－2－8 和图 3－2－11 得知，3 月份：草甸草原可燃物量大于 $40g/m^2$ 的高可燃物量的区域的面积为 30 630. 07$km^2$；可燃物量在 20～$40g/m^2$ 的中等可燃物量的区域的面积为 10 031. 06$km^2$；可燃物量小于 $20g/m^2$ 的低可燃物量的区域的面积为

3 148.75$km^2$。

典型草原可燃物量大于40$g/m^2$的高可燃物量的区域的面积为1 717.69$km^2$；可燃物量在20～40$g/m^2$的中等可燃物量的区域的面积为24 581.38$km^2$；可燃物量小于20$g/m^2$的低可燃物量的区域的面积为22 985.06$km^2$。

荒漠化草原可燃物量大于40$g/m^2$的高可燃物量的区域的面积为55 172$km^2$；可燃物量在20～40$g/m^2$的中等可燃物量的区域的面积为108 069.44$km^2$；可燃物量小于20$g/m^2$的低可燃物量的区域的面积为30 685$km^2$。

草原化荒漠可燃物量大于40$g/m^2$的高可燃物量的区域的面积为1 855$km^2$；可燃物量在20～40$g/m^2$的中等可燃物量的区域的面积为71 642.31$km^2$；可燃物量小于20$g/m^2$的低可燃物量的区域的面积为86 276.88$km^2$。

荒漠可燃物量大于40$g/m^2$的高可燃物量的区域的面积为3 188$km^2$；可燃物量在20～40$g/m^2$的中等可燃物量的区域的面积为56 713.38$km^2$；可燃物量小于20$g/m^2$的低可燃物量的区域的面积为32 187.56$km^2$。

### 3.3.6　4月可燃物空间分布特征分析

从图3－2－12中可获知，4月份的时候，内蒙古地区积雪基本融化，可以准确地监测到可燃物量再分布情况。图中在内蒙古中部和东部地区分布的绿色区域主要为森林覆盖区，而并非是草地的分布区。内蒙古草原分布区内的可燃物量与2010年的11月份相比，可燃物量明显减少，内蒙古东部地区在2010年11月份是以40$g/m^2$的高可燃物量区域为主，但是到了2011年4月份的时候已经明显减少到以20～40$g/m^2$的中等可燃物量的区域为主；内蒙古中西部地区的20～40$g/m^2$的中等可燃物量的区域也明显减少，变成可燃物量小于10$g/m^2$的可燃物量极少的地区为主。可燃物量的分级与面积统计结果见表3－2－9（图3－2－13）。

**表3－2－9　各草地类型2011年4月份可燃物量等级面积分布表**

**Tab. 3－2－9　the fuel weight ranking area distribution table every grassland in April 2011**

| 等级 | 面积（$km^2$） | | | | |
|---|---|---|---|---|---|
| | 草甸草原 | 典型草原 | 荒漠草原 | 草原化荒漠 | 荒漠 |
| 0～10 | 213.69 | 3 178.06 | 9 218.75 | 6 579.50 | 18 437.06 |
| 10～20 | 460.50 | 14 182.19 | 24 608.56 | 18 779.19 | 73 791.31 |
| 20～30 | 2 019.81 | 43 601.94 | 40 020.56 | 18 393.19 | 57 127.38 |
| 30～40 | 12 215.38 | 97 533.25 | 16 857.13 | 4 910.00 | 11 418.69 |
| 40～50 | 39 063.31 | 82 369.69 | 1 990.81 | 788.75 | 836.63 |
| 50～60 | 27 646.50 | 19 211.63 | 220.38 | 124.88 | 83.38 |
| 60～70 | 5 191.38 | 2 105.50 | 15.13 | 3.13 | 91.19 |
| 70～80 | 331.25 | 81.19 | 46.38 | 43.06 | 1.56 |
| ＞80 | 25.69 | 81.75 | 0.81 | 3.44 | |
| 雪 | 394.31 | 782.13 | 657.81 | 292.56 | 1 161.56 |

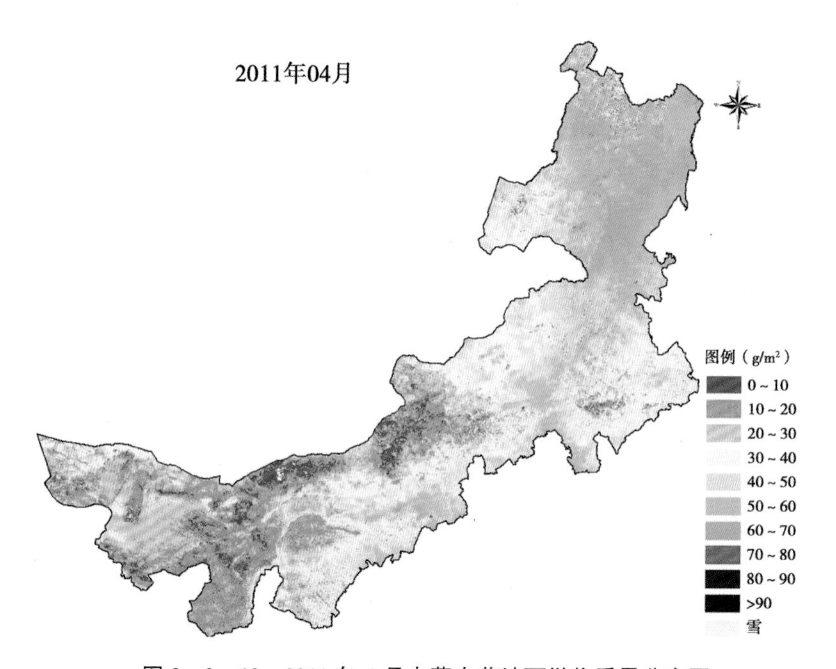


图 3-2-12　2011 年 4 月内蒙古草地可燃物质量分布图

Fig. 3-2-12　Inner Mongolia grassland fuel weight distribution map In April 2011

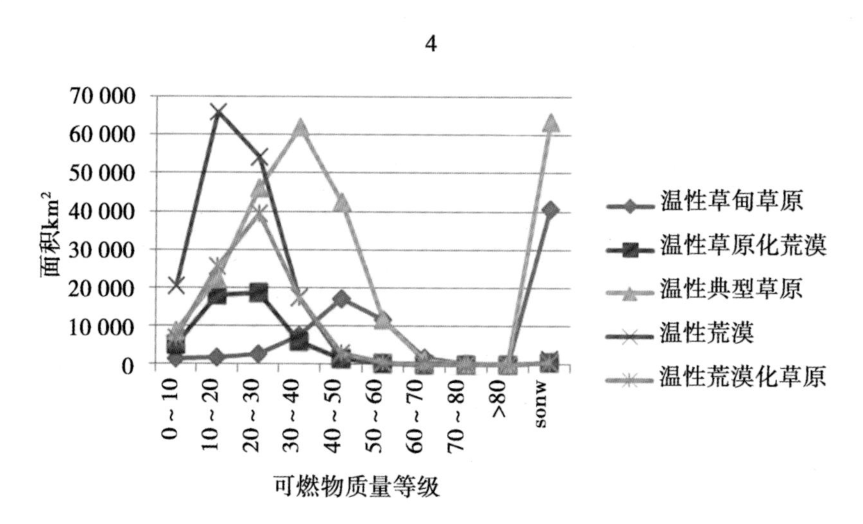


图 3-2-13　各草地类型 2011 年 4 月份可燃物质量等级面积统计曲线图

Tab. 3-2-13　the fuel weight ranking area statistical curve of every grassland in April 2011

结合分析表 3-2-9 和图 3-2-13 得知，4 月份：草甸草原可燃物量大于 40g/m² 的高可燃物量的区域的面积为 72 232.44km²；可燃物量在 20~40g/m² 的中等可燃物量的区域的面积为 14 235.19km²；可燃物量小于 20g/m² 的低可燃物量的区域的面积为 674.19km²。

典型草原可燃物量大于40g/m$^2$的高可燃物量的区域的面积为103 768km$^2$；可燃物量在20～40g/m$^2$的中等可燃物量的区域的面积为141 135.19km$^2$；可燃物量小于20g/m$^2$的低可燃物量的区域的面积为17 360.25km$^2$。

荒漠化草原可燃物量大于40g/m$^2$的高可燃物量的区域的面积为2 272.69km$^2$；可燃物量在20～40g/m$^2$的中等可燃物量的区域的面积为56 877.69km$^2$；可燃物量小于20g/m$^2$的低可燃物量的区域的面积为33 827.31km$^2$。

草原化荒漠可燃物量大于40g/m$^2$的高可燃物量的区域的面积为959.81km$^2$；可燃物量在20～40g/m$^2$的中等可燃物量的区域的面积为23 303.19km$^2$；可燃物量小于20g/m$^2$的低可燃物量的区域的面积为25 358.69km$^2$。

荒漠可燃物量大于40g/m$^2$的高可燃物量的区域的面积为1 012.75km$^2$；可燃物量在20～40g/m$^2$的中等可燃物量的区域的面积为68 546.06km$^2$；可燃物量小于20g/m$^2$的低可燃物量的区域的面积为92 228.36km$^2$。

### 3.4　精度检验

建立模型时留下了5类草地2010年11月份的可燃物现存量数据在进行模型的精度检验时用。利用SPSS统计软件对反演结果与实测数据进行相关分析后，可知典型草原、草原化荒漠和荒漠的反演结果与实测数据的相关系数分别为0.775、0.842、0.710呈高度显著相关；由于草甸草原和荒漠草原地区有积雪覆盖，因此，在进行精度检验时积雪对草甸草原和荒漠草原精度检验结果有一定的影响，反演结果与实测数据的相关系数不是很高，分别为0.714和0.778呈显著相关。但总体上来说五种草地类型的估测模型都已达到了宏观监测的标准，因此，可以利用这些模型进行内蒙古草原地区不同类型草地枯草期可燃物的遥感估测。

## 4　小结

以内蒙古草原为研究区，利用EOS/MODIS数据和地面调查数据，通过相关性分析获知可燃物质量与MODIS数据第一、二通道光谱反射率均有显著的负相关关系，在草甸草原、典型草原、荒漠化草原和草原化荒漠第一通道反射率比第二通道反射率相关性更高；在荒漠第二通道反射率比第一通道反射率相关性更高。

按照研究区五种草地分别建立了枯草期可燃物量估测的一元线性回归、二次曲线和对数曲线等三种模型，从中选出最优估测模型反演了2010年11月至2011年4月的研究区的可燃物量分布图，分析了内蒙古枯草期可燃物的时空分布特征。通过对模型进行精度检验后得知反演结果和实测数据具有较好的相关性。因此，可以认为利用EOS/MODIS数据的第一和第二通道的反射率数据进行枯草期可燃物量的遥感反演是可行的。

本研究在枯草期可燃物量的遥感估测方面做了有益的探讨，建立可燃物量遥感估测模型可以及时获得大范围草原地区的可燃物量时空分布情况，这将会提高草原火灾预警的准确性和及时性。该模型弥补了以往在进行草原火险预警研究时以生长季的生物量为评价指标的所引起的误差，为草原火灾预警提供了技术支持。另外该方法还可以进一步推广到我国其他北方草原地区为提高全国草原火灾预测预警工作提供科学技术支持。

# 第三章　草原火险预警方法研究

## 1　引言

### 1.1　研究意义与目的

在世界许多国家和地区，火在草地上仍然是一个影响很大的生态因子（周寿荣，1996）。火关系草地植物群落的演替，对土壤等环境因素发生影响，也关系牧草的利用（周寿荣，1996）。

草原火险（Grassland Fire Danger）是指在某一地区某一时间段内着火的危险程度，或者说是着火的可能性。草原火险等级预报对于降低草原火灾损失具有非常重要的作用，根据时效的长短可分为短期预报、中期预报和长期预报。短期预报是预报未来24～48小时草原火险情况；中期预报是对未来3～15天的预报；长期预报常指1个月到1年的预报。

草原火险等级预报中指标的选择是核心与关键，草原火险通常受可燃物特征、气象因子和地形等多种因素的综合影响。其中，地面堆积的可燃物多少是草地起火的关键因素（刘桂香，2008），可燃物重量与草原火险等级具有高度正相关关系。在广泛阅读国内外相关文献后发现，目前，草原火险等级预报研究中的可燃物重量都是基于生长季的植被来计算的。而我国北方草原火灾的发生时期主要是在春季的3～6月和秋季的9～11月，也就是说主要的防火期其实是在枯草季节，如果选择生长季作为构建草原火险指数的指标，则计算结果误差会比较大。

本文利用EOS/MODIS数据和内蒙古不同类型草地枯草期野外实测可燃物月动态数据建立基于EOS/MODIS数据的枯草期遥感估测模型，在此基础上选择了积雪覆盖、可燃物重量、草地连续度、日降水量、日最小相对湿度、日最高气温、日最大风速7个指标建立了进行短期预报的草原火险指数模型，应用该模型将内蒙古草原的火险状态划分为没有危险、低度危险、中度危险、高度危险、极度危险5级。该模型的建立与应用将会提高我国北方草原地区草原火险等级预报的精度，为各级草原火灾应急管理部门的防火工作提供技术支持。

### 1.2　国内外相关研究

草原火险预警可以通过构建草原火险指数来实现。国外在20世纪80年代以前主要是依据温度、湿度和风速等气象因子来构建草原火险指数，80年代以后开始了遥感数据、气象因子、可燃物特征和地形等多因子综合分析的草原火险预警研究。

我国在2000年之前关于草原火险预警的研究是基于以大气温度、湿度和风速等气象因子的单因子预测。如李德脯等利用空气温度、湿度和风速制定了修正的有效湿度火险预报法和具体的火险气象指标（李德甫，1989）。袁美英、许秀红等将气温和风速作为增因子，降水和相对湿度作为减因子，将草原火险等级按无危险到极高危险划分为5级后采用模糊数学方法分析草原火险与气象要素的关系，建立气象要素在各级的贡献度指标，再根据实际情况进行返青期、枯萎期和枯霜期订正（袁美英，1997），并用c语言和图形图象处理等方法编制火险数据库子系统（许秀红，1997）。李春云等在考虑了影响可燃物干燥程度的前期气象要素，特别是持续无明显降水的情况，又考虑了预报日的气象要素和天气预报的基础上研制草原火险等级预报方法，收效明显（李春云，1997）。傅泽强等利用内蒙古锡林郭勒盟地区1986—1997年的草原火灾及同期气象资料，综合考虑了火灾发生当日及前期气象要素对草原火险的影响，采用数学模拟的建模方法研制了该地区重点火险区域（包括4个旗、市）的春季草原火险天气预报模型（傅泽强，2001）。李兴华等利用相关分析法选择了森林草原火灾与气象条件密切的因子，应用判别分析的方法建立了基于气象因子的内蒙古自治区东北部森林草原火险等级预报系统（李兴华，2001，2004）。

近年来，国内一些学者相继提出了包括气象要素、遥感数据、地形和地面观测等多因子综合的草原火险预警方法。如周伟奇等利用大气温度、大气相对湿度、风速、降水量、枯草率、可燃物干重和草地连续度等7个基本指标构造了基于遥感的草原火险指数，将研究区域的火险状态划分为低、中、高和极高4个等级用来预测草原火灾发生的可能性、扩展速度和扑灭难度（周伟奇，2004）。陈世荣等在分析草原火灾发生和遥感信息传输机理的基础上，利用遥感反演的植被叶面水分、陆地地表温度、枯草率、可燃物重量和草地连续度5个基本指标构造了基于遥感的草原火险指数，并用该指数衡量草原火灾发生的可能性、扩展速度和扑灭难度（陈世荣，2006）。刘桂香等考虑时间、气象因素和可燃物的动态变化，通过不同时间的干燥度动态分布图和基于遥感影像得到的可燃物动态分布图实现草原火险动态图，并决定火险等级（刘桂香，2008）。

## 2　研究内容与方法

### 2.1　数据准备

可燃物量数据是利用EOS/MODIS应用在第二章中建立的模型反演的2010年11月至2011年4月每月可燃物量的数据。

火点资料来源于2005年1月至2012年3月内蒙古地区火点遥感监测信息；气象资料是研究区域内118个站点的日最高气温、日最小相对湿度、日最大风速、日降水量等要素逐日气象资料（1970—2011年）；土地利用数据来源于《内蒙古自治区国土资源遥感综合调查》项目成果的1：10万的土地利用现状图。

### 2.2　研究方法

草原火险等级短期预报的因子为日最高气温、日最小相对湿度、日最大风速、日降水量和雨晴日数。但草原火灾的发生通常是受可燃物、气象要素和地形等多因子综合影响的结果，因此基于气象要素的单因子预报往往会使预报产生较大误差。为了减少预报误差我们选择了积雪覆盖、可燃物重量、草地连续度、日降水量、日最小相对湿度、日最高气温、日最大风速等 7 个指标进行草原火险等级短期预报研究。由于内蒙古草原火灾的发生通常是在枯草季节，所以，雨晴日数的影响相对较小；内蒙古草原地区地形相对平坦，所以，草原火险等级受坡度坡向的影响相对较小。因此，本文没有选择雨晴日数和地形因子作为草原火险指数计算的指标。构建草原火险指数（Grassland fire danger index，GFDI）模型时各指标的权重采用层次分析法（Analytic Hierarchy Process，AHP）确定。

#### 2.2.1 积雪判识

归一化差分积雪指数（NDSI）是基于雪对可见光与短红外波段的反射特性和反射差的相对大小的一种测量方法。对 EOS/MODIS 资料而言，监测积雪时应使用 EOS/MODIS 数据的通道 4 的反射率和通道 6 的反射率计算 NDSI（刘玉洁，2001），计算公式如下：

$$NDSI = (CH_4 - CH_6) / (CH_4 + CH_6) \qquad \text{(公式 3.3.1)}$$

式中，$CH_4$为通道 4 的反射率，$CH_6$为通道 6 的反射率。

如果 NDSI≥0.4 且 $CH_2$反射率 >11%、$CH_4$反射率 <10% 时判定为雪。

#### 2.2.2 可燃物量

可燃物量的计算是利用第二章中建立的遥感估测模型反演了内蒙古各类草地枯草期可燃物量的数据，并将反演结果进行归一化处理。

#### 2.2.3 草地连续度

利用内蒙古土地利用现状遥感调查的成果 1：10 万的土地利用现状图计算草地连续度，计算公式如下（陈世荣，2006）：

$$\text{草地连续度} = \left( \frac{\sum_{i=1}^{N} S_i}{N \times S_T} \right) \times 100\% \qquad \text{(公式 3.3.2)}$$

式中，$S_i$为区域内各个斑块的面积；N 是区域内斑块的数目；$S_T$是区域总面积。通过归一化处理，得到草地连续度指数。

#### 2.2.4 气象数据

将日降水量、日最小相对湿度、日最高气温、日最大风速等气象站点的数据经过差值计算生成栅格数据，再进行投影转换和多边形裁剪等预处理后进行归一化处理，变成介于 0 到 100 之间的指数。式中，X 为当日的值，$M_{in}$为各气象因子的内蒙古自治区 1970—2011 年中的最小值，$M_{ax}$为各气象因子的内蒙古自治区 1970—2011 年中的最大值。

## 3 结果与分析

### 3.1 确定指标权重

充分分析各指标的关系后建立一个由目标层、准则层和方案层组成的层次结构，如图 3-3-1 所示。

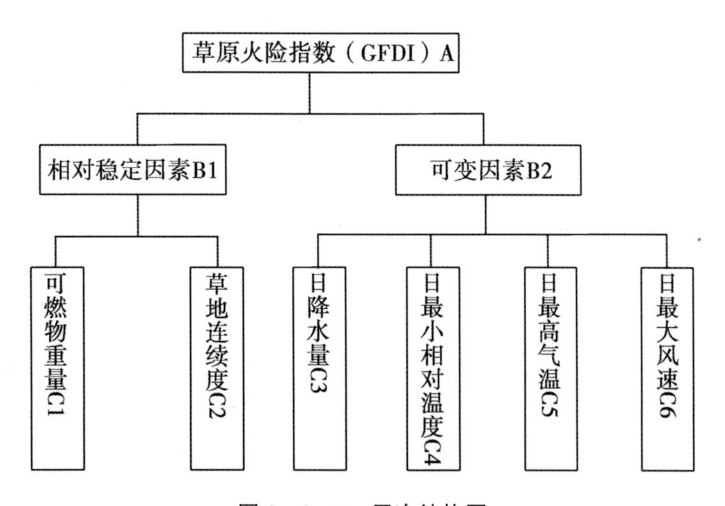


图3－3－1　层次结构图

Fig. 3－3－1　Hierarchical chart

（1）目标层：本文的目标层为内蒙古草原火险指数。

（2）准则层：本文的准则层由相对稳定因子和可变因子组成。

（3）方案层：在本层选择的因子分别是可燃物重量、草地连续度、日降水量、日最小相对湿度、日最高气温和日最大风速。

在确定影响某个因素的诸因子在该因素中所占的比重时，采取了对因子进行两两比较建立成对比较判断矩阵的办法，采用数字1～9及其倒数作为标度，如表3－3－1。

表3－3－1　AHP中标度及其含义

Tab. 3－3－1　Scale and its meaning in AHP

| 标度<br>Scale | 含义<br>Meaning |
|---|---|
| 1 | 表示两个因素相比，具有相同重要性 |
| 3 | 表示两个因素相比，前者比后者稍微重要 |
| 5 | 表示两个因素相比，前者比后者明显重要 |
| 7 | 表示两个因素相比，前者比后者强烈重要 |
| 9 | 表示两个因素相比，前者比后者极端重要 |
| 2，4，6，8 | 表示上述相邻判断的中间值 |
| 倒数 | 若因素i与因素j的重要性之比为$a_{ij}$，那么因素j与i重要性之比为$a_{ij}=1/a_{ij}$ |

根据专家对各指标相对重要性的打分，并经过AHP方法计算，得到了GFDI中各个组成因子的权重，经过层次单排序和总排序的一致性检验后的结果如表3－3－2。

表 3-3-2　权重列表

**Tab. 3-3-2　Weight table**

| 目标层<br>Goal | 准则层（权重）<br>Criteria | 方案层<br>Alternatives | 权重<br>Weight |
|---|---|---|---|
| 草原火险指数 A<br>1.0000 | 相对稳定因素 B1<br>0.8750 | 可燃物重量 C1 | 0.8333 |
| | | 草地连续度 C2 | 0.1667 |
| | 可变因素 B2<br>0.1250 | 日降水量 C3 | 0.5472 |
| | | 日最小相对湿度 C4 | 0.2113 |
| | | 日最高气温 C5 | 0.1859 |
| | | 日最大风速 C6 | 0.0556 |

## 3.2　预报模型的建立

具体预报方法如下：

（1）当有积雪覆盖的情况下，不燃。

（2）没有积雪覆盖的情况下，草原火险指数（Grassland Fire Danger Index，GFDI）计算公式如下：

$$GFDI = AX_1 + BX_2 - CX_3 - DX_4 + EX_5 + FX_6 \qquad \text{（公式 3.3.3）}$$

式中，$X_1$为可燃物重量；$X_2$为草地连续度、$X_3$为日降水量、$X_4$为日最小相对湿度、$X_5$为日最高气温、$X_6$为日最大风速的值；$A$、$B$、$C$、$D$、$E$、$F$ 分别是指标的给定权重值。

## 3.3　火险等级划分

将火险状况划分成 5 个等级，具体 GFDI 值和火险等级的对应关系和预防要求见表 3-3-3。

表 3-3-3　火险等级划分及预防要求

**Tab. 3-3-3　Fire danger ranking and preventive request**

| GFDI 值<br>GFDI value | 等级<br>Grade | 易燃程度<br>Flammability | 蔓延程度<br>Spread | 危险程度<br>Criticality | 预防要求<br>Preventive request |
|---|---|---|---|---|---|
| 0～0.2 | Ⅰ | 不燃 | 不能蔓延 | 没有危险 | 一般预防 |
| 0.2～0.4 | Ⅱ | 难燃 | 难以蔓延 | 低度危险 | 一般预防 |
| 0.4～0.6 | Ⅲ | 可燃 | 较易蔓延 | 中度危险 | 加强预防 |
| 0.6～0.8 | Ⅳ | 易燃 | 容易蔓延 | 高度危险 | 重点预防 |
| 0.8～1 | Ⅴ | 极易燃 | 极易蔓延 | 极度危险 | 特别预防 |

## 3.4 内蒙古草原火险等级时空分布特征分析

### 3.4.1 11 月内蒙古草原火险等级空间分布特征分析（图 3 -3 -2 和 3 -3 -3）

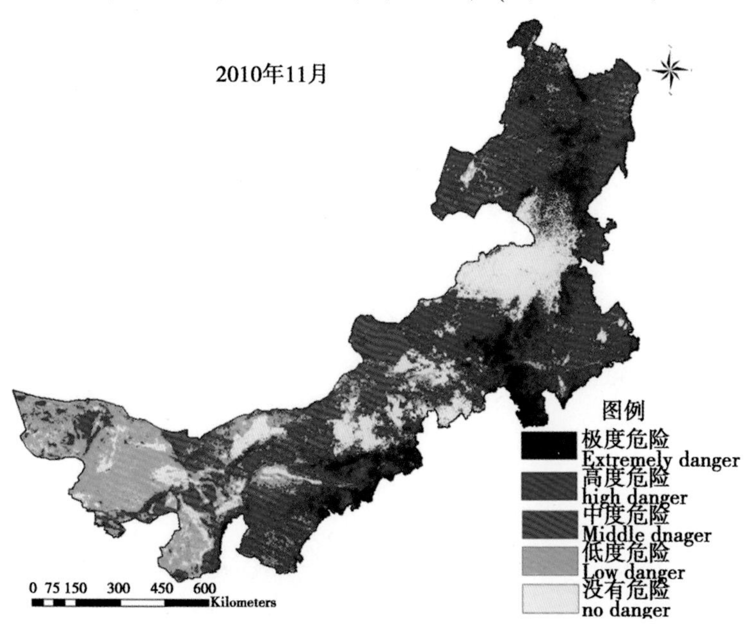


图 3 -3 -2 2010 年 11 月内蒙古草原火险等级分布图

Fig. 3 -3 -2 Inner Mongolia grassland fire danger grades map in November 2010

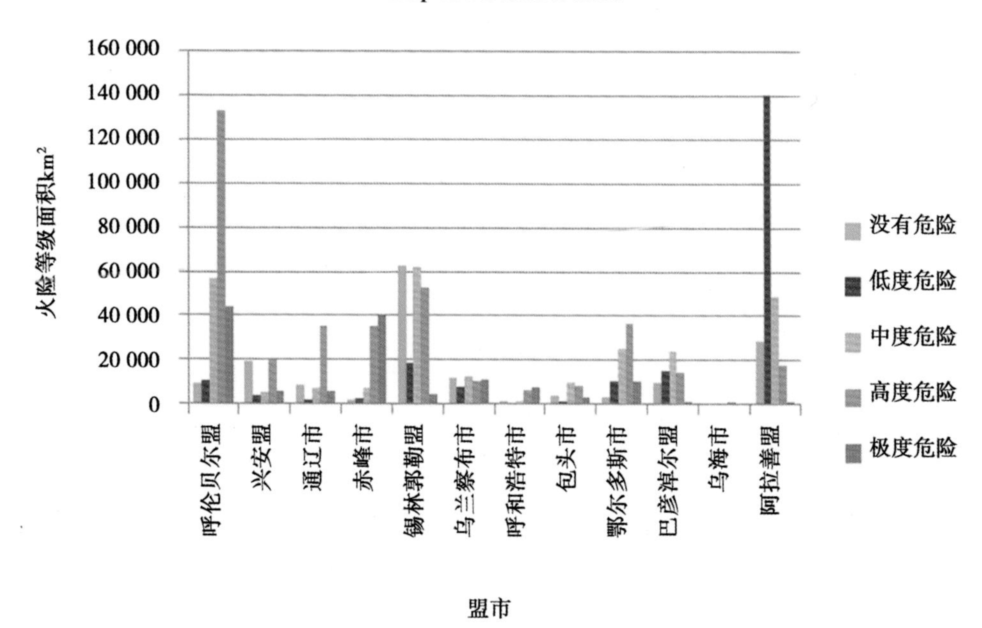


图 3 -3 -3 各盟市 2010 年 11 月份火险等级面积柱状图

Fig. 3 -3 -3 the grassland fire danger grade' s area histogram of every league November 2010

表 3－3－4　各盟市 2010 年 11 月份草原火险等级面积分布表

Tab. 3－3－4　The grassland fire danger grade' s area distribution table of every league November 2010

| 等级 | 面积（km²） | | | | |
|---|---|---|---|---|---|
| | 没有危险 | 低度危险 | 中度危险 | 高度危险 | 极度危险 |
| 呼伦贝尔市 | 9 357 | 10 745 | 56 514 | 132 553 | 43 785 |
| 兴安盟 | 19 411 | 3 659 | 5 229 | 19 989 | 5 727 |
| 通辽市 | 8 390 | 1 971 | 7 458 | 35 109 | 6 245 |
| 赤峰市 | 1 906 | 2 453 | 7 411 | 34 983 | 39 958 |
| 锡林郭勒盟 | 62 915 | 18 630 | 61 900 | 52 847 | 4 380 |
| 乌兰察布市 | 12 241 | 7 768 | 12 533 | 10 554 | 11 538 |
| 呼和浩特市 | 1 194 | 413 | 1 130 | 6 363 | 8 090 |
| 包头市 | 4 258 | 1 093 | 10 064 | 8 883 | 3 487 |
| 鄂尔多斯市 | 3 125 | 10 468 | 25 533 | 36 940 | 10 781 |
| 巴彦淖尔市 | 9 739 | 15 061 | 23 819 | 14 664 | 1 470 |
| 乌海市 | 6 | 20 | 254 | 1 106 | 296 |
| 阿拉善盟 | 28 852 | 140 151 | 48 802 | 17 902 | 1 224 |

注：面积单位为平方千米（km²）

通过分析图3－3－2 图3－3－3 和表3－3－4 可得知，11 月份：内蒙古的中部和东部的大部分地区存在高度火险，其中，部分地区存在极度火险。其极度火险面积为 136 981km²，占全区面积的 11.98%，高度火险面积为 371 893 km²，占全区面积的 32.53%。

呼伦贝尔市大部分地区为高度火险约覆盖 52% 地区，高度火险面积为 132 553km²。中部地区存在极度火险，其面积为 43 785km²，占全市面积的 17%。

兴安盟主要是以高度火险为主，其面积为 19 989km²，占全盟面积的 52%，兴安盟的西部没有火灾危险。

通辽市以高度火险为主，其面积为 35 109km²，占全市面积的 59%。

赤峰市西部主要以极度火险为主，极度火险面积为 39 958 km²，占全市面积的 46%。赤峰市东部以高度火险为主，高度火险面积为 34 983 km²，占全市面积的 40%。

锡林郭勒盟中部主要以高度火险为主，高度火险面积为 52 847km²，占全市面积的 26%。西部以中度火险为主，中度火险面积为 61 900km²，占全盟面积的 31%。东部没有危险。

乌兰察布市火险区域分布特征为南部分布着极度和高度火险，北部为中度火险，中部没有火险。极度火险面积为 11 538km²，占全市面积的 21%。高度火险面积为 10 554 km²，占全市面积的 19%。

呼和浩特市南部和北部地区主要分布着极度火险，其面积为 8 090km²，占全市面积的 47%。中部地区以高度火险为主，其面积分为 6 363 km²，占全市面积的 37%。

包头市中部为高度火险，其面积为 8 883km²，占全市面积的 32%。

鄂尔多斯市东部存在极度火险，其面积为 10 781km²，占全市面积的 12%。西部以高度火险为主，其面积为 36 940km²，占全市面积的 31%。

巴彦淖尔市中部和南部存在高度火险，其面积为 14 664km²，占全市面积的 22%。东部和西部为中度火险，北部没有危险。

乌海市绝大部分地区存在极度和高度火险，其面积分别为 296km² 和 1 106km²、各占全市面积的 17. 6% 和 65. 76%。

阿拉善盟局部地区存在极度和高度火险，其面积分别为 1 224km² 和 17 902km²，各占全盟面积的 0. 5% 和 7. 5%。

### 3. 4. 2　12 月内蒙古草原火险等级空间分布特征分析（图 3－3－4 和 3－3－5）

**表 3－3－5　各盟市 2010 年 12 月份草原火险等级面积分布表**

**Tab. 3－3－5　the grassland fire danger grade’s area distribution table of every league December 2010**

| 等级 | 面积（km²） | | | | |
|---|---|---|---|---|---|
| | 没有危险 | 低度危险 | 中度危险 | 高度危险 | 极度危险 |
| 呼伦贝尔市 | 156 006 | 44 929 | 32 757 | 15 093 | 4 169 |
| 兴安盟 | 43 639 | 5 818 | 2 599 | 1 550 | 409 |
| 通辽市 | 18 045 | 9 350 | 13 064 | 18 155 | 559 |
| 赤峰市 | 10 954 | 7 243 | 11 747 | 34 526 | 22 241 |
| 锡林郭勒盟 | 108 833 | 25 809 | 46 464 | 18 461 | 1 105 |
| 乌兰察布市 | 439 | 4 148 | 20 848 | 21 880 | 7 319 |
| 呼和浩特市 | 13 | 64 | 1 607 | 9 897 | 5 609 |
| 包头市 | 46 | 445 | 13 449 | 11 170 | 2 675 |
| 鄂尔多斯市 | 2 890 | 11 410 | 24 829 | 37 555 | 10 163 |
| 巴彦淖尔市 | 1 244 | 15 208 | 36 467 | 10 436 | 1 398 |
| 乌海市 | 3 | 29 | 213 | 959 | 478 |
| 阿拉善盟 | 44 091 | 126 510 | 43 718 | 20 418 | 2 194 |

注：面积单位为平方千米（km²）

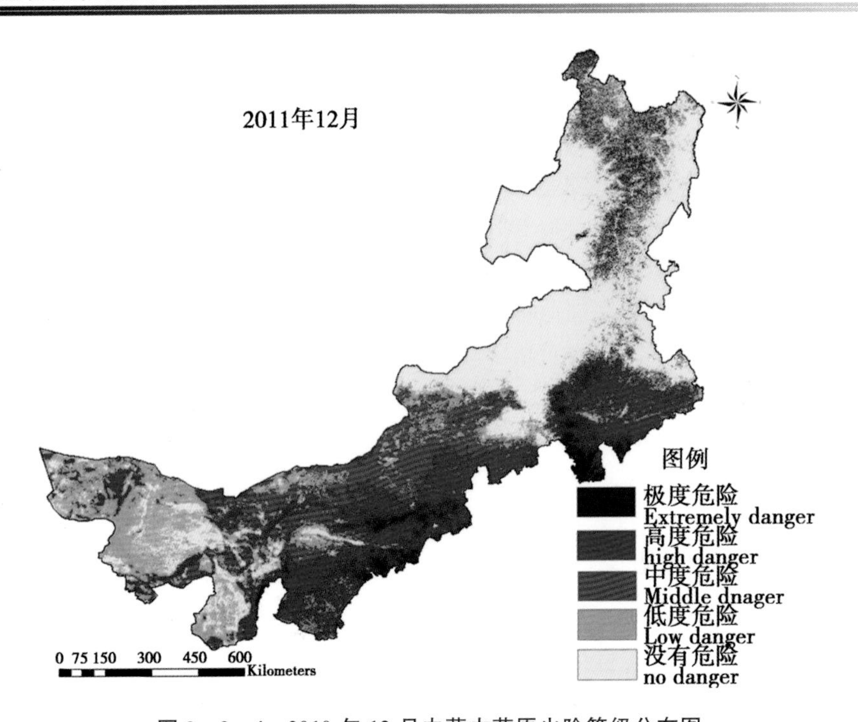


图 3-3-4 2010 年 12 月内蒙古草原火险等级分布图

**Fig. 3-3-4 Inner Mongolia grassland fire danger grades map in December 2010**

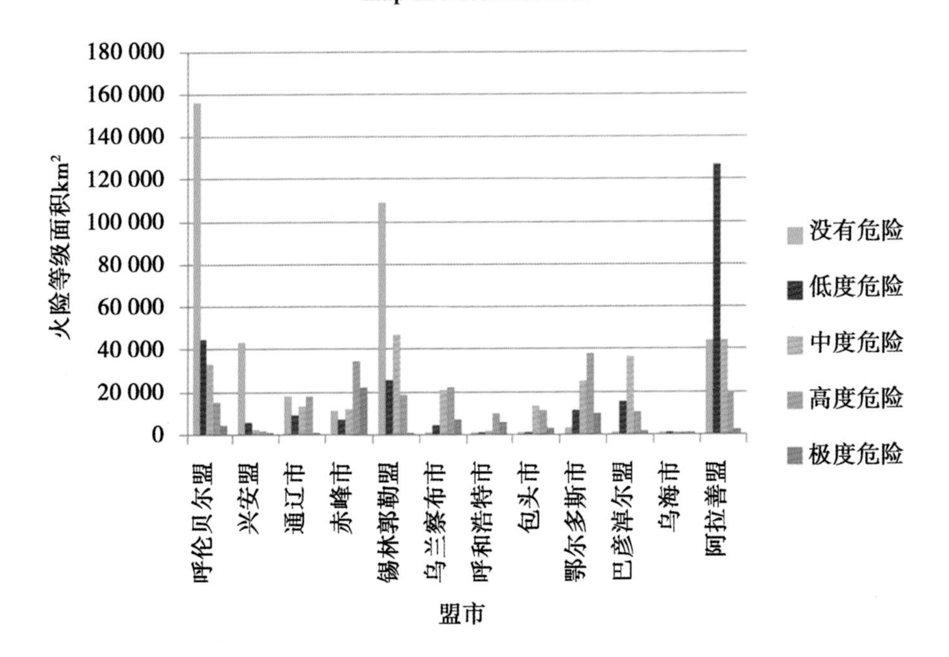


图 3-3-5 各盟市 2010 年 12 月份火险等级面积柱状图

**Fig. 3-3-5 the grassland fire danger grade' s area histogram of every league December 2010**

通过分析图3－3－4、图3－3－5和表3－3－5可得知，12月份：内蒙古的中部和东部的大部分地区存在高度火险，其中部分地区存在极度火险。其极度火险面积为58 319km$^2$，占全区面积约5.1%，高度火险面积为200 100km$^2$，占全区面积的17.5%。

呼伦贝尔市绝大部分地区没有火险，中部地区有高度火险约覆盖5.9%地区，高度火险面积为15 093km$^2$。

兴安盟绝大部分地区没有火险，高度火险零散分布，覆盖约2.8%的地区，其面积为1 550km$^2$。

通辽市以高度火险为主，其面积为18 155km$^2$，占全市面积的30.7%。

赤峰市西部主要以极度火险为主，东部高度火险为主。极度火险面积为22 241 km$^2$，占全市面积的26%，高度火险面积为34 526km$^2$，占全市面积的40%。

锡林郭勒盟大部分地区没有火险，西部地区中度火险，西南部零散高度火险，高度火险面积为18 461km$^2$，占全市面积约9%、中度火险面积为46 464km$^2$、占全盟面积 约23%。

乌兰察布市火险区域分布特征为从南到北依次分布着极度、高度和中度火险。其极度火险面积为7 319km$^2$，占全市面积的13.4%；高度火险面积为21 880km$^2$，占全市面积的40%；中度火险面积为20 848km$^2$，占全市面积约38%。

呼和浩特市南部及大青山地区以极度和高度火险为主，其极度火险面积为5 609 km$^2$，占全市面积的32.6%；高度火险面积为9 897km$^2$，占全市面积的57.6%。

包头市南部为高度火险，其高度火险面积为11 170km$^2$，占全市面积的40.2%。北部为中度火险，中度火险面积为13 449km$^2$，占全市面积的48.4%。

鄂尔多斯市东部存在极度火险，面积为10 163km$^2$，占全市面积的11.7%。西部为高度火险，其面积为37 555km$^2$，占全市面积的43.2%。南部为中级火险，其面积为24 829km$^2$，占全市面积的28.6%。

巴彦淖尔市大部分地区存在中度火险，中部地区零散分布着高度火险。高度火险面积为10 436km$^2$，占全市面积的16.1%。中度火险面积为36 467km$^2$，占全市面积的56.3%。

乌海市绝大部分地区存在极度和高度火险，其面积分别为478km$^2$和959km$^2$，分别占全市面积的28.42% 和57.02%。

阿拉善盟局部地区存在极度和高度火险，其面积为2 194km$^2$和20 418km$^2$，分别占0.95%和8.62%　。

### 3.4.3　1月内蒙古草原火险等级空间分布特征分析（图3－3－6和3－3－7）

**表3－3－6　各盟市2011年1月份草原火险等级面积分布表**

**Tab. 3－3－6　the grassland fire danger grade' s area distribution table every league January 2011**

| 等级 | 面积（km$^2$） | | | | |
|---|---|---|---|---|---|
| | 没有危险 | 低度危险 | 中度危险 | 高度危险 | 极度危险 |
| 呼伦贝尔市 | 157 821 | 35 957 | 27 019 | 20 713 | 11 444 |
| 兴安盟 | 36 897 | 8 715 | 5 580 | 2 503 | 320 |
| 通辽市 | 19 130 | 11 205 | 12 665 | 14 819 | 1 354 |

（续表）

| 等级 | 面积（km²） | | | | |
|---|---|---|---|---|---|
| | 没有危险 | 低度危险 | 中度危险 | 高度危险 | 极度危险 |
| 赤峰市 | 16 144 | 4 617 | 10 751 | 32 580 | 22 619 |
| 锡林郭勒盟 | 187 519 | 11 397 | 1 414 | 172 | 170 |
| 乌兰察布市 | 20 864 | 10 696 | 5 905 | 11 482 | 5 687 |
| 呼和浩特市 | 1 994 | 1 305 | 1 770 | 8 516 | 3 605 |
| 包头市 | 8 419 | 7 606 | 6 963 | 3 110 | 1 687 |
| 鄂尔多斯市 | 3 038 | 12 245 | 24 711 | 35 838 | 11 015 |
| 巴彦淖尔市 | 14 644 | 25 168 | 19 286 | 5 300 | 355 |
| 乌海市 | 6 | 37 | 325 | 830 | 484 |
| 阿拉善盟 | 65 146 | 122 111 | 40 800 | 8 524 | 350 |

注：面积单位为平方千米（km²）。

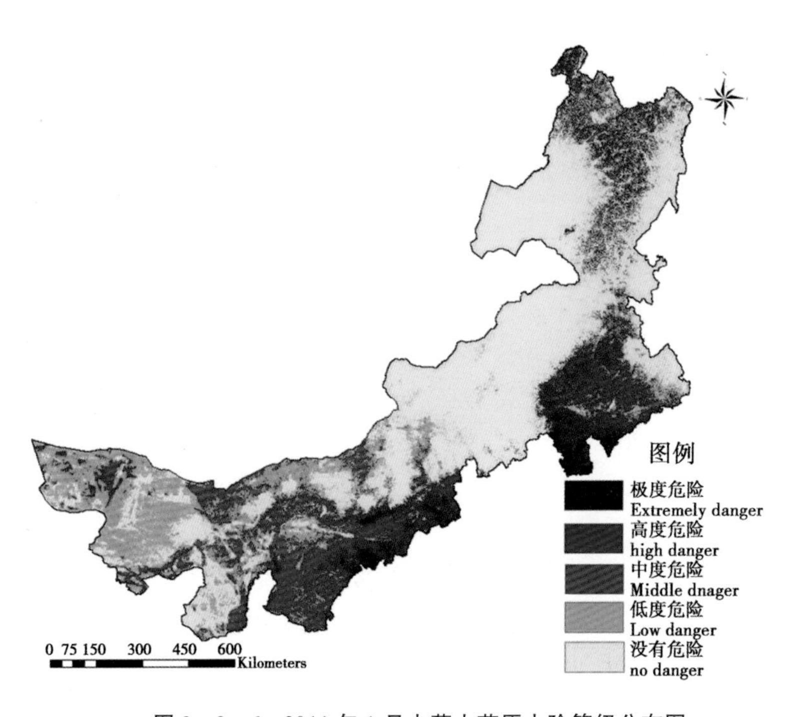


**图 3-3-6　2011 年 1 月内蒙古草原火险等级分布图**

**Fig. 3-3-6　Inner Mongolia grassland fire danger grades map in January2011**

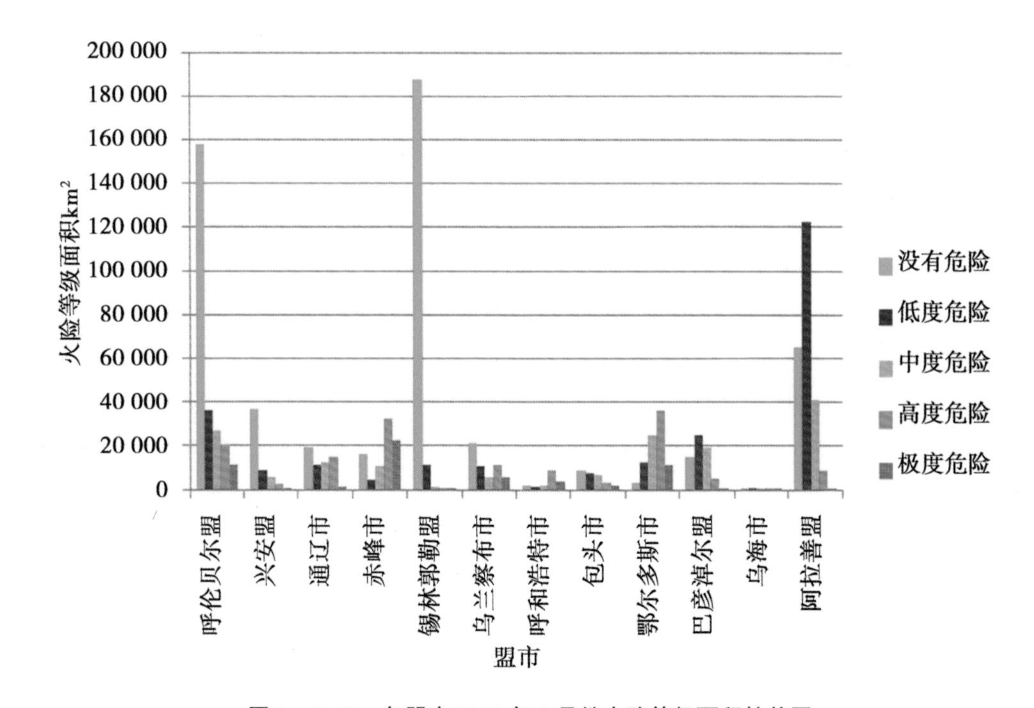


**图 3－3－7　各盟市 2011 年 1 月份火险等级面积柱状图**

**Fig. 3－3－7　the grassland fire danger grade's area histogram of every league January 2011**

通过分析表 3－3－6、图 3－3－7 和表 3－3－6 可得知，1 月份：内蒙古的中部和东部的大部分地区存在高度火险，其部分地区存在极度火险。其极度火险面积为 59 090 km²，占全区面积的 5.17%。高度火险面积为 144 387km²，占全区面积的 12.63%。

呼伦贝尔市绝大部分地区没有火险，中部地区零散分布着极高度和高度火险，其面积分别为 11 444km² 和 20 713km²，占全市面积分别为 4.5% 和 8.1%。

兴安盟绝大部分地区没有火险，其中部地区零散分布着高度火险，面积为 2 503 km²，占全盟面积的 4.6%。

通辽市以高度火险为主，面积为 14 819km²，占全市面积的 25%。

赤峰市西部主要以极度火险为主，东部以高度火险为主，极度火险面积为 22 619 km²，占全市面积的 26.1%，高度火险面积为 32 580km²，占全市面积的 37.6%。

锡林郭勒盟由于被积雪覆盖，因此，基本上是全盟范围无火险。

乌兰察布市火险区域分布特征为南部极度、高度火险，北部基本没有火险。其极度火险面积为 5 687km²，占全市面积的 10.4%。高度火险面积为 11 482km²，占全市面积的 21.01%。

呼和浩特市大部分地区为高度火险，高度火险面积为 8 516km²，占全市面积的 49.54%。大青山地区和南部地区有极度火险，极度火险面积为 3 605km²，占全市面积的 20.97%。

包头市南部以极度和高度火险为主。极度火险面积为 1 687km²，占全市面积约

6.07%。高度火险面积为 3 110km²，占全市面积的 11.19%。

鄂尔多斯市东部存在极度火险，西部以高度火险为主，南部以中级火险为主。极度火险、高度火险、中度火险面积分别为 11 015km²、35 838km² 和 24 711km²，占全市面积的比例分别为 12.68%、41.26% 和 28.45%。

巴彦淖尔市大部分地区是低度火险，中部地区以中度火险为主，零散分布着高度火险。高度火险面积为 5 300km²，占全区面积的 8.18%。中度火险面积为 19 286km²，占全区面积的 29.78%。

乌海市绝大部分地区存在极度和高度火险，其面积分别为 484km² 和 830km²，各占全市面积的 28.78% 和 49.35%。

阿拉善盟局部地区存在极度和高度火险，其面积分别为 350km² 和 8 524km²，各占全盟面积的 0.15% 和 3.59%。

3.4.4 2 月内蒙古草原火险等级空间分布特征分析（图 3－3－8 和 3－3－9）

通过分析表 3－3－7 可得知，2 月份：内蒙古的中部和东部的大部分地区存在高度火险，其中，部分地区存在极度火险。其极度火险面积为 40 645km²，占全区面积的 3.56%。高度火险面积为 220 257km²，占全区面积的 19.26%。

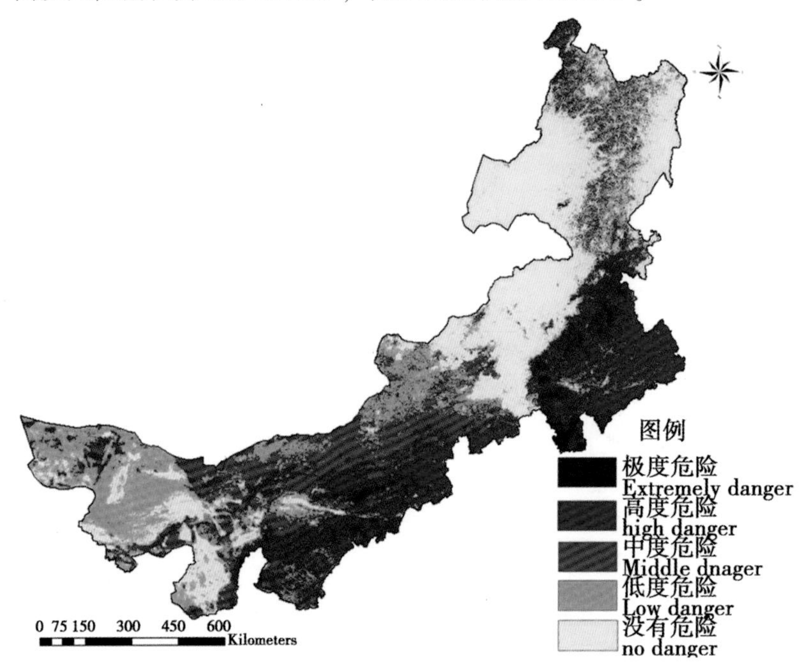


图 3－3－8 2011 年 2 月内蒙古草原火险等级分布图

Fig. 3－3－8 Inner Mongolia grassland fire danger grades map in February 2011

表 3－3－7 各盟市 2011 年 2 月份草原火险等级面积分布表

Tab. 3－3－7 the grassland fire danger grade' s area distribution table of every league February 2011

| 等级 | 面积（$km^2$） | | | | |
|---|---|---|---|---|---|
| | 没有危险 | 低度危险 | 中度危险 | 高度危险 | 极度危险 |
| 呼伦贝尔市 | 161 725 | 46 019 | 29 060 | 13 957 | 2 193 |
| 兴安盟 | 14 338 | 8 763 | 8 218 | 18 351 | 4 345 |
| 通辽市 | 1 942 | 2 092 | 10 820 | 39 845 | 4 474 |
| 赤峰市 | 12 772 | 4 886 | 11 409 | 38 865 | 18 779 |
| 锡林郭勒盟 | 96 904 | 49 576 | 44 423 | 9 585 | 184 |
| 乌兰察布市 | 740 | 7 971 | 20 217 | 24 000 | 1 706 |
| 呼和浩特市 | 90 | 310 | 3 943 | 10 506 | 2 341 |
| 包头市 | 60 | 655 | 16 686 | 8 722 | 1 662 |
| 鄂尔多斯市 | 3 414 | 12 460 | 31 801 | 35 438 | 3 734 |
| 巴彦淖尔市 | 851 | 16 346 | 37 360 | 9 744 | 452 |
| 乌海市 | 6 | 25 | 348 | 1 021 | 282 |
| 阿拉善盟 | 55 241 | 125 321 | 45 653 | 10 223 | 493 |

注：面积单位为平方千米（$km^2$）

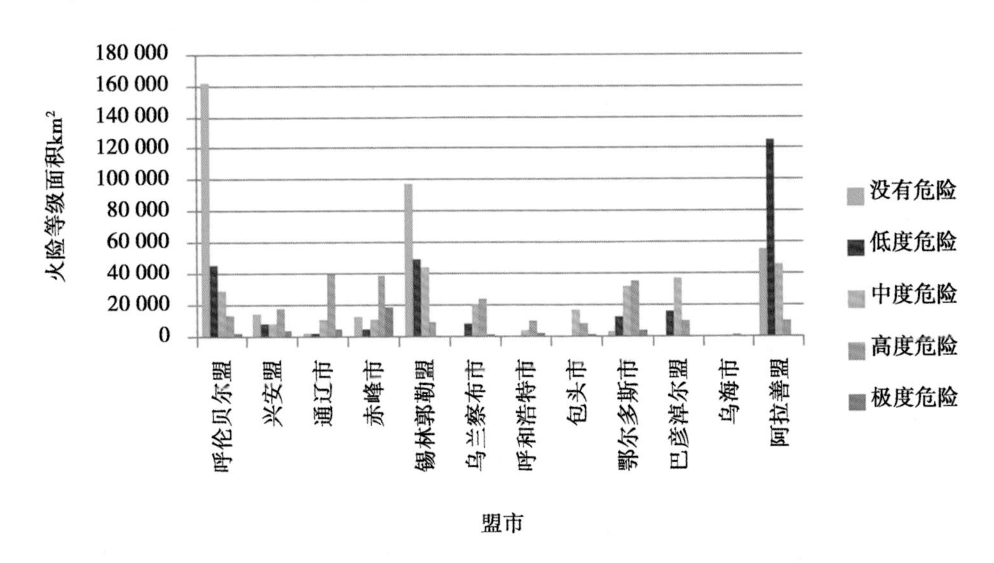


图 3－3－9 各盟市 2011 年 2 月份火险等级面积柱状图

Fig. 3－3－9 the grassland fire danger grade' s area histogram of every league February 2010

呼伦贝尔市东部和西部地区由于积雪覆盖不存在火险。中部地区零星分布着高度火险，其面积为 13 957$km^2$，占全市面积的 5.52%。

兴安盟高度火险面积为 18 351$km^2$，占全盟面积的 33.974%，少量分布着极度火险，面积为 4 345$km^2$，占全盟面积约 8.044%。

通辽市以高度火险为主，其面积为 39 845$km^2$，占全市面积的 67.336%。

赤峰市主要是以高度火险面积为 38 865$km^2$，占全市面积的 44.82%。极度火险的面积为 18 779km²，占全市面积的 21.66%。

锡林郭勒盟大部分地区由于积雪覆盖没有火险。西部积雪融化的地区有中度火险，中度火险面积为 44 423km²，占全盟面积的 4.78%。西南部零散分布着高度火险，高度火险面积为 9 585km²，占全市面积的 0.092%。

乌兰察布市火险区域分布特征为从南到北依次分布着高度、中度和低度火险。其高度火险面积为 24 000km²，占全市面积的 43.93%。中度火险面积为 20 217km²，占全市面积的 37%。低度火险面积为 7 971km²，占全市面积的 14.59%。

呼和浩特市大部分地区高度火险为主，面积为 10 506km²，占全市面积的 61.12%。极度火险主要分布在南部及大青山地区，面积为 2 341km²，占全市面积的 13.62%。

包头市南部为高度火险，面积为 8 722km²，占全市面积的 31.39%。北部为中度火险，面积为 16 686km²，占全市面积的 60.05%。

鄂尔多斯市东部存在极度火险，西部以高度火险为主，南部以中度级火险为主。极度火险、高度火险和中度火险的面积分别为 3 734km²、35 438km² 和 31 801km²，占全市的面积比分别为 4.3%、40.81% 和 36.62%。

巴彦淖尔市大部分地区为中度火险，面积为 37 360km²，占全市面积的 57.7%。中部地区零散分布着高度火险，面积为 9 744km²，占全市面积的 15%。

乌海市绝大部分地区存在极度和高度火险，其面积分别为 282km² 和 1 021km²，占全市面积的百分比分别为 16.77% 和 60.70%。

阿拉善盟局部地区存在极度和高度火险，其面积分别为 40 645km² 和 220 257km²，各占全盟面积的 0.21% 和 4.32%。

### 3.4.5 3月内蒙古草原火险等级空间分布特征分析（图 3-3-10 和 3-3-11）

**表 3-3-8 各盟市 2011 年 3 月份草原火险等级面积分布表**

**Tab. 3-3-8 the grassland fire danger grade' s area distribution table of every league March 2011**

| 等级 | 面积（km²） | | | | |
|---|---|---|---|---|---|
| | 没有危险 | 低度危险 | 中度危险 | 高度危险 | 极度危险 |
| 呼伦贝尔市 | 158 058 | 48 660 | 25 042 | 16 102 | 5092 |
| 兴安盟 | 4 800 | 3 011 | 3 913 | 19 820 | 22 471 |
| 通辽市 | 1 001 | 1 104 | 6 832 | 39 570 | 10 666 |
| 赤峰市 | 6 710 | 3 668 | 9 964 | 38 140 | 28 229 |
| 锡林郭勒盟 | 55 836 | 24 232 | 84 530 | 33 182 | 2 892 |
| 乌兰察布市 | 351 | 3 285 | 18 236 | 22 316 | 10 446 |
| 呼和浩特市 | 3 | 17 | 919 | 10 292 | 5 959 |
| 包头市 | 58 | 82 | 8 189 | 15 582 | 3 874 |
| 鄂尔多斯市 | 668 | 10 545 | 23 206 | 41 053 | 11 375 |
| 巴彦淖尔市 | 286 | 4 487 | 32 312 | 24 569 | 3 099 |
| 乌海市 | 6 | 9 | 128 | 680 | 859 |
| 阿拉善盟 | 10 042 | 149 306 | 48 464 | 27 514 | 1 605 |

注：面积单位为平方千米（km²）

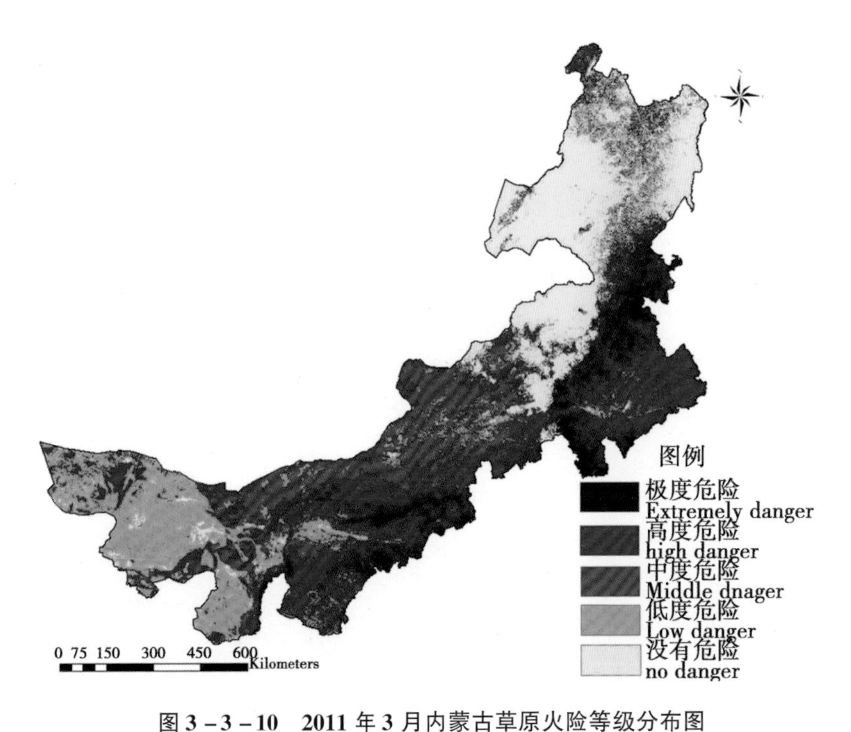


图 3－3－10　2011 年 3 月内蒙古草原火险等级分布图

**Fig. 3－3－10　Inner Mongolia grassland fire danger grades map in March 2011**

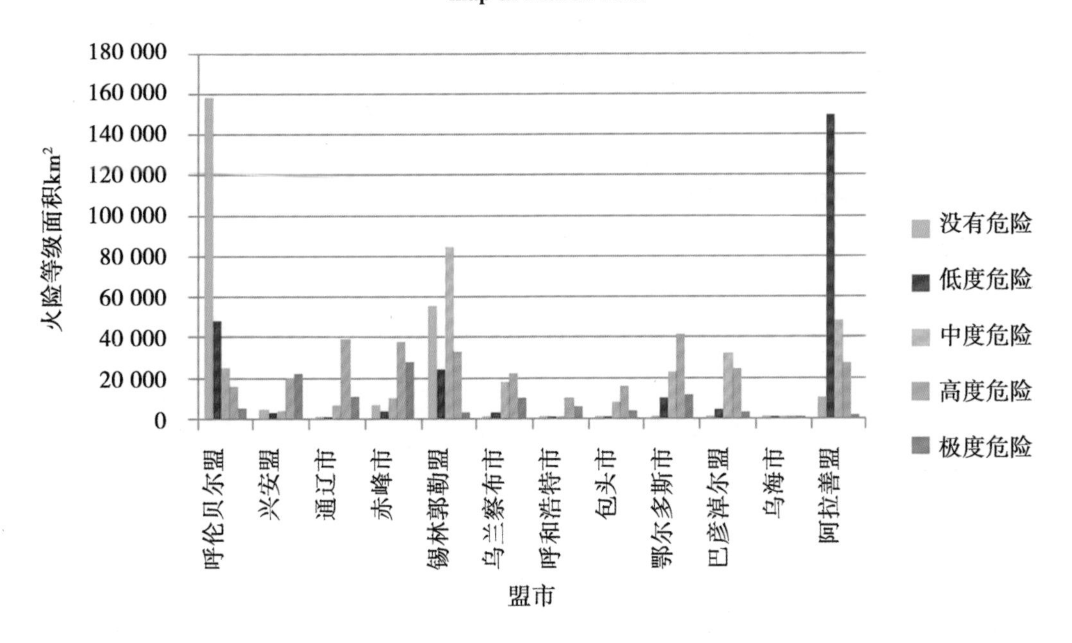


图 3－3－11　各盟市 2011 年 3 月份火险等级面积柱状图

**Fig. 3－3－11　the grassland fire danger grade' s area histogram of every league March 2010**

通过分析图3－3－10、图3－3－11和表3－3－8可得知，3月份：内蒙古的中部和东部的大部分地区存在高度火险，其中部分地区存在极度火险。极度火险面积为106 567km$^2$，占全区面积的9.32%，高度火险面积为288 820 km$^2$，占全区面积的25.26%。

呼伦贝尔市东部、西部地区没有火险，中部地区有高度火险，面积为16 102km$^2$，占全市面积的6.37%。

兴安盟极度火险面积为22 471 km$^2$，占全盟面积的41.60%。高度火险的面积为19 820km$^2$、占全盟面积的36.69%。

通辽市以高度火险为主，其面积为39 570km$^2$，占全市面积约66.87%。

赤峰的极度火险面积为28 229km$^2$，占全市面积约32.56%。高度火险区域分布在赤峰市北部与西南部，面积为38 140km$^2$，占全市面积的43.99%。

锡林郭勒盟东部没有火险，中西部中度火险，南部高度火险。高度火险面积为33 182km$^2$，占全市面积的16.54%。中度火险面积为84 530 km$^2$，占全盟面积的42.12%。

乌兰察布市火险区域分布特征为南到北极度、高度、中极度火险依次分布。极度火险面积为10 446km$^2$，占全市面积的19.12%。高度火险面积为22 316km$^2$，占全市面积的40.85%。中度火险面积为18 236km$^2$，占全市面积的33.378%。

呼和浩特市大部分地区高度火险为主，极度火险主要分布在南部及大青山地区，其面积极度火险为5 959 km$^2$、约占34.67%，高度火险面积为10 292 km$^2$，约占59.87%。

包头市南部为高度火险，面积为8 189km$^2$，占全市面积约56.08%。北部中度火险为主，面积为15 582km$^2$，占全市面积的29.47%。

鄂尔多斯市东部存在极度火险，面积为11 375km$^2$，占全市面积的13.1%。西部为高度火险，面积为41 053 km$^2$，占全市面积的47.27%。南部为中级火险，面积为23 206km$^2$，占全市面积的26.72%。

巴彦淖尔市南部为高度火险，面积为24 569km$^2$，占全市面积的37.943%。北部为中度火险，面积为32 312km$^2$，占全市面积的49.9%。

乌海市绝大部分地区存在极度和高度火险，其面积分别为859km$^2$和680km$^2$，各占全市面积的50.54%和41.20%。

阿拉善盟局部地区存在极度和高度火险，其面积分别为1 605km$^2$和27 514km$^2$，各占全市面积的0.68%和11.61%。

3.4.6　4 月内蒙古草原火险等级空间分布特征分析（图 3－3－12 和 3－3－13）

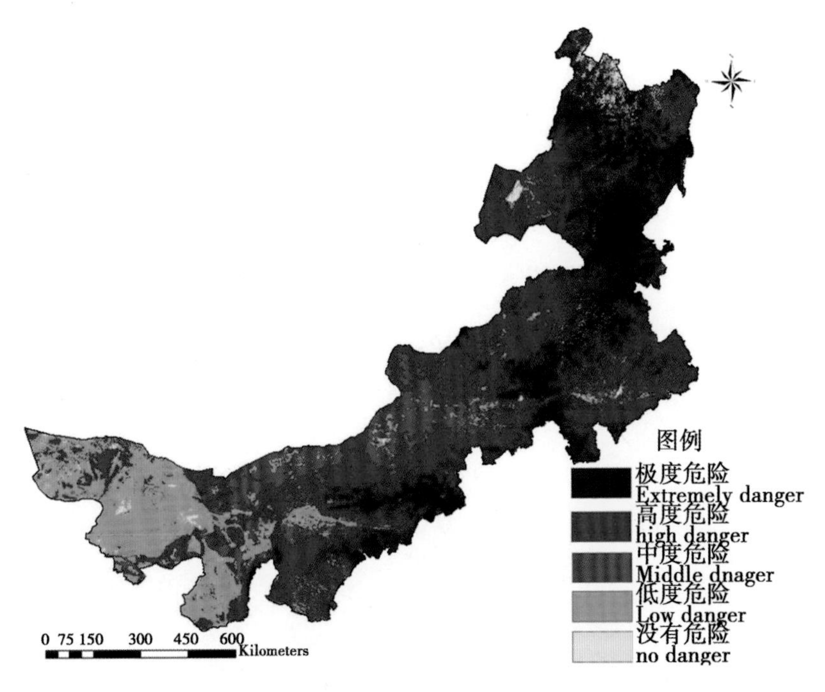


图 3－3－12　2011 年 4 月内蒙古草原火险等级分布图

Fig. 3－3－12　Inner Mongolia grassland fire danger grades map in April 2011

表 3－3－9　各盟市 2011 年 4 月份草原火险等级面积分布表

Tab. 3－3－9　the grassland fire danger grade's area distribution table of every league April 2011

| 等级 | 面积（$km^2$） | | | | |
|---|---|---|---|---|---|
| | 没有危险 | 低度危险 | 中度危险 | 高度危险 | 极度危险 |
| 呼伦贝尔市 | 6 228 | 7 632 | 19 274 | 101 190 | 118 630 |
| 兴安盟 | 165 | 101 | 1 042 | 13 502 | 39 205 |
| 通辽市 | 410 | 1 041 | 5 999 | 36 367 | 15 356 |
| 赤峰市 | 515 | 1 894 | 8 413 | 39 380 | 36 509 |
| 锡林郭勒盟 | 868 | 5 094 | 48 935 | 117 161 | 28 614 |
| 乌兰察布市 | 272 | 2 421 | 13 155 | 21 234 | 17 552 |
| 呼和浩特市 | 2 | 5 | 499 | 8 348 | 8 336 |
| 包头市 | 57 | 19 | 3 497 | 18 551 | 5 661 |
| 鄂尔多斯市 | 171 | 9 560 | 19 512 | 42 936 | 14 668 |
| 巴彦淖尔市 | 227 | 4 236 | 32 927 | 24 113 | 3 250 |
| 乌海市 | 6 | 2 | 131 | 693 | 850 |
| 阿拉善盟 | 4 446 | 151 587 | 44 034 | 35 140 | 1 724 |

注：面积单位为平方千米（$km^2$）

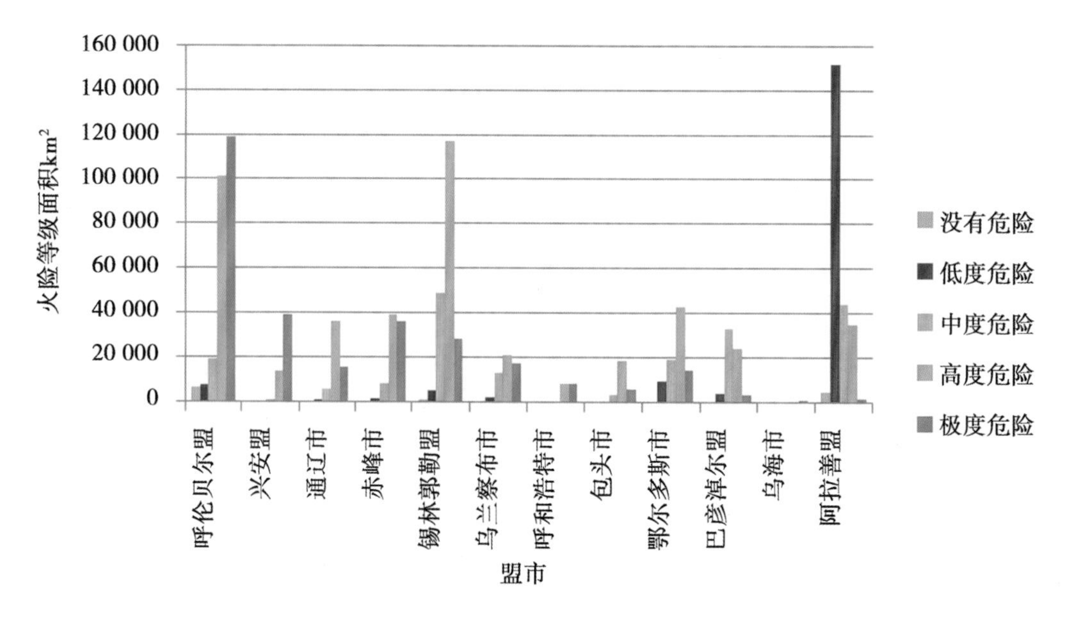


图 3－3－13　各盟市 2011 年 4 月份火险等级面积柱状图

Fig. 3－3－13　the grassland fire danger grade's area histogram of every league April 2011

通过分析表 3－3－9、图 3－3－12 和图 3－3－13 可得知，4 月份：内蒙古的绝大部分地区存在极度火险与高度火险，其中极度火险面积为 290 355km²，占全区面积约 25. 4%。高度火险面积为 458 615km²，占全区面积约 40. 11%。

呼伦贝尔市大部分地区为极度、高度火险，其中 46% 地区为极度火险，面积为 118 630km²。40% 的地区为高度火险，面积为 101 190km²。

兴安盟主要是以极度火险为主，其面积为 39 205km²，占全盟面积的 72%。高度火险的面积为 13 502km²，占全盟面积的 24%。

通辽市以高度火险为主，其面积为 36 367km²，占全市面积的 61%。极度火险区域主要分布着通辽市北部，面积为 15 356km²，占全市面积的 25%。

赤峰市主要是以高度火险为主，其面积为 39 380km²，占全市面积的 45%。极度火险区域主要分布在赤峰市北部与西南部，面积为 36 509km²，占全市面积的 42%。

锡林郭勒盟以高度火险为主，其面积为 117 161km²，占全市面积的 58%。极度火险区域主要分布在锡林郭勒盟东南部，面积为 28 614km²，占全市面积的 14%，西部地区以中度火险为主。

乌兰察布市火险区域分布特征为以南到北极度、高度、中度火险依次分布。极度火险面积为 17 552km²，占全市面积的 24%。高度火险面积为 21 234km²，占全市面积的 38%。中度火险面积为 13 155km²，占全市面积的 32%。

呼和浩特市中部和南部地区以极度火险为主，北部地区以高度火险为主，其面积分别为 8 348km² 和 8 348km²，分别占全市面积的 48. 56% 和 48. 49%。

包头市为高度火险为主，其面积为 18 551km²，占全市面积的 67%。

鄂尔多斯市东部存在极度火险，其面积为 14 668km²，约占全市面积的 16%。其他大部分地区为高度火险，其面积为 42 936km²，占全市面积的 49%。北部和东南部为中度火险，其面积为 19 512km²，占全市面积的 22%。

巴彦淖尔市中部存在高度火险，其面积为 24 113km²，占全市面积的 5%，北部中度火险，其面积为 32 927km²，占全市面积的 37%。

乌海市绝大部分地区存在极度和高度火险，其面积分别为 850km² 和 693km²，各占全市面积的 50.53% 和 41.20%。

阿拉善盟局部地区存在极度和高度火险，其面积分别为 1 724km² 和 35 140km²，各占全盟面积的 1% 和 14%。

### 3.5　精度检验

在遥感技术和地理信息系统空间分析方法的支持下，利用以上的预报方法结合天气情况的短期预报数据，可以预报未来 24～48 小时内的内蒙古草原火险等级分布情况。2011 年 10 月 28 日内蒙古草原火险等级分布图（图 3－3－14）中可看出内蒙古东部的大部地区草原火险等级为易燃或极易燃，而事实上该日在内蒙古赤峰市、通辽市和兴安盟发现多处火点。

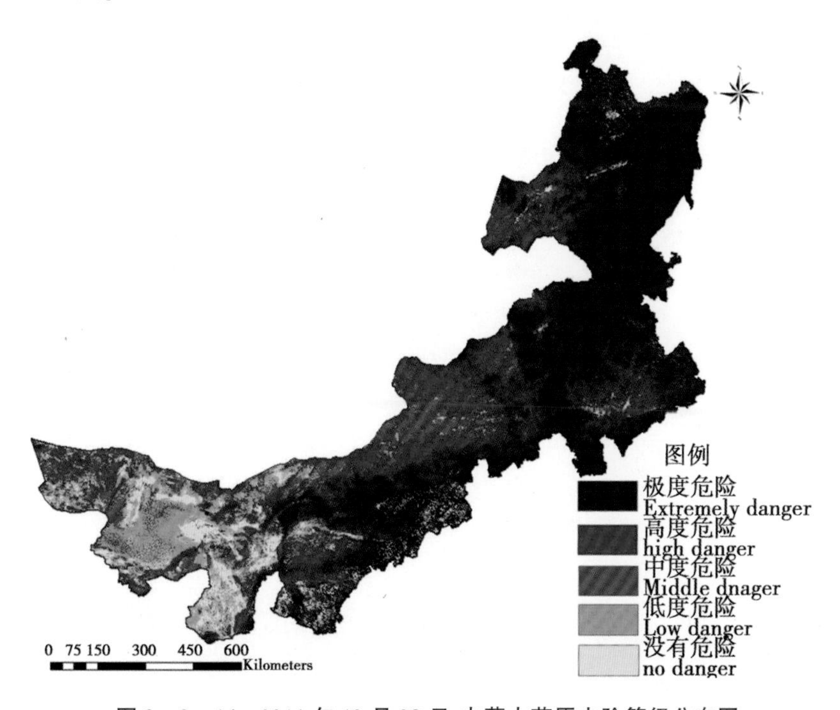


图 3－3－14　2011 年 10 月 28 日 内蒙古草原火险等级分布图

Fig. 3－3－14　Inner Mongolia grassland fire danger grades map of 28th October，2011

通过数据抽样回代检验进行预报模型的精度检验。分析 2010 年 10 月至 2011 年 4 月期间卫星遥感监测到的 84 个火点与对应的火险等级后发现有 81 个火点落在Ⅲ级以上（含Ⅲ级）火险等级范围内，火点落区拟合准确率达 96.42%，表明该草原火险等级短期预报方法对于火险等级的定量划分指标及其描述与实际基本相符合，可以用于草原火险短期预报的实际应用。

## 4 小结

可燃物量在草原火险预警研究中是具有很高的权重，之前草原火险预警研究都是基于生长季的可燃物量进行预警研究，而我国草原地区多分布于我国北方的干旱半干旱地区，其火灾通常是发生在枯草期，在生长季节发生火灾较少。很显然，如果应用生长季可燃物量进行草原火险研究误差会较大，因此，本章中创新性地选用枯草期可燃物量作为计算草原火险指数的指标，另外增选了积雪覆盖、草地连续度、日降水量、日最小相对湿度、日最高气温、日最大风速等6个指标进行火险预警研究。各指标的权重采用层次分析法确定，建立了进行短期预报的草原火险指数模型，应用该模型将内蒙古草原的火险状态划分为没有危险、低度危险、中度危险、高度危险、极度危险5级。通过数据抽样回代检验进行预报模型的精度检验，火点落区拟合准确率达96.42%，表明该草原火险等级短期预报方法对于火险等级的定量划分指标及其描述与实际基本相符合，可以用于草原火险短期预报的实际应用。

该模型是基于遥感和地理信息系统技术的考虑多个草原火灾影响因子的火险综合评价，运用该预报方法可以准确地预测火灾发生的可能性和蔓延的行为，可在草原防火期进行定期或不定期的草原火险短期（24～48h）的动态预报。模型的建立与应用将会提高我国北方草原地区草原火险等级预报的精度，给决策部门提供足够的时间做好防范工作，从而减少火灾发生次数和损失。

# 第四章　乌珠穆沁草原火险预警（1）

## 1　引言

### 1.1　研究目的及意义

我国草地资源分布较广，天然草原面积近4亿$hm^2$，约为国土总面积的41.7%；可利用草原面积为3.31亿$hm^2$，占草地资源总面积的84.3%。大部分天然草原主要分布在我国北方干旱、半干旱地区，该区域气候特点是：春季干旱少雨，多大风；夏季降水集中，短促；秋季昼夜温差大；冬季漫长，严寒干燥，枯草期长。这样的自然条件从客观上为草原火灾的发生创造了条件。根据农业部草原防火指挥部统计，在我国近4亿$hm^2$草地资源中，火灾易发区面积占到1/3，频繁发生火灾的草原面积占到1/6（张继权，2007）。

草原火灾的发生具有三个特点：突发性、随机性和不确定，其形成原因复杂，涉及气象因子、人类活动、可燃物状况、周边地理环境等（傅择强，2001），因此，草原火险具有一定的时空分布特征。草原火灾在一定意义上对草原生产与发展有着重要的影响，表现为二重性（苏和等，1996），一方面，表现为对草原生态系统具有有效的生态效应，例如，可以有效的改良土壤肥力，对鼠害也具有一定的抑制作用，可以清除枯草、寄生虫和一些病菌等。另一方面，则是对草原生态系统起到破坏作用，不仅危及人民的生命财产安全，同时对草原畜牧业的持续稳定的发展形成干扰。例如：草原火灾导致大面积草场资源被毁坏，过火区地上植物种类和生物量的减少等；由于牧草产量的减少，畜牧业生产也受到直接影响。对于脆弱的草原生态系统，也易引起草原生态平衡的破坏。

草原火险（Grassland fire danger）是指在某一地区某一时段内着火的可能性及着火的危险程度。根据预报时效的长短可将其分为短期预报、中期预报、长期预报。短期预报是指对未来24～48h草原火险情况的预报；中期预报是指对未来3～15天的预报；长期预报是指1个月到1年的预报。

在草原火险等级预报中，火险预警指标的选取成为关键，早期的草原火险预警中，学者们在构造草原火险指数时用到的影响因子主要是可燃物数据和气象数据，包括可燃物量、可燃物含水率、大气温度、大气湿度、降水量、风速等；之后逐渐加入地形因子和社会因素，包括坡度、坡向、环境、人类活动等。随着遥感技术的发展大区域尺度草原火险的监测成为研究的主要方向，使大范围的地面草产量估测、土壤湿度估测、地表温度估测等成为可能。

研究区乌珠穆沁草原内仅有3个气象站点，所以在草原火险预警时各个指标每月均只有3个值，得到的气象数据对于草原火险预警等级的划分无明显效果。而研究中大气温度、大气湿度数据主要来自气象站点的观测，受制于研究区气象站点数的局限性，只能获得空间上离散的有限点观测数据；GIS的空间插值法的运用，一样受制于研究区气象站点的密度和分布特征，也得不到满意的气象分布数据（Lakshmi，2001；Mao，2008）。由于地表温度与土壤湿度均反映了大气温度与大气湿度，所以本文在对研究区草原火险指数构造时，运用遥感的方法对枯草期可燃物量，地表温度与土壤湿度进行了反演。

其中地面堆积的可燃物作为植被的主要组成部分，其量的多少成为起火的关键因素，决定了草原火险的危险程度，二者有着高度正相关性。目前针对草原火险等级预报主要是利用生长季的可燃物量来计算，而我国北方草原火灾主要发生在枯草季节，为了减少以生长季的可燃物量作为火险预报因子所造成的误差，本论文选用枯草期的可燃物量作为火险预报因子之一（云锦凤，2002；苏和等，1996；傅泽强，2001；武文杰等，2003；佟志军等，2008）。

地表温度（LST）是大气与陆地表面物质和能量交换的重要参数，是研究区域和全球大尺度地表物理过程的一个关键因子（Sun，2005）。它在草原火灾监测、土壤湿度监测、地理位置判别等方面具有重要作用；对于植物的生长发育、估产、地表蒸散等有重要的影响。卫星遥感的应用能够大区域大尺度的对地面温度进行监测，提供大范围的空间上连续的地表和大气信息。

土壤湿度表示为一定深度土层中土壤含水量，又被称为土壤水分含量（张清，2008），是地球生态系统的重要的环境因子；也是植被状态变化表现的最活跃因子，陆面参数化的一个关键变量。在地表土壤水分和大气间物质与能量交换中起着重要的作用，同时对陆地表面水分的蒸散、循环等方面起到控制的作用。由于土壤湿度与大气湿度之间物质与能量的交换，反映了大气湿度。

内蒙古是森林草原大省区，是草原火灾的多发区之一。据统计从1986—1997年间，内蒙古特大草原火灾主要发生在锡盟的东北部区域，包括东乌旗、西乌旗、锡林浩特市和阿巴嘎旗。其中，东乌旗火灾发生最多，火灾次数占64.1%，过火面积占88.84%；西乌旗次多，火灾次数占17.95%，过火面积占5.08%（佟志军等，2007）。

乌珠穆沁草原地处内蒙古锡林郭勒盟东北部，包括东乌珠穆沁旗和西乌珠穆沁旗，总面积近7万$km^2$，是全国最为典型的温带草原，东邻兴安盟、通辽市，南部与赤峰市巴林右旗、林西县、克什克腾旗接壤，西部与白音锡勒牧场、锡林浩特市相连，北邻蒙古国。该区特点为春季干旱多风、枯草期长、秋季昼夜温差大、冬季漫长干燥；地广人稀、交通不便，时常受到蒙古国边境地区过境火的影响，有时也会因当地居民用火不当引发火灾（刘桂香，1999）。研究区植被覆盖度大，可燃物量较多，最多可燃物量达255.2$g/m^2$，导致草原火灾频繁发生。

这一区域牧草生长规律为：随着春季气温回升、降水量增加，牧草开始返青并加速生长；在牧草生长后期即 8 月中旬到 9 月中旬，生物量达到最大；之后会随着气温的降低，植物停止生长进入休眠期，这时植物的枯枝落叶变成了可燃物（色音巴图，2002）。地面堆积的可燃物是草原起火的关键因素，也是草原火燃烧的物质基础。草原火灾的发生、发展、蔓延及其严重程度都与可燃物的性状有着密切的关系。草地植被是可燃物的主要承载体，进入草原防火期后，草原上的可燃物主要以干枯的牧草为主体，地面的枯枝落叶一般不易分解，相对于植被茂密牧草生长较好的草原区，休眠期地面累积的枯枝落叶丰厚，再加上前几年残留的枯草，极易引起草原火的燃烧。

乌珠穆沁草原作为内蒙古及我国重要的畜牧业生产基地之一，受自然、人为和社会等因素的共同影响，草原火灾在这一区域频繁发生。草原火灾突发性强，危害大，它的发生不仅给当地农牧民带来了巨大的损失，也使草原生态环境遭到破坏。如：2005 年 10 月 16 日内蒙古东乌珠穆沁旗发生草原大火，烧毁草场面积约 1 万 $hm^2$。据了解，起火时风力达 7 至 8 级，而当地进入秋季以来，持续干旱，特别是这一地区牧草盖度很高，地表可燃物多，火势在短时间内迅速蔓延开来。火灾发生后烧毁草场面积约 1 万 $hm^2$，烧死羊 200 余只（http：//2010jiuban. agri. gov. cn/dfxxlb/nmgxxlb/t20051019_477658. htm）。2010 年 5 月 16 日内蒙古自治区锡林郭勒盟东乌珠穆沁旗发生一起草原火灾，公安边防派出所带领牧民群众全力奋战 3 个多小时，将大火成功扑灭，烧毁草场面积约 1800 亩（http：//news. 163. com/10/0517/16/66T9INOS000146BC. html）。2012 年 3 月 28 日，锡林郭勒盟东乌珠穆沁旗发生草原火灾，共烧毁草场 10 万多亩。经过 6 个多小时的奋战，大火被成功扑灭，未造成人员伤亡（http：//news. sina. com. cn/c/2012 -04 -08/190924238016. shtml）。

由于研究区草原辽阔，地广人稀，气象站点少等状况，当有草原火灾发生，发现的时间、火情的蔓延、以及扑救人员的赶到，都会因不及时，而耽误最佳灭火时间。运用遥感卫星数据对草原火险进行监测与预警具有相当大的优越性，遥感卫星数据不仅时间分辨率高，而且空间覆盖面大。以往的草原火灾监测与预警都是以地面可燃物量数据和气象因子为主要影响因素构建草原火险指数进行草原火灾预警和等级划分，而研究区内气象站点少，得到的气象数据较少不具有明显的等级，无法反应不同区域水热的不同，所以本论文运用遥感反演的方法，对研究区枯草期连续 7 个月，各个月份可燃物量、地表温度、土壤湿度进行反演，将三个指标因子作为火险等级影响因子对研究区进行草原火险预警。

## 1.2 国内外相关研究进展

### 1.2.1 枯草期可燃物量遥感估测研究进展

目前关于草原可燃物量的获取主要有三种方法：包括地面样方估算、气候模型、遥感模型等（陶国伟，2007）。早期草原生物量的研究，国内外学者们都基于简单的统计学方法建立经验统计模型，将实测产草量与气象因子（气温、降水、湿度等）相结合，做相关性分析后建立数学统计模型；随着计算机技术的发展，遥感技术被应用到大面积的草原产草量监测中，其原理是根据草地光谱反射是草地植被、土壤、大气、水分等多因子作用形成的综合反射，反射率大小受草地类型、种类成分、植被盖度、植物含水量、土壤理化特征、大气状况等多种因素的影响；由于地面物体的不同，其反射光谱也具有不同的特征。枯草与土壤之间就有着差异明显的光谱曲线。

当地面完全被枯草覆盖时，反射率达到最低；当地面无枯草覆盖完全裸露时，反射率达到最高；当地面枯草覆盖度处于两者之间时，反射率为中间值（裴浩等，1995），遥感估产就是运用了这个原理。近代学者们运用遥感监测草原产草量，进行了大量的研究，他们利用遥感影像上提取出的波段信息，对波段信息进行不同的线性组合，得到各种植被指数，并对研究区草地生长期各个阶段植被指数的变化进行了分析（李素英，2007；张连义，2008；李海亮等，2009）。有些对产草量进行了等级划分并制作植被指数等级图，其中 NDVI 是最多被用于遥感估产方面的植被指数（李建龙，1996；黄敬峰等，1999；王建伟，2006）。相对于盛草期植被长势及可燃物产量的遥感监测而言，枯草期可燃物量遥感监测研究更少、更难；枯草期通常从本年 10 月上旬开始至翌年 5 月上旬结束，目前枯草期可燃物量的监测，对于 MODIS 数据主要是运用其 Ch1 与 Ch2 通道的反射率，枯草季可燃物量与这两个通道的反射率都呈显著的负相关，大量研究表明通道 Ch1 要比 Ch2 与枯草季可燃物量的相关性大，所以很多学者运用 Ch1 与实测样点可燃物量之间的关系来监测枯草季的可燃物量（裴浩等，1995；崔庆东等，2009；都瓦拉，2012）。

### 1.2.2 地表温度反演研究进展

针对地表温度（LST）反演最常用的方法是分裂窗算法（Split Windows）。国外作者 Price 早在 1984 年就根据大气辐射传输理论提出了分裂窗算法，主要运用 NOAA/AVHRR 数据的 4 通道、5 通道亮温进行反演，之后 Becker（1990）、Sobrino（1991）、Coll（1994）等在 Price 的基础上对 LST 计算公式进行了改进，加入了水汽含量、地面比辐射率、观测角度等因子，对地表温度的反演公式进行了完善。

国内大多数学者在 NOAA/AVHRR 数据的基础上，运用分裂窗算法对 MODIS 数据进行地表温度反演做了很多研究。覃志豪（2005）利用分裂窗算法对 MODIS 卫星遥感数据进行地表温度反演时，分析得出 MODIS 的近红外波段适宜于反演大气水汽含量，大气透过率则主要从 MODIS 的近红外波段数据反演得到大气水汽含量，并对地表比辐射率和大气透过率两个参数进行了敏感性分析，当 31、32 两个波段的数据估测有中等误差时，因地表温度误差对大气透过率和地表比辐射率两个参数都不敏感，引起的地表温度误差范围为 0.6 ~ 0.8℃，由此可得到较高精度的地表温度反演结果。

丁莉东等（2005）根据劈窗算法运用 MODIS 影像数据计算出大气透过率、地表比辐射率两个参数之后，对江苏省地表温度进行了反演。徐国鹏等（2007）利用劈窗算法对湖北省地表温度进行了反演，并将反演结果与地面同步实测数据进行了精度分析，平均误差为 0.5℃，精度比较高。高懋芳等（2007）运用地表植被覆盖度的不同来对地表比辐射率进行估计，同时引入了辐射比率参数及其确定方法。王铁等（2009）以天津作为研究区，将MODIS数据的分裂窗算法运用到该区的地表温度反演中，并将反演数据与实测数据进行了比较，结果显示相关性很好，能够真实的反应该区的地表温度分布特征。包刚等（2009）运用MODIS数据的波段1、波段12和波段19对地表比辐射率和大气透过率进行计算，并通过热红外波段31、32和分裂窗算法对内蒙古地表温度进行了反演。霍艾迪（2009）等利用MODIS数据的可见光波段、近红外波段和中红外波段，运用劈窗算法对陕北沙漠化地区进行了地表温度的反演，得到结论劈窗算法简化模式能获得较准确的地表温度。孟反影（2010）等根据Qinetal提出的两因素模型，即大气透过率和地表比辐射率，运用MODIS数据波段分别计算星上亮温、地表比辐射率、大气透过率，最后通过分裂窗算法模型反演出吉林省西部连续的地表温度。通过实验验证，该方法能够较好的反演地表温度。杨鹏等（2011）在Sobrine、覃志豪等提出的NDVI$^{TEM}$和监督分类两种方法的基础上，通过劈窗算法在MODIS数据的基础上对安徽省地表温度进行了反演，反演结果与NASA的地表温度产品比较后，平均误差仅1K左右。

### 1.2.3　土壤湿度反演研究进展

国外运用遥感对土壤水分进行监测开始于19世纪60年代末，随着科技的进步，70年代遥感监测应用研究在土壤水分监测上得到了深入的发展，如Waston（1971）等运用热模型监测土壤水分，之后Bijleveld等（1978）又提出了计算热惯量和每月蒸散发的模型。20世纪80年代后，随着航空遥感、卫星遥感、地面遥感在监测领域的运用，土壤水分的遥感监测也得到改进，应用到的遥感波段主要有近红外、热红外、微波和可见光等。监测方法包括作物表层温度、土壤热容量、地区蒸散发估计、土壤水分含量等。同时很多学者运用遥感数据资料，如TM数据和NOAA-AVHRR数据计算植被指数并构建土壤有效水分含量监测模型等，如Jakson（1983）等利用NDVI监测到植物指数随着干旱的发生有着明显的变化。Carlson（1986）在NOAA/AVHRR数据的基础上对热惯量和土壤有效水分进行了计算。Price（1985）等用植被指数、地表温度两个因子对区域蒸散量进行估测。Sandholt（2002）利用陆地表面温度（LST）和归一化植被指数（NDVI），结合可见光、热红外、近红外等信息，构建了温度植被干旱指数模型（TVDI），并对空间地表土层湿度进行了反演；该指数只表示土壤湿度的相对状态。

我国国内对土壤水分遥感监测的研究要比国外晚10年左右。早期的研究主要是运用遥感对土壤参数进行测定，用到的方法主要是近红外、远红外、微波遥感等。如黄扬（1986）对土壤含水量和微波遥感反射特性的关系进行了研究。唐登银（1987）在能量平衡原理的基础上提出了干旱指数法。张仁华（1989）运用红外信息对作物缺水状况和表观热惯量模式进行了估计。90年代后，热红外遥感、植被指数供水指数、微波遥感、距平植被指数法等成为我国土壤水分遥感监测的主要方法。其中遥感资料NOAA/AVHRR被广泛用于大区域土壤水分监测中，如：隋洪智（1990）在简化能量平衡方程的基础上，运用NOAA/AVHRR资料推算出了表观热惯量（ATI）的量。部分学者从土壤热性质出发根据热传导原理，建立了表层热惯量的方法。如余涛等（1997）在土壤表层热惯量的基础上，运用NOAA/AVHRR数据对土壤表层水分含量进行了监测。部分学者还运用植被信息和地表温度为参数，构建旱情指数对研究区域土壤水分进行监测，如：齐述华（2003）结合植被覆盖信息和陆地表面温度信息构建了温度植被旱情指数（TVDI），结果表明：旱情指数（TVDI）能够很好的反演表层土壤水分变化信息。

### 1.2.4 草原火险预警研究进展

国际上，在早期的草地火方面的研究美国和加拿大处于领先地位。加拿大于1968年开始在以林火气象信息为基础对森林火系统中的可燃物类型、气象因子、可燃物湿度等影响因素进行了综合考虑，对野火发生后的燃烧速率、过火面积、火强度、火形态等进行了定量计算与模拟。1972年美国就制定出了全国的火险预报系统并在1978年将其完善。大多数国家如新西兰和澳大利亚，在火险指数构造时主要是将可燃物特征和气象条件作为两个方面的考虑因素，少数国家如美国，加拿大在构建火险指数时会考虑到地形因子。

20世纪90年代随着信息技术的发展，遥感与“3S”技术在一些发达国家被运用到林草火灾预警与监测研究中，并取得较好的成果。在利用遥感数据进行林草火险监测与评估方面，美国、加拿大、西班牙及澳大利亚等国走在世界的前列。Lopez（1991）利用NOAA-AVHRR图像数据对西班牙的森林火险进行了监测和评价，并进一步将可燃物类型图、气象数据和遥感数据进行集成，利用潜在火险指数FPI（Fire Potential Index），对全欧洲进行了森林火险评价；Paltridge（1988）利用NOAA-AVHRR影像数据对澳大利亚的草原干燥度存在的潜在火险进行了监测和评估；Chuvieco（1994）等运用NOAA-AVHRR数据计算得到的地表温度Ts、NDVI和相对绿度RGRE三个参数，监测植物含水率并以此对西班牙的森林火险进行评估。

我国对森林草原火灾研究起步较晚，且多数研究集中在林火方面；草原火灾的研究在20世纪90年代后开始进行。早期的火险预报主要是利用气象数据和地面观测数据，遥感技术应用的很少，随着科学技术的发展，遥感技术逐步被应用到草原火灾监测中。

（1）气象因子、植被状况与火险等级划分方面的研究：草原火灾的发生与发展是个非常复杂的过程，涉及了许多因素的综合作用。在进行火险预报时需要针对不同的研究区域，选择具有代表性的影响因子。目前，最常用的火险指标包括以下几个方面：植被因素、地形条件、气象环境、人为因素等。这些因子对草原火灾的发生与发展有着重大的影响，长时间的累积效应也会影响植被的状态，从而间接影响草原火的发生（王丽涛，2008）。

在我国早期的火险预报中，学者们主要是利用气象数据和草原火灾资料。气象环境因素是一个不断变化的动态因子，它在草原火险等级评估中是被应用最早和最普遍的要素。在不同区域进行火险等级预报与划分时，选取影响火灾发生的的主要气象因子，并结合当地的草原火灾特点、历史资料，采用数学统计的方法，对二者之间进行相关性分析，建立草原火险等级预报模型。例如：许东蓓（2006）、袁美英（1997）均采用模糊数学法建立了草原火险等级预报模型。李兴华（2001）在相关分析和判别分析法的基础上，建立了内蒙古东北部森林草原火险等级预报系统。李春云（1997）、张景华（2005）、梁瀛（2010）、戴宏丽（2010）等通过对草原火灾与气象要素中多个因子的综合关系，对研究区域进行草原火灾火险等级预报。

植被是草原火灾的主要承载体，植被类型在一定程度上决定了可燃物的数量与空间分布，可燃物状况对火灾发生与发展都有着重大影响。所以，有些学者把可燃物特征作为了火险预报中的一个评估因子进行研究（罗永忠，2005；薛家翠，2006）。如色音巴图（色音巴图，2002）的草原可燃物动态研究，通过进一步研究草原可燃物量及其含水量在时空的动态变化规律，为草原防火提供科学依据。

（2）草原火灾遥感监测方面的研究：20 世纪 80 年代开始，随着计算机技术的迅猛发展，遥感技术被应用到火险预报、火险等级划分等领域。基于气象数据在火灾风险预报时，受限于气象站密度和插值算法的精度，而遥感技术的应用为我们弥补了这方面的空缺。遥感技术可以快速而经济地获取大范围的地表信息，在草原火险等级评估中的运用，具有重要现实意义。我国学者在运用遥感进行草原火灾监测时做了大量工作（王立新，2003；周伟奇，2004；刘峰，2004；李进文等，2005；李贵霖，2006）；在监测工作中利用遥感、GIS 和层次分析法对研究区草原火险等级进行了评价；火险等级划分时对草原植被因子、地形因子、气候因子等进行了综合考虑，并在层次分析法确定权重的基础上对草原火险等级进行了划分，实现了利用遥感技术进行火灾监测，火灾等级估计精度也超过了 86%。如：苏和、刘桂香（1998，2001）在 1996 ~ 2001 年利用遥感、计算机、地面资料结合当地气象资料进行综合分析，实时监测我国草原火灾的发生与发展动态。杨存建（2010）等利用遥感对火险等级进行划分时考虑了多个影响因子，并运用层次分析法确定各因子权重后对四川省林草地的火险等级进行了评价。其中中国农业科学院草原研究所自 1994 年以来，率先采用遥感技术与地面资料相结合的方法，对我国草原火灾进行实时监测与预警，先后完成农业部多个项目，并对我国各省区划分了火险等级区划图，还对北方草原火灾损失评估的方法进行了研究，在草原火灾监测与评价方面也都有研究。

## 1.3　研究区域概况

### 1.3.1　地形面貌

乌珠穆沁草原地处内蒙古锡林郭勒盟东北部，包括东乌珠穆沁旗和西乌珠穆沁旗，总面积近 7 万 $km^2$，是全国最为典型的温带草原。位于北纬 43°52′ ~ 46°40′，东经 115°10′ ~ 120°47′之间，东邻兴安盟、通辽市，南部与赤峰市巴林右旗、林西县、克什克腾旗接壤，西部与白音锡勒牧场、锡林浩特市相连，北邻蒙古国，国境线长 528.88km。地势北高南低，由东向西倾斜，海拔高度在800 ~ 1 957m 之间；北部是低山丘陵，南部是盆地；全旗土壤水平地带性分布非常明显，由东向西依次有灰色森林土、黑钙土、栗钙土，非地带性土壤有沼泽土、草甸土、风沙土。

### 1.3.2　研究区内各苏木嘎查区的分布图

具体调查了研究区内各苏木的气候、水文、可燃物状况，分布详图见图 3 – 4 – 1。

图 3－4－1　草原火险研究区各苏木分布图

**Fig. 3－4－1　the map of the study area**

1.3.3　气候特点

研究区属温带内陆地区，由于冬季受蒙古高压控制，气候特征表现为春季干旱少雨、多大风、沙尘暴；夏季短促，降水集中，雨热同期，比较适合植物生长；秋季温度急剧下降，昼夜温差大，时常有霜冻发生；冬季漫长，严寒干燥。这样的气候特点是造成草原火灾频繁发生的主要原因。

年均气温为 1.6℃，极端最高气温 39.7℃，最低气温 －40.7℃。年生长期（日均 5℃以上）95 天，无霜期平为 120 天。年降水量 300mm 左右，主要集中在 6 ~ 8 月份，占年降水量的 70%；良好的水源为牧草的生长提供了很好的条件，从而为枯草期可燃物的积累提供了条件。年蒸发量在 3 000mm 以上，是降水量的 7.5 倍；日照时间年均 2 975h，太阳辐射强烈，湿润度 0.1 ~ 0.4；大风日数多，平均风速 3.6m/s。

#### 1.3.4　水资源状况

乌珠穆沁草原内河流均属内陆水系，主要河流是乌拉盖河，大小湖泊107个，其中，淡水湖泊48个，湖水量为1 917.5万 $m^3$，咸水湖泊59个，湖水量为2 087.7万 $m^3$；有泉水64眼，估算水资源量为360万 $m^3$。东南山区基岩构造裂隙、风化裂隙十分发育，故形成地下良好通道。地下水补给面积大，山脚处泉水出露，汇集成数条河流。

#### 1.3.5　可燃物状况

乌珠穆沁草原草场类型有山地草甸草原、低山丘陵草甸草原、山地干草原草场、河泛地湖盆低地草甸草原等。主要草地类型为草甸草原和典型草原，其中，草甸草原主要建群种植物有羊草、贝加尔针茅、线叶菊、地榆、蓬子菜等。草群盖度一般为70%～99%，草层高度为50～140cm。典型草原主要由针茅、羊草、隐子草等禾草，伴生中旱生杂草、灌木及半灌木组成，草群盖度为30.7%～40%，草层高度一般为30～50cm。牧草的种类组成主要为禾草类牧草和杂类草，两者都是极易燃烧的可燃物，其中牧草的盖度、高度、可燃物量等几个方面为火灾的发生提供了温床。草地可燃物的生长主要受自然环境如光照、气温和降水量的影响，其次也会受到周围环境如牲畜采食、人类践踏等影响。一般可燃物量会随着生长期的结束达到最大值，随后进入枯草期，枯草期虽然可燃物停止生长，但会受到牲畜采食、践踏、风吹等自然消耗，草地可燃物的量会逐渐减少，到第二年5月份植物返青为止，枯草期可燃物量处于最低。

### 1.4　小结

本章作为全文的研究基础，首先对乌珠穆沁草原火险预警研究的目的和意义做了阐述；接着对枯草期可燃物量遥感监测、地表温度反演、土壤湿度反演、草原火险预警的相关研究进展做了简单介绍，同时也对研究区的气候、、植被状况、MODIS数据、多次用到的研究方法进行了介绍。在阅读大量相关文献的基础上，基本上掌握了草原火险预警的相关理论和方法，为接下来论文的研究工作奠定了基础。

## 2　乌珠穆沁草原枯草期可燃物量遥感估测

### 2.1　研究内容与方法

#### 2.1.1　研究内容

利用2007年10月到2010年4月三年间枯草期实测地面可燃物量月动态数据与同期的MODIS影像经过处理相叠加后，提取影像上相应地面样点经纬度的反射率信息及枯草指数值（Dry Grass Index，DGI；DGI＝1/CH1：CH1是MODIS数据的第一波段反射率），运用SPSS软件对枯草指数与地面实测可燃物量数据进行相关性分析后，结果显示两者具有正相关性；在此基础上运用回归分析建立了枯草期草甸草原和典型草原各月可燃物量遥感估测模型，选取最优估测模型对2010年10月到2011年4月的乌珠穆沁草原枯草季可燃物量进行反演。由于研究区枯草期常年被积雪覆盖，地面可燃物量的估测会受到影响，为此运用三年地面实测可燃物量月动态数据建立了枯草指数查找表（崔庆东等，2009），对积雪覆盖下的地面可燃物量进行了提取。

2.1.2 理论依据

由于地面物体的不同，其反射光谱也具有不同的特征。枯草与土壤之间有着差异明显的光谱曲线，枯草层的可见光和近红外波段的反射率低于土壤的反射率；当地面完全被枯草覆盖时，反射率达到最低；当地面无枯草覆盖完全裸露时，反射率达到最高；当地面枯草覆盖度处于两者之间时，反射率为中间值，枯草期遥感估产就是运用了这个原理（裴浩等，1995）。

2.1.3 研究方法

（1）野外实测可燃物量月动态数据：乌珠穆沁草原主要由草甸草原和典型草原组成，在野外布设样点时以研究区域的地貌类型、植被组成为依据，设样点 21 个，在每个样地做 1m×1m 样方，3 次重复，用 GPS 定位并记录样地的经纬度、海拔高度、植物群落组成、高度、盖度、频度、现存生物量等。对枯草期（当年 10 月至翌年的 4 月，跨度为 7 个月，每月测定一次。）地面数据进行调查，时间为 2007 年 10 月～2010 年 4 月。可燃物总量是指单位面积草地上可燃物的干重（单位是 $g/m^2$ 或 $t/hm^2$），测量时将样方内的可燃物量齐地剪切，在烘干箱内烘干之后对可燃物进行称重。

（2）遥感数据来源与处理：文中的地面数据是 2007 年 10 月至 2010 年 4 月枯草期各个样点的实测可燃物量月动态数据，遥感数据是美国国家航空航天局（NASA）网站上下载的与野外实测可燃物量数据同步的研究区内 8 天合成的 MODIS 地面反射率产品。首先将地面调查的实测可燃物量样点的经纬度坐标转换成矢量文件，并将地面反射率产品转换投影后按乌珠穆沁草原行政界线剪切，之后将转换成矢量文件的地面调查的样点经纬度信息与剪切后的地面反射率产品遥感影像相叠加并提取各样点相对应的遥感信息，为后面两者相关性分析和模型的建立做准备。

（3）积雪判识：研究区枯草期常年被积雪覆盖，在对其冬季地面可燃物量监测时受到积雪的影响，运用归一化差分积雪指数（NDSI）对积雪进行判识。归一化差分积雪指数是根据雪对短红外波段和可见光波段反射特性和反射差相对大小的一种测量方法（刘玉洁，2001）。在运用 MODIS 数据对积雪进行判识时，利用其第四通道（545～565nm）和第六通道（1 628～1 652nm）的反射率计算 NDSI。计算公式如下：

$$NDSI = (CH_4 - CH_6) / (CH_4 + CH_6) \qquad \text{（公式 3.4.1）}$$

$NDSI \geq 0.4$ 且 $CH_4$ 反射率 $>11\%$；$CH_6$ 反射率 $<10\%$ 时判定为雪。

（4）分析方法：相关性分析是指对两个或多个具备相关性的变量元素进行分析，从而衡量两个变量因素的相关密切程度。

回归分析是指在掌握大量观察数据的基础上，利用数理统计方法对因变量与自变量之间构建回归关系函数表达式；相关系数越大，表明两者之间的关系越密切。在建立反演模型时将枯草指数（DGI）作为自变量，地面实测样点的可燃物量作为因变量进行回归分析。

（5）枯草期可燃物量最优估测模型：运用研究区枯草期实测可燃物量数据与遥感影像上相应样点提取的枯草指数值，经过相关性分析，建立并选取了最优估测模型。由表 3－4－1 可以得出，典型草原 3 月份可燃物量的估测模型相关系数为

0.328，相对较小；而其他月份各模型的相关系数均大于0.6；认为这些模型基本能满足研究区大面积可燃物量的遥感监测，表中X代表枯草指数（DGI=1/CH1），Y代表枯草期可燃物量。

**表3-4-1 枯草期各月可燃物量最优估测模型**

**Tab. 3-4-1 the optimal estimation models of the combustible volume of the hay of each month**

| 草地类型<br>Grassland Type | 月份<br>Month | 模型方程<br>Model | 相关系数<br>R |
|---|---|---|---|
| 草甸草原 | 10月 | $Y=126.99X-501.43$ | 0.727** |
| | 11月 | $Y=35.38X+487.31$ | 0.663* |
| | 12月 | $Y=149.84X^{1.07}$ | 0.871** |
| | 1月 | $Y=40.41X+298.71$ | 0.818** |
| | 2月 | $Y=184.41\ln X+100.31$ | 0.837** |
| | 3月 | $Y=99.12e^{0.15X}$ | 0.784** |
| | 4月 | $Y=35.26X^2-374.93X+1137.20$ | 0.888** |
| 典型草原 | 10月 | $Y=81.28X^{0.95}$ | 0.758** |
| | 11月 | $Y=172.56X^{0.51}$ | 0.728** |
| | 12月 | $Y=97.96X^2-640.28X+1300.41$ | 0.646* |
| | 1月 | $Y=50.93X-293.33$ | 0.606** |
| | 2月 | $Y=4.32X^2-47.87X+270.47$ | 0.681* |
| | 3月 | $Y=2.42X^2-15.19X+147.44$ | 0.328 |
| | 4月 | $Y=2.56X^{2.08}$ | 0.718** |

运用各样点剩余的实测可燃物量数据对各月模型进行验证，验证精度达到60%以上（崔庆东，2009），选取的最优估测模型基本能满足研究区枯草期可燃物量估测。

（6）枯草指数查找表的建立：由于研究区属温带大陆性气候，部分地区常被积雪覆盖。枯草期可燃物量与枯草指数具有显著的正相关关系，所以，当可燃物量发生变化时，研究区域地物的光谱反射率会发生相应的变化，即枯草指数发生相应的变化，为了消除积雪对枯草期可燃物量反演的影响，根据地面实测可燃物量变化规律建立了枯草期枯草指数查找表（Look-up table，LUT）。研究运用2007年10月到2010年4月野外样地实测可燃物数据，以10月份可燃物量数据为基准，根据可燃物保存率公式：

可燃物保存率（%）＝（每月可燃物量/10 月份可燃物量）×100

（公式 3.4.2）

分别计算草甸草原、典型草原两种草地类型枯草期的可燃物保存率，将其制作成表。

表 3－4－2　枯草指数查找表

Tab. 3－4－2　The Look－up table of subtilis index

| 草地类型 Grassland Type | 10 月 October | 11 月 November | 12 月 December | 1 月 January | 2 月 February | 3 月 March | 4 月 April |
|---|---|---|---|---|---|---|---|
| 草甸草原 | 1.000 | 0.864 | 0.738 | 0.550 | 0.408 | 0.268 | 0.204 |
| 典型草原 | 1.000 | 0.884 | 0.747 | 0.539 | 0.409 | 0.183 | 0.148 |

（7）枯草指数查找表的运用：为了消除积雪对可燃物量反演结果的影响，采用枯草指数查找表进行了校正。运用枯草指数查找表时，首先利用积雪方法提取各月中积雪覆盖区域，根据 10 月份无积雪覆盖的 MODIS 影像计算出 10 月份的枯草指数，再根据枯草指数查找表查找对应草地类型其他各月枯草指数（即可燃物保存率），以 10 月份枯草指数为基准按照枯草指数查找表（表 3－4－2）中的枯草指数递减规律计算出其他各月积雪区域的枯草指数，再与各月中相应无雪期镶嵌，最后得到各月完整枯草指数数据。利用已经建立的枯草季可燃物量遥感估测模型和枯草指数查找表，对研究区 2010 年 10 月到 2011 年 4 月可燃物动态变化进行反演。

## 2.2　结果与分析

### 2.2.1　枯草期可燃物量等级划分

利用已经建立的枯草季可燃物量遥感估测模型与枯草指数查找表相结合，对研究区 2010 年 10 到 2011 年 4 月可燃物动态变化进行了反演，制作了可燃物月动态分布图（图 3－4－2），在图中将每平方米可燃物量分为 10 个等级，分别为 0～10g/m$^2$、10～20g/m$^2$、20～30g/m$^2$、30～40g/m$^2$、40～50g/m$^2$、50～60g/m$^2$、60～70g/m$^2$、70～80g/m$^2$、80～90g/m$^2$、>90m$^2$。

### 2.2.2　枯草期可燃物量空间分布特征

综合 7 幅枯草期可燃物量分布图，可以看出研究区 2010 年 10 月至 2011 年 4 月的可燃物量空间分布特征：

（1）10 月份可燃物量最多达到 90g/m$^2$以上；最小为 30～40g/m$^2$，分布在研究区东南角、西北部和东北角；研究区大部分地区可燃物量主要在 60～70g/m$^2$。

（2）11 月份可燃物量最多达到 90g/m$^2$以上，部分地区可燃物量为 60～70g/m$^2$，分布在东南角；大部分地区可燃物量主要分布在 30～40g/m$^2$。

（3）12 月份可燃物量最多为 30～40g/m$^2$，分布在东北部和东南部；可燃物量最少为 10～20g/m$^2$；大部分地区可燃物量在 20～30g/m$^2$之间；整个研究区可燃物量表现为由东向西逐渐减少。

（4）1 月份可燃物量主要分布在 20～30g/m$^2$；部分地区西部边界处、东南角和东

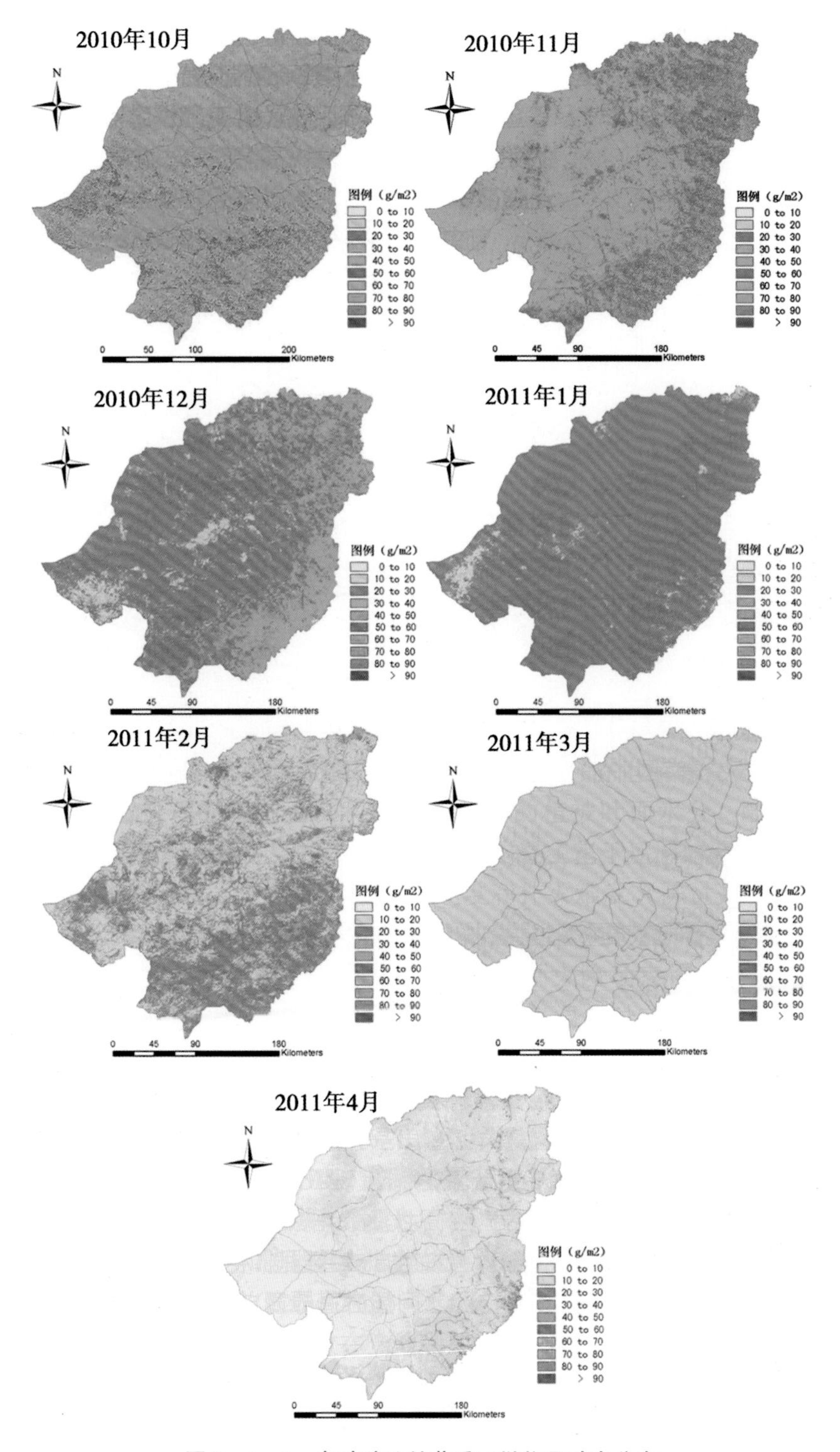


图 3－4－2　乌珠穆沁枯草季可燃物月动态分布

**Fig. 3－4－2　Wu zhumuqin subtilis quarter combustible month dynamic distribution**

北角可燃物量为 10～20g/m²；

（5）2 月份大部分地区可燃物量分布在 20～30g/m²；可燃物量最少为 10～20g/m²；

（6）3 月份可燃物量主要在 10～20g/m²，整个研究区可燃物量无太大变化；

（7）4 月份可燃物量主要在 0～10g/m²；最多为 10～20g/m²之间，主要分布在研究区的东南部、东北部和西北部。

根据研究区枯草期 2010 年 10 月到 2011 年 4 月各月可燃物空间分布图得出，7 个月中每平米可燃物量分布较多的地区主要在东南部、东北部和西北部，整个枯草期可燃物量空间月动态分布呈现着由东向西减少的趋势。

2.2.3　枯草期可燃物量时间变化

根据反演得到的 2010 年 10 月到 2011 年 4 月这 7 个月枯草期可燃物月动态分布图，我们将可燃物量各个值域所占的象元数进行了统计，分别计算得到了枯草期每月每平方米可燃物现存量的平均值，研究区域可燃物现存量的平均值分别为 105.1g/m²、65.0g/m²、50.6g/m²、45.8g/m²、32.5g/m²、24.2g/m²、19.8g/m²，从各个月的平均值看出可燃物现存量呈现出递减的趋势，由可燃物保存率公式计算得出枯草期可燃物量变化曲线，如图 3－4－3 所示。

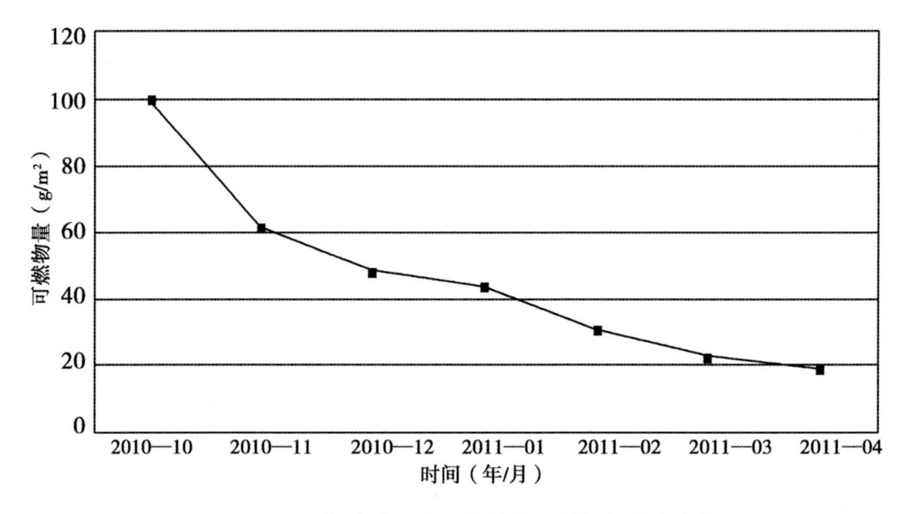


图 3－4－3　乌珠穆沁草原枯草期可燃物保存率变化

Fig. 3－4－3　Wu Zhumuqin prairie hay of combustible preservation rate of change curve

乌珠穆沁草原 10 月份可燃物量平均为 105.1g/m²，通过对可燃物保存率变化曲线分析，可以得出，2010 年 10 月份到 2011 年 4 月份乌珠穆沁草原可燃物量保存率可分为两个阶段；第一阶段是 2010 年 10 月份到 12 月份，以 10 月份为基准得出 11 月份和 12 月份的可燃物保存率分别为 61.9% 和 48.2%，这两个月可燃物保存率的减少幅度为 51.8%，降低速度较快，月平均递减率为 25.9%；第二阶段是 2011 年 1 月、2 月、3 月、4 月四个月，可燃物保存率分别为 43.6%、30.9%、23.0%、18.9%；这四个月的可燃物保存率的降低幅度为 29.3%，月平均递减率为 7.3%。

第一阶段可燃物保存率下降趋势较快的原因主要是进入枯草期后的植被已停止生

长，单位面积的可燃物量会由于风吹、牲畜啃食等自然或人为因素的影响，呈现出减少的趋势；第二阶段降低幅度变小的原因主要是由于气温的降低、雪层的覆盖，放牧行为的相对减少等（苏和等，1995）。

### 2.3 小结

本章在项目组前期工作的基础上，运用2007年10月到2010年4月野外实测的地面可燃物量数据和下载的同步MODIS数据经过相关性分析后，建立了枯草期枯草指数与地面实测可燃物量的遥感估测模型，选取了草甸草原和典型草原枯草期各月可燃物量的最优估测模型，此模型可应用于草原火险区可燃物量的快速监测中，模型监测精度达到60%以上，基本满足可燃物量遥感监测应用的要求。由于研究区枯草期常有积雪的覆盖，为了消除积雪对可燃物量反演的影响，运用可燃物量监测模型并结合枯草指数查找表对研究区2010年10月到2011年4可燃物量进行了反演。枯草期可燃物遥感监测模型的运用，可以快速监测到火灾多发区可燃物时空动态变化及其递减趋势，为当地草原火险预警提供理论依据。

## 3 乌珠穆沁草原枯草期地表温度反演

### 3.1 研究内容与方法

#### 3.1.1 研究内容

地表温度（LST）是大气与陆地表面物质和能量交换的重要参数，是研究区域和全球大尺度地表物理过程的一个关键因子（Sun，2005）。它在草原火灾监测、土壤湿度监测、地理位置判别等方面具有重要作用；对于植物的生长发育、估产、地表蒸散等有重要的影响。卫星遥感的应用能够大区域大尺度地对地面温度进行监测，提供大范围的空间上连续的地表和大气信息。作为全球免费接收的MODIS数据，其36个通道中的31波段和32波段可用于地表温度的反演。在劈窗算法理论的基础上，运用NASA网站上下载MODIS地表温度产品为数据源，对乌珠穆沁草原2010年10月到2011年4月枯草期的地表温度进行了反演。

#### 3.1.2 理论依据

目前被用于地表温度反演的主要方法包括：单窗算法、劈窗算法、大气校正法和多通道角度算法。世界上已经有17种分裂窗算法被提出（覃志豪，2005），劈窗算法（又称分裂窗算法）最初是用于海面温度的反演，之后被学者们引入到陆地温度的反演中。其原理是依据NOAA/AVHRR中波段4和波段5的范围接近于MODIS数据波段31和波段32范围，劈窗算法方法已经很成熟，在MODIS数据反演地表温度中多次都被运用。

Qinetal（2001）提出的劈窗算法，计算较简便，仅需要计算地表比辐射率和大气透过率两个参数。地表温度计算公式为：

$$T_s = A_0 + A_1T_{31} - A_2T_{32}$$

$T_{31}$和$T_{32}$是MODIS数据的波段31和波段32图像经过DN值计算得出的亮度温度。$T_s$是地表温度，单位为$K_0$，$A_0$，$A_1$，$A_2$为中间参数，主要计算步骤如下。

（1）首先运用MODIS数据的b1波段、b2波段计算植被的NDVI，并对研究区植被

覆盖率 $P_V$ 进行提取。

（2）根据计算得出的植被覆盖率 $P_V$，估计 b31 和 b32 的地表比辐射率 $\varepsilon_{31}$、$\varepsilon_{32}$。

（3）运用 MODIS 数据的 b2 和 b19 计算大气水分含量，并根据大气水分含量与大气透过率的关系式，估算得出 b31、b32 波段的大气透过率 $\tau_{31}$、$\tau_{32}$。

（4）在 Plank 方程基础上运用 b31 波段、b32 波段的辐射亮度，计算得出星上亮温 $T_{31}$、$T_{32}$。

（5）运用劈窗算法公式，并结合 $\varepsilon_{31}$、$\varepsilon_{32}$，$\tau_{31}$、$\tau_{32}$，$T_{31}$、$T_{32}$ 计算地表温度 $T_S$。

#### 3.1.3 研究方法

地表温度（LST）是大气与陆地表面物质与能量的交换的重要参数，它是指太阳热辐射到达地面后，被地面吸收并用于地面增热的那部分能量，对陆地表面进行测量后得到的温度为地表温度。2006 年高懋芳等（2006）对经过劈窗算法反演的 MODIS 地表温度产品进行了验证，结果显示 MODIS 地表温度产品能够对大区域的地表温度进行反演，精度较高达到了地表温度产品应用的要求，所以，研究中运用美国国家航空航天局官方（NASS）网站上下载的地表温度产品对研究区地表温度进行反演。

#### 3.1.4 遥感数据来源

文中的 MOD11A2 地表温度产品为 2010 年 10 月到 2011 年 4 月期间的产品。MOD11A2 地表温度产品下载于美国国家航天局（NASA）网站，该陆地表面温度产品包括了白天和黑夜的地表温度，31 波段和 32 波段发射率等信息；产品为 8 天合成且空间分辨率为 1km。地表温度计算中所需要的发射率是根据 MODIS 土地覆盖产品确定的（Wan，1999）。对已知发射率的像素点陆地表面温度的精度为 1K。

#### 3.1.5 遥感数据处理

MOD11A2 地表温度产品，是由 MODIS31、32 波段的发射率数据运用分裂窗算法得到的陆地地表温度，文中使用的 MODIS 产品 MOD11A2 以灰度值（digital number，DN）的形式提供，需将其转化为真实的地表温度（LST）。数据处理具体步骤如下。

（1）首先利用 MODIS 产品数据处理软件 HDF Explorer，读出 MOD11A2 的转换参数（Scale factor）和转换方程，经过计算得到真实的地表温度。

（2）运用投影转换软件 MRT，对原始影像数据进行投影变换，采用最近邻内插法重采样，空间分辨率为 1km。文中采用 Albers 等面积投影，椭球参数为：中央子午线 105°00′00″；南部基准线 25°0′0″；北部基准线 47°0′0″。坐标原点为 0°0′0″；纬向偏移为 0；经向偏移为 0；投影椭球体为 WGS－84。

（3）将经过投影转换的遥感影像在 Mosaic 中镶嵌为一幅影像。

（4）在 ENVI4.3 软件中，用乌珠穆沁行政界线对镶嵌后的遥感影像进行剪切，得到研究区 2010 年 10 月到 2011 年 4 月的地表温度数据。

## 3.2　结果与分析

### 3.2.1　地表温度月动态分布图反演

统计研究区的地表温度月动态变化并制成分布图反演（图 3－4－4）。

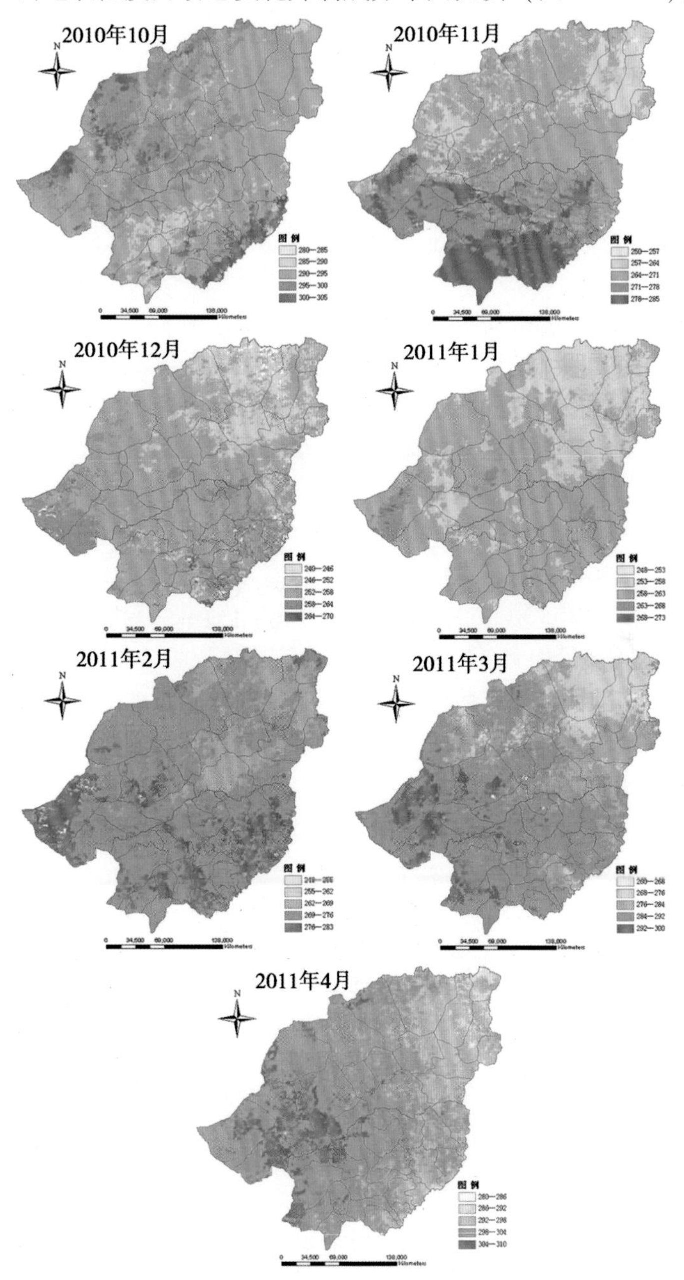


图 3－4－4　研究区枯草期 LST 反演图

**Fig. 3－4－4　Bacillus subtilis LST inversion map of study area**

注：单位为 K

### 3.2.2 地表温度空间分布特征

综合7幅枯草期可燃物量分布图，可以看出研究区2010年10月~2011年4月的地表温度分布特征为：

（1）10月份LST值域主要在290~295K，这时研究区内的最低温度为280K；最高温度为305K，分布在研究区的东南部和西北部。

（2）11月份LST值域主要在264~271K，这时研究区最低温度降到250K；最高温度为285K，分布在研究区的偏南部地区和偏西部地区。

（3）12月份LST值域主要在252~258K，最低温度下降到240K；最高温度为270K，分布在东南部和西部；相对于7个月研究期，最低温度和最高温度都为7个月中的最低值。

（4）1月份LST值域主要在258~263K，最低温度为248K；最高温度为273K，分布在研究区的东南部和西部；与12月份相比较，变化幅度较小。

（5）2月份LST值域主要在269~276K，最低温度也为248K；最高温度有所提升变为283K，主要分布在研究区的偏南部地区和偏西部地区。

（6）3月份LST值域主要在284~292K，最高最低温度都大幅度上升，最低温度为260K；最高温度达到300K，分布在研究区偏西部和偏西南地区。

（7）4月份LST值域主要在298~304K，相对3月份最低温度大幅上升为280K，最高温度变化相对小些为310K，最高温度主要分布在研究区偏西部和偏西南地区。

根据研究区枯草期2010年10月到2011年4月各月地表温度空间分布图得出，7个月中温度高的地区主要分布在研究区的东南部、西南部和西北部地区，整个枯草期地表温度空间月动态分布呈现着由东向西逐渐增加的趋势。

### 3.2.3 地表温度时间变化特征

通过ENVI4.3将反演得到的乌珠穆沁地区7幅LST图像处理后，得到各个月份LST值，将各个月份对应的影像上的象元数相加再除以总的象元素就得到各个月份地表温度的平均值，得到研究区地表温度的平均值分别为293.4K、270K、254.1K、257.1K、263.9K、284.1K、299.2K，并将其制作成图，如图3-4-5所示。

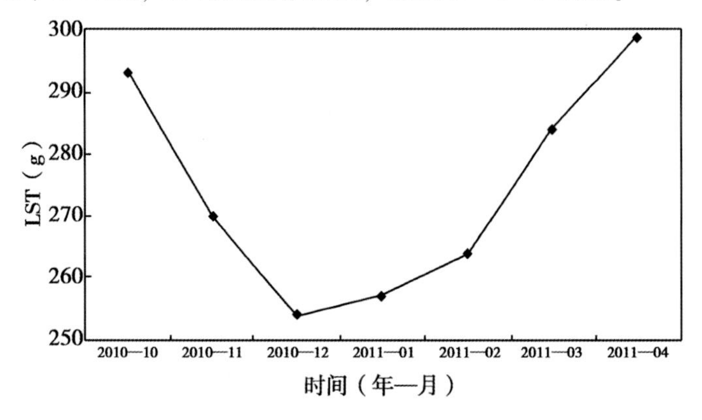


图3-4-5 2010年10月至2011年4月乌珠穆沁草原月平均LST

Fig. 3-4-5 Monthly average of LST in Prairie Ujimqin from October 2010 to April 2011

从图中可以看出，月平均 LST 在 2010 年 10 月到 2011 年 4 月呈现着先降低后升高的趋势，可将其分为两个阶段。第一阶段：由 10 月份到 12 月份地表温度一直处于降低的趋势，在 12 月份地表温度值达到最低为 254. 1K，是这 7 个月地表温度变化的转折点；第二阶段：从 2010 年 12 月份到 2011 年 4 月份地表温度表现为回升的趋势，4 月份地表温度均值达到 7 个月最大值为 299. 2K。

## 4　小结

对乌珠穆沁草原进行火险预警时，根据早期学者们构建草原火险指数影响因子时主要选用可燃物因子、气象数据等，由于乌珠穆沁草原内仅有 3 个气象站点，所得到的气象数据对于草原火险预警等级的划分，无明显效果。而 GIS 的空间插值法的运用，一样受制于研究区气象站点的密度和分布特征，也得不到满意的气象分布数据。由于地表温度反映了大气温度，所以，本文在对研究区草原火险指数构造时，运用遥感的方法对地表温度进行了反演。在地表温度反演时根据 Qinetal 等两因素模型的劈窗算法原理，运用美国国家航空航天局官方（NASS）网站上的 8 天合成的地表温产品 MOD11A2，对研究区地表温度进行了反演，并对其时空分布进行了分析。

运用遥感方法对地表温度进行反演弥补了由于气象站点不足而造成的草原火险等级划分不明显的现象。地表温度遥感监测的方法可以快速的监测到不同时间序列的地表温度状况，从乌珠穆沁地表温度反演可以看出，研究区温度的高低对于草原火险发展与变化具有重要的意义。

## 5　乌珠穆沁草原枯草期土壤湿度反演

### 5. 1　研究内容与方法

#### 5. 1. 1　研究内容

传统的土壤湿度的监测法有重量水分法、电阻法、土壤湿度计法、中子仪法等(冯志敏等，2008)，其优点是单个样点监测精度高，可以不考虑大气植被等的影响；缺点是地面观测点少、覆盖范围小、数据的收集与整理效率低，耗费的人力与物力较大，对于大尺度区域的土壤湿度的监测存在着以点带面等问题。随着遥感技术的发展，遥感以其时效性快、覆盖面广、实时性强、客观性强等优点，使得遥感监测法具有明显的优越性，弥补了传统土壤水分监测方法中的缺陷。

#### 5. 1. 2　理论依据

在运用遥感技术对土壤湿度进行监测时，热红外波段可以对地表温度进行监测，通过地表温度可获得土壤热惯量，进而可估测土壤水分。如果以陆地地表温度作为单独的指标对土壤表层水分进行监测，会因植被不完全覆盖，而受到土壤背景温度的影响，使得监测得到的土壤湿度信息得到干扰。如果只以植被指数作为土壤表层水分变化的监测指标，会由于植被指数对短暂的水分胁迫的不敏感性，引起一定的滞后作用。地表温度信息与植被指数具有互补性，将两者的信息结合起来对土壤湿度进行监测，可以消除土壤背景所带来的干扰，更利于土壤水分的监测。国内外学者通过大量的研究发现，地表温度和植被指数呈显著负相关。Price（1985）经过对变化幅度较大的植被盖度和土壤湿度进行研究后发现：运用遥感数据反演得到的“归一化植被指数”（NDVI）和地表温度（Ts）构建的散点图表现为三角形。Moran（1994）等在理论的基础上认为植被指数与地表温度的散点图呈梯形关系。Sandholt（2002）发现利用遥感数据反演土壤湿度时，构建的 NDVI—$T_S$特征空间由很多等值线组成，于是提出温度植被干旱指数（Temperature Vegetation Dryness index，TVDI）。

5.1.3　研究方法

（1）植被指数：植被光谱中的红外波段和近红外波段包含了大部分的植被信息，两个波段的不同组合即为植被指数。植被指数能够真实并准确的反应研究区覆盖度、生物量和绿色植被的长势。目前，最常用的植被指数为归一化植被指数（Normalized Difference Vegetation Index，NDVI），表示为：

$$NDVI = \frac{\rho_{NIR} - \rho_{RED}}{\rho_{NIR} + \rho_{RED}} \quad （公式 3.4.3）$$

式中，$\rho_{NIR}$（0.7～1.1μm）为近红外波段反射率，是 MODIS 第二波段数据；$\rho_{RED}$（0.6～0.7μm）为可见光波段反射率，是 MODIS 第一波段数据。根据叶绿素的吸收特性，使得植被对红光波段的反射率低，一般在 10%～20%，MODIS 第一通道可见光波段可反映植被的反射特性。而植被对近红外波段反射的加强是根据叶内组织的变化，通常反射率在 40%～50%，MODIS 第二通道近红外波段可反映植被的反射特性。从而使得归一化植被指数（NDVI）发生变化。NDVI 在植被遥感监测中被广泛运用的原因有：首先，NDVI 与植被覆盖度、生物量和绿色植被的长势、光合作用等相关，对各参数具有代表性的指示意义（刘玉洁，2001）。其次，NDVI 经过比值处理后，能够消除部分由于云/阴影、太阳高度角、地形等所造成的干扰。第三，地表有植被覆盖时，NDVI 的值为正，NDVI 值会随着植被覆盖度的增加而增加。由于云、水、雪比植被的反射率要高，因而 NDVI 为负值（<0）；裸土、岩石的反射率相似，因而其 NDVI 值接近 O（孙家炳，2003）。因此，NDVI 作为参数被运营大范围的土壤湿度监测中具有很高的科学依据。

（2）地表温度：地表温度（LST）是区域和全球尺度地表物理过程的一个关键因子，也是研究地表和大气之间物质交换和能量交换的重要参数。对于裸土称为土壤温度，对于植被称为冠层温度。土壤温度的变化反应土壤湿度的大小，所以可用地表温度进行研究区土壤湿度的监测（姚春生，2003）。

（3）温度植被指数：通过大量研究，学者们发现通过遥感资料获得的植被指数与地表温度的散点分布图呈三角形，且地表温度数据和植被指数数据可在反演土壤湿度的模型参数图像数据中直接获得，而这些数据可从 NASA 网站上直接下载，所以整个计算过程比较简单方便。因此在研究中利用 LST-NDVI 特征空间法对研究区土壤湿度进行反演。图 3－4－6 为 LST—NDVI 特征空间示意图，其中：

A 点表示：具有高地表温度和低植被指数特征的干燥裸露土壤；

B 点表示：具有低地表温度和低值被指数特征的湿润裸露土壤；

C 点表示：具有低地表温度和高植被指数特征的湿润密闭植被冠层；

AC 表示：土壤处于干旱状态，即特征空间“干边”；

BC 表示：土壤含水量大，水分充足，即特征空间“湿边”。

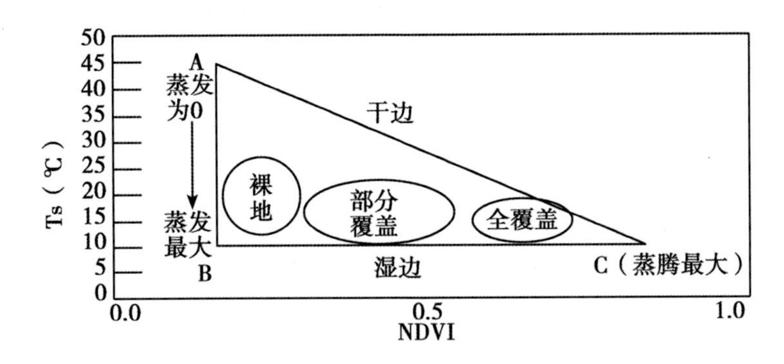


图 3－4－6　植被指数与地表温度特征空间

Fig. 3－4－6　The feature space of vegetation index and surface temperature

该图表示：研究区内植被指数数据所对应的最高陆地表面温度和最低陆地表面温度数据组成的散点图分布在 ABC 点构成的特征空间里，特征空间内部存在很多土壤含水量等值线，特征空间内部能够反映裸地、部分植被覆盖区，全植被覆盖区与地表温度之间的关系，干边表示土壤含水量最低，湿边表示土壤含水量最高。

Sandholt（2002）等提出了温度植被干旱指数（Temperature Vegetation Dryness index，TVDI），其表达式为：

$$TVDI = [Ts - Ts(min)] / [Ts(max) - Ts(min)]$$

（公式 3.4.4）

$$Ts(min) = a_1 + b_1 NDVI \qquad Ts(max) = a_2 + b_2 NDVI$$

（公式 3.4.5）

式中：TVDI 为温度植被指数；Ts 为任意像元的地表温度；Ts（min）为最小地表温度，对应的是湿边；Ts（max）为最高地表温度，对应的是旱边；Ts（min）和 Ts（max）可由线性回归分析提取干湿边获取；a、b 分别是干湿边拟合方程的系数。

（4）遥感数据来源：本文使用的 MOD13A2 植被指数产品和 MOD11A2 地表温度产品均为 2010 年 10 月到 2011 年 4 月，下载于美国 NASA 官网，其中，MOD13A2 是空间分辨率为 1km，16d 合成的植被指数产品；包括 NDVI、EVI、中红外、红外、近红外等波段反射率信息。

MOD11A2 地表温度产品，该陆地表面温度产品包括了白天、黑夜的地表温度和 31 波段、32 波段发射率等信息；产品为 8 天合成且空间分辨率为 1km。地表温度计算中各像素点陆地表面温度的精度为 1K（Wan，1999）。

（5）遥感数据处理：文中使用的 MODIS 产品 MOD11A2 和 MOD13A2 均表现为灰度值（DN）的形式，必须把灰度值转化为真实的植被指数和地表温度。

①首先利用 HDF Explorer MODIS 产品数据处理软件，读出 MOD11A2 和 MOD13A2 两种数据的转换参数和转换方程，经过转换处理后得到真实的地表温度和植被指数；

②接着对两种影像运用投影转换软件 MRT 进行投影变换，投影采用经纬度投影，采用最近邻方法重采样，空间分辨率为 1km；

③将经过投影转换的遥感影像分别在 Mosaic 中镶嵌为一幅影像；

④在 ENVI4.3 软件中，用乌珠穆沁行政界线对镶嵌后的遥感影像进行剪切，得到研究区 2010 年 10 月到 2011 年 4 月的地表温度数据和植被指数数据。

## 5.2 结果与分析

### 5.2.1 LST-NDVI 特征空间的建立

根据温度植被指数模型原理，LST-NDVI 特征空间内每一个植被指数数据都与相应的最低或最高陆地表面温度数据相对应，组成的散点图分布在 LST-NDVI 构成的特征空间里，特征空间内部存在很多土壤含水量等值线。特征空间干边表示土壤含水量最低，湿边表示土壤含水量最高。研究中基于 ENVI-IDL 技术对研究区土壤表层湿度通过 LST-NDVI 特征空间的构建，对干湿边方程进行拟合并得出散点图，如图 3-4-7 所示。

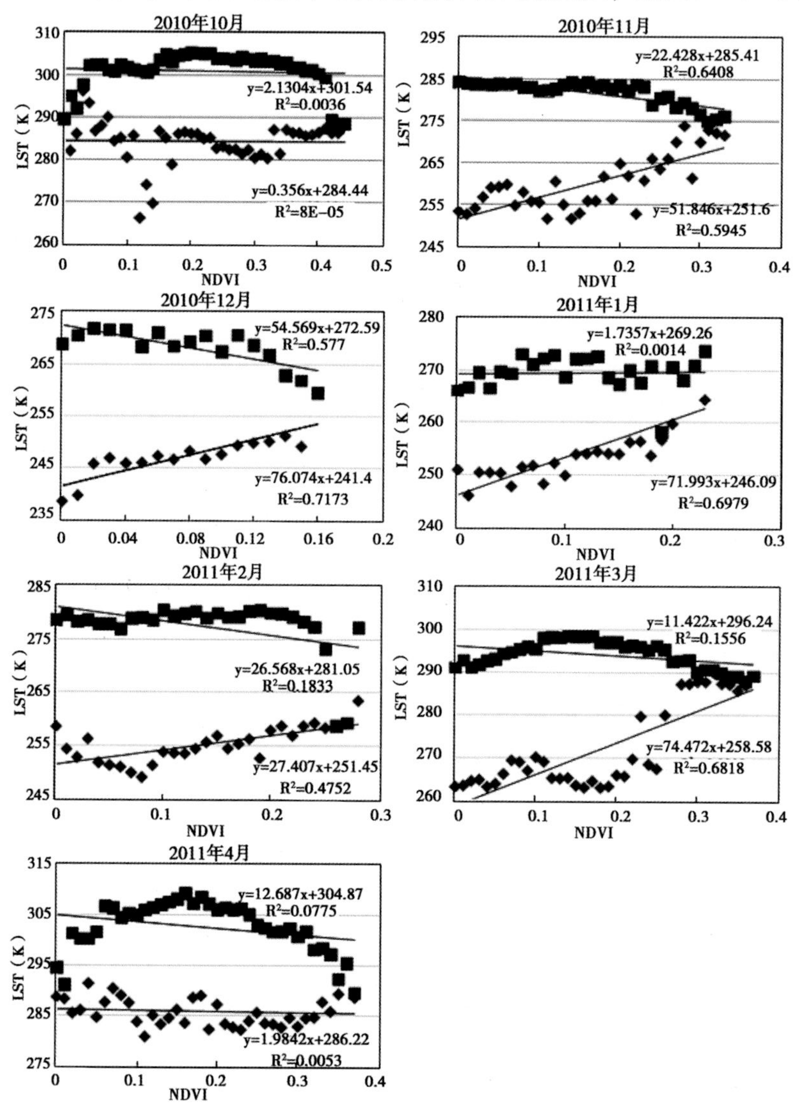


图 3-4-7　NDVI-LST 特征空间

Fig. 3-4-7　The feature space of NDVI-LST

利用处理得到的研究区的陆地地表温度和植被指数数据，根据 LST-NDVI 特征空间拟合得到的各个月份的干湿边方程系数，按照 TVDI 模型公式计算遥感影像上每个像元的 TVDI 值，得到研究区的温度植被干旱指数图。

### 5.2.2　土壤湿度月动态分布图反演

运用 AICGIS9.3 将反演得到的土壤湿度划分为 5 个等级，分别为：极湿润（0≤TVDI<0.2），湿润（0.2≤TVDI<0.4），无旱（0.4≤TVDI<0.6），干旱（0.6≤TVDI<0.8），极干旱（0.8≤TVDI≤1.0）（姚坤，2009）。如图 3-4-8 所示。

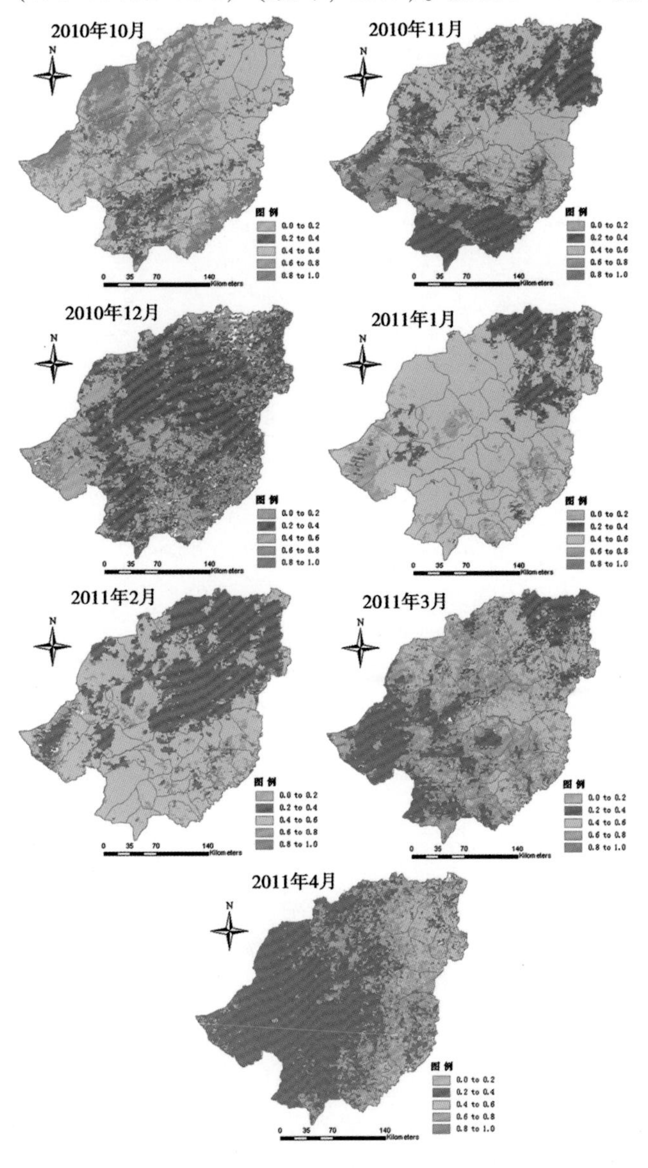


图 3-4-8　研究区枯草期 TVDI 反演图

**Fig. 3-4-8　Bacillus subtilis TVDI inversion map of study area**

5.2.3 模型的检验

遥感监测反演得到的干旱指数与实测 10cm 土壤相对含水量的相关效果较好，一般随着土壤深度的增加，二者相关性越来越差（周炳荣，2007）。因此，在对 TVDI 模型的检验中实测数据是来自研究区内 3 个气象站点的 10cm 土壤相对湿度数据，将实测数据与同一时期相应位置的 TVDI 值进行相关性分析。图中 TVDI 为横坐标，土壤相对含水量为纵坐标，得到 TVDI 与 0～10cm 土壤相对湿度相关性分析图：

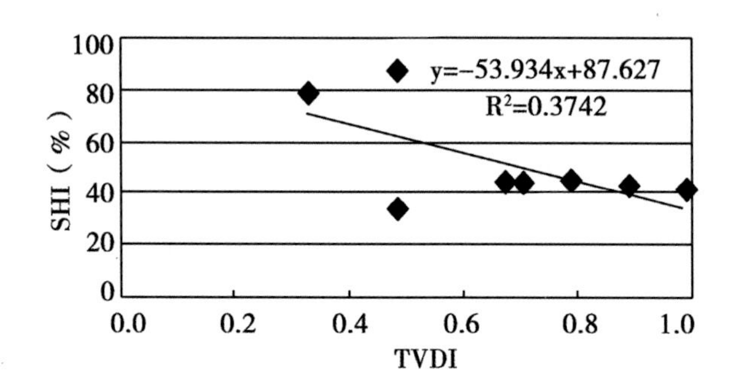


图 3－4－9 归一化植被指数（TVDI）与土壤湿度的关系

Fig. 3－4－9 The relationship between TVDI and soil moisture

由图 3－4－9 可以看出，随着土壤相对湿度的降低，干旱指数 TVDI 呈现着上升的趋势，TVDI 值与 10cm 土层土壤相对湿度线性相关关系成立，为中等相关。原因可能：一是气象站获取的数据与遥感影像上获取的空间分辨率为 1kmxlkm 的象元数据存在差异。二是气象站点获取数据的时间与遥感图像合成数据时间存在着差异。

5.2.4 土壤湿度空间分布特征

根据相关性分析结果，反演得到的 TVDI 与气象站表层 10cm 土壤湿度数据呈中度相关，可以用于乌珠穆沁草原表层土壤湿度反演。综合 7 幅土壤湿度分布图，经过各个等级象元统计，可以看出研究区 2010 年 10 月至 2011 年 4 月的土壤湿度分布特征：

（1）10 月份 TVDI 值主要在 0.4≤TVDI＜0.6，在各等级中占到 51.32%，表现为无旱，主要分布在研究区东北部地区。

（2）11 月份 TVDI 值主要集中在 0.4≤TVDI＜0.6，在各等级中占到 42.16%，表现为无旱，主要分布在研究区东南部和偏北部地区。

（3）12 月份 TVDI 值主要在 0.2≤TVDI＜0.4，在各等级中占到 56.75%，表现为湿润，主要分布在研究区偏东北部地区。

（4）1 月份 TVDI 值主要在 0.4≤TVDI＜0.6，在各等级中占到 72.06%，表现为无旱，分布在研究区各个地区。

（5）2 月份 TVDI 值在主要在 0.4≤TVDI＜0.6，在各等级中占到 52.30%，表现为无旱，主要分布在研究区南部和西北地区。

（6）3 月份 TVDI 值主要在 0.6≤TVDI＜0.8 和 0.4≤TVDI＜0.6，在各等级中分别占到 35.34%、27.36%，处于干旱与无旱之间，主要分布在研究区中部、西北部和东南部。

(7) 4 月份 TVDI 值主要在 0.8≤TVDI≤1.0 之间，在各等级中占到 61.86%，表现为极干旱，主要分布在研究区的西部地区。

### 5.2.5　土壤湿度时间变化特征

通过 ENVI4.3 将反演得到的乌珠穆沁地区 7 幅 TVDI 图处理，得到各个月份 TVDI 的值，将各个月份对应的影像上的象元数相加再除以总的象元数就得各个月份的平均值，分别为 0.574、0.563、0.368、0.490、0.443、0.649、0.818，并将其制作成图，如图 3-4-10 所示。

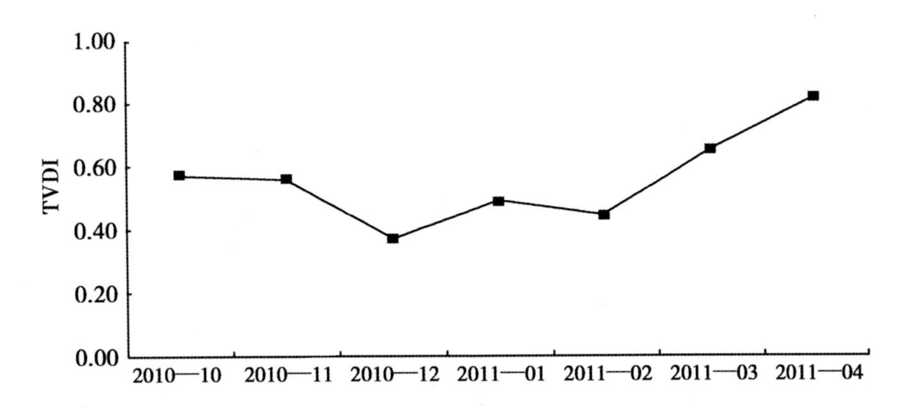


**图 3-4-10　2010 年 10 月至 2011 年 4 月乌珠穆沁草原月平均 TVDI**

**Fig. 3-4-10　Monthly average of TVDI in Prairie Ujimqin from October 2010 to April 2011**

从图中可以看出，TVDI 值越趋近于 1，表明土壤越干旱，TVDI 值越趋近于 0，表明土壤越湿润。月平均 TVDI 在 10 月份与 11 月份之间比较稳定，到 12 月份呈现明显下滑的趋势，在 12、1、2 这 3 个月份之间又呈现为先上升后下降的趋势，从 2 月份到 4 月份之间则一直表现为上升的趋势，TVDI 月平均最低值为 0.368，TVDI 月平均最高达到 0.818，说明 7 个月间研究区土壤湿度变化幅度较大。

## 5.3　小结

本章以乌珠穆沁草原为研究区，由于土壤湿度反映了大气湿度，所以在对研究区草原火险指数构造时，运用遥感的方法对土壤湿度进行了反演。根据 Sandholt 等提出的温度植被干旱指数模型（TVDI），运用归一化植被指数（NDVI）和地表温度（LST）构建了 LST-NDVI 特征空间，模型中使用的 MOD13A2 植被指数产品和 MOD11A2 地表温度产品均为 2010 年 10 月到 2011 年 4 月，下载于美国 NASA 官网。根据 LST-NDVI 特征空间拟合得到的研究区的干湿边方程，对研究区 2010 年 10 月到 2011 年 4 月的温度植被干旱指数进行了反演，并运用气象站点得到的土壤相对湿度数据与同一时期相应位置的 TVDI 值做相关性分析后，发现二者呈中度相关，可以用于研究区土壤湿度的反演。文中最后对研究区反演得到的温度植被干旱指数图的时空分布进行了分析。

# 第五章　乌珠穆沁草原火险预警（2）

## 1　引言

## 2　研究内容与方法

### 2.1　数据来源

可燃物量是按第二章中根据 EOS/MODIS 数据已经建立的可燃物量估测模型反演，得到各月可燃物量月动态数据，时间为 2010 年 10 月至 2011 年 4 月。

地表温度产品 MOD11A2 下载于美国国家航天局（NASA）网站，在第三章中已对研究区地表温度产品进行了处理和反演，得到了 2010 年 10 月至 2011 年 4 月各月的地表温度数据。

温度植被指数（TVDI），是由植被指数和地表温度共同构建的 LST—NDVI 特征空间经过计算反演得出的，已在第四章中进行了说明，并反演得到了的 2010 年 10 月至 2011 年 4 月各月温度植被指数（TVDI）数据。

火点资料来源于内蒙古气象局生态与农业气象中心获取的遥感卫星监测到的 2005—2012 年之间火点经纬度数据，土地利用数据来源于《内蒙古自治区国土资源遥感综合调查》项目成果的 1：10 万土地利用现状图。

### 2.2　积雪判识

归一化差分积雪指数（NDSI）是根据积雪对可见光和短红外波段反射特性和反射差的大小的一种测量方法，使用 MDOIS 数据的第二通道（841 ~ 876nm）、第四通道（545 ~ 565nm）和第六通道（1628 ~ 1652nm）进行 NDSI 的计算和积雪判识。计算公式如下：

$$NDSI = (CH_4 - CH_6) / (CH_4 + CH_6) \qquad \text{（公式 3.5.1）}$$

一般地当 $NDSI \geq 0.4$ 且 $CH_4$反射率 $> 11\%$ 、$CH_6$ 反射率 $< 10\%$ 时判定为雪。

### 2.3　可燃物量

枯草季的可燃物量数据是根据第二章选择的最优可燃物量最优估测模型，运用模型对乌珠穆沁草原枯草期各月可燃物重量进行了反演，并将反演结果进行归一化处理。在第二章中已做详细介绍。

### 2.4　地表温度

地表温度是根据 Qinetal（2001）的两因素模型劈窗算法计算得出，运用该模型对乌珠穆沁草原枯草期各月的地表温度进行了反演，并将反演结果进行归一化处理。在第三章中已做详细介绍。

### 2.5　土壤湿度

土壤湿度的反演是根据 Sandholt（2002）等提出的温度植被干旱指数 TVDI 方法，运用该方法对乌珠穆沁草原枯草期各月的土壤湿度进行了反演，并将反演结果进行归一化处理。在第四章中已做详细介绍。

### 2.6　指标权重确定

运用专家打分法，依据各指标的相对重要性由专家对其打分，经过计算，得到了草原火险指数（Grassland Fire Danger Index，GFDI）中各个指标因子的权重，结果如表 3－5－1。

**表 3－5－1　权重列表**

**Tab. 3－5－1　Weight list**

| 火险指数 | 指标因子 | 权重 |
| --- | --- | --- |
| 草原火险指数 A<br>1.0000 | 可燃物重量 B1 | 0.48 |
| | 地表温度 B2 | 0.25 |
| | 土壤湿度 B3 | 0.27 |

### 2.7　预报模型的建立

草原火险预报方法如下。

（1）有积雪覆盖时，不燃。

（2）无积雪覆盖时，草原火险指数计算公式如下：

$$GFDI = AX_1 + BX_2 - CX_3 \quad （公式 3.5.2）$$

式中，$X_1$代表可燃物重量；$X_2$代表地表温度、$X_3$代表土壤湿度值；A、B、C 分别是指标给定权重值。

### 2.8　火险等级的划分

根据 GFDI 值和火险等级的关系将将火险状况划分成 5 个等级，各个等级的危险程度及预防要求见表 3－5－2。

**表 3－5－2　火险等级划分及预防要求**

**Tab. 3－5－2　Fire danger ranking and preventive request**

| GFDI 值 | 等级 | 易燃程度 | 蔓延程度 | 危险程度 |
| --- | --- | --- | --- | --- |
| 0～0.2 | Ⅰ | 不燃 | 不能蔓延 | 没有危险 |
| 0.2～0.4 | Ⅱ | 难燃 | 难以蔓延 | 低度危险 |
| 0.4～0.6 | Ⅲ | 可燃 | 较易蔓延 | 中度危险 |
| 0.6～0.8 | Ⅳ | 易燃 | 容易蔓延 | 高度危险 |
| 0.8～1 | Ⅴ | 极易燃 | 极易蔓延 | 极度危险 |

# 3 结果与分析

## 3.1 乌珠穆沁草原火险等级时空分布特征

### 3.1.1 10月份乌珠穆沁草原火险等级空间分布特征分析（图3－5－1和图3－5－2）

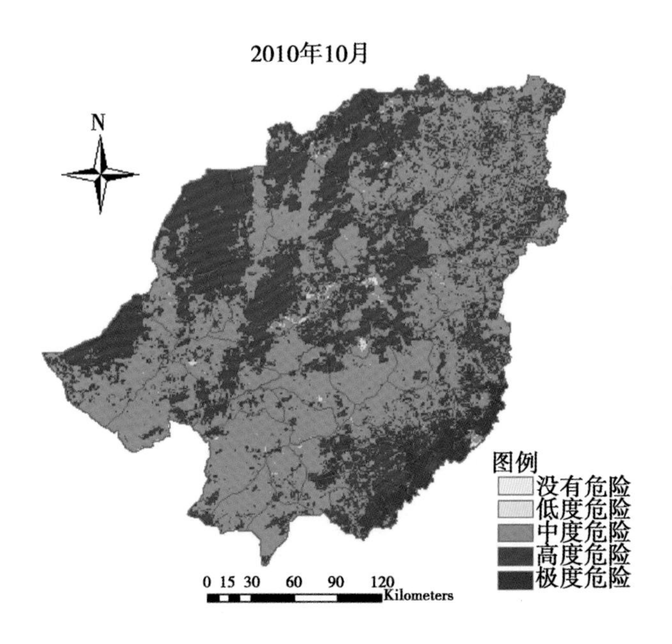


图3－5－1 2010年10月乌珠穆沁草原火险等级分布图

Fig. 3－5－1 Ujimqin grassland fire danger grades map in October 2010

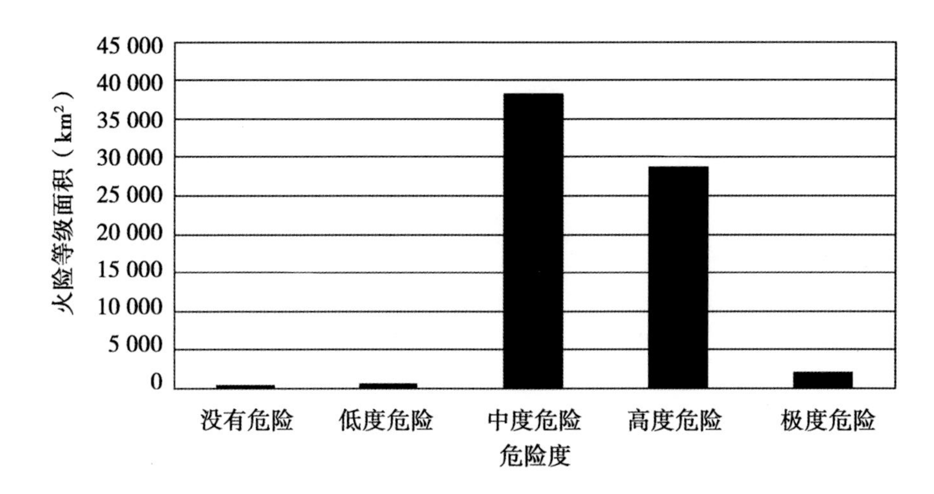


图3－5－2 乌珠穆沁草原2010年10月份火险等级面积柱状图

Fig. 3－5－2 The grassland fire danger grade's area histogram of Ujimqin October 2010

通过对图3－5－1和图3－5－2分析可以得出以下结论：乌珠穆沁草原在2010年10月份大部分地区以中度火险为主，高度火险均匀地分布在研究区各个部分，个别地区存在着极度火险。经过对影像各个火险等级象元的统计得到其分布面积：极度火险面积为1 962$km^2$，占总研究区面积的2.84%；高度火险面积为28 496$km^2$，占总面积的41.20%；中度火险的面积为38 514$km^2$，占总面积的55.10%；低度火险和没有火险的面积共579.16$km^2$，占总面积的0.84%。

从空间上看，极度火险主要分布在以下苏木：哈日根台苏木、罕乌拉苏木、浩勒图郭勒苏木、道伦达坝苏木，这些苏木主要分布在研究区东南部地区边界处，这一区域以温性草甸草原为主。高度火险分布在研究区的各个地方，高度火险状态的苏木主要有：东北部的贺斯格乌拉牧场、北部的额仁高毕苏木、西北部萨麦苏木、呼布钦高毕苏木、东乌珠穆沁旗、宝拉格苏木、乌拉盖苏木、军马场、额吉淖尔苏木、宝音图敖包苏木、宝日格斯台苏木、巴彦花苏木、额和宝拉格苏木、吉日音高勒苏木、阿拉腾高勒苏木。其余的苏木主要是处于中度火险状态。

3.1.2　11月份乌珠穆沁草原火险等级空间分布特征分析（图3－5－3和图3－5－4）

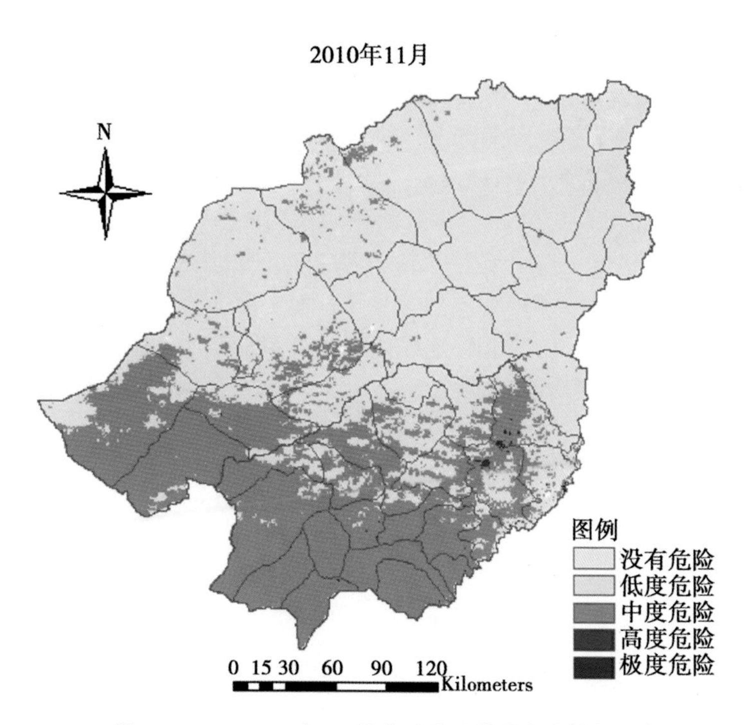


图3－5－3　2010年11月乌珠穆沁草原火险等级分布图

Fig. 3－5－3　Ujimqin grassland fire danger grades map in November 2010

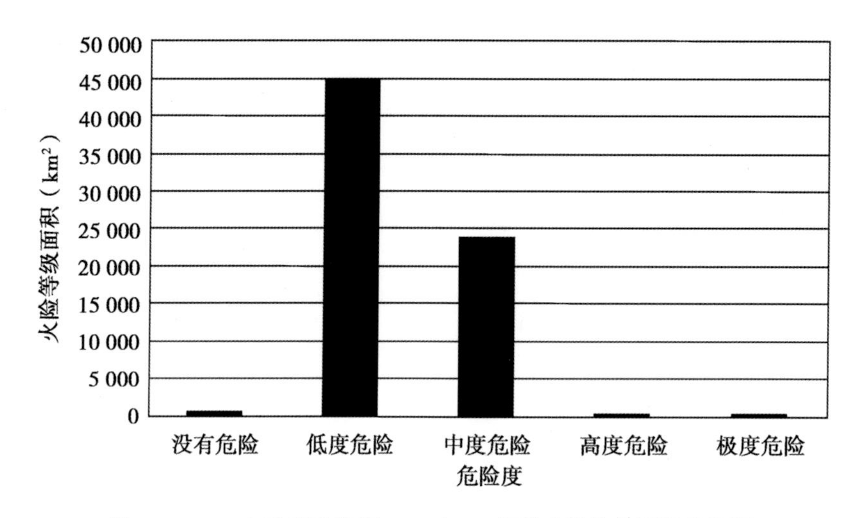


图 3－5－4　乌珠穆沁草原 2010 年 11 月份火险等级面积柱状图

Fig. 3－5－4　The grassland fire danger grade's area histogram of Ujimqin November 2010

通过对图 3－5－3 和图 3－5－4 分析可以得出结论：乌珠穆沁草原在 2010 年 11 月份主要以低度火险为主，其次是中度火险，极度火险、高度火险和没有火险分布极少。经过对影像各个火险等级象元的统计，得到其分布面积：极度火险面积为 11.20km$^2$，占总研究区面积的 0.02%；高度火险面积为 59.47km$^2$，占总面积的 0.09%；中度火险的面积为 23 726km$^2$，占总面积的 34.4%；低度火险面积为 44 564km$^2$，占总面积的 64.66%，没有火险的面积为 559km$^2$，占总面积的 0.81%。

从空间分布上看：极度火险和高度火险这些火点信息主要是在东南部的巴彦花苏木、哈日跟台苏木、罕乌拉苏木内有零散的分布；而中度火险是在巴彦花苏木、翁图苏木、呼布钦苏木偏西南地区；中东北部地区主要是分布着低度火险和没有火险。

3.1.3　12 月份乌珠穆沁草原火险等级空间分布特征分析（图 3－5－5 和图 3－5－6）

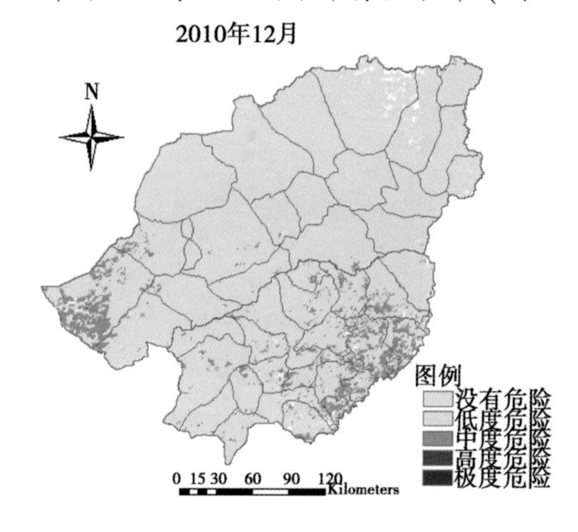


图 3－5－5　2010 年 12 月乌珠穆沁草原火险等级分布图

Fig. 3－5－5　Ujimqin grassland fire danger grades map in December 2010

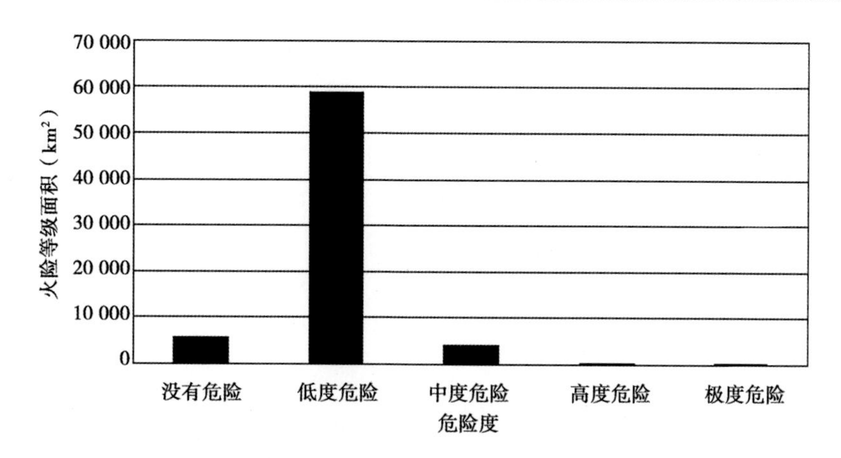


图 3－5－6　乌珠穆沁草原 2010 年 12 月份火险等级面积柱状图

Fig. 3－5－6　The grassland fire danger grade's area histogram of Ujimqin December 2010

通过对图 3－5－5 和图 3－5－6 分析可以得出结论：乌珠穆沁草原在 2010 年 12 月份大部分地区以低度火险为主，其次是中度火险和没有火险，高度火险和极度火险分布最少。经过对影像各个火险等级象元的统计，得到其分布面积：极度火险面积为 6.03$km^2$，占总研究区面积的 0.01%；高度火险面积为 12.07$km^2$，占总面积的 0.02%；中度火险的面积为 4 096$km^2$，占总面积的 5.99%；低度火险面积为 59 691$km^2$，占总面积的 85.79%，没有火险面积为 5 605$km^2$，占总面积的 8.19%。

从空间上看，极少的极度危险火险点和高度危险火险点主要分布在以下苏木：东南部的哈日根台苏木、罕乌拉苏木，中部的翁图苏木和东乌珠穆沁旗内。中度火险则分布在呼布钦高毕苏木、阿拉坦合力苏木、巴彦花苏木、罕乌拉苏木和道伦达坝苏木东南部地区。其余地区以低度火险和没有火险为主。

3.1.4　1 月份乌珠穆沁草原火险等级空间分布特征分析（图 3－5－7 和图 3－5－8）

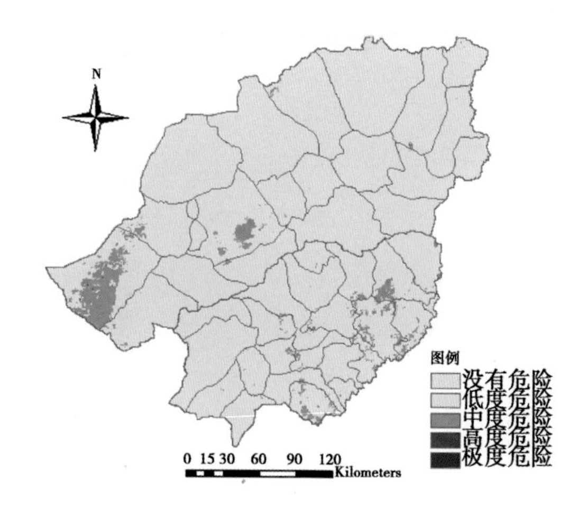


图 3－5－7　2011 年 1 月乌珠穆沁草原火险等级分布图

Fig. 3－5－7　Ujimqin grassland fire danger grades map in January 2011

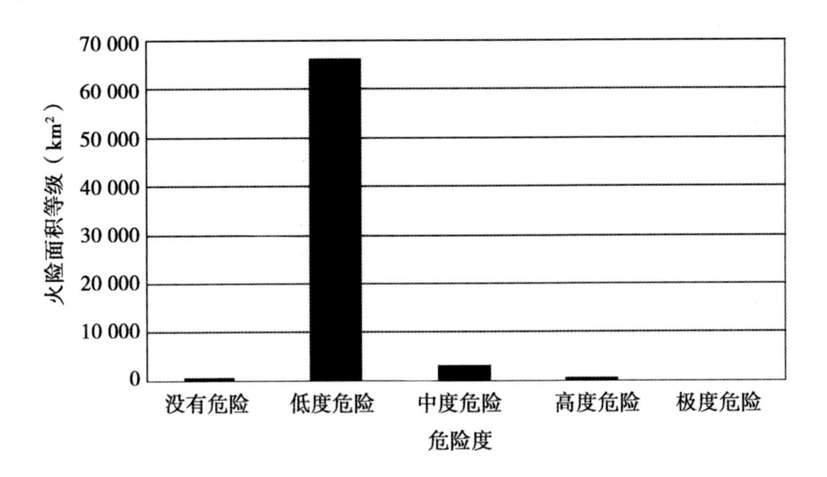


图 3－5－8　乌珠穆沁草原 2011 年 1 月份火险等级面积柱状

Fig. 3－5－8　The grassland fire danger grade's area histogram of Ujimqin January 2011

通过对图 3－5－7 和图 3－5－8 分析我们可以得出结论：乌珠穆沁草原在 2011 年 1 月份大部分地区以低度火险为主，其次是中度火险和没有火险，高度火险分布最少，极度火险没有。经过对影像各个等级火险象元的统计，得到其分布面积：高度火险面积为 12.07$km^2$，占研究区总面积的 0.02%；中度火险的面积为 2 808 $km^2$，占总面积的 4.07%；低度火险面积为 66 051 $km^2$，占总面积的 95.62%，没有火险面积为 204.26$km^2$，占总面积的 0.30%。

从空间上看，极少的高度危险火险点出现在以下苏木：东北部的贺斯格乌拉牧场和西部的阿拉坦合力苏木。中度火险主要分散在以下几个苏木：东南部的巴彦花苏木和东乌珠穆沁期等地区。其余地区都为低度火险。

3.1.5　2 月份乌珠穆沁草原火险等级空间分布特征分析（图 3－5－9 和图 3－5－10）

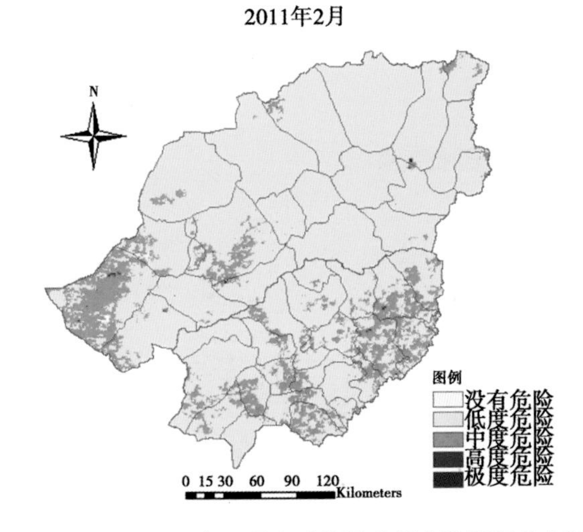


图 3－5－9　2011 年 2 月乌珠穆沁草原火险等级分布图

Fig. 3－5－9　Ujimqin grassland fire danger grades map in February 2011

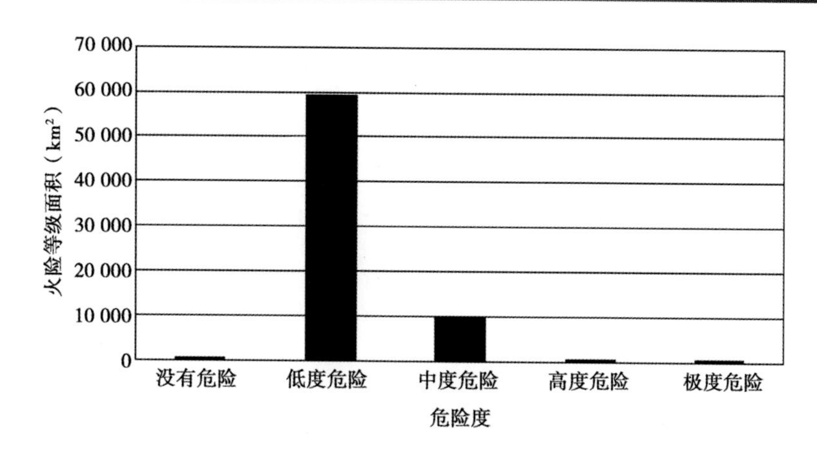


图 3－5－10　乌珠穆沁草原 2011 年 2 月份火险等级面积柱状

Fig. 3－5－10　The grassland fire danger grade's area histogram of Ujimqin February 2011

通过对图 3－5－9 和图 3－5－10 分析可以得出结论：乌珠穆沁草原在 2011 年 2 月份大部分地区还是以低度火险为主，中度火险其次，高度火险、极度火险和没有火险分布极少，经过对影像各个火险等级象元的统计，得到其分布面积：极度火险面积为 7.76km²，占总面积的 0.01%；高度火险面积为 31.89km²，占总面积的 0.05%；中度火险的面积为 9 722km²，占总面积的 14.10%；低度火险面积为 59 168km²，占总面积的 85.74%，没有火险面积为 82.74km²，占总面积的 0.12%。

从空间上看，极度危险火险点和高度危险火险点出现在以下苏木：东北部的贺斯格乌拉牧场，西部的阿拉坦合力苏木、额和宝拉格苏木，东南部的巴彦花苏木、哈日根台苏木，北部的额仁高毕苏木和东乌珠穆沁旗。中度火险主要分散在以下几个苏木：东南部的巴拉格尔苏木、吉日音高勒苏木、哈日根台苏木，西部的阿拉坦合力苏木。其余地区都为低度火险。

### 3.1.6　3 月份乌珠穆沁草原火险等级空间分布特征分析（图 3－5－11 和图 3－5－12）

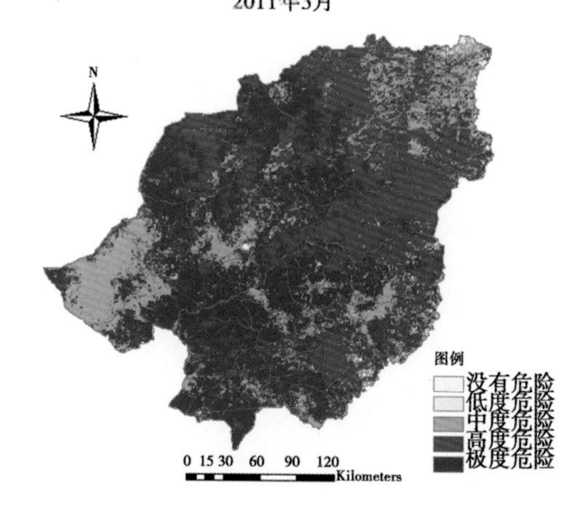


图 3－5－11　2011 年 3 月乌珠穆沁草原火险等级分布图

Fig. 3－5－11　Ujimqin grassland fire danger grades map in March 2011

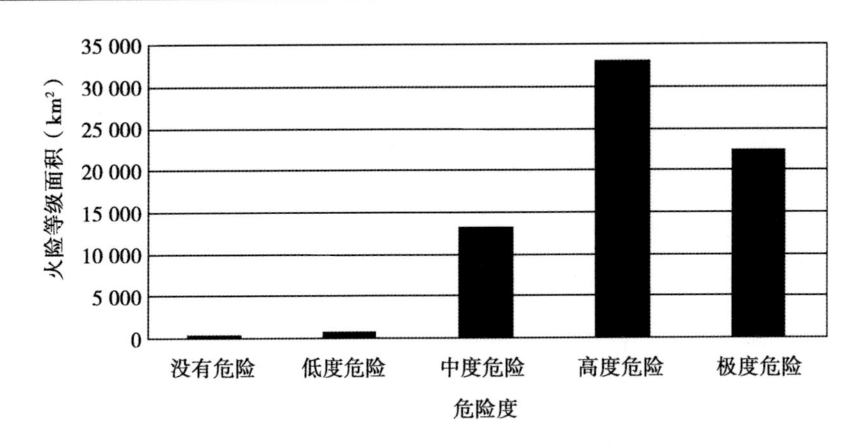


图 3－5－12　乌珠穆沁草原 2011 年 3 月份火险等级面积柱状图

Fig. 3－5－12　The grassland fire danger grade's area histogram of Ujimqin March 2011

通过对图 3－5－11 和图 3－5－12 分析可以得出结论：乌珠穆沁草原在 2011 年 3 月份大部分地区还是以高度火险为主，其次是极度火险分布较多，然后是中度火险，低度火险和没有火险分布较少。经过对影像各个火险等级象元的统计，得到其分布面积：极度火险面积为 22 292km$^2$，占总面积的 32.23%；高度火险面积为 330 323km$^2$，占总面积的 47.75%；中度火险的面积为 13 149km$^2$，占总面积的 19.01%；低度火险面积为 644.66km$^2$，占总面积的 0.93%，没有火险面积为 56.88km$^2$，占总面积的 0.08%。

从空间上看，极度危险火险点主要分布在研究区的西北部、东南部和西南部，主要包括以下苏木：额和宝拉格苏木、翁图苏木、乌拉盖苏木以及其西北部；罕乌拉苏木、巴彦胡舒苏木、宝音图敖包苏木和其以南的地区。高度危险火险面积分布最广，除中度火险所存在地区外，高度火险几乎存在在研究区的各个地区。中度火险主要是分布在阿拉坦合力苏木、东乌珠穆沁旗、巴彦花苏木和东北角处的满都胡宝拉格苏木、宝格达山林场等。

### 3.1.7　4 月份东乌珠穆沁草原火险等级空间分布特征分析（图 3－5－13 和图 3－5－14）

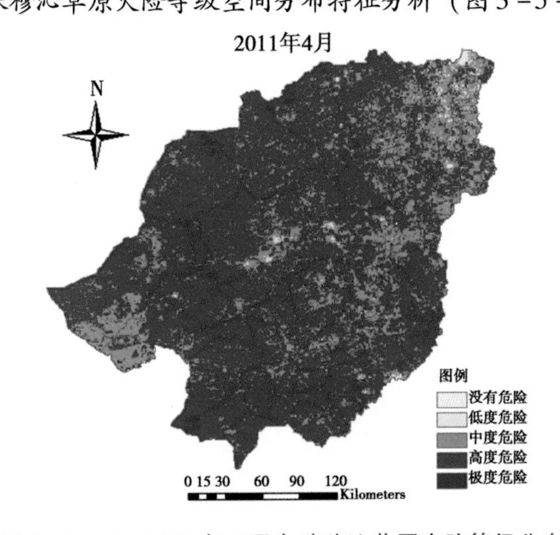


图 3－5－13　2011 年 4 月乌珠穆沁草原火险等级分布图

Fig. 3－5－13　Ujimqin grassland fire danger grades map in April 2011

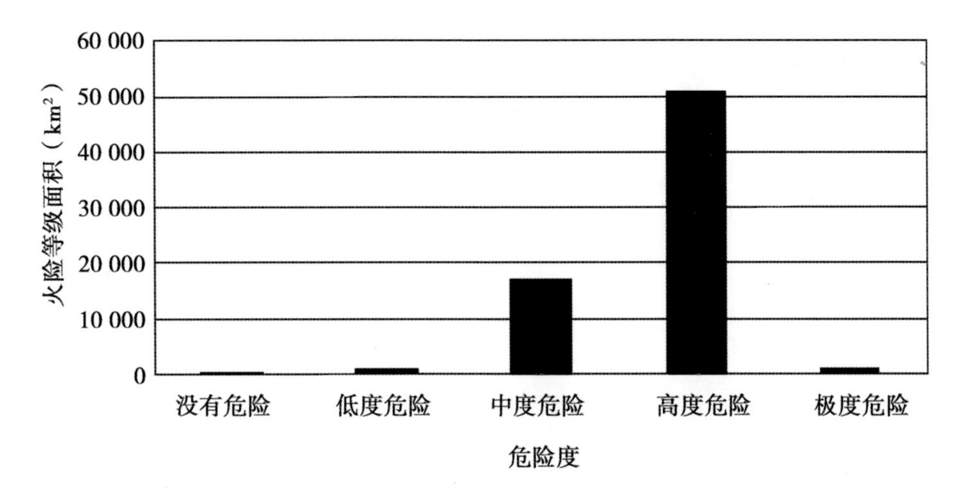


图 3－5－14　珠穆沁草原 2011 年 4 份火险等级面积柱状图

Fig. 3－5－14　The grassland fire danger grade's area histogram of Ujimqin April 2011

通过对图 3－5－13 和图 3－5－14 分析可以得出结论：乌珠穆沁草原在 2011 年 4 月份大部分地区主要是以高度火险为主，其次是中度火险分布较多，极度火险、低度火险和没有火险分布均很少。经过对影像各个火险等级象元的统计，得到其分布面积：极度火险面积为 846.33$km^2$，占总面积的 1.22%；高度火险面积为 50 672$km^2$，占总面积的 73.23%；中度火险的面积为 16 803$km^2$，占总面积的 24.29%；低度火险面积为 739.46$km^2$，占总面积的 1.07%，没有火险面积为 131.86$km^2$，占总面积的 0.19%。

从空间上看，极度火险点主要分布在研究区的西北部、中部和东南部，主要包括以下苏木：额仁高毕苏木、萨麦苏木、呼布钦高毕苏木、敦大高毕苏木、东乌珠穆沁期、额吉淖尔苏木、翁图苏木、巴彦胡舒苏木、翁根苏木、巴彦高勒苏木、杰仁苏木、阿拉腾高勒苏木、巴彦花苏木、罕乌拉苏木、宝日跟斯太苏木。中度火险主要集中在西部的阿拉坦合力苏木、额和宝拉格苏木，乌拉盖苏木的东北部，剩余的零散的分布在中部和东南部。高度火险则是分布在研究区的各个部分。

## 4　精度检验

利用内蒙古生态与农业气象中心提供的 2005 年到 2012 年研究区的火点信息，根据数据抽样回代检验法对预报模型的精度进行检验。在 2005 年到 2012 年期间卫星遥感在研究区内共监测到 68 个火点，将这些火点信息与相应的火险等级对应后发现有 65 个火点落在Ⅲ级或Ⅲ级以上的火险等级范围内，火点信息拟合准确率达到 95.5%；表明运用积雪指数、可燃物量、地表温度和土壤湿度构建的草原火险短期预报方法对于研究区内火险等级的预测预报与实际基本符合，可以在实际的草原火险短期预报中得到应用。

例如：火点资料显示 2010 年 10 月和 2011 年 4 月在研究区共发现 4 个火点，经纬度分别为 119.66°、46°；119.86°、45.92°；119.76°、45.71°；117.08°、45.27°，在反演得到的 10 月份火险等级图和 4 月份火险等级图找到相对应的点，发现在火险等级图上各个点的火险等级为Ⅲ级、Ⅳ级、Ⅲ级和Ⅴ级，与实际监测到的火点信息比较吻合。

从时间分布上看：研究区极度火险、高度火险、中度火险主要集中在10月份、3月份和4月份，低度火险和没有火险主要分布在11月、12月、1月、2月这4个月内。这主要与研究区内的气候特点相关，9月份牧草生物量达到最大，进入10月后气温逐渐降低，植物停止生长，植物的枯枝落叶变为可燃物，地面堆积的可燃物极易引起火灾的发生；随着冬季的到来，温度的下降、风吹、牲畜的啃食、地面积雪的覆盖，即使部分裸露在地面的枯草点燃，也会因雪层的覆盖等原因难以蔓延，所以11月、12月、1月、2月份常常处于低火险状态；春季温度回升、气候变暖、干旱少雨、风大的气候特点使得3、4月份火险等级又变为以极度火险和高度火险为主。

从空间分布上看：研究区内火险度较高的苏木主要为：东北部的贺斯乌拉牧场和乌拉盖苏木，这一区域以温性草甸草原为主；东南部的巴彦花苏木、罕乌拉苏木、道伦达坝苏木、哈日根台苏木、阿拉腾高勒苏木，这一区域也以温性草甸草原为主；西部和西北部的阿拉坦合力苏木、额和宝拉格苏木、萨麦苏木、额仁高毕苏木，这一区域为温性草原类。

## 5 小结

本章以乌珠穆沁草原为研究区，对该区域进行草原火险预警时，由于研究区气象站点少，得到的数据不能很好的划分出等级性，所以本章中创新性的将遥感监测运用到可燃物量、地表温度、土壤湿度这些火险因子的反演中，全部的火险因子都是通过遥感方法运用不同的模型反演得到的，这样不仅弥补了气象站点少，数据划分不出等级的缺点，而遥感的大区域实时监测同样也弥补了实际操作时采样难的特点。本章中选取了枯草期可燃物量、地表温度、土壤湿度、积雪指数4个指标进行了火险预警研究，各指标采用专家打分法进行权重确定，构建了研究区短期预报草原火险指数模型，并将该模型反演得到的草原火险状态图划分为5个等级，分别为极度危险、高度危险、中度危险、低度危险、没有危险。并通过数据抽样回代检验法对预报模型进行精度检验，火点落区拟合准确率达到95.5%，表明遥感反演得到的积雪指数、可燃物量、地表温度和土壤湿度构建的草原火险等级短期预报模型可以用于实际的草原火险预测预报。乌珠穆沁草原作为内蒙古锡林郭勒盟地区火灾的重发区，针对此区域构建其短期预报火险指数，对于当地草原火险预警具有重要指导意义。

## 6 结论与展望

### 6.1 结论

本论文主要包括了以下几方面工作：第二章中运用课题组前期研究得出的草甸草原和典型草原枯草期（当年10月到翌年4月）的最优估测模型和枯草指数查找表，对乌珠穆沁草原2010年10月到2011年4月各月的可燃物量进行了反演；第三章中通过美国NASA中心免费提供的MOD11A2地表温度产品数据对乌珠穆沁草原2010年10月到2011年4月各月的地表温度进行了反演；第四章中运用植被指数数据MOD13A2和地表温度数据MOD11A2，利用TVDI法对乌珠穆沁2010年10月到2011年4月土壤湿度进行了反演；第五章中运用专家打分法，构建了以积雪指数、可燃物量、地表温度、土壤湿度为指标因子的草原火险指数，并对研究区2010年10月到2011年4月草原火险进行了反演。

依据论文过程和论文结果，主要可以总结出以下几方面结论。

（1）2010年10月份到2011年4月份乌珠穆沁草原可燃物量呈现着递减的趋势，可分为两个阶段：第一阶段是10月份到12月份，其中11月份与12月份的可燃物保存率分别为61.9%和48.2%，这一阶段的可燃物保存率降低速度较快，两个月的减少幅度为51.8%，月平均递减率为25.9%；第二个阶段是1月、2月、3月、4月这4个月，可燃物保存率分别为43.6%、30.9%、23.0%、18.9%，这四个月的可燃物保存率的降低幅度为29.3%，月平均递减率为7.3%。

（2）研究区枯草期月平均地表温度（LST）在2010年10月到2011年4月期间呈现着先降低后升高的趋势，可将其分为两个阶段：第一阶段由10月到12月地表温度一直处于降低的趋势，在12月份地表温度达到最低值，为254.1K；第二阶段从12月份到4月份地表温度表现为回升的趋势，4月份地表温度均值达到七个月最大值，为299.2K。

（3）枯草期月平均土壤湿度（TVDI）从2010年10月到2011年4月表现为先降低后升高的趋势，12月份TVDI值达到最低为0.368,，4月份TVDI值达到最大为0.818，说明七个月间研究区土壤湿度变化幅度较大。

（4）文中以积雪指数、可燃物量、地表温度、土壤湿度为指标因子，运用专家打分法确定权重后构建的草原火险指数模型，经过精度检验，火点落区拟合准确率达到95.5%，表明该指数模型可以用于研究区草原火险等级短期预警。

（5）乌珠穆沁草原枯草期草原火险从时间分布上看：极度火险、高度火险、中度火险主要集中在10月份、3月份和4月份，低度火险主要分布在11月、12月、1月、2月这4个月份内。

（6）乌珠穆沁草原枯草期草原火险从空间分布上看：火险较高的苏木主要为：东北部的贺斯乌拉牧场和乌拉盖苏木，这一区域以温性草甸草原为主；东南部的巴彦花苏木、罕乌拉苏木、道伦达坝苏木、哈日根台苏木、阿拉腾高勒苏木，这一区域也以温性草甸草原为主；西部和西北部的阿拉坦合力苏木、额和宝拉格苏木、萨麦苏木、额仁高毕苏木，这一区域为温性草原类。

## 6.2　展望

（1）乌珠穆沁草原漫长寒冷的枯草期，使得野外实地数据的采集比较困难，所以，可燃物估测模型建立时，会受到地面数据欠缺的影响；在运用模型对遥感影像进行反演时，也会受到积雪覆盖的影响；为了提高估测模型的精度，在允许的条件下，应增加地面样点的数量，从而在估测模型的建立过程中提高其精度，进一步对枯草指数查找表加以完善。

（2）MODIS数据反演得到的乌珠穆沁草原温度植被干旱指数与其表层土壤湿度呈中度相关，反演精度不是太高；在本研究的基础上，例如将NDVI换为植被覆盖度，将地表温度与地表反照率相结合等，可能会提高反演的精度。

# 第六章　草原火灾风险评价研究及面积估测方法

## 1　引言

### 1.1　研究意义与目的

草原火灾是指在失控条件下发生发展，并给草地资源、国家和人民生命财产及其生态环境带来不可预料损失的草原地面可燃物的燃烧行为（刘桂香，2008）。我国草原地区多分布在北方干旱半干旱地区，火种繁多且分散，防止火灾较难，起火后由于扑火设施落后救灾的难度大，很多小火不能及时得到控制而最终酿成大灾。草原火灾不仅会造成生命财产损失还会对生态环境造成严重影响，对边疆地区的社会和经济稳定和发展带来了严重影响。

新中国成立以来，我国几乎每年都发生数百起草原火险火灾，并时常伴有特大草原火灾发生。1991—2006 年全国共发生草原火灾 6 822起，其中，特大草原火灾 81 起，重大草原火灾 337 起，受害草原面积 621.98 万 $hm^2$，死伤 224 人，烧死家畜 39 277头只（王宗礼，2009）。

内蒙古自治区是我国草原火险高发区，自 1949—1988 年统计，共发生草原火警火灾 5 510起，烧毁草原 18 560万 $hm^2$，并引发森林火警火灾 2 902起，烧毁森林面积达 919 万 $hm^2$，火灾烧伤 1 213人，死亡 472 人。2012 年 4 月 7 日由于高压输变线路受大风天气影响形成短路，内蒙古自治区锡林郭勒盟东乌珠穆沁旗满都宝力格镇额仁宝力格嘎查境内发生草原火灾，涉及满都宝力格镇额仁宝力格、套森诺尔、阿尔善宝力、额仁高毕、满都宝力格等 5 个嘎查，受灾牧户 120 户、烧毁草场 76 576 $hm^2$，死亡 2 人、轻伤 8 人，损失牲畜 19 936头只，烧毁房屋 354$m^2$、棚圈 6 765$m^2$ 等地上物品。

草原火灾发生不仅关系到可燃物量、可燃物类型和可燃物湿度等可燃物的特征，还与大气湿度、大气温度、风速和风向等气象因子和地形、人的影响等许多因子有关。具有随机性、不确定性和突发性等特点，如果不能做好预防和准备工作，将会导致人员伤亡和经济损失的加大。草原火灾风险评价是草原火灾应急管理的主要内容，是制定火灾应急预案的基础。评价结果能够帮助人们宏观地了解区域内突发草原火灾的概率和严重性，政府部门能够根据评价结果进行有关决策。

在灾害风险评价理论和3S技术支持下，对草原地区的火灾风险进行诊断，建立草原火灾风险评价体系采取相应的防火减灾对策减少草原火灾的发生，对保障人民生命财产安全，促进社会、经济稳定发展和改善生态环境具有非常重要的意义。另外，草原火灾的风险评价研究还可以为我国草原地区其他灾害的风险评价研究提供借鉴作用。

本文选择内蒙古草原为研究区，简单介绍草原火灾风险评价相关的基本概念，将格雷厄姆－金尼法（LEC）和层次分析法（AHP模型）等技术方法引入火灾风险评价领域，通过对草原火灾风险各因子的分析构建草原火灾风险评价指标体系和模型。通过层次分析法（AHP）计算出各草原火灾风险评价指标的权重，计算可能性（L）、风险发生的后果（C）和通过作业条件危险性评价法格雷厄姆－金尼法（LEC），然后利用加权综合评分法（WCA）计算各盟市的草原火灾风险指数（D），并在此基础上进行草原火灾风险分区。探讨草原火灾风险管理的理论、对策和途径，以期为防火减灾、制定应急预案提供科学依据。

### 1.2　研究进展

风险评价研究是随着核工业的兴起而出现的，风险评价研究在20世纪70年代以前是以定性评价为主，70年代以后逐渐发展成定量评价，目前，在许多领域都有广泛应用。

联合国赈灾组织将自然灾害风险定义为是在一定的区域和给定的时段内由于某一自然灾害而引起的人们生命财产和经济活动的期望损失值（伊吉美，2010）。自然灾害风险研究是灾害学重要的研究内容，20世纪初日本京都大学多多纳裕一教授提出了综合灾害风险管理理论。20世纪80年代中期，发达国家开始注重环境整治和防灾减灾工作，因此，自然灾害风险研究也逐渐得到发展。Blaikie等指出自然灾害是脆弱性、承灾体与致灾因子综合作用的结果（Blaikie，1994）。我国自然灾害风险评估与管理的相关研究始于20世纪80年代。

以往的草原火灾管理是以灾后的扑救和恢复建设为主，相对较少进行预警和风险评价研究，因此，很难降低草原火灾造成的损失。随着草原火灾影响越来越重，人们逐渐开始关注灾前预警和风险评估工作的重要性。目前，风险评价在草原火灾中的应用还非常少见，但是，对地震、洪水、洪涝、旱灾和滑坡等自然灾害的已有广泛的研究。

目前，国内外关于草原火灾风险的研究还非常少见，在国外草原火灾的研究是作为野火的一部分来进行整体研究的，主要侧重于对草原火行为、草原火险预警和火灾监测等为主。例如，Verbesslt J（2002）利用可燃物的湿度进行野火风险评价（Verbesslt J，2002）；Bilgili等在土耳其西南部的马基群落进行火的传播、可燃物消耗量和火强度等等火行为实验（Bilgili，2003）；Mbow在萨瓦纳稀树草原进行火行为研究（Mbow，2004）。火灾风险评价研究以野火危险性的单一因子进行评价忽略了火的承载体，因此，不能够准确地描述火灾风险。

草原火灾的研究起初是把草原火灾作为一种自然现象，着重调查分析草原火灾发生的可燃物基础和气象因子等自然因子，而忽略了承灾能力和脆弱性的研究。草原火灾风险是草原火危险性、草原火灾承灾体暴露性、脆弱性、区域防火减灾能力综合作用的结果（张继权，2007）。但是国内外对于草原火灾承灾体暴露性及其脆弱性和区域防灾减灾能力研究甚少，很难称之为草原火灾系统的风险分析与评价，多数只能称为草原火灾致灾因子的风险分析，即目前的草原火险分析（Grassland Fire hazard Analysis，GFHA）（张继权，2007）。真正意义的草原火灾风险评价研究还处在起步阶段，随着火灾风险评价相关研究的不断深入，火灾风险评价因子由单因子风险评价渐变到多因子的综合风险评价。

国内关于火灾风险评价也是非常少见，主要是由东北师范大学的张继权和北京师范大学的王静爱等做了很多的相关研究和实践。李艳梅和王静爱等（2005）利用森林植物种类组成及林地面积资料采用面积权重及统计聚类分析的方法进行了单一因子的草原火灾风险评价研究。刘兴朋和张继权等（2006、2007）用统计方法分析了我国牧区的草原火灾历史资料，得出北方牧区草原火灾风险的时空动态分布特点。张继权、刘兴鹏和佟志军等采用加权综合评分法和 AHP 方法构建了草原火灾风险指数模型，定量评价了吉林省西部草原火灾风险（张继权，2007；刘兴鹏，2008；佟志军 2009）。

## 2 研究内容与方法

### 2.1 相关概念

草原火灾风险（Grassland Fire Disaster Risk，GFDR）是指在失去人们的控制时草原火的活动（发生、发展）及其对人类生命财产和草原生态系统造成破坏损失（包括经济、人口、牲畜、草场、基础设施等）的可能性，而不是草原火灾损失本身（刘兴鹏，2008）。根据自然灾害风险的形成机制和构成要素，草原火灾风险由危险性（H）、暴露于风险环境的频繁程度（E）、脆弱性（V）和防火减灾能力（R）、风险发生的后果（C）等 5 个因素决定。

危险性（H）是指某一地区某一时段内着火的可能性。是对起火因子和孕火环境等的研究，起火因子选择人口密度和干雷暴数来表示；孕火环境选择多年平均湿度、多年平均温度、多年平均风速、晴天日数、草场面积、植被覆盖度来表示。

暴露于风险环境的频繁程度（E）指一定区域内火灾的发生频率，计算公式为：

$E = m/Y$（m 为某区域内自然灾害发生的次数，Y 为统计的总年份数）。

脆弱性（V）是指人和财产由于潜在的危险因素而造成的伤害或损失程度。牧业产值占 GDP 比值、幼畜数量、易燃房舍数量，其值越高灾害风险也就越大。

防灾减灾能力（R）表示出受灾区内能够从草原火灾中恢复的能力，根据对研究区资料的可获取性选取了公路网密度、防火资金投入、卫生机构人员、防火人员数量、医院数量和防火设备数量等指标。

风险发生的后果（C）是指可能会受到火灾威胁的人和财产，因子选取了牧区人口数量、牧业总产值、牲畜数量、建筑物数量、可燃物承载量等，其值越大火灾风险就越大。

## 2.2　数据准备

火灾发生时间、地点和发生面积等草原火灾资料主要来源于内蒙古气象局生态与农业气象中心遥感科提供的内蒙古各盟市的历年草原火灾遥感监测资料；草原面积、草地类型、行政区划等草原基本情况数据来源于中国农业科学院草原研究所；内蒙古自治区的人口等数据来自内蒙古统计年鉴；内蒙古地区多年气象资料来源于内蒙古气象局。

## 2.3　研究内容

采用数学方法研究内蒙古草原火灾的危险性，暴露于风险环境的频繁程度（E），脆弱性和防火减灾能力，风险发生的后果的基础上，建立草原火灾风险指数模型，对研究区草原火灾风险程度进行定量评价，并借助 GIS 技术将内蒙古草原火灾分为轻度、中度、重度和极重度 4 个风险区。

## 2.4　研究方法

### 2.4.1　作业条件危险性评价法（LEC）

作业条件危险性评价法是由美国的格雷厄姆（K. J. Graham）和金尼（G. F. Kinney）提出的危险性的半定量评价法，也称为“格雷厄姆 - 金尼法”或“G - K 评危法”。该方法采用与系统风险率相关的 3 种方面指标值之积来评价系统中人员伤亡风险大小。这 3 种方面分别是 L 为发生事故的可能性大小，E 为人体暴露在这种危险环境中的频繁程度，C 为一旦发生事故会造成的后果。草原火灾风险分值（D）越大，说明该系统危险性越大，需要增加安全措施，或改变发生事故的可能性。

对这 3 种方面分别进行客观的科学计算，得到准确的数据是相当繁琐的过程，为了简化过程，采用加权综合评分法，层次分析法（AHP）再综合分析定量化计算出草原火灾发生可能性大小（L），风险发生的后果（C）。因为对于草原火灾可以说牧区常驻人口和牧畜动物在长时间薄露在危险环境中，所以根据往年多年度平均发生草原火灾的频率和规律分值代替暴露于危险环境的频率程度分值。

### 2.4.2　层次分析法

层次分析法（Analytic Hierarchy Process，AHP）已在第一章绪论中有相关介绍。AHP 是适合多目标、多准则、多时期等的一种层次权重决策分析方法，它将定性方法与定量方法有机地结合起来，使复杂的系统分解，能将人们的思维过程数学化、系统化，便于人们接受。本章利用层次分析方法，充分分析各指标的关系后建立一个由目标层、准则层和方案层组成的层次结构，本章将对草原火灾风险评价的 23 个指标建立层次结构（图 3 - 6 - 1）。

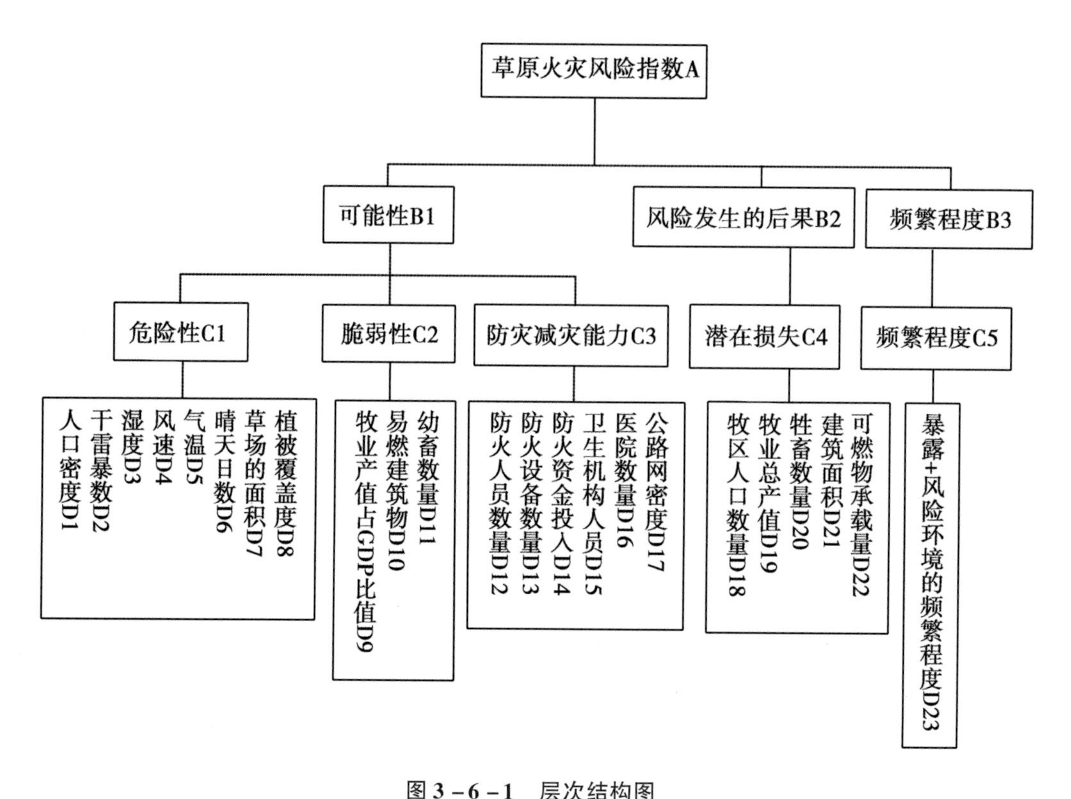


图 3-6-1　层次结构图

Fig. 3-6-1　Hierarchical chart

（1）目标层：本章的目标层为内蒙古草原火灾风险指数。

（2）准则层：本章的准则层由危险性因子、脆弱性因子、防灾减灾能力因子、风险发生的后果和频繁程度因子组成。

（3）方案层：在本层选择的因子分别是人口密度、干雷暴数、多年平均湿度、多年平均温度、牧业总产值占 GDP 比值、多年平均风速、幼畜数量、晴天日数、易燃建筑物、草场的面积、植被覆盖度、防火人员数量、防火设备数量、防火资金投入、卫生机构人员、医院数量、公路网密度、牧区人口数量、牧业总产值、牲畜数量、建筑面积、可燃物承载量、暴露于风险环境的频繁程度等 23 个指标。

在确定影响某个因素的诸因子在该因素中所占的比重时，采取了对因子进行两两比较建立成对比较判断矩阵的办法，采用数字 1-9 及其倒数作为标度。

2.4.3　数据标准化

本文通过内差打分法将各指标数据进行标准化处理，得到可直接计算评价的无量纲化的结果，即对于某项指标的数值，通过标准化处理。

某正向指标应得分数：

$$X_{ij}^{'} = \frac{X_{ij} - X_{min}}{X_{max} - X_{min} * 100} \qquad \text{（公式 3.6.1）}$$

某负向指标应得分数：

$$X_{ij}^{'} = \frac{X_{max} - X_{ij}}{X_{max} - X_{min} * 100}$$ 式中，$X_{ij}$为第 $i$ 个对象的第 $j$ 项指标值；

$X_{ij}^{'}$为无量纲化处理后第 $i$ 个对象的第 $j$ 项指标值；

$X_{min}$为指标的最小值和 $X_{max}$为指标的最大值。

## 3 结果与分析

### 3.1 评价指标体系

基于草原火灾风险形成机理，选择了代表性好、针对性强、易于量化的23个指标，建立草原火灾风险评价的指标体系。根据专家对各指标相对重要性打分，并经过 AHP 方法计算，得到了各个组成因子的权重，经过层次单排序和总排序的一致性检验后的结果（表3－6－1）。

**表3－6－1 草原火灾风险评价指标体系及权重**

**Tab. 3－6－1 Grassland fire disaster risk assessment index system and weights**

| 火险指数 | 因子 | 指标 | 权重 |
| --- | --- | --- | --- |
| 可能性（L） | 危险性（H）0.7145 | 人口密度 | 0.0446 |
| | | 干雷暴数 | 0.0409 |
| | | 多年平均湿度 | 0.0156 |
| | | 多年平均温度 | 0.0344 |
| | | 多年平均风速 | 0.0446 |
| | | 晴天日数 | 0.0206 |
| | | 草场的面积 | 0.1916 |
| | | 植被覆盖度 | 0.3222 |
| | 脆弱性（V）0.1428 | 牧业总产值占 GDP 比值 | 0.0754 |
| | | 易燃建筑物 | 0.0199 |
| | | 幼畜数量 | 0.0475 |
| | 防灾减灾能力（R）0.1429 | 防火人员数量 | 0.0407 |
| | | 防火设备数量 | 0.0323 |
| | | 防火资金投入 | 0.0204 |
| | | 卫生机构人员 | 0.0135 |
| | | 医院数量 | 0.0103 |
| | | 公路网密度 | 0.0257 |
| 风险发生的后果（C） | 潜在损失（C）1 | 牧区人口数量 | 0.125 |
| | | 牧业总产值 | 0.1722 |
| | | 牲畜数量 | 0.1468 |
| | | 建筑面积 | 0.2022 |
| | | 可燃物承载量 | 0.3538 |
| 暴露于风险环境的频繁程度（E） | 频率程度（E） | 暴露于风险环境的频繁程度 | 1 |

## 3.2 评价模型的建立

风险指数的计算

本文采用作业条件危险性评价法格雷厄姆－金尼法公式计算草原火灾风险指数，计算公式如下：

$$D = L \times E \times C$$ （公式 3.6.2）

式中，D 为风险指数；

L 为发生风险的可能性大小；

E 为暴露于风险环境的频繁程度；

C 为风险发生的后果。

L 为发生风险的可能性大小，可以通过如下公式获得。

$$L = H^{\alpha} + V^{\beta} + R^{\gamma}$$ （公式 3.6.3）

式中，H 为危险性；

V 为脆弱性；

R 为防灾减灾能力；

α 为危险性的权重值；

β 脆弱性的权重值；

γ 防灾减灾能力的权重值。

危险性（H）和脆弱性（V）与发生风险的可能性（L）是正相关关系，防灾减灾能力（R）与发生风险的可能性（L）是负相关关系。对危险性、脆弱性和防灾减灾能力方面分别进行客观的科学计算，得到准确的数据是相当繁琐的过程，为了简化过程，采用因子加权叠置综合分析法，利用层次分析法（AHP）确定各因子和各指标的权重值。

根据 2008—2012 年的各盟市大型火灾频率计算暴露于危险环境的频率程度分值（E），计算结果见表 3－6－2。

表 3－6－2　暴露于危险环境的频繁程度（E）的分值

Tab. 3－6－2　Exposure to hazardous environment of frequent degree (E) score

| 盟市 | 乌海市 | 呼伦贝尔市 | 兴安盟 | 通辽市 | 赤峰市 | 锡林郭勒盟 | 阿拉善盟 | 鄂尔多斯市 | 巴彦淖尔市 | 包头市 | 呼和浩特市 | 乌兰察布市 |
|---|---|---|---|---|---|---|---|---|---|---|---|---|
| 2008—2010 年火灾平均值 | 0.25 | 341.5 | 23.5 | 8.75 | 3.25 | 7.25 | 0 | 1 | 1 | 0.25 | 0.25 | 0.25 |
| 分数值 | 1 | 10 | 6 | 3 | 3 | 3 | 0.5 | 2 | 2 | 1 | 1 | 1 |

各盟市的草原火灾风险指数计算综合加权公式：

$$P_i = \sum_{j-i}^{n} C_{ij} W_j$$ （公式 3.6.4）

式中，$p$ 为草原火险指数；

$C_{ij}$为 $i$ 盟市 $j$ 火险影响因子标准化数据；

$W_j$为 $j$ 因子权重。

## 3.3　内蒙古草原火灾风险评价与区划

基于上述的评价指标体系和模型，假定在各盟市每项指标均匀分布，分别选出内蒙古自治区各盟市的指标，并计算各盟市的指标多年平均值。利用公式对内蒙古草原火灾风险进行计算得到各盟市草原火灾风险指数值。为了更好地对不同类别的火险区进行科学的分类管理，根据 D 的值，使用综合判断集合 GIS 分析功能将研究区划分为：D < 1 000为低火险等级；1 000 < D < 5 000为中火险等级；5 000 < D < 13 000为重火险等级、13 000 < D < 100 000为极重火险等 4 级（图 3－6－2、图 3－6－3、图 3－6－4、图 3－6－5）。

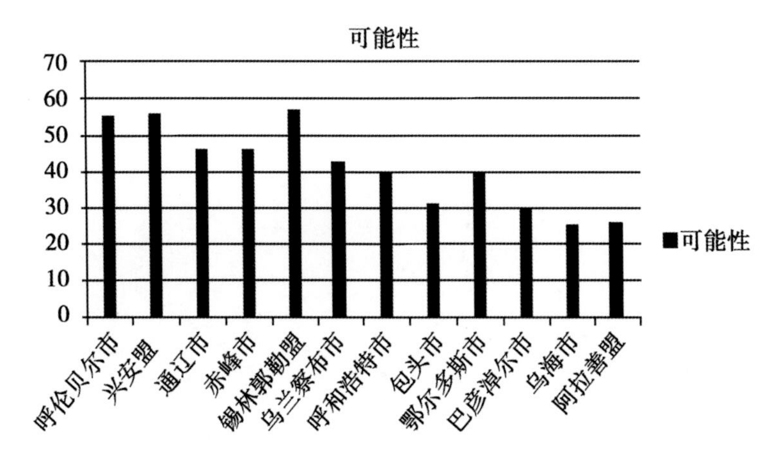


图 3－6－2　内蒙古自治区各盟市草原火灾可能性比较

Fig. 3－6－2　the comparison of Inner Mongolia leagues grassland fire probability

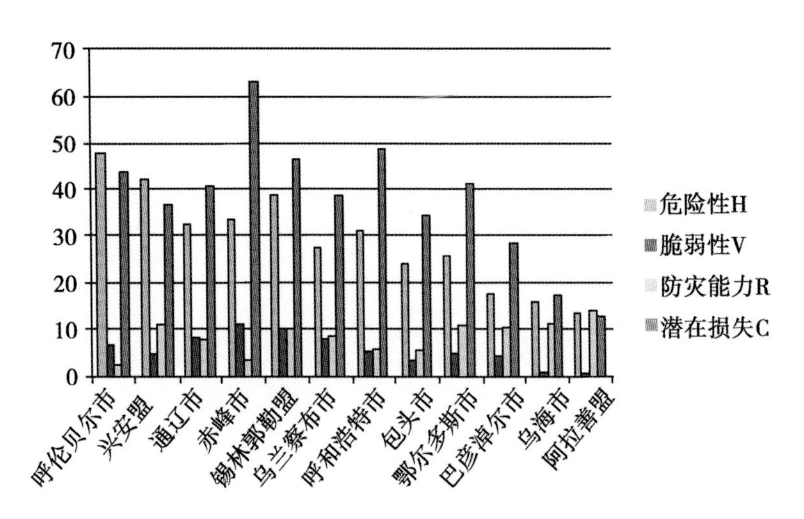


图 3－6－3　内蒙古自治区各盟市草原火灾风险因子比较

Fig. 3－6－3　the comparison of Inner Mongolia leagues grassland fire disaster hazard factors

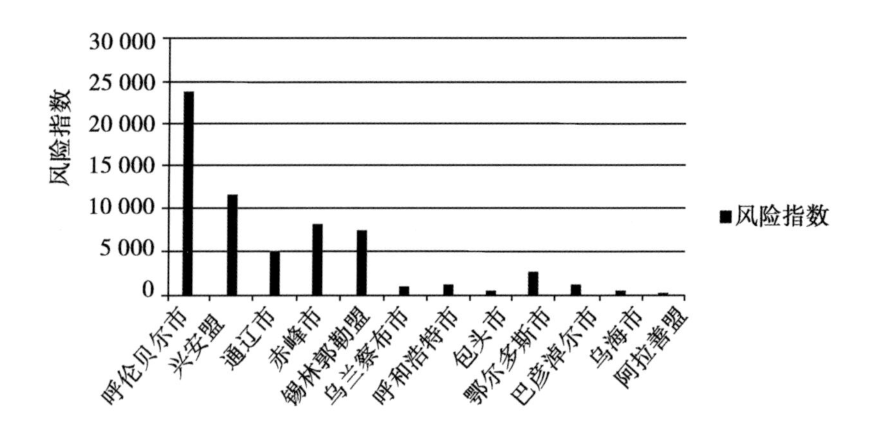


图 3－6－4　内蒙古自治区各盟市草原火灾风险指数比较

**Fig. 3－6－4　The comparison of grassland fire disaster risk index in the leagues of Inner Mongolia**

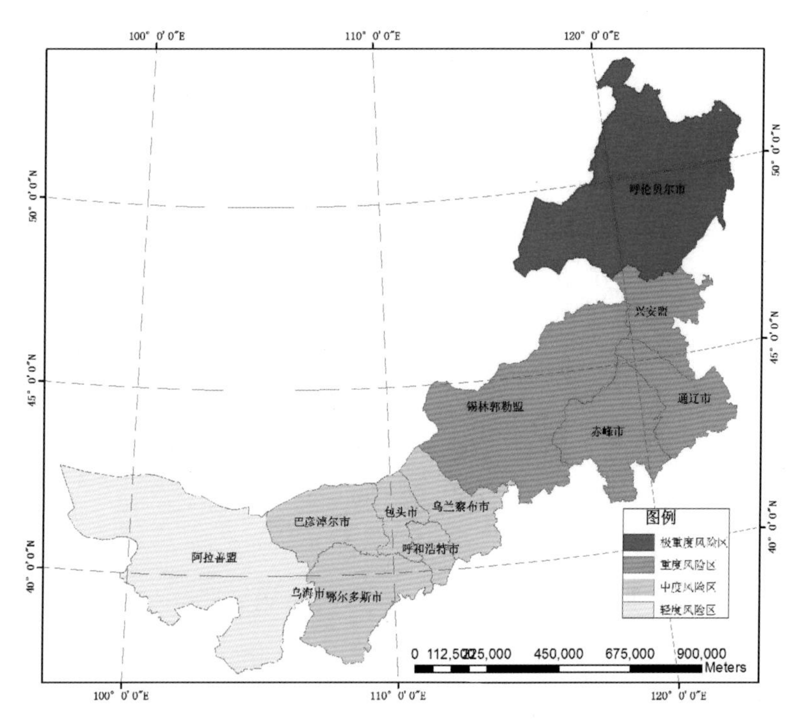


图 3－6－5　内蒙古草原火灾风险分布图

**Fig. 3－6－5　Inner Mongolia grassland fire disaster hazard distribution map**

从图 3－6－5 可以看出，通过以上分析可以得到内蒙古草原火灾风险的等级从东至西火险等级有递减趋势。内蒙古自治区各盟市在未来几年内呼伦贝尔市、锡林郭勒盟、兴安盟、通辽市和赤峰市的危险性高，这主要是由于呼伦贝尔市和锡林郭勒盟有广阔的森林草原，植被覆盖度高；兴安盟、通辽市和赤峰市则不仅具有较高的植被覆盖度，还具有较高的人口密度。

呼伦贝尔市、锡林郭勒盟、兴安盟、通辽市和赤峰市的脆弱性高，这主要是有这 5 个盟市的牧业比较发达、牧业产值占 GDP 比值比较高，幼畜数比较多的原因。

赤峰市、锡林郭勒盟、呼伦贝尔市、呼和浩特市、通辽市、鄂尔多斯市的潜在损失较高，这主要是有这 6 个盟市牧区人口数量多，牧业总产值高，牲畜数量多，可燃物承载量的原因。

呼和浩特市、包头市、赤峰市、呼伦贝尔市的防火能力较高，这主要是有公路密度高、防火设备、医院数量和人员多的原因。

呼伦贝尔市、兴安盟、通辽市、赤峰市和锡林郭勒盟的暴露性较高，因为对于草原火灾可以说牧区常驻人口和牧畜动物长时间暴露在危险环境中，所以根据往年多年度平均发生草原火灾的频率和规律分值来代替暴露于危险环境的频率程度分值，这是有这几个盟市多年平均火灾发生频率程度高的原因，相比之下其他盟市的结果相反。

通过用内蒙古气象局生态与农业气象中心获取的 2008—2012 年之间遥感卫星监测到的火点经纬度数据制作火点落区图后（图 3－6－6）可知，草原火灾发生最为严重的盟市为呼伦贝尔盟，呼伦贝尔盟的火点数占全区火点数的 88.18%；其次为兴安盟、锡林郭勒盟、通辽市和赤峰市，分别占全区火点数的 6.06%、1.87%、2.25% 和 0.83%；其余盟市的火点数总和占全区火点数的 0.77%。这个结果与本章中的草原火灾风险评价指数的计算结果完全吻合。

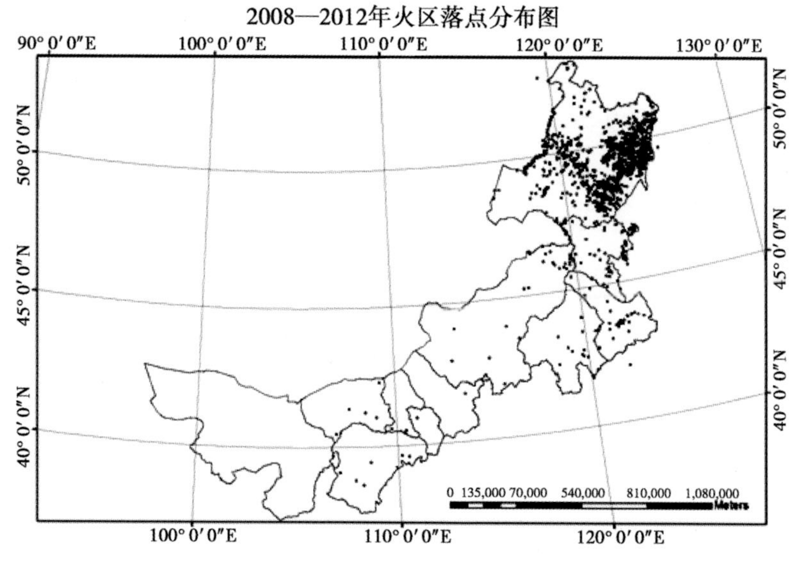


图 3－6－6　内蒙古全区火点落区图

**Fig. 3－6－6　fire point drop zone map**

## 4　小结

在本章选择内蒙古草原为研究区，简单介绍了草原火灾风险评价相关的基本概念，将格雷厄姆－金尼法（LEC）和层次分析法（AHP 模型）等技术方法引入火灾风险评价领域，依据自然灾害风险的形成机理，通过对草原火灾风险各因子的分析，构建了草原火灾风险评价指标和模型。具体计算方法为，通过层次分析法（AHP）计算出草原火灾危险性（H）、暴露性（E）、脆弱性（V）和防灾减灾能力（R）等四个因素的权重，利用加权综合评分法（WCA）计算各盟市的草原火灾可能性分值（L）、风险发生的后果（C），通过作业条件危险性评价法格雷厄姆－金尼法（LEC）计算出草原火灾风险分值（D）。并在此基础上对研究区草原火灾风险程度进行定量评价，并借助 GIS 技术将内蒙古草原火灾分为轻度、中度、重度和极重度 4 个风险区。

基于上述的评价指标体系和模型，对内蒙古草原火灾风险进行计算得到各盟市草原火灾风险指数值。其结果为，内蒙古自治区各盟市在未来几年内呼伦贝尔市、锡林郭勒盟、兴安盟、通辽市和赤峰市的危险性高。这主要有这 5 个盟市草原面积广大、植被条件好、植被覆盖度大、脆弱性高、牧业比较发达、牧业产值占 GDP 比值比较高、幼畜数比较多的原因。乌兰察布市、呼和浩特市、包头和巴彦淖尔市属于草原火灾风险中等地区。鄂尔多斯市、阿拉善盟草原火灾风险较低。其余地区属于轻度风险区，研究区内部不存在极重度风险区。根据内蒙古气象局生态与农业气象中心对 2008—2012 年监测到的草原火灾统计发现，多年累计发生草原火灾较多的盟市主要有呼伦贝尔市、兴安盟和锡林郭勒盟。本文立足可持续发展和系统科学的观点，利用自然灾害和风险理论首次探讨草原火灾风险评价与管理的基本概念、理论。提出草原火灾风险形成机制和概念框架；建立了内蒙古火灾灾害系统数据库。通过与历史资料的对比和实地调查发现，该模型对草原火灾风险评价具有一定的实用性。但是由于草原火灾属于受人文和自然等众多因素综合影响的灾害系统，如果对不同的区域进行风险评价时，模型中指标的选取（如地形等）及权重的确定还需要进一步的完善。

# 第七章 多源卫星草原火灾亚像元火点面积估测方法

## 1 引言

### 1.1 研究意义与目的

草原是陆地生态系统中重要的组成部分，它具有丰富的生物资源，是畜牧业经济的基础。草原火灾是草地生态系统中不可避免的干扰因子，在内蒙古草原地区每年都会发生多起草原火灾。草原火灾的发生受自然因素和人的因素等许多因素的影响，因此，随着全球气候变化和草原地区人为活动的影响增加使草原地区火灾有加剧的趋势。草原地区地广人稀，交通和通信设施也相对落后，依靠人工方法监测火情具有局限性，火点很难被及时发现。在森林地区常用的瞭望塔和飞机监测方法由于费用高，因此，在草原地区也不适用。草原火灾的常规的监测方法有局限性大、反应速度慢、经常出现漏测和对火情的发展和火点面积估计不够准确等弱点。

卫星遥感具有较高的时空分辨率、能大范围同时监测、可以监测火灾发展动态、准确定位和面积估测等特点使其在草原火灾监测中具有非常大的优势，成为目前最具发展前途的草原火灾监测方法。卫星遥感能够实时动态地监测到草原火灾火点的面积和强度等特征，对采取适当措施进行草原火灾的扑救提供指导，对降低草原火灾损失具有十分重要的意义。

SPOT、Landsat TM 和 ETM + 等高分辨率的遥感卫星资料的空间分辨率高，可以提供详细的地面信息，但是由于具有重访周期大的缺点，因此，很难完成实时的火情动态监测任务。EOS/MODIS 具有较高的空间分辨率、光谱分辨率和时间分辨率，在火灾监测中具有相当明显的优势。而且 EOS/MODIS 从设计上就考虑了火灾监测，从而能够最大限度地提供最佳的观测定位数据，使多时相的火灾探测成为可能（刘玉洁，2001）。

以往的草原火灾遥感监测研究都是以像元为最小不可分割的单位来统计火场面积的，不涉及像元内部的情况，而实际上由于混合像元的存在以像元为单元的火点面积估算往往比实际火点面积要大的多，空间分辨率越低的遥感卫星数据误差会越大；而且火灾发生的早期火点如果小于一个像元就会很难被及时发现，因而错过最佳的灭火时机。如果能够估测出混合像元中亚像元火点的面积则会提高草原火灾的监测精度，为草原火灾的扑救和应急管理工作提供更好的服务。混合像元的问题一直是遥感应用中的技术难点，使遥感应用的精度和深度都受到影响，尤其是分辨率低的卫星资料，混合像元问题更为突出，所以混合像元分解的研究也随着遥感应用的逐步深入而开始（冯蜀青，

2008）。

在对草原火灾遥感监测以往研究工作总结的基础上对草原火灾亚像元火点的自动识别进行研究。假定混合像元的反射率是传感器视场内的各种地物的光谱反射率按照面积的比例线性混合的结果。使用 EOS/MODIS 数据和 Landsat 数据等高分辨率的多源卫星遥感数据，分析几种数据的特点，进行基于 EOS/MODIS 卫星数据的森林草原火灾亚像元火点的面积估算技术研究，结合草原火灾的实际情况，建立相应的算法，估算混合像元（含火点像元）中明火区的实际面积，在此基础上提出应用多源遥感卫星资料对卫星遥感亚像元草原火点信息提取方法，以探索提高火区面积估算精度的算法。

## 1.2 国内外相关研究

国外从 20 世纪 60 年代开始进行航空红外探测的森林火灾遥感监测研究，到 80 年代随着卫星遥感技术的发展，美国和加拿大等国家开始利用卫星平台即 GOES（Geostationary Orbiting Environmental Satellite）和 NOAA（National Oceanic and Atmosphere Administration）两个系列卫星进行森林火灾的遥感监测实验和研究。Matson 和 Dozier 建立了基于 GOES VAS 数据的亚像元火灾监测技术（Matson，1981），该技术是之后火灾遥感监测的理论基础。Dozier 利用分裂窗技术进行 NOAA/AVHRR 资料的亚像元温度场分析的理论方法研究（Dozier，1981），应用 Dozier 的模式可以提取混合像元中的高温点。1989 年 Prins 在 Matson 和 Dozier 的理论基础上，利用 GOES VAS 数据对南美的火灾进行了遥感监测分析（Prins，1989）。1992 年 Prins 和 Menzel 研究出了基于 GOES VAS 资料的火灾自动提取方法（Prins，1992）。GOES VAS（Visible Atmosphere Sounder）数据时间分辨率较高，但空间分辨率明显较低；NOAA/AVHRR（Advanced Very High Resolution Radiometer）时空分辨率都较高，因此，在后来的火灾遥感监测中 NOAA/AVHRR 数据的应用相对比较广泛。

在 1998 年 Terra 卫星发射之前，MODIS 科学小组的 Kaufman 和 Justice 在以往利用 NOAA/AVHRR 和 GOES 数据进行火点判识算法的基础上研究出了 MODIS 数据火点自动提取算法（Kaufman and Justice，1998）。1999 年美国航空航天总署（National Aeronautics and Space Administration，NASA）发射了地球观测系统（Earth Observing System，EOS）的极地轨道环境遥感卫星 Terra，卫星上搭载了中分辨率成像光谱仪（Moderate－resolution Imaging Spectroradiometer，MODIS），MODIS 在仪器特征参数设计上就考虑了火灾监测的需求。EOS/MODIS 具有 36 个通道，电磁波谱范围为 0.4～14μm，空间分辨率为 250m，500m 和 1 000m，扫描宽度 2 330km，白天每日可获得两次观测数据，其火灾监测能力优于其他遥感仪器性能。EOS/MODIS 数据与 NOAA/AVHRR 数据相比监测精度得到了明显的提高。在 Terra 卫星发射之后，学者们进行了许多基于 EOS/MODIS 数据的火点自动提取算法研究。随着遥感技术的发展，如法国的 SPOT 卫星、美国的 Landsat 等许多高空间分辨率的卫星数据也逐渐被应用到火灾的遥感监测中。

我国在火灾遥感监测的相关研究起步比国外晚十年左右。1987 年大兴安岭发生森林大火后国家充分认识到了森林防火的重要性，因此，森林火灾的遥感监测研究逐步增多。目前，有关森林火灾遥感监测研究已经相当成熟，而关于草原火灾遥感监测研究还相对较少。范心圻等（1986）利用 NOAA/AVHRR 数据通过彩色合成图片来监测火情，监测结果显示正在燃烧的火区在图像上呈红色，并伴随有蓝色烟带，火灾过后温度较低的地面呈暗红色或黑色，没有蓝色烟柱（范心圻，1986）。但并不是所有红色像元都是火点，因此，火点真伪的判别成为确保监测结果准确的关键。进入20世纪90年代后，草原火灾遥感监测研究逐渐的增多，但与森林火灾的遥感监测相比研究的仍然非常少。中国农业科学院草原研究所的苏和、刘桂香等（1995）将NOAA/AVHRR数据进行假彩色合成图像后进行目视判别，而对城市热岛和接收卫星信号时的干扰点等非火点的红色像元是通过城市的地理位置固定和第一、第二通道数据反射率的特点进行排除的（苏和，1995）。

影像彩色合成后对图像的目视判读会有很多误判和漏判现象，且由于不是计算机自动提取，因此，工作量会很大，实效性也较差。裴浩等（1996）利用NOAA/AVHRR数据通过阈值法自动提取火点像元。但是，由于在不同地区、不同时间这些阈值有一定的变化幅度，因此在程序设计时要给出阈值输入调整的功能，以便于根据实际情况对阈值进行更新。杨兰芳等（1997）应用光谱特性和通道3的亮度温度直方图确定火点门限值判别火点，根据通道1的反射率和高温点与背景温度之差，自动判别剔除低云和干扰点。刘桂香等（2008）利用火点在通道3和4引起的辐射率和亮度温度增量具有明显差异的特点进行计算机火点自动判识，结合人机交互方式剔除云的影响。陈世荣（2006）在分析总结EOS/MODIS数据特征以及MODIS火灾产品火点识别算法基础上，将4μm和11μm的通道转换为辐射亮度值或反射亮度值后利用普朗克公式将辐射亮度值转换为亮度温度值，根据阈值提取火点。近些年国内相关学者开始进行森林火灾的亚像元火点的面积估算方法的研究，国家卫星中心的刘诚等（2004）利用NOAA/AVHRR资料进行过森林火灾中混和像元的分解；青海省气象科学研究所的冯蜀青等（2008）利用EOS/MODIS资料应用牛顿迭代法求解森林火灾中的亚像元火点的面积。目前，基于EOS/MODIS数据的草原火灾亚像元火点面积估算研究还非常罕见，草原火灾火点混和像元的问题是监测中的技术难点。

## 2 研究内容和方法

### 2.1 理论依据

#### 2.1.1 黑体辐射定律

草原火灾亚像元火点的提取是基于黑体辐射定律。自然界中物体的绝对温度高于0K时都会向外不断地发射电磁波，其辐射能量的点强度和光谱分布位置是其物理类型和温度的函数，因此，黑体辐射也叫做“热辐射”。在热力学中，黑体（Black body）是能够吸收外来的全部电磁辐射，并且不会有任何的反射与透射的一个理想化的物体，即黑体对于任何波长的电磁波的吸收系数为1，透射系数为0。随着温度上升，黑体所辐射出来的电磁波与光线则称黑体辐射。黑体虽然不反射任何的电磁波，但是，能够放出电磁波，电磁波的波长和能量则取决于黑体的温度。在黑体的光谱中，由于高温引起高频率即短波长，因此较高温度的黑体靠近光谱结尾的蓝色区域而较低温度的黑体靠近红色区域。

（1）黑体辐射的普朗克定律（Planck’s law）：用于描述在任意温度 $T$ 下，从一个黑体中发射的电磁辐射的辐射率与电磁辐射的频率的关系公式。这里辐射率是频率 $V$ 的函数：

$$M_\lambda(T)=\frac{2\pi hc^2}{\lambda^5}\cdot\frac{1}{\tau^{bcfzkt}-1} \qquad (公式 3.7.1)$$

式中，$M_\lambda(T)$ 为光辐射出射度，$\tau$ 为比辐射，$h=6.626\times10^{-34}J\cdot K$ 为普朗克常数，$k=1.38\times10^{-23}J\cdot K^{-1}$ 为玻尔兹曼常数，$c=3\times10^8m\cdot s^{-1}$ 为光速，$T$ 为热力学温度（K），λ 为波长（m）。

（2）黑体辐射的维恩位移定律（Wien's displacement law）：维恩位移定律是在一定温度下绝对黑体的与辐射本领最大值相对应的波长 $\lambda_{max}$ 和绝对温度 T 的乘积为一常数。当绝对黑体的温度升高时，辐射本领的最大值向短波方向移动。公式如下：

$$\lambda_{max}=\frac{b}{T} \qquad (公式 3.7.2)$$

其中，$b=2.8977685(51)\times10^{-3}mK$ 为维恩位移常数，括号中为 68.27% 置信度下的不确定尾数。

（3）黑体辐射的斯特藩－玻尔兹曼定律（Stefan－Boltzmann law）：一个黑体表面单位面积放出的能量正比于其绝对温度的 4 次方：

$$j=\sigma T^4 \qquad (公式 3.7.3)$$

式中，$j$ 为单位面积所放出的总能量［$J$］，T 为黑体的绝对温度［$K$］，$\sigma=5.670400(40)\times10^{-8}W\cdot m^{-2}\cdot K^{-4}$ 为斯特藩－玻尔兹曼常数。

（4）基尔霍夫热辐射定律（Kirchhoff's law of thermal radiation）：1859 年德国物理学家古斯塔夫·基尔霍夫提出了基尔霍夫热辐射定律，它是用于描述物体的发射率与吸收比的关系。在同样的温度下，各种不同物体对相同波长的单色辐射出射度与单色吸收比之比值都相等，并等于该温度下黑体对同一波长的单色辐射出射度。

依靠电磁波辐射实现热冷物体间热量传递的过程，是一种非接触式传热，在真空中也能进行。一般研究辐射时采用的黑体模型由于其吸收比等于 1（$\alpha=1$），而实际物体的吸收比则小于 1（$1>\alpha>0$）。基尔霍夫热辐射定律则给出了实际物体的辐射出射度与吸收比之间的关系。

$$\alpha=\frac{M}{M_b} \qquad (公式 3.7.4)$$

式中，$M$ 为实际物体的辐射出射度；

$M_b$ 为相同温度下黑体的辐射出射度。

而发射率 $\varepsilon$ 的定义即为

$$\varepsilon=\frac{M}{M_b} \qquad (公式 3.7.5)$$

所以有 $\varepsilon=\alpha$。

故在热平衡条件下，物体对热辐射的吸收比恒等于同温度下的发射率。

而对于漫灰体，无论是否处在热平衡下，物体对热辐射的吸收比都恒等于同温度下的发射率。

对于定向的光谱，其基尔霍夫热辐射定律表达式为：

$$\varepsilon(\lambda, \theta, \phi, T) = \alpha(\lambda, \theta, \phi, T) \quad \text{（公式 3.7.6）}$$

对于半球空间的光谱，其基尔霍夫热辐射定律表达式为：

$$\varepsilon(\lambda, T) = \alpha(\lambda, T) \quad \text{（公式 3.7.7）}$$

对于全波段的半球空间，其基尔霍夫热辐射定律表达式为：

$$\varepsilon(\lambda, T) = \alpha(\lambda, T) \quad \text{（公式 3.7.8）}$$

$\theta$ 为纬度角，$\varphi$ 为经度角，$\lambda$ 为光谱的波长，T 为温度。

2.1.2　火点监测方法

（1）彩色合成法：多光谱影像彩色合成方法有自然真彩色合成和非自然假彩色合成两种。自然真彩色合成是指合成后的彩色影像上地物色彩与实际地物色彩接近或者一致，一般的方法就是多光谱影像的红、绿、蓝对应 R/G/B 合成；非自然假彩色则反之。彩色合成法是火灾遥感监测中常用的处理方法。

在 NOAA/AVHRR 采用通道一（0.56～0.68μm）赋予蓝色（B）、通道二(0.725～1.0μm）赋予绿色（G）、通道三（3.55～3.93μm）赋予红色（R）的三通道组合的彩色图片上烟呈蓝色，火区呈现红色。

（2）固定阈值法：应用各种固定阈值来确定某一像素是否可以归类为火灾像元的方法有很多。常用的是应用 NOAA/AVHRR 三通道（3.55～3.93μm）和四通道(10.3～11.3μm）亮度温度差（$DT_{34}$）单阈值方法。有时也会需要附加通道 3 或者通道 4 的亮度温度资料。Flannigan 和 Vonder Haar（1986）对林区所做的分析包括如下步骤：

$T_3 > T_{3b}$

$T_4 > T_{4b}$

白天 $DT_{34} > 8K$（夜间 $DT_{34} > 10K$）

其中，在 $T_{3b}$ 和 $T_{4b}$ 取周围像素的平均值，前两项说明火点比背景热。第三项确定了一个对比的阈值，白天由于反射和地面的加热作用阈值要高一些。

（3）空间分析技术：这一技术用到了可变的阈值，这一阈值可以通过对某一像素点及其周围区域空间分析窗内数据的统计分析来获取。Prins 和 menzel（1993）提出的应用 GOES VAS 数据进行的自动火灾判识方法就是空间分析方法的一个实例。NASA 使用 NOAA/AVHRR 的 1km 分辨率资料，建立了类似的方法。这些方法中都包括有将 $DT_{34}$ 值与某一阈值进行比较的过程。阈值是空间分析窗中 $DT_{34}$ 标准差的函数。NASA 的判识标准如下：

$T_3 \geqslant 316K$

$T_4 \geqslant 290K$

$T_3 > T_4$

这一判识标准将待判识的像素数目减少了很多，节省了大量运算时间。对于有可能是火点的像素，再进一步将其 $DT_{34}$ 值与取决于背景特征的阈值进行比较。阈值等于背景像素 $DT_{34}$ 的平均值加上两倍的背景像素的标准差。还有一点要特别说明，阈值必须大于 3K，否则就等于 3K。如果待判识像元的 $DT_{34}$ 大于阈值，就将其归类为火点像元。可按下述方法利用背景像素来确定均值和标准差。在计算背景的统计特征量时，要滤除可疑的火点像元。背景分析窗的大小可以根据需要从 3＊3 取到 21＊21，直到有 25% 的背景像素可以参加统计特征分析。如果背景资料不能进行统计特征分析，那么这一点就不能被归类为火点像元。

应用 AVHRR 资料进行火灾判识的最大局限就是，它只能用于无云的晴空区。影响 AVHRR 红外通道的因素很多，这给火灾探测带来很多麻烦。这些影响因子包括地面对 3.75μm 波段太阳辐射的反射、大气中水汽的影响和次网格云的影响。AVHRR 的扫描方式会使得像素的大小发生变化，同时会出现像素重叠现象。

（4）Lee 和 Tag 技术：Lee 和 Tag（1990）方法可分为 3 步进行：

第一步：背景温度及亮度温度调整量的计算。

第二步：计算通道 3 的亮度温度阈值。

第三步：如果调整后通道 3 的亮度温度（$T_3$）高于阈值，那么就可以认为该像元为火点。

（5）Dozier 模型：Dozier 在 1981 年提出了基于 NOAA/AVHRR 资料的亚像元温度场分类理论模型（Dozier，1981），基于亚像元组分差异的火点混合像元分解模型，该模型成为之后相关研究的理论基础。在 Dozier 模型中一个像元由高温点和背景两部分组成，模型的公式组如下：

$$L_3 = B(\lambda_3 T_{obj})P + (1-P)B(\lambda_3 T_b) \qquad \text{（公式 3.7.9）}$$

$$L_4 = B(\lambda_4 T_{obj})P + (1-P)B(\lambda_4 T_b) \qquad \text{（公式 3.7.10）}$$

式中，$L_3$ 为 NOAA/AVHRR 数据通道 3 的亮度温度值；

$L_4$ 为 NOAA/AVHRR 数据通道 4 的亮度温度值；

$T_{obj}$ 为火点的温度值；

$T_b$ 为背景的温度值；

$P$ 为火点所占的面积比；

$B(\lambda, T)$ 为普朗克函数。

## 2.2 数据准备

### 2.2.1 EOS/MODIS 数据与预处理

MODIS 高增益通道（4μm）的空间分辨率为 1km，饱和温度 500K 时，NEDT 为 0.3K。这一通道不受水汽吸收的影响，其他气体对它也只有弱的影响。MODIS 11μm 通道的空间分辨率为 1km，达到 400K 的饱和温度时 NEDT 可达 0.1K。夜间还可以用分辨率为 250 的 0.86μm 通道的数据，以及分辨率为 500m 的 2.1μm 和 1.6μm 两个通道的数据。MODIS 从设计上就是要最大限度地提供最佳的观测定位数据，使多时相火灾探测成为可能。MODIS 250m 的波段可用于提供 1km 分辨率着火像元的空间分布特性以及地表的背景信息。MODIS 的云检测是 MODIS 火灾探测中的重要一环。有云覆盖时，地面火点将无法探知。250m 分辨率的 MODIS 通道可用于分析 1km 像元中亚像元的云信息。MODIS 的火灾探测限定在 ±45°扫描角之间。远离星下点时扫描带有重叠，以避免非星下点观测所带来的影响。MODIS 4μm 和 11μm 两个通道的像素尺度为 1km，但 MODIS 仪器三角形的空间相应函数带宽可达 2km，这样火点就会被邻近的两个像元探测到。MODIS 用于火灾探测的通道介绍见表 3－7－1。

表 3－7－1 可用于火灾探测的 MODIS 波段信息

Tab. 3－7－1 Can be used for fire detection of MODIS band information

| 通道 | 分辨率 | 饱和量 | 像素中饱和部分所占的份额 | | $(\Delta T/\Delta f)$、$(\Delta T/\Delta E_f)$ $(\Delta\rho/\Delta f)$、$(\Delta\rho/\Delta E_f)$ | |
|---|---|---|---|---|---|---|
| | | | 1 000k | 600 | 600k 闷烧区的敏感性系数 | 1 000k 闷烧区的敏感性系数 |
| 1.65μm | 500m | ρ＝1（740k） | 0.05 | 未饱和 | $\Delta\rho/\Delta f=0.064$<br>$\Delta\rho/\Delta E_f=9*10^{-6}$ | $\Delta\rho/\Delta f=220$<br>$\Delta\rho/\Delta E_f=5*10^{-4}$ |
| 2.13μm | 500m | ρ＝0.8（570k） | 0.007 | 0.65 | $\Delta\rho/\Delta f=1.2$<br>$\Delta\rho/\Delta E_f=2*10^{-4}$ | $\Delta\rho/\Delta f=110$<br>$\Delta\rho/\Delta E_f=3*10^{-4}$ |
| 4μm | 1 000m | 500k | 0.025 | 0.3 | $\Delta T/\Delta f=800$<br>$\Delta T/\Delta E_f=0.11$（f＝0.05） | $\Delta T/\Delta f=8300$<br>$\Delta T/\Delta E_f=0.02$（f＝0.005） |
| 11μm | 1 000m | 400k | 0.07 | 0.25 | $\Delta T/\Delta f=480$<br>$\Delta T/\Delta E_f=0.07$（f＝0.05）<br>$\Delta E_f/\Delta f=7300$ | $\Delta T/\Delta f=1\ 700$<br>$\Delta T/\Delta E_f=0.004$（f＝0.005）<br>$\Delta E_f/\Delta f=430000$ |

本文选取 2012 年 4 月 7 日当地时间上午晴空条件下的 Terra 卫星数据进行火场的监测，对数据进行投影转换、祛除 bowtie、辐射定标、大气校正和云检测等预处理，预处理方法参照第一章绪论的第四节 EOS/MODIS 数据简介与预处理。

2.2.2 Landsat TM 数据与预处理

在 1972 年美国发射了第一颗陆地卫星之后，到目前为止共发射了三代 7 颗陆地资源卫星。第一代卫星是 Landsat－1～3 三颗卫星，星上装载着多光谱扫描仪（Multispectral Scanner，MSS），最高空间分辨率为 80m；第二代卫星是 Landsat－4～5 两颗卫星，有 MSS 和专题绘图仪（Thematic Mapper，TM），最高空间分辨率为 30m；第三代资源卫星是 Landsat－6～7，1993 年发射的 Landsat－6 卫星没有能够进入轨道而发射失败。在 1999 年发射了 Landsat－7 卫星，该星上装载了增强型专题绘图仪（Enhanced Thematic Mapper，ETM＋），全色波段的空间分辨率达到了 15m 分辨率，热红外通道的空间分辨率也达了到 60m，但是，该卫星在 2003 年 5 月 31 日以后获取的 Landsat－7 的所有数据图像由于 ETM＋ 机载扫描行校正器（Scan Lines Corrector，SLC）出现故障都是异常的，出现图像重叠，并有大约 25% 的数据丢失，必须采用 SLC－off 模型校正，但是精度已无法满足热红外波段的定量反演研究。各卫星的参数说明见表 3－7－2。

表 3－7－2 Landsat 各卫星的参数说明

Tab. 3－7－2 Landsat Each star parameters description

| 卫星参数 | 发射时间 | 经过赤道的时间 | 覆盖周期 | 扫描宽度 | 波段数 | 机载传感器 | 运行情况 |
|---|---|---|---|---|---|---|---|
| Landsat－1 | 1972/7/23 | 8：50 AM | 18 天 | 185KM | 4 | MSS | 1978 年退役 |
| Landsat－2 | 1975/1/12 | 9：03 AM | 18 天 | 185KM | 4 | MSS | 1976 年失灵，1980 年修复，1982 年退役 |

（续表）

| 卫星参数 | 发射时间 | 经过赤道的时间 | 覆盖周期 | 扫描宽度 | 波段数 | 机载传感器 | 运行情况 |
|---|---|---|---|---|---|---|---|
| Landsat－3 | 1978/3/5 | 6：31 AM | 18 天 | 185KM | 4 | MSS | 1983 年退役 |
| Landsat－4 | 1982/7/16 | 9：45 AM | 16 天 | 185KM | 7 | MSS，TM | 1983 年 TM 传感器失效 |
| Landsat－5 | Mar/84 | 9：30 AM | 16 天 | 185KM | 7 | MSS，TM | 在役服务 |
| Landsat－6 | | | | | | | 发射失败 |
| Landsat－7 | 1999/4/15 | 10：00 AM | 16 天 | 185KM | 8 | ETM＋ | 2003.5 月 SLC 出现故障 |

各卫星上的传感器参数见表 3－7－3、3－7－4 和 3－7－5。

**表 3－7－3　MSS 传感器参数**
**Tab. 3－7－3　MSS Sensor Parameter**

| Landsat－1～3 | Landsat－4～5 | 波长范围/μm | 分辨率 |
|---|---|---|---|
| MSS－4 | MSS－1 | 0.5～0.6 | 78m |
| MSS－5 | MSS－2 | 0.6～0.7 | 78m |
| MSS－6 | MSS－3 | 0.7～0.8 | 78m |
| MSS－7 | MSS－4 | 0.8～1.1 | 78m |

**表 3－7－4　TM 传感器参数**
**Tab. 3－7－4　Tm Sensor Parameter**

| 波段 | 波长范围（μm） | 分辨率 |
|---|---|---|
| 1 | 0.45～0.53 | 30m |
| 2 | 0.52～0.60 | 30m |
| 3 | 0.63～0.69 | 30m |
| 4 | 0.76～0.90 | 30m |
| 5 | 1.55～1.75 | 30m |
| 6 | 10.40～12.50 | 120＞m |
| 7 | 2.08～2.35 | 30m |

**表 3－7－5　ETM＋传感器参数**
**Tab. 3－7－5　ETM＋ Sensor Parameter**

| 波段 | 波长范围（μm） | 地面分辨率 |
|---|---|---|
| 1 | 0.45～0.515 | 30m |
| 2 | 0.525～0.605 | 30m |
| 3 | 0.63～0.690 | 30m |
| 4 | 0.75～0.90 | 30m |
| 5 | 1.55～1.75 | 30m |

（续表）

| 波段 | 波长范围（μm） | 地面分辨率 |
|---|---|---|
| 6 | 10.40 ~ 12.50 | 60m |
| 7 | 2.09 ~ 2.35 | 30m |
| 8 | 0.52 ~ 0.90 | 15m |

Landsat－1 ~4 均已相继失效，目前，在轨运行的卫星为 Landsat－5 和 Landsat－7，Landsat－5 设计寿命为 3 年，但却成功在轨运行 27 年，南北的扫描宽度大约为 170km，东西的扫描宽度大约为 183km，每 16 天可以覆盖全球一次。Landsat－5 的参数说明如下表 3－7－6。

**表 3－7－6　Landsat 5 参数说明**

**Tab. 3－7－6　Landsta－5 parameter specification**

| 通道 | 谱段 | 波谱范围 | 空间分辨率 | 用途 |
|---|---|---|---|---|
| Band1 | 蓝绿 | 0.45 ~0.52 | 30 | 该波段具有能够穿透水体，并能够区别土壤和植被。 |
| Band2 | 绿色 | 0.52 ~0.60 | 30 | 该波段具有分辨植被的能力。 |
| Band3 | 红色 | 0.63 ~0.69 | 30 | 该波段具有观测植被类型、裸露的土壤和提取道路等功能。 |
| Band4 | 近红外 | 0.76 ~0.90 | 30 | 该波段数据可以用于提取植被中的水体，还可以反演生物量，在区别潮湿的土壤能力强。 |
| Band5 | 中红外 | 1.55 ~1.75 | 30 | 该波段数据能够穿透大气和云雾，可以用于区分水体、裸露的土壤和道路，还在进行不同的植被区分时应用。 |
| Band6 | 热红外 | 10.40 ~12.50 | 120 | 该波段为热红外波段，能够判识地面的热辐射源。 |
| Band7 | 中红外 | 2.08 ~2.35 | 30 | 该波段具有区别植被覆盖度、湿润的土壤和岩石能力。 |

本文选用轨道为 2010 年 08 月 31 日的 124/28 的 Landsat－5 TM 数据。首先，对数据进行遥感器校正，其公式如下：

$$Lsat_\lambda = gain_\lambda \times DN_\lambda + offset_\lambda \qquad \text{（公式 3.7.11）}$$

式中，$Lsat_\lambda$为辐射值；

$gain_\lambda$为校正增量系数；

$DN_\lambda$记录值；

$offset_\lambda$校正偏差量。

对于 Landsat－5 TM 来说，$gain_\lambda$、$offset_\lambda$是常数。对数据的大气校正是用 COST 模型，其计算公式为：

$$Lhaze_\lambda = L_\lambda,\ min - L_\lambda,\ 1\% \qquad \text{（公式 3.7.12）}$$

式中，$Lhaze_\lambda$为大气层光谱辐射值；

$L_\lambda$，min 为遥感器每一波段最小光谱辐射值；

$L_\lambda$，1% 为反射率为 1% 的黑体辐射值。

$L_\lambda$，min 可通过如下的公式获得：

$$L_\lambda, min = LMIN_\lambda + QCAL \times (LMAX_\lambda - LMIN_\lambda) / QCALMAX$$

（公式 3. 7. 13）

式中，QCAL 为每一波段最小 DN 值；

QCALMAX = 255；

$LMAX_\lambda$、$LMIN_\lambda$从遥感数据头文件中获取。

黑体辐射值 $L_\lambda$，1% 的计算公式：

$$L_\lambda, 1\% = 0.01 * ESUN_\lambda * COS^2(SZ) / (\pi * D^2)$$

（公式 3. 7. 14）

式中，$ESUN_\lambda$为大气顶层的太阳平均光谱辐射；

SZ 为太阳天顶角；

D 为日地天文单位距离；

JD 为儒略日。

反射率的计算公式如下：

$$\rho = \pi \times D^2 \times (Lsat_\lambda - Lhaze_\lambda) / ESUN_\lambda \times COS^2(SZ)$$

（公式 3. 7. 15）

式中，ρ 为地面相对反射率；

D 为日地天文单位距离；

$Lsat_\lambda$为传感器光谱辐射值；

$Lhaze_\lambda$为大气层辐射值；

$ESUN_\lambda$为大气顶层的太阳平均光谱辐射；

SZ 为太阳天顶角。

Landsat－5 数据需要通过选取控制点进行几何精确校正。选 GCP 点时需要选择明显地物，GCP 的分布尽量均匀，地形复杂的地方多选几个点，共选取了 28 个 GCP 点。

### 2. 2. 3　多源影像的精确配准

Landsat TM 数据具有较高的空间分辨率，因此，可以为 EOS/MODIS 数据提供较详细的地物成分的信息，为混合像元分解时的纯净端元的选取提高精度。在进行草原火灾亚像元火点面积提取时需要进行 EOS/MODIS 和 Landsat TM 数据的精确配准。进行配准时将 EOS/MODIS 数据设为主图像，将 Landsat TM 数据设为辅图像，利用 ENVI 软件人工选取控制点进行人机交互式的多项式配准，多项式选择二次多项式。

## 2. 3　研究内容

首先，介绍空间分辨率高的 Landsat 卫星的 TM 数据和 EOS/MODIS 数据的特点，建立基于 EOS/MODIS 卫星数据的草原火灾亚像元火点面积估算模型，估算混合像元中明火区的实际面积，研究应用多源遥感卫星资料对卫星遥感亚像元草原火点信息提取技术，以探索进一步提高草原火灾火点面积估测精度。

## 2. 4　背景温度

需要建立被监测点与其周围像素点温度间的关系。周围像素点用于背景温度估计。

在此方法中，火点周围的背景温度应尽量提取与火点相近范围内的温度，如果离火点相距甚远会影响背景温度的准确性。提取背景温度时，以火点为中心确定一个研究区范围，该范围内的非火点区域的面积不应小于25%。本章中利用分裂窗方法进行背景温度的计算。分裂窗算法是目前应用较为广泛的地表温度算法，该方法大气窗口区(10~13μm）两个相邻通道上的大气吸收作用不同，因此，利用两个相邻通道各种组合来消除大气的影响。20世纪70年代，该方法是用来计算海水表面温度，计算结果的精度可达到0.7K，精度很高，而且计算公式也很简单。分裂窗算法在海水温度的计算中取得成果后推广到陆地表面温度的计算中。但是，由于地球表面下垫面的状况比较复杂，不同的植被类型、盖度、植被结构、地表粗糙度和土壤湿度等都会有不同的比辐射率。不同大陆地表的比辐射率在大气窗口区的变化范围在0.90至0.99之间，变化范围较大。

本文利用 Sobrino J. A，Raissouni N. 和 LI Zhao-Liang，2001 的方法确定比辐射率，François Becker 和 Zhao-Liang Li（1990）的公式计算地表温度。

2.4.1　比辐射率

基尔霍夫研究了实际物体对于热辐射的吸收和发射的关系，定义了吸收比 α 和比辐射率 ε。真实物体的辐射出射度与黑体的辐射出射度之比，称为该物体的比辐射率，是一个无量纲的值，是波长的函数，取值在［0，1］之间。辐射率数据库的数据代表实验室测量值，无法满足 MODIS 卫星尺度所需要。利用分裂窗算法进行地表温度计算时比辐射率可以直接通过植被覆盖度法确定。具体计算如下：

$NDVI < 0.2$

$\varepsilon = 0.980 - 0.042\rho_1$

$\Delta\varepsilon = -0.003 - 0.029\rho_2$

$0.2 \leqslant NDVI \leqslant 0.5$

$\varepsilon_{31} = 0.968 + 0.021P_V$

$\varepsilon_{32} = 0.974 + 0.015P_V$

$\varepsilon = (\varepsilon_{31} + \varepsilon_{32})/2 = 0.971 + 0.018P_V$

$\Delta\varepsilon = (\varepsilon_{31} - \varepsilon_{32}) = -0.006(1 - P_V)$

$NDVI > 0.5$

$\varepsilon_{31} = \varepsilon_{32} = 0.985$

$\varepsilon = \varepsilon_{31} = \varepsilon_{32} = 0.985$

$\Delta\varepsilon = 0$

式中，$\rho_1$MODIS 数据 1 的反射率；

$\rho_2$MODIS 数据 2 的反射率；

$P_V$是植被覆盖度。

$\rho_1$和 $\rho_2$可以通过下边的公式将大气顶层的反射率 $\rho^*$ 转换为反射率 ρ，其公式是：

$$\rho = \rho^* \cos\theta \quad \text{（公式 3.7.16）}$$

其中：$\rho^*$ 为大气顶层的反射率；

θ 为太阳高度角。

植被覆盖度 $P_V$可以通过 NDVI 获得，其公式为：

$$P_v = \frac{I_{NDV} - I_{NDV0}}{I_{NDV\infty} - I_{NDV0}} \qquad \text{（公式 3.7.17）}$$

式中，$P_V$为植被覆盖度；

$I_{NDV}$为归一化植被指数；

$I_{NDV,0}$和$I_{NDV,\infty}$分别是图像上除去水体后陆地表面的最小值和最大值。

### 2.4.2 地表温度计算

地表温度计算方法有经验公式法、单通道法、单通道多角度法、分裂窗法和多通道多角度法等。而分裂窗法是应用较为广泛的一种陆地表面温度计算方法，它最早应用在海洋表面温度计算中，1975 年 McMillin 利用大气窗口区 11μm 和 12μm 两个相邻通道的数据进行了海水分裂窗温度反演（McMillin，1975）。

分裂窗算法利用大气窗区内的两个相邻通道上的吸收作用不同，利用这两个相邻通道建立不同的组合来消除大气的影响。由于海洋表面均一，因此，分裂窗算法在海洋上的应用精度较高。陆地上由于下垫面比辐射率的时空变化较大，所以，本文在进行分裂窗法的陆地表面温度计算时依据光谱辐射率的分裂窗算法，即 François Becker 和 Zhao - Liang Li（1990）的公式计算了地表温度：

$$T = 1.274 + \left[\frac{T_{31} + T_{32}}{2}（1 + 0.1561\varepsilon_{b1} - 0.482\varepsilon_{b2}）+ \frac{T_{31} + T_{]}\ 32}{2}（6.26 + 3.98\varepsilon_{b1} + 38.33\varepsilon_{b2}）\right] \qquad \text{（公式 3.7.18）}$$

式中，$\varepsilon_{b1} =（1 - \varepsilon）/\varepsilon$；

$\varepsilon_{b2} = \Delta\varepsilon / \varepsilon^2$；

$T_{31}$第 31 波段的亮度温度；

$T_{32}$第 32 波段的亮度温度。

利用普朗克公式将第 31 波段和第 32 波段的辐射亮度转换为亮度温度，公式如下：

$$T = \frac{hc}{k\lambda h（1 \mp se^{\frac{bc}{k\lambda T_b}} - \varepsilon）} \qquad \text{（公式 3.7.19）}$$

其中：T 为绝对温度（K）；

h 为普朗克常数 $= 6.626196 \times 10^{-34}$ J·s；

c 为光速 $= 2.99792458 \times 10^{8}$ m/s；

k 为玻尔兹曼常数 $= 1.3806505 \times 10^{-23}$ J/K；

λ 为中心波长（8 lm3）;0 8538

$T_b$为辐射亮度。

## 2.5 火点探测

所有满足 $T_4 < 315K$（夜间 305K）或 $DT_{41} < 5K$（3K）的像素都不是火点。如果 $DT_{4b}$和 $DT_{41b}$小于 2K，那么就用 2K 来代替。如果一个像素点满足如下的 5 个逻辑条件（A、B、a、b、X），就可以将该点确认为火点：

A：$T_4 > T_{4b} + 4\delta T_{4b}$

B：$T_4 > 320K$（夜间 315K）

a：$\Delta T_{41} > \Delta T_{41b} + 4\delta T_{41b}$

b：$T_{41} > 20K$（夜间 10K）

X：$T_4 > 360K$（夜间 330K）

白天如果 0.64μm 和 0.86μm 两个通道的反射率都大于 0.3，且耀斑角小于 40°，一般就可以排除这点是火点的可能性了。

## 2.6　端元选取

混合像元中的纯净端元的获取有多种方法，可以从地物光谱数据库中选取，也可以建立地物的物理模型进行模拟，另外，比较简单高效的方法是从影像自身的像元光谱和从外部数据源中获取。

目前，从光谱库中选取的方法是假设不考虑多次散射和背景反射（张洪恩，2004），而这种假设在许多研究中应用受到限制。在光谱数据库不够健全且野外光谱实际测量数据缺乏的情况下获取进行混合像元分解的纯净端元时常用的方法是从影像上获得（李君，2008）。

从影像上选取的纯净图像端元具有与影像相同的空间分辨率，因此，较容易获取。当混合像元中各组分的纯净端元都能够在影像上获取的时候，该方法的优势就会更加明显。

卫星影像像元是各种地物光谱特征的混合结果，事实上不存在绝对纯净的端元，尤其是从空间分辨率较低的影像提取纯净端元会难度较大。当纯净端元无法从图像上直接获得的时候可以考虑从外部数据源中提取纯净端元的方法。外部数据源中获取纯净端元是指从现有的地物覆盖图或更高空间分辨率遥感影像上获取各类纯净端元（张洪恩，2004）。本文则结合高空间分辨率的 Landsat TM 卫星影像和 EOS/MODIS 数据来获取背景温度和火点温度的纯净端元。

## 2.7　混合像元分解模型

混合像元分解模型有许多种，如线性混合模型、高斯混合模型、几何光学模型、随机几何模型、概率模型、模糊模型、神经网络模型和支持向量机模型等。其中，线性混合模型相对较为简洁，因此，被广泛地应用在亚像元面积提取工作中。线性模型假定混合像元 DN 值为其端元组分反射率的线性组合，是非线性混合中的多次反射及散射被忽略情况下的特例。线性分解模型假设混合像元中同一地物都具有相同的光谱特征，具有模型简单、物理含义明确的优点。

混合像元是不同地物的光谱混合的结果，因此，可以假定传感器视场内地物光谱反射率按面积百分比线性混合（张洪恩，2004）。设想混合像元是由背景和火点两部分组成，结合线性混合模型和 Dozier 模型的方法可以得到该文中应用的草原火灾亚像元火点的面积估算模型，公式如下。

$$P = (T - T_b) / (T_f - T_b) \quad \text{（公式 3.7.20）}$$

式中，P 为像元中火点所占的面积比例；

1 - P 为背景所占的面积比例；

$T_f$ 火点的温度；

$T_b$ 背景温度。

根据该模型可以得到混合像元中亚像元火点的面积比，火点面积比乘与每个像元的面积则算出亚像元火点的面积。

## 3 分析

选取2012年4月7日13时40分的AQUA卫星的EOS/MODIS数据对内蒙古自治区锡林郭勒盟东乌珠穆沁旗的一处火场的进行亚像元火点面积估测方法研究。首先对数据进行预处理，并用锡林郭勒盟的界线进行裁剪，将卫星数据按照21（红）、2（绿）和1（蓝）通道组合成彩色图片如图3-7-1，通过目视判读可看到亮红色的为火场，蓝色的云。

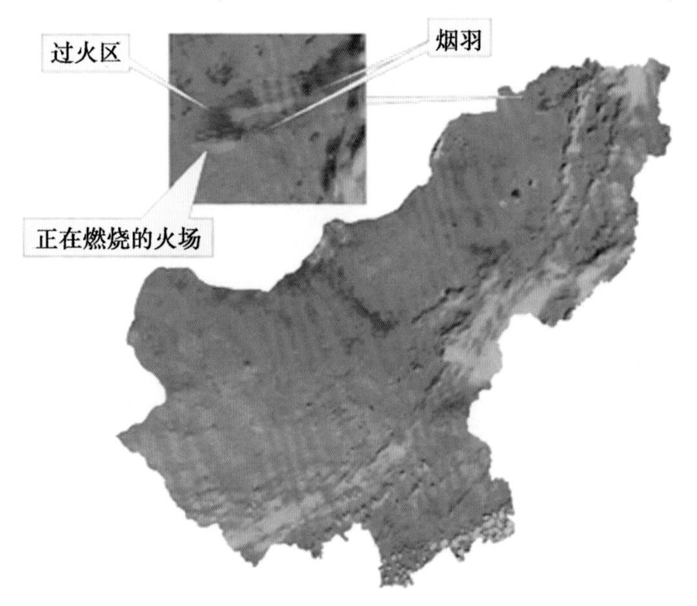


**图3-7-1　2012年4月7日锡林郭勒盟草原火灾彩色合成图**

**Fig. 3-7-1　April 7, 2012 Xilin Gol League grassland fire color composite image**

Landsat TM数据采用7波段（红）、4波段（绿）和1波段（蓝）的真彩色合成，并进行预处理后按研究区裁剪。如图3-7-2（a）EOS/MODIS数据的4μm、1.65μm和2.13μm波段为火点探测常用通道，本章中由于考虑到21波段具有较高的信噪比，因此利用21波段进行火点亚像元面积提取。首先对EOS/MODIS数据进行预处理，进行反射率计算，并按研究区大小裁剪如图3-7-2（b）。将Landsat TM数据和EOS/MODIS数据21通道的反射率数据进行融合处理得到如图3-7-2（c）。

结合Landsat TM卫星影像和EOS/MODIS数据来获取背景温度和火点温度的纯净端元，计算混合像元中亚像元面积比（P）。其结果如图3-7-3。

该处火场有过火区像元为141个，面积为141km²；火点像元有192个，通过逐个像元计算火点面积后累加可知，正在燃烧区的面积为79.2982km²，详细内容见表3-7-7。

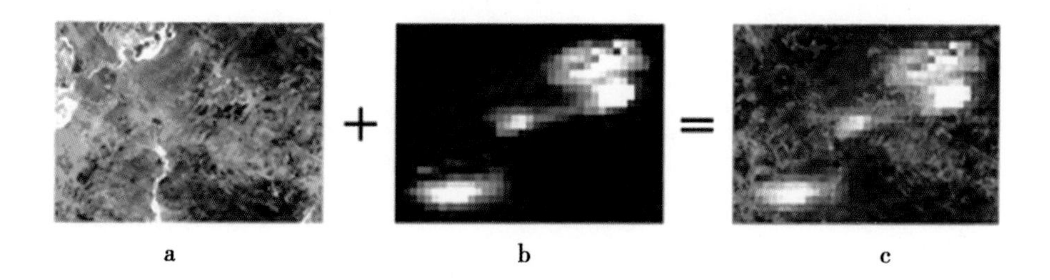

a　　　　b　　　　c

图 3－7－2　Landst TM 数据和 EOS/MODIS 的 21 通道反射率数据的融合处理

Fig. 3－7－2　Landst TM data and EOS/MODIS 21 channel reflectivity data fusion processing

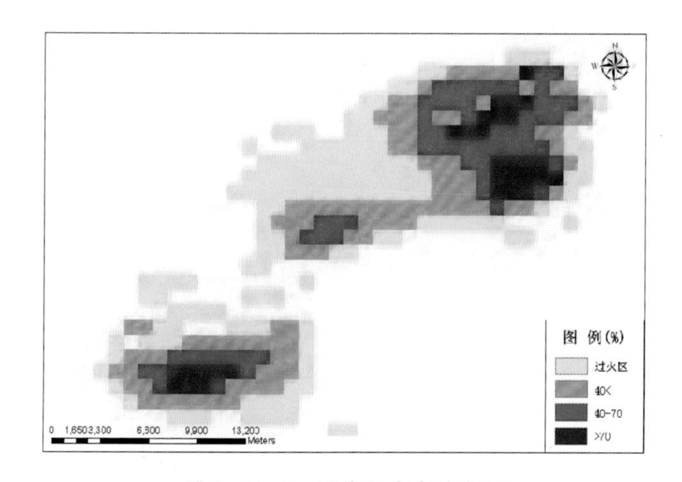


图 3－7－3　亚像元火点分布图

Fig. 3－7－3　Sub－pixel fire distribution map

表 3－7－7　火场亚像元估算结果

Tab. 3－7－7　Fire sub－pixel estimation results

| P（%） | 像元数 | Size（$km^2$） |
| --- | --- | --- |
| 40 < | 102 | 22.12 |
| 40－70 | 60 | 32.35 |
| >70 | 30 | 24.83 |
| 过火区 | 141 | 141 |

注：P 为火点在像元中所占百分比，Size 为像元中火点所占面积

## 4　小结

本章回顾了国内外草原火灾遥感监测的相关研究，介绍 EOS/MODIS 和 Landsat TM 特征并对数据预处理。对黑体辐射相关定律、Dozier 模型等理论和方法基础上，以 Landsat TM 数据为外部数据源进行在 EOS/MODIS 数据混合像元中火点和背景的纯净端元的提取，对 EOS/MODIS 数据中火点混合像元进行分解。提出了基于多源遥感

卫星的草原火灾亚像元火点面积估算基本流程和关键技术。对基于 EOS/MODIS 的亚像元火情监测方法的初步应用结果来看，如果忽略混合像元的存在，直接按像元数计算火点面积的该处火点的面积会达到 192$km^2$，通过亚像元面积估测方法计算可知实际上火点面积才 79.3$km^2$。因此，可以总结出利用混合像元分解技术提取火点亚像元的面积则可以提高火点估算面积的准确度。在研究过程中还发现由于草原火灾燃烧产生的能量不如森林火灾燃烧产生的能量多，因此，在 EOS/MODIS 数据 4μm 通道的亮度温度不容易达到饱和，这一点不同于森林火灾，这对进行草原火灾亚像元面积估算是有利的。

# 第八章　草原火灾损失评估研究

## 1　引言

### 1.1　研究意义与目的

环境保护和社会经济发展是当今社会的两大主题，草原火灾是影响草原地区社会稳定和经济发展的自然灾害之一，减轻草原火灾的损失是全社会共同关注的问题。草原火灾具有火势猛、火头高、发展速度快等特点。草原地区地域辽阔、河流少、风大且风向多变，火借风势迅速蔓延容易形成多岔火头，极易造成人畜伤亡事故。

草原火灾是指失去控制的草原燃烧。草原火灾会造成牧区人员伤亡还会烧毁基础设施、草场植被、房屋棚舍和牲畜。另外，为了预防和扑灭火灾，政府还会投入大量的人力、物力和财力。草原火灾不仅威胁牧区人民的生命和财产安全，它还会向大气排放大量的二氧化碳和气溶胶，不仅会污染空气还会导致全球气候的变化，草原火灾和人类对土地不合理利用还会导致土壤的沙漠化，给当地造成巨大经济与生态环境损失。内蒙古东部地区森林与草原连续分布，草原火灾往往会导致森林火灾的发生而使损失增大。

灾害发生前要做好灾害的预警工作，在火灾发生后要及时进行扑救和火灾损失评估工作。草原火灾损失评估工作是草原火灾应急管理工作的重要组成，是做好草原火灾善后管理的关键。草原火灾之后及时了解火灾损失的总面积，以及其他方面的损失，正确的评估灾情的严重程度，是为决策部门制定救灾规划、火灾后经济补偿、执法量刑、灾后基本设施恢复建设及生态重建等的科学依据。

草原火灾损失评估（Grassland Fire Loss Assessment）是对过火区内在一定时间和空间区域内由草原火灾造成的人员伤亡、草场损失、牲畜伤亡、房屋棚舍的损毁、扑灭火灾时的相关费用、通讯设施的毁坏和火灾后的恢复建设相关费用支出以及对生态环境损失等进行评估。通常情况下草原火灾损失评估内容包括直接损失、间接损失和生态环境损失等三个方面。直接损失包括人员的伤亡、草地植被损失、牲畜的伤亡和基础设施的烧毁等等。间接损失包括火灾现场施救费用、停工停产停业损失等等。生态环境损失是指由于草原火灾而使草地生态系统的生物种类的减少、近期牧草的可食性的降低和野生动物栖境的丧失，等等（傅泽强，2001），是生态学和经济学的交叉，属于生态经济学范畴。

我国是草原火灾频繁发生的国家，采用高科技手段评估草原火灾损失对提高草原火灾防范能力，有效地控制火灾，减少草原火灾损失具有重要意义。本文通过建立草原火灾损失评价指标体系，对草原火灾损失进行定量分析，提高评估的及时性与准确性，为草原火灾损失评估工作更加科学化、系统化和规范化提供技术支持。

### 1.2 国内外研究进展

森林草原火灾的遥感研究是从20世纪50年代的航空红外探测开始的。1989年加拿大应用卫星数据对森林火灾进行了调查，并统计了过火区面积。国内外关于火灾损失评估研究主要集中在森林火灾损失评估方面，对森林火灾直接损失评估与间接损失评估的研究做得比较全面。如欧洲在进行森林火灾损失评估研究时应用遥感监测火区范围并结合土地覆盖数据进行空间分析；波兰利用地球资源卫星（EAS－SAR）和SPOT数据进行损失评估和灾后林地监测；美国和澳大利亚在计算林木的死亡率评估森林火灾的损失，通过计算人员伤亡和对附近地区造成的潜在影响等评估森林火灾对社会的影响。

国内关于草原火灾的损失评价研究是从20世纪90年代开始的，到目前为止关于草原火灾损失评估的相关研究还非常少，中国农业科学院草原研究所苏和、刘桂香等（1995）根据NOAA/AVHRR数据计算亮度温度和植被指数确定过火面积和位置，从而评估火灾所造成的各项损失。北京大学工程与环境学系的傅泽强（2001）根据灾害发生的原理和常用的灾害评估方法，构建草原火灾灾情评估指标体系，并建立灾情评估模型，以经济损失为草原火灾损失评估指标将灾情划分为重灾、大灾和小灾3个等级，而生态环境经济损失量与直接和间接损失总量的比例系数为50%，对此评价方法利用锡林郭勒盟的一次草原火灾进行验证，其评价得到满意的结果。张继权等选取吉林省1995—2005年的草原火灾次数和草原火灾经济损失两个指标，基于信息矩阵方法得到草原火灾次数和经济损失两个指标之间的模糊关系矩阵。发现当草原火灾发生次数小于30次时，草原火灾损失随草原火灾次数呈现不规则增长；当草原火灾次数大于40次时，草原火灾损失基本保持在15万元左右（张继权，2006）。张继权（2007）等基于草原火灾发生的机理，利用层次分析方法、模糊综合评价方法和地理信息系统空间分析技术研究了我国北方草原地区的火灾灾情评价。评价过程中建立了损失评价指标体系和损失评价模型，将我国北方草原地区的火灾灾情划分为4个级别，依据这一划分对我国的北方草原地区进行了评价。我国的森林草原防火工作比发达国家起步晚，对草原火灾损失评估的理论研究和技术支持手段还不够成熟，到目前为止还没有形成一套合理的和统一的草原火灾损失评估规范。而且火灾损失的评价指标过于简单无法全面系统地进行草原火灾损失评估。

## 2 研究内容与方法

### 2.1 研究区概况

本章以内蒙古自治区锡林郭勒盟东乌珠穆沁旗一次草原火灾为例进行草原火灾损失评估研究。东乌珠穆沁旗位于北纬43°52′~46°40′，东经115°10′~120°47′（图3－8－1），总面积7万多km$^2$，草地类型属于草甸草原和典型草原。气候类型属于北温带大陆性气候，根据内蒙古自治区1970—2000年30年的整编资料可知，东乌珠穆沁旗的全年平均气温为1.4℃，极端最高气温为39.7℃（1972年7月2日），极端最低气温为－39.7℃（1986年1月4日），全年平均相对湿度为59%，晴天日数为106.6天，年降水量为258.6mm，平均风速为3.1m/s，大风日数为47天，沙尘暴日数为2.6天，降雪日数为62.9天，积雪日数为115.1天（图3-8-1）。

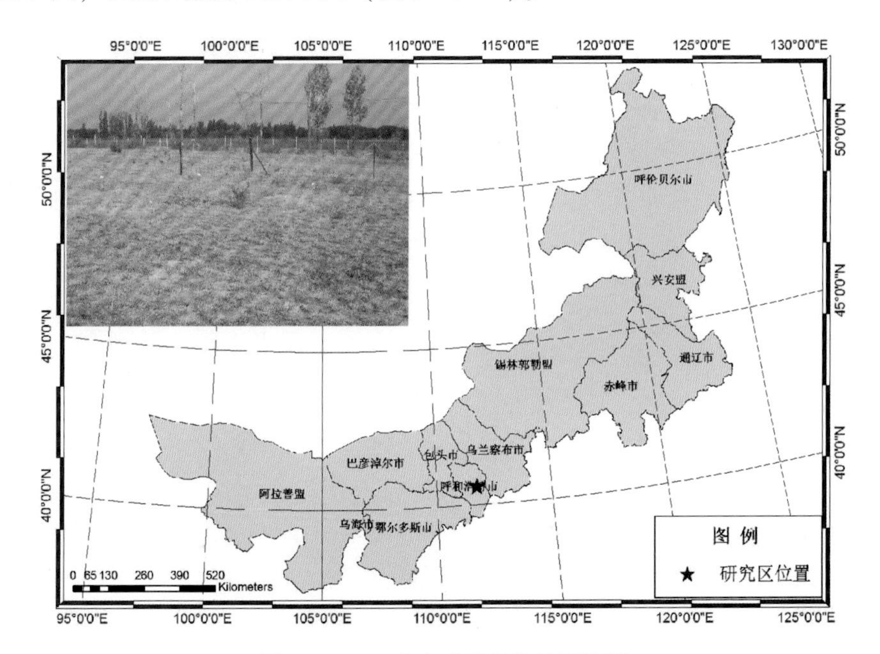


图3-8-1 东乌珠穆沁旗的区位图

**Fig. 3-8-1 East Ujimqin Banner Location Map**

## 2.2 损失评估的分类

灾害评估可以分为灾前评估、灾时评估和灾后评估等3部分。灾前评估是通过科学理论和技术定性或者定量的预测和评估灾情的等级，为相关管理部门制定合理的预防草原火灾的方案提供服务；灾时评估是在草原火灾发生过程中，通过收集灾区的资料结合火势情况对火灾会造成的损失进行实时评估，这对政府相关部门能够及时了解火灾损失情况，为制定应急救灾措施提供服务；灾后评估是指当火灾发生后，通过实地调查获得火灾造成的损失的数据，通过确定指标体系，进行草原火灾的综合评估，确定灾情等级，为制定火灾后的救济措施、重建和生态环境恢复等提供依据。

灾后评估方法主要为实地调查、社会调查和统计、遥感监测评估和历史相似评估等方法。草原火灾的损失评估方法有不同的划分：第一种是，直接经济损失、间接经济损失和生态环境经济损失（傅泽强，2001）。第二种是，草原损失、人口损失、基础设施损失、牲畜损失和经济损失（张继全，2007）。结合第一种和第二种方法得出了本文中的评估方法，将草原火灾损失划分为人口损失、草原损失、直接经济损失和间接经济损失等四个方面。

人口损失是指草原火灾过程中人员的伤亡数量。草原损失是指草原火灾中过火区的面积。直接经济损失是指由草原火灾造成的牲畜的死亡、烧毁的房屋、烧毁的饲草、烧毁的基础设施、烧毁的棚圈、烧毁的家产和烧毁的其他财物等损失。间接经济损失是指次生灾害与衍生灾害，包括停工停产停业损失、人员伤亡造成的经济损失、火灾现场施救及清理火场的费用和生态环境损失等对经济社会和生态环境影响所造成的损失。

草原火灾的人口损失、草原损失和直接经济损失较易评估，间接经济损失可以通过各自的价值系数进行定性的评估。

## 2.3 数据准备

本研究中所用到的遥感数据来源于内蒙古自治区生态与农业气象中心；草原火灾资料主要来源于中国农业科学院草原研究所和内蒙古生态与农业气象中心；草地类型数据来源于中国农业科学院草原研究所；社会经济统计数据来源于内蒙古统计年鉴。

## 2.4 研究内容

在综合国内外学者对草原火灾损失评估研究的基础上，提出草原火灾损失评估研究的理论框架。对草原火灾各项损失进行调查，将草原火灾的损失评估划分为人口损失、草原损失、直接经济损失和间接经济损失四大部分，并提出草原火灾损失的评估指标，建立草原火灾损失评估模型，将草原火灾损失等级划分为特别重大火灾、重大火灾、较大火灾和一般火灾四个等级。以内蒙古锡林郭勒盟东乌珠穆沁旗在 2012 年 4 月 7 日发生的草原火灾为例进行损失评估研究，将评估结果与内蒙古自治区防火办公室的评估结果对比检验。

## 2.5 研究方法

技术流程图（图 3－8－2）如下。

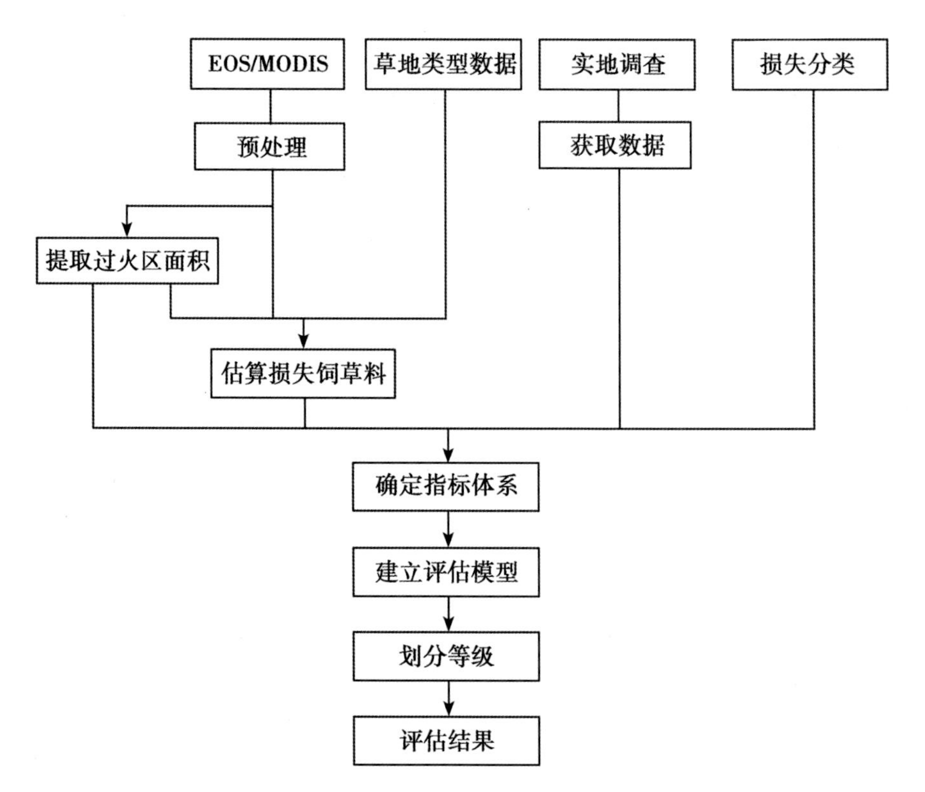


图 3－8－2　草原火灾损失评估技术流程图

**Fig. 3－8－2 Technique flow chart**

## 3　结果与分析

### 3.1　损失评估指标体系的建立

草原火灾损失评价指标应遵循科学性、独立性、可比性和简易性等原则。

科学性：评价指标应能确切的表述其特征与规律，并考虑指标间客观的相互内在联系及完整性。

独立性：各评价指标和相应标准应具有相对的独立性，避免重复。

可比性：指评价指标和标准应有明确的内涵和可度量性。

简易性：指标应简单明了，便于实际统计和计量，还应从本区域的实际情况出发，考虑切实可行。

草原火灾评估的指标体系是按火灾内在的客观联系，把从各方面反映火灾的指标有机地组织起来，全面深入地分析草原火灾的现状及其规律。本文选择了能够真实反映草原火灾损失等级的各方面的指标来进行评估，具体评估指标的情况如表3－8－1所示。

表3－8－1　草原火灾损失评估指标

Tab. 3－8－1　Grassland fire Loss evaluation index

| 因子 | 指标 |
|---|---|
| 人口损失 | 伤亡人口 |
| 草原损失 | 过火草原面积 |
| | 死伤牲畜数量 |
| | 烧毁饲草 |
| 直接经济损失 | 烧毁房屋 |
| | 建设设施 |
| | 棚圈 |
| | 家产 |
| | 其他财物 |
| | 三停损失 |
| 间接经济损失 | 人员伤亡造成的经济损失 |
| | 火灾现场施救及清理火场的费用 |
| | 生态环境损失 |

（1）人口损失：火灾发生时造成的人员伤亡数量。

（2）草原损失：指发生草原火灾的过火面积。

（3）直接经济损失指标。

描述草原火灾直接损失指标主要有以下几项：

①牲畜损失包括火灾发生时牲畜死伤数量及被迫转移的牲畜数量。

②帐篷数量。

③棚舍。

④房屋面积。

⑤烧毁饲草量。

（4）间接经济损失指标。

反映草原火灾间接损失的指标主要有：

①停工停产停业损失（元）：发生火灾单位造成的三停经济损失；由于使用发生火灾单位所供给的能源、原材料、中间产品等造成的相关单位三停经济损失；为扑救火灾所采取的停水、停电、停气（汽）及其他所必要的紧急措施而再直接造成有关单位的三停经济损失；其他损失。

②人员伤亡造成的经济损失（元）：医疗费、死亡者生前住院费、死亡者直系亲属的抚恤金、死亡者家属的奔丧费、丧葬费和其他相关处置费；住院和出院后仍需继续养伤期间的歇工工资（含护理人员），伤亡者从前的创造性劳动的间断（含护理人员）或终止损失工作日造成的经济损失，接替死亡者生前工作岗位的新职工培训费用等工作损失价值。

③火灾现场施救及清理火场的费用（元）：各种消防车、船、泵的损耗费用以及燃料费用（含非消防部门）；各种类型灭火剂、物资的损耗费用；各种类型消防器材及装备的损耗费用；清理火灾现场所需全部人力、财力、物力的损耗费用。

④生态环境损失（元）：目前国内计算生态环境经济损失时通常将生态环境经济损失值以直接经济损失和间接经济损失总和的0.5倍来估算。

## 3.2 指标的获取

### 3.2.1 过火区面积的遥感提取

草原火灾的调查决定火灾损失评估的准确性，是做好火灾评估的基础。草原火灾的调查包括火灾原因、过火面积、牧草损失量和其他损失的调查。过火面积调查是草原火灾最基本的调查内容，也是草原火灾评估的重要指标。调查过火面积需要先测算出过火面积。以往进行草原火灾过火区面积调查时调查人员步行绕行火场外围并在大比例尺地形图上画出过火区的图。随着遥感技术的广泛应用，遥感监测是目前草原火灾损失评估中过火区面积统计的主要手段。

本章以由内蒙古气象局生态与农业气象中心接收的2012年4月16日北京时间13时29分的Aqua卫星的EOS/MODIS卫星数据监测灾后的情况。对MODIS卫星数据进行几何校正、bowtie消除和大气校正等预处理后计算反射率。图3－8－1为为采用CH7（红）、CH2（绿）、CHl（蓝）方式进行假彩色合成的灾后的影像图（图3－8－3）。

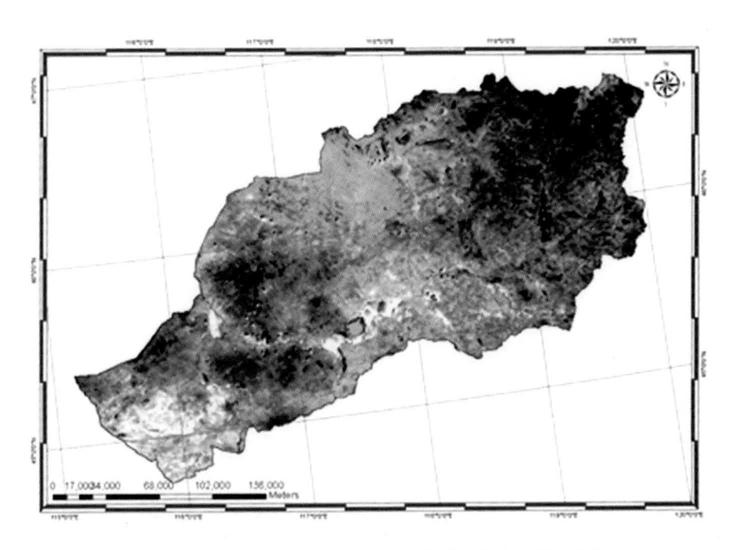


图 3－8－3　2012 年 4 月 16 日东乌珠穆沁旗影像图

Fig. 3－8－3　April 16，2012 East Ujimqin Banner image map

采用 CH7（红）、CH2（绿）、CHl（蓝）方式合成的影像图上过火区的颜色为暗红色，与未过火的区域的颜色有明显不同。因此，采用对比灾前灾后的 MODIS 的 7、2、1 波段彩色合成数据和 MODIS 数据目视判断来提取草原火灾的过火区面积是可行的。根据以上研究，提取 2012 年 4 月 16 日的东乌珠穆沁旗的火灾过火区面积的结果为：判识出的过火区的面积为 778.89$km^2$，而实地野外调查这次火灾过火区面积的结果为 765.76$km^2$。从提取结果可以知道，该方法可以较好地对草原火灾过火面积进行估算。

3.2.2　烧毁饲草的计算

草地地上生物量是草原火灾的直接损失而且是第一损失，草原生物量损失评估，要以不同草地类型的单位面积生物量作为基础单元，乘以该类型草地受灾面积，再乘以该类型草地单位面积生物量价格，求得一种类型草地的损失评估数据，再把不同类型草地损失相加，可得到整个草地上生物量损失数据。公式如下：

$$\text{式中，损失}_{SUM} = \sum_{i}^{n}（\text{单位面积生物量} \times \text{受灾灾面} \times \text{估价}）_i$$

（公式 3.8.1）

式中，损失$_{SUM}$为总损失额；

i＝1，2，3……n，n 为不同草地类型。

式中的受灾面积可以通过 8.3.2.2 中的方法获得，估价是现在的市场价格，而单位面积的生物量则可以通过实际野外实验获取，或者，可以通过遥感方法反演。通过草地类型数据进行叠加分析后可知，本章中的过火区的草地类型属于草甸草原，因此，进行单位面积生物量的遥感获取时应用适合草甸草原的产量估测模型。我国北方草原有生长季和枯草期两种时期。因此，在进行生物量的遥感反演时应注意在生长季利用生长季的估测模型，在枯草期用枯草期的估测模型。

（1）生长季的生物量估测：生长季的草甸草原产草量的估测模型选用的是刘爱军

(2004) 建立的锡林郭勒盟草甸草原的估产模型：

$$Y = 475/(1 + 71.4 \cdot (X - 0.892) \cdot 2) \qquad (公式3.8.2)$$

式中，$0.3 \leq X \leq 0.892$。

(2) 枯草期的生物量的估测：本文的第二章中建立了内蒙古5种草地类型的可燃物量估测模型，即枯草期的生物量估测模型。由于锡林郭勒盟发生“4·7”特大原火灾是在枯草期的时候发生在草甸草原中的草原火灾，因此，本文应用第二章中建立的枯草期可燃物估测模型中的草甸草原的估测模型来反演2012年4月7日的枯草期的生物量，反演用的计算公式如下：

$$Y = 120.934 - 932.541X + 2101.478 \times 2 \qquad (公式3.8.3)$$

式中，X为EOS/MODIS数据第一通道的反射率数据。

获得反演结果。如下图3-8-4。

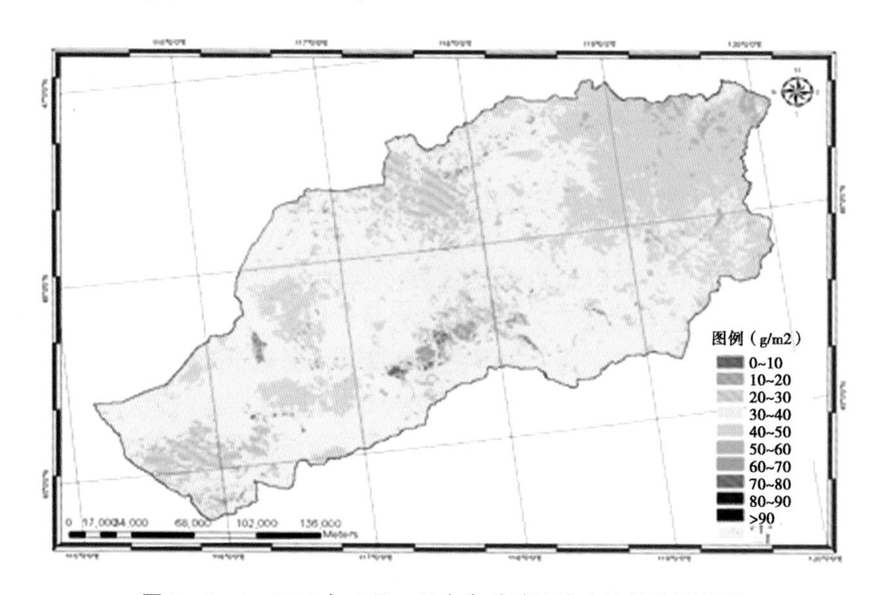


图3-8-4 2012年4月7日东乌珠穆沁旗生物量估测结果

Fig. 3-8-4 April 7, 2012 East Ujimqin Banner biomass live weight estimation results

选取火场周边像元点的值后进行平均，可近似地获得火场范围内单位面积的生物量的值，通过计算可知火场周边草地单位面积生物量的值为48g/m²。

烧毁饲草＝单位面积生物量×过火区面积×市价

式中，单位面积生物量通过计算获知为48g/m²，过火区面积为778.89km²，饲草当时的市场价格按2011年4月锡林郭勒盟的饲草市价为0.3元/kg，计算烧毁饲草的价格为1121.60万元。

### 3.2.3 其他指标的获取

其他损失评估指标，如伤亡人口、死伤牲畜数量、烧毁房屋、烧毁建设设施、烧毁的棚圈、烧毁的家产和烧毁的其他财物等需要进行实地调查获取。三停损失、人员伤亡造成的经济损失和火灾现场施救及清理火场的费用等间接经济损失要通过公安部［1992］151号文件规定的计算方式获得。其计算方法如下：

草原火灾间接经济损失的计算指标如下。

(1) 三停造成的经济损失，即因火灾停工、停产、停业。

(2) 因火灾致人伤亡造成的经济损失。

(3) 火灾现场施救及清理火场的费用。

草原火灾间接经济损失额计算公式如下：

$$M = A + B + C \quad \text{（公式 3.8.4）}$$

式中：M 为火灾间接经济损失额（按工业产值计算）；

A 为停工、停产、停业造成的经济损失；

B 为因火灾致人伤亡造成的经济损失；

C 为火灾现场施救及清理火场的费用。

生态环境损失值的计算是直接经济损失和除生态环境损失以外的其他间接损失总和的 0.5 倍。

### 3.3　评估模型的建立

依据上述评估方法和评估指标，建立了草原火灾损失评估的数学模型。本文结合理论和实际，建立直接损失和间接损失的计算模型，确定出草原火灾损失总额和等级。

草原火灾损失评估要综合考虑过火面积、人员伤亡和经济损失总额。草原火灾损失评估的经济损失总额计算公式如下：

$$L = \sum_{i}^{n} L_i$$

$$L_i = \sum_{j}^{m} P_j C_j \quad \text{（公式 3.8.5）}$$

式中，L 为经济损失总额（元）；

$L_i$为分项损失量（元）；i = 1，2，3……n，n 为灾害损失种类总数；

j = 1，2，3……m，m 为各类损失中所包含的项目总数；

$P_j$为灾害损失项目的市场价格参数；

$C_j$为灾害损失项目。

### 3.4　草原火灾损失等级划分

本文结合草原防火条例的相关规定，确定草原火灾损失评估等级的划分标准，将草原火灾的损失等级划分为特别重大火灾、重大火灾、较大火灾和一般火灾四个等级。火灾等级划分标准如下。

1. 特别重大（Ⅰ级）草原火灾

符合下列条件之一：

(1) 火灾过火面积达到 $80km^2$ 以上的。

(2) 造成死亡 10 人以上，或造成死亡和重伤合计 20 人以上的。

(3) 经济损失总额 1 500万元以上的。

2. 重大（Ⅱ级）草原火灾

符合下列条件之一：

(1) 火灾过火面积在 $50km^2$ 以上 $80km^2$ 以下的。

(2) 造成死亡 3 人以上 10 人以下，或造成死亡和重伤合计 10 人以上 20 人以下的。

（3）经济损失总额900 万元以上1 500万元以下的。

3. 较大（Ⅲ级）草原火灾

符合下列条件之一：

（1）火灾过火面积在10km$^2$以上50km$^2$以下的。

（2）造成死亡3 人以下，或造成重伤3 人以上10 人以下的。

（3）经济损失总额150 万元以上900 万元以下的。

4. 一般（Ⅳ级）草原火灾

符合下列条件之一：

（1）火灾过火面积在0. 10km$^2$以上10km$^2$以下的。

（2）造成重伤1 人以上3 人以下的。

（3）经济损失总额15 000元以上150 万元以下的。

本条表述中，“以上”含本数，“以下”不含本数。直接经济损失是指因草原火灾直接烧毁的草原牧草（饲草料）、牲畜、建设设施、棚圈、家产和其他财物损失（按火灾发生时市场价折算）。

### 3. 5 评估结果与检验

2012 年4 月7 日在锡林郭勒盟东乌珠穆沁旗发生的草原火灾的计算结果为：

（1）过火草原面积为778. 89km$^2$。

（2）造成死亡2 人，轻伤8 人。

（3）烧毁饲草3 738. 67万kg，按市价为0. 3 元/kg 计算烧毁饲草的价格为1 121. 6 万元。

（4）火灾涉及满都宝力格镇额仁宝力格、套森诺尔、阿尔善宝力、额仁高毕、满都宝力格等5 个嘎查，受灾牧户120 户，损失牲畜19 936头只，烧毁房屋354m$^2$、棚圈6 765m$^2$ 等地上物品。共出动森警官兵、武警官兵、部队指战员、干部职工和牧民群众1 700余人，各种机械车辆128 台辆、风力灭火机190 台、二号灭火工具480 把。

通过草原火灾损失等级划分标准可以得知，此次火灾属于特别重大（Ⅰ级）草原火灾，，将评估结果与内蒙古自治区防火办公室的评估结果对比检验，评估结果与实际结果吻合。

## 4 小结

本文在综合国内外学者对草原火灾损失评估研究的基础上，提出了草原火灾损失评估研究的理论框架。对草原火灾各项损失进行调查，将草原火灾的损失评估划分为人口损失、草原损失、直接经济损失和间接经济损失四大部分，并提出了一些草原火灾损失的评估指标，建立了草原火灾损失评估模型，将草原火灾损失等级划分为特别重大火灾、重大火灾、较大火灾和一般火灾4 个等级。利用2012 年4 月7 锡林郭勒盟发生“4 · 7”特大原火灾检验。结果表明，评估结果与实际情况较为吻合。草原火灾灾后损失评估涉及社会经济与生态环境的许多方面，各项损失价格较难确定。特别是生态环境损失的评估研究尚在起步阶段，很难准确定价，本文是以直接和间接经济损失总量的0. 5 倍计算的，这方面的研究将来仍需进行深入。

# 第九章　草原火灾生态环境影响评价

## 1　引言

### 1.1　研究意义与目的

在草原地区火烧对生态环境具有明显的影响，是草地生态系统中的重要影响因子。火关系着草地群落的演替，对土壤等环境因素发生影响，也关系牧草的利用。在以畜牧业生产为主要目的的草地生态体系中，火的特殊生态影响是不容忽视的。火烧具有两面性，既有有利的一面，也有不利的一面。

火烧在草地生态系统中是一种非常有利的管理工具。可以通过火烧扩大牧场以增加畜牧业的收入；湿润地区火烧是改善草地较为简单有效的措施，火烧后残草被清除，翌年牧草返青会提前且生长发育良好，有利于放牧；通过有计划的火烧能够控制灌木和树木的发展，维持火成亚顶级植物群落；清除不希望有的地面死物质，促进新草生长，并且可以破坏寄生生物；火烧能够改善季节性积水沼泽以供旱季利用；烧荒后潮湿的草地可改善土壤酸碱度和营养状况，有利于优良牧草生长。在家畜寄生虫和传染病发生的牧地上可用火烧余草来烧除寄生虫卵和病菌。有些地区火烧仍用作一种改良草地的措施，但强调需要人为加以管理，特别要控制烧荒面积，烧荒频率和季节。

火烧对草地生态环境的不利影响包括人员伤亡、饲料的损失、牲畜伤亡、房屋和棚舍烧毁等。火灾还会造成牧地冬草被烧影响牲畜冬春放牧。由于减弱了植被下层地被覆盖，引起表土的风蚀和冲刷，生态环境退化，鼠虫害增加，等等。

环境包括大气环境、水环境、土壤环境和生态环境。生态环境是地球环境的重要组成部分，是人类生存与发展的基础。生态环境影响是指外力作用于生态系统，导致其发生结构和功能变化的过程。

环境影响的类别如下。

（1）按影响的来源：可分为直接影响、间接影响和累积影响。

（2）按影响的效果：可分为有利影响和不利影响。

（3）按影响性质：可分为可恢复影响和不可恢复影响。

另外，环境影响还可分为短期影响和长期影响，地方、区域影响或国家和全球影响，建设阶段影响和运行阶段影响等。

生态环境影响评价是指对外力作用于生态系统后可能造成的环境影响进行分析、预测和评估，提出预防或者减轻不良环境影响的对策和措施，进行跟踪监测的方法与制度。

环境影响评价的类别如下。

(1) 按照评价对象，可分为规划环境影响评价和建设项目环境影响评价。

(2) 按照环境要素，可分为大气环境影响评价、地表环境影响评价、声环境影响评价、生态环境影响评价和固体废物环境影响评价。

(3) 按照时间顺序，可分为环境质量现状评价、环境影响预测评价和环境影响后评价。

随着社会和经济的迅猛发展，人类对环境的影响强度在扩大，荒漠化、水土流失等生态环境问题空前突出，人类与资源环境的矛盾也日益尖锐。自然灾害也会破坏生态环境的稳定和健康。生态环境是人类生存发展的基础，要想正确解决这些生态环境问题，需要深入理解生态系统结构、功能和过程。因此，从 20 世纪 60 年代中期在全球范围内逐步开展了生态环境评价研究。60 年代英国总结出环境影响评价“三关键”，即关键因素、关键途径和关键居民区，明确提出污染源——污染途径——受影响人群的环境影响评价模式。1969 年，美国国会通过了《国家环境政策法》，1970 年 1 月 1 日起正式实施。随后世界各国逐渐开始制定环境影响评价制度。在 1973 年第一次全国环境保护会议后，环境影响评价的概念开始引入我国。生态环境影响评价从研究进程和对象来看可以分成两类：一类是对生态环境质量的评价，另一类是对生态环境的价值进行评价。

以往草原火灾生态环境影响研究主要是通过对植被或者土壤的影响等方面的单个环境要素研究，而结合生物物种、种群、群落、土壤理化性状等多个因子的草原火灾生态环境影响综合评价研究还很罕见。为了了解火烧对草原生态环境影响，运用层次分析方法，进行不同时间计划的火烧实验，并对研究区的植被群落进行野外调查和土壤理化性状实验分析，研究不同时间火烧后植被和土壤的变化，进行草原火对生态环境影响评价方法的研究，建立草原火生态环境影响评价指标体系和模型，评价火烧后草地生态环境质量。这将对开展草原地区火灾后的生态环境保护、恢复治理及制定畜牧业可持续发展计划等工作的实施，具有重大意义。

### 1.2 国内外相关研究

随着工业迅速发展，环境污染不断扩大，生态环境逐渐恶化。人们开始注意人类活动造成的环境影响。早在 20 世纪 30 年代，俄罗斯学者就开始研究火灾对生态环境的影响。到 20 世纪 50 年代，美国、加拿大开始重视火灾对各种景观类型的影响，研究区域主要是美国的阿拉斯加、加拿大的西部和俄罗斯的西伯利亚地区，研究的主要问题是火灾后的环境变化。首次提出环境影响评价概念的是在 1964 年加拿大召开的国际环境质量评价会议上。1969 年美国过会通过了《国家环境政策法》，1970 年起正式实施，随后世界各国相继建立了环境影响评价制度。在 1973 年第一次全国环境保护会议后，环境影响评价的概念引入我国。

生态环境评价研究大体上可分为生态环境质量评价和生态环境价值评价两类。生态环境质量评价能够反映生态环境质量状况，评价方法有定性评价和定量评价两种。生态环境价值评价能够反映人类从生态环境和生态过程中获取的利益，包括生态环境产品和对人类生存及生活质量有贡献的生态环境服务功能。其评价方法主要有市场价值法、替换市场法和假想市场法。草原火烧生态环境影响评价是对火烧后的草地生态环境进行调查，评价火烧对草地生态环境的影响。草地生态系统因素众多、结构复杂、层次交叠、功能综合，其各组成成分之间的相互制约关系和整个生态系统对外界冲击因子响应方式的复杂性，使生态环境影响评价比大气、水、土壤等评价复杂得多，因而在生态环境影响评价理论研究和实践探索中存在着较大的困难。

国内外关于草原火灾生态环境影响的评价多是对植物群落、土壤和空气等单个因子的变化研究。如 Hensel（1923）发表了关于火烧对草地植被的效应的文章。Kucera 和 Koeling（1964）曾在密苏里草地连续 20 年火烧中研究了禾草类和杂类草两大类群频度和盖度的变化情况。

刘国道（1988）对 20 种热带禾本科牧草的火烧效应进行了观察。魏绍成等（1990）选取了群落建群种（优势种）、植物生活型、水分生态类型、牧草经济类群和产量五项指标比较了火烧前后的群落动态变化。李政海、王炜、刘钟龄等（1994）研究了秋季火烧和春季火烧对内蒙古草原地带的羊草草原总产量优势种群羊草、大针茅以及小叶锦鸡儿数量与生长状况的影响。周道玮等 1993 年 4 月 5 日和 5 月 15 日进行 2 次点烧处理后对进行不同时间火烧对比研究，并与附近未烧（UB）处理进行对比研究。杨光荣、杨道贵等（1997）进行计划火烧后对林间草地产草量和营养成分进行比较研究。周道玮等（1999）研究了火烧对群落小气候、土壤微生物、土壤理化性状、植物的养分、植物体内水分、植物叶绿素含量、植物的热值等的影响。鲍雅静、李政海、刘钟龄等（2000）用控制火烧和模拟实验的方法研究了内蒙古羊草草原的火烧效应及其作用机理。姜勇等（2003）研究火烧后土壤的各种性质的变化，总结出火向土壤中施加了热量、灰烬，并且改变了土壤环境和微气候，土壤性质也可因植被和生物活性的改变而发生相应的变化。江生泉和韩建国等（2008）通过测定植株基部茎粗、分蘖数、小穗数/生殖枝、小花数/小穗、种子数/小穗、千粒重、地上部分生物量与实际种子产量测定、潜在种子产量、表现种子产量和收获系数和叶面积计算等项目，研究前一年冬季放牧和春季火烧对新麦草植株生长与种子增产效应。原海军（2008）探讨了火灾的发生对环境的影响，同时指出环境的破坏也会引起火灾的发生。提出了消防控制灾害过程中防治环境污染的对策，包括火灾扑救过程中造成的水体污染防治、火灾扑救过程中灭火剂使用造成的环境污染防治等。

## 2　研究内容与方法

### 2.1　研究区概况

研究区选在位于内蒙古自治区呼和浩特市土默特左旗沙尔沁乡的中国农业科学院草原研究所的农业部牧草资源重点野外观测实验站，地理位置为北纬 40°35.27′，东经 111°46.80′，海拔 1 065m。

研究区的气候属于大陆性干旱半干旱气候，由于该区位置偏北，年内太阳高度变化很大。冬季漫长而严寒，夏季温热而短促，气温年较差甚大，冬春少雨雪，降水集中于夏季。根据 1971—2000 年的 30 年平均资料可知，该区全年平均气温 7.2℃，极端最高气温 37.2℃（1999 年 7 月 24 日），极端最低气温 -35.6℃（1971 年 1 月 21 日），晴天日数 129.7 天，阴天日数 52.6 天，降水量 379.2mm，最大降水量 148.9mm（1998 年 7

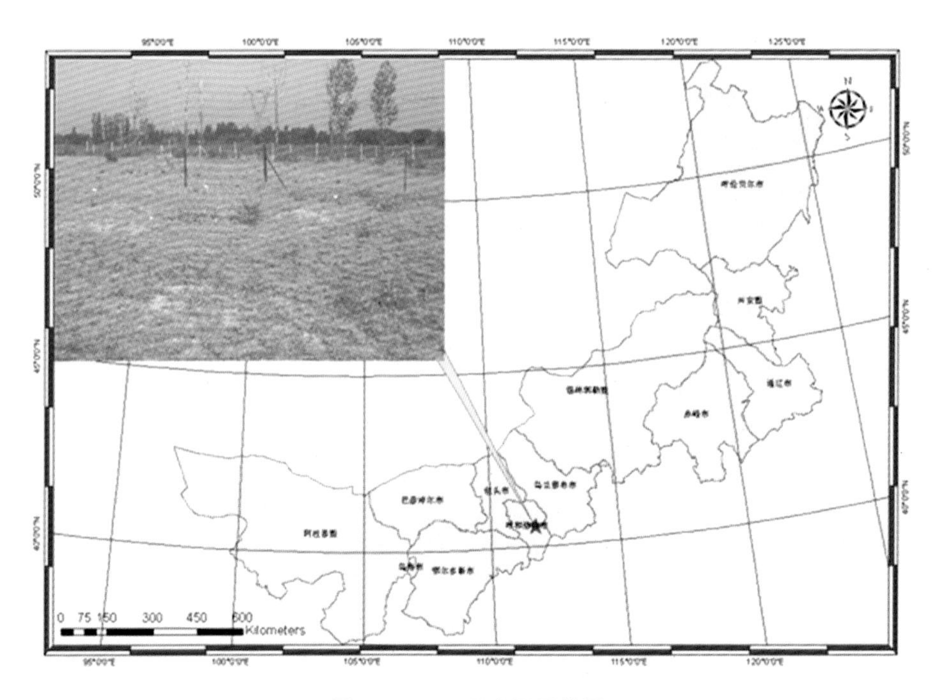


图 3－9－1 研究区区位图

Fig. 3－9－1 the location of study area

月 12 日)，蒸发量 1851. 7mm，平均风速 1. 9m/s，大风日数为 26. 7 天，沙尘暴日数为 3. 3 天，降雪日数为 19. 5 天，积雪日数为 24. 5 天，最大积雪深度 2. 4cm，最大冻土深度为 12. 4cm。研究区地势平坦，土壤类型为棕钙土，pH 值在 8. 3～8. 8 变化，属于碱性－强碱性土壤。2010 年 4 月至 10 月月降水量和月平均温度如图 3－9－2。

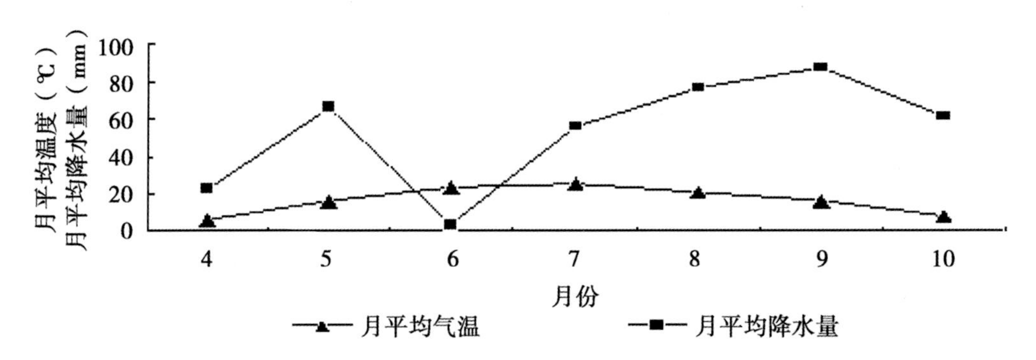


图 3－9－2 2010 年月平均气温、降水量

Fig 3－9－2 the monthly mean air temperature and precipitation 2010

研究区植被类型属于本氏针茅草原，以本氏针茅（*Stipa bungeana*）为优势种，主要有达乌里胡枝子（*Lespedeza davurica*）、紫花苜蓿（*Medicago sativa*）、羊草（*Leymus chinensis*）、短花针茅（*S. breviflora*）、糙隐子草（*Cleistogenes squarrosa*）、冷蒿（*Artemisia frigida*）、扁蓿豆（*Melilotoides ruthenica*）、宿根亚麻（*Linum perenne*）、沙茴香（*Fer-*

*ula bungeana*)、阿尔泰狗娃花（*Heteropappus altaicus*）、猪毛菜（*Salsola collina*）、缘毛棘豆（*Oxytropis ciliata*）、草木樨状黄芪（*Astragalus Melilotoides*）、乳浆大戟（*Euphorbia esula*）等。

## 2.2　研究内容

本文以本氏针茅草地为研究区，进行冬季和春季不同时间计划火烧实验，选取植被评价因子和土壤评价因子等影响因子，选取生物量、盖度、多样性、高度、土壤含水量、土壤有机质、氮含量、磷含量、钾含量和土壤紧实度等10个指标作为草原火生态环境影响的评价指标，在4～10月间对研究区的植被群落进行野外调查，并对土壤理化性状进行实验分析，运用层次分析方法建立草原火生态环境影响评价指标体系，建立适于草原火生态环境影响评价的模糊数学综合评价模型，采用定性和定量相结合的方法对草原火生态环境影响进行综合评价。将火烧后的生态环境划分为明显变好、变好、变差和明显变差等4个等级，来评价不同时间火烧对草地生态环境质量的影响。对评价反应出的问题提供相应防治措施，从而达到生态保护的目的。

## 2.3　评价指标体系的确定

依据生态环境评价指标体系的确定原则，为了指标能够全面系统地反映出生态环境的本质，因此，综合考虑草原火对生态环境影响的各个因子，从众多的评价指标中选取了具有代表性的生物量、盖度、多样性和高度等能够反映植被评价因子的4个指标和能够反映土壤理化特性的土壤含水量、土壤有机质、碱解氮、速效磷、速效钾和土壤紧实度等6个指标。建立目标、准则和方案等层次，目标层为综合评价指数层（A），准则层由植被评价因子（B1）和土壤评价因子（B2）构成，方案层（C1－10）共有10个评价指标，并在此基础之上进行定性和定量的分析和决策，如图3－9－3所示。

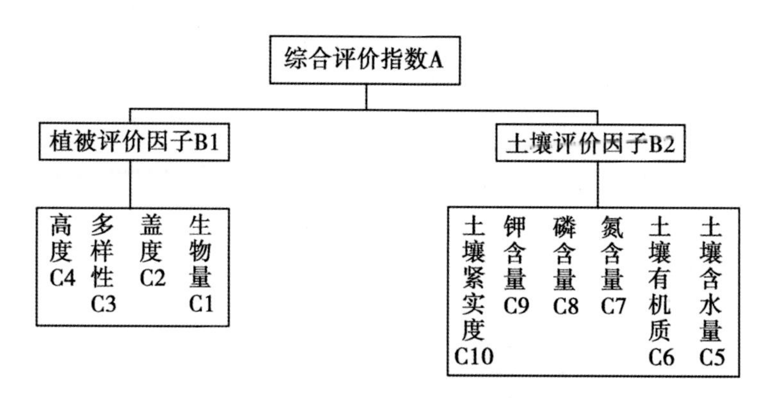


图3－9－3　生态环境质量综合评价指标体系

Fig. 3－9－3　the situation of ecological environment quality index system

## 2.4　不同时间火烧实验

草原地区经常会发生火烧，而不同时期的火烧会对草原生态环境具有不同程度的影响。因此，本文为了研究不同时期火烧对草原生态环境影响的研究，在2010年1月5日和2010年3月9日分别进行了冬季火烧和春季火烧实验。在进行火烧实验时，在研究区内选择地势平坦，并且土壤质地均匀的地块用铁丝网围封了500m$^2$面积的实验场，并将实验场样地平分成3个样地，分别为冬季火烧样地（WB）、春季火烧样地（SB）和未烧样地（UB），见图3－9－4。

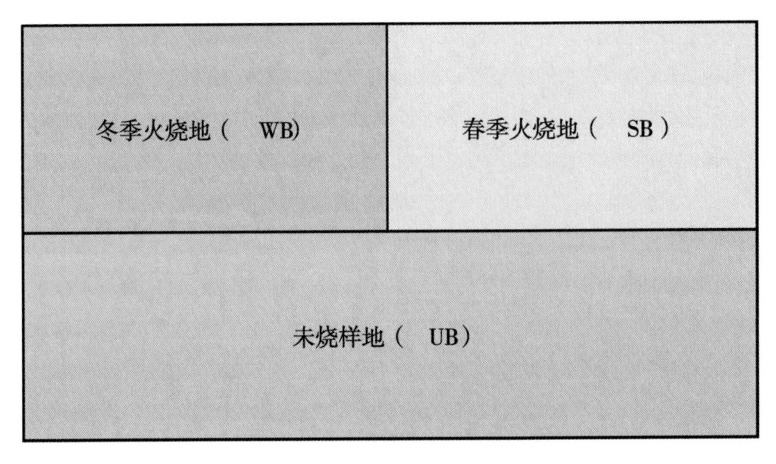


图3－9－4　不同时间火烧实验样地布局图

**Fig. 3－9－4　Different time fire experimental sample area layout map**

将每个样地四周的草铲除，留出1m宽度的防火线，进行火烧实验时组织人员现场守护和监察火情，待地表干枯草本层植物充分燃烧并至所定面积后灭火，等待观察一段时间确认无复燃可能后离开现场。见图3－9－5

图3－9－5　火烧实验

**Fig. 3－9－5　Fire experiment**

## 2.5　数据的获取

### 2.5.1　野外调查

在2010年5～10月每月1次对冬季火烧样地（WB）、春季火烧样地（SB）和未烧样地（UB）进行火烧后的植物群落调查。测定方法是在样地内选取5个能够代表样地信息特征的1m×1m正方形固定样方，以减少取样的误差。样方设置既要考虑代表性，又要有随机性。然后登记每个样方内的种类、株/丛数、高度（最高，平均）、丛幅（最高，平均）、盖度、地上生物量（鲜重，干重）等指标，生物多样性计算公式如下。

Shannon－wiener多样性指数 $H=-\Sigma P_i \log_2 P_i$　　（公式3.9.1）

式中，H为生物多样性指数；

$P_i$为群落中第i个种的个体所占所有物种总数的比例。

土壤样品的采集选择在春季的4月末、夏季的7月末和秋季的10月末进行。测定时采用“S”线型取样法，每个样地内沿“S”线形选择具有代表性的3个样点，并尽量避开坑洼、土堆、斜坡和岩石等处。3个取样点挖宽60cm～100cm、长100cm～150cm、深70cm～100cm的土壤剖面坑，剖面坑挖掘规格一般以一个人工作方便为宜。用SC－900土壤紧实度仪测量0cm、2.5cm、5cm、7.5cm、10cm、12.5cm、15cm、17.5cm、20cm、22.5cm、25cm、27.5cm和30cm深度处的土壤紧实度，取平均得出0～10、10～20、20～30cm范围的紧实度。

采用环刀法，用环刀（$V=100cm^3$）自下而上依次取各层中心位置的土样，取样时候要把环刀平稳打入土壤内，待全部进入土壤后，小心取出环刀并脱去上端的环刀托，用削土刀削平环刀两端的土壤，使环刀内土壤容积一定，然后立即放入已知准确质量并编号的铝盒中，带回实验室进行土壤含水量实验。

用环刀从0～10cm、10～20 cm和20～30 cm处各取1kg左右的土样，装入干净的样品袋内，土壤袋内外应各有一份标签，用记号笔注明样地号、样地采集点、采样层次、深度及日期，然后将同一剖面的土袋拴在一起。把土样带回实验室后立即置于通风处晒干、去杂和磨细后，过2mm的筛子进行速效养分测试，过1mm的筛子供pH测试，过0.149mm的筛子供土壤有机质等土壤化学特性的测试。

### 2.5.2　室内实验

（1）土壤含水量测定：土壤含水量采用土壤质量含水量（mass water content）方法测定，即土壤中水分的质量与干土质量的比值，又称为重量含水量，通常用符号$\theta_m$表示。质量含水量常用百分数形式表示，但目前的标准单位是kg/kg，用公式表示，即

$$\theta_m = M_W / M_S = (W_1 - W_2) / W_2$$　　（公式3.9.2）

式中，$\theta_m$为土壤质量含水量（kg/kg），$W_1$为湿土质量，$W_2$为干土质量，$W_1-W_2$为土壤水质量。定义中的干土为采用传统烘干法，在105℃条件下烘干24h烘至恒重后冷却称重的量。

（2）土壤化学性质测定：采用重铬酸钾容量法进行土壤有机质的测定（外加热）；采用碱解扩散法测定碱解氮；采用0.5mol×$L^{-1}$ $NaHCO_3$法测定速效磷；采用$NH_4OAC$浸提－火焰光度法测定速效钾。

### 2.6 数据标准化

由于不同变量常常具有不同的单位和不同的变异程度，使系数的实践解释发生困难。为了消除量纲影响和变量自身变异大小和数值大小的影响，故将数据标准化。进行标准化是采用每个评价指标的各个数据值都要除以该指标数值中的最大值，获取标准化后的数值。表达式如下：

$$y = x/MaxValue \qquad \text{（公式 3.9.3）}$$

式中，x、y 分别为转换前、后的值，MaxValue 为样本的最大值。

经过数据标准化后，各种变量的观察值的数值范围都将在（0，1）之间。

## 3 结果与分析

### 3.1 评价指标权重的确定

火烧对草地生态环境的影响有许多方面，要进行火烧对草地生态环境的影响评价需要从众多的因素中选取能够代表生态环境质量的因子，并确定各因子中的评价指标，基于系统论的观点建立评价层次，构成完整全面的评价指标体系。本文经过专家咨询，建立了包括植被评价因子和土壤评价因子的 10 个指标，各因子的权重值是利用层次分析法（AHP）通过专家对各指标按照相对重要程度进行九分位打分，利用专家判断值构造判断矩阵并进行一致性检验得到各指标的权重，层次分析法（AHP）请参阅第一章研究方法中的介绍。

**表 3-9-1 评价指标体系**

**Tab. 3-9-1 Assessment index system**

| 因子 | 指标 | 权重 |
|---|---|---|
| 植被评价因子 0.6667 | $C_1$ 生物量 | 0.5638 |
| | $C_2$ 盖度 | 0.2634 |
| | $C_3$ 多样性 | 0.1178 |
| | $C_4$ 高度 | 0.055 |
| 土壤评价因子 0.3333 | $C_5$ 土壤含水量 | 0.5126 |
| | $C_6$ 土壤有机质 | 0.1922 |
| | $C_7$ 氮含量 | 0.0896 |
| | $C_8$ 磷含量 | 0.0896 |
| | $C_9$ 钾含量 | 0.0896 |
| | $C_{10}$ 土壤紧实度 | 0.0263 |

### 3.2 评价模型

草原火烧对生态环境的影响评价利用综合指数法进行，其计算公式如下：

$$P_i = \sum_{j-i}^{m} C_{ij} W_j \qquad \text{（公式 3.9.4）}$$

式中，$P_i$ 为 i 样地综合评价指数；

$C_{ij}$为 i 样地 j 指标的标准化数据；

$W_j$为 j 指标的权重。

## 3.3　生态环境质量指数分级

未烧地是代表没有火烧影响的平均状态，因此，本章以未烧地的值作为生态质量变好和变差的临界值，将计算结果划分为明显变好、变好、变差和明显变差等四个等级，等级划分标准如下表 3－9－2。这样处理的结果可以直观地看到不同时间火烧对生态环境的影响结果。

表 3－9－2　生态环境质量分级

Tab. 3－9－2　ecological environmental quality grading

| 级别 | 指数 | 状态 |
|---|---|---|
| 明显变好 | EQI≥0.9 | 植被覆盖度明显变好，生物多样性指数明显变高，土壤理化性状明显变好，生态系统稳定 |
| 变好 | 0.76≤EQI<0.9 | 植被覆盖度变好，生物多样性指数变高，土壤理化性状变好 |
| 变差 | 0.62≤EQI<0.76 | 植被覆盖度变差，生物多样性指数变抵，土壤理化性状变差 |
| 明显变差 | EQI<0.62 | 植被覆盖度明显变差，生物多样性指数明显变抵，土壤理化性状明显变差 |

## 3.4　分析

### 3.4.1 地上生物量的变化

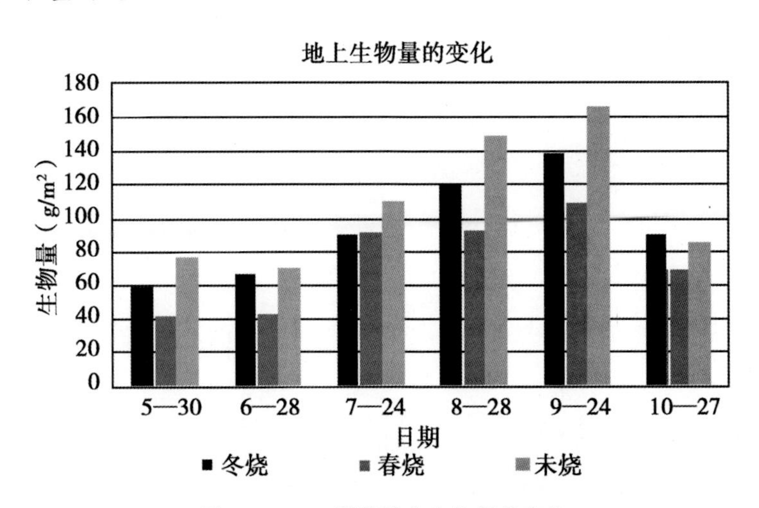


图 3－9－6　群落地上生物量的变化

Fig 3－9－6　the change chart of above－ground biomass of community

从图 3－9－6 中可以看出，在各月的调查中春季火烧处理的样地的地上生物量明显少于冬季火烧处理和未经过火烧处理的样地的地上生物量。冬季火烧处理的样地的地上生物量除 7 月份的时候与春季火烧处理样地的相同以外，其他月份中均高于春季火烧处理样地的地上生物量，但与各月未烧地的地上生物量相比还是明显少于未烧地的地上生物量。因此，可以总结出，火烧处理会降低本氏针茅草地的产量，尤其是春季火烧会明显降低本氏针茅草地的产量。

3.4.2 群落盖度的变化

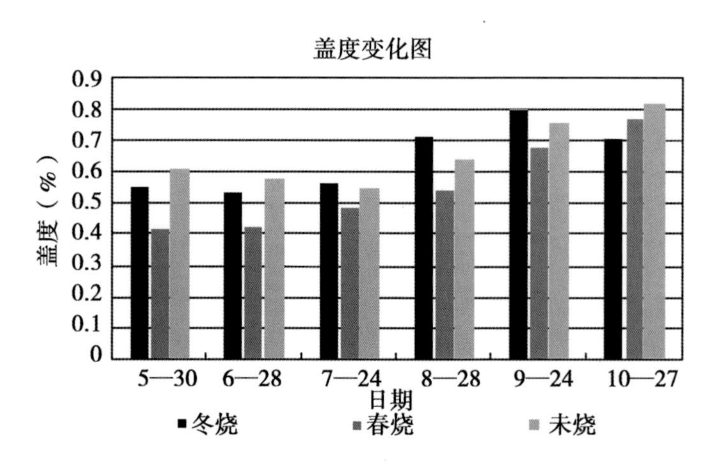


图 3－9－7　群落盖度的变化图

Fig 3－9－7　the change chart of community coverage

从图 3－9－7 可知，从 5 月到 9 月的 5 个月中，春季火烧处理的样地盖度都小于冬季火烧样地和未烧样地的盖度；冬季火烧处理的样地的盖度在生长季的前两个月，即 5 月和 6 月的时候，要比未烧地的盖度小，但是到了 8 月以后其盖度明显增加超过了未烧地的盖度。从图中直观地可以看出，春季火烧处理会对群落盖度产生负面影响。而冬季火烧与未烧地的盖度差异不大，因此，可以认为冬季火烧对盖度的影响不大。

3.4.3 多样性的变化

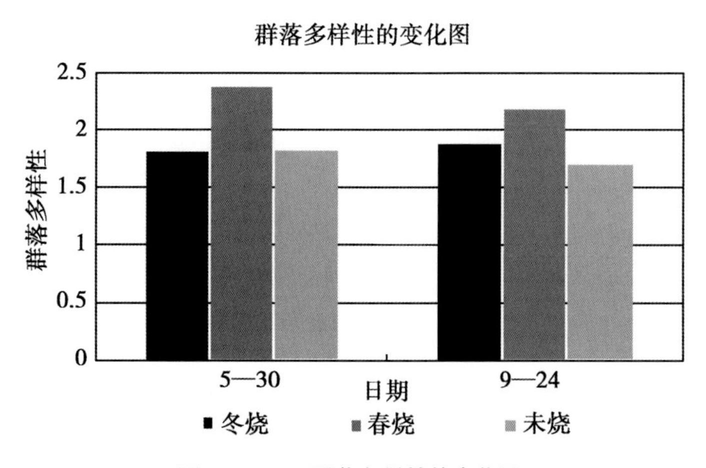


图 3－9－8　群落多样性的变化图

Fig 3－9－8　the change chart of community diversity

从图 3－9－8 中可以看出，与未烧地相比春季火烧处理后群落的多样性明显增加，而冬季火烧对群落的多样性没有明显的影响。

3.4.4　本氏针茅高度的变化

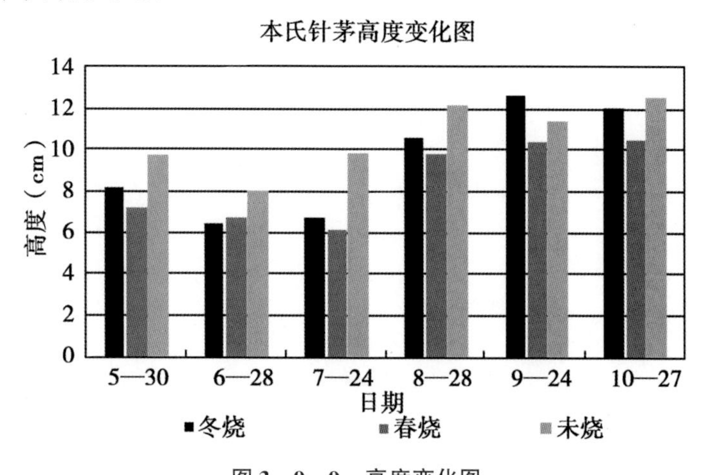


图 3－9－9　高度变化图

Fig 3－9－9　the height－change chart

从图 3－9－9 可知，火烧处理对本氏针茅的高度具有一定的抑制作用，尤其是春季火烧处理。从图中可以直观的看出春季火烧处理后的本氏针茅高度一直低于未经火烧处理的样地的本氏针茅高度。在除 6 月的其他月份中春季火烧样地的本氏针茅的高度还明显低于冬季火烧样地的本氏针茅的高度。因此，可以获知春季火烧对本氏针茅的高度具有抑制作用；同时，可以从图中看出在 5、6、7 和 8 四个月，即整个生长季的时段冬季火烧处理样地的本氏针茅的高度明显低于未烧样地的本氏针茅的高度。因此，可以总结出火烧处理对本氏针茅的高度具有抑制作用，尤其是春季火烧处理的抑制作用更加明显。

3.4.5　土壤含水量的变化

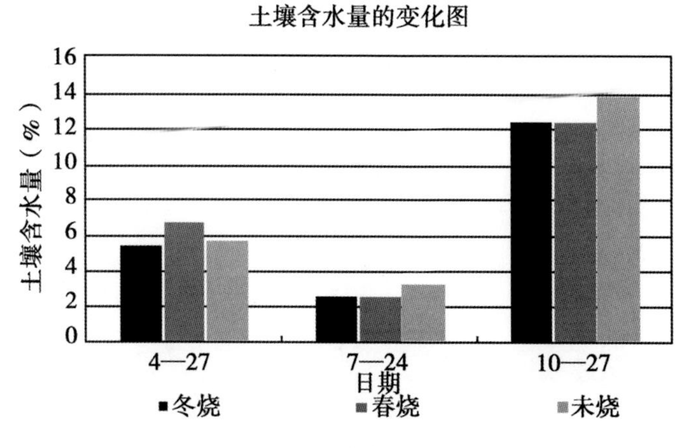


图 3－9－10　土壤含水量的变化图

Fig 3－9－10　the change chart of soil water content

空间范围较大的情况下，土壤含水量会受降水量和蒸发量等因子的影响，但是本文中的研究区范围只有 500$m^2$，因此，研究区内的土壤含水量的差异主要由于火烧处理后地表裸露使土壤结构发生改变而引起的。从图 3－9－10 可知，在 4 月的时候，春季火烧处理的土壤样地含水量要高于未烧地和冬季火烧地的土壤含水量，这可能是由于上个月刚刚进行火烧实验，在整个冬季土壤表面均有植被覆盖，这对土壤的含水量的保持有一定的好处。在7月和10月冬季火烧地和春季火烧地的土壤含水量均低于未烧地。因此，可以获知火烧对土壤含水量具有明显的影响。

3.4.6　土壤有机质的变化

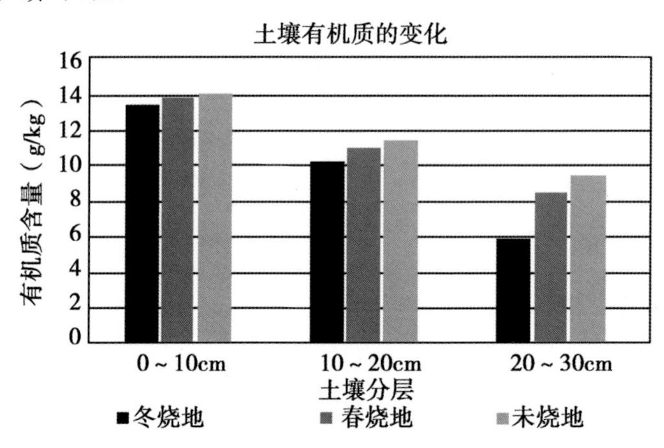


图3－9－11　土壤有机质的对比图

Fig 3－9－11　the contrast chart of soil organic matter

土壤有机质是土壤肥力高低的重要标志，有图3－9－11可知，土壤表层0～10cm厚度的土层土壤有机质含量最高，随着土壤深度的增加，土壤有机质逐渐降低。而且在3个土层中未烧地的土壤有机质含量均高于冬季火烧地和春季火烧地。而春季火烧地在3个土壤层中的有机质也略高于冬季火烧地的土壤有机质。可见，火烧处理会降低土壤的有机质含量。

3.4.7　土壤碱解氮含量的变化

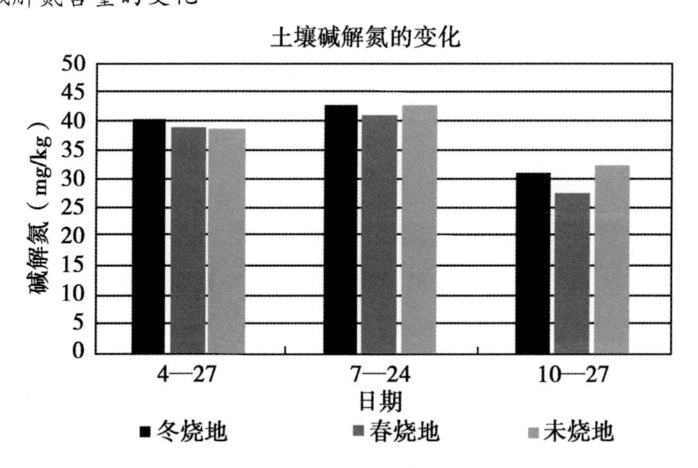


图3－9－12　土壤碱解氮的变化图

Fig 3－9－12　the change chart of soil alkaline hydrolytic N

从图3－9－12可知，在4月份，冬季火烧处理的样地的土壤碱解氮含量要高于春季火烧处理样地和未烧地，这可能与冬季火烧处理后降雪使火烧灰分中的氮素进入土壤中而使冬季火烧处理样地的氮含量明显多于未烧样地和春季火烧样地。而春季火烧处理的样地的碱解氮与未烧地没有明显差异。6 月份和 7 月份降水量较少，因此，淋失也少，同时植被由于干旱而出现黄化现象，对氮素的吸收减少，而干旱炎热的天气加大了氮的矿化，因此，到了 7 月份的时候各个火烧样地的氮含量都有所增加。由于生长季植物生长需要氮素，因此，10 月份的时候各样地的土壤碱解氮含量都明显降低。7 月份和 10 月份，春季火烧处理样地的碱解氮含量明显低于其他两个样地。

3.4.8　土壤速效磷含量的变化

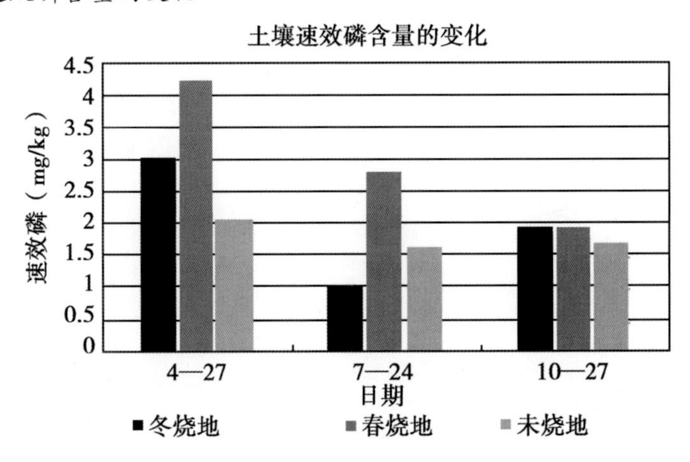


图 3 -9 -13　土壤速效磷含量的变化图

Fig 3 -9 -13　the change chart of soil available P

从图 3 -9 -13 可知，4 月春季火烧处理样地的速效磷含量明显高于冬季火烧处理样地和未烧样地，可知火烧处理会增加土壤的磷含量。7 月份各样地的磷含量都有减少，这跟植物生长消耗磷素有关。10 月份的时候，土壤中的磷素含量基本相同。

3.4.9　土壤速效钾含量的变化

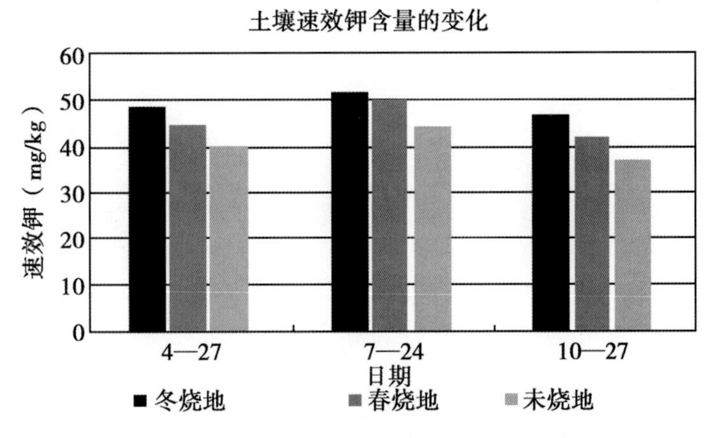


图 3 -9 -14　土壤速效钾含量的变化图

Fig 3 -9 -14　the change chart of soil available K

从图 3－9－14 可知，4 月、7 月和 10 月的土壤速效钾含量没有明显的变化，而且冬季火烧处理样地的速效钾含量最高，春季火烧处理样地的速效钾含量次之，未烧样地的速效钾含量最少。从以上结果可知，火烧能够增加速效钾的含量。

3. 4. 10　土壤紧实度的变化

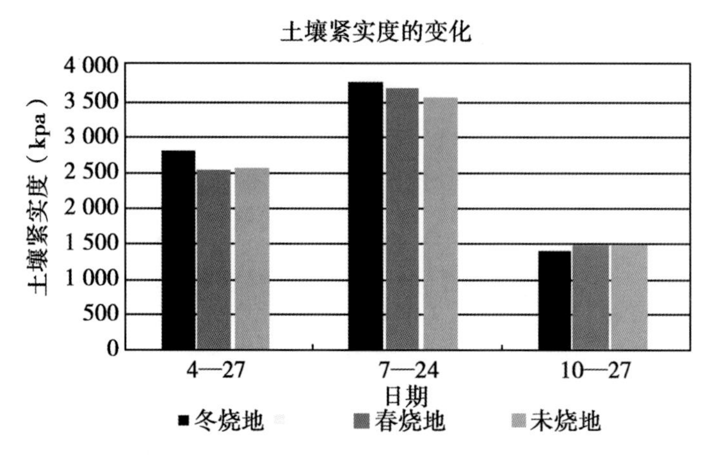


图 3－9－15　土壤紧实度的变化图

Fig 3－9－15　the change chart of soil compaction

从图 3－9－15 可知，4 月份春季火烧处理的样地和未烧样地的土壤紧实度没什么差异，这跟春季火烧是在 3 月份进行的，对土壤紧实度的影响还不明显有关，而冬季火烧样地的土壤紧实度则高于未烧地和春季火烧地。7 月经过火烧处理的两块样地的土壤紧实度都稍微高于未烧地，10 月份的时候三块样地的土壤紧实度基本没有区别。由此，可见火烧处理对土壤紧实度有影响，但影响不明显。

3. 4. 11　生态环境质量综合评价结果

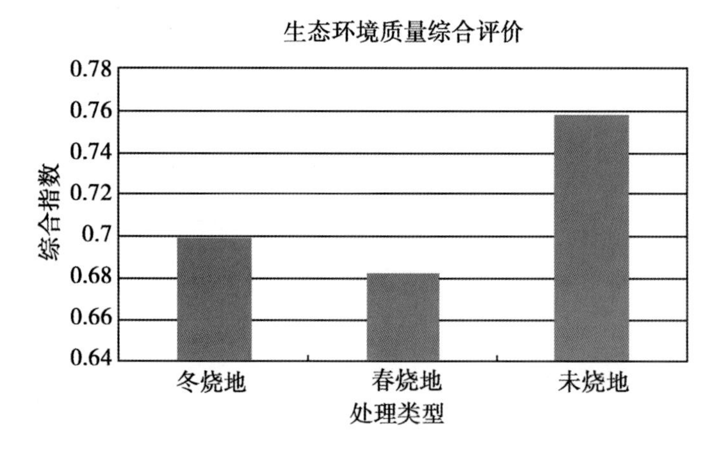


图 3－9－16　生态环境质量综合评价结果

Fig 3－9－16　ecological environment quality comprehensive evaluation results

应用生态环境影响综合指数法计算出不同火烧样地的综合评价值，其计算结果如图 3－9－16。从图中可以直观的看到经过火烧处理后本氏针茅草地的生态环境质量变差，尤其是春季火烧处理的样地的生态环境质量评价指数值明显小于未烧地。

## 4　小结

在以往的草原火对生态环境影响的研究都是调查火烧后植被评价因子或土壤理化性状的变化的单因素研究。本文创新性地采取了植被评价因子和土壤评价因子对火烧生态环境的影响进行综合评价，将火烧后的生态环境划分为明显变好、变好、变差和明显变差等四个等级，该研究弥补了草原火烧的生态环境影响综合评价研究的空白。研究结果也符合实际情况，说明本文采用的评价指标、模型和方法能反映实际情况，是科学合理的。

# 第十章　针茅草原不同季节火烧的生态效应

## 1　引言

### 1.1　火的生态作用

自地球气候和植被形成，植被火就一直存在（王秋华，2009）。由于火对人畜造成威胁，导致大面积森林和草地毁坏，使一些受保护动、植物数量剧减，甚至造成一些数量少，分布区域窄的动、植物种灭绝。由于一些显而易见的毁坏作用，人们倾向于把火看作是一种灾害，从古代开始至现代，除了部分少数民族用火服务于生产和生活，大部分人对火的运用持消极态度，很少或根本不提它的有利方面，大部分的管理措施就是防止火灾。随着对火的探索认识的深入，人们发现，火不但有危害损失，也有良好的生态作用，它影响着生态系统内部的营养物质循环和能量流动，对生物生产力、生物多样性和稳定性、群落更新及演替过程起着重要作用（谷会岩，2010）。20 世纪 50 年代美国人 Doubenmire 的《植物与环境》和 Spurr 的《森林生态学》开始把火作为一个生态因子（Daubenmire R F，1947；Spurr S H，1962）。随着火越来越被人们所认识，专门研究火烧影响及相关问题的学科——火生态学诞生并迅猛发展了。

在这期间有关火生态学的专著相继出现，比如 1974 年美国出版的《火与生态系统》、1978 年美国农业部组织编写了有关火影响的系列丛书，涉及火对土壤、水分、空气、植物区系、动物区系及可燃物等的有利与有害影响和作用，为计划火烧提供了理论依据（王荣，2007）。在我国，周以良（1991）出版了《中国大兴安岭植被》，论述了火与森林植被的关系。周道玮等（1995）编译出版了《草地火生态与草地火管理》、《植被火生态与植被火管理》。胡海清（2005）在《林火生态与管理》中主要介绍林火基础知识、林火管理及林火对土壤、水分、空气、植物与植物群落、野生动物及生态系统等的影响与作用。2006 年张敏编著《林火生态与应用火生态》，讨论火的作用与影响、林火与环境、林火与野生动物、林火对植物的影响和作用、火对生态系统的影响、应用火生态等几个部分。从 20 世纪 80 年代中期以来，我国学者对火的生态作用进行大量研究，发表了诸多的学术论文，推动了火生态学的发展。

由于火作为生态系统的重要因素，对生态系统格局与过程有着深远的影响（贺郝钰，2010）。它影响植物的生存、演替演化进程及生理代谢（伍建榕，1995），还直接或通过改变动物的栖息环境、食物组成等因素间接影响动物，尤其对土壤动物作用更明显（张蕾，2004），甚至是人类生态进化的重要因素（余谋昌，1984）。火可改变植物、动物、微生物的生存环境，火烧对土壤产生烘烤作用，导致土壤的物理性质、化学性质、酶活性、养分含量发生变化（姜勇，2003），森林火灾还会造成水土流失和水质的变化等等。

### 1.2　火烧对植被影响的研究

火烧对植被的影响表现在除了使植物受害致死外还对植物繁殖如开花结实、种子脱落或散布、种子贮藏、种子发芽、幼苗发生、繁殖方式等产生多方面的影响，或通过改变土壤理化性质及生物活性间接影响植被。其影响既有有害的一面，又有有利的一面，可以是短暂的，或者是长期的。

森林经常受到火的影响，火被认为是森林生态系统结构和功能的重要组成部分（周以良，1991）。在大部分地区，森林火与森林植被长期共同演化，已成为互相影响、互相依赖的和谐整体（刘广菊，2008）。美国、加拿大和一些西欧国家，十分重视林火研究工作。自20世纪初美国的Gifford Pinchot开始对林火进行研究以来，这些国家在火烧对森林植被的影响方面进行了大量研究，他们研究起步较早，并且比较全面、深入，主要涉及林火对植被组成、结构及动态的影响（Larsen C P S，1997）、火烧对树种更替的规律（Zald HS，2008）、林火及森林的更新恢复及演替（Hanes TL，1971；Grren A M，1981；Kammesheidt L，1998；Calvo L，2008）等。相对于国外的研究，国内针对这方面的研究开展的较晚，目前国内的研究主要集中在大兴安岭森林地区（宋玉福，1996；罗菊春，2002；孙明学，2009；杨树春，1998；王绪高，2004；王宜东，2008；郑焕能，1986），亚热带森林地区也有一些研究报道（罗涛，2007；王微，2008；李恒，2009；严超龙，2008）。

大兴安岭林森林类型主要以兴安落叶松林为主。宋玉福等（1996）在1987年“5·6”大火迹地做了研究，指出火烧后针叶树如樟子松、落叶松等更新不良，而阔叶树如山杨和白桦等由于萌生快而占据了优势。罗菊春（2002）和孙明学等（2009）的调查得到了相似的结果，即火烧是白桦、山杨萌生的良好条件。这可能是不同植物对火有不同的忍耐力或抵抗力导致的，这两种植物是火适应性植物，火烧后白桦可依靠强烈的萌蘖力进化无性繁殖，而且生长快，而山杨从地表侧根的不定芽发出根蘖（武吉华，2004）。杨树春等（1998）连续10年观察火灾迹地中植被的变化情况及植被变化的趋势，发现火烧后阔叶树萌条大量发生，使得大部分针叶林退化成阔叶次生林。王绪高等（2004）研究大兴安岭北坡落叶松林火后植被演替过程后发现火后初期，草本物种迅速增多，并占据优势，但随着时间的推移，草本物种数量和盖度逐渐减少；在演替初期，灌木及乔木盖度逐渐增多，但种类组成上变化不明显。王宜东（2008）调查发现，火烧后喜光和耐旱的种类增加和发育，而耐阴种类减少和衰退。

在亚热带地区，王微（2008）研究得出，与未火烧林地相比，火烧迹地内阳生木本植物幼苗物种种数增加，中度火烧迹地显著提高乔木的密度，并且火烧后在短时期内降低了群落的多样性及均匀性水平。严超龙等（2008）在火烧一年后的迹地上对马尾松林、杉木林和常绿阔叶林等3种群落做调查，发现火烧迹地只有少量马尾松个体，杉木存活数量多，火烧对不同常绿阔叶树种的影响也有差异，而草本植物盖度在不同群落均增加。

草地也经常发生火灾，火烧在草地的形成和发展过程中有着重要作用（周道玮，

1994）。火对不同生活型的植物具有不同的生态效应，不同的植物对火有不同的忍耐力或抵抗力，有的植物种类在火烧后会加速生长和繁殖，而有的种类则会被抑制生长、繁殖，甚至死亡。比如，丛生禾草丛中具有许多可燃性的立枯物，而且更新芽位于地面附近，所以受火的影响很大。根茎型禾草为地下芽植物，根茎位于地下较深的土层中，因而比较耐火。

火烧对草原植被的影响方面的研究相当多。周道玮、刘仲龄（1994）对羊草草原的火烧研究表明，早春火烧可提高羊草－杂类草草原的群落密度、种类丰富度和多样性，而均匀性降低。秋季火烧可降低羊草典型草原的群落密度、多样性和均匀性，但种类丰富度增加。连续 2 次火烧区群落多样性也降低，一些种类退出群落，除了羊草和几种 1 ~2 年生植物，其他各种群密度降低。李政海等（1994）对内蒙古锡林河南岸的原生群落和放牧退化后恢复演替群落进行火烧后的对比研究，得出火烧增加羊草的产量，而抑制大针茅、小叶锦鸡儿及菊科植物的生长，对豆科和葱属植物的影响不明显。周道玮等（1995）在松嫩羊草草甸草原不同时间火烧后发现，早春火烧提高羊草种群地上生产力，晚春火烧则相反，火烧提高羊草叶茎比率，尤其是晚春火烧。之后（1996），在吉林省长岭羊草草原自然保护区进行研究，发现火烧后群落高度降低，早春火烧地植物种类密度、物种多样性和丰富度增高，均匀度降低，晚春火烧地则相反。火烧能刺激羊草生长活力，火烧地羊草叶产量和叶茎比例均高于对照地（周道玮，1996）。鲍雅静等（2001）研究大针茅种群后发现，火烧可以明显地降低大针茅的生长高度，减少其地上生物量，但增加其密度。布乐等（2004）在内蒙古高原中部以羊草、大针茅为建群种的典型羊草草原群落做火烧实验后发现，火烧促进羊草，而抑制大针茅种群，前者生物量增加 20% ~30% ，后者的则下降 3% ~10% ，而火烧区杂类草比例明显提高。李媛等（2011）以本氏针茅群落做研究对象后发现，火烧后群落的平均密度显著增加，火烧后 2 年地和 10 年地，群落的平均高度和平均盖度分别减小。

火烧对草甸植被的影响方面，陈庆诚等（1981）在青藏高原的东北部边缘山地草甸做研究后得出，火烧后草甸群落的种类成分没有发生明显变化，但鲜草总覆盖度明显增高。在草原化草甸，群落建群种垂穗披碱草和群落下层占优势的细裂叶毛茛的盖度提高，但株高变矮；在真草甸，建群种线叶嵩草的盖度显著下降，苔草属植物的盖度增加；而在沼泽化草甸，线叶嵩草与几种苔草的盖度均有所增大，但异针茅和垂穗鹅冠草盖度均下降（陈庆诚，1981）。梁学功等（1999）在藏嵩草草甸做的实验表明，火烧后群落组成发生变化，物种丰富度、物种多样性和均匀性均提高。火烧提高藏嵩草每株丛地上部生物量及无性枝数量，但降低有性枝数量，从而改变了地上部生物量分配模式。

## 1.3 火烧对植物生理特性影响的研究

火烧产生的热量，通过传导进入植物活组织，对植物产生影响甚至伤害。除了对生长产生影响外还对植物的生理调节产生影响，尤其是树木，但这方面的研究报道较少。火烧会造成瞬间的高温。高温对植物的影响，主要表现在降低植物的生长代谢速率，通过影响一些蛋白质和光合酶类，使光合作用速率降低，呼吸作用增强，碳素代谢失调，有毒物质积累，生物膜系统的结构和功能遭到破坏，还诱导植物从细胞结构、生理生化过程、基因表达等各方面发生一系列变化，甚至导致植物死亡（夏钦，2010）。逆境会诱导植物产生膜脂过氧化作用，造成超氧自由基等活性氧大量积累，最终导致植株代谢紊乱（陈培琴，2005）。植物对逆境的适应主要在细胞膜系统（王洪春，1985），植物则通过酶性和非酶性2类防御系统来清除体内活性氧（刘志刚，2011）。SOD、POD和CAT是清除活性氧的主要酶类（张哲，2010），其中，SOD把超氧阴离子歧化为毒性较低的$H_2O_2$，是抗氧化系统的第一道防线，而POD和CAT能把$H_2O_2$变成无毒的$H_2O$和$O_2$，降低氧化伤害（刘爱荣，2011）（ 金春燕，2011）。另外氨基酸、可溶性糖、可溶性蛋白等渗透调节物质的积累与否与环境胁迫密切相关（宋洪元，1998）。

关于火烧对于植物生理的影响有一些报道。胡海清等（1992）研究火烧对人工林红松、樟子松树木的影响，发现火烧后樟子松叶绿素含量增加，尤其是当年萌生的新叶，受害愈严重，叶绿素增加的量愈多。周道玮等（1999）研究草原植物叶绿素含量对火烧的反应，发现火烧对植物体内叶绿素含量的影响没有明显的规律。王荣（2007）以人工种植的3年生水曲柳、胡桃楸、蒙古栎、黄菠萝、白桦做材料进行火烧对树木生理影响试验，发现直接火害叶各生理指标的变化因树种的不同而各有差异：跟对照相比，直接火害叶相对电导率都有所增加，其中，胡桃楸和白桦显著增加；丙二醛含量都显著增加；火烧后各种苗木SOD、POD活性也不同程度的增加，其中蒙古栎、水曲柳、黄菠萝叶片的SOD、POD和胡桃揪叶片POD活性显著增加；火烧后，5种苗木火烧叶的叶绿素、脯氨酸含量都比对照增加，其中，水曲柳、白桦叶绿素、脯氨酸含量和胡桃楸叶绿素、黄菠萝脯氨酸含量与对照差异达到了显著水平。但各种火烧处理后新生叶生理指标的变化因树种的不同而不同，没有一定的变化规律。她还从大兴安岭天然针叶林区选取蒙古栎、落叶松和白桦的火烧木叶片和未烧木叶片做试验，发现它们的新生叶片丙二醛含量比对照显著降低，脯氨酸含量比对照显著增加。蒙古栎叶片SOD和POD活性火烧木比未烧木显著增加，而落叶松和白桦叶片SOD和POD活性比未烧木显著降低。另有研究发现，火烧使树木新生叶的光饱和点和光合能力提高（DeSouza J, 1986），气孔导度增加（Eric. L，1997）。轻度和中度受害的当年新叶电导率降低，而严重受害的则相反（胡海清，1992）。

### 1.4　火烧对土壤性质影响的研究

土壤是由固体、液体与气体物质组成的三相复合体，土壤的各种性质随着时间和地域性的差异而变化，外因和内因的交叉作用可能直接或间接的影响土壤性质（郭爱雪，2011）。火能影响土壤的物理性质、化学性质、矿物学与生物学特性（谷会岩，2010），原因是火烧向土壤中施加了热量、残留了灰烬，并且改变了依赖于土壤原始基质的微气候状况，同时土壤性质也可因植被、土壤生物活性的改变而发生相应的变化（宋启亮，2010）（王丽，2008）。火烧对土壤理化性质的影响，与土壤自身特性、火烧强度以及可燃物类型有关（宋启亮，2010），另外，土壤性质也随火烧后间隔时间长短而呈不同变化，因此火烧对土壤性质影响的时空变化是较复杂的。

土壤物理性质主要指土壤固、液、气三相体系中所产生的各种物理现象和过程。它制约土壤肥力水平，进而影响植物生长。火烧强度和持续时间、火烧的频率、火烧使土壤升温的程度、林内可燃物的类型以及燃烧掉的可燃物载量等都是火烧后土壤物理性质改变的重要因素（赵宁，2011）。含水率、容重、紧实度、温度等土壤物理性质会受到火烧的影响，火烧强度不同，影响大小不一样。

土壤水分含量主要受大气降水、蒸发、植物吸收蒸腾及土壤特性等影响。火烧使土壤变得裸露，增加了土壤蒸发，减少植物蒸腾，并且由于温度的变化对土壤含水量产生影响（周道玮，1999）。据研究，火烧对土壤的含水量的影响较复杂，一般降低，但有时也提高。降低原因是由于裸露的地面受光照直射，蒸发速率较高；提高是因为没有地上枯落物截流，较多的降水进入到土壤（周道玮，1992）。李政海等（1994）对温带草原区典型草原栗钙土亚区进行的研究．结果表明，除退化样地春季火烧处理以外，退化样地秋季火烧、羊草样地春季火烧和秋季火烧均能增加土壤水分含量（李政海，1994）。周瑞莲等（1997）发现火烧使雨季前的土壤含水量明显下降，而雨季期间火烧与未火土壤的土壤含水量差别很小。周道玮等（1999）的实验表明火烧降低草原土壤水分含量，平均影响深度大概在55cm范围内，但每年8月份0～40cm范围内的影响不明显。刘莹（2005）发现火烧地与未烧地相比，绝对含水量低3.29个百分点，而相对含水量低4.76个百分点。同样，郭爱雪（2011）研究证实火烧后0～5cm土层土壤含水率比对照下降33.62%，5～10cm土层土壤含水率下降15.15%。

土壤容重是土壤紧实度的敏感性指标，影响土壤中物质的迁移和转化（赵宁，2011）。周道玮、E A Ripley（1996）发现火烧降低土壤0～15cm范围内的土壤容重，晚烧比早烧影响更大。而15cm以下，样地之间几乎没差异。田尚衣等（1999）研究发现火烧地容重小于未烧地（田尚衣，1999），但郭爱雪（2011）研究发现火烧能够显著性提高土壤容重，土壤容重比对照地高27.72%。赵宁（2011）发现营林用火后针阔混交林土壤容重降低，在时间变化上呈现先降后升再下降，针叶林地和阔叶林地用火后容重均增加，且随着时间的推移呈现单峰型变化（赵宁，2011）。

土壤紧实状况主要取决于自然植被状况和土壤结构、质地等。周道玮、EA Ripley（1996）发现，不管早春火烧和晚春火烧都能增加土壤表层硬度。哈斯布和（2002）研究得出，火烧对表层硬度的影响较大，而对深层的影响则较小。连续火烧对土壤不同层次上硬度的影响也比较明显。布乐、哈斯布和（2004）对羊草草原火烧实验发现，火烧会提高0～10cm土层的紧实度，而对下层土壤没有显著影响。

火烧对土壤其他物理性质的影响方面，周道玮、EA Ripley（1996）发现松嫩草原早烧地土壤5cm和10cm处的土壤温度均高于未烧地。田洪艳等（1999）则得出，草原火烧后，火烧地白天土壤地表温度比未烧地高，夜间比未烧地低。火烧地昼夜温差和温度的日变化都高于未烧地。孙龙等（2011）的实验结果为，中度火烧减少土壤孔隙度，但随时间逐渐恢复，火烧后12年比火烧前低于21.61%，火烧后的20年才接近火烧前的水平。他们还发现，中度火烧增加土壤密度，火烧后经过20年未能恢复。

土壤化学性质主要是指土壤中的物质组成以及组分之间和固液相之间的化学反应和化学过程（任丽娜，2011）。土壤有机质、N、P和K是土壤的主要成分，是确定土壤养分状况的主要因子（张国成，2006）。火对土壤化学性质的影响主要表现为把复杂的有机质转化为简单的无机物，并重新与土壤发生化学反应，进而影响土壤酸碱性和土壤肥力（赵宁，2011）。

土壤酸碱度是土壤最重要的化学性质之一，因为它是土壤各种化学性质的综合反映，它的大小会影响土壤营养元素存在的状态、释放、转化、迁移、有效性和利用状况（赵宁，2011）。研究发现，火烧后土壤pH值的变化与火烧前土壤的pH值、可燃物量、火烧后灰分的数量以及当地的降雨量等因素有关。由于火烧把pH值较低的枯枝落叶和腐殖质转化为pH值较高为灰炭，因而土壤的pH值一般会升高（王丽，2008；戴伟，1994）。Boyle（1973）曾通过试验发现，在火烧后15个月内土壤pH值一直上升。Bauhus、Khanna等（1993）经过多年的研究发现，火烧前后土壤pH值的变化可达3.6个单位，升高幅度较大。戴伟（1994）报道火烧后土壤各层pH值均有不同程度提高，其中，以表层变化最大，其下各层变化程度逐层减少。沙丽清等（1998）的研究结果为pH值从火烧前的3.56上升到火烧后的3.68，检验达到0.1%显著水平（沙丽清，1998）。赵彬、孙龙（2011）在大兴安岭兴安落叶松林做不同强度火烧试验后发现，重度和中度火烧能增加pH值，而轻度火烧未改变土壤pH值。火烧后土壤pH值也有下降的例子，孙毓鑫等（2009）在鹤山人工林火烧迹地做的研究发现，火烧3年后土壤pH都有不同程度的下降。

土壤养分状况是土壤资源基本特性之一，也是土壤肥力状况、土壤资源优劣的重要标志之一（贾恒义，1994；吕国红，2010）。土壤中的养分是作物养分的直接来源，是植物进行各项生命活动的基础（冯茂松，2009；王改玲，2002）。土壤养分包括土壤有机质和N、P、K等营养元素（郜姗姗，2007）。根据植物对这些营养元素吸收利用的难易程度，可把它们可分为全量养分、速效养分和迟效性养分（陈恩桃，2010）。火的发生必然导致土壤养分含量的变化（李振问，1989）。

火烧对土壤有机质的含量、组分、分布、构成及转化有很大的影响（姜勇，2003；Raison RJ，1979）。国外许多研究也表明，从短期影响看，火烧后土壤有机质含量会大幅度下降（Raison RJ，1984；Almendros G，1984）。1962年至1979年间，Kledson，Gxiex，Flinnn等人研究发现火烧使土壤表层的有机质有一定的损耗。Bancrjee（1981）也报道高强度的野火使土壤有机质减少33%～50%左右。Browen GD，Nambia EK（1984）的研究发现，高强度的火烧几乎会使林地土壤的有机质层全部焚烧殆尽。戴伟（1994）研究得出，火烧后0～3cm表层土壤有机质含量由火烧前的5.31%增加到10.77%。耿玉清等（2007）则发现轻度火烧会显著地提高0～5cm范围的土壤有机质含量，而中度火烧会显著降低土壤有机质。杨道贵等（1992）实验结果为火烧后土壤有机质含量比未烧地下降1.88个百分点，火烧后一年减少1.48个百分点，二年减少2.26个百分点。并且不同层次有机质含量均减少。赵宁（2011）发现火烧后针叶林地、阔叶林和针阔混交林3种林型样地用火后的土壤有机质变化的总体趋势是逐渐上升的，且随深度增加而减少（赵宁，2011）。

N、P和K是植物生长发育的三大基本营养元素（杨万勤，2001），对植物的生理、生长起着重要的作用，也是植物生长中需要量和收获时带走量较多的营养元素（孙旭生，2010）。火烧对土壤养份的影响诸说各异。据Carter等的研究，火烧通过挥发、氧化、淋溶和侵蚀等途径使土壤养分总量减少，短时间内增加了土壤养分的有效性（Carter MC，2004）。在这方面，Raison（1979）研究表明，火烧后土壤中速效N浓度、表土交换性K、Ca、Mg和水溶性K、Ca、Mg Na浓度明显升高。Adams和Boyle

(1980) 认为，速效 N、P、K、Ca、Mg 含量在一个月内明显上升，而在5个月后开始降低。杨道贵等（1992）在四川云南松林区实行火烧处理后发现，与对照区土壤相比，火烧后一年全 N、全 K 减少。在0~10cm 全 P、水解 N 和速效 K 减少，而速效 P 增加；第二年除了全 N 在5~10cm 增加之外，土壤全 N、P、K 在0~5、5~10、>10cm 范围内均减少。在表层，速效 P 增加，而水解 N 和速效 K 减少。周瑞莲等（1997）的实验表明，与对照地比，火烧土壤的全 N 含量明显减少，但土壤全 P、速效 N 和速效 P 含量增加。沙丽清等（1998）对西双版纳次生林土壤做研究后得出，全 N、P、K 和有效 N、P、K 都显著提高，其中，全 N、K 和有效 N、K 达0.1%显著水平。但在10~30cm 土层的养分含量变化均未达到显著差异。赵彬等（2001）实验结果为，火烧显著增加土壤全 N，重度和中度火烧区土壤全 P 含量显著提高，火烧后土壤有效 P 含量也增加，但是随着火烧强度的增大，其含量呈下降趋势。赵宁（2011）在江西省龙虎山林地上进行营林用火试验，发现营林用火后针叶林、阔叶林和针阔混交林3种样地的土壤全 N、P 和速效 N、P、K 在短时间内均增加，全 K 含量呈现不规律变化。张喜等（2011）经过研究提出，林火增加土壤全 P、全 K、水解 N、有效 P 含量，火烧区0~10cm 范围的全 N 和0~40cm 速效 K 含量也增加，但深层的含量则减少。

### 1.5 选题依据和意义

中国拥有大面积的天然草原，约占世界草原面积的1/10左右，居世界第二位（刘加文，2010）。草原既是生态脆弱地带、敏感地带，也是重要的生态屏障。近百年来，草原的干旱、风沙、鼠害、病虫害等自然灾害的频繁发生及社会和经济条件的复杂性使草原生态环境恶化，严重影响着人类的生存。干旱缺水是草原与草原畜牧业发展的主要限制因子，干旱成灾不仅限制植物生长所需水分，还阻止着枯落物的分解和转化、从而影响土壤养分库和营养物质的存在形式。伴随着严重的干旱，鼠害、蝗害等虫害越发严重，成灾地区牧草被啃食一光，地表裸露，草场退化沙化加剧。目前很多研究强调超载过牧和草原生态恶化的因果关系，进而实施了“退耕还林还草”和“封育禁牧”等重大生态工程。但此类做法导致牧民收入减少，阻碍着我国缩小城乡收入差距对策的落实。因此探索改善草原生态环境的新途径、新举措，对解决迫在眉睫的牧区民生，推进草原生态经济良性循环、可持续发展，既有理论价值，更有现实意义。

一般来讲，火烧是一种投资少、效率高、简便易行、能持续导向环境良性转化的工具，它不仅在森林、农田的经营上有积极作用，而且在草原生态系统中也有不可代替性。对于草原，火烧能促进枯落物分解，消除或减少低质牧草的数量，促进优质牧草的生长发育，抑制非目的植物，因此对改良草场具有重要意义（李政海，1994；李媛，2001；李政海，1995；肖向栋，2010；熊小刚，2003；王晋峰，1983；魏绍成，1992）。火烧一定程度上能改善土壤结构（李政海，1994；田尚衣，1999），并且在短时期内可提高其速效养分的含量，从而对草原植物的生长提供更多的可给态养分。草原火烧还能控制鼠类、蝗虫、草原毛虫等种群的爆发性增长（王晋峰，1983；马爱丽，2009；刘文波，2007；张思玉，2001）。

目前，火这一生态因子在草原生态系统的地位和功效越来越被人们所重视，许多研究者在火烧的有利效应方面都达成共识。本研究选择本氏针茅草原为研究对象，从火烧对草原植被、优势种生理指标和土壤理化性质等的影响进行综合评述，以期为合理利用火烧进行草原植被及土壤改良提供参考资料。

## 2　研究区概况与研究方法

### 2.1　研究区概况

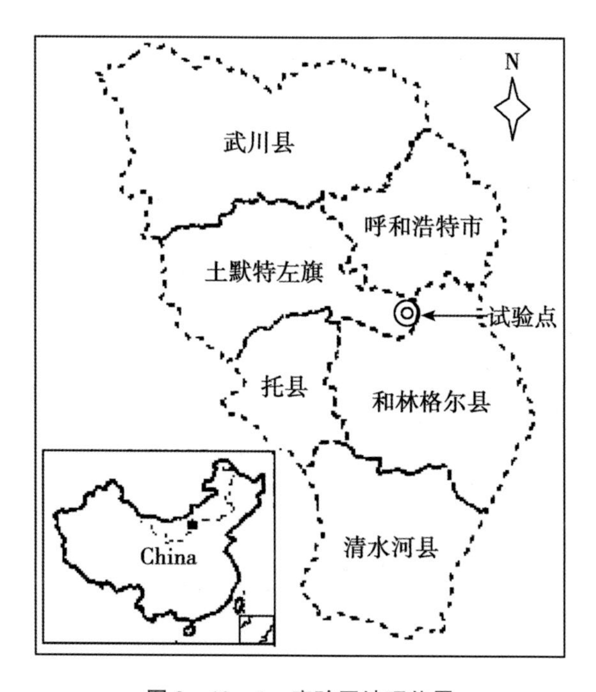


图 3-10-1　实验区地理位置

Fig. 3-10-1　the location of experiment area

研究地点设在呼和浩特市南约30km的农业部沙尔沁牧草资源重点野外科学观测试验站（图3-10-1），地理位置（N 40°35.27′，E 111°46.80′），海拔1 065m。此区属典型大陆半干旱性气候，全年四季分明，干旱、寒冷、多风沙是该地区的主要特征。2010年平均气温7.3℃，最热月7月份的平均气温25.5℃，极端最高气温37.9℃，最冷月1月份的平均气温-11.5℃，极端最低气温-25.9℃。年有效积温3 285.4℃，年日照时数2 639h，无霜期130d左右。年总降水量400mm左右，年总蒸发量约为2 000 mm左右。2010年植物生长季（4~10月）的月平均温度和降水量见图3-10-2。

研究区植被为本氏针茅草原。所选样地以本氏针茅（*Stipa bungeana*）为优势种，主要有短花针茅（*S. breviflora*）、糙隐子草（*Cleistogenes squarrosa*）、达乌里胡枝子（*Lespedeza davurica*）、冷蒿（*Artemisia frigida*）、阿尔泰狗娃花（*Heteropappus altaicus*）、紫花苜蓿（*Medicago sativa*）、羊草（*Leymus chinensis*）、猪毛菜（*Salsola collina*）、缘毛棘豆（*Oxytropis ciliata*）、宿根亚麻（*Linum perenne*）、扁蓿豆（*Melilotoides ruthenica*）、沙茴香（*Ferula bungeana*）、草木樨状黄芪（*Astragalus melilotoides*）、乳浆大戟（*Euphorbia esula*）等。

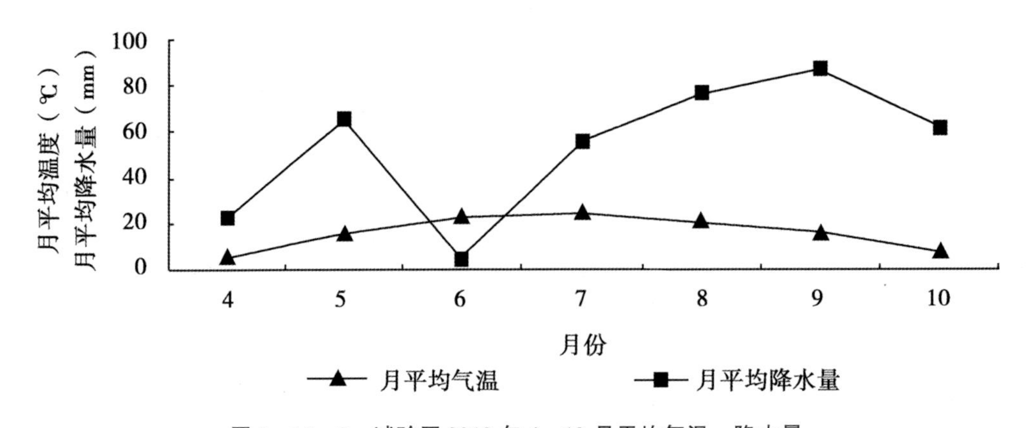


图 3-10-2　试验区 2010 年 4~10 月平均气温、降水量

Fig3-10-2　The monthly mean air temperature and precipitation in April to October of 2010 at experiment area

试验区地表平坦，土壤为棕钙土，pH 值在 8.3~8.8 之间变化，属于碱性-强碱性土壤。

## 2.2　研究方法

### 2.2.1　试验设计

为了研究火烧对本氏针茅草原的影响，先后于冬季（2010 年 1 月 5 日）和春季（2010 年 3 月 9 日）选择地势相对平坦、土壤质地均一的不同样地分别进行火烧处理（将地上干枯草本层植物原地充分燃烧），并在处理样地旁边留出植被、土壤条件基本相同的未烧对照样地供比较研究，依次简称冬烧地、春烧地、未烧地，样地总面积 $500m^2$，已用围栏围封保护。

### 2.2.2　试验与调查方法

（1）群落调查与计算公式：在样地内设置 12 个 1m×1m 样方，样方为固定样方，以减少取样的误差。于 5-10 月份统计各物种高度、盖度、生物量等指标（每个月下旬测定）。由于生物量的测定需剪取地上部分，则无法进行连续观测，因而每次测定时首先确定每样方内每种植物平均大小的植株作为标准株，在每样方旁按样方内标准株大小选择各物种进行剪取称量，最后乘以样方内该物种密度作为其生物量。

重要值 = 相对生物量 + 相对密度 + 相对盖度　（公式 3.10.1）

$$Shannon-wiener \text{ 多样性指数 } H = -\sum p_i \log_2 Pi \quad \text{（公式 3.10.2）}$$

$$Pielou \text{ 均匀度指数 } E = \frac{H}{H_{max}} = \frac{H}{\log_2 S} \quad \text{（公式 3.10.3）}$$

$$Margalef \text{ 丰富度指数 } D = \frac{S-1}{\log_2 N} \quad \text{（公式 3.10.4）}$$

式中，Pi：群落中第 i 个种的个体数占所有物种总个体数的比例

$H_{max}$：最大多样性

$S$：总种数

$N$：所有种的个体总数

（2）土壤样品的采集与处理：土壤样品的采集在2010年4月、7月、10月这3个月下旬进行。每个样地采用“S”线型取样法，沿“S”线形随机选择3个点，挖50cm深的土壤剖面，用环刀取土壤样本，取样深度分三层，即第1层（0~10cm）、第2层（10~20cm）、第3层（20-30cm）。将土样经风干、去杂、磨细、过筛。过2mm的筛子供速效养分测试，过1mm的筛子供pH测试，过0.149mm（100目）的筛子供全量养分测试。

（3）土壤物理性质测定：土壤含水量：采用传统的烘干法，即将采集好的土壤样品全部转入已知重量的铝盒中，称其鲜重，然后放入105℃烘箱中烘至恒重，冷却后再称其干重，计算不同火烧样地土壤含水量。计算公式为：

$$土壤含水量（\%）=\frac{湿土重-烘干土重}{烘干土重}\times 100 \quad （公式3.10.5）$$

容重：采用环刀法，用土壤环刀（$V=100cm^3$）自下而上依次取各层中心位置的土样，取样时要把环刀平稳打入土壤内，待全部进入土壤后，小心取出环刀并脱去上端的环刀托，用削土刀削平环刀两端的土壤，使环刀内土壤容积一定，然后立即放入已知准确质量并编号的铝盒中，将样品带回实验室后放入105℃烘箱中烘至恒重，冷却后称其干重，获得土壤容重指标。计算公式为：

$$土壤容重（g/cm^3）=\frac{烘干土重}{环刀体积} \quad （公式3.10.6）$$

土壤紧实度：用土壤紧实度仪（SC-900，美国），随机选点测定每一火烧样地0~30 cm土层紧实度，求平均得出0~10、10~20、20~30cm范围的紧实度。

（4）土壤化学性质测定：土壤pH值的测定采用酸度计法（中国土壤学会农业化学专业委员会，1983）；有机质的测定采用重铬酸钾容量法（外加热）；全氮的测定采用半微量开氏法；全磷的测定采用NaOH熔融-钼锑钪比色法；全钾的测定采用NaOH熔融-火焰光度法；碱解氮的测定采用碱解扩散法；速效磷的测定采用0.5mol/L $NaHCO_3$法；速效钾的测定采用$NH_4OAC$浸提-火焰光度法（鲍士旦，2000）。

（5）用于生理指标测定的植物样品的采集与处理：在5~10月各月下旬，在每个火烧处理样地随机剪取30株左右本氏针茅下部的叶片，在冰盒上用剪刀剪碎混匀，装到事先做好的4个5×12cm的带有线绳且标记好的小布袋中，装满后迅速将布袋放入装满液氮的液氮罐内，取完样后，将液氮罐带回实验室，定期补充液氮，直到完成各指标的测定。

（6）生理指标的测定：叶绿素采用混合液浸提（95%乙醇）法测定：称取混合均匀的叶片3份（3个重复，其他生理指标的测定均同此），每份0.2g，分别加少量碳酸钙粉、二氧化硅及5ml左右95%乙醇，研磨至匀浆变白色后，过滤到25ml容量瓶中，以95%乙醇为对照，在649nm、665nm波长下测定其吸光度。

计算公式为：

$$Ca（mg/g）=13.95A_{665}-6.88A_{649} \quad （公式3.10.7）$$

$$Cb（mg/g）=24.96A_{649}-7.32A_{665} \quad （公式3.10.8）$$

$$叶绿体色素的含量（mg/g）=C\times V\times N/W \quad （公式3.10.9）$$

式中，Ca、Cb：叶绿素a、b浓度（mg/L）

C：色素浓度（mg/L），即 Ca 或 Cb

V：提取液体积

N：稀释倍数

W：样品质量（g）

脯氨酸（Pro）采用酸性茚三酮法测定：称取混合均匀的叶子 0.5g，置于具塞大试管中，加 3% 磺基水杨酸溶液 5ml，在沸水中摇动 10min。取滤液 2ml，加冰乙酸和酸性茚三酮溶液各加 2ml，在沸水中放置 30min。冷却后加 4ml 甲苯充分摇荡，待分层后用移液枪吸甲苯层在 3 000r/min 下离心 5min。以甲苯为对照在 520nm 下测其上层红色甲苯溶液的吸光度。从标准曲线中查出测定液的脯氨酸浓度，根据公式计算其含量。

计算公式为：

$$脯氨酸含量（\mu g/g）=\frac{C-Vt}{Vs-W} \quad （公式 3.10.10）$$

式中，$S$：标准曲线上查出的测定液脯氨酸浓度（ug/2ml）

$Vt$：提取液体积（ml）

$Vs$：测定时所取用的体积（ml）

$W$：样品质量（g）

丙二醛（MDA）采用硫代巴比妥酸（TBA）显色法测定：称取混合叶子 0.5g，加 5% 三氯乙酸（TCA）溶液 5ml，研磨至匀浆，在 3 000r/min 下离心 10min。取上清液 2ml，加 0.67% TBA 溶液 2ml，混合后在沸水中反应 30min，冷却后再离心一次。由于 MDA 和 TBA 反应生成的物质在 532nm 和 600nm 处分别有它最大光吸收和最小光吸收。但为了排除测定时糖类物质的干扰，需要同时测出 450nm 处的吸光度。

计算公式为：

$$丙二醛含量（\mu mol/g）=\frac{[6.45\times（Am_{532}-A_{600}）-0.56\times A_{450}]-Vt}{V_s-W}$$

（公式 3.10.11）

式中，$Vt$：提取液体积（ml）

$Vs$：测定时所用的体积（ml）

$W$：样品质量（g）

超氧化物歧化酶（SOD）采用氮蓝四唑（NBT）光化学还原法测定：取 0.5g 混合叶子，放入预冷的研钵中，加 5ml 预冷的 0.05mol/L 磷酸缓冲液（pH 值 =7.8）在冰浴中研磨，在冷冻离心机 4 000r/min 下离心 10min。取 3 支试管，各加入上清液 0.05ml，再迅速加入反应液（0.05mol/L 磷酸缓冲液 1.5ml、130mmol/L Met 溶液 0.3ml、750 μmol/L NBT 溶液 0.3ml、100 mol/L EDTA－$Na_2$ 溶液 0.3ml、20 μmol/L 核黄素、蒸馏水各 0.25ml）。混匀后将其中 1 管放置黑暗处作对照，其他各管同时置于日光灯下反应 25min，要求各管照光一致，反应结束后罩上双层黑纸，以不照光管为对照，560nm 处测定各照光管吸光度。

计算公式为：

$$SOD 活性（U/g）=\frac{[（A_{CK}-A_E）-V]}{(0.5\times A_{ck}\times W\times Vt)} \quad （公式 3.10.12）$$

式中，*SOD* 总活性以每 g 样品鲜重的酶单位表示（U/g）

$A_{ck}$：对照管的吸光度

$A_E$：样品管的吸光度

$V$：提取酶液总体积（ml）

$Vt$：测定时所用的体积（ml）

$W$：样品鲜重（g）

过氧化物酶（POD）采用愈创木酚法测定：取混合叶片 1g，放入预冷的研钵中，加 3ml 预冷的 0. t6mol/L 磷酸缓冲液研磨，用冷冻离心机（4℃，4 000r/min）离心 15min，上清液转入 50ml 容量瓶中，沉淀用磷酸缓冲液提取两次，上清液并入容量瓶中，定容。取两个比色皿，对照皿中加入 3ml 反应混合液（50ml 0. 2 mol/L 磷酸缓冲液、28μL 愈创木酚、19μL 30% $H_2O_2$）和 1ml 磷酸缓冲液，而测定皿中加入等体积反应混合液和 1ml 粗制酶液，在 470nm 处进行比色，每隔 1min 读数一次，共测 5 次。

计算公式为：

$$POD\text{ 活性}\left[\left(U/gFM-t\right)\right]=\frac{(\Delta A_{470}\times V_0)}{(m\times V_i\times 0.01\times t)}$$

（公式 3. 10. 13）

式中，$\triangle A_{470}$：反应时间内吸光度的变化

$m$：样品鲜重（g）

$V_0$：提取酶液总体积（ml）

$V_i$：测定时所用的体积（ml）

$t$：反应时间（min）

过氧化氢酶（CAT）采用紫外吸收法测定：称取混合叶片 0. 5g，加少量预冷的 0. 2mol/L 磷酸缓冲液（pH 值 =7. 8），研磨成匀浆，转入 25ml 容量瓶中，用该缓冲液冲洗研钵数次，并入容量瓶中，定容至刻度。混合均匀后置于 5℃ 冰箱中静止 10min，取上部清液在冷冻离心机 4 000r/min 下离心 15min。上清液为酶提取液。准备 3 支试管，每支试管中加入以上酶提取液 0. 2ml、缓冲液 1. 5ml、蒸馏水 1. 0ml。把其中一支管在沸水浴中煮两分钟，作对照。然后所有试管在 25℃ 预热，逐管加入 0. 3ml 0. 1mol/L $H_2O_2$，在 240nm 下用石英比色皿测其吸光度，共测 5min。

计算公式为：

$$CAT\text{ 活性}\left[\left(U/gFM-t\right)\right]=\frac{(\Delta A_{240}\times V_T)}{(0.1\times V_s\times t\times W)}$$

（公式 3. 10. 14）

$$\text{其中 }\Delta A_{240}=A_{S0}-\frac{A_{S1}+A_{S2}}{2}$$

式中，$A_{S0}$：对照管吸光度

$A_{S1}$、$A_{S2}$：测定的两支试管吸光度

$V_T$：提取酶液总体积（ml）

$V_S$：测定所用酶液体积（ml）

$t$：反应时间（min）

0.1：$A_{240}$下降0.1时的1个酶活性单位（U）

## 2.3 数据处理

用Excel 2003应用软件制作图表，采用统计分析软件SPSS 16.0进行方差分析，并用Duncan检验进行多重比较。

## 2.4 技术路线

如图3-10-3所示。

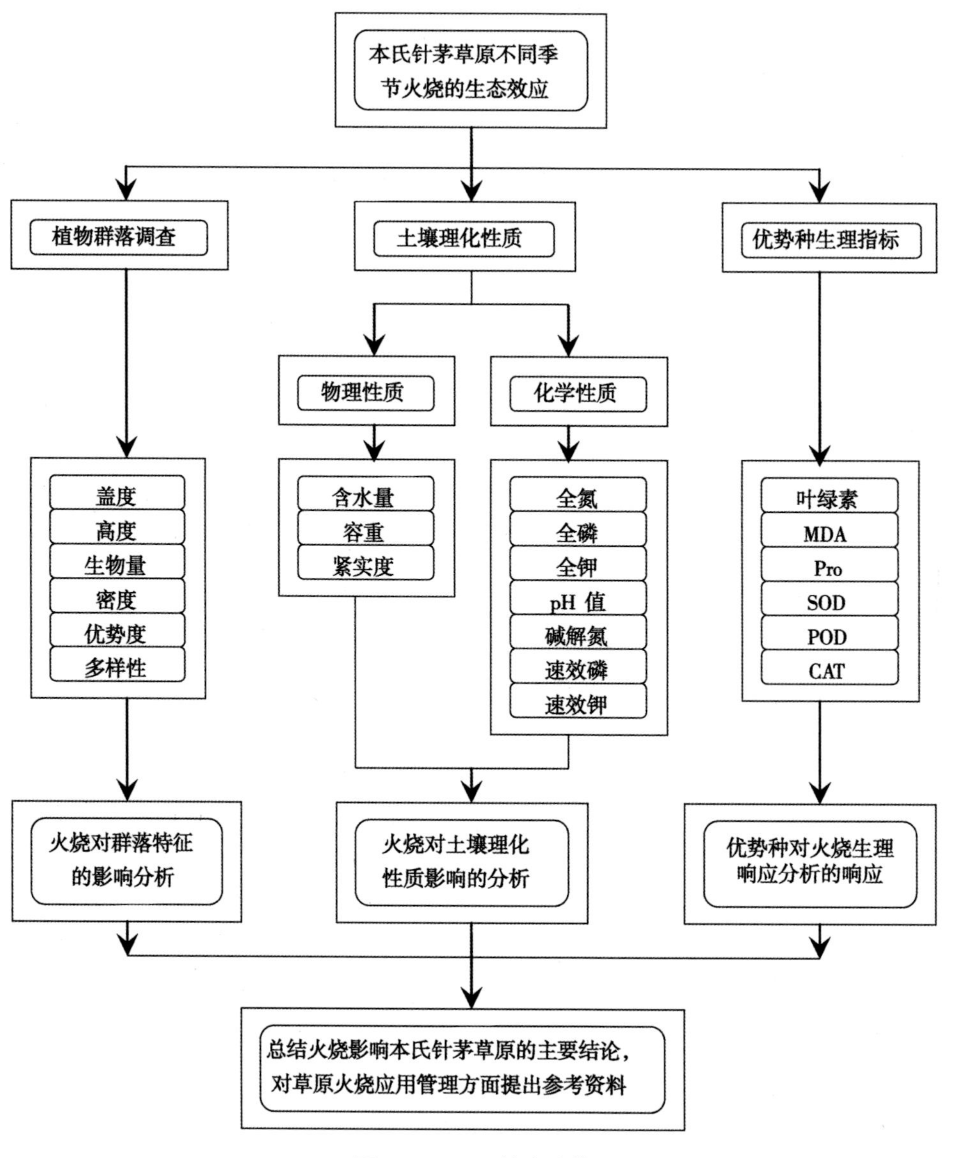


图3-10-3　技术路线

Fig3-10-3　Flow chart

## 3　结果与分析

### 3.1　火烧对本氏针茅草原群落特征的影响

火烧对草原植物群落组成、结构甚至功能都有影响。本实验研究不同火烧处理对群落的盖度、密度和生物量的影响的同时，选取共有种6种，即本氏针茅、糙隐子草、羊草、达乌里胡枝子、冷蒿和宿根亚麻，由于这些物种依次属于丛生禾草、丛生小禾草、根茎禾草、半灌木、小半灌木及杂类草等生活型，因此对它们的分析，能很好地反映火烧对不同生活型植物的影响。

#### 3.1.1　不同火烧处理群落盖度的变化

图3－10－4为本氏针茅草原在不同火烧处理下群落盖度变化的结果，从中可以看出，春季火烧对群落的盖度具有一定的影响，在各个月均低于未烧和冬烧处理，这种差异在生长季初期更为明显。方差分析表明，5、6月份的盖度显著低于未烧地，而在其后的各月，这种差异缩小，三种处理间差异变得不显着。作为群落的建群种本氏针茅在5月左右返青生长，在群落中的优势度明显，其分盖度接近总盖度（表3－10－1），这种优势一直保持到6月，而此时未烧地的本氏针茅保存着宿存的枯叶，所以盖度最大。7月份后随着群落中其他植物尤其是达乌里胡枝子、紫花苜蓿的长大，本氏针茅的优势度下降，不同火烧处理间群落的盖度差异不再显著。

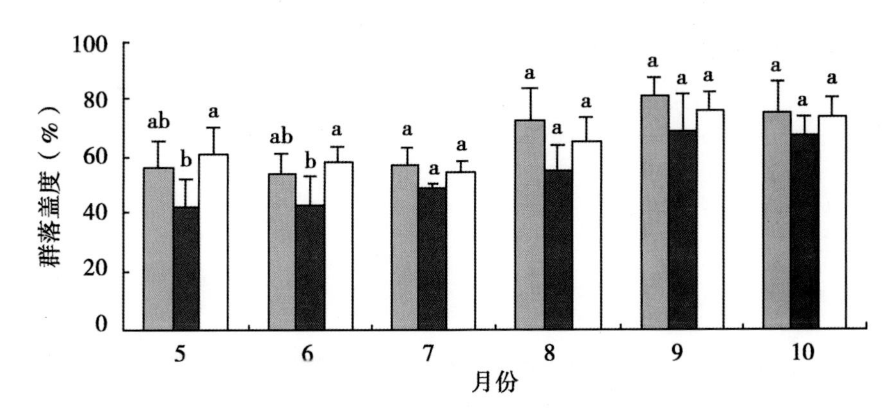


图3－10－4　不同火烧处理群落盖度的变化

**Fig3－10－4　The change of community coverage under different burning treatment**

不同小写字母表示不同火烧处理之间差异显著（$P<0.05$），下同

Different small letters indicated significant differences at 0.05 level among different burning treatment, the same as below

表 3-10-1 不同火烧处理对各共有种盖度的影响

Tab. 3-10-1 The influence of burning on the sub coverage of each common species

(%)

| 物种名称 | 生活型 | 样地 | 月份 | | | | | |
|---|---|---|---|---|---|---|---|---|
| | | | 5 | 6 | 7 | 8 | 9 | 10 |
| 本氏针茅 | 丛生禾草 | 冬烧 | 53.0±10.30a | 49.7±6.8 | 50.5±6.9 | 59.8±7.4 | 62.8±4.4 | 60.0±6.4 |
| | | 春烧 | 38.0±9.4 | 37.5±10.2 | 42.5±2.4 | 48.8±8.8 | 55.3±6.8 | 52.5±6.5 |
| | | 未烧 | 55.3±7.3 | 52.3±5.6 | 47.0±2.9 | 55.3±7.3 | 61.0±4.6 | 58.0±7.5 |
| 糙隐子草 | 丛生小禾草 | 冬烧 | 2.3±4.2 | 5.9±6.3 | 3.6±6.9 | 9.7±19.0 | 9.2±17.0 | 1.5±3.0 |
| | | 春烧 | 2.1±1.4 | 2.1±2.0 | 2.1±1.8 | 9.7±8.1 | 4.5±2.2 | 2.7±2.4 |
| | | 未烧 | 0.9±1.0 | 1.2±1.3 | 0.8±1.0 | 1.7±1.1 | 1.6±0.8 | 1.9±2.4 |
| 羊草 | 根茎禾草 | 冬烧 | 1.6±3.2 | 0.9±1.8 | 0.2±0.3 | 1.0±2.0 | 7.8±15.6 | 2.7±5.4 |
| | | 春烧 | 10.3±8.3 | 3.1±3.0 | 1.8±2.6 | 11.4±12.3 | 13.4±11.6 | 12.7±13.7 |
| | | 未烧 | 5.6±11.2 | 2.8±16.5 | 0.8±1.7 | 2.5±5.0 | 3.1±6.1 | 2.9±5.7 |
| 达乌里胡枝子 | 半灌木 | 冬烧 | 4.9±4.0 | 11.0±8.3 | 20.3±15.1 | 19.6±19.8 | 47.9±17.8 | 16.8±12.2 |
| | | 春烧 | 2.2±1.4 | 5.3±5.2 | 24.9±11.4 | 17.8±4.3 | 36.9±17.8 | 10.4±8.2 |
| | | 未烧 | 4.7±3.3 | 9.7±2.7 | 26.6±12.9 | 39.2±30.4 | 50.3±13.0 | 14.6±6.5 |
| 冷蒿 | 小半灌木 | 冬烧 | 0.2±0.2 | 0.3±0.4 | - | - | - | - |
| | | 春烧 | 0.7±0.9 | 0.2±0.3 | 0.1±0.1 | 0.1±0.1 | 0.1±0.2 | 0.1±0.2 |
| | | 未烧 | 0.1±0.2 | 0.1±0.1 | <0.1 | <0.1 | <0.1 | - |
| 宿根亚麻 | 杂类草 | 冬烧 | - | 1.3±2.2 | 0.4±0.7 | 0.9±1.8 | 3.8±7.6 | 0.6±1.2b |
| | | 春烧 | 1.2±2.3 | 3.6±3.7 | 6.8±9.1 | 5.0±3.9 | 8.5±8.5 | 3.3±2.1a |
| | | 未烧 | 0.7±0.7 | 1.5±2.7 | 4.7±3.0 | 2.9±5.2 | 8.1±10.7 | 1.5±1.2ab |

注：表中的数据为平均数±标准差，对每种植物每个月份的3个处理样地间进行了单因素方差分析，不同小写字母表示不同火烧处理间差异显著（$P<0.05$），没有字母或有相同字母表示差异不显著，下同

从各个处理的共有种盖度变化来看（表3-10-1），在整个生长季节内，春季火烧样地丛生禾草本氏针茅、半灌木达乌里胡枝子的盖度一直低于另两个样地；而根茎禾草羊草和杂类草宿根亚麻的盖度则一直高于另两个样地；丛生小禾草糙隐子草表现为火烧后盖度增加。但由于数据的变异性大，这种差异一般均未达到显著。

### 3.1.2 不同火烧处理群落高度的变化

火烧对丛生禾草本氏针茅的高度生长具有一定的抑制作用，结果如表3-10-2所示，这个结果与鲍雅静等人对大针茅种群做火烧处理的结果一致（鲍雅静，2001）。在整个生长季中未烧样地的本氏针茅高度基本上高于火烧样地（9月份除外），不过方差分析表明，这种差异只在7月份达到显著。春烧地与冬烧地相比，高度略低，但差异并不显着。从本氏针茅各月的生长来看，由于6月出现干旱（图3-10-2），生长受到抑制，这在火烧样地表现更为明显，7月随着雨水的增加，直至8月份本氏针茅高度才明显上升，而未烧地本氏针茅在7月高度就迅速增长。因为本氏针茅作为建群种，其高度的变化代表着整个群落的高度变化。糙隐子草与本氏针茅有着一样的变化趋势，而对于其他植物来讲，5、6月份也大体表现出未烧地的高度高于火烧地，其后各月，各种植

物的生长特点不同，规律性不一致。根茎禾草羊草在 8 月份及以后两个火烧样地一直高于未烧样地；小半灌木冷蒿在群落中较少，由于 6 月份的干旱，在冬烧样地消失，另两个样地相比，从 7 月份开始春烧样地高于未烧样地。

表 3-10-2　不同火烧处理对各共有种高度的影响

Tab. 3-10-2　The influence of burning on the height of each common species（cm）

| 物种名称 | 生活型 | 样地 | 月份 | | | | | |
|---|---|---|---|---|---|---|---|---|
| | | | 5 | 6 | 7 | 8 | 9 | 10 |
| 本氏针茅 | 丛生禾草 | 冬烧 | 8.3±1.1 | 6.6±0.6 | 6.8±1.0b | 10.7±0.7 | 12.8±0.5a | 12.1±2.5 |
| | | 春烧 | 7.3±1.5 | 6.8±0.9 | 6.3±1.3b | 9.9±2.6 | 10.5±0.8b | 10.6±2.5 |
| | | 未烧 | 9.8±2.9 | 8.0±1.5 | 9.9±2.4a | 12.2±2.9 | 11.4±1.0b | 12.6±2.7 |
| 糙隐子草 | 丛生小禾草 | 冬烧 | 3.0±0.3b | 4.3±0.9 | 3.1±0.7b | 7.8±0.1 | 7.5±3.5 | 4.0±0.1 |
| | | 春烧 | 3.7±0.5ab | 4.6±0.8 | 4.8±0.9ab | 9.1±2.1 | 10.1±0.8 | 7.7±1.6 |
| | | 未烧 | 4.8±1.3a | 5.9±0.7 | 7.0±1.4a | 10.0±2.0 | 12.0±0.1 | 8.3±0.7 |
| 羊草 | 根茎禾草 | 冬烧 | 15.0±2.0 | 21.0±3.0 | 17.0±7.0 | 36.5±2.7 | 28.0±7.0 | 35.0±3.0 |
| | | 春烧 | 17.3±2.3 | 22.9±3.1 | 20.0±1.0 | 25.8±4.9 | 25.0±5.0 | 22.5±2.1 |
| | | 未烧 | 20.0±2.0 | 27.0±3.0 | 24.0±5.0 | 20.5±3.0 | 24.0±9.0 | 20.0±5.0 |
| 达乌里胡枝子 | 半灌木 | 冬烧 | 1.7±0.2 | 3.8±0.3 | 8.3±1.7 | 16.3±2.5 | 16.7±3.0 | 12.6±9.7 |
| | | 春烧 | 1.90±0.3 | 5.4±1.9 | 9.2±2.4 | 13.8±1.8 | 16.6±2.2 | 13.8±1.5 |
| | | 未烧 | 3.5±1.8 | 5.1±0.9 | 8.7±2.8 | 14.2±1.2 | 16.9±2.2 | 17.2±2.2 |
| 冷蒿 | 小半灌木 | 冬烧 | 1.4±0.8 | 3.0±1.4 | - | - | - | - |
| | | 春烧 | 1.7±0.6 | 2.5±0.5 | 6.0±0.1 | 5.0±0.1 | 7.5±0.1 | 8.0±0.1 |
| | | 未烧 | 3.3±3.9 | 3.1±1.8 | 3.5±0.1 | 4.0±0.1 | 5.0±0.1 | - |
| 宿根亚麻 | 杂类草 | 冬烧 | - | 14.0±2.0 | 11.0±1.0 | 19.0±0.5 | 13.0±2.0 | 11.0±3.0 |
| | | 春烧 | 5.0±0.1 | 15.1±4.8 | 9.5±6.5 | 11.0±4.2 | 15.0±2.5 | 14.5±1.0 |
| | | 未烧 | 9.0±0.7 | 17.4±1.4 | 12.7±3.6 | 11.6±2.1 | 15.5±1.9 | 12.3±7.0 |

### 3.1.3　不同火烧处理群落生物量的变化

由图 3-10-5 可以看出，未烧样地的群落生物量总体较高，而春烧样地的生物量低于冬烧样地，反映出春季火烧对本氏针茅地面更新芽具有一定影响。分别对各月不同火烧处理的生物量进行方差分析，结果显示，5 月、9 月未烧地生物量显著高于春烧地，冬烧地与两者差异均不显著，其中 5 月主要是本氏针茅的影响，而 9 月份达乌里胡枝子起主要作用（表 3-10-3）。6 月春烧地生物量显著低于未烧和冬烧，而后两者之间差异不显著。7 月、8 月、10 月三个火烧处理间差异均不显著。在这种差异中，5、6 月本氏针茅的优势度极大，它的生物量差异直接决定着群落的差异。7 月除建群种外，其他种也进入快速生长期，尤其是达乌里胡枝子，成为群落的亚优势种，但其生物量在 3 个样地间差异并不明显。8 月到 9 月期间，达乌里胡枝子的优势度进一步明显上升，并且在未烧地中的生物量显着高于春烧地，它的平均生物量在 23.2～68.6g/$m^2$ 变化，仅次于本氏针茅 55.6～95.4 g/$m^2$，从而加大了总生物量间的差异性。10 月下旬，除本氏针茅还保持着较高的生物量外，其他植物渐渐转枯，达乌里胡枝子的生物量仅为 7～7.1 g/$m^2$。从建群种本氏针茅来看，5～8 月未烧地的生物量一直显著高于春烧地的生物量（表 3-10-3）。

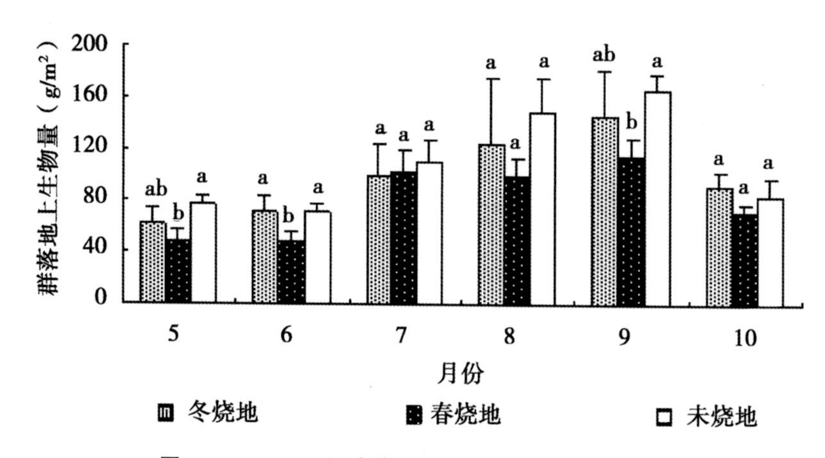


图 3-10-5　不同火烧处理群落地上生物量的变化

Fig3-10-5　The change of above-ground biomass of community under different burning treatment

火烧对不同生活型物种具有不同的影响。本研究发现（表 3-10-3），火烧会降低丛生禾草本氏针茅的产量，主要体现在生长初期和旺盛期，而春季火烧的本氏针茅产量一直为最低。对于丛生小禾草糙隐子草来讲，不管是春季还是冬烧火烧，在生长季的各月均表现出产量的增加。根茎禾草羊草的变化没有明显的规律性，冬烧地一直为低，春烧地一直为高，与周道玮等的研究不一致（周道玮，1995，1999）。杂类草宿根亚麻的变化也表现为春烧地为高。但总的来讲，由于植被较稀疏，除了建群种外，火烧对其他植物生物量的影响不显著。

表 3-10-3　不同火烧处理对各共有种生物量的影响

Tab. 3-10-3　The influence of burning on the above-ground biomass of each common species

（g/m²）

| 物种名称 | 生活型 | 样地 | 月份 | | | | | |
|---|---|---|---|---|---|---|---|---|
| | | | 5 | 6 | 7 | 8 | 9 | 10 |
| 本氏针茅 | 丛生禾草 | 冬烧 | 54.8±13.8b | 59.8±15.1a | 57.7±14.5b | 64.6±16.2ab | 95.3±24.0 | 83.0±13.5 |
| | | 春烧 | 37.3±5.9c | 38.0±6.0b | 59.2±9.3b | 55.6±8.7b | 82.4±13.0 | 64.3±7.4 |
| | | 未烧 | 73.9±6.2a | 63.9±5.3a | 78.8±6.6a | 80.7±6.7a | 95.4±7.9 | 79.9±13.8 |
| 糙隐子草 | 丛生小禾草 | 冬烧 | 0.7±0.9 | 0.6±0.8 | 0.7±1.1 | 3.2±5.5 | 2.5±4.4 | 0.6±1.3 |
| | | 春烧 | 0.5±0.2 | 0.8±0.3 | 0.9±0.5 | 4.5±1.6 | 2.8±1.0 | 0.5±0.4 |
| | | 未烧 | 0.2±0.4 | 0.2±0.2 | 0.2±0.2 | 1.0±0.7 | 0.5±0.5 | 0.4±0.5 |
| 羊草 | 根茎禾草 | 冬烧 | 0.1±0.3 | 0.4±0.7 | 0.4±0.7 | 0.4±0.7 | 0.6±1.2 | 0.5±0.9 |
| | | 春烧 | 0.9±0.6 | 1.2±0.9 | 0.8±0.5 | 0.8±0.6 | 1.0±0.7 | 0.8±0.6 |
| | | 未烧 | 0.6±1.2 | 0.7±1.3 | 0.6±1.1 | 0.5±1.0 | 0.6±1.3 | 0.5±0.9 |

（续表）

| 物种名称 | 生活型 | 样地 | 月份 | | | | | |
|---|---|---|---|---|---|---|---|---|
| | | | 5 | 6 | 7 | 8 | 9 | 10 |
| 达乌里胡枝子 | 半灌木 | 冬烧 | 4.2±3.1 | 6.6±4.9 | 32.3±24.1 | 52.8±46.2 | 41.0±35.5ab | 7.1±3.7 |
| | | 春烧 | 3.1±1.2 | 2.9±0.9 | 29.9±11.5 | 30.9±13.6 | 23.2±8.5b | 3.0±1.2 |
| | | 未烧 | 1.7±0.7 | 5.2±2.2 | 29.8±12.9 | 66.2±20.6 | 68.6±9.5a | 4.0±0.9 |
| 冷蒿 | 小半灌木 | 冬烧 | 0.7±0.8 | 0.1±0.1 | — | — | — | — |
| | | 春烧 | 0.4±0.5 | 0.2±0.2 | <0.1 | <0.1 | <0.1 | 0.1±0.1 |
| | | 未烧 | 0.2±0.2 | 0.1±0.1 | <0.1 | <0.1 | <0.1 | — |
| 宿根亚麻 | 杂类草 | 冬烧 | — | 0.4±0.8 | 0.3±0.6 | 0.5±1.0 | 0.7±1.4 | 0.2±0.4b |
| | | 春烧 | 0.1±0.2 | 0.6±0.6 | 1.7±1.6 | 1.8±1.8 | 0.7±0.3 | 0.9±0.6a |
| | | 未烧 | 0.1±0.1 | 0.2±0.3 | 1.1±0.6 | 0.4±0.6 | 1.1±1.1 | 0.1±0.1b |

3.1.4 不同火烧处理群落密度的变化

图3－10－6为本氏针茅草原火烧后群落密度变化的结果，从图中能看出，在火烧后初期阶段即5～7月冬烧地密度最大，未烧地的最小，随后规律性不强。总的来讲，整个生长季内，3个火烧处理样地群落密度变化不大，在34～45株（丛）/$m^2$之间波动，3个样地之间没有显著差异。

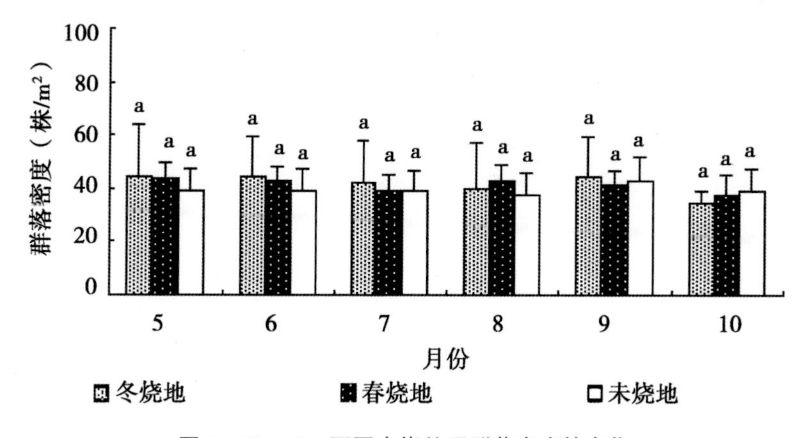


图3－10－6　不同火烧处理群落密度的变化

**Fig3－10－6　The change of community density under different burning treatment**

由于植物适应火烧的机制及所处生长阶段等因素，火烧能影响它们的返青（崔鲜一，2001；裴成芳，1997）、种类组成及各物种密度（周道玮，1994）。草原植物在5月一般处于生长初期阶段，因此选这一时期统计植物种类及其密度比其他物候期能更好地反映火烧这一因子的影响。表3－10－4列出了不同火烧处理地5月份主要共有种密度的情况，由此表能看出，糙隐子草和冷蒿的密度在火烧地多于未烧地，但差异并未达到显著。此外，冬烧地达乌里胡枝子密度高，但羊草密度低，春烧则相反。但是，不管是冬烧还是春烧，对各物种密度的影响均未达到显著水平。

表 3 –10 – 4　不同火烧处理对各共有种物种密度的影响

Tab. 3 –10 –4　The influence of burning on the density of each common species

($ind./m^2$)

| 物种名称 | 冬烧 | 春烧 | 未烧 |
|---|---|---|---|
| 本氏针茅 | 18.5 ±4.7 | 18.0 ±2.8 | 17.0 ±1.4 |
| 糙隐子草 | 3.0 ±4.1 | 3.8 ±1.5 | 2.3 ±3.2 |
| 羊草 | 1.0 ±2.0 | 4.0 ±2.9 | 2.8 ±5.5 |
| 达乌里胡枝子 | 18.3 ±13.6 | 11.0 ±4.2 | 15.3 ±6.1 |
| 冷蒿 | 2.3 ±2.6 | 2.3 ±2.6 | 0.8 ±1.0 |
| 宿根亚麻 | — | 2.0 ±3.4 | 0.8 ±0.5 |

### 3.1.5　不同火烧处理物种优势度及多样性的变化

5 月和 9 月分别为研究区草原植物生长前期和生长后期，本文在以上两个物候期研究不同火烧处理样地所有物种的优势度及多样性情况，从而综合理解火烧对群落的影响。

重要值是综合评判物种在群落中作用的指标。由于火烧对不同物种产生不同影响，能够改变物种间的关系和优势种（Suding K N，2001）。由表 3 –10 –5 的数据可知，优势种本氏针茅的重要值在 3 个样地都是最大，说明火烧对建群种的地位没有影响。比较各个物种在 3 个样地中的重要值，发现优势种本氏针茅重要值 5 月份在未烧地最高，春烧地最低，而 9 月份正相反，春烧地最高，未烧地最低，这种变化与其他物种的生长有着很大关系。随着其他植物的生长，本氏针茅的优势度下降，9 月份整体低于 5 月份。这一时期亚优势种达乌里胡枝子的优势度增加最为明显，尤其是未烧地，从 16.16% 到 43.62%，因而未烧地本氏针茅的重要值下降明显。糙隐子草不管在 5 月还是在 9 月，春烧地最高，冬烧地次之，未烧地最低。其他各个物种的重要值在不同样地和不同月份的变化情况不尽相同。

表 3 –10 –5　不同火烧处理各物种重要值

Tab. 3 –10 –5　The important value of each species under different burning treatment

(%)

| 物种名称 | 5 月 | | | 9 月 | | |
|---|---|---|---|---|---|---|
| | 冬烧 | 未烧<br>春烧 | 未烧 | 冬烧 | 春烧 | 未烧 |
| 本氏针茅 | 71.410 | 61.588 | 74.941 | 50.265 | 52.429 | 47.820 |
| 糙隐子草 | 3.811 | 4.378 | 2.035 | 4.606 | 4.988 | 0.798 |
| 羊草 | 1.677 | 9.458 | 4.861 | 3.474 | 5.921 | 2.228 |
| 达乌里胡枝子 | 18.601 | 11.872 | 16.16 | 33.700 | 26.544 | 43.620 |

（续表）

| 物种名称 | 5月 | | | 9月 | | |
|---|---|---|---|---|---|---|
| | 冬烧 | 未烧<br>春烧 | 未烧 | 冬烧 | 春烧 | 未烧 |
| 冷蒿 | 2.173 | 2.402 | 0.708 | — | 0.241 | 0.197 |
| 宿根亚麻 | — | 2.315 | 1.018 | 2.555 | 4.179 | 4.193 |
| 紫花苜蓿 | 1.640 | 6.766 | — | 5.178 | 3.604 | — |
| 缘毛棘豆 | 0.689 | 0.233 | — | — | — | — |
| 扁蓿豆 | — | 0.501 | — | — | 0.767 | — |
| 沙茴香 | — | 0.485 | — | — | 0.627 | — |
| 阿尔泰狗娃花 | — | — | 0.278 | 0.222 | — | 0.498 |
| 猪毛菜 | — | — | — | — | 0.700 | — |
| 草木樨状黄芪 | — | — | — | — | — | 0.435 |
| 乳浆大戟 | — | — | — | — | — | 0.212 |

多样性指数是用来测定群落组成水平的指标，它不但反映了群落中物种的富集度、变异程度、均匀度等，而且在不同程度上可以反映生境类型及群落的发展情况（赵志模，1990）。由于火烧对草原生态系统的各个组成成分均产生一定的影响，因此，使群落的物种多样性、丰富度和均匀度发生一定的变化（鲍雅静，1997）。本研究发现（表3-10-6），5月，火烧地群落多样性和均匀度有所增加，但冬烧地不明显，丰富度还略低于未烧地，而春烧地三个指标增加较为明显，这与春烧对建群种本氏针茅的影响大，它受到抑制后，有利于其他植物的生长。9月，除了物种丰富度在冬烧地最低外，其他情况与5月份一样，说明火烧的影响在一年之内具有持续性。

**表3-10-6　不同火烧处理对群落多样性的影响**

**Tab. 3-10-6　The influence of burning on community diversity**

| 物种名称 | 5月 | | | 9月 | | |
|---|---|---|---|---|---|---|
| | 冬烧 | 春烧 | 未烧 | 冬烧 | 春烧 | 未烧 |
| Shannon-wiener 多样性指数 | 1.831 | 2.387 | 1.825 | 1.901 | 2.194 | 1.711 |
| Pielou 均匀度指数 | 0.652 | 0.719 | 0.650 | 0.677 | 0.660 | 0.540 |
| Margalef 丰富度指数 | 1.097 | 1.656 | 1.135 | 1.097 | 1.674 | 1.452 |

### 3.1.6　讨论

通过冬、春季节对本氏针茅草原的火烧实验，表明不同季节火烧对本氏针茅草原具有一定的影响。从群落盖度和生物量来看，春烧样地具有偏低的趋势，未烧样地则在高度和生物量上偏高，因而没有表现出火烧对植物生长的促进作用。春季火烧会降低群落盖度，尤其在生长季初期，春烧地盖度明显低于未烧地。群落盖度的变化受不同植物生长的影响，生长季初期的5月、6月未烧样地本氏针茅保存着宿存的枯叶，所以盖度最大。但这种趋势并未保持下去，7月份起，群落其他植物长大，未烧地盖度低于冬烧地，但不同火烧处理间差异并不显著。火烧会减少群落地上生物量，在整个生长季中火烧处理地的群落地上生物量基本低于未烧地，而春季与冬季火烧地相比，前者总体低于后者。建群种本氏针茅为丛生禾草，更新芽位于地表，春季更新芽开始萌动，火烧对其影响更明显，故使其地上生物量下降，从而影响到群落生物量。而在 8 月、9 月中，达乌里胡枝子的生物量迅速上升，未烧地最高，春烧地最低，加大了群落的这种差异性。火烧对群落密度没有明显的作用。

火烧对群落各共有种的盖度、高度、生物量和密度产生不同的影响。对于丛生禾草本氏针茅来讲，春烧地本氏针茅的盖度低于另两个处理，但生物量和高度则表现为春烧、冬烧均低于未烧，春烧地下降更明显，表现出春季火烧对本氏针茅的抑制作用。对大针茅和克氏针茅的研究也得到相似结果（李政海，1994；鲍雅静，2001；布乐，2004；裴成芳，1998）。但是，对于丛生小禾草糙隐子草来讲，无论是春季还是冬季火烧其高度也呈现下降，但盖度、生物量和密度均增加，综合来讲，可以反映出火烧对它的促进作用。所调查的本氏针茅草原植物较稀疏，火烧时火势不均匀，在本氏针茅植丛中心部位的土壤表面产生较高的温度，并且持续时间较长，而且本氏针茅是地面芽植物，更新芽位于近地面的土层中，火烧使植丛中心的部分更新芽受到损害，因此，火烧对本氏针茅的影响最大，表现出抑制作用，尤其是春季更新芽将要萌动，火烧的影响更明显。但同为丛生的糙隐子草，虽然也为地面芽植物，但由于株丛低矮，火烧时瞬间将地上部分烧掉，对更新芽的影响不大。而建群种本氏针茅的生长受到影响后反而给它创造了有利的条件，因此，表现出火烧的促进作用。火烧对根茎禾草羊草的影响在不同学者的研究中得到不同的结论，一般认为是促进作用（李政海，1994；布乐，2004；鲍雅静，2000）。本研究中，春季火烧羊草盖度、生物量和密度高于未烧，但冬烧地的则相反，这可能与羊草在样地中分布少，不均匀，因而不能很好地反映出火烧的影响。半灌木达乌里胡枝子的盖度、生物量和密度在春烧地低于未烧地，而冬季火烧没有表现出规律性变化。

不同火烧处理下各物种的优势度在不同样地和不同月份的变化情况不尽相同，一些植物在群落中的优势度增加或减少给另一些植物创造相反的作用。本氏针茅在群落中的优势地位一直很高，尤其是生长初期，这时其重要值在未烧地最高，春烧地最低，表现火烧的作用，9 月随着其他植物的生长，优势度下降，未烧地下降明显，这与亚优势种达乌里胡枝子在未烧地优势度上升有关。糙隐子草在 5 月和 9 月均为在春烧地最高，冬烧地次之，未烧地最低。其他各个物种的重要值在不同时期各个火烧处理地之间的分配没有明显规律。

火烧对物种多样性、均匀度和丰富度方面，春烧表现较为明显的提高作用，冬烧地则多样性、均匀度（除 9 月均匀度）仅次于春烧地，但丰富度比未烧还要低，说明春烧对建群种本氏针茅的影响大，它受到抑制后，有利于其他植物的生长。周道玮等的研究表明，羊草－杂类草草原早春火烧后种类丰富度和多样性提高，而均匀性降低；羊草典型草原秋季火烧后群落多样性和均匀性降低，但种类丰富度增加（周道玮，1994）。之后在松嫩羊草草原的研究中，早春火烧地物种多样性和丰富度增高，均匀度降低，晚春火烧地则相反（周道玮，1996），与本研究结果不太一致。这可能是所研究区草原植物种类组成及各物种生活型及群落中的比例不同所导致。

概括来讲，草原火是一个复杂的生态因子，对草原的影响不但受到发生季节、频次和强度等影响，而且与当年生长季节内的气候变化，特别是降雨条件的变化密切关联（周道玮，1996）。再有不同植物对火烧的反应亦有差异，因此，对草原火的影响应综合评判、区别对待，对各种群落类型进行深入研究，提出指导性意见。

### 3.2　火烧对本氏针茅草原土壤理化性质的影响

土壤作为一个复杂的异质系统，含有各种生物和非生物的因子。这些因子的相互关系实际上是一种相互依赖和相互制约的生态关系。当土壤受到外界干扰时，这些因子在不同时间和不同程度上做出反应，以维持该系统的平衡。衡量土壤性质和功能有诸多层次的指标，其中，土壤的理化性质是相当重要的组成成分（潘怡，2000）。

#### 3.2.1　对土壤物理性质的影响

土壤物理环境决定土壤水、肥、气、热等因素是否相互协调，它首先影响作物的水分和空气状况，但也直接影响土壤矿质养分的供应状况以及土壤生物活性，进而影响植物的生长状况（刘海星，2009）。土壤的物理性质是多方面的，主要包括土壤水分、容重、紧实度等。

（1）对土壤含水量的影响：土壤含水量在较大的空间尺度上主要受大气降水、蒸发、植物吸收及地形等因子的控制（刘国伟，2004）。它是土壤中许多物理、化学和生物学过程的必要条件和参与者，不仅是作物生长需水的主要给源，又直接影响着土壤生物活动和养分转化运移过程（张智顺，2010）。由于火烧烧除了地上植被、使地面裸露，改变了土壤结构，因此，对土壤含水量会造成一定的影响。对不同火烧处理及不同土层做两因素方差分析的结果见表 3－10－7。

**表 3－10－7　同火烧处理对土壤含水量的影响**

**Tab. 3－10－7　The influence of burning on soil moisture**　　（%）

| 月份 | 土层 | 冬烧地 | 春烧地 | 未烧地 | 平均 |
|---|---|---|---|---|---|
| 4 | 0～10cm | 7.27±0.43 | 7.08±0.13 | 7.19±0.66 | 7.18±0.41a |
| | 10～20cm | 5.07±1.22 | 7.09±0.93 | 5.85±1.02 | 6.00±1.27ab |
| | 20～30cm | 4.04±0.77 | 6.33±4.67 | 4.12±0.72 | 4.83±2.65b |
| | 平均 | 5.46±1.62a | 6.83±2.41a | 5.72±1.51a | |
| 7 | 0～10cm | 1.97±0.52 | 1.35±0.08 | 1.71±0.13 | 1.68±0.38b |
| | 10～20cm | 2.93±0.58 | 3.40±0.35 | 3.92±0.47 | 3.42±0.60a |
| | 20～30cm | 3.27±0.40 | 3.08±0.49 | 4.12±0.55 | 3.49±0.64a |
| | 平均 | 2.72±0.73b | 2.61±1.00b | 3.25±1.22a | |
| 10 | 0～10cm | 12.05±0.47 | 11.94±0.35 | 12.70±1.00 | 12.23±0.68b |
| 10 | 10～20cm | 13.78±1.14 | 14.00±1.30 | 14.73±2.43 | 14.17±1.55a |
| | 20～30cm | 11.83±0.58 | 11.65±0.64 | 14.17±1.57 | 12.55±1.51b |
| | 平均 | 12.55±1.15b | 12.53±1.34b | 13.87±1.78a | |

注：两因素方差分析结果用 a、b、c 表示，每个月最下行平均值一栏为不同火烧处理间的字母标记的结果，最右列平均值一栏为不同土层字母标记的结果。相同字母表示差异不显著，否则差异显著（$P<0.05$），下同

由此表可见，土壤含水量在4月的不同火烧样地之间差异不显著，而7月、10月火烧地显著低于未烧地。在不同土层间，4月份土壤含水量随着土壤深度加大而下降，表层土最高，7月份则相反，表土最低；10月则是10~20cm最高。在土壤每一土层对火烧处理之间做单因素方差分析表明（图3-10-7），4月份，3个样地的对应土层含水量之间差异均不显著，尤其表层土（0~10cm）数值非常接近，而第2、3层则表现出春烧要高一些。对这时期的群落观测发现，春烧地植物盖度较低，这导致该样地植物对水分的吸收相应的少，所以根系集中的2、3层，水分含量高于另两个样地。由于6月及7月上半旬大气降水量很低（图3-10-2），加上温度增高，蒸发和蒸腾量加大，致使7月土壤含水量达到低峰期，三个样地土壤含水量均下降，春烧地与4月相比下降幅度最大。由于6月份的缺水，植物的生长受到影响，到了7月份温度最高，春烧地盖度最小，水分蒸发量最高，而蒸腾不是最小，因为春烧地生物量在3个样地居中，因而此时蒸发作用的影响更为突出，土壤失水量最大。由于9月份降水出现峰值，10月的降水也较高，此时植物的生长逐渐停止，水分消耗量小，因而土壤的含水量在10月份大幅上升，从图3-10-7可以看出，在第一、二层的不同样地含水量之间未能体现出明显的差异，而第3层的火烧地水分明显低于未烧地。总之，火烧对土壤含水量的影响没有明显的规律性，这是由于土壤含水量受环境因素影响很大，大气降水、土壤蒸发、植被的组成及覆盖度、植物吸收蒸腾、此外土壤特性、地形条件以及水文条件等都会影响土壤含水量的大小。

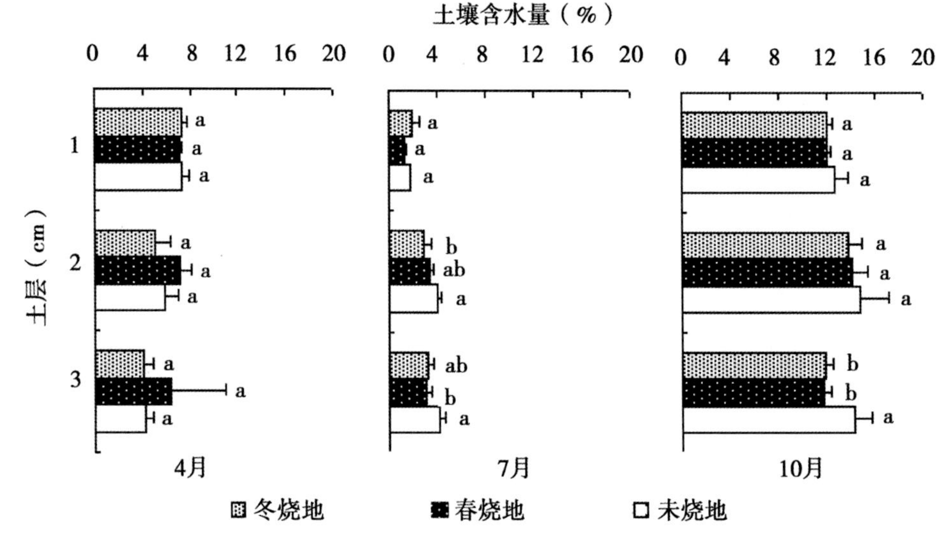


图3-10-7 不同火烧处理对土壤含水量的影响

Fig3-10-7 The influence of burning on soil moisture

（2）对土壤容重的影响：土壤容重指单位体积内原状土干重（刘海星，2009），是由土壤孔隙和土壤固体的数量决定的（贾晋锋，2007），它能综合反映土壤孔隙度、松紧度及土壤动物的活动，并且影响土壤营养元素的释放和固定的一个重要土壤物理指标（尤鑫，2006）。对不同火烧处理及不同土层做两因素方差分析结果看表3-10-8。

表 3－10－ 8　不同火烧处理对土壤容重的影响

Tab. 3－10－8　The influence of burning on soil bulk density　(g/cm³)

| 月份 | 土层 | 冬烧地 | 春烧地 | 未烧地 | 平均 |
|---|---|---|---|---|---|
| 4 | 0～10cm | 1.26±0.09 | 1.30±0.04 | 1.31±0.05 | 1.29±0.06b |
| | 10～20cm | 1.36±0.02 | 1.33±0.05 | 1.39±0.02 | 1.36±0.04a |
| | 20～30cm | 1.26±0.02 | 1.25±0.05 | 1.46±0.10 | 1.32±0.12ab |
| | 平均 | 1.29±0.07b | 1.30±0.05b | 1.39±0.09a | |
| 7 | 0～10cm | 1.49±0.04 | 1.50±0.05 | 1.52±0.06 | 1.50±0.05a |
| | 10～20cm | 1.49±0.05 | 1.51±0.06 | 1.49±0.07 | 1.50±0.05a |
| | 20～30cm | 1.48±0.06 | 1.47±0.03 | 1.46±0.06 | 1.47±0.04a |
| | 平均 | 1.49±0.04a | 1.49±0.05a | 1.49±0.06a | |
| 10 | 0～10cm | 1.48±0.06 | 1.51±0.03 | 1.48±0.06 | 1.49±0.05a |
| | 10～20cm | 1.53±0.04 | 1.49±0.07 | 1.49±0.02 | 1.50±0.05a |
| | 20～30cm | 1.55±0.07 | 1.49±0.09 | 1.52±0.12 | 1.52±0.09a |
| | 平均 | 1.52±0.06a | 1.50±0.06a | 1.50±0.07a | |

由表 3－10－8 可以看出，4 月份，两个火烧地容重均显著低于未烧地，但火烧地之间没有显著差异，含有机质多而结构好的土壤容重低，说明火烧对土壤具有一定的改良作用；整个试验区土壤表层容重显著低于中间层，与表层养分含量较高有关。火烧后经过一段时间的恢复，各火烧处理容重差异逐渐消失，到 7、10 月份，3 种火烧处理差异均不显著，且它们对应各土层内也没有显著差异（图 3－10－8），再者，试验区各土层之间的容重差异也未达到显著水平。

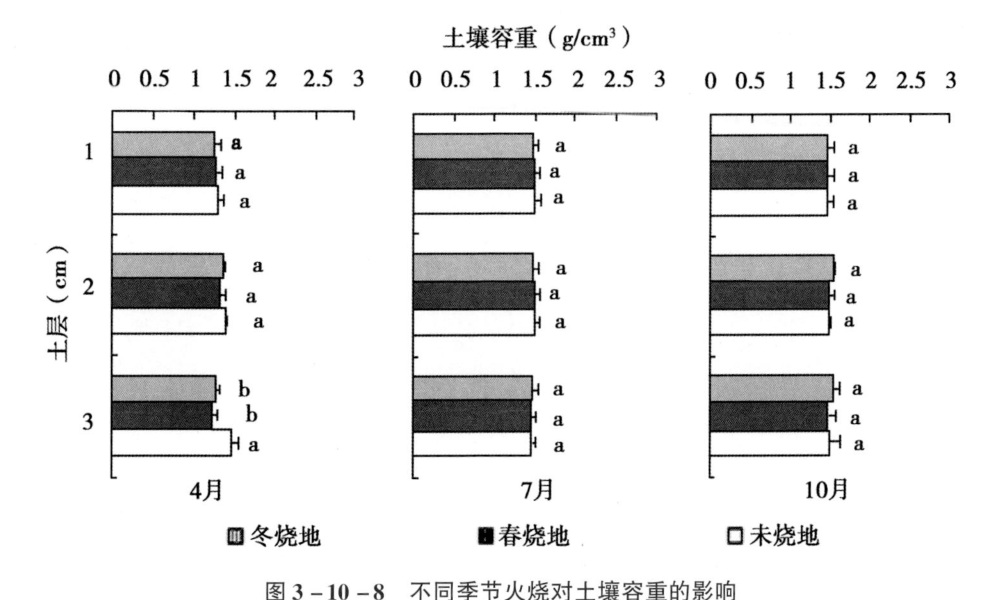


图 3－10－8　不同季节火烧对土壤容重的影响

Fig3－10－8　The influence of burning on soil bulk density

(3) 对土壤紧实度的影响：土壤紧实度指土壤颗粒间隙的大小，是土壤最重要的物理性质之一，土壤通气性的反映（吴亚维，2008），紧实度越大则透水透气性越差。对不同火烧处理、不同土层紧实度两因素方差分析结果见表 3－10－9。

表 3－10－9　火烧处理对土壤紧实度的影响

Tab. 3－10－9　The influence of burning on soil compaction　(kPa)

| 月份 | 土层 | 冬烧地 | 春烧地 | 未烧地 | 平均 |
|---|---|---|---|---|---|
| 4 | 0～10cm | 1 944. 67 ±233. 45 | 1 787. 87 ±424. 73 | 1 654. 47 ±408. 79 | 1 795. 67 ±360. 46b |
| | 10～20cm | 3 175. 93 ±778. 09 | 2 829. 47 ±552. 38 | 2 979. 20 ±979. 67 | 2 994. 87 ±745. 62a |
| | 20～30cm | 3 565. 67 ±948. 21 | 3 234. 53 ±253. 80 | 3 293. 13 ±298. 06 | 3 364. 46 ±568. 31a |
| | 平均 | 2 895. 43 ±978. 18a | 2 617. 29 ±744. 96a | 2 642. 28 ±942. 16a | |
| 7 | 0～10cm | 3 774. 40 ±844. 58 | 3 201. 93 ±508. 61 | 2 847. 93 ±155. 09 | 3 274. 75 ±663. 85b |
| | 10～20cm | 3 948. 00 ±583. 60 | 4 059. 80 ±115. 91 | 4 070. 73 ±67. 97 | 4 026. 17 ±325. 22a |
| | 20～30cm | 3 850. 07 ±508. 16 | 4 031. 33 ±148. 37 | 3 951. 40 ±32. 30 | 3 944. 27 ±293. 70a |
| | 平均 | 3 857. 48 ±616. 69a | 3 764. 35 ±503. 63a | 3 623. 36 ±577. 19a | |
| 10 | 0～10cm | 1 242. 53 ±199. 84 | 1 418. 00 ±679. 28 | 1 329. 00 ±166. 13 | 1 329. 85 ±395. 76a |
| | 10～20cm | 1 490. 47 ±557. 08 | 1 923. 60 ±400. 96 | 1 640. 53 ±470. 86 | 1 684. 87 ±482. 18a |
| | 20～30cm | 1 762. 13 ±824. 55 | 1 373. 60 ±379. 88 | 1 680. 20 ±537. 19 | 1 605. 31 ±537. 19a |
| | 平均 | 1 498. 37 ±585. 29a | 1 571. 74 ±534. 49a | 1 549. 91 ±347. 54a | |

从表中可以看出，不同样地土壤紧实度在 3 个季节里均没有明显差异性，在各个土层之间的情况是，4 月、7 月下面两层显著高于表层，10 月 3 个土层之间没显著差异。图 3－10－9 表示的各土层具体情况是，4 月份，3 个样地紧实度随着土壤深度的增加而递增，冬烧地紧实度最大，但从三者的比较中均未发现显著差异。7 月份由于大气降水量减少，导致土壤紧实度比 4 月整体增加。在第一层，冬烧地紧实度显著高于未烧，春烧与另两者差异不显著。而下面的两个土层的比较中 3 个样地均未表现差异性。10 月的土壤紧实度比前两个季节均显著降低，这时期对不同火烧样地的对应土层做单因素方差分析后均未发现显著差异。总之，火烧后土壤紧实度变化没有规律性，不同火烧处理之间的差异不很明显。

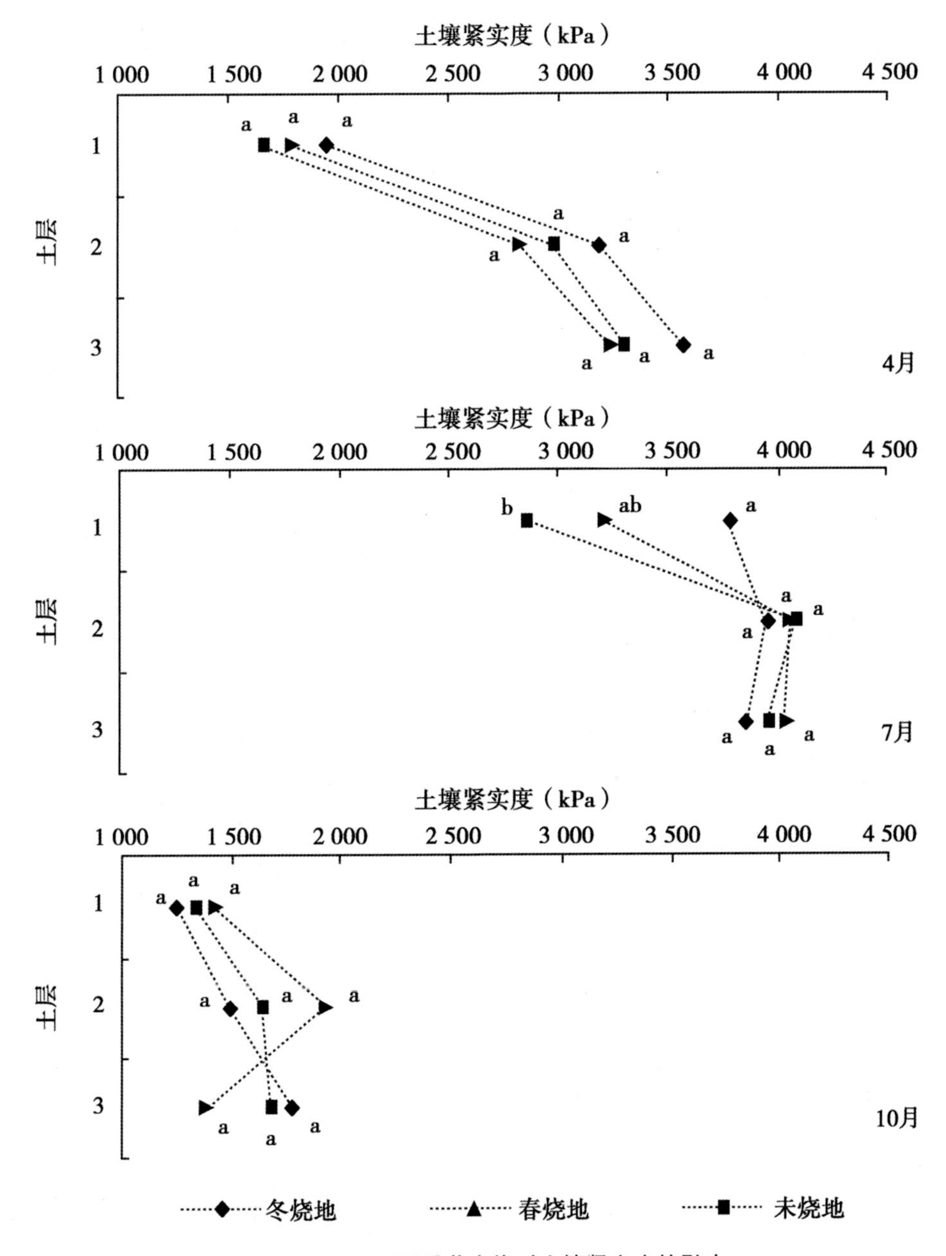


图 3-10-9 不同季节火烧对土壤紧实度的影响

Fig 3-10-9 The influence of burning on soil compaction

3.2.2 对土壤化学性质的影响

土壤的酸碱性和养分循环是土壤化学的主要特性（王丽，2008）。为了研究火烧对土壤化学性质的影响，对土壤主要化学指标进行分析，包括 pH 值、全量养分及速效养分。

（1）对土壤酸碱度的影响：土壤酸碱度的大小可以直接影响作物的生长和微生物

的活动以及土壤养分的存在状态、转化和有效性（萨如娜，2007）。表 3－10－10 列出了不同火烧处理对土壤 pH 的影响，可以看出，火烧后土壤的 pH 值显著增大。

表 3－10－10　不同季节火烧对土壤 pH 值的影响

Tab. 3－10－10　The influence of burning on soil pH

| 土层 | 冬烧地 | 春烧地 | 未烧地 | 平均 |
|---|---|---|---|---|
| 0～10cm | 8.61±0.04 | 8.69±0.05 | 8.39±0.04 | 8.56±0.14a |
| 10～20cm | 8.63±0.05 | 8.66±0.02 | 8.41±0.04 | 8.57±0.12a |
| 20～30cm | 8.67±0.02 | 8.65±0.03 | 8.41±0.07 | 8.57±0.13a |
| 平均 | 8.63±0.04a | 8.67±0.03a | 8.40±0.05b | |

在调查的 3 个土层内，两种火烧处理地土壤 pH 值均显著高于未烧地，而冬季和春季火烧地之间，在第一和二层，后者高于前者，而第三层正相反，但这种差异未达到显著。从以上分析中可知，火烧能影响土壤酸碱度，即能提高土壤 pH 值。

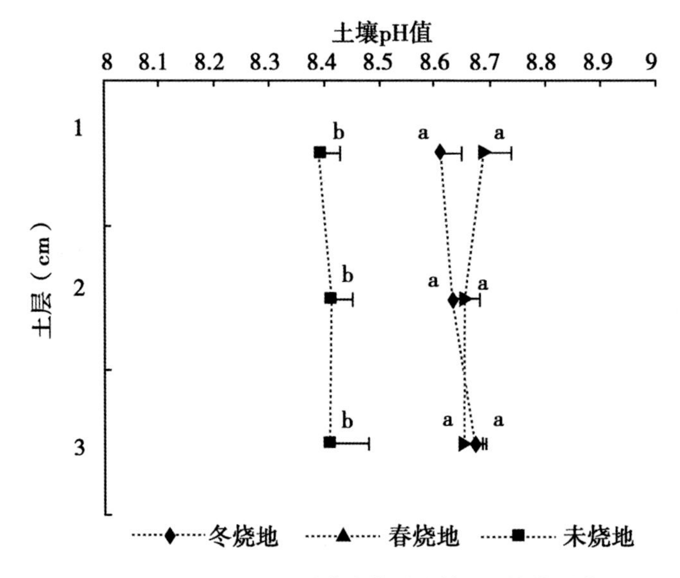


图 3－10－10　不同季节火烧对土壤 pH 值的影响

Fig3－10－10　The influence of burning on soil pH

（2）对土壤全量养分的影响：土壤全量养分含量是土壤养分库的物质基础，其含量的高低直接影响土壤养分库的大小（肖艳，2009）。

土壤有机质是土壤系统的基础物质（张智顺，2010），它是土壤固有物质中最活跃的部分，也是土壤肥力的核心。一般来说，土壤有机质含量的多少，是土壤肥力高低的一个重要指标，对土壤养分供应能力和供应强度具有十分重要的影响（张智顺，2009；刘秋琼，2011）。由表 3－10－11 可知，火烧处理地土壤有机质含量低于未烧地，其中冬烧更为明显，达到了显著差异水平。有机质在不同土层间差异很明显，随着土壤深度的增加而逐渐减少，表现为 0～10cm 的有机质含量最大，10～20cm 的次之，20～30cm

的最低，三层之间均存在显著差异。图 3－10－8－A 的分层分析显示，不管表层还是深层，未烧地含量最高，冬烧地含量最低。在第一、二层，3 个火烧处理之间差异不显著，但第三层，未烧地含量显著高于冬烧地，春烧地与其余两个样地差异不明显。总之，火烧加剧了土壤有机质的矿化过程，使土壤有机质含量下降。

表 3－10－11　不同季节火烧对有机质、全氮、全磷、全钾的影响

Tab. 3－10－11　The influence of burning on soil organic matter、total N、total P and total K

（g/kg）

| 指标 | 土层 | 冬烧地 | 春烧地 | 未烧地 | 平均 |
|---|---|---|---|---|---|
| 有机质 | 0～10cm | 13.80 ±1.26 | 14.19 ±0.34 | 14.28 ±1.23 | 14.09 ±0.92a |
| | 10～20cm | 10.66 ±0.84 | 11.36 ±0.18 | 11.75 ±0.95 | 11.26 ±0.80b |
| | 20～30cm | 6.31 ±1.22 | 8.81 ±1.48 | 9.74 ±1.65 | 8.28 ±1.99c |
| | 平均 | 10.26 ±3.40b | 11.45 ±2.46a | 11.93 ±2.27a | |
| 全 N | 0～10cm | 1.14 ±0.13 | 1.09 ±0.09 | 1.07 ±0.11 | 1.10 ±0.10a |
| | 10～20cm | 0.73 ±0.19 | 0.93 ±0.03 | 0.94 ±0.09 | 0.87 ±0.15b |
| | 20～30cm | 0.52 ±0.12 | 0.74 ±0.09 | 0.85 ±0.06 | 0.70 ±0.16c |
| | 平均 | 0.80 ±0.30b | 0.92 ±0.16a | 0.95 ±0.13a | |
| 全 P | 0～10cm | 0.17 ±0.02 | 0.12 ±0.02 | 0.12 ±0.02 | 0.14 ±0.03a |
| | 10～20cm | 0.20 ±0.02 | 0.12 ±0.02 | 0.10 ±0.01 | 0.14 ±0.05a |
| | 20～30cm | 0.22 ±0.02 | 0.13 ±0.03 | 0.10 ±0.03 | 0.15 ±0.06a |
| | 平均 | 0.20 ±0.03a | 0.12 ±0.02b | 0.11 ±0.02b | |
| 全 K | 0～10cm | 12.90 ±0.27 | 13.06 ±0.68 | 12.63 ±0.96 | 12.86 ±0.63a |
| | 10～20cm | 13.11 ±0.62 | 12.63 ±0.92 | 12.47 ±1.21 | 12.74 ±0.87a |
| | 20～30cm | 13.07 ±0.79 | 12.80 ±0.86 | 12.71 ±1.55 | 12.86 ±0.98a |
| | 平均 | 13.03 ±0.53a | 12.83 ±0.74a | 12.60 ±1.10a | |

土壤全 N 量是指土壤中所有化学形态 N 的总和，是土壤 N 素养分的贮备指标，通常用于衡量土壤 N 素的基础肥力（张永生，2010）。全 N 两因素方差分析结果与有机质相同（表 3－10－11），即冬烧地明显低于春烧和未烧，而春烧和未烧之间没显著差异。在土壤垂直剖面上，由浅到深依次显著降低。从每个样地分层结果看，随着土层深度的增加三个样地全 N 含量均呈下降趋势，在第一层冬烧地含量最高，春烧地次之，未烧地最低。在下面两层，正相反，冬烧地含量最低，未烧地最高。从单因素方差分析结果可知，第一层、二层三个火烧处理之间没有差异，而第三层冬烧地的含量显著低于未烧和春烧外，后两者之间无显著差异。

土壤全 P 包括土壤无机 P 素和有机 P，能反映土壤 P 库大小和潜在的供 P 能力（孙燕，2008）。两因素方差分析表明（表 3－10－11），全 P 在冬烧地的含量显著高于春烧

和未烧，但垂直变化上未达到明显差异。从各个样地分层结果显示，在调查的3个土层，不同样地之间全P含量同样存在一定的差异，大小依次为，冬烧地>春烧地>未烧地，反映出火烧有增加土壤全P的趋势，不过单因素方差分析显示，前者含量显著高于后两者，后两者之间没有明显没有明显差异。

土壤全K含量是指土壤中各种形态K素的总和，是土壤K素养分的容量指标（耿玉辉，2008），包括无效态K、缓态K和速效K（孙铭隆，2011）。从表3-10-11可知，全钾在不同样地之间和不同土层间之间的差异均未达到显著水平，从样地的平均结果看，表现出冬烧地>春烧地>未烧地，似乎火烧对全钾有增加的趋势。图3-10-11D的分层结果也显示上面提到的综合结果。总之，土壤全K在不同火烧处理地之间和不同土层中的波动很小。

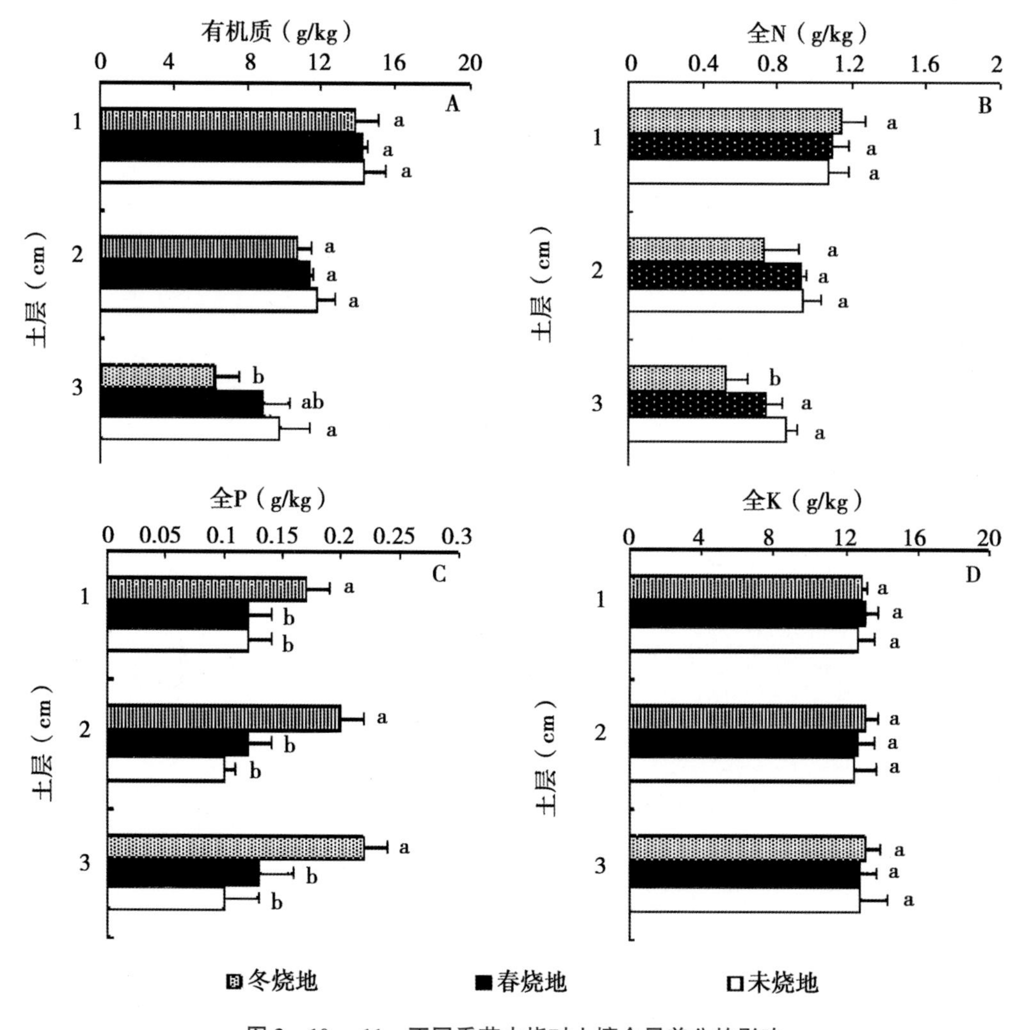


图3-10-11　不同季节火烧对土壤全量养分的影响

Fig 3-10-11　The influence of burning on soil whole nutrients

（3）对土壤速效养分的影响：尽管土壤全量养分库决定土壤养分的潜在供给能力，

但不一定能满足植物生长发育的需要。由于植物吸收利用的一般是速效养分，因此，它决定着土壤及时供应养分的能力，在短时期内与植被生长关系密切（吴亚维，2008），是土壤供肥能力大小的唯一标志（潘怡，2000）。

①土壤碱解氮的变化。土壤碱解 N 亦称有效性 N，它包括无机的矿物态 N 和部分有机物质中易分解的、比较简单的有机态 N，它是铵态 N、硝态 N、氨基酸、酰胺和易水解的蛋白质 N 的总和，这部分 N 素较能反映出近期内土壤 N 素的供应状况（中国科学院南京土壤研究所，1978）。

**表 3－10－12　不同季节火烧处理对土壤碱解氮含量的影响**

**Tab. 3－10－12　The influence of burning on soil alkaline hydrolytic N**　(g/kg)

| 月份 | 土层 | 冬烧地 | 春烧地 | 未烧地 | 土层平均 |
|---|---|---|---|---|---|
| 4 | 0～10cm | 57.01±6.13 | 52.97±0.65 | 48.57±4.38 | 52.85±5.26a |
| | 10～20cm | 37.14±8.71 | 36.75±5.46 | 40.13±4.09 | 38.01±5.76b |
| | 20～30cm | 31.46±9.97 | 30.53±5.46 | 31.11±8.55 | 31.03±7.12c |
| | 平均 | 41.87±13.72a | 40.08±10.75a | 39.94±9.19a | |
| 7 | 0～10cm | 58.78±1.23 | 51.73±2.21 | 52.94±2.7 | 54.48±3.75a |
| | 10～20cm | 40.25±1.75 | 42.96±1.85 | 42.80±5.80 | 42.00±3.43b |
| | 20～30cm | 33.99±2.28 | 31.60±3.79 | 36.89±6.90 | 34.16±4.70c |
| | 平均 | 44.34±11.27a | 42.09±9.06a | 44.21±8.46a | |
| 10 | 0～10cm | 46.30±5.36 | 37.12±3.35 | 37.22±3.99 | 40.21±5.90a |
| | 10～20cm | 28.39±0.54 | 28.51±5.80 | 38.11±0.64 | 31.67±5.65b |
| | 20～30cm | 22.87±2.97 | 20.67±4.70 | 26.13±9.76 | 23.22±6.10c |
| | 平均 | 32.52±11.04a | 28.77±8.22a | 33.82±7.83a | |

表 3－10－12 是分别对春、夏、秋季土壤碱解 N 进行不同土层和不同火烧处理的两因素方差分析结果。从春季 4 月调查的结果看，各层土壤的平均结果显示冬烧地高于春烧地，而未烧地最低，0～10cm 土层中体现出了这种差异，下层土壤则不同（图 3－10－12）。这个结果与 Marion 等（1991）提出的燃烧引起的土壤养分含量和有效性的提高一般在 0－5cm 土层较为明显是一致的（Marion G M，1991）。研究区春季降雨量极少，且调查期只有少数植物返青，对土壤 N 的消耗、淋失很小，土壤中碱解 N 的差异可以很好地反映火烧的影响。由于冬季火烧在当年的 1 月初进行，火烧后有少量降雪，使火烧灰分中的 N 素更多地进入土壤中；春季火烧在 3 月初进行，此季节多风，火烧后的灰分被风吹走，保留到土壤中的较少，因而反映出上述的结果。7 月份是植物快速生长的时期，对养分的吸收消耗量上升，加之一般降雨增加，对土壤的淋失加大，易造成土壤的速效养分下降；而另一方面，温度上升，水分在一定范围内的增加会促进 N 的矿化（Bremer E，1997；Stanford G，1974）。从不同火烧处理地来看，均比 4 月份有

所增加，但由于研究区6月到7月上旬降水量小，淋失少，同时植被受干旱的影响出现黄化，对N的吸收减少，而且干旱炎热的气候加大了N的矿化，于是土壤的碱解N增加。7月从整体看不同火烧处理间差异不显著，不过表土层中冬烧地的含量显著地高于另两种处理，这与前期含量高有着密切的相关性。10月下旬，植物开始转黄，但8、9月份植物的生长以及雨水的淋洗对土壤N的消耗较大，另一方面随着温度的下降，N的矿化减弱，因此这一时期土壤碱解N含量较4、7月明显下降。表层土中，冬烧地仍高于另两个样地，但差异未达到显著。但总的来讲，对于本氏针茅草原不同季节的火烧处理少量增加了土壤的碱解N含量，但由于试验区草原地被物很少，植物较稀疏，火烧处理对土壤N的影响不大。

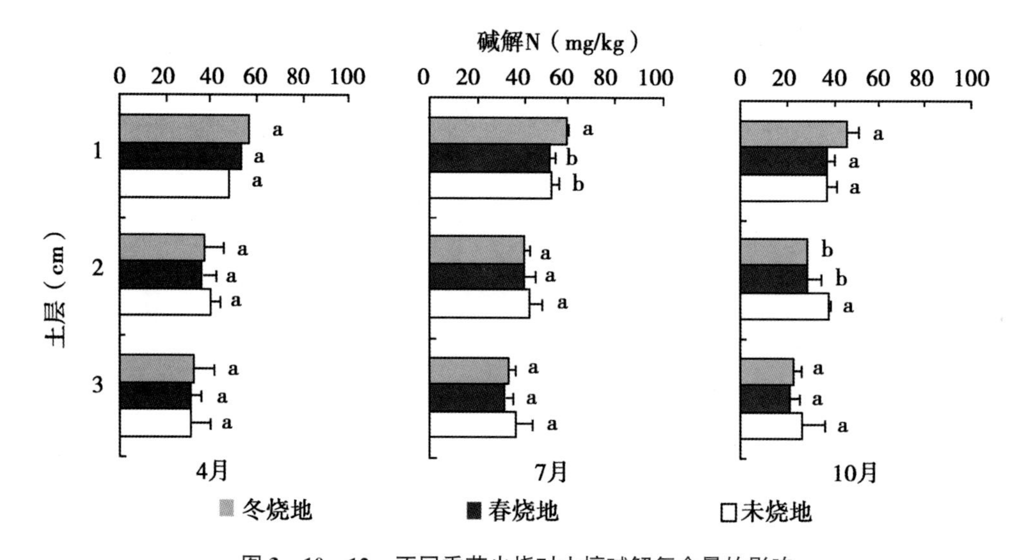


图3-10-12　不同季节火烧对土壤碱解氮含量的影响

Fig 3-10-12　The influence of burning on soil alkaline hydrolytic N

②土壤速效磷的变化。对速效P的分析见表3-10-13，虽然表层的速效P均高于下层，但不似N在不同土层间显著地变化，随季节的变化而不同，4月三个土层间差异不明显；7月表层显著高于下层；10月0~10cm显著高于10~20cm，但与20~30cm差异不显著。对于不同火烧处理，4月份速效P呈现出春烧>冬烧>未烧，春烧地速效P含量显著地高于未烧，而冬烧与另两者无明显差异，对应土层之间也有着相同的变化，但差异未达到显著（图3-10-13），这样的结果反映出火烧对土壤速效P有增加的作用。7月份不同样地含量比4月皆减少，这时三个样地速效P含量依次为春烧>未烧>冬烧，差异均显著，而且它们的对应土层之间也有相同趋势。这一时期速效P明显下降与植物的吸收有着密切联系。10月份和7月份相比，整体上无明显变化，春烧地仍高于另两者，但差异未达到显著，这可能是随着时间的推移，增加的P不断损失降低有关。对应土层之间也没有显著差异。

表 3-10-13　不同季节火烧处理对土壤速效磷含量的影响

Tab. 3-10-13　The influence of burning on soil available P　(g/kg)

| 月份 | 土层 | 冬烧地 | 春烧地 | 未烧地 | 土层平均 |
|---|---|---|---|---|---|
| 4 | 0~10cm | 3.51±2.25 | 5.86±3.79 | 3.35±0.61 | 4.24±2.54a |
| | 10~20cm | 3.19±1.73 | 4.08±2.72 | 1.66±0.26 | 2.98±1.93a |
| | 20~30cm | 2.61±1.40 | 3.05±2.56 | 1.52±0.46 | 2.39±1.63a |
| | 平均 | 3.10±1.63ab | 4.33±2.93a | 2.18±0.97b | |
| 7 | 0~10cm | 1.79±0.30 | 4.14±0.19 | 2.55±0.28 | 2.83±1.06a |
| | 10~20cm | 0.88±0.25 | 2.37±0.08 | 1.26±0.12 | 1.50±0.69b |
| | 20~30cm | 0.70±0.27 | 2.17±0.27 | 1.42±0.11 | 1.43±0.67b |
| | 平均 | 1.12±0.56c | 2.89±0.95a | 1.74±0.63b | |
| 10 | 0~10cm | 2.83±0.55 | 2.17±0.84 | 2.36±0.38 | 2.46±0.61a |
| | 10~20cm | 1.63±0.22 | 1.38±0.90 | 1.41±0.11 | 1.47±0.48b |
| | 20~30cm | 1.54±0.33 | 2.52±2.23 | 1.65±0.40 | 1.90±1.24ab |
| | 平均 | 2.00±0.71a | 2.02±1.34a | 1.81±0.52a | |

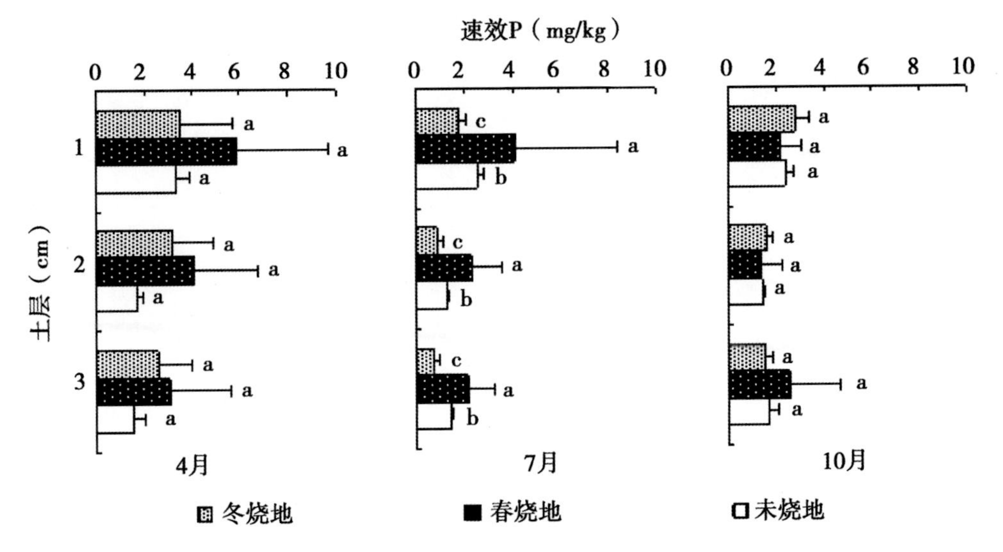


图 3-10-13　不同季节火烧对土壤速效磷含量的影响

Fig 3-10-13　The influence of burning on soil available P

③土壤速效钾的变化。不同火烧处理样地平均速效 K 含量没有显著差异，表土层的速效 K 含量明显高于下层（表 3-10-14）。从分开土层的统计结果来看（图 3-10-14），3 个季节的表土层和 4、7 月的 10~20cm 土层，均表现出冬烧地 > 春烧地 > 未烧地，因而其综合的结果说明火烧对土壤速效 K 的增加具有一定的作用，与其他学者的研究报道是一致的（Stanford G，1993；Brinkmann W L F，1973）。而且这种作用在整个生长季得以保持，不管是 7 月份速效 K 整体性升高还是 10 月份整体性的下降。但同样由于地被物少、生物量低，本氏针茅草原火烧对土壤速效 K 的增加并不是很显著。

表 3-10-14　不同季节火烧处理对土壤速效钾含量的影响

Tab. 3-10-14　The influence of burning on soil available K　(g/kg)

| 月份 | 土层 | 冬烧地 | 春烧地 | 未烧地 | 土层平均 |
|---|---|---|---|---|---|
| 4 | 0~10cm | 78.94±36.22 | 64.10±4.12 | 57.70±2.22 | 66.91±20.55a |
| | 10~20cm | 42.37±12.52 | 38.25±1.06 | 34.30±2.00 | 38.31±7.26b |
| | 20~30cm | 30.75±1.10 | 37.60±2.25 | 32.83±2.34 | 33.72±3.49b |
| | 平均 | 50.69±29.01a | 46.65±13.31a | 41.61±12.23a | |
| 7 | 0~10cm | 86.70±34.19 | 72.99±4.27 | 65.81±7.18 | 75.17±19.86a |
| | 10~20cm | 43.62±13.86 | 41.13±1.18 | 36.97±0.55 | 40.58±7.55b |
| | 20~30cm | 29.88±0.47 | 40.88±1.05 | 34.79±1.23 | 35.19±4.85b |
| | 平均 | 53.40±31.61a | 51.67±16.15a | 45.85±15.43a | |
| 10 | 0~10cm | 81.48±34.40 | 62.46±7.54 | 53.53±4.78 | 65.82±21.65a |
| | 10~20cm | 32.33±0.85 | 35.69±12.72 | 33.09±1.01 | 33.70±6.58b |
| | 20~30cm | 31.67±2.46 | 31.97±0.88 | 27.94±2.28 | 30.53±2.61b |
| | 平均 | 48.49±30.16a | 43.37±16.20a | 38.19±12.03a | |

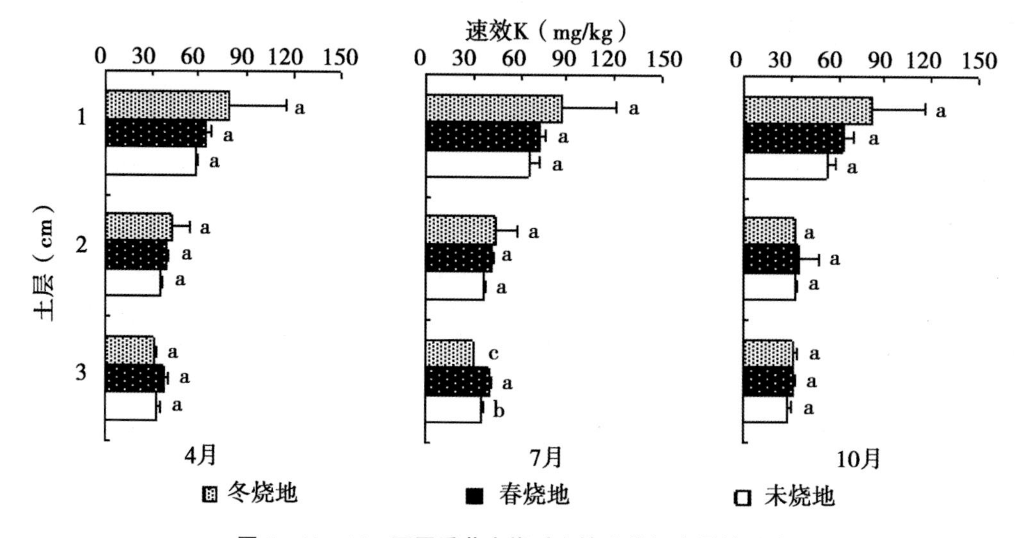


图 3-10-14　不同季节火烧对土壤速效钾含量的影响

Fig 3-10-14　The influence of burning on soil available K

3.2.3　讨论

火烧对草原土壤的影响比较复杂，不同研究条件得到的结论差别很大，其影响机理尚不清楚。

土壤含水量在 4 月的各样地之间没显著差异，在 7 月、10 月，火烧地含水量明显低于未烧地，可能与植被的吸收利用有关，但从群落的数据来看，没有明显的联系。容重则表现为 4 月火烧地明显低于未烧地，表现出火烧对土壤的改良作用。但植物繁盛的 7 月之后，容重的差异则不显著。紧实度在整个调查期在各火烧处理样地之间均无显著差异。

火烧能提高土壤 pH 值，在测定的 3 个土层，冬烧和春烧火烧样地土壤 pH 值均显著高于未烧样地，而两个火烧处理之间没有明显差异。火烧对土壤全量养分的影响各不相同。火烧降低有机质和全 N 含量，冬烧更为明显，而提高全 P 含量，其中，冬烧也相对明显。

在土壤速效养分含量方面，目前国内外多数研究得出的结论是，一般情况下火烧会使土壤的速效 N、P、K 含量增加（姜勇，2003；李政海，1994；周瑞莲，1997；沙丽清，1998；Brinkmann W L F，1973；田昆，1997；周道玮，1999）。在本文的研究结果显示，4 月，冬烧地碱解 N 高于春烧地，而未烧地最低，但三者之间无明显差异；7 月冬烧地高于另两样地，表层土中这种差异达到了显著水平；10 月表层土中，冬烧地仍高于另两个样地，但差异未达到显著。在整个生长季节内，调查地土壤碱解 N 含量呈现“∧”字形，而且从表层到下层依次显著降低。对速效 P 来讲，4 月份春烧地含量显著地高于未烧，而冬烧与另两者无明显差异；7 月春烧地最高，冬烧地最低，差异均显著，而且它们的对应土层之间也有相同趋势；10 月春烧地仍高于另两者，但差异未达到显著。说明对于本氏针茅草原火烧尤其是春季火烧有利于增加土壤速效 P 含量。从季节变化来讲，速效 P 春季最高，夏秋季变化不大；在土层上随深度的加深总体呈下降趋势，但在不同季节间表现不同。速效 K 含量在整个生长季均表现出冬烧地 > 春烧地 > 未烧地，表层也有着相同的趋势，这一现象表明火烧对土壤速效 K 的增加具有一定的作用，但效果不太明显。整个调查地速效钾含量随时间的推移而有递减趋势，但变化不显著；对土层来讲，各时期均是表层土显著为高。概括来讲，土壤速效 N、P、K 含量的高低与凋落物、土壤生物活性、淋失及植物的吸收等相关（杨万勤，2001），而火烧影响土壤养分含量的最直接因素是通过快速分解立枯体和凋落物并将其中积累的物质和能量归还到土壤中来实现的（周道玮，1993）。从研究的结果看，火烧对土壤速效养分的增加具有一定的作用，对于 N 冬季火烧更明显，对于 P 春季火烧更明显。但由于试验区草原地被物很少，植物较稀疏，火烧处理对土壤速效养分的增加不是很显著。

### 3.3　不同火烧处理下优势种本氏针茅的生理响应

植物适应干扰的方式主要有物候、形态和生理等方面（Weiher E，1999）。植物对逆境产生的生理代谢非常复杂的，在长期的进化过程中，它们形成了一套维持自身内稳态的生理机制，通过其体内的一些生理和生化反应来抵制和适应不利的环境条件（Weiher E，2009）。本研究以不同火烧样地优势种本氏针茅为材料，对其叶片叶绿素、渗透调节物质、膜脂过氧化产物和保护酶含量的差异进行比较分析、为较好理解火烧对草原植物的生理作用及植物耐火机理提供基础数据。

#### 3.3.1　叶绿素含量的比较

叶绿素是一类与光合作用有关的最重要的色素，主要作用是获取光能并将其转化为化学能，其含量往往与植物的生长阶段、生长状况及对环境的适应性有关（王静，2010；陆新华，2010）。表 3 - 10 - 15 是不同火烧样地本氏针茅的叶绿素 a、b 及 a + b 含量的测定结果。

在整个生长季，由于不同季节里光照、水分、温度等环境因素的变化，本氏针茅叶绿素 a、b 及叶绿素 a + b 含量呈现增减明显的动态变化，在测定的三个月份内，7 月份含量最高，而春季和秋季较低。在整个调查期间，叶绿素 a 含量一直高于叶绿素 b，而且三个指标的变化趋势基本一致。

**表 3 – 10 – 15 同火烧处理下本氏针茅叶绿素 a、b、a + b 含量的差异**

**Tab. 3 – 10 – 15 The differences of content of chlorophyll a、b、a + b under different burning treatment**

（mg/g）

| 指标 | 月份 | 样地类型 | | |
|---|---|---|---|---|
| | | 冬烧 | 春烧 | 未烧 |
| 叶绿素 a | 5 | 1. 143 ±0. 038b | 1. 521 ±0. 021a | 1. 042 ±0. 113b |
| | 7 | 2. 036 ±0. 015a | 1. 937 ±0. 008c | 1. 979 ±0. 021b |
| | 10 | 1. 308 ±0. 150b | 1. 574 ±0. 049a | 1. 564 ±0. 080a |
| 叶绿素 b | 5 | 0. 564 ±0. 010b | 0. 686 ±0. 011a | 0. 498 ±0. 049c |
| | 7 | 1. 145 ±0. 043b | 1. 092 ±0. 031b | 1. 322 ±0. 008a |
| | 10 | 0. 579 ±0. 074b | 0. 809 ±0. 050a | 0. 708 ±0. 056a |
| 叶绿素 a + b | 5 | 1. 707 ±0. 028b | 2. 207 ±0. 032a | 1. 539 ±0. 162b |
| | 7 | 3. 181 ±0. 031b | 3. 029 ±0. 036c | 3. 302 ±0. 008a |
| | 10 | 1. 887 ±0. 224b | 2. 383 ±0. 065a | 2. 272 ±0. 136a |

虽然不同火烧样地的叶绿素含量随季节呈相同的变化趋势，但在各个时期的样地之间具有一定的差异性。在生长初期的 5 月，春烧地叶绿素 a、b 及它们总量均显著高于冬烧和未烧，冬烧地的叶绿素 b 也比未烧明显高，说明火烧促进了本氏针茅叶的更新，在叶绿素含量上表现了出来，尤其是春烧地更明显。7 月份温度上升、日照长度增加，在正常的变化范围内叶绿素含量会随之增加，但研究区降水量在 6 月份到 7 月初很低，干旱常使叶绿素合成受阻，降解加快（刘国华，2011；卢琼琼，2012；赵瑾，2007），在这些因子变化的综合作用下本氏针茅叶绿素含量表现为整体升高，但各样地含量的大小关系发生了变化。对各样地来讲，相同时期气候条件是一致，但土壤条件有一定的差异，其中土壤含水量最为重要，可以反映植物可吸收的水分多少。从表 3 – 10 – 15 可知，7 月土壤含水量为未烧 > 冬烧 > 春烧，叶绿素也呈现出同样的变化。此时期土壤含水量低，植物受到了干旱的胁迫，表现出叶绿素含量与样地水分含量的密切相关。10 月，伴随着环境因子的变化，本氏针茅即将进入休眠期，叶绿素含量显著下降，更看不出火烧的影响。

### 3. 3. 2 丙二醛（MDA）含量的比较

植物在逆境或衰老过程中，其细胞内的自由基代谢平衡被破坏，从而产生大量自由基，引发或加剧膜脂过氧化作用，造成细胞膜系统的损伤（宋自力，2011）。丙二醛是脂质过氧化的主要产物之一（王金龙，2011），其含量可被用于衡量植物细胞膜受损程度（黄溦溦，2011）。表 3 – 10 – 16 是不同季节火烧样地本氏针茅丙二醛含量的比较。

表 3－10－16　不同火烧处理下本氏针茅丙二醛含量的差异

Tab. 3－10－16　The differences of MDA content under different burning treatment

（μmol/L）

| 月份 | 样地类型 | | |
|---|---|---|---|
| | 冬烧 | 春烧 | 未烧 |
| 5 | 2.186 ±0.637a | 1.805 ±0.399a | 1.720 ±0.383a |
| 7 | 3.951 ±0.022a | 2.781 ±0.148b | 4.039 ±0.625a |
| 10 | 3.163 ±0.336b | 4.256 ±0.511a | 3.808 ±0.605a |

据数据可知，不同火烧处理地本氏针茅丙二醛含量在不同时期呈现不同的大小变化。5 月，冬烧地最高，未烧地最低，但三者之间没达到显著差异。7 月，春烧显著低于未烧和冬烧，而 10 月冬烧则显著低于另两个处理。相比较而言，各火烧样地本氏针茅丙二醛含量在不同时期呈现不同的大小动态，没有表现一定的规律性。

3.3.3　脯氨酸（Pro）含量的比较

渗透调节是植物细胞通过渗透调节物质来降低细胞的渗透势，从而维护细胞水分平衡及细胞各种生理过程的正常进行的一种生理机制（黎裕，1994）。渗透调节物质的含量在植物体内不是衡定的，而是随着植物所处环境的变化而变化（俞丽蓉，2011），当植物受到逆境干扰时，通过积累大量的渗透调节物质来提高细胞的渗透调节能力，从而更好地适应不利的环境条件（桑子阳，2001）。脯氨酸是植物体内重要的渗透调节物质之一，它对环境的变化也较敏感，其含量常随着植物的生长环境的改变而改变，因此有时可以将其作为判断植物是否处于逆境的指示物质（俞丽蓉，2011）。火烧处理后本氏针茅脯氨酸含量的变化见表 3－10－17。

表 3－10－17　不同火烧处理下本氏针茅脯氨酸含量的差异

Tab. 3－10－17　The differences of proline content under different burning treatment（μg/g）

| 月份 | 样地类型 | | |
|---|---|---|---|
| | 冬烧 | 春烧 | 未烧 |
| 5 | 18.206 ±0.690a | 12.347 ±1.116b | 13.176 ±1.417b |
| 7 | 91.285 ±5.338c | 122.822 ±7.307b | 140.760 ±2.576a |
| 10 | 127.106 ±3.663b | 128.626 ±2.638b | 159.804 ±4.814a |

由表可见，不同火烧处理样地脯氨酸含量在调查时期表现相似的增长动态，但均有大小差异。5 月三个处理脯氨酸含量只有 12～19μg/g，冬烧明显高于未烧和春烧。7 月干旱，10 月低温，其含量急剧增加，说明本氏针茅在积累一定的脯氨酸而调节其渗透作用，从而有效应对环境变化，这两时期脯氨酸含量大小依次为未烧 > 春烧 > 冬烧，其中，7 月三者之间均存在显著差异，而 10 月则两个火烧地明显低于未烧。但这些差异没有表现出火烧处理的规律性变化。

3.3.4　保护酶活性的比较

植物在逆境条件下遭受的伤害以及植物对逆境的不同抵抗能力往往与与体内的超氧

化物歧化酶（SOD）、过氧化物酶（POD）、过氧化氢酶（CAT）活性有很大关系，这些酶对清除生物体内由于逆境胁迫而产生的大量自由基担负有举足轻重的作用（刘海星，2009），这过程中不是某一种酶单独作用，而是这几种酶协同抵抗胁迫诱导的氧化伤害（桑子阳，2001）。这一部分研究了不同样地本氏针茅叶子 SOD、POD、CAT 活性的季节变化，以期揭示不同火烧处理下植物保护酶的响应。

（1）超氧化歧化酶（SOD）活性的比较。SOD 是植物对膜脂过氧化的酶促防御系统中的一种重要保护酶，其主要作用是快速催化超氧阴离子的歧化反应，从而消除超氧自由基对植物的伤害，是抗氧化系统的第一道防线（刘海星，2009）。植物体内 SOD 活力的变化是衡量植物抗逆性的重要指标，植物体在逆境的条件下 SOD 活力会升高（王海山，2012）。

**表 3－10－18　不同火烧处理下本氏针茅超氧化歧化酶活性的差异**

**Tab. 3－10－18　The differences of SOD activity under different burning treatment**　(U/g)

| 月份 | 样地类型 | | |
|---|---|---|---|
| | 冬烧 | 春烧 | 未烧 |
| 5 | 84.272 ±0.886a | 50.000 ±1.408b | 45.070 ±1.057c |
| 7 | 207.277 ±2.824b | 180.986 ±2.309c | 223.239 ±2.309a |
| 10 | 174.341 ±0.930b | 152.197 ±1.055c | 186.878 ±4.588a |

由表可以看出，在整个生长季节的调查的 3 个时期，3 个火烧处理样地本氏针茅 SOD 活性呈现先增加后降低的变化趋势，两个火烧样地与未烧相比，5 月比未烧显著高，而 7 月、10 月比未烧显著低。两个火烧之间相比较，冬烧地一直高于春烧。

（2）过氧化物酶（POD）活性的比较。POD 也是植物体内抗氧化保护酶系统的重要酶之一，它参与木质素、酚类物质及植保素的合成（杨艳芳，2010）。POD 在木质素合成的最后一步反应过程中催化 $H_2O_2$ 分解而在有效阻止 $H_2O_2$ 的积累，限制潜在的氧伤害方面发挥着作用（刘娟，2010）。

**表 3－10－19　不同火烧处理下本氏针茅过氧化物酶活性的差异**

**Tab. 3－10－19　The differences of POD activity under different burning treatment**

[U/（g FM·min）]

| 月份 | 样地类型 | | |
|---|---|---|---|
| | 冬烧 | 春烧 | 未烧 |
| 5 | 1 120.333 ±12.741a | 1 140.667 ±102.109a | 865.500 ±48.808b |
| 7 | 2 363.000 ±10.440a | 2 420.333 ±92.770a | 2 404.000 ±101.474a |
| 10 | 2 198.667 ±12.702a | 1 998.000 ±26.058b | 1 981.333 ±156.017b |

由表 3－10－19 的不同火烧样地本氏针茅 POD 活性变化中可以看出，5 月，火烧样地 POD 活性显著高于未烧地，但两个火烧之间没有差异。7 月，各样地 POD 活性总体比 5 月上升，但各样地没显著差异。10 月则比 7 月有所下降，冬烧地 POD 活性明显高

于春烧和未烧。

（3）过氧化氢酶（CAT）活性的比较。CAT 与 POD 类似，也是植物体内消除自由基的酶类，SOD 清除 $O^{2-}$ 形成的 $H_2O_2$ 经 CAT 进一步分解。

表 3－10－20　不同火烧处理下本氏针茅过氧化氢酶活性的差异

Tab. 3－10－20　The differences of CAT activity under different burning treatment

［U/（g FM · min）］

| 月份 | 样地类型 | | |
|---|---|---|---|
| | 冬烧 | 春烧 | 未烧 |
| 5 | 241.458 ± 1.909a | 108.125 ± 9.842c | 170.000 ± 10.899b |
| 7 | 108.750 ± 7.333a | 88.458 ± 1.337b | 64.625 ± 2.815c |
| 10 | 26.583 ± 0.832c | 33.333 ± 0.711b | 41.042 ± 4.816a |

表 3－10－20 数据显示，各个火烧处理样地本氏针茅 CAT 活性随着生长季节推移均表现下降的趋势。在 3 个季节，在不同样地的 CAT 活性之间均存在显著差异，5 月大小依次为冬烧 > 未烧 > 春烧；7 月为冬烧 > 春烧 > 未烧；10 月为未烧 > 春烧 > 冬烧，更没有表现出与火烧的关系。

### 3.3.5　生理指标的变化与气候因子的关系

火烧改变植物所处环境条件，从而对植物产生间接作用。其中，植物生理指标很容易受到环境因子的影响，而且其变化是诸多环境因子的综合效应的结果，对本氏针茅生理指标与环境因子之间做逐步回归分析，从而找出对它们具有主导作用的环境因子，结果见表 3－10－21。

表 3－10－21　本氏针茅生理指标与气候因子的关系

Tab. 3－10－21　The relation among physiological indexes and the climate factors

| 生理指标 Y | 回归方程 regression equation | 决定系数 $R^2$ | 注 Note |
|---|---|---|---|
| 叶绿素 a | $Y = 6.388 - 0.079X$ | 0.812 | X：降水量 |
| 叶绿素 b | $Y = -1.680 + 0.011X$ | 0.882 | X：日照时数 |
| 叶绿素 a + b | $Y = -3.011 + 0.024X$ | 0.845 | X：日照时数 |
| 丙二醛（MDA） | $Y = -43.421 - 0.466 X_1 - 0.053 X_2$ | 0.785 | $X_1$：降水量<br>$X_2$：日照时数 |
| 脯氨酸（Pro） | $Y = 2874.736 - 31.651 X_1 - 3.832 X_2$ | 0.931 | $X_1$：降水量<br>$X_2$：日照时数 |
| 超氧化歧化酶（SOD） | $Y = 2313.685 - 27.358 X_1 - 2.254 X_2$ | 0.933 | $X_1$：降水量<br>$X_2$：日照时数 |
| 过氧化物酶（POD） | $Y = 21394.982 - 249.085 X_1 - 193.702 X_2$ | 0.974 | $X_1$：降水量<br>$X_2$：日照时数 |

结果显示，叶绿素 a 与降水量负相关，干旱会使叶绿素 a 的含量上升，表现出本氏针茅耐旱性的特点；叶绿素 b、叶绿素总量与日照时数正相关，即在季节变化中随着日

照时数的增强，光合作用增强。丙二醛、脯氨酸、SOD、POD 的变化具有一致的规律性，即它们的季节变化都受到降水和日照时数的影响，并且都表现出负相关关系。通过以上结果可以看出，本氏针茅的生理指标在一年中的不同季节会有较大的变动性，在这种变动中，降水量起着主要的作用，其次是日照时数，而温度的影响不大。

3.3.6　讨论

通过比较不同季节火烧处理样地本氏针茅叶片生理指标发现，本氏针茅叶片各项生理指标对不同火烧处理的响应各不相同，表现较复杂的关系。

叶绿素 a、b 及它们的总量在不同时期的各火烧处理之间有一定的大小差异，5 月它们含量在火烧地高于未烧地，表现出火烧对叶绿素含量的提高作用，尤其是春烧。7 月叶绿素各指标含量在春烧最低，而未烧最高（除叶绿素 a 外），而 10 月则春烧最高，未烧次之，冬烧最低。反映出这两个时期的差异性很复杂，看不出火烧影响的规律性变化。从逐步回归分析可知，叶绿素含量的变化主要与降水、日照时数有关，7 月份的干旱是叶绿素 a 升高的主导因子，而日照时数的增加是叶绿素 b 的主导因子，它们的和更偏近于日照的影响。但对于不同火烧样地来讲，这些气候因子是一致的，差异之处在于土壤条件和植被的生长，但土壤养分与生理指标的关系还未见报道。因而很难找出影响样地生理指标差异的主导因子。只是在 7 月表现为土壤含水量为未烧 > 冬烧 > 春烧，叶绿素也呈现出同样的变化，表现出叶绿素含量与样地水分含量的相关性。其他生理指标在不同季节不同样地间的差异性变化均体现不出火烧的规律性影响，因而火烧对于草本植物生理特性的影响是复杂的。各个生理指标随季节的变化呈现显著地变化，丙二醛、脯氨酸、SOD 和 POD 的季节变化均受降水和日照时数的影响，并且都表现出负相关关系。其中降水的作用更为明显，而温度的变化影响不大，说明这些抗性生理指标对干旱的变化更为敏感。

总之，火烧直接伤害能产生植物生理指标变化，此外火烧后伴随其他环境因子的改变，植物也能作出一些生理响应。某一生理指标的变化反映植物生理活动的一个侧面，因此必须将多项指标综合、系统地进行分析，才能得出相对客观的结果。研究发现不同火烧处理地本氏针茅各项生理指标均有一些差异，不过大部分可能是环境变化引起的。火烧的影响在生长季初期会有所体现，但这种影响也是间接的。因为不同时期的火烧对植物的盖度、生物量、密度等产生影响，也直接影响到土壤，而植物的变化又会间接地影响土壤的理化性质，它们综合作用的结果会使不同火烧处理样地的小生境产生差异。植物对这种变化的生理反应较为敏感，但这种变化相比季节不同引起的变化是微小的，因而生理指标在不同季节间有着十分明显的变化，而在不同火烧处理间多数变化不显著，即使有显著差异，也是更多地体现出前述的综合作用的结果，很难分清楚具体的影响因子。

## 4　结果

（1）不同火烧处理对群落特征产生不同的影响。本氏针茅草原在火烧后群落的地上生物量减少，并且在整个生长季中火烧处理地的群落地上生物量基本低于未烧地，春季火烧的作用更为明显，尤其表现在生长季初期的 5、6 月份。春季火烧的同样的影响也体现在盖度上，而冬季火烧后，盖度只在5、6月低于未烧地，其他各月均高于未烧地，不过这种差异性均未达到显著。火烧处理对群落密度的影响不大。春季火烧可提高群落的多样性和均匀性，不论是火烧后的生长初期还是生长后期，而冬季火烧后的变化不明显。

（2）不同火烧处理对共有种的盖度、高度、密度、生物量产生不同的生态影响。对建群种丛生禾草本氏针茅来讲，春季火烧使其盖度、高度和生物量下降，冬烧也使其高度和生物量下降，表现出火烧对该种的抑制作用，尤其是春季火烧。而对于恒有种丛生小禾草糙隐子草而言，火烧降低其高度，但增加其盖度、生物量和密度，综合反映出对它的促进作用。对于群落的亚优势种半灌木达乌里胡枝子，春烧地的盖度、生物量和密度低，但冬烧的影响没有规律性。对根茎禾草羊草而言，春烧地的盖度、生物量和密度增加，但冬烧的作用正相反。因而对于这两个物种来讲，火烧的影响没有一致的规律性变化，它们表现出的差异性可能与样地间的差异有关。

（3）火烧后土壤的理化性质具有一定的变化。土壤容重在火烧后的初期下降，之后与未烧地差异不显著，而土壤含水量则在初期没有明显差异，生长旺盛期及之后呈现降低趋势，这与植物的利用有关。不论是春季还是冬季火烧，土壤的pH值均比未烧地显著增高，但两个火烧处理间差异不显著。就土壤全量养分而言，冬烧地土壤有机质、全N含量明显为低，但全P含量显著为高。对于速效养分，N、P、K均表现为火烧后初期含量升高，且土壤表层较明显，但只有春季火烧的土壤速效P的增高达到了显著。由于地被物少，火烧处理对土壤速效养分的增加不是很显著。

（4）火烧促进了本氏针茅叶的更新，在生长季初期的5月，火烧地叶绿素含量高于未烧地，春烧更为明显，但之后的变化则受环境因子的综合影响，很难反映出火烧的作用。同样其他生理指标的变化也未表现出火烧的明显影响，而是随季节的变化呈现显著地变化，丙二醛、脯氨酸、SOD和POD的季节变化均受降水和日照时数的影响，并且都表现出负相关关系，其中降水的作用更为明显，而温度的变化影响不大，说明这些抗性生理指标对干旱的变化更为敏感。

## 参考文献


［1］http：//www.chinanews.com/tp/hd/2010/12－06/17724.shtml，2010.

［2］梁芸．甘肃省森林、草原火灾定量判识方法研究［J］．干旱气象，2004，22（04）：60－63.

［3］刘桂香，宋中山，苏和，等．中国草原火灾监测预警［M］．北京：中国农业科学技术出版社，2008.

［4］刘玉洁，杨中东，等．MODIS遥感信息处理原理与算法［M］．北京：科学出版社，2001.

［5］王宗礼，孙启忠，常秉文．草原灾害［J］．北京：中国农业科学技术出版社，2009.

［6］徐柱．面向21世纪的中国草地资源［J］．中国草地，1998，5：1－8.

［7］章祖同，等．内蒙古草地资源［M］．呼和浩特：内蒙古人民出版社，1990.

[8] Dozier J. A method for satellite identification of surface temperature fields of subpixel resolution. Remote Sensing of Environment, 74 (3): 33 - 38.

[9] Tong Zhijun, Zhang Jiquan * , Liu Xingpeng. GIS - based risk assessment of grassland fire disaster in western Jilin province, China. Stochastic Environmental Research and Risk Assessment, 2009, 23: 463 - 471 (SCI) .

[10] Watson K, Rowen L C, Offield T W. Application of thermal modelingin the geologic interpretation of IR images. Remote Sens Environ, 1971, 3: 2 017 - 2 041.

[11] 陈世荣. 草原火灾遥感监测与预警方法研究 [D]. 北京: 中国科学院研究生院(遥感应用研究所), 2006.

[12] 冯蜀青, 肖建设, 校瑞香, 等. 基于 EOS/MODIS 的亚像元火情监测方法 [J]. 草业科学, 2008, 3: 130 - 132.

[13] 傅泽强, 王玉彬, 王长根. 内蒙古干草原春季火险预报模型的研究 [J]. 应用气象学报, 2001, 12 (02): 202 - 209.

[14] 韩启龙, 张国民, 才旦卓玛. 海北州草原火源分析及管理对策 [J]. 青海草业, 2005, 03.

[15] 李兴华, 郝润全, 李云鹏. 内蒙古森林草原火险等级预报方法研究及系统开发 [J]. 内蒙古气象, 2001, 3: 32 - 35.

[16] 李兴华, 吕迪波, 杨丽萍. 内蒙古森林、草原火险等级中期预报方法研究 [J]. 内蒙古气象, 2004, (04): 35 - 37.

[17] 梁芸. 甘肃省森林、草原火灾定量判识方法研究 [J]. 干旱气象, 2004, 22 (04): 60 - 63.

[18] 刘诚, 李亚军, 赵长海, 等. 气象卫星亚像元火点面积和亮温估算方法 [J]. 应用气象学报, 2004, 15 (3): 273 - 280.

[19] 刘桂香, 宋中山, 苏和, 等. 中国草原火灾监测预警 [M]. 北京: 中国农业科学技术出版社, 2008.

[20] 刘桂香, 苏和, 色音巴图, 等. 内蒙古草原火灾预测预报的探讨 [C]. 中国科学技术协会 2002 年减轻自然灾害研讨会论文汇编, 2002: 8 - 10.

[21] 刘玉洁, 杨中东, 等. MODIS 遥感信息处理原理与算法 [M]. 北京: 科学出版社, 2001.

[22] 裴浩, 敖艳红, 李云鹏, 等. 利用极轨气象卫星监测草原和森林火灾 [J]. 干旱区资源与环境, 1996, 2: 74 - 80.

[23] 苏和, 刘桂香. NOAA 卫星地面接收系统及其火灾监测中的应用 [J]. 中国农业资源与区划, 1998, 5: 38 - 40.

[24] 苏和, 刘桂香. 草原火灾监测系统及应用 [J]. 中国草地, 1996, 5: 66 - 69.

[25] 苏和, 刘桂香. 锡林郭勒草原近 40 年火灾分析 [J]. 草业科学, 2004 (增刊): 143 - 145.

[26] 苏和, 刘桂香. 应用 NOAA 卫星数据监测与评估内蒙古草原火灾的初步探讨[J]. 中国草地, 1995, 2: 12 - 14.

[27] 魏永林，宋理明，马宗泰，等．海北地区天然草地（冷季）草畜平衡分析及对策［J］．青海草业，2007（03）：43－46.

[28] 徐柱．面向21世纪的中国草地资源［J］．中国草地，1998，（05）：1－8.

[29] 张继权，刘兴朋，周道玮，等．基于信息矩阵的草原火灾损失风险研究［J］．东北师大学报（自然科学版），2006，38（04）：129－134.

[30] 章祖同等．内蒙古草地资源［M］．呼和浩特：内蒙古人民出版社，1990.

[31] 周伟奇，王世新，周艺，等．草原火险等级预报研究［J］．自然灾害学报，2004，13（02）：75－79.

[32] Garcia M，Chuvieco E，Nieto H，et al. Combining AVHRR and meteorological data for estimating live fuel moisture content［J］．Remote Sensing of Environment，2008，112（9）：3 618－3 627.

[33] J. Verbesselt，B. Somers，S. Lhermitte，et al. Monitoring herbaceous fuel moisture content with SPOT vegetation time－series for fire risk prediction in savanna ecosystems［J］. Remote Sensing of Environment，2007，108：357－368.

[34] Yebra，M.，Chuvieco，E.，& Riaño，D. Estimation of live fuel moisture content from MODIS images for fire risk assessment［J］．Agricultural and Forest Meteorology，2008，148：523－536.

[35] 崔庆东，刘桂香，卓义．锡林郭勒草原冷季牧草保存率动态研究［J］．中国草地学报，2009，31（1）：102－108.

[36] 崔庆东．冷季天然草地牧草现存量估测技术研究——以锡林郭勒草原为例［D］．北京：中国农业科学院研究生院，2009.

[37] 冯德成．朝阳区森林可燃物载量的遥感估测研究［D］．昆明：西南林学院，2008.

[38] 金森．遥感估测森林可燃物载量的研究进展［J］．林业科学，2006，42（12）：63－67.

[39] 刘桂香，宋中山，苏和，等．中国草原火灾监测预警［M］．北京：中国农业科学技术出版社，2008.

[40] 裴浩，李云鹏，范一大．利用气象卫星NOAA/AVHRR资料监测温带草原枯草季节牧草现存量的初步研究［J］．中国草地，1995，6：44－47.

[41] 唐荣逸．云南松林可燃物载量的遥感估测研究［D］．昆明：西南林学院，2007.

[42] 魏永林，宋理明，马宗泰，等．海北地区天然草地（冷季）草畜平衡分析及对策［J］．青海草业，2007，3（16）：43－46.

[43] 魏云敏．利用遥感影像估测塔河地区森林可燃物载量的研究［D］．哈尔滨：东北林业大学.2007.

[44] 温庆可，张增祥，刘斌，等．草地覆盖度测算方法研究进展［J］．草业科学，2009，26（12）：30－36.

[45] 杨文义，王英舜，贺俊杰．利用遥感信息建立草原冷季载畜量计算模型的研究［J］．中国农业气象，2001，22（1）：39－42.

[46] J. Pitman, G. T. Narisma and J. McAneney. The impact of climate change on the risk of forest and grassland fires in Australia [J]. Climatic Change, 2007, 84 (3 - 4): 383 - 401.

[47] Allyson A. J. Williams, David J. Karoly and Nigel Tapper. The Sensitivity of Australian Fire Danger to Climate Change [J]. Climatic Change, 2001, 49 (1 - 2): 171 - 191.

[48] Andrew Davidson, Shusen Wang, John Wilmshurst. Remote sensing of grassland - shrubland vegetation water content in the shortwave domain [J]. International Journal of Applied Earth Observation and Geoinformation, 2006, 8 (4): 225 - 236.

[49] Bowers S. A., Hanks R. J. Reflection of radiant energy from soils [J]. Soil Science, 1965, 100 (2): 130 - 138.

[50] Brigitte Leblon, Pedro Augusto Fernάndez García, Steven Oleford, et al. Using cumulative NOAA-AVHRR spectral indices for estimating fire danger codes in northern boreal forests [J]. International Journal of Applied Earth Observation and Geo - information, 2007, 9: 335 - 342.

[51] Emilio Chuvieco, David Coceroa, David Riañoa, Pilar Martinc, Javier Martl′nez-Vega, Juan de la Rivad, Fernando Pérez. Combining NDVI and surface temperature for the estimation of live fuel moisture content in forest fire danger rating [J]. Remote Sensing of Environment, 2004, 92 (3): 322 - 331.

[52] J Verbesselt, B Somers, S Lhermitte, et al. Monitoring herbaceous fuel moisture content with SPOT VEGETATION time-series for fire risk prediction in savanna ecosystems [J]. Remote Sensing of Environment, 2007, 108: 357 - 368.

[53] J. Verbesselt, B. Somers, J. van Aardt, I. Jonckheere, P. Coppin. Monitoring herbaceous biomass and water content with SPOT VEGETATION time-series to improve fire risk assessment in savanna ecosystems [J]. Remote Sensing of Environment, 2006, 101 (3): 399 - 414.

[54] J. Verbesselt, B. Somers, S. Lhermitte, I. Jonckheere, J. van Aardt, P. Coppin. Monitoring herbaceous fuel moisture content with SPOT VEGETATION time-series for fire risk prediction in savanna ecosystems [J]. Remote Sensing of Environment, 2007, 108 (4): 357 - 368.

[55] Krishna Prasad Vadrevu, Anuradha Eaturu, K V S Badarinath. Fire risk evaluation using multicriteria analysis-a case study [J]. Environmental Monitoring and Assessment, 2010, 166: 223 - 239.

[56] Lara A Arroyo, Cristina Pascual, José A Manzanera. Fire models and methods to map fuel types: The role of remote sensing [J]. Forest Ecology and Management, 2008, 256 (6): 1 239 - 1 252.

[57] Mariano Garcí A, Emilio Chuvieco, Héctor Nieto, et al. Combining AVHRR and meteorological data for estimating live fuel moisture content [J]. Remote Sensing of Envi-

ronment, 2008, 112 (9): 3 618 -3 627.

[58] Marta Yebra, Emilio Chuvieco, David Riaño. Estimation of live fuel moisture content from EOS/MODIS images for fire risk assessment [J]. Agricultural and Frost Meteorology, 2008, 148 (4): 523 -536.

[59] Peng Guangxiong, Li Jing, Chen Yunhao et al. A forest fire risk assessment using ASTER images in Peninsular Malaysia [J]. Journal of China University of Mining & Technology, 2007, 17 (2): 0232 -0237.

[60] Richard L. Snyder, Donatella Spano, Pierpaolo Duce, Dennis Baldocchi, Liukang Xu, Kyaw Tha Paw U. A fuel drynessindex for grassland fire-danger assessment [J]. Agricultural and Forest Meteorology, 2006, 139 (1 -2): 1 -11.

[61] TobyN. Carlson, EileenM. Perry, ThomasJ. Schmugge. Remoteestimation of soilmoisture availability and fractional vegetation cover for agricultural fields [J]. Agricultural and Forest Meteorology, 1990, 52 (1 -2): 45 -69.

[62] Weiqi Zhou, Yi Zhou, Shixin Wang, Qing Zhao. Early Warning For Grassland Fire Danger In North [J]. Geoscience and Remote Sensing Symposium, 2003, 4: 2 505 -2 507.

[63] 白帆，周大元，张丽平，等. 世界森林火灾预防与监控技术概述[J]. 林业劳动安全，2008，21 (03)：20 -25.

[64] 陈世荣. 草原火灾遥感监测与预警方法研究 [D]. 北京：中国科学院遥感应用研究所，2006.

[65] 程家合，韩雪英. 森林火灾监测和森林火险天气等级 [J]. 河南气象，2000 (03)：27 -28.

[66] 崔金刚，马翔宇，李景奎. 森林火灾早期预警的多光谱检测技术 [J]. 东北林业大学学报，2009，37 (07)：128 -129.

[67] 崔庆东，刘桂香，卓义. 锡林郭勒草原冷季牧草保存率动态研究 [J]. 中国草地学报，2009，31 (1)：102 -108.

[68] 都瓦拉，刘桂香，玉山，等. 内蒙古草原火险等级短期预报方法研究. 中国草地学报，2012，34 (4)：87 -92.

[69] 杜秀贤，郭绍存，邓文政，等. 呼盟林火及草原火预报系统的研究 [J]. 内蒙古气象，1997. (04)：20 -29.

[70] 傅泽强，王玉彬，王长根. 内蒙古干草原春季火险预报模型的研究 [J]. 应用气象学报，2001，12 (02)：202 -209.

[71] 胡林，冯仲科，聂玉藻. 基于 VLBP 神经网络的林火预测研究 [J]. 林业科学，2006，42 (S1)：155 -158.

[72] 黄勤珍，孟文. 应用 3S 实现森林火灾的自动监测与预警 [J]. 仪器仪表学报，2004，25 (S1)：163 -164.

[73] 李春云，戴玉杰，郑招云，等. 哲里木盟草原火灾的气象条件分析及火险预报 [J]. 中国农业气象，1997，18 (3)：30 -32.

[74] 李德甫，于国峰，王世录. 草原林火与气象条件的关系及火险天气预报 [J]. 吉林林业科技. 1989，82 (05)：33 - 35.
[75] 李德甫，于国锋，王世禄. 草原林火与气象条件的关系及火险天气预报 [J]. 吉林林业科技，1989，(5)：33 - 35.
[76] 李清清，刘桂香，都瓦拉，等. 乌珠穆沁草原枯草季可燃物量遥感监测，中国草地学报，2013，35 (2)：64 - 68.
[77] 李兴华，郝润全，李云鹏. 内蒙古森林草原火险等级预报方法研究及系统开发 [J]. 内蒙古气象，2001，(3)：32 - 34.
[78] 李兴华，吕迪波，杨丽萍. 内蒙古森林、草原火险等级中期预报方法研究 [J]. 内蒙古气象，2004，(04)：35 - 37.
[79] 李兴华，杨丽萍，吕迪波. 内蒙古夏季森林火灾发生原因及火险等级预报 [J]. 内蒙古气象，2004，(2)：27 - 29.
[80] 李兴华. 内蒙古东北部森林草原火灾规律及预警研究 [D]. 北京：中国农业科学院研究生院，2007.
[81] 刘桂香，宋中山，苏和，等. 中国草原火灾监测预警 [M]. 北京：中国农业科学技术出版社，2008.
[82] 刘桂香. 中国草原火灾监测预警 [M]. 北京：中国农业科学技术出版社，2008：1 - 2.
[83] 刘兴朋，张继权，周道玮，等. 中国草原火灾风险动态分布特征及管理对策研究 [J]. 中国草地学报，2006，28 (6)：77 - 82.
[84] 刘玉洁，杨忠东. MODIS 遥感信息处理原理与算法 [M]. 北京：科学出版社，2001：188 - 192.
[85] 鲁维. 基于图像处理的火灾智能监视识别技术的研究 [D]. 西安：长安大学，2009.
[86] 罗永忠. 祁连山森林可燃物及火险等级预报的研究 [D]. 兰州：甘肃农业大学，2005.
[87] 马治华，刘桂香，李景平，等. 内蒙古荒漠草原生态环境质量评价 [J]. 中国草地学报，2007，29 (6)：17 - 21.
[88] 裴浩，李云鹏，范一大. 利用气象卫星 NOAA/AVHRR 资料监测温带草原枯草季节牧草现存量的初步研究 [J]. 中国草地，1995，17 (6)：44 - 47.
[89] 宋卫国，马剑，Satoh K，王健. 森林火险与气象因素的多元相关性及其分析[J]. 中国工程科学，2006，8 (02)：61 - 66.
[90] 覃先林. 遥感与地理信息系统技术相结合的林火预警方法的研究 [D]. 北京：中国林业科学研究院，2005.
[91] 王娟，赵江平，张俊，等. 我国森林火灾预测及风险分析 [J]. 中国安全生产科学技术，2008，4 (04)：41 - 45.
[92] 王丽涛，王世新，乔德军，等. 火险等级评估方法与应用分析 [J]. 地球信息科学，2008，10 (05)：578：585.

[93] 许东蓓. 甘肃省森林火灾特征及火险预报方法研究 [D]. 南京：南京信息工程大学，2006.

[94] 许秀红，刘春生，赵友红. 草原火险等级预报数据库子系统 [J]. 黑龙江气象，1997，(03)：34 - 40.

[95] 杨国斌. 大理市森林火险等级区划研究 [J]. 林业调查规划，2008，33 (06)：67 - 70.

[96] 羿宏雷. 森林防火气象站在森林火灾预警中的应用 [J]. 林业劳动安全，2009，22 (03)：36 - 38.

[97] 于成龙. 基于 GIS 和 RS 森林火险预测的研究 [D]. 哈尔滨：东北林业大学，2007.

[98] 余亮，边馥苓. 粗糙神经网络在森林火灾预警中的应用 [J]. 武汉大学学报 (信息科学版)，2006，31 (08)：720 - 723.

[99] 袁美英，许秀红，邹立尧，等. 黑龙江省草原火险及其预报 [J]. 黑龙江气象，1997，(3)：37 - 39.

[100] 郑海青，张春桂，陈家金，等. 气象卫星遥感预警福建省森林火灾 [J]. 气象科技，2003，31 (03)：190 - 193.

[101] 周建国. 基于 RS 和 GIS 的森林火险等级预报研究 [D]，长沙：中南大学，2009.

[102] 周利霞. 基于 MODIS 数据火灾预警研究 [D]. 长沙：中南大学，2008.

[103] 周伟奇，王世新，周艺，等. 草原火险等级预报研究 [J]. 自然灾害学报，2004，13 (2)：75 - 79.

[104] Brigitte Leblon, Pedro Augusto Fernάndez García, Steven Oldford, David A. Macleana, Michael Flannigan. Using cumulative NOAA-AVHRR spectral indices for estimating fire danger codes in northern boreal forests [J]. International Journal of Applied Earth Observation and Geoinformation, 2007, 9 (3): 335 - 342.

[105] Cheikh Mbow, Kalifa Goita, Goze B. Be′nie′. Spectral indices and fire behavior simulation for fire risk assessment in savanna ecosystems [J]. Remote Sensing of Environment, 2004, 91 (1): 1 - 13.

[106] Fabio Maselli, Stefano Romanellib, Lorenzo Bottaib, Gaetano Zipolia. Use of NOAA - AVHRRNDVI images for the estimation of dynamic fire risk in Mediterranean areas [J]. Remote Sensing of Environment, 2003, 86 (2): 187 - 197.

[107] Guang - xiong PENG, Jing LI, Yun - hao CHEN, Abdul - patah NORIZAN. A forest fire risk assessment using ASTER images in peninsular Malaysia [J]. Journal of China University of Mining and Technology, 2007, 17 (2): 232 - 237.

[108] Aguado, E. Chuvieco, P. Martín, J. Salas. Assessment of forest fire danger conditions in southern Spain from NOAA images and meteorological indices [J]. International Journal of Remote Sensing, 2003, 24 (8): 1 653 - 1 668.

[109] Iphigenia Keramitsoglou, Chris T. Kiranoudis, Haralambos Sarimvels and Nicolaos Si-

fakis. A Multidisciplinary Decision Support System for Forest Fire Crisis Management [J]. Environmental Management, 2004, 33 (2): 21 -225.

[110] N NORIZAN Abdul - patah. A Forest Fire Risk Assessment Using ASTER Images in Peninsular Malaysia [J]. Journal of China University of Mining & Technology, 2007, (02): 232 -237.

[111] P. A. Hernandez - Leal, M. Arbelo, A. Gonzalez - Calvo. Fire risk assessment using satellite data [J]. Advances in Space Research, 2006, 37 (4): 741 -746.

[112] Sandra Lavorel, Mike D. Flannigan, Eric F. Lambin and Mary C. Scholes. Vulnerability of land systems to fire: Interactions among humans, climate, the atmosphere, and ecosystems [J]. Mitigation and Adaptation Strategies for Global Change, 2007, 12 (1): 33 -53.

[113] 曹曾皓, 张宗群. 川西高原草原火险危害等级预报方法简介 [J]. 四川气象, 2005, 25 (02): 22 -23.

[114] 程熙. 基于 GIS 和信息熵的森林火险评价研究. [D]. 成都: 四川师范大学, 2007.

[115] 高歌, 张洪涛, 张尚印. 内蒙古森林气象火险等级数值模拟个例研究 [J]. 自然灾害学报, 2004, 13 (05): 32 -39.

[116] 谷洪彪. 松原灌区土壤盐碱灾害风险评价及水盐调控研究. [D]. 北京: 中国地震局工程力学研究所, 2011.

[117] 郝敬福. 森林火灾发生的气候条件风险辨识 [J]. 科技咨询导报, 2007, (20): 140 -140.

[118] 姜淑琴. 鄂尔多斯市风沙灾害孕灾环境风险评价 [D]. 呼和浩特: 内蒙古师范大学, 2010.

[119] 李迪飞, 毕武, 张明远, 等. 雷击火物理机制和监测防御研究综述 [J]. 林业机械与木工设备, 2009, 37 (04): 7 -11.

[120] 李艳梅, 王静爱, 雷勇鸿, 等. 基于承灾体的中国森林火灾危险性评价 [J]. 北京师范大学学报 (自然科学版), 2005, 41 (01): 92 -96.

[121] 林志洪, 魏润鹏. 南方人工林森林火灾发生和危害之评估 [J]. 广东林业科技, 2005, 21 (04): 70 -74.

[122] 刘桂香, 宋中山, 苏和, 等. 中国草原火灾监测预警 [M]. 北京: 中国农业科学技术出版社, 2008.

[123] 刘兴朋, 张继权, 范久波. 基于历史资料的中国北方草原火灾风险评价 [J]. 自然灾害学报, 2007, 16 (01): 61 -65.

[124] 刘兴朋, 张继权, 周道玮, 等. 中国草原火灾风险动态分布特征及管理对策研究 [J]. 中国草地学报, 2006, 28 (06): 77 -82.

[125] 刘兴朋. 基于信息融合理论的我国北方草原火灾风险评价研究 [D]. 长春: 东北师范大学, 2008.

[126] 娄丹丹. 基于 RS 和 GIS 的城市地质灾害风险评价研究 [D]. 重庆: 西南大

学，2009.
[127] 宁社教．西安地裂缝灾害风险评价系统研究［D］．西安：长安大学，2008.
[128] 铁永波．强震区城镇泥石流灾害风险评价方法与体系研究［D］．成都：成都理工大学，2009.
[129] 薛东剑．RS 与 GIS 在区域地质灾害风险评价中的应用［D］．成都：成都理工大学，2010.
[130] 玉山，都瓦拉，包玉海，等．基于相对湿润指数的近 31a 锡林郭勒盟 5～9 月干旱趋势分析［J］．风险分析与危机反应学报（JRACR），2014.
[131] 张继权，刘兴朋，佟志军．草原火灾风险评价与分区——以吉林省西部草原为例［J］．地理研究，2007，26（04）：755－762.
[132] 张继权，刘兴朋，周道玮，等．基于信息矩阵的草原火灾损失风险研究［J］．东北师大学报（自然科学版），2006，38（04）：129－134.
[133] 张继权，刘兴朋．基于信息扩散理论的吉林省草原火灾风险评价［J］．干旱区地理，2007，30（04）：590－594.
[134] 张继权，张会，佟志军，等．中国北方草原火灾灾情评价及等级划分［J］．草业学报，2007，16（06）：121－128.
[135] 张雪峰．区域性山地环境的地质灾害风险评价研究［D］．成都：成都理工大学，2011.
[136] 朱敏，冯仲科，胡林．基于 GIS 的森林火险评估研究［J］．北京林业大学学报，2008，30（S1）：40－45.
[137] Brigitte Leblon，Eric Kasischke，Marty Alexander，Mark Doyle and Melissa Abbott. Fire Danger Monitoring Using ERS－1 SAR Images in the Case of Northern Boreal Forests［J］. Natural Hazards，2002，27（3）：231－255.
[138] Brigitte Leblon. Monitoring Forest Fire Danger with Remote Sensing［J］. Natural Hazards，2005，35（3）：343－359.
[139] D. Pozo，F. J. Olrno，L. Alados－Arboledas. Fire detection and growth monitoring using a multitemporal technique on AVHRR mid－infrared and thermal channels［J］. Remote Sensing of Environment，1997，60（2）：111－120.
[140] Daniel Chongo，Ryota Nagasawa，Ahmedou Ould Cherif Ahmed and Mst Farida Perveen. Fire monitoring in savanna ecosystems using MODIS data：a case study of Kruger National Park，South Africa［J］. Landscape and Ecological Engineering，2007，3（1）：79－88.
[141] Duwala Bao，Yu－Shan Chang，Gui－Xiang Liu. Sub－pixel fractional area of grassland fire observations based on multi－source satellite data. Journal of Risk Analysis and Crisis Response. 2013. pp587－592，Istanbul Turkey.（EI 检索）.
[142] E. A. Loupian，A. A. Mazurov，E. V. Flitman，D. V. Ershov，G. N. Korovin，V. P. Novik，N. A. Abushenko，D. A. Altyntsev，V. V. Koshelev and S. A. Tashchilin，et al. Satellite Monitoring of Forest Fires in Russia at Federal and Regional Levels［J］.

Mitigation and Adaptation Strategies for Global Change, 2006, 11 (1): 113 -145.
[143] K. V. S. Badarinath, K. Madhavi Latha and T. R. Kiran Chand. Forest fires monitoring using envisat - aatsr data [J]. Journal of the Indian Society of Remote Sensing, 2004, 32 (4): 317 -322.
[144] Wanting Wanga, John J. Qu, Xianjun Hao, Yongqiang Liuc, William T. Sommersa. An improved algorithm for small and cool fire detection using MODIS data: A preliminary study in the southeastern United States [J]. Remote Sensing of Environment, 2007, 108 (2): 163 -170.
[145] 白帆，周大元，张丽平，等.世界森林火灾预防与监控技术概述[J].林业劳动安全，2008，21 (03): 20 -25.
[146] 曹云刚，刘闯.一种简化的 MODIS 亚像元积雪信息提取方法 [J]. 冰川冻土，2006，28 (04): 562 -567.
[147] 曾文英，蔡报勤，王晓庆，等.卫星遥感森林火点监测系统的设计与实现 [J]. 计算机与现代化，2004，(07): 49 -54.
[148] 车双良，汶德胜，李铁，等.亚像元动态成像技术中系统调制传递函数[J].应用光学，2002，23 (04): 42 -44.
[149] 车双良，汶德胜.像元间隔对亚像元动态成像系统 MTF 的影响 [J]. 光电工程，2002，29 (02): 28 -30.
[150] 陈博洋，陈桂林，孙胜利.亚像元技术在图像采集系统中的应用 [J]. 红外技术，2007，29 (04): 226 -230.
[151] 陈鹏狮，郎彬.辽宁森林火灾的遥感监测 [J]. 辽宁气象，2004， (01): 33 -36.
[152] 陈世荣.草原火灾遥感监测与预警方法研究 [D]. 北京：中国科学院研究生院(遥感应用研究所)，2006.
[153] 单海滨，刘玉洁，樊昌尧，等.极轨气象卫星森林火灾实时监测系统 [J]. 气象科技，2008，36 (03): 335 -340.
[154] 杜博，张良培，李平湘，等.基于最小噪声分离的约束能量最小化亚像元目标探测方法 [J]. 中国图像图形学报，2009，14 (09): 1 850 -1 857.
[155] 樊超，易红伟，陈浩锋，等.基于光学相关的亚像元像移测量方法研究 [J]. 激光与红外，2007，37 (02): 181 -184.
[156] 范心圻，赁常恭.用气象卫星信息监测森林和草原火灾 [J]. 遥感信息.1986，1 (04) 34 -36.
[157] 付必涛.基于亚像元分解重构的 MODIS 水体提取模型及方法研究 [D]. 武汉：华中科技大学，2009.
[158] 高华东，赵朝方.NOAA/AVHRR 在森林火灾监测中的应用 [J]. 山东林业科技，2007，(01): 33 -35.
[159] 郭朋勃.卫星林火监测技术原理在我国的应用 [J]. 陕西林业科技，2004，(02): 35 -38.

[160] 郭其乐，陈怀亮，邹春辉，等.河南省近年来遥感监测的森林火灾时空分布规律分析［J］. 气象与环境科学，2009，32（04）：29－32.
[161] 何全军.基于 Map Objects 的广东省林火监测地理信息系统开发［J］. 森林防火，2005，（02）：33－35.
[162] 胡梅，齐述华，舒晓波，等.华北平原秸秆焚烧火点的 MODIS 影像识别监测［J］. 地球信息科学，2008，10（06）：802－807.
[163] 黄朝法，刘菊容.简析 MODIS（Terra/Aqua）数据在福建省森林火灾监测中的应用［J］. 福建林业科技，2007，34（02）：89－92.
[164] 黄纪平，易浩若，白黎娜.森林灾害监测方法研究——以西南地区火灾监测为例［J］. 林业科学研究，1995，8（06）：687－691.
[165] 黄克慧，周功铤，谢海华，等.森林火灾的 CINRAD/SA 雷达监测［J］. 气象科学，2007，（S1）：99－106.
[166] 黄慰军，黄镇，白彬，等.遥感火灾监测光谱数据的分析与应用［J］. 沙漠与绿洲气象，2007，1（06）：14－16.
[167] 黄慰军，黄镇，黄刚，等. EOS 火灾遥感光谱通道性能和监测实例分析与研究［J］.火灾科学，2009：18（02）：101－107.
[168] 姬金虎，李良序，肖继东. EOS/MODIS－NDVI 法在新疆火情监测中的应用［J］. 新疆气象，2005，（01）：13－15.
[169] 纪大山，柴饶军，马彩文，等.基于 CCD 亚像元细分原理的点目标自动采样算法［J］. 计算机仿真，2005，22（08）：111－114.
[170] 蒋卫国，李加洪，李京，等.基于遥感和 GIS 的内蒙古乌达矿区煤火变化监测研究［J］. 遥感信息，2005，（03）：39－43.
[171] 金翠，张柏，刘殿伟，等.东北地区 MODIS 亚像元积雪覆盖率反演及验证［J］. 遥感技术与应用，2008，23（02）：195－202.
[172] 孔丹，李介谷.基于空间矩的灰度边缘亚像元度量精度分析［J］. 红外与激光工程，1998，27（02）：6－10.
[173] 孔丹，李介谷.亚像元精度的图像匹配技术［J］. 红外与激光工程，1998，27（01）：29－32.
[174] 孔祥生.高温目标遥感特征识别技术监测土法炼焦研究［D］. 成都：成都理工大学，2007.
[175] 冷何英，戴俊钊.实用型亚像元定位方法的研究［J］. 红外与激光工程，2000，29（02）：15－18.
[176] 李福堂.基于 EOS/MODIS 的森林火灾监测模型及应用研究［D］. 武汉：华中科技大学，2005.
[177] 李贵霖.甘肃草原火灾实时监测与控制技术［J］. 草业科学，2006，23（05）：87－91.
[178] 李洪均，徐抒岩，闫得杰.遥感图像的亚像元匹配方法研究［J］. 激光技术，2008，32（05）：493－495.

[179] 李进文，钟儒祥，吴小雅，等.利用气象卫星监测森林火情的方法探讨[J].广东林业科技，2005，21（03）：19－22.

[180] 李庆波，聂鑫，张广军.基于逆模型偏最小二乘法的高光谱亚像元目标探测方法研究［J］. 光谱学与光谱分析，2009，29（01）：14－19.

[181] 李玉峰，郝志航.星点图像超精度亚像元细分定位算法的研究［J］. 光学技术，2005，31（05）：666－671.

[182] 梁芸.甘肃省森林、草原火灾定量判识方法研究［J］. 干旱气象，2004，22（04）：60－63.

[183] 梁芸.利用 EOS/MODIS 资料监测森林火情［J］. 遥感技术与应用，2002，17（06）：310－312.

[184] 凌峰，张秋文，王乘，等.基于元胞自动机模型的遥感图像亚像元定位[J].中国图像图形学报，2005，10（07）：916－922.

[185] 刘诚，李亚军，赵长海，等.气象卫星亚像元火点面积和亮温估算方法［J］. 应用气象学报，2004，15（03）：273－279.

[186] 刘桂香，宋中山，苏和，等.中国草原火灾监测预警［M］. 北京：中国农业科学技术出版社，2008.

[187] 刘洪臣，冯勇，杨旭强.提高亚像元图像分辨率的小波 B 样条方法［J］. 华中科技大学学报（自然科学版），2006，34（08）：4－6.

[188] 刘良明，鄢俊洁.MODIS 数据在火灾监测中的应用［J］. 武汉大学学报（信息科学版），2004，29（01）：55－59.

[189] 裴浩，敖艳红，李云鹏，等.利用极轨气象卫星监测草原和森林火灾［J］. 干旱区资源与环境，1996，10（02）：74－80.

[190] 裴浩，李云鹏，范一大.利用气象卫星 NOAA/AVHRR 资料监测温带草原枯草季节牧草现存量的初步研究［J］. 中国草地，1995（06）：44－47.

[191] 彭光雄，陈云浩，李京，Norizan Abdul Patah.结合遥感和气象数据的森林火险监测研究——以马来西亚半岛为例［J］. 地球信息科学，2007，9（05）：99－104.

[192] 勤珍，孟文.应用 3S 实现森林火灾的自动监测与预警［J］. 仪器仪表学报，2004，25（S1）：163－164.

[193] 卿清涛，谢向明，张顺谦，等.EOS/MODIS 卫星遥感监测四川省森林火灾的阈值设置研究［J］. 四川气象，2007，21（02）：24－25.

[194] 卿清涛.NOAA/AVHRR 遥感监测森林火灾的准确性研究［J］. 四川气象，2004，24（04）：30－32.

[195] 史进文.气象卫星在森林火灾监测中的应用及其原理［J］. 河北林业，2006，（S1）：35－36.

[196] 舒立福，王明玉，赵凤君，等.几种卫星系统监测林火技术的比较与应用［J］. 世界林业研究，2005，18（06）：49－53.

[197] 苏和，刘桂香.NOAA 卫星地面接收系统及其在火灾监测中的应用［J］. 中国农

业资源与区划，1998，(05)：38－40.
[198] 苏和，刘桂香. 草原火灾的实时监测研究 [J]. 中国草地，1998， (06)：47－49.
[199] 苏力华，楼玫娟，肖金香，等. 气象卫星遥感监测在森林防火中的应用 [J]. 西北农林科技大学学报（自然科学版），2004，32 (11)：85－88.
[200] 覃先林，易浩若，纪平. AVHRR 数据小火点自动识别方法的研究 [J]. 遥感技术与应用，2000 (01)：36－40.
[201] 唐中实，王海葳，赵红蕊，等. 基于 MODIS 的重庆森林火灾监测与应用 [J]. 国土资源遥感，2008 (03)：52－56.
[202] 王春勇，金伟其，王霞. 扫描型亚像元成像处理对热成像系统性能改善的模拟分析 [J]. 光学技术，2008，34 (04)：633－636.
[203] 王福州，郭魁英，王国斌，等. 基于 AVHRR 的地市级火情监测分析与应用 [J]. 气象，2006，32 (10)：112－116.
[204] 王丽娜，孙丹. GIS 和遥感技术在黑龙江省森林火灾监测、辅助决策中的应用 [J]. 森林防火，2006 (02)：23－25.
[205] 王凌，徐之海，冯华君，等. 线阵推扫式 CCD 亚像元成像的列向动态调制传递函数 [J]. 浙江大学学报（工学版），2008，42 (02)：317－320.
[206] 王文元. 卫星林火监测在西南地区应用状况及存在问题 [J]. 林业调查规划，2008，33 (06)：59－61.
[207] 王晓鹏，万余庆，张光超，等. 多源遥感技术在汝箕沟煤田火区动态监测中的应用 [J]. 中国煤田地质，2005，17 (05)：28－31.
[208] 王新民，胡德永，戴昌达，等. 陆地卫星对中国大兴安岭森林火灾的监测 [J]. 宇航学报，1990 (01)：7－17.
[209] 王正旺，庞转棠，魏建军，等. 森林火险天气等级预测及火情监测应用 [J]. 自然灾害学报，2006，15 (05)：154－161.
[210] 吴柯，李平湘，张良培，等. 基于正则 MAP 模型的遥感影像亚像元定位 [J]. 武汉大学学报（信息科学版），2007，32 (07)：593－596.
[211] 肖利. EOS/MODIS 在川渝地区森林火灾监测中的应用研究 [D]. 成都：西南交通大学，2008.
[212] 肖霞. 基于类间方差的 MODIS 森林火灾监测方法研究 [D]. 合肥：中国科学技术大学，2010.
[213] 谢萍. 气象卫星遥感信息在湖北省森林火灾监测中的应用 [J]. 湖北气象，1999 (01)：17－19.
[214] 许东蓓，梁芸，蒲肃，等. EOS/MODIS 遥感监测在甘肃迭部重大森林火灾中的应用 [J]. 林业科学，2007，43 (02)：124－127.
[215] 鄢铁平，曾致远，陈少辉，等. 一种基于 MODIS 的多层结构火灾监测新方法 [J]. 水电能源科学，2007，25 (03)：38－67.
[216] 杨斌，马瑞升，何立，等. 基于颜色特征的遥感图像中烟的识别方法 [J]. 计算

机工程，2009，35（07）：168－169.
[217] 杨国福.利用MODIS遥感技术监测浙江省森林火燃料湿度的时空动态［D］. 杭州：浙江林学院，2009.
[218] 杨怀栋，陈科新，何庆声，等.亚像元光谱图重建算法［J］. 光谱学与光谱分析，2009，29（12）：3170－3172.
[219] 杨旭强，刘洪臣，等.基于B样条插值算法的亚像元技术的研究［J］. 光学技术，2005，31（05）：691－697.
[220] 易浩若，何筱萍，纪平，等.利用NOAA/AVHRR资料监测南方林区森林火灾的研究［J］. 国土资源遥感，1995（01）：24－30.
[221] 张春桂.基于RS与GIS技术的福建省森林火灾监测研究［J］. 福建林学院学报，2004，24（01）：32－35.
[222] 张广英，赵明文，王付华.卫星遥感资料在森林火灾监测中的应用［J］. 黑龙江气象，2005（01）：35－40.
[223] 张贵.广州市林火动态监测研究［D］. 长沙：中南林学院，2004.
[224] 张洪恩，施建成，刘素红.湖泊亚像元填图算法研究［J］. 水科学进展，2006，17（03）：376－382.
[225] 张洪恩.青藏高原中分辩率亚像元雪填图算法研究［D］. 北京：中国科学院研究生院（遥感应用研究所），2004.
[226] 张树誉，景毅刚.EOS－MODIS资料在森林火灾监测中的应用研究［J］. 灾害学，2004，19（01）：59－62.
[227] 张顺谦，郭海燕，卿清涛.利用遥感监测亚像元分解遗传算法估算森林火灾面积［J］. 中国农业气象，2007，28（02）：198－200.
[228] 张毅.TDICCD亚像元成像中的图像质量评价［D］. 西安：中国科学院研究生院（西安光学精密机械研究所），2005.
[229] 张智，韦志辉，夏德深.一种亚像元遥感图像的小波复原方法［J］. 计算机科学，2008，35（02）：223－225.
[230] 张智，夏德深，孙权森.一种亚像元遥感图像的小波插值及滤波方法［J］. 南京理工大学学报（自然科学版），2008，32（02）：195－226.
[231] 赵立初，施鹏飞，俞勇，等，与那霸诚.模板图像匹配中的亚像元定位新方法［J］. 红外与毫米波学报，1999，18（05）：407－411.
[232] 赵烈烽，张平，徐之海.基于序列图像的亚像元成像技术研究［J］. 仪器仪表学报，2006，27（S3）：2 217－2 218.
[233] 赵文化，单海滨，钟儒祥.基于MODIS火点指数监测森林火灾［J］. 自然灾害学报，2008，17（03）：152－157.
[234] 郑海青，张春桂，陈家金，等.利用NOAA卫星遥感监测福建省森林火险［J］. 福建林学院学报，2003，23（02）.
[235] 周峰，王世涛，王怀义.关于亚像元成像技术几个问题的探讨［J］. 航天返回与遥感，2002，23（04）：26－32.

[236] 周利霞，高光明，邱冬生，等. 基于 MODIS 数据 FPI－NDVI 火灾监测方法研究 [J]. 安全与环境学报，2008，8（02）：114－116.
[237] 周利霞，高光明，邱冬生，等. 基于 MODIS 数据火点监测指数研究 [J]. 中国安全生产科学技术，2008，4（04）：22－26.
[238] 周梅，郭广猛，宋冬梅，等. 使用 MODIS 监测火点的几个问题探讨 [J]. 干旱区资源与环境，2006，16（03）：43－46.
[239] 周强，王世新，周艺，等. MODIS 亚像元积雪覆盖率提取方法 [J]. 中国科学院研究生院学报，2009，26（03）：383－388.
[240] 周艺，王世新，王丽涛，等. 基于 MODIS 数据的火点信息自动提取方法 [J]. 自然灾害学报，2007，16（01）：88－93.
[241] 朱启疆，高 峰，于芳. 森林火灾的卫星预警与监测系统研究 [J]. 国土资源遥感，1993（03）：36－40.
[242] Atsuko Nonomura，Takuro Masuda，Hitoshi Moriya. Wildfire damage evaluation by merging remote sensing with a fire area simulation model in Naoshima，Kagawa，Japan [J]. Landscape and Ecological Engineering，2007，3（2）：109－117.
[243] Yu－shan Chang，Duwala Bao，Gui－xiang LIU *，Wurina WU，Narisu AO. The Study of Grassland Fire Loss Assessment Method Based on Remote Sensing Technology in Inner Mongolia. Journal of Risk Analysis and Crisis Response. pp469－476，2013，Istanbul Turkey.（EI 检索）.
[244] 薄颖生，韩恩贤，韩刚. 森林火灾损失评估与灾害等级划分 [J]. 森林防火，2002（03）：12－13.
[245] 陈培金，徐爱俊，邵香君，等. 基于 GIS 的森林火灾灾后评估算法的设计与实现 [J]. 浙江林学院学报，2008，25（01）：72－77.
[246] 程亚男. 森林火灾经济损失评估研究 [J]. 森林防火，2001（04）：38－38.
[247] 储菊香. 森林火灾损失评估系统 FFIREGIS 的研制与开发 [J]. 林业资源管理，2000（05）：56－58.
[248] 代学勇. 森林火灾损失评估方法 [J]. 河北林业科技，2009，（01）：50－51.
[249] 段颖，周汝良，刘智军. 基于 CBERS 遥感数据的云南安宁“3.29”火灾面积评估 [J]. 云南地理环境研究，2009，21（01）：89－92.
[250] 冯乃祥，李连俊. 森林火灾损失评估浅析 [J]. 森林防火，2000（02）：29－30.
[251] 傅泽强. 草原火灾灾情评估方法的研究 [J]. 内蒙古气象，2001（03）：36－39.
[252] 高昌海，顾香凤，荆玉惠. 森林火灾损失评估方法的研究 [J]. 林业科技，2007，32（04）：39－40.
[253] 侯有刚，崔汛. 用蒙特卡罗模拟评估森林火灾造成的林木损失 [J]. 森林防火，1992（03）：3－5.
[254] 金森，郑焕能，王海. 森林火灾损失评估的发展与展望 [J]. 森林防火，1993

(02)：8－10.
[255] 赖斌慧．森林火灾损失评估的研究［D］．福州：福建农林大学，2003.
[256] 李晓波，周道玮，孙刚．草原火烧后植物的养分损失［J］．东北师大学报（自然科学版），1999（04）：96－99.
[257] 梁晓晖．森林火灾损失评估系统的研究与实现［D］．北京：华北电力大学（河北），2006.
[258] 刘桂香，宋中山，苏和，等．中国草原火灾监测预警［M］．北京：中国农业科学技术出版社，2008.
[259] 刘忠礼，王金，孙文举，等．吉林市森林火灾损失的价值评估及森林防火工作的展望［J］．吉林林业科技，2000，29（04）：50－54.
[260] 罗襄生．森林火灾经济损失评估办法探讨［J］．河南林业科技．1989：35－37.
[261] 吕瑞．森林火灾损失与火场清理评估系统的研建［D］．哈尔滨：东北林业大学，2006.
[262] 秦建明，李志民，杨珩．内蒙古红花尔基樟子松林国家级自然保护区“5.16”森林火灾损失综合评估［J］．内蒙古林业调查设计，2007，30（06）：57－59.
[263] 王静洲，李永成，陈亚丽，等．森林火灾经济价值损失评估探讨［J］．河南林业科技，2009，29（02）：84－86.
[264] 吴福华，田影．关于森林火灾评估工作的思考［J］．森林防火，2000（02）：31－32.
[265] 张春桂，黄朝法，潘卫华，等．MODIS 数据在南方丘陵地区局地森林火灾面积评估中的应用研究［J］．应用气象学报，2007，18（01）：119－123.
[266] 郑宏，张玉红．黑龙江省林火信息管理与火灾损失评估系统的设计［J］．森林防火，2003（04）：18－21.
[267] 钟晓珊．森林火灾灾后评估研究［D］．长沙：中南林学院，2005.
[268] Ertugrul Bilgili，Bülent Saglam. Fire behavior in maquis fuels in Turkey［J］．Forest Ecology and Management，2003，184（1－3）：201－207.
[269] Lea Wittenberg，Dan Malkinson，Ofer Beeri，Alon Halutzy，Naama Tesler. Spatial and temporal patterns of vegetation recovery following sequences of forest fires in a Mediterranean landscape，Mt. Carmel Israel［J］．CATENA，2007，71（1）：76－83.
[270] Yu－shan，Duwala，Bao Yu－hai *．Satellite Monitoring of the Ecological Environment Recovery Effect in the Heihe River Downstream Region for the Last 11 Years. Advanced Materials Research，2011，pp2 385－2 392，(EI 检索）.
[271] 鲍雅静，李政海，刘钟龄．火因子对羊草（Leymuschinensis）群落物种多样性影响的初步研究［J］．内蒙古大学学报（自然科学版），1997，28（04）：516－520.
[272] 鲍雅静，李政海，刘钟龄．羊草草原火烧效应的模拟实验研究［J］．中国草地，2000（01）：7－11.

[273] 陈润羊，齐普荣．浅议我国生态环境评价研究的进展［J］．科技情报开发与经济，2006，6（20）．
[274] 代海燕．大青山主要森林类型生态效益的研究与评价［D］．呼和浩特：内蒙古农业大学，2008.
[275] 戴昌达．卫星监测森林火灾及灾后林木恢复变化［J］．世界导弹与航天，1991（06）：1－4.
[276] 戴礼洪，闫立金，周莉．贵州喀斯特生态脆弱区植被退化对土壤质量的影响及生态环境评价［J］．安徽农业科学，2008，36（09）：3 850－3 852.
[277] 都瓦拉，玉山，刘桂香，等．草原火烧对生态环境的影响评价，风险分析与危机反应学报（JRACR），2014.
[278] 杜锁军，殷益敏，谢东俊．张家港市生态环境评价研究［J］．江苏环境科技，2006，19（S2）：74－75.
[279] 范建容，周万村，高世忠，等．遥感与模糊评判在森林火灾后生态监测评价中的应用［J］．遥感技术与应用，1995，10（04）：42－47.
[280] 高世忠，周万村，范建容，等．攀西林区森林火灾后生态变化的遥感监测［J］．山地研究，1995（01）：27－34.
[281] 高世忠，周万村，范建容，等．森林火灾后生态变化遥感监测评价模型的构建方法研究［J］．环境遥感，1996，11（02）：116－129.
[282] 郭建平，李凤霞．中国生态环境评价研究进展［J］．气象科技，2007，35（02）：227－231.
[283] 韩美清，王路光，王靖飞，等．基于 GIS 的白洋淀流域生态环境评价［J］．中国生态农业学报，2007，15（03）：169－171.
[284] 胡博．地理信息系统在环境影响评价中的应用研究［D］．西安：长安大学，2008.
[285] 胡习英，李海华，陈南祥．城市生态环境评价指标体系与评价模型研究［J］．河南农业大学学报，2006，40（03）：270－273.
[286] 黄敬峰，王秀珍．新疆叶尔羌河和喀什噶尔河流域的生态环境评价及治理对策研究［J］．干旱区资源与环境，1992，6（02）：27－34.
[287] 黄宇萍．土地利用过程中的生态环境评价体系［J］．经济地理，2007，27（06）：1 003－1 006.
[288] 江生泉，韩建国，王赟文，等．冬季放牧和春季火烧对新麦草生长与种子产量的影响［J］．草地学报，2008，16（04）：341－346.
[289] 姜勇，诸葛玉平，梁超，等．火烧对土壤性质的影响［J］．土壤通报，2003，34（01）：65－69.
[290] 赖志斌，夏曙东，承继成．高分辨率遥感卫星数据在城市生态环境评价中的应用模型研究［J］．地理科学进展，2000，19（04）：359－365.
[291] 李波，苏岐芳，周晏敏，等．扎龙湿地的生态环境评价及防治对策［J］．中国环境监测，2002，18（03）：33－37.

[292] 李凤霞，郭广，颜亮东，等．青藏高原典型生态环境评价方法［J］．气象科技，2009，37（04）：479－486.

[293] 李如忠．基于模糊物元分析原理的区域生态环境评价［J］．合肥工业大学学报（自然科学版），2006，29（05）：597－601.

[294] 李政海，鲍雅静．草原火的热状况及其对植物的生态效应［J］．内蒙古大学学报（自然科学版），1995，26（04）：490－495.

[295] 李政海，王炜，刘钟龄．火烧对典型草原改良的效果［J］．干旱区资源与环境，1994，8（04）：51－60.

[296] 李志祥，田明中，武法东，等．河北坝上地区生态环境评价［J］．地理与地理信息科学，2005，21（02）：91－93.

[297] 梁学功，杜国祯，王兮之，等．藏嵩草构件群体特征及火烧影响的研究［J］．兰州大学学报，1999，35（01）：173－178.

[298] 刘桂香，宋中山，苏和，等．中国草原火灾监测预警［M］．北京：中国农业科学技术出版社，2008.

[299] 刘长征，杨晓琴，王磊，等．区域地球化学资料在青海生态环境评价中的初步探索［J］．青海国土经略，2005（01）：27－31.

[300] 刘庄．祁连山自然保护区生态承载力评价研究［D］．南京：南京师范大学，2004.

[301] 马荣华，胡孟春．基于RS与GIS的自然生态环境评价——以海南岛为例［J］．热带地理，2001，21（03）：198－201.

[302] 马雄德，王文科，杨泽元，等．基于GIS的秃尾河流域地质生态环境评价［J］．人民黄河，2007，29（09）：1－5.

[303] 马治华，刘桂香，李景平，等．内蒙古荒漠草原生态环境质量评价［J］．中国草地学报，2007，29（06）：17－21.

[304] 秦子晗，唐斌．基于GIS的生态环境评价［J］．长春师范学院学报，2006，25（10）：65－68.

[305] 赛音吉日嘎拉，王铁娟，刘桂香，等．不同季节火烧对小针茅草原群落特征的影响．中国草地学报，2012，34（3）：65－69.

[306] 唐秀美，赵庚星，程晋南，等．GIS技术在县域耕地生态环境评价中的应用研究［J］．山东农业大学学报（自然科学版），2009，40（02）：295－300.

[307] 田尚衣，周道玮，孙刚，等．草原火烧后土壤物理性状的变化［J］．东北师大学报（自然科学版），1999（01）：107－110.

[308] 涂军平，黄贤金，刘杨．土地生态环境评价指标体系研究及区划应用［J］．中国农学通报，2006，22（12）：247－252.

[309] 王根绪，钱鞠，程国栋．区域生态环境评价（REA）的方法与应用——以黑河流域为例［J］．兰州大学学报，2001，37（02）：131－140.

[310] 王金叶，程道品，胡新添，等．广西生态环境评价指标体系及模糊评价［J］．西北林学院学报，2006，21（04）：5－8.

[311] 王明玉，任云卯，李涛，等．火烧迹地更新与恢复研究进展［J］．世界林业研究，2008，21（06）：49－53.
[312] 王微．渝西地区火烧迹地早期恢复植被特征研究［J］．安徽农业科学，2008，36（29）：12 690－12 692.
[313] 王逸群．新疆伊犁湿地资源现状与生态环境评价［J］．水土保持研究，2006，13（06）：314－318.
[314] 王振华，马海州，周笃珺，等．Rs 和 Gis 支持下的自然生态环境评价——以南水北调雅砻江工程区为例［J］．盐湖研究，2007，15（01）：1－4.
[315] 王智晨，张亦默，潘晓云，等．冬季火烧与收割对互花米草地上部分生长与繁殖的影响［J］．生物多样性，2006，14（04）：275－283.
[316] 魏绍成，金雪峰，冯国钧，等．森林草原火烧后的植被动态［J］．草业科学，1990，7（05）：53－58.
[317] 吴霖，周晓铁，匡武，等．景观生态学在生态环境评价中的应用［J］．安徽建筑工业学院学报（自然科学版），2008，16（03）：64－66.
[318] 肖化顺，张贵，刘大鹏．马尾松林火灾后生态效益损失动态评估［J］．林业科学，2007，43（03）：79－83.
[319] 肖荣波，欧阳志云，蔡云楠，等．基于亚像元估测的城市硬化地表景观格局分析［J］.生态学报，2007，27（08）：3 189－3 197.
[320] 徐旌，付保红．云南生态环境评价［J］．生态经济，2002，（07）：45－48.
[321] 阳小琼，朱文泉，潘耀忠，等．基于修正的亚像元模型的植被覆盖度估算［J］．应用生态学报，2008，19（08）：1 860－1 864.
[322] 杨一鹏，蒋卫国，何福红．基于 PSR 模型的松嫩平原西部湿地生态环境评价［J］.生态环境，2004，13（04）：597－600.
[323] 玉山，都瓦拉．黑河分水后近 10a 下游生态环境恢复情况遥感监测，第 28 届气象年会论文集，pp518－519，2011，中国，厦门．
[324] 原海军，岳海玲．火灾对环境影响及防治对策研究［J］．消防技术与产品信息，2008（08）：24－27.
[325] 岳晓娜，王金叶．内蒙古克什克腾旗旅游生态环境评价与保护［J］．商丘职业技术学院学报，2007，6（06）：34－36.
[326] 岳秀泉，周道玮，孙刚．草原火烧后群落小气候的变化［J］．东北师大学报（自然科学版），1999（01）：91－96.
[327] 詹前涌．层次模糊决策法及其在生态环境评价中的应用［J］．系统工程理论与实践，2000，15（12）：56－60.
[328] 张峰，李珍存．陕西省榆林地区生态环境评价研究［J］．水土保持通报，2008，28（06）：146－150.
[329] 张开冉，李国芳．城市道路交通噪声影响模糊评价［J］．中国公路学报，2003（04）．
[330] 张秀英，赵传燕．基于 GIS 的陇中黄土高原潜在生态环境评价研究［J］．兰州

大学学报，2003，39（03）：73－76.

[331] 张银龙，薛建辉．林业生态环境评价原理和内容的探讨［J］．农村生态环境，1999（02）：60－64.

[332] 张月树，马杰，邵颖，等．陕南秦巴山区地质－生态环境评价与可持续发展［J］.陕西地质，2000，18（02）：77－89.

[333] 张云霞，张云飞，李晓兵．地面测量与ASTER影像综合计算植被盖度［J］．生态学报，2007，27（03）：964－976.

[334] 赵二杰．基于AHP的模糊数学在铁路建设生态环境评价中的研究与应用［D］．兰州：兰州理工大学，2007.

[335] 郑玉阁．基于RS的地震灾害生态环境影响评价［D］．武昌：华中师范大学，2009.

[336] 钟晓珊，谭三清．森林火灾生态效益损失评估方法探讨［J］．湖南林业科技，2005，32（02）：73－75.

[337] 周道玮，姜世成，胡勇军．草原植物高生长、体内水分和叶绿素含量对火烧的反应［J］．东北师大学报（自然科学版），1999（04）：91－95.

[338] 周道玮，刘仲龄．火烧地对羊草草原植物群落组成的影响［J］．应用生态学报，1994，5（04）：371－377.

[339] 周道玮，岳秀泉，孙刚，等．草原火烧后土壤微生物的变化［J］．东北师大学报（自然科学版），1999（01）：118－124.

[340] 周道玮，张宝田，郭平，等．不同时间火烧后草原一些特征的变化［J］．应用生态学报，1999，10（05）：549－552.

[341] 周瑞莲，张普金，徐长林．高寒山区火烧土壤对其养分含量和酶活性的影响及灰色关联分析［J］．土壤学报，1997，34（01）：89－95.

[342] 朱志梅，杨持，曹明明，等．草原沙漠化过程中土壤因素分析及其植物的生理响应［J］．生态学报，2007，27（01）：48－57.

[343] Adems P W，Boyle JR. Effect of fire on soil nutrients in clear－cut and whole－tree harvest in central Michigan［J］. Soil Sci. Soc. Am. J.，1980，44（4）：847－850.

[344] Almendros G，Polo A，Ibanez JJ. Influence of Fire on Soil Organic Matter CharacteristicsI：Humus Transformations ina Pinus Pinea Forest in Central Spain. Rev. Ecol. Biol. Sol.，1984，21（1）：7－20

[345] Almendros G，Polo A，Ibanez JJ. Influence of Fire on Soil Organic Matter Characteristics II：Transformations of Humus by Ignition under Controlled Laboratory Conditions. Rev. Ecol. Biol. Sol.，1984，21（1）：45－160.

[346] Bauhus J，Khanna PK，Raison RJ. The effect of fire on carbonand nitrogen rnineralization and nitrification in an Australian forest soilJ. Aust. J. Soil Res.，1993，31（5）：621－639.

[347] Boyle JR. Forest soil chemical changes following fire［J］. Commun soil Sci. Plant Anal.，1973，4（5）：369－374.

[348] Bremer E, Kuikman P. Influence of competition for nitrogen in soil on net mineralization of nitrogenJ. Plant and Soil, 1997, 190: 119 - 126.

[349] Brinkmann W L F, Do Nascimento J C. Effect of slash and burn agriculture on plant nutrients in the Tertiary Region on central Amazonia [J]. Acta Amazonia, 1973, 3 (1): 55 - 61.

[350] Calvo L, Santalla S, Valb uena L, et al. Post - fire natural regeneration of a Pinus pinaster forest in NW Spain [J]. Plant Ecology, 2008, 197 (1): 81 - 90.

[351] Carter MC, Foster CD. Prescribed burning and productivity in southern pine forests: Forest Ecology and Management, 2004, 191: 93 - 109.

[352] Daubenmire R F. Plants and environmentM. New York: Wiley, 1947.

[353] DeSouza J, Silka. PA, Davis SD. Comparative Physiology of Burned and Unburned Rhus laurina after Chaparral WildfireJ. Oecologia, 1986, 71 (1): 63 - 68.

[354] Eric. L, Kruger, Perturb. Reich Responses of hardwood regeneration to fire anmesic forest openings. II. Leaf gas exchange, nitrogen concentration, and water status [J]. Can. J. For. Res, 1997 (27): 1 832 - 1 840.

[355] Grren A M. Fire and Australia Biota. CSIRO, 1981: 172 - 185.

[356] Hanes TL. Succession after fire in the chaparral of southern California [J]. Ecol. Mono, 1971, 41: 25 - 27.

[357] Kammesheidt L. The role of tree sprouts in the restoration of stand structure and species diversity in tropical moist forest after slash - and - burn agriculture in Eastern Paraguay. Plant Ecology, 1998, 139: 155 - 165.

[358] Larsen C P S. Spatial and temporal variations in boreal forest fire frequency in northern Alberta [J]. Journal of Biogeogoaphy, 1997, 24 (5): 663 - 673.

[359] Marion G M, Moreno J M, Oechel W C. Firc severity, ash deposition, and clipping effects on soil nutrients in shaparral [J]. Soil Sci. Soc. Am. J., 1991, 55 (1): 235 - 240.

[360] Raison RJ. Modification of the soil environment by vegetation fires with particular reference to nitrogen transformations: a review [J]. Plant and soil, 1979, 51: 73 - 108.

[361] Spurr S H. Forest ecology M. Michigan: Ann Arbor Publishers, 1962.

[362] Stanford G, Epstein E. Nitrogen mineralization - water relations in soils [J]. Soil Sci. Soc. Amer. Proc, 1974, 38: 103 - 107.

[363] Suding K N. The effect of spring burning on competitive ranking of prairie speciesJ. Journal of Vegetation Science, 2001, 12: 849 - 856.

[364] Weiher E, vander-Werf A, Thompson K, et al. Challenging theophrastus: A common core list of plant traits for functional ecologyJ. Journal of Vegetation Science, 1999, 10: 609 - 620.

[365] Zald HS, Gray AN, North M, et al. Initial tree regeneration responses to fire and thinning treatments in a Sierra Nevadamixed conifer forest [J]. USA: Forest Ecology,

2008, 256 (1 -2): 168 - 179.
[366] 鲍士旦. 土壤农化分析 [M]. 北京: 科学出版社, 2000: 25 - 109.
[367] 鲍雅静, 李政海, 刘钟龄. 火生态因子对内蒙古草原羊草种群的影响 [J]. 中国草地, 2000 (3): 1 -6, 38.
[368] 鲍雅静, 李政海, 刘钟龄. 火因子对羊草 (Leymus chinensis) 群落物种多样性影响的初步研究 [J]. 内蒙古大学学报 (自然科学版), 1997, 28 (4): 516 -520.
[369] 鲍雅静, 宁柱, 李政海, 等. 火生态因子对大针茅种群的影响 [J]. 中国草地, 2001, 23 (1): 17 -22.
[370] 布乐, 哈斯布和. 火烧对羊草草原土壤物理性状的影响及其与群落特征的关系 [J]. 内蒙古林业调查设计, 2004 (2): 56 -60.
[371] 陈恩桃, 黄丹枫, 黄晶, 等. 水蜜桃有机和常规生产系统土壤养分分析与评价 [J]. 上海交通大学学报 (农业科学版), 2010, 28 (5): 432 -438.
[372] 陈培琴, 郁松林, 詹妍妮, 等. 植物在高温胁迫下的生理研究进展 [J]. 中国农学通报, 2005, 22 (5): 223 -227.
[373] 陈庆诚, 赵松岭. 甘肃南部山地草甸植被烧荒演替的研究 [J]. 生态学报, 1981, 1 (3): 215 -220.
[374] 崔鲜一, 彭玉梅, 程渡, 等. 草地火灾生成原因及火管理系统的应用研究 [J]. 内蒙古草业, 2001, 13 (4): 15 -17.
[375] 戴伟. 人工油松林火烧前后土壤化学性质变化的研究 [J]. 北京林业大学学报, 1994, 16 (1): 102 -105.
[376] 冯茂松, 张健, 杨万勤. 巨桉人工林叶片养分交互效应 [J]. 植物营养与肥料学报, 2009, 15 (5): 1 160 -1 169.
[377] 耿玉辉. 秸秆培肥土壤对大孔隙流中养分淋失的影响 [D]. 长春: 吉林大学, 2008.
[378] 耿玉清, 周荣伍, 李涛, 等. 北京西山地区林火对土壤性质的影响 [J]. 中国水土保持科学, 2007, 5 (5): 66 -70.
[379] 谷会岩, 金靖博, 陈祥伟, 等. 不同火烧强度林火对大兴安岭北坡兴安落叶松林土壤化学性质的长期影响 [J]. 自然资源学报, 2010, 25 (7): 1 114 -1 121.
[380] 郭爱雪. 大兴安岭高寒区重度火烧对森林土壤生境质量的影响 [D]. 哈尔滨: 东北林业大学, 2011.
[381] 哈斯布和. 浅析火烧草原利与害 [J]. 内蒙古统计, 2002, (3): 14.
[382] 贺郝钰, 李新荣, 李小军, 等. 荒漠植被草本层片植物对火因子的响应 [J]. 中国沙漠, 2010, 30 (4): 885 -890.
[383] 胡海清, 刘慧荣, 耿玉超, 等. 火烧对人工林红松樟子松树木的影响 [J]. 东北林业大学学报, 1992, 20 (2): 43 -48.
[384] 胡海清. 林火生态与管理 [M]. 北京: 中国林业出版社, 2005:
[385] 黄溦溦, 张念念, 胡庭兴, 等. 高温胁迫对不同种源希蒙得木叶片生理特性的影响 [J]. 生态学报, 2011, 31 (23): 7047 -7055.

[386] 贾恒义，彭琳，彭祥林，等. 黄土高原地区土壤养分资源分区及其评价［J］. 水土保持学报，1994，8（3）：22-28.
[387] 贾晋锋. 不同利用方式对典型草原家庭牧场植物群落和土壤理化性质的影响［D］. 呼和浩特：内蒙古大学，2007：
[388] 姜勇，诸葛玉平，梁超，等. 火烧对土壤性质的影响［J］. 土壤通报，2003，34（1）：65-69.
[389] 金春燕，郭世荣，朱龙英，等. 高温对番茄种子萌发及早期幼苗生长和抗氧化系统的影响［J］. 上海农业学报，2011，27（2）：92-95.
[390] 黎裕. 植物的渗透调节与其他生理过程的关系及其在作物改良中的应用［J］. 植物生理学通讯，1994，30（5）：377-385
[391] 李恒，杨自忠，李继红，等. 云南苍山地区火烧迹地群落演替进程对植物多样性的影响［J］. 楚雄师范学院学报，2009，24（9）：70-73.
[392] 李晓清，胡学煜，左英强，等. 热胁迫对植物生理影响的研究进展［J］. 西南林学院学报，2009，29（6）：72-76.
[393] 李媛，程积民，于鲁，等. 火干扰对本氏针茅草地群落特征的影响［J］. 草业科学，2001，28（6）：1052-1058.
[394] 李振问. 试论火烧对森林土壤生态系统的影响［J］. 森林防火，1989（2）：22-23.
[395] 李政海，鲍雅静. 草原火的热状况及其对植物的生态效应［J］. 内蒙古大学学报（自然科学版），1995，26（4）：490-495.
[396] 李政海，锋秋. 火烧对草原土壤养分状况的影响［J］. 内蒙古大学学报（自然科学版），1994，25（4）：444-449.
[397] 李政海，王炜，刘钟龄. 火烧对典型草原改良的效果［J］. 干旱区资源与环境，1994，8（4）：51-59.
[398] 梁学功，杜国祯，王兮之，等. 藏嵩草构件群体特征及火烧影响的研究［J］. 兰州大学学报（自然科学版），1999，35（1）：172-178.
[399] 刘爱荣，张远兵，方园园，等. 盐胁迫对金盏菊生长、抗氧化能力和盐胁迫蛋白的影响［J］. 草业学报，2011，20（6）：52-59.
[400] 刘广菊，胡海清，张海林，等. 火频度和火强度对植物群落结构稳定性的影响［J］. 东北林业大学学报，2008，36（7）：32-33.
[401] 刘国华，林树燕，丁雨龙，等. 秋旱对地被竹生理指标的影响［J］. 世界竹藤通讯，2011，9（6）：1-5.
[402] 刘国伟. 长期施用生物有机肥对土壤理化性质影响的研究［D］. 北京：中国农业大学，2004.
[403] 刘海星. 不同黄化程度香樟的叶片生理生化特性与土壤理化性质研究［D］. 上海：华东师范大学，2009.
[404] 刘加文. 应对全球气候变化决不能忽视草原的重大作用［J］. 草地学报，2010，18（1）：1-4.

[405] 刘娟. 云南松受蛀干害虫胁迫后生理生化响应及其机理研究 [D]. 北京：中国林业科学研究院，2010
[406] 刘秋琼. 伊犁河流域干旱土的形成及肥力特征 [D]. 长沙：湖南农业大学，2011.
[407] 刘文波. 灵丘县常见蝗虫的生活习性及防治 [J]. 山西农业（致富科技版），2007 (11)：41.
[408] 刘莹. 火成因子对生态系统非生物因子的影响 [J]. 辽宁工程技术大学学报，2005，24 (3)：462-464.
[409] 刘志刚，范丙友，王荣，等. 植物抗热的解剖学与生理学研究进展 [J]. 湖北农业科学，2011，50 (1)：17-55.
[410] 卢琼琼，宋新山，严登华. 干旱胁迫对大豆苗期光合生理特性的影响 [J]. 中国农学通报，2012，29 (9)：42-77.
[411] 陆新华，叶春海，孙光明. 干旱胁迫下菠萝苗期叶绿素含量变化研究 [J]. 安徽农业科学，2010，38 (8)：3972-3973.
[412] 罗菊春. 大兴安岭森林火灾对森林生态系统的影响. 北京林业大学学报，2002，24 (5-6)：101-107.
[413] 罗涛，何平，张志勇，等. 渝西地区火烧迹地不同植被恢复方式下的物种多样性动态 [J]. 西南大学学报（自然科学版），2007，29 (6)：118-123.
[414] 吕国红，张玉书，陈鹏狮，等. 辽宁农田土壤全量养分空间分布 [J]. 安徽农业科学，2010，38 (7)：3601-3604.
[415] 马爱丽，李小川，王振师，等. 计划烧除的作用与应用研究综述 [J]. 广东林业科技，2009，25 (6)：95-99.
[416] 潘怡. 不同经营毛竹林土壤生化性质及其变化动态 [D]. 北京：中国林业科学研究院，2000.
[417] 裴成芳，焦金寿. 草原火对克氏针茅和扁穗冰草的影响试验 [J]. 中国草地，1998 (3)：39-40，46.
[418] 裴成芳. 草原火对克氏针茅+扁穗冰草-冷蒿型草地植被的影响 [J]. 草业科学，1997，14 (5)：1-3.
[419] 任丽娜，王海燕，丁国栋，等. 森林生态系统土壤健康评价研究进展 [J]. 世界林业研究，2011，24 (5)：1-6.
[420] 萨如娜. 杭锦 2 材土多元复混肥对番茄、油菜的生物学效应及其土壤环境的影响 [D]. 呼和浩特：内蒙古师范大学，2007：
[421] 桑子阳，马履一，陈发菊. 干旱胁迫对红花玉兰幼苗生长和生理特性的影响 [J]. 西北植物学报，2001，31 (1)：109-115.
[422] 沙丽清，邓继武，谢克金，等. 西双版纳次生林火烧前后土壤养分变化的研究 [J]. 植物生态学报，1998，22 (6)：513-517.
[423] 宋洪元，雷建军，李成琼. 植物热胁迫反应及抗热性鉴定与评价 [J]. 中国蔬菜，1998 (1)：48-50.
[424] 宋启亮，董希斌，李勇，等. 采伐干扰和火烧对大兴安岭森林土壤化学性质的影

响［J］. 森林工程，2010，26（5）：4－7.
［425］宋玉福，杨立强，马广辉，等. 大兴安岭火烧区森林恢复的研究［J］. 森林防火，1996（2）：16－17.
［426］宋自力，刘建兵，唐 强，等. 干旱胁迫下马尾松苗木生理变化［J］. 湖南林业科技，2011，38（6）：12－17.
［427］孙龙，赵俊，胡海清. 中度火干扰对白桦落叶松混交林土壤理化性质的影响［J］. 林业科学，2011，47（2）：103－110.
［428］孙明学，贾炜玮. 塔河林业局林火对植被的影响［J］. 植物研究，2009，29（4）：481－487.
［429］孙铭隆. 呼中和南翁河保护区火烧迹地土壤性质及细根生物量研究［D］. 哈尔滨：东北林业大学，2011.
［430］孙旭生. 库布齐沙漠不同类型沙地植物群落与土壤关系的研究［D］. 呼和浩特：内蒙古师范大学，2010.
［431］孙燕. 长期施肥对紫色土磷素行为的影响研［D］. 重庆：西南大学，2008.
［432］孙毓鑫，吴建平，周丽霞，等. 广东鹤山火烧迹地植被恢复后土壤养分含量变化［J］. 应用生态学报，2009，20（3）：513－517.
［433］邰姗姗. 大连市生态承载力与生态恢复研究［D］. 大连：辽宁师范大学，2007.
［434］田洪艳，周道玮，孙刚. 草原火烧后地温的变化［J］. 东北师大学报（自然科学版），1999（1）：103－106.
［435］田昆. 火烧迹地土壤磷含量变化的研究［J］. 西南林学院学报，1997，17（1）：21－25.
［436］田尚衣，周道玮，孙刚，等. 草原火烧后土壤物理性状的变化［J］. 东北师大学报（自然科学版），1999（1）：107－110.
［437］王改玲，白中科. 安太堡露天煤矿排土场植被恢复的主要限制因子及对策［J］. 水土保持研究，2002，9（1）：38－40.
［438］王海山，孙红梅. 植物生长延缓剂提高红茄抗旱性的研究［J］. 中国农学通报，2012，28（7）：126－132.
［439］王洪春. 植物抗性与生物膜结构功能研究进展［J］. 植物生理学通讯，1985，（2）：60－66.
［440］王金龙，赵念席，徐华，等. 不同地理种群大针茅生理生化特征的研究［J］. 草业学报，2011，20（5）：42－48.
［441］王晋峰，火的生态学及其在草场管理中的应用［J］. 西南民族学院学报（畜牧兽医版）1983（1）：44－49.
［442］王静，丛日晨，毛秀红，等. 不同 Fe 处理对油松幼苗叶绿素的影响［J］. 山东林业科技，2010（1）：1－4.
［443］王丽，嶋一徹. 山地林火烧迹地土壤养分的动态变化［J］. 水土保持通报，2008，28（1）：81－85.
［444］王秋华，舒立福，李世友. 林火生态研究方法进展［J］. 浙江林业科技，2009，

29（5）：78－82.
[445] 王荣. 火烧对树木生理影响的研究［D］. 哈尔滨：东北林业大学，2007.
[446] 王微. 渝西地区火烧迹地早期恢复植被特征研究［J］. 安徽农业大学学报，2008，36（29）：12690－12692.
[447] 王绪高，李秀珍，贺红士，等. 大兴安岭北坡落叶松林火后植被演替过程研究［J］. 生态学杂志，2004，23（5）：35－41.
[448] 王宜东. 论火烧对南瓮河国家级自然保护区的影响［J］. 内蒙古林业调查设计，2008，31（1）：78－80.
[449] 魏绍成，金雪峰，冯国钧，等. 森林草原火烧后的植被动态［J］. 草业科学 1992，9（2）：55－60.
[450] 吴亚维. 土壤紧实胁迫对苹果生长的影响［D］. 陕西：西北农林科技大学，2008.
[451] 伍建榕，马焕成. 林火的生态学意义［J］. 云南林业调查规划设计，1995（2）：5－13.
[452] 武吉华，张绅，江源，等. 植物地理学（第四版）［M］. 北京：高等教育出版社，2004：156－158.
[453] 夏钦. 澳大利亚特色粉带逆境生理适应性研究［D］. 重庆：西南大学，2010.
[454] 肖向栋. 论计划烧除［J］. 经营管理者，2010（7）：378.
[455] 肖艳. 干扰对毕棚沟生态旅游区土壤养分库及植物多样性的影响［D］. 雅安：四川农业大学，2009.
[456] 熊小刚，韩兴国，白永飞，等. 锡林河流域草原小叶锦鸡儿分布增加的趋势、原因和结局［J］. 草业学报，2003，12（3）：57－62.
[457] 严超龙，陶建平，汤爱仪，等. 重庆茅庵林场火烧迹地早期恢复植被特征研究［J］. 西南大学学报（自然科学版），2008，30（5）：140－144.
[458] 杨道贵，王金扬，马志贵，等. 火烧对土壤的影响及经济效益分析［J］. 森林防火，1992（2）：3－7.
[459] 杨树春，刘新田，曹海波，等. 大兴安岭林区火烧迹地植被变化研究［J］. 东北林业大学学报，1998，26（1）：19－23.
[460] 杨万勤，钟章成，陶建平，等. 缙云山森林土壤速效 N、P、K 时空特征研究［J］. 生态学报，2001，21（8）：1285－1289.
[461] 杨艳芳，梁永超，娄运生，等. 硅对小麦过氧化物酶、超氧化物歧化酶和木质素的影响及与抗白粉病的关系［J］. 中国农业科学，2003，36（7）：813－817.
[462] 尤鑫. 大兴安岭草类落叶松林冻土融化期土壤水分动态变化规律研究［D］. 呼和浩特：内蒙古农业大学，2006.
[463] 余谋昌. 火在人类生态进化中的作用［J］. 生态学杂志，1984（2）：39－41.
[464] 俞丽蓉. 引种观赏植物沙漠豆生长与抗旱生理特性的研究［D］. 呼和浩特：内蒙古师范大学，2011.
[465] 张国成. 西双版纳地区典型群落土壤主要营养成分的研究［D］. 北京：中国科学院研究生院，2006.

[466] 张蕾. 火对野生动物的生态作用 [J]. 四川环境，2004，23 (2)：45 –57.
[467] 张敏编. 林火生态与应用火生态 [M]. 北京：人民武警出版社，2006.
[468] 张思玉. 火生态与新疆山地森林和草原的可持续经营 [J]. 干旱区研究，2001，18 (1)：76 –79.
[469] 张喜，朱军，崔迎春，等. 火烧对黔中喀斯特山地马尾松林土壤理化性质的影响 [J]. 自然资源学报，2010，25 (7)：1 114 –1 121.
[470] 张永生. 放牧对贝加尔针茅草原土壤理化性状及细菌多样性的影响 [D]. 北京：中国农业科学院，2010.
[471] 张哲，闵红梅，夏关均，等. 高温胁迫对植物生理影响研究进展 [J]. 安徽农业科学，2010，38 (16)：8 338 –8 342.
[472] 张智顺. 崇明岛人工林群落特征及其土壤理化性质研究 [D]. 上海：华东师范大学，2010.
[473] 赵彬，孙龙，胡海清，等. 兴安落叶松林火后对土壤养分和土壤微生物生物量的影响 [J]. 自然资源学报，2011，26 (3)：450 –459.
[474] 赵瑾，白金，潘青华，等. 干旱胁迫下圆柏不同品种 (系) 叶绿素含量变化规律 [J]. 植物生理科学，2007，23 (3)：236 –239.
[475] 赵宁. 营林用火对不同林型土壤理化性质影响的研究 [D]. 南昌：江西农业大学，2011.
[476] 赵志模，郭依泉. 群落生态学原理与方法 [M]. 重庆：科学技术文献出版社重庆分社，1990：147 –172.
[477] 郑焕能，贾松青，胡海清. 大兴安岭林区的林火与森林恢复 [J]. 东北林业大学学报，1986，14 (4)：1 –7.
[478] 中国科学院南京土壤研究所. 土壤理化分析 [M]. 上海：科学技术出版社，1978，72 –73.
[479] 中国土壤学会农业化学专业委员会编. 土壤农业化学常规分析方法 [M]. 北京：中国农业出版社，1983.
[480] 周道玮，EA Ripley. 松嫩草原不同时间火烧后环境因子变化分析 [J]. 草业学报，1996，5 (3)：68 –75.
[481] 周道玮，姜世成，郭平，等. 草原火烧后土壤养分含量的变化 [J]. 东北师大学报自然科学版，1999 (1)：111 –117.
[482] 周道玮，姜世成，胡勇军. 草原植物高生长、体内水分和叶绿素含量对火烧的反应 [J]. 东北师大学报 (自然科学版)，1994 (4)：91 –95.
[483] 周道玮，姜世成，田洪艳，等. 草原火烧后土壤水分含量的变化 [J]. 东北师大学报 (自然科学版)，1999 (1)：97 –102.
[484] 周道玮，李亚芹，孙刚. 草原火烧后植物群落生产及其产量空间结构的变化 [J]. 东北师范大学学报 (自然科学版)，1999 (4)：83 –90.
[485] 周道玮，刘仲龄. 火烧对羊草草原植物群落组成的影响 [J]. 应用生态学报，1994，5 (4)：371 –377.

[486] 周道玮，张宝田，郭平，等.不同时间火烧后草原一些特征的变化［J］.应用生态学报，1999，10（5）：549－552.
[487] 周道玮，张宝田，张宏一，等.松嫩草原不同时间火烧后群落特征的变化［J］.应用生态学报，1996，7（1）：39－43.
[488] 周道玮，张保田，李建东.松嫩羊草草原火烧后地上生产力的变化［J］.草业学报，1995，4（4）：23－28.
[489] 周道玮，周以良.羊草草甸草原火烧地凋落物的分解与积累速率变化［J］.草业学报，1993，2（4）：51－55.
[490] 周道玮.草地火的生态学意义［J］.草业科学，1994，11（2）：10－14.
[491] 周道玮.火烧对草地的生态影响［J］.中国草地，1992（2）：74－77.
[492] 周瑞莲，张普金，徐长林.高寒山区火烧土壤对其养分含量和酶活性的影响及灰色关联分析［J］.土壤学报，1997，34（1）：89－96.
[493] 周以良.中国大兴安岭植被［M］.北京：科学出版社，1991：205－216.